建筑电气分项工程施工工艺标准手册

刘劲辉　刘劲松　主编

中国建筑工业出版社

图书在版编目（CIP）数据

建筑电气分项工程施工工艺标准手册／刘劲辉，刘劲松
主编．—北京：中国建筑工业出版社，2003
 ISBN 7-112-06033-8

Ⅰ.建… Ⅱ.①刘…②刘… Ⅲ.建筑工程—电气
设备—工程施工—标准—中国—手册 Ⅳ.TU85-65

中国版本图书馆CIP数据核字（2003）第084390号

建筑电气分项工程施工工艺标准手册
刘劲辉　刘劲松　主编
*
中国建筑工业出版社 出版、发行（北京西郊百万庄）
新 华 书 店 经 销
北京市彩桥印刷厂印刷
*

开本：787×1092毫米　1/16　印张：40¾　字数：992千字
2003年12月第一版　2005年4月第二次印刷
印数：5 001—7 000册　定价：70.00元
ISBN 7-112-06033-8
TU・5302（12046）
版权所有　翻印必究
如有印装质量问题，可寄本社退换
（邮政编码100037）

本社网址：http://www.china-abp.com.cn
网上书店：http://www.china-building.com.cn

本书按照施工准备、施工工艺、质量标准、成品保护、安全注意事项要求、质量通病及其防治等几个方面内容进行编写。主要内容包括室外线路敷设；室内线路敷设；母线装置；电气器具、设备；防雷及接地装置安装；电梯安装；弱电工程安装。

本书可供从事建筑电气设计、监督、建设、监理、施工单位工程技术人员及现场操作者进行质量验收和技术交底及施工的依据，也可供非电气专业管理人员等学习参考。

* * *

责任编辑 常 燕

主　编：刘劲辉　刘劲松
主　审：刘宝珊　廉恩义
参加编写人员：王汉发　齐锦博　胡国有　孙德宝　付小光　王丽那
　　　　　　　赵雅萍　孟庆学　张连信　许世环　孙　皓　杨泽群
　　　　　　　李传海　赵东坡　徐　健　梁大庆　高文泽　安慧庆
　　　　　　　李振华　金家成　李宝财　詹　悦　高鹏宇　陈跃辉
　　　　　　　刘　跃　刘　勇　张晓宾　赵春光　王英春　胡文兴
　　　　　　　徐信智　李　琰　郭铁琦　贾清华　郭建华　谷文来
　　　　　　　张　涛　徐晓宇　张　光　高　发　高志新

前　言

　　本书依据国家现行的规范、标准和最新发布的 GB 50303-2002《建筑电气工程施工质量验收规范》，结合近几年来建筑电气安装施工中存在的质量问题和事故隐患，按照施工准备、施工工艺、质量标准、成品保护、安全注意事项要求、质量通病及其防治等几个方面内容进行编写的。

　　本书共分七章，推出了前所未有的室内线路敷设各分项工程综合性内容"照明工程器具盒(箱)位置的确定及室内配线"一节。在介绍一些普通灯具和建筑灯具安装的同时，还大量介绍专用灯具，水下灯和喷水照明及应急照明灯具和建筑物彩灯、景观照明灯、航空障碍标志灯及霓虹灯等的安装工艺。还用大量的篇幅介绍了钢导管、绝缘导管和可挠金属电线保护管敷设新技术、新工艺、新经验。对封闭、插接母线和电缆桥架安装和桥架内电缆敷设及弱电工程中各分项工程都有翔实的工艺介绍。最大的特点是实用性极强，可以边干边学，是电气志士同仁的良师益友。相信此书工艺得到实施之日，即是建筑电气行业增加社会效益和经济效益之时。

　　本书可作为建筑施工企业标准使用，也可供从事建筑电气设计、监督、建设、监理、施工单位工程技术人员及现场操作者进行质量验收和技术交底及施工的依据，也可供非电气专业管理人员等学习参考。

目　　录

前言
1 室外线路敷设 ··· 1
　1.1 低压架空接户线与进户线安装 ··· 1
　1.2 高压架空接户线安装 ·· 7
　1.3 室外电缆线路安装 ··· 14
2 室内线路敷设 ··· 76
　2.1 照明工程器具盒(箱)位置的确定
　　　及室内配线 ··· 76
　2.2 刚性绝缘导管暗敷设 ·· 100
　2.3 柔性绝缘导管暗敷设 ·· 129
　2.4 钢导管暗敷设 ··· 139
　2.5 钢导管、刚性绝缘导管明敷设 ··· 163
　2.6 可挠金属电线保护管敷设 ··· 176
　2.7 管内穿线和导线连接 ·· 201
　2.8 槽板配线 ··· 225
　2.9 金属线槽配线 ··· 232
　2.10 地面内暗装金属线槽配线 ·· 240
　2.11 塑料线槽配线 ··· 247
　2.12 钢索配线 ·· 255
　2.13 塑料护套线配线工程 ··· 270
　2.14 室内电缆线路安装 ·· 278
　2.15 竖井内配线 ··· 294
　2.16 电缆桥架安装和桥架内电缆敷设 ··· 310
3 母线装置 ·· 355
　3.1 裸母线安装 ·· 355
　3.2 封闭、插接母线安装 ·· 378
4 电气器具、设备 ··· 403
　4.1 成套配电柜(盘)及电力开关柜安装 ·· 403
　4.2 照明配电箱安装 ··· 420
　4.3 电气照明器具安装 ··· 439
　4.4 装饰灯具安装 ··· 465

4.5 电动机安装接线和检查 ………………………………………… 487
5 防雷及接地装置安装 ……………………………………………… 509
6 电梯安装 …………………………………………………………… 559
　　6.1 电梯电气装置安装 ……………………………………………… 559
　　6.2 电梯调整试车和工程交接试验 ………………………………… 582
7 弱电工程安装 ……………………………………………………… 589
　　7.1 火灾报警与自动灭火系统安装 ………………………………… 589
　　7.2 电视电缆系统工程安装 ………………………………………… 603
　　7.3 民用建筑电话通信安装 ………………………………………… 618

1 室外线路敷设

1.1 低压架空接户线与进户线安装

Ⅰ 施工准备

1.1.1 材料

1．蝶式绝缘子、针式绝缘子；
2．镀锌横担、镀锌铁拉板、镀锌支撑角钢、镀锌螺栓和镀锌方垫圈等；
3．橡胶绝缘导线、并钩线夹和钳压管等；
4．镀锌钢管(或角铁)和镀锌扁钢等。

1.1.2 机具

1．台钻、台虎钳、油压线钳、电焊机、手锤、钢锯和活扳手等；
2．卷尺、脚扣、安全带和梯子等。

1.1.3 作业条件

1．进户管和进户横担预埋螺栓，应配合土建主体施工安装，进户横担应在建筑物外墙装饰工程结束后安装；
2．图纸上确定的进户点到系统电杆一段障碍接户线架设的树木或树枝等杂物应清理干净。

Ⅱ 施工工艺

1.1.4 施工工序

进户点的选择 → 进户管埋设 → 进户横担制作安装 → 接户线架设 → 接户线与进户线连接 → 重复接地施工

1.1.5 供电系统

低压供电系统的电压单相供电为220V，三相供电时为380V。

照明用电装设容量在5kW以下，可以单相供电；装设容量在5kW及其以上的多层、多单元建筑应三相供电。

三相电源进户的单相负荷应均匀地分配在三相电路中，其不平衡度按下式计算时最大不超过25%：

$$不平衡度 = \frac{最大相容量 - 三相平均容量}{三相平均容量} \times 100\%$$

1.1.6 进户点

一栋建筑物内部相互连通的多层住宅、办公楼只允许设置一个进户点。多单元住宅楼，每三个单元可设一个进户点。

一栋建筑物一般情况下，对同一电源只设一个进户点。当建筑物体量较长、容量较大或有特殊要求及负荷性质不同时，可根据当地供电部门规定考虑分设进户点。

进户点应尽可能接近用电负荷中心，且保证用电安全和方便于运行维护，并应考虑市容美观和邻近进户点的一致性。

进户点位置一般由设计单位初步确定，经供电部门审批。但在施工过程中应进一步根据建筑物结构情况核实进户点是否正确，并目测接户线安装后与建筑物有关部分的距离是否符合有关规定：

1. 接户线档距不应大于25m，超过25m时，宜设接户电杆。低压接户杆的档距不应超过40m，沿墙敷设的接户线档距不应大于6m。

2. 接户线在最大弛度情况下对地面垂直距离应符合下列规定：
   (1) 跨越通车街道不得低于6m；
   (2) 跨越通车困难的街道、人行道、胡同(里、弄、巷)不得低于3.5m；
   (3) 进户口对地距离不宜低于2.5m，如低于2.5m时，应加装支架或梢径不小于100mm的钢筋混凝土电杆。

3. 接户线与建筑物有关部位的距离不应小于下列规定：
   (1) 距阳台、平台、屋顶的垂直距离2500mm；
   (2) 距下方窗户上口的垂直距离300mm；
   (3) 距上方窗户下口的垂直距离800mm；
   (4) 距墙壁或构架的距离50mm。

4. 接户线与弱电线路的交叉距离不应小于下列规定：
   (1) 在弱电线路上方垂直距离800mm；
   (2) 在弱电线路下方垂直距离300mm。

经过目测后如不符合上述规定时，应及时与建设单位或供电部门取得联系，以免造成返工。

1.1.7 进户管埋设

低压进户线应穿管保护接至室内配电设备。

进户管(或横担)不应设在建筑物挑檐或雨篷处，使接户线与建筑物距离过小。应在得到施工图纸后，认真审图，在土建结构施工中注意及时发现与建筑结构相矛盾之处。并应注意以下有关规定：

1. 进户管宜使用镀锌钢管。如使用硬质塑料管时，在伸出建筑物外的一段应套钢管保护，且在钢管管口处可见硬塑管管口；

2. 进户管应在接户线支持横担的正下方，垂直距离为250mm。进户管伸出建筑物外墙不应小于150mm，且应加装防水弯头。进户管的周围应堵塞严密，以防雨水进入室内；

3. 多层多单元的住宅楼，进户口到计量电能表距离超过8m时，应装进线保护开关，如暗装导线有管、槽保护或电源侧已装有足以保护以后线路的保护装置时可不装。

1.1.8 进户横担制作安装

进户横担分为螺栓固定式、角钢一端固定式和两端固定式等几种，进户横担的安装见图1.1.8-1和图1.1.8-2所示。

进户横担一般可购成品，横担、螺栓、铁拉板和铁垫等必须镀锌，其表面不得有锌皮脱落及锈蚀等现象。

自制横担时，应根据进线方式确定横担的型式，计算角钢长度后，锯下或切断。划好孔位线，两端埋设时还得划出煨角线，钻孔后，按煨角线锯出豁口，夹在台虎钳上煨制成型，将豁口的对口缝焊牢。不应用水、电焊吹孔或扩孔。采用埋注固定的横担，支撑的埋注端应做出燕尾。最后将横担、支撑进行镀锌加工。

进户横担及预埋螺栓的埋注长度不应小于200mm，预埋螺栓的端部应煨成直角弯或做成燕尾型，也可将两螺栓间距测好后，用圆钢或扁钢进行横向焊接连接，可防止位置偏移。

预埋螺栓的外露长度，应保证安装横担拧上螺母后，外露螺纹长度不少于2~4扣。

架空电缆或集束导线等特制导线进户时，可预埋拉线环或预埋单根螺栓与短横担连接固定。

进户横担安装应端正牢固，横担两端水平差不应大于5mm。

螺栓固定式横担，应在建筑物外墙装饰工程结束后安装，横担应紧贴建筑物表面，不得翘动。

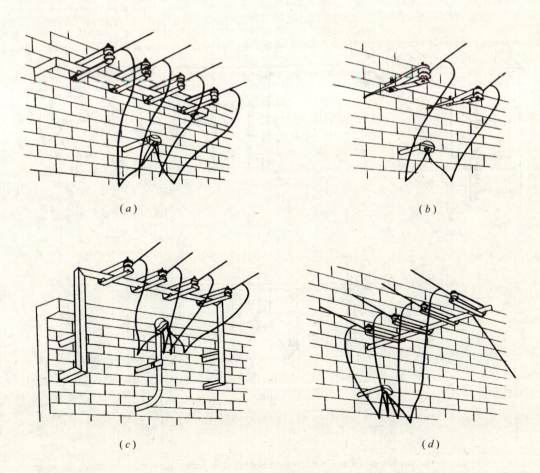

图1.1.8-1　接户线横担安装方式示意图
(a) 一式横担；(b) 二式横担；(c) 三式横担；(d) 四式横担

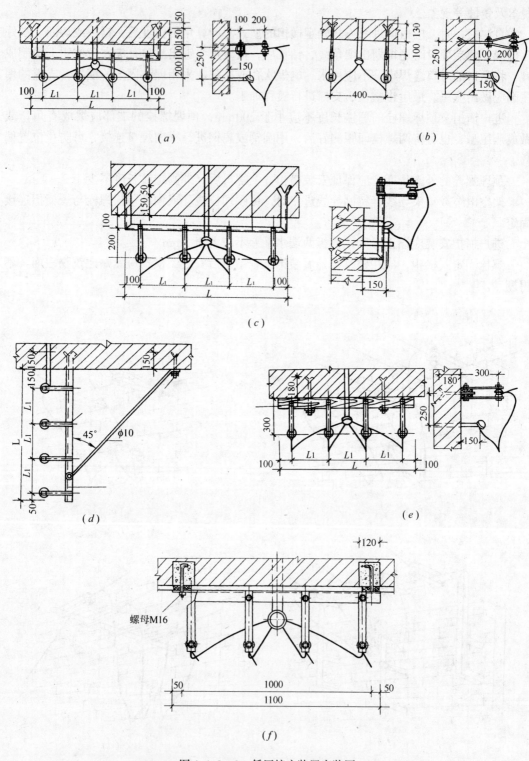

图1.1.8-2 低压接户装置安装图

(a) 一式横担安装；(b) 二式横担安装；(c) 三式横担安装；(d) 四式横担安装；
(e) 木横担安装；(f) 螺栓固定横担安装

1.1.9 接户线架设

接户线的两端应使用蝶式绝缘子固定,绝缘子工作电压不应低于500V。瓷釉表面应光滑、无裂纹、无掉渣现象。

接户线架设前,进户管内导线已敷设好,且防水弯头也已拧牢。进户管采用钢管敷设时同一回路各相线和N(或PEN)线的导线必须穿在同一根管内。进户管内导线应使用截面积不小于$6mm^2$的橡胶绝缘铜导线,出管导线预留长度不应小于1.5m。北方寒冷地区严禁使用塑料绝缘导线。

接户线应采用橡胶绝缘导线,导线最小截面积应符合表1.1.9-1的规定。接户线不得有接头、硬弯及绝缘破损等缺陷。

接户线橡胶绝缘导线最小截面积(mm^2)　　　　　表1.1.9-1

接户线架设方式	档距(m)	铜线	铝线
自电杆引下	25以下	6	10
沿墙敷设	6及以下	4	6

架设接户线时,应先将蝶式绝缘子及铁拉板用M16镀锌螺栓组装好并安装在横担上,放开导线进行架设、固定。应先固定杆上一端,后固定进户端。

接户线固定端采用绑扎固定时,其绑扎导线环大小应适当,使蝶式绝缘子可自由更换,如图1.1.9所示。其绑扎长度不应小于表1.1.9-2的规定。

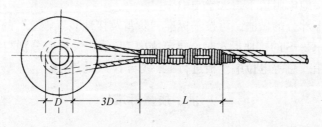

图1.1.9　蝶式绝缘子绑扎法

蝶式绝缘子绑扎长度　　　　　表1.1.9-2

导线截面(mm^2)	绑扎长度(mm)
10及以下	≥50
16及以下	≥80
25~50	≥120
70~120	≥200

不同金属、不同规格的接户线,不应在档距内连接。跨越通车街道的接户线,不应有接头。

电力接户线档距内不应有接头。

接户线的最小线间距离应符合表1.1.9-3的规定,如采用特制的导线可不受此表限制。接户线的线对地间的安全距离,应大于150mm。

接户线最小线间距离(m)　　　　　　　表1.1.9-3

架设方式	档距	线间距离
自电杆引下	25及以下	0.15
	25以上	0.20
沿墙敷设	6及以下	0.10
	6以上	0.15

两个不同电源引入的接户线不宜同杆架设。接户线与同一杆上的另一接户线交叉接近时，最小净空距离不应小于150mm，否则应套上绝缘管保护。

接户线在最大摆动时，不应有接触树木和其他建筑物现象。接户线不应从高压引线间穿过，不应跨越铁路。

1.1.10 接户线与进户线导线连接

接户线与进户线的连接，根据导线材质及截面的不同，其连接方法也不相同。可以采用单卷法和缠卷法进行连接；也可以采用压接管压接及使用端子或并钩线夹进行连接，具体的连接可按本工艺标准中"管内穿线和导线连接"的有关内容进行。

接户线两端遇有铜铝连接时，应设有过渡措施。

1.1.11 重复接地施工

配电系统如果采用TN—C或TN—C—S的接地形式，在屋外接户线的PEN线上，应进行重复接地，接地电阻值不得大于10Ω。

接地装置地下部分的做法，可按本标准"防雷及接地装置施工"的有关内容。

当采用TN—C—S的接地形式时，建筑物内PE线、N线应分别与接地装置连接。也可以利用总电源箱或总等电位端子板进行PE线与N线的连接。

Ⅲ　质量标准

1.1.12 主控项目

低压接户线与进户线相间和相对地间的绝缘电阻值应大于0.5MΩ；

检查方法：全数检查，检查安装和测试记录。

1.1.13 一般项目

1.1.13.1 导线无断股、扭绞和死弯，与绝缘子固定可靠，金具规格应与导线规格适配。

检查方法：全数检查，目测检查。

1.1.13.2 线路的跳线、过引线、接户线的线间和线对地间的安全距离，电压等级为1kV及以下的，应大于150mm。

检查方法：全数检查。目测检查或实测检查。

Ⅳ　成品保护

1.1.14 横担、支撑埋设后应避免碰砸。

1.1.15 进户保护管外露丝扣部位应加保护措施，防止丝扣被破坏。

1.1.16 电气安装施工中，应注意避免损坏、污染建筑物。

1.1.17 接户线架设后，应注意不要从高层往下扔东西，以免砸坏导线及绝缘子。

Ⅴ 安全注意事项要求

1.1.18 登杆作业脚扣应与杆径相适应。安全带应拴在安全可靠处,不准拴于绝缘子或横担上。工具、材料应用绳索传递,禁止上下抛扔。杆下作业人员要戴好安全帽,并且不准无关人员在杆下逗留或通过。

1.1.19 建筑物外墙处作业,使用梯子不得垫高使用,如需接长使用应绑扎牢固,梯子不得缺档。使用时上端应牢固,下端采取防滑措施。单面梯与地面夹角以 60°~70°为宜。禁止两个人同时在梯子上工作。

1.1.20 在梯子上操作时,要戴好工具包,以免工具、材料坠落伤人,交叉作业时,下方人员要戴好安全帽。

Ⅵ 质量通病及其防治

1.1.21 横担固定不牢固。在埋设横担、支撑或螺栓时找平要认真,水泥砂浆应饱满。

1.1.22 横担固定孔用水、电焊扩孔。用螺栓固定的横担,在埋设螺栓时找好水平距离,应与横担固定孔眼一致。

1.1.23 接户线固定点与进户管的距离过大或过小,位置不对应。在预埋进户管前应综合考虑好与进户横担的关系,进户管与横担垂直距离应为 250mm,水平距离应在横担长度的中心处。

1.1.24 进户管或横担设在建筑物挑檐或雨篷处,使接户线与建筑物距离过小。应在得到施工图后,认真审图,在土建主体结构施工中注意及时发现与建筑结构相矛盾之处。

1.2 高压架空接户线安装

Ⅰ 施工准备

1.2.1 材料

1. 悬式绝缘子、蝶式绝缘子及金具等;
2. 高压穿墙套管、避雷器、跌落开关等;
3. 各种型号、规格的角钢、穿墙钢板、各种规格的镀锌机螺栓等;
4. 各种规格的绝缘导线或导线、钳压管或并钩线夹等。

1.2.2 机具

1. 台钻、卷尺、钢锯、手锤、电焊机、活扳手、油压线钳等;
2. 梯子、紧线器、脚扣、安全带等。

1.2.3 作业条件

1. 各种镀锌支架应根据土建主体施工安装预埋;
2. 建筑土建外装修工程已结束,施工脚手架已拆除。

Ⅱ 施工工艺

1.2.4 施工工序

横担、支架制作安装 → 绝缘子等器材安装 → 接户线架设 → 导线连接

1.2.5 横担、支架制作安装

高压（10kV）架空接户线受电端做法，如图1.2.5-1和图1.2.5-2所示。

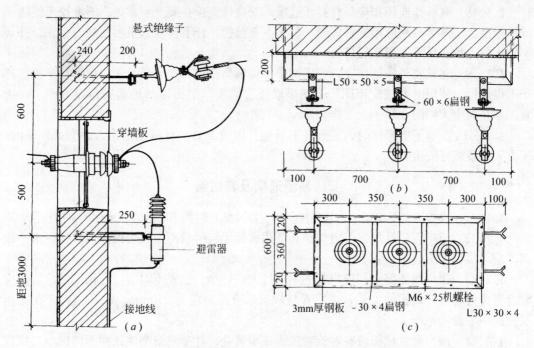

图1.2.5-1 高压接户装置安装做法之一
(a) 高压接户装置安装；(b) 接户线绝缘子支架平面；(c) 高压穿墙套管及穿墙板安装做法

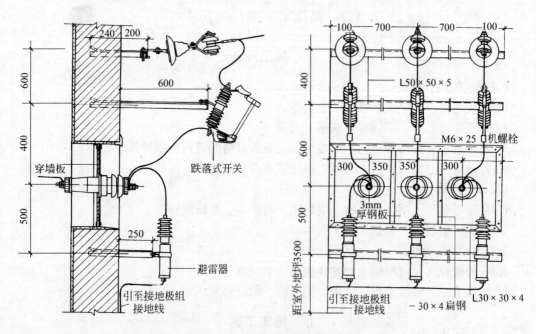

图1.2.5-2 高压接户装置安装做法之二

在横担和支架制作时,应根据进线方式确定横担、支架的形式,计算好角钢长度后,锯断。划出煨角线及孔位线,钻好孔后,按煨角线锯出豁口,夹在台虎钳子上煨制成型,然后,将豁口的对缝处两面焊牢。在制作时要注意不能用水、电焊切豁角钢,也不能用水、电焊吹孔。采用预埋固定的横担及支架在埋注端并在角钢端部做成燕尾型。

有条件时横担及支架应进行热浸镀锌处理,如果无条件时,应将横担和支架除锈后刷樟丹一道、灰油漆两道(埋入砖墙内的部位可不刷油漆)。

横担、支架应随建筑物墙体设计进行预埋,固定应牢固,横担、支架两端高差不宜大于15mm。

1.2.6 接户装置的安装

在接户装置安装前,对所使用的设备和器材应进行检查,在确认无问题后才可以进行安装。

1.2.6.1 高压架空接户线,为了保证工程质量和确保工程运行,对所使用的绝缘子在安装前应进行外观检查:

1. 瓷件与铁件组合无歪斜现象,且结合紧密,铁件镀锌良好;
2. 瓷釉光滑,无裂纹、缺釉、斑点、烧痕、气泡或瓷釉烧坏等缺陷。

10kV及以下电力接户线的两端应设绝缘子固定,绝缘子安装应防止瓷裙积水。绝缘子安装应牢固,连接可靠;安装时应清除表面灰垢、附着物及不应有的涂料。

1.2.6.2 悬式绝缘子安装应符合下列规定:

1. 与横担、导线金具连接处,无卡压现象;
2. 耐张串上的弹簧销子、螺栓及穿钉应由上向下穿。当有特殊困难时可由内向外或由左向右穿入;
3. 绝缘子裙边与带电部位的间隙不应小于50mm;
4. 采用的闭口销或开口销不应有折断、裂纹等现象。当采用开口销时应对称开口,开口角度应为30°~60°。

严禁用线材或其他材料代替闭口销、开口销。

1.2.6.3 跌落式熔断器的安装,应符合下列规定:

1. 各部分零件完整;
2. 转轴光滑灵活,铸件不应有裂纹、砂眼、锈蚀;
3. 瓷件良好,熔丝管不应有吸潮膨胀或弯曲现象;
4. 熔断器安装牢固、排列整齐,熔管轴线与地面的垂线夹角为15°~30°。熔断器水平面间距离不小于500mm;
5. 操作时灵活可靠、接触紧密。和熔丝管时上触头应有一定的压缩行程。

1.2.6.4 避雷器的安装,应符合下列规定:

1. 避雷器瓷套与固定抱箍之间应加胶垫;
2. 避雷器应排列整齐、高低一致,相间距离:1~10kV时,不小于350mm。

1.2.6.5 穿墙套管安装前应进行检查,瓷件、法兰应完整无裂纹,胶合处填料完整,结合牢固。

安装在同一垂直面上的穿墙套管的顶面,应位于同一平面上;其中心线位置应符合设计要求。

穿墙套管水平安装时，法兰应在外。

安装穿墙套管的孔径应比嵌入部分大5mm以上。

1.2.7 接户线的安装和连接

高压架空接户线的档距不宜大于40m。线间距离不宜小于0.6m，高压接户线采用绝缘线时，线间距离不宜小于0.45m。电压等级为6~10kV的接户线线间和线对地间的安全距离应大于0.3m。

10kV架空接户线固定端当采用绑扎固定时，其绑扎长度应符合"低压接户线与进户线安装"中表1.1.9-2的规定。

接户线在档距内不应有接头。接户线的两端遇有铜铝连接时，应设有过渡措施。

接户线在最大摆动时，不应有接触树木或其他建筑物现象。

高压架空接户线不宜跨越建筑物，如必须跨越时，应取得有关部门同意。导线与建筑物的垂直距离，不应小于3m；架空接户线接近建筑物时，线路的边导线与建筑物的水平距离，不应小于1.5m。

高压架空接户线，电压等级为10kV时，由两个不同电源引入的接户线不宜同杆架设。

悬式绝缘子安装接线时，其裙边与带电部位的间隙不应小于50mm。

跌落式熔断器上、下引线应压紧，与接户线路导线的连接紧密可靠。

避雷器引线应短而直、连接紧密，采用绝缘线时，其截面应符合下列规定：

1. 引上线：铜线不小于$16mm^2$，铝线不小于$25mm^2$；
2. 引下线：铜线不小于$25mm^2$，铝线不小于$35mm^2$。

与穿墙套管连接，不应使避雷器产生外加应力。

引下线应接地可靠，接地电阻值符合规定。

1.2.8 电气设备的试验

高压接户装置使用的电气设备和器材，应根据《电气装置安装工程电气设备交接试验标准》(GB 50150—91)进行各项试验。

进行绝缘电阻时，采用兆欧表的电压等级，应按下列规定执行：

1. 3000V以下至500V的电气设备或回路，采用1000V兆欧表；
2. 10000V以下至3000V的电气设备或回路，采用2500V兆欧表；
3. 10000V及以上的电气设备或回路，采用2500V或5000V兆欧表。

1.2.8.1 悬式绝缘子的试验

悬式绝缘子的试验内容包括：测量绝缘电阻和交流耐压试验。

1. 绝缘电阻测试

(1) 每片悬式绝缘子的绝缘电阻值，不应低于300MΩ；

(2) 采用2500V兆欧表测量绝缘子绝缘电阻值，可按同批产品数量的10%抽查。

2. 交流耐压试验

悬式绝缘子的交流耐压试验电压应符合表1.2.8.1的规定。

悬式绝缘子的交流耐压试验电压标准　　表1.2.8.1

型号	XP2-70	XP-70 LXP1-70 XP1-70 XP-100 LXP-100 XP-120 LXP-120	XP1-160 LXP1-160 XP2-160 LXP2-160 XP-160 LXP-160	XP1-210 LXP1-210 XP-300 LXP-300
试验电(kV)	45		55	60

1.2.8.2 穿墙套管试验

穿墙套管的试验包括：测量绝缘电阻和交流耐压试验。

1．测量绝缘电阻

测量套管主绝缘的绝缘电阻，采用2500V兆欧表测量，绝缘电阻值不应低于1000MΩ。

2．交流耐压试验

（1）试验电压应符合表1.2.8.2的规定；

（2）纯瓷穿墙套管可随导线或设备一起进行交流耐压试验。

高压电气设备绝缘的工频耐压试验电压标准　　表1.2.8.2

额定电压	最高工作电压	1min 工频耐受电压(kV)有效值															
		油浸电力变压器		并联电抗器		电压互感器		断路器电流互感器		干式电抗器		穿墙套管				支柱绝缘子隔离开关		干式电力变压器	
												纯瓷和纯瓷充油绝缘		固体有机绝缘					
(kV)	(kV)	出厂	交接	出厂	交接	出厂	交接	出厂	交接	出厂	交接	出厂	交接	出厂	交接	出厂	交接	出厂	交接
3	3.5	18	15	18	15	18	16	18	16	18	18	18	18	18	16	25	25	10	8.5
6	6.9	25	21	25	21	23	21	23	21	23	23	23	23	23	21	32	32	20	17.0
10	11.5	35	30	35	30	30	27	30	27	30	30	30	30	30	27	42	42	28	24
15	17.5	45	38	45	38	40	36	40	36	40	40	40	40	40	36	57	57	38	32
20	23.0	55	47	55	47	50	45	50	45	50	50	50	50	50	45	68	68	50	43
35	40.5	85	72	85	72	80	72	80	72	80	80	80	80	80	72	100	100	70	60
63	69.0	140	120	140	120	140	126	140	126	140	140	140	140	140	126	165	165		
110	126.0	200	170	200	170	200	180	185	180	185	185	185	185	185	180	265	265		
220	252.0	395	335	395	335	395	356	395	356	395	395	360	360	360	356	450	450		
330	363.0	510	433	510	433	510	495	510	495	510	510	460	460	460	459				
500	550.0	680	578	680	578	680	612	680	612	680	680	630	630	630	612				

注：1. 表中除干式变压器外，其余电气设备出厂试验电压是根据现行国家标准《高压输变电设备的绝缘配合》编制；

　　2. 干式变压器出厂试验电压是根据现行国家标准《干式电力变压器》编制；

　　3. 额定电压为1kV及以下的油浸电力变压器交接试验电压为4kV，干式电力变压器为26kV；

　　4. 油浸电抗器和消弧线圈采用油浸电力变压器试验标准。

1.2.8.3 避雷器试验

避雷器试验内容包括：测量绝缘电阻和测量电导或泄漏电流及测量 FS 型阀式避雷器的工频放电电压。

1．测量绝缘电阻

(1) FZ 型阀式避雷器的绝缘电阻值与出厂试验值比较应无明显差别；

(2) FS 型避雷器的绝缘电阻值不应小于 2500MΩ。

2．测量电导或泄漏电流

(1) 常温下避雷器的电导或泄漏电流试验标准，应符合表 1.2.8.3-1 和表 1.2.8.3-2 或产品技术条件的规定；

(2) FS 型避雷器的绝缘电阻值不小于 2500MΩ 时，可不进行电导电流测量。

FZ 型避雷器的电导电流值　　　　　　　　表 1.2.8.3-1

额定电压(kV)	3	6	10	15	20	30
试验电压(kV)	4	6	10	16	20	24
电导电流(μA)	400～650	400～600	400～600	400～600	400～600	400～600

FS 型避雷器的电导电流值　　　　　　　　表 1.2.8.3-2

额定电压(kV)	3	6	10
试验电压(kV)	4	7	11
电导电流(μA)	不应大于 10		

3．测量 FS 型阀式避雷器的工频放电电压

FS 型阀式避雷器的工频放电电压，应符合表 1.2.8.3-3 的规定。有并联电阻的阀式避雷器可不进行放电电压试验。

FS 型阀式避雷器的工频放电电压范围　　　　　　　　表 1.2.8.3-3

额定电压(kV)	3	6	10
放电电压的有效值(kV)	9～11	16～10	26～31

Ⅲ　质　量　标　准

1.2.9　主控项目

1.2.9.1 金具、设备的规格、型号、质量必须符合设计要求。

检查方法：全数检查，自测检查。

1.2.9.2 高压架空接户装置中的高压隔离开关、跌落式熔断器、避雷器等必须按现行国家标准《电气装置安装工程电气设备交接试验标准》(GB 50150)的规定交接试验合格。

检查方法：全数检查，查阅试验记录。

1.2.10　一般项目

1.2.10.1 导线无断股、扭绞和死弯，与绝缘子固定可靠，金具规格应与导线规格适配。

检查方法：全数检查，目测检查。

1.2.10.2 线路的跳线、过引线、接户线的线间和线对地间的安全距离，电压等级为 6～10kV 的，应大于 300mm。

检查方法：全数检查，目测或实测检查。

1.2.10.3 杆上电气设备安装应符合下列规定：

1. 固定电气设备的支架、紧固件为热浸镀锌制品，紧固件及防松零件齐全；
2. 跌落式熔断器安装的相间距离不小于 500mm；熔管试操动能自然打开旋下；
3. 隔离开关分、合操动灵活，操动机构机械锁定可靠，分合时三相同期性好，分闸后，刀片与静触头间空气间隙距离不应小于 200mm；地面操作杆与 PE 线连接可靠，且有标识；
4. 避雷器排列整齐，相间距离不小于 350mm，电源侧引线铜线截面积不小于 16mm^2、铝线截面积不小于 25mm^2，接地侧引线铜线截面积不小于 25mm^2，铝线截面积不小于 35mm^2。与接地装置引出线连接可靠。

检查方法：全数检查，尺量及目测检查和试操作检查。

Ⅳ 成 品 保 护

1.2.11 横担、支架埋设后应避免碰撞。

1.2.12 瓷件和设备安装后，应注意保护，防止损坏。

1.2.13 电气安装施工中，应注意避免损坏、污染建筑物。

1.2.14 接户线架设后，应注意不要从高层往下扔东西，以免砸坏导线及绝缘子。

Ⅴ 安全注意事项要求

1.2.15 登杆作业脚扣应与杆径相适应。安全带应拴在安全可靠处，不准拴于绝缘子或横担上。工具、材料应用绳索传递，禁止上下抛扔。杆下作业人员要戴好安全帽，并且不准无关人员在杆下逗留或通过。

1.2.16 建筑物外墙处作业，使用梯子不得垫高使用，如需接长使用应绑扎牢固，梯子不得缺档。使用时上端应牢固，下端采取防滑措施。单面梯与地面夹角以 60°～70° 为宜。禁止两个人同时在梯子上工作。

1.2.17 在梯子上操作时，要戴好工具包，以免工具、材料坠落伤人，交叉作业时，下方人员要戴好安全帽。

Ⅵ 质量通病及其防治

1.2.18 横担或支架固定不牢固。在埋设横担、支架或螺栓时找平要认真，水泥砂浆应饱满。

1.2.19 横担或支架固定孔用水、电焊扩孔。用螺栓固定的横担，在埋设螺栓时找好水平距离，应与横担固定孔眼一致。

1.3 室外电缆线路安装

Ⅰ 施工准备

1.3.1 材料
1. 各种规格型号的电力电缆、控制电缆；
2. 各种电缆头外壳、中间接头盒及控制电缆终端头及热缩性电缆头等；
3. 各种绝缘材料及绝缘包扎带等；
4. 各种型钢支架、电缆盖板、电缆标示桩、标志牌、油漆、汽油等。

1.3.2 机具
1. 电缆牵引机械、电缆敷设用支架、各种滚轮等；
2. 喷灯、钢锯弓、钢锯条、电工刀等；
3. 兆欧表、直流高压试验器等。

1.3.3 作业条件
1. 与电缆线路安装有关的建筑工程质量应符合国家现行的建筑工程施工质量验收规范中的有关规定；
2. 预留洞、预埋件应符合设计要求，预埋件安装牢固；
3. 电缆沟、隧道、人孔等处的地坪及抹面工作结束；
4. 电缆沟、电缆隧道等处的施工临时设施、模板及建筑废料等要清理干净，施工用道路畅通，盖板齐全；
5. 电缆沟排水畅通。

Ⅱ 施工工艺

1.3.4 施工程序

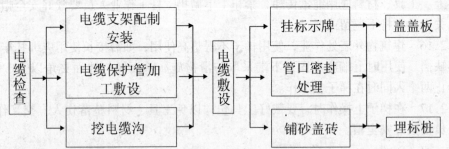

1.3.5 电力电缆的型号
电线电缆的型号是由一个或几个汉语拼音字母和阿拉伯数字组成。分别代表电线电缆的用途、类别及其结构的特性。电线电缆的型号可由下面7个部分组成，即：

第1项为电线电缆产品品种类别或用途。有的产品以导体为类别代号，如裸电线等；有的产品以绝缘为类别代号，如电磁线、电力电缆等；有的产品以用途表示，如矿用电缆、控制电缆等。

第2~6项为电线电缆产品的结构从里到外各层的材料和结构特征。

第7项为同一产品品种的派生结构。可表示不同的耐压等级、使用频率、特殊的使用场合等。

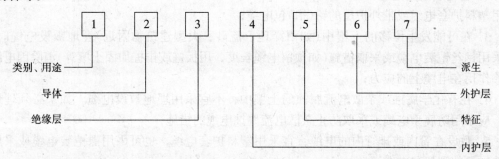

在表示方法上，前5项以汉语拼音字母标注，第6项用阿拉伯数字标注，第7项可用汉语拼音字母或数字标注。

根据各类电线电缆的不同结构，每一产品品种的型号不一定包含上述所有内容，同时为避免型号冗长难记，不同产品类别中，也可有某些项目的省略。所以，产品型号可由其中一个或几个部分组成。其组成部分必须按1、2、3……顺序排列，不可混淆。

电力电缆的型号由类别、导体、绝缘、内护层、特征、外护层、派生等部分组成，其代号及其含义可见表1.3.5-1。

电力电缆型号含义　　　　　　　　　　　　　　表1.3.5-1

类别、用途	导体	绝缘	内护层	特征	外护层	派生
Y—塑料电缆 X—橡皮电缆 YJ—交联聚乙烯电缆 Z—纸绝缘电缆	L—铝线芯	V—聚氯乙烯 X—橡皮 XD—丁基橡胶 Y—聚乙烯 Z—油浸纸	H—橡套 F—氯丁橡套 L—铝套 Q—铅套 V—聚氯乙烯护套 Y—聚乙烯护套	CY—充油 D—不滴流 F—分相护套 P—贫油、干绝缘 P—屏蔽 Z—直流	见表 1.3.5-2	1—第一种 2—第二种 110—110kV 120—120kV 150—150kV

表1.3.5-1中外护层所用主要材料的数字及含义见表1.3.5-2。

电缆外护层材料的数字及含义　　　　　　　　　表1.3.5-2

标记	加强层	铠装层	外被层
0	—	无	—
1	径向铜带	联锁钢带	纤维外被
2	径向不锈钢带	双钢带	聚氯乙烯外套
3	径纵向铜带	细圆钢丝	聚乙烯外套
4	径纵向不锈钢带	粗圆钢丝	
5		皱纹钢带	
6		双粘带或铝合金带	

1.3.6 电缆的选择

电力电缆型号的选择，应根据环境条件、敷设方式，用电设备的要求和产品技术数据等因素来确定，以保证电缆的使用寿命。一般应按下列原则考虑：

1. 在一般环境和场所内宜采用铝芯电缆；在振动剧烈和有特殊要求的场所，应采用铜芯电缆；规模较大的重要公共建筑宜采用铜芯电缆；

2．埋地敷设的电缆，宜采用有外护层的铠装电缆。在无机械损伤可能的场所，也可采用塑料护套电缆或带外护层的铅（铝）包电缆；

3．在可能发生位移的土壤中（如沼泽地、流砂、大型建筑物附近）埋地敷设电缆时，应采用钢丝铠装电缆或采取措施（如预留电缆长度，用板桩或排桩加固土壤等）消除因电缆位移作用在电缆上的应力；

4．在有化学腐蚀或杂散电流腐蚀的土壤中，不宜采用埋地敷设电缆。如果必须埋地时，应采用防腐型电缆或采取防止杂散电流腐蚀电缆的措施；

5．敷设在管内或排管内的电缆，宜采用塑料护套电缆，也可采用裸铠装电缆或采用特殊加厚的裸铅包电缆；

6．在电缆沟或电缆隧道内敷设的电缆，不应采用有易燃和延燃的外护层。宜采用裸铠装电缆、裸铅（铝）包电缆或阻燃塑料护套电缆；

7．架空电缆宜采用有外护层的电缆或全塑电缆；

8．当电缆敷设在较大高差的场所时，宜采用塑料绝缘电缆、不滴流电缆或干绝缘电缆；

9．三相四线制系统中应采用四芯电力电缆，不应采用三芯电缆另加一根单芯电缆或以导线、电缆金属护套作中性线；

如用三芯电缆另加一根导线，当三相负荷不平衡时，相当于单芯电缆的运行状态，容易引起工频干扰，在金属护套和铠装中，由于电磁感应将产生电压和感应电流而发热，造成电能损失。对于裸铠装电缆，还会加速金属护套和铠装层的腐蚀。

10．在三相系统中，不得将三芯电缆中的一芯接地。

1.3.7　电缆的外观检查

电缆及其附件到达现场场所或电缆敷设前应进行检查：

1．产品的技术文件应齐全；

2．电缆型号、规格、长度应符合设计及订货要求，附件应齐全；

3．电缆外观应无损伤，绝缘良好、电缆封端应严密，当对电缆的外观有怀疑时，应进行潮湿判断或试验，直埋电缆与水底电缆应经试验合格。

检查电缆是否受潮，用清洁干燥的工具将统包绝缘和芯线绝缘纸带撕下几条，用火柴点燃纸带，纸的表面有泡沫，即为有气泡存在。或者把纸带浸入150℃的电缆油（或变压器油）中如图1.3.7所示。若无嘶嘶声或白色泡沫出现，就证明绝缘干燥。如受潮，可锯掉一段电缆再试，直到合格为止。在试验时，不应直接用手拿被试验的绝缘纸，防止纸层从手指上吸收潮气，使试验结果不正确；

4．充油电缆的压力油箱、油管、阀门和压力表应符合要求且完好无损。充油电缆的油压不宜低于0.15MPa；供油阀门应在开启位置，动作应灵活；压力表指示应无异常；所有管接头应无渗漏油；油样应试验合格。

图1.3.7　检查电缆受潮方法

1.3.8 电缆的试验

电力电缆的试验项目,应包括以下几个内容:

1. 测量绝缘电阻;
2. 直流耐压试验及泄漏电流测量;
3. 检查电缆线路的相位;
4. 充油电缆的绝缘油试验。

1.3.8.1 绝缘电阻测量

测量电缆绝缘电阻通常有三种方法,即直流比较法、兆欧表法和高阻计法。在施工中应用最多的是兆欧表法。

在电缆绝缘电阻测试中,500V 以下至 100V 的电缆,采用 500V 兆欧表;3000V 以下至 500V 的电缆,采用 1000V 兆欧表;10000V 以下至 3000V 的电缆,采用 2500V 兆欧表;10000V 及以上的电缆,采用 2500V 或 5000V 兆欧表。应测量各电缆线芯对地或对金属屏蔽层间和各线芯间的绝缘电阻。

使用兆欧表测量电力电缆绝缘电阻时,测试前应拆除被测电缆的电源及一切对外连线,并将其接地放电,放电时间不得少于 1min,电容量较大的电缆不得少于 2min,以保证安全及测量结果准确。并用清洁、干燥的柔软布擦去电缆终端头套管或线芯及其绝缘表面的污垢,以减少表面泄漏。

测量时,把兆欧表放在平稳的水平位置,以免在操作时用力不均表身晃动,致使读数不准确。

单芯电缆线芯对地绝缘电阻测量时,将线芯引出线接于兆欧表的接线端子(L)上,将铅(铝)包或金属屏蔽层,接到兆欧表的接地端子(E)上。为了避免电缆绝缘表面泄漏电流的影响,使测量准确,应在线芯端部绝缘上或套管端部装屏蔽环并接在摇表的屏蔽端子(G)上,如图 1.3.8.1-1 所示。

对于多芯电缆,应分别测量每相线芯的绝缘电阻。此时,将被测线芯引出接在兆欧表的接线端子(L)上,将其他线芯与地(铅、铝包)或金属屏蔽层,短接后接到兆欧表的接线端子

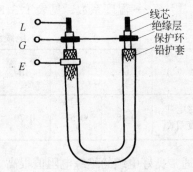

图 1.3.8.1-1 绝缘电阻测量保护环接法
L—接线端子;G—屏蔽端子;E—接地端子

(E)上,把兆欧表的屏蔽端子(G),接到电缆端部的绝缘层上。对于尚未敷设的电缆,可在被测线芯两端绝缘层上加绕保护环,并把两个保护环接到摇表的屏蔽端子(G)上,如图 1.3.8.1-2 所示。对于已敷设好的电缆,可在被测线芯两端套管或绝缘层上用金属软线加绕保护环,将两端的保护环与兆欧表的屏蔽端子相接,而利用另一电缆线芯作为屏蔽线的回路,如图 1.3.8.1-3 所示。

由于兆欧表 L 端引线的绝缘电阻是和电缆的绝缘电阻并联的,因此要求该引出线的绝缘电阻较高,并且不应拖在地上,也不要与 E 端引出线靠在一起,如引出线必须经过其他支持物和电缆芯线连接时,则该支持物必须绝缘良好,否则也将影响测量的准确性。

测量时以恒定转速转动兆欧表把手,使其达到额定转速(120r/min),其指针逐渐上

升,待60s时,记录其绝缘电阻值。

电缆绝缘电阻测量完毕或需要重复测量时,必须将被测量电缆接地放电,时间至少要为2min。

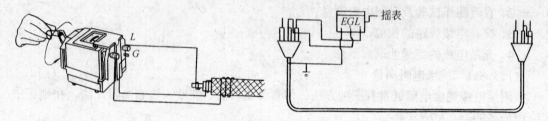

图1.3.8.1-2 测量电缆对地绝缘电阻示意图　　图1.3.8.1-3 清除电缆两端表面泄漏的试验接线
L—接线端子;E—按地端子;G—屏蔽端子

电缆的绝缘电阻值是与结构、长度以及测量时的温度等因素有关,为了和国家标准《电气装置安装工程电气设备交接试验标准》GB 50150—91中的20℃时的每km最低电阻值的规定相比较,应将测得的电阻值换算到20℃时每km的电阻值。即:

$$R_{i20} = R_{it} \cdot kl$$

式中　R_{i20}——电缆在20℃时,每km长的绝缘电阻;
　　　R_{it}——电缆长度为l,t℃时的绝缘电阻;
　　　l——电缆长度(km);
　　　k——温度系数,见表1.3.8.1-1。

电缆绝缘的温度换算系数k　　　　表1.3.8.1-1

温度(℃)	0	5	10	15	20	25	30	35	40
绝缘电阻温度系数	0.48	0.57	0.70	0.85	1.0	1.13	1.41	1.66	1.92

通常良好电缆的绝缘电阻值很高。其最低绝缘电阻可按制造厂规定:新的油浸纸绝缘电缆,每一线芯对外皮的绝缘电阻(20℃时每km的数值),额定电压1~3kV的应不小于50MΩ;额定电压6kV及以上的应不小于100MΩ。

国家试验标准GB 50150—91中,将各类电力电缆换算到20℃时的每km的最低绝缘电阻值,见表1.3.8.1-2~表1.3.8.1-4。

粘性油浸纸和不滴流油浸纸绝缘电缆最低绝缘电阻值　　表1.3.8.1-2

额定电压(kV)	0.1~1	6级以上
绝缘电阻(MΩ)	100	200

额定电压6kV及以下的橡皮绝缘电缆最低绝缘电阻值　　表1.3.8.1-3

电缆截面(mm²)	50及以下	70~185	240
绝缘电阻(MΩ)	50	35	20

塑料电缆最低绝缘电阻值　　　　　　　　　表 1.3.8.1-4

电缆额定电压(kV)		1	6	10	35
绝缘电阻 (MΩ)	聚氯乙烯电缆	40	60	—	—
	聚乙烯电缆	—	1000	1200	3000
	交联聚乙烯电缆	—	1000	1200	3000

1.3.8.2　直流耐压试验及泄漏电流测量

电力电缆在安装交接试验中，要进行耐压试验。耐压试验的基本方法是在电缆绝缘上加上高于工作电压一定倍数的电压值，保持一定的时间，而不被击穿。耐压试验可以考核电缆产品在工作电压下运行的可靠程度和发现绝缘中的严重缺陷。

耐压试验可分为交流和直流两种。电缆出厂时多进行交流耐压试验；而电缆线路的预防性试验和交接试验，目前普遍采用直流耐压试验。

采用直流耐压试验时，电缆线芯一般是接负极。因为如接正极，若绝缘中有水分存在，将会因渗性作用使水分移向电缆护层，结果使缺陷不易发现。当线芯接正极时，击穿电压较接负极时约高 10%，这与绝缘厚度、温度及电压作用时间都有关系。

在进行直流耐压的同时，还应进行泄漏电流测量，以反映电缆的绝缘电阻。其测量原理与用摇表测量绝缘电阻完全相同。但泄漏电流测量较绝缘电阻测量更易于发现绝缘的缺陷，是电缆试验中的重要项目。

直流耐压试验和泄漏电流测量试验方法是一致的，泄漏电流试验亦是直流耐压试验的一部分，但就其作用而言是不相同的。电缆的泄漏电流测量是检查绝缘状况的，试验电压较低；电缆直流耐压试验是考验绝缘的耐电强度的，其试验电压较高。

电力电缆的直流耐压试验及泄漏电流测量，应符合下列规定：

1. 直流耐压试验电压标准

(1) 粘性油浸纸绝缘电缆直流耐压试验电压，应符合表 1.3.8.2-1 的规定。

粘性油浸纸绝缘电缆直流耐压试验电压标准　　　　　表 1.3.8.2-1

电缆额定电压 U_0/U (kV)	0.6/1	6/6	8.7/10	21/35
直流试验电压(kV)	$6U$	$6U$	$6U$	$5U$
试验时间(min)	10	10	10	10

注：表中 U 为电缆额定线电压；U_0 为电缆线芯对地或对金属屏蔽层间的额定电压。

(2) 不滴流油浸纸绝缘电缆直流耐压试验电压，应符合表 1.3.8.2-2 的规定。

不滴流油浸纸绝缘电缆直流耐压试验标准　　　　　表 1.3.8.2-2

电缆额定电压 U_0/U (kV)	0.6/1	6/6	8.7/10	21/35
直流试验电压(kV)	6.7	20	37	80
试验时间(min)	5	5	5	5

(3) 塑料绝缘电缆直流耐压试验电压，应符合表 1.3.8.2-3 的规定。

塑料绝缘电缆直流耐压试验电压标准 表 1.3.8.2-3

电缆额定电压 U_0(kV)	0.6	1.8	3.6	6	8.7	12	18	21	26
直流试验电压(kV)	2.4	7.2	15	24	35	48	72	84	104
试验时间(min)	15	15	15	15	15	15	15	15	15

(4) 橡皮绝缘电力电缆直流耐压试验电压,应符合表 1.3.8.2-4 的规定。

橡皮绝缘电力电缆直流耐压试验电压标准 表 1.3.8.2-4

电缆额定电压 U(kV)	6
直流试验电压(kV)	15
试验时间(min)	5

(5) 充油绝缘电缆直流耐压试验电压,表 1.3.8.2-5 的规定。

充油绝缘电缆直流耐压试验电压标准 表 1.3.8.2-5

电缆额定电压 U(kV)	66	110	220	330
直流试验电压	2.6U	2.6U	2.3U	2U
试验时间(min)	15	15	15	15

注:1. 粘性油浸纸绝缘电力电缆的产品型号有 ZQ,ZLQ,ZL,ZLL 等。
不滴流油浸纸绝缘电力电缆的产品型号有 ZQD,ZLQD 等。
塑料绝缘电缆包括聚氯乙烯绝缘电缆,聚乙烯绝缘电缆及交联聚乙烯绝缘电缆。聚氯乙烯绝缘电缆的产品型号有 VV,VLV 等;聚乙烯绝缘及交联聚乙烯绝缘电缆的产品型号有 YJV 及 YJLV 等。
橡皮绝缘电缆的产品型号有 XQ,XLQ,XV 等。
充油电缆的产品型号有 ZQCY 等。
2. 交流单芯电缆的护层绝缘试验标准,可按产品技术条件的规定进行。

2. 试验时,试验电压可分 4~6 阶段均匀升压,每阶段停留 1min,并读取泄漏电流值。测量时应消除杂散电流的影响。

3. 黏性油浸纸绝缘及不滴流油浸纸绝缘电缆泄漏电流的三相不平衡系数不应大于 2;当 10kV 及以上电缆的泄漏电流小于 20μA 和 6kV 及以下电缆泄漏电流小于 10μA 时,其不平衡系数不作规定。

4. 电缆的泄漏电流具有下列情况之一者,电缆绝缘可能有缺陷,应找出缺陷部位,并予以处理:

(1) 泄漏电流很不稳定;

(2) 泄漏电流随试验电压升高急剧上升;

(3) 泄漏电流随试验时间延长有上升现象。

做直流耐压和测量泄漏电流时,应断开电缆与其他设备的一切连接线,并将各电缆线芯短路接地,充分放电 1~2min。在电缆线路的其他端头处应加挂警告牌或派人看守,以防止人接近,在试验地点的周围做好防止闲人接近的措施。

电缆进行直流耐压和泄漏试验时,应根据线路的试验电压,选用适当的试验设备。选择合适的接线方式,并绘出接线图,然后再按图接线。在有条件时应优先采用成套的直流高压试验设备，进行直流耐压和泄漏试验。成套设备可选用 JGS 型晶体管直流高压试验器，此试验器是采用硅管倍压整流原理制成的。该试验器体积小，重量较轻，适用于现场试验应用。

JGS 试验器由电源操作箱和倍压整流箱两部分组成。电源操作箱中装设可调节直流稳压电源。振荡、开关、放大及保护回路、操作开关及指示仪表等。操作箱主要回路均采用印刷线路；倍压整流箱中安装了升压变压器，倍压整流回路，测量直流高压的电阻棒和高压侧测量电流表，保护电阻。操作箱和倍压箱间以专用的插接件连接。

JGS 型试验器在使用前，应先检验操作箱和倍压箱是否完好和清洁，连接插销和导线不应有断线和短路现象。然后将操作箱和倍压箱间用专用插销线牢固连接好，在操作箱背部红色接线柱上接好接地线；把操作箱的电压、电流表档位扳到所需位置，调节电压旋钮旋至零位，电源开关和启动按钮均应在关断位置，过电压保护整定旋钮顺时针拧到最大位置。检查好交流电源电压确认为 220V 以后，插上电源插销，准备进行试验。

电力电缆在进行直流耐压和泄漏电流试验时，如不具备高压直流试验成套设备，采用高压硅堆和微安表组成的试验线路进行试验。直流耐压和泄漏试验的基本接线方式，按微安表及整流设备所处位置不同，可分为微安表接在低压侧及微安表接在高压侧两种。其接线如图 1.3.8.2-1 和图 1.3.8.2-2 所示。

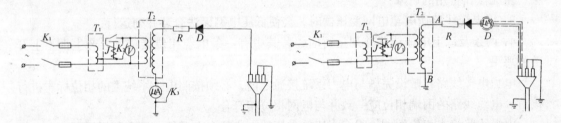

图 1.3.8.2-1　微安表接在低压侧接线法　　图 1.3.8.2-2　微安表接在高压侧接线法

在试验设备中，高压硅堆、高压试验变压器、调压器及保护电阻条，规格容量都必须满足使用要求。

接线时应注意到，连接到电缆端子上的引线，应用话筒屏蔽线或采用短而绝缘良好的引线，并应使其对地部分有足够的距离；如果采用的微安表是处于高压端的接线，支持微安表的绝缘支柱应牢固可靠，以免操作时发生摇摆或倾倒现象；为了避免被试物击穿时损坏微安表，应在微安表两端并联一稳压晶体管或保护放电管，如图 1.3.8.2-3 和图 1.3.8.2-4 所示。

在进行电缆直流耐压试验时，必须执行有关高压安全规程，做好一切安全措施。

操作带高压的微安表开关，观看微安表读数时，工作人员要穿绝缘鞋站在绝缘垫上，使用绝缘可靠的绝缘操作棒进行，并要有足够的安全距离。

试验完毕后对电缆的放电，应先用具有电阻的放电棒，如图 1.3.8.2-5 所示，经过电阻放电，然后再直接接地放电，务必使电缆内将存留的静电荷放尽。此放电杆前端还可以作为变换微安表量程的工具。

电缆放电的位置应在微安表的前部，避免放电电流流经微安表时损坏仪表。当试验全部结束后，不要立即拆除接地线或用手接触电缆线芯，应再将三相短接对地进行放电。然后用摇表测量试验后的绝缘电阻,以考验电缆经过耐压试验后有否显著变化。

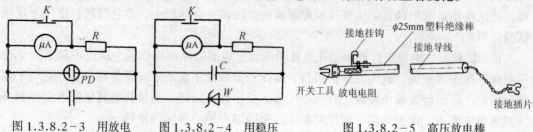

图1.3.8.2-3 用放电管保护微安表　　图1.3.8.2-4 用稳压晶体管保护微安表　　图1.3.8.2-5 高压放电棒

1.3.8.3 检查电缆线路的相位

在单相以上系统中,各相依其达到最大值(正半波)的次序按相序排列,称为相序或相位。在电力系统中,相序与并列运行、电机旋转方向等直接相关。若相位不符,会产生以下几种结果,严重时送电运行即发生短路,造成事故。

1. 当通过电缆线路联络两个电源时,相位不符合会导致无法合环运行;

2. 由电缆线路送电至用户时,如两相相位不对会使用户的电动机倒转。三相相位接错会使有双路电源的用户无法并用双电源;对只有一个电源的用户,在申请备用电源后,会产生无法作备用的后果;

3. 用电缆线路送电至电网变压器时,会使低压电网无法合环并列运行;

4. 两条及以上电缆线路并列运行时,若其中有一条电缆相位接错,会产生推不上开关的恶果。

电力电缆线路在敷设完毕与电力系统接通之前,必须按照电力系统上的相位标志进行核对。电缆线路的两端相位应一致并与电网相位相符合。

电缆线路检查相位的方法很多。比较方便的方法是在电缆的一端在两根线芯上,对电缆外护层或接地(接零)线,接上两只不同阻值的任何电阻,在另一端线芯上用万用表欧姆档分别测量线芯对外护层或接地(接零)线的电阻值即可。

另一种方法是采用干电池和电压表法,接线如图1.3.8.3-1所示。在电缆的一端认定相序后,把干电池的正极引线接L_1相端子,负极引线接L_2相端子,在电缆的另一端用表盘中央表示零值的适当测量范围的直流电压表,可找到对应的两线芯,即分别为L_1相和L_2相,L_3相一般可不需再核对。

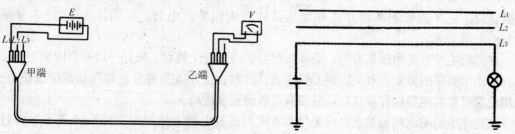

图1.3.8.3-1 用干电池电压表法核相示意图　　图1.3.8.3-2 干电池指示灯法核相示意图
　　　E—干电池盒;V—电压表

如果缺乏在中央表示零值的电压表时,可用指示灯代替,接线如图1.3.8.3-2所示。

以电缆外护层为地，干电池接通一根相线，指示灯依次接通 L_1、L_2、L_3 相线，指示灯发亮时，则表示该相与接通干电池的是一根线的两端，属于同一相。灯不亮者为异相，依次试验可确定其他相位。

1.3.8.4 充油电缆的绝缘油试验

充油电缆的绝缘油试验项目，应符合表 1.3.8.4 的规定。

充油电缆使用的绝缘油试验项目和标准　　　　　　　　　　表 1.3.8.4

项　目	标　准	说　明
电气强度试验	工频击穿强度： 对于 110～220kV 的不应低于 45kV 对于 330kV 的不低于 50kV	使用 2.5mm 平板电极常温
介质损耗角正切值 tgδ(%)	当温度为 100±2℃ 时： 对于 110～200kV 的不应大于 0.5 对于 330kV 的不应大于 0.4	

1.3.9 直埋电缆挖沟

电缆直接埋地敷设，是电缆敷设方法中应用最广泛的一种。

当沿同一路径敷设的室外电缆根数为 8 根及以下，并且在场地有条件时，电缆宜采用直接埋地敷设。

电缆直埋敷设以及电缆排管安装，需要按已经选定的敷设路线挖电缆沟。在挖沟前，应该对设计线路进行复测，按照施工图纸找出电缆线路路径位置，并在其重要地点（如比较长的直线路段的中点、上下坡处、经过障碍处和电缆线路转角处、中间接头处及需特殊预留电缆的地点等）补加标桩。应将施工地段内的地下管线、土质和地形等情况了解清楚。当复测时发现原设计如有不合理处，应与设计协商，出具变更设计手续。

挖电缆沟时，按已拟定好的敷设电缆线路走向，可用白灰在地面上划出电缆行进的线路和沟的宽度线。在划线时应注意到使电缆沟尽量保持直线，如设计图纸指明需要转弯时，还应考虑沟的弯曲半径应满足电缆弯曲半径的要求。

电缆沟的宽度应根据土质情况、人体宽度、沟深和电缆条数、电缆间的距离确定。一般在电缆沟内只敷设一条电缆时，沟宽为 0.4～0.5m，同沟敷设两条电缆时，沟的宽度为 0.6m 左右。

多条电缆的电缆沟挖掘深度和宽度，可以根据电缆敷设的有关规定计算确定。为了电缆不受损伤，电缆的埋设深度即电缆距地面的距离不应小于 0.7m。电缆在穿越农田时，由于深翻土地、挖排水沟和拖拉机耕地等原因，有可能损伤电缆。因此，在农田中电缆敷设深度不应小于 1m。电缆应埋设于冻土层以下，东北地区的冻土层厚达 2～3m，要求埋在冻土层以下有困难。当受条件限制时，应采取防止电缆受到损坏的措施。直埋电缆在引入建筑物、与地下建筑物交叉及绕过地下建筑物处，可浅埋，但应采取保护措施。

电缆沟的挖掘深度，不应小于电缆敷设的允许埋设深度加上电缆的外径再加电缆下部垫层的厚度，即 100mm。正常情况下，挖掘电缆沟的深度不宜浅于 850mm。但同时还应考虑与其他地下管线交叉保持的距离。当路面不成型时还要考虑规划路面的高低，应保证在路面修好后，电缆仍有不小于规定的深度。

电缆沟沟底的挖掘宽度,可根据电缆在沟内平行敷设时,电缆外径加上电缆之间最小净距计算。需要说明的是,控制电缆之间的间距不作规定;单芯电力电缆直埋敷设时,可按品字形排列,电缆经使用电缆卡带捆扎后,外径按单芯电缆外径的2倍计算。35kV及以下电缆直埋敷设时,如图1.3.9所示。电缆沟的深度和宽度可参考表1.3.9-1和表1.3.9-2。

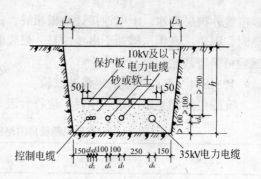

表1.3.9 直埋电缆电缆沟

35kV 电缆沟宽度表　　　　　　　　　　　　表1.3.9-1

电缆壕沟宽度 B(mm)		10kW 及以下电力电缆或控制电缆根数						
		0	1	2	3	4	5	6
35kV 电力电缆根数	1	350	650/675	800/755	950/885	1100/1015	1250/1145	1400/1275
	2	700	1000/975	1150/1105	1300/1235	1450/1365	1600/1495	1750/1625
	3	1050	1350/1325	1500/1455	1650/1585	1800/1715	1950/1845	2100/1975
	4	1400	1700/1675	1850/1805	2000/1935	2150/2065	2300/219	2450/2325

注:表中分子为10kV及以下电缆间距尺寸,分母为控制电缆用尺寸。

10kV 及以下电缆沟宽度表　　　　　　　　　表1.3.9-2

电缆壕沟宽度 B(mm)		控制电缆根数						
		0	1	2	3	4	5	6
10kV 及以下电力电缆根数	0		350	380	510	640	770	900
	1	350	450	580	710	840	970	110
	2	500	600	730	860	990	1120	1250
	3	650	750	880	1010	1140	1270	1400
	4	800	900	1030	1160	1290	1420	1550
	5	950	1050	1180	1310	1440	1570	1800
	6	1100	1200	1330	1460	1590	1720	1850

在电缆沟开挖前应先挖样洞,以帮助了解地下管线的布置情况和土质对电缆护层是否会有损害,以进一步采取相应的措施。样洞的宽度和深度一定要大于施放电缆本身所需的宽度和深度。挖样洞时应特别仔细,以免损坏地下管线和其他地下设施或漏掉了本来可以发现的其他管线。

电缆沟应垂直开挖,不可上狭下宽或掏空挖掘,开挖出来的泥土与其他杂物等应分别堆置于距沟边0.3m以外的两侧,这样既可避免石块等硬物滑进沟内使电缆受到机械损伤,又留出了人工拉引电缆时的通道,还方便电缆施放后从沟旁取细土覆盖电缆。

人工开挖电缆沟时，电缆沟两侧应根据土壤情况留置边坡，防止塌方。电缆沟最大边坡坡度，见表1.3.9-3。

电缆沟槽最大边坡坡度比($h:L_3$)　　　　表1.3.9-3

土壤名称	边坡坡度	土壤名称	边坡坡度
砂土	1:1	含砾石卵石土	1:0.67
亚砂土	1:0.67	泥炭岩白垩	1:0.33
粉质黏土	1:0.50	干黄土	1:0.25
黏土	1:0.33		

在土质松软的地段施工时，应在沟壁上加装护土板，以防止挖好的电缆沟坍塌。

在挖沟时，如遇有坚硬石块、砖块和含有酸、碱等腐蚀物质的土壤，应该清除掉，调换成无腐蚀性的松软土质。

在有地下管线的地段挖掘时，应采取措施防止损伤管线。在杆塔或建筑物的附近挖沟时，应采取防止倒塌措施。

直埋电缆沟在电缆的转弯处，要挖成圆弧形，以保证电缆的弯曲半径。在电缆接头的两端以及电缆引入建筑物和引上电杆处，要挖出备用电缆的余留坑。

在经常有人行走处挖电缆沟，应在通过电缆沟处设置跳板，以免阻碍交通，还应根据交通安全的要求设置围栏和警告标志（白天挂红旗、夜间点红灯）。

当电缆沟全部挖完后，应将沟底铲平夯实。

直埋电缆在道路很宽或地下管线复杂，用顶管法施工确有困难，只得采取开挖路面直埋电缆施工时，为了不中断交通，应按路宽分半施工，必要时应在夜间车少或无车行驶时再挖电缆沟。

1.3.10 电缆保护管加工与敷设

目前，使用的电缆保护管种类有：钢管、铸铁管、硬质聚氯乙烯管、陶土管、混凝土管、石棉水泥管等。其中铸铁管、混凝土管、陶土管、石棉水泥管用作排管，有些供电部门也有采用硬质聚氯乙烯管作为短距离的排管。

1.3.10.1 电缆保护管的选择

电缆保护管的内径与电缆外径之比不得小于1.5；混凝土管、陶土管、石棉水泥管除应满足上述要求外，其内径尚不宜小于100mm。

电缆保护管不应有穿孔、裂缝和显著的凸凹不平，内壁应光滑。金属电缆保护管不应有严重锈蚀。硬质聚氯乙烯管因质地较脆，不应用在温度过低或过高的场所，敷设时的温度不宜低于0℃，但在使用过程中不受碰撞的情况下，可不受此限制。最高使用温度不应超过50~60℃，在易受机械碰撞的地方也不宜使用。硬质聚氯乙烯管在易受机械损伤的地方和在受力较大处直埋时，应采用有足够强度的管材。

无塑料护套电缆尽可能少用钢保护管，当电缆金属护套和钢管之间有电位差时，容易因腐蚀导致电缆发生故障。

电缆保护管管口处应无毛刺和尖锐棱角，防止在穿电缆时划伤电缆。

1.3.10.2 钢、塑保护管的加工

1. 保护管的加工

钢、塑保护管管口处宜做成喇叭形，可以减少直埋管在沉降时，管口处对电缆的剪切力。

电缆保护管应尽量减少弯曲，弯曲增多将造成穿电缆困难，对于较大截面的电缆不允许有弯头。电缆保护管在垂直敷设时，管子的弯曲角度应大于90°，避免因积水而冻坏管内电缆。保护管的弯曲方法，见本工艺标准"刚性绝缘导管暗敷设"和"钢导管暗敷设"中的有关内容。

每根电缆保护管的弯曲处不应超过3个，直角弯不应超过2个。当实际施工中不能满足弯曲要求时，可采用内径较大的管子或在适当部位设置拉线盒，以利电缆的穿设。

电缆保护管在弯制后，管的弯曲处不应有裂缝和显著的凹瘪现象，管弯曲处的弯扁程度不宜大于管外径的10%。如弯扁程度过大，将减少电缆管的有效管径，造成穿设电缆困难。

保护管的弯曲处，弯曲半径不应小于所穿电缆的最小允许弯曲半径，电缆的最小弯曲半径应符合表1.3.10.2的规定。

电缆最小弯曲半径 表 1.3.10.2

电缆型式			多芯	单芯
控 制 电 缆			10D	
橡皮绝缘电力电缆	无铅包、钢铠护套		10D	
	裸铅包护套		15D	
	钢铠护套		20D	
聚氯乙烯绝缘电力电缆			10D	
交联聚乙烯绝缘电力电缆			15D	20D
油浸纸绝缘电力电缆	铅 包			30D
	铅 包	有 铠 装	15D	20D
		无 铠 装	20D	
自容式充油（铅包）电缆				20D

注：表中 D 为电缆外径。

2. 钢、塑保护管的连接

电缆保护钢导管连接时，应采用大一级短管套接或采用管接头螺纹连接，用短套管连接施工方便，采用管接头螺纹连接比较美观。为了保证连接后的强度，管连接处短套管或带螺纹的管接头的长度，不应小于电缆管外径的2.2倍。无论采用哪一种方式，均应保证连接牢固，密封良好，两连接管管口应对齐。

电缆保护钢导管连接时，不宜直接对焊。当直接对焊时，可能在接缝内部出现焊瘤，穿电缆时会损伤电缆。在暗配电缆保护钢管时，在两连接管的管口处打好喇叭口再进行对焊，且两连接管对口处应在同一管轴线上。

刚性绝缘导管做电缆保护管，为了保证连接牢固可靠、密封良好，在采用插接连接时，其插入深度宜为管子内径的1.1~1.8倍，在插接面上应涂以胶合剂粘牢密封。在采用套管套接时，套管长度也不应小于连接管内径的1.5~3倍，套管两端应以胶合剂粘接或进行封焊连接。

刚性绝缘导管在插接连接时，先将两连接端部管口进行倒角，如图1.3.10.2－1所示，然后清洁两个端口接触部分的内、外面，如有油污则用汽油等溶剂擦净。

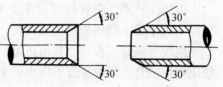

图1.3.10.2－1 连接管管口加工

将连接管承口端部均匀加热，加热部分的长度为插接部分长度的1.2~1.5倍，待加热至柔软状态后即将金属模具(或木模具)插入管中，待浇水冷却后将模具抽出，将两个端口管子接触部分清洁后涂好胶合剂插入，再次略加热承口端管子，然后急骤冷却，使其牢固连接，如图1.3.10.2－2所示。

采用套管连接时，做法如图1.3.10.2－3所示。

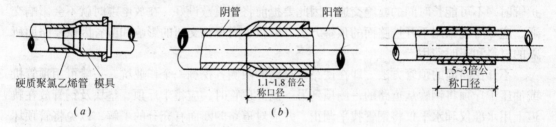

图1.3.10.2－2 管口承插做法
(a) 管端承插加工；(b) 承插连接

图1.3.10.2－3 刚性绝缘导管连接

3. 钢保护管的接地和防腐处理

用钢导管作电缆保护管时，如利用电缆的保护钢导管作接地线时，要先焊好跨接接地线，再敷设电缆。应避免在电缆敷设后再焊接地线时烧坏电缆。

钢管有丝扣的管接头处，在接头两侧应用跨接线焊接，用圆钢做跨接线时，其直径不宜小于12mm。用扁钢做跨接线时，扁钢厚度不应小于4mm，截面积不应小于100mm^2。

当电缆保护钢导管接头采用套管焊接时，不需再焊接地跨接线。

采用非镀锌金属管作电缆保护管时，为了增加保护管的使用寿命，应在管外表涂防腐漆或涂沥青，采用镀锌钢管镀层剥落处也应涂防腐漆。

1.3.10.3 电缆保护管的敷设

直埋电缆敷设时，应按要求事先埋设好电缆保护管，待电缆敷设时穿在管内，以保护电缆避免损伤及方便更换和便于检查。

1. 电缆保护管的敷设地点

在下列地点，需敷设具有一定机械强度的保护管保护电缆。

(1) 电缆进入建筑物、隧道、穿过楼板及墙壁处；

(2) 从电缆沟道引至电杆、设备、墙外表面或层内行人容易接近处，距地面高度2m以下的一段；

(3) 其他可能受到机械损伤的地方。

保护管埋入非混凝土地面的深度不应小于100mm；伸出建筑物散水坡的长度不应小于250mm，保护罩根部不应高出地面。

电缆保护钢、塑管的埋设深度不应小于0.7m，直埋电缆当埋设深度超过1.1m时，可以不再考虑上部压力的机械损伤，即不需要再埋设电缆保护管。

电缆与铁路、公路、城市街道、厂区道路下交叉时应敷设于坚固的保护管内，一般多使用钢保护管，埋设深度不应小于1m，管的长度除应满足路面的宽度外，保护管的两端还应两边各伸出道路路基2m；伸出排水沟0.5m；在城市街道应伸出车道路面。

直埋电缆与热力管道、管沟平行或交叉敷设时，电缆应穿石棉水泥管保护，并应采取隔热措施。电缆与热力管道交叉时，敷设的保护管两端各伸出长度不应小于2m。

电缆保护管与其他管道(水、石油、煤气管)以及直埋电缆交叉时，两端各伸出长度不应小于1m。

2. 顶过路钢管

电缆直埋敷设线路通过的地段，在与道路交叉时，通过铁路或交通频繁的道路敷设保护管时，不可能长时间的断绝交通，因此要提前将管道敷设好，在放电缆时就不会影响交通，应尽可能采用不开挖路面的顶管方法。以减少对车辆交通的影响和节省因恢复路面所需的材料和工时费用。

不开挖路面的顶管方法，即在铁路或道路的两侧各挖掘一个作业坑，一般可用顶管机或油压千斤顶将钢管从道路的一侧顶到另一侧。顶管时，应将千斤顶、垫块及钢管放在轨道上用水准仪和水平仪将钢管找平调正，并应对道路的断面有充分的了解，以免将管顶坏或顶坏其他管线。被顶钢管不宜作成尖头，以平头为好，尖头容易在碰到硬物时产生偏移。

在顶管时，为防止钢管头部变形并阻止泥土进入钢管和提高顶管速度，也可在钢管头部装上圆锥体钻头；在钢管尾部装上钻尾，钻头和钻尾的规格均应与钢管直径相配套。也可以以电动机为动力，带动机械系统撞打钢管的一端，使钢管平行向前移动。

3. 石棉水泥管直埋敷设

石棉水泥管长度有3m和4m的几种，管内直径有100、125、150、200mm四种不同的规格。石棉水泥管即可以作为电缆保护管直埋敷设，也可以排管的形式，用混凝土或钢筋混凝土包封敷设(即用混凝土或钢筋混凝土保护)。

石棉水泥管在一般地区，可采用管顶部距地面不小于0.7m直埋敷设。敷设石棉水泥管的沟槽挖好后，沟底须夯实找平。遇有多层管时，管的排放应注意使套管及定向垫块，如图1.3.10.3-1所示，相互错开，管与管之间的间距不应小于40mm，管周围须用细土或砂夯实，如图1.3.10.3-2所示。排管向工作井侧应有不小于0.5%的排水坡度。石棉水泥管直埋敷设尺寸，见表1.3.10.3。

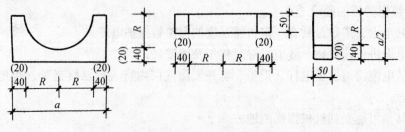

图1.3.10.3-1 石棉水泥管定向垫块

1.3 室外电缆线路安装

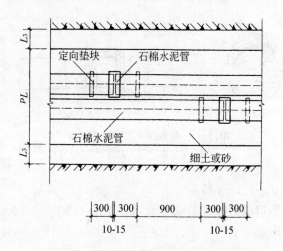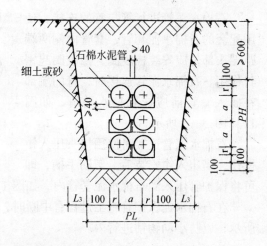

图1.3.10.3-2 石棉水泥管直埋敷设

石棉水泥管直埋敷设尺寸(mm) 表1.3.10.3

排管孔数		排管直径（外径）							
		φ100(122)		φ125(149)		φ150(175)		φ200(228)	
行数	层数	PL	PH	PL	PH	PL	PH	PL	PH
2	2	484	484	538	538	590	590	696	696
2	3	484	646	538	727	590	805	696	964
2	4	484	808	538	916	590	1020	696	1232
2	5	484	970	538	1105	590	1235	696	1500
3	2	646	484	727	538	805	590	964	696
3	3	646	646	727	727	805	805	964	964
3	4	646	808	727	916	805	1020	964	1232
3	5	646	970	727	1105	805	1235	964	1500
4	2	808	484	916	538	1020	590	1232	696
4	3	808	646	916	727	1020	805	1232	964
4	4	808	808	916	916	1020	1020	1232	1232
4	5	808	970	916	1105	1020	1235	1232	1500
5	2	970	484	1105	538	1235	590	1500	696
5	3	970	646	1105	727	1235	805	1500	964
5	4	970	808	1105	916	1235	1020	1500	1232
		$a=162$		$a=189$		$a=215$		$a=268$	

石棉水泥管进行管与管的连接,使用配套的石棉水泥套管,套管内侧两端距端头部位应安装橡胶圈,橡胶圈起密封作用。石棉水泥管连接时,管的端部在插入套管前应抹肥皂水助滑,如图1.3.10.3-3所示。

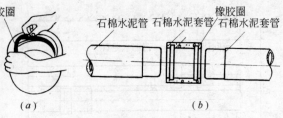

图1.3.10.3-3 橡胶圈和套管安装示意图
(a) 安装橡胶圈;(b) 套管安装

石棉水泥管连接时使用接头压入钳操作,当压入钳安装后,搬动手柄,即可将保护管压入到石棉水泥套管内,如图1.3.10.3-4所示。

在石棉水泥保护管施工过程有中断时,管口处必须加装临时管堵,如图1.3.10.3-5所示,以防小动物钻进管内。

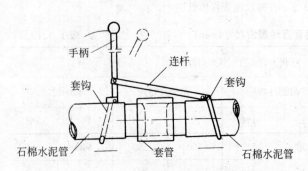

图1.3.10.3-4 安装套管压入钳操作示意图

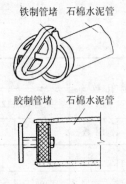

图1.3.10.3-5 管堵

1.3.11 电缆排管敷设

电缆排管敷设方式,适用于电缆数量不多(一般不超过12根),而道路交叉较多,路径拥挤,又不宜采用直埋或电缆沟敷设的地段。

电缆排管可采用石棉水泥管、混凝土管、陶土管。

1.3.11.1 电缆排管敷设的一般规定

电缆排管敷设应一次留足备用管孔数,当无法预计发展情况时除了考虑散热孔外可留10%的备用孔,但不应少于1~2孔。电缆排管管孔的内径不应小于电缆外径的1.5倍,但电力电缆的管孔内径不应小于90mm,控制电缆的管孔内径不应小于75mm。

电缆排管埋设时,排管沟底部地基应坚实、平整,不应有沉陷。排管沟底部应垫平夯实,并铺以厚度不小于80mm厚的混凝土垫层。排管顶部距地面不应小于0.7m,在人行道下面敷设时,承受压力小,受外力作用的可能性也较小,且地下管线较多,埋设深度可浅些,但不应小于0.5m。

当地面上均匀荷载超过$100kN/m^2$或排管通过铁路及遇有类似情况时,必须采取加固措施,防止排管受到机械损伤。

排管安装时,应有不小于0.5%的排水坡度,并在人孔井内设集水坑,集中排水。

电缆排管敷设连接时,管孔应对准,以免影响管路的有效管径,保证敷设电缆时穿设顺利。电缆排管接缝处应严密,不得有地下水和泥浆渗入。

电缆排管为便于检查和敷设电缆,在电缆线路转弯、分支、终端处应设人孔井。在直线段上，为便于拉引电缆，使穿入或抽出电缆时，电缆承受的拉力不超过允许应力，也应设置一定数量的电缆人孔井，人孔井间的距离不宜大于150m。电缆人孔的净空高度不宜小于1.8m，其上部人孔的直径不应小于0.7m，如图1.3.11.1所示。

排管在安装前应先疏通管孔，清除管孔内积灰杂物，并应打磨管孔边缘的毛刺，防止穿电缆时划伤电缆。

1.3.11.2 石棉水泥管排管混凝土包封敷设

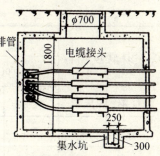

图1.3.11.1 电缆排管人孔井坑断面图

石棉水泥管排管在穿过铁路、公路及有重型车辆通过的场所时，应选用混凝土包封的敷设方式，在电缆管沟沟底铲平夯实后，先用混凝土打好100mm厚底板，在底板上再浇筑适当厚度的混凝土后，再放置定向垫块，在垫块上敷设石棉水泥管，定向垫块应在管接头处两端300mm处设置，石棉水泥管的排放也应注意使水泥管的套管及定向垫块相互错开。石棉水泥管混凝土包封敷设，要预留足够管孔，管与管之间相互间距不应小于80mm，施工时采用分层敷设，分层浇筑混凝土并捣实，如图1.3.11.2所示。石棉水泥管混凝土包封敷设尺寸，见表1.3.11.2。

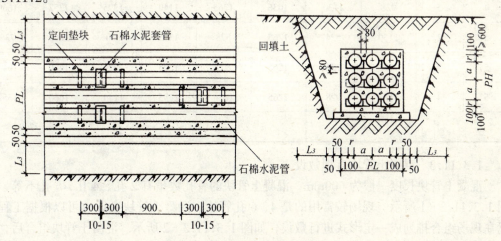

1.3.11.2 石棉水泥管混凝土包封敷设

石棉水泥管混凝土包封敷设尺寸(mm)　　　　　　　表1.3.11.2

排管孔数		排管直径（外径）							
		$\phi100(122)$		$\phi125(149)$		$\phi150(175)$		$\phi200(228)$	
行数	层数	PL	PH	PL	PH	PL	PH	PL	PH
2	2	524	524	578	578	630	630	736	736
2	3	524	726	578	807	630	885	736	1044
2	4	524	928	578	1036	630	1140	736	1352
2	5	524	1130	578	1265	630	1395	736	1660

续表

排管孔数		排管直径（外径）							
		φ100(122)		φ125(149)		φ150(175)		φ200(228)	
行数	层数	PL	PH	PL	PH	PL	PH	PL	PH
3	2	726	524	807	578	885	630	1044	736
3	3	726	726	807	807	885	885	1044	1044
3	4	726	928	807	1036	885	1140	1044	1352
3	5	726	1130	807	1265	885	1395	1044	1660
4	2	928	524	1036	578	1140	630	1352	736
4	3	928	726	1036	807	1140	885	1352	1044
4	4	928	928	1036	1036	1140	1140	1352	1352
4	5	928	1130	1036	1265	1140	1395	1352	1660
5	2	1130	524	1265	578	1395	630	1660	736
5	3	1130	726	1265	807	1395	885	1660	1044
5	4	1130	928	1265	1036	1395	1140	1660	1352
		$a=202$		$a=229$		$a=255$		$a=308$	

1.3.11.3 混凝土管块直埋敷设

混凝土管块长度一般为600mm，混凝土管块的管孔数量有2孔、4孔、6孔不等，如图1.3.11.3-1所示。现场较常用的是4、6孔管块，混凝土管块敷设也可以根据工程情况在现场组合排列成一定形式进行敷设，如图1.3.11.3-2所示。混凝土管块组合后，管孔的数量及管块组合尺寸，见表1.3.11.3。

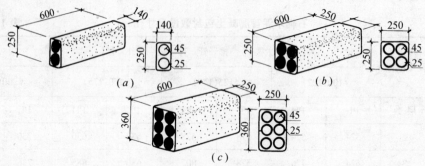

图1.3.11.3-1 混凝土管块
(a) 2孔混凝土管块；(b) 4孔混凝土管块；(c) 6孔混凝土管块

1.3 室外电缆线路安装

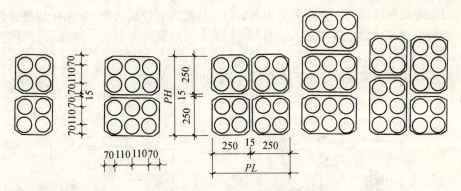

图 1.3.11.3-2 混凝土管块组合图

混凝土管块组合尺寸(mm)　　　　表 1.3.11.3

管孔数量	行　数	层　数	PL	PH	基 础 宽
4	2	2	250	250	350(450)
6	2	3	250	360	350(450)
8	2	4	250	515	350(450)
12	3	4	360	515	460(560)
16	4	4	515	515	615(715)
18	3	6	360	780	460(560)
20	4	5	515	625	615(715)

混凝土管块直埋敷设时，需将排管沟底部垫平夯实，再铺以 C10 混凝土底板，在底板上敷设排管可使排管保持在同一水平面上，如图 1.3.11.3-3 所示。

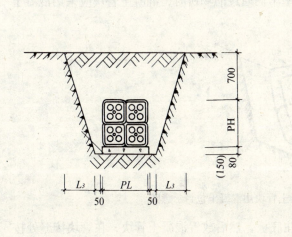
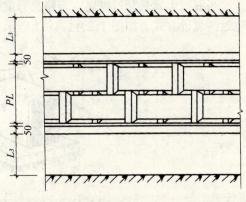
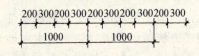

图 1.3.11.3-3 混凝土管块直埋敷设

混凝土管块在接缝处,要缠上宽为80mm、长度为管块周长加100mm的接缝砂布或纸条、塑料胶粘布,防止砂浆进入,再用1:25水泥砂浆抹缝封实,使管块接缝处严密,如图1.3.11.3-4所示。

混凝土管块并列安装时,上下左右(即两层和两排)的接缝应错开排列,如图1.3.11.3-5所示。

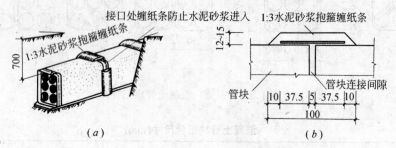

图1.3.11.3-4 混凝土管块连接处做法
(a) 示意图;(b) 局部做法

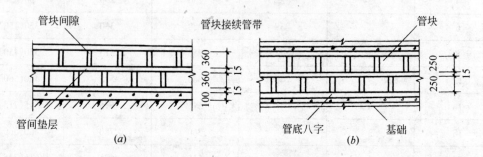

图1.3.11.3-5 并列排管的接缝排列
(a) 两层管块接缝错开;(b) 两行管块接缝错开

1.3.11.4 混凝土管块包封敷设

当混凝土管块穿过铁路、公路及有重型车辆通过的场所时,混凝土管块应采用混凝土包封的敷设方式,如图1.3.11.4-1所示。

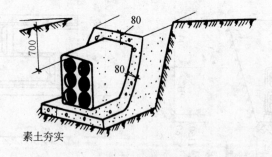

图1.3.11.4-1 混凝土管块用混凝土包封示意图

混凝土管块混凝土包封敷设时,先浇注底板,然后放置混凝土管块,在管块接缝处按前述方法缠包严密后,先用水泥砂浆封实,再在混凝土管块周围灌注强度不小于C10的混凝土进行包封,如图1.3.11.4-2所示。

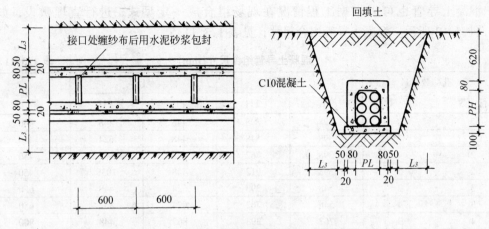

图 1.3.11.4-2 混凝土管块混凝土包封敷设

混凝土管块敷设组合安装时，管块之间上下左右的接缝处，应保留 15mm 的间隙，用 1:25 水泥砂浆填充，如图 1.3.11.4-3 所示。

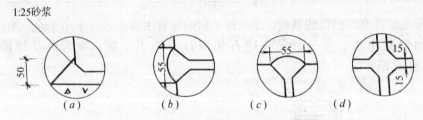

图 1.3.11.4-3 混凝土管块组合接缝处做法
(a) 管底八字；(b) 管边缝；(c) 管顶缝；(d) 管间

1.3.11.5 混凝土导管直埋敷设

混凝土导管长为 1m，导管孔径有 $\phi125$ 和 $\phi150$ 两种，导管的端头制作成承插口的形式，按常用的导管孔数区分有 4 孔和 6 孔等几种，如图 1.3.11.5-1 所示，图中括号外尺寸适用于导管孔径 $\phi150$，括号内尺寸适用于 $\phi125$。

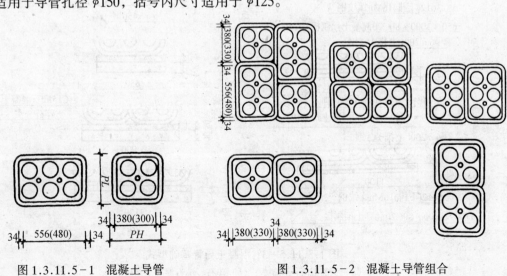

图 1.3.11.5-1 混凝土导管　　　　图 1.3.11.5-2 混凝土导管组合

混凝土导管也可以根据工程情况在现场组合成一定型式,进行直埋敷设,如图1.3.11.5-2所示。混凝土导管组合尺寸,见表1.3.11.5。

混凝土导管组合尺寸(mm)　　　　　　　表1.3.11.5

管孔数量		φ125		φ150		基础宽
行数	层数	PL	PH	PL	PH	
2	2	398	398	448	448	450
2	3	398	548	448	624	450
2	4	398	762	448	862	450
2	5	398	912	448	1038	450
3	2	548	398	624	448	650
3	4	548	762	624	862	650
4	2	762	398	862	448	900
4	4	762	762	862	862	900
4	5	762	912	862	1038	900
5	2	912	398	1038	448	1100
5	4	912	762	1038	862	1100

混凝土导管直埋敷设的基础,是根据不同的导管组合型式,采用不同的做法,其中一种是预制混凝土板,另一种是在碎石和细石混凝土基础、导管的基础断面,如图1.3.11.5-3所示。

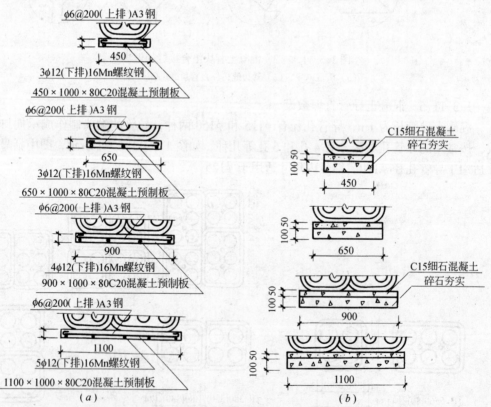

图1.3.11.5-3　混凝土导管基础型式
(a)钢筋混凝土预制板;(b)碎石、细石混凝土基础

预制混凝土板基础,是在导管管沟底用C20钢筋混凝土预制混凝土板铺垫,预制板两端部各伸出长180mm的钢筋,在板端钢筋的连接处用C20混凝土浇实,使预制板连成一体。在预制板上敷设混凝土导管,如图1.3.11.5-4(a)所示;碎石和细石混凝土基础施工时,先在已垫平夯实的沟底垫上厚度为100mm碎石并夯实,然后在上面浇灌50mm厚的C15细石混凝土,找平基础平面后敷设导管,如图1.3.11.5-4(b)所示。

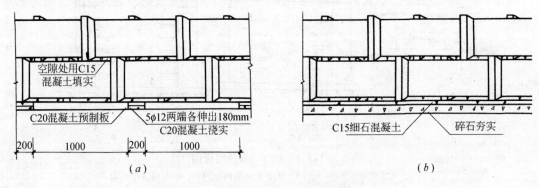

图1.3.11.5-4 混凝土导管基础做法
(a) 预制板基础;(b) 碎石、细石混凝土基础

混凝土导管直埋敷设在敷设第一根导管时,须准确测定标高及方向并用桩固定。导管与导管相互间并列敷设,上下左右的接头应相互错开。导管间的连接是采用承插口连接,在承口端和插口端中间设置厂家配套生产的密封橡胶圈,导管连接依靠φ16拉筋插入到导管的孔眼中进行连接,如图1.3.11.5-5所示。

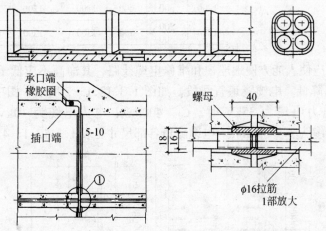

图1.3.11.5-5 混凝土导管的连接

混凝土导管敷设并调整后,导管与导管及导管与基础之间的空隙处用C15混凝土填实。

1.3.12 电缆沟和隧道及其支架的配制与安装

当电缆与地下管网交叉不多,地下水位较低且无高温介质和熔化金属液体流入可能的地区,同一路径的电缆根数为18根及以下时,宜采用电缆沟敷设。多于18根时,宜采用电缆隧道敷设。

1.3.12.1 电缆沟和电缆隧道

电缆沟和电缆隧道，常由土建专业施工。室外电缆沟断面如图1.3.12.1-1所示，各部尺寸见表1.3.12.1-1～表1.3.12.1-3。

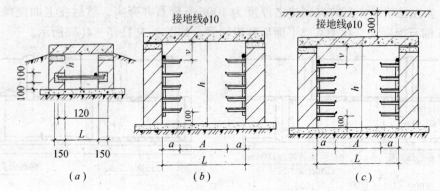

图 1.3.12.1-1 室外电缆沟
(a) 无覆盖电缆沟(一); (b) 无覆盖电缆沟(二); (c) 有覆盖电缆沟

无覆盖层电缆沟尺寸(一)(mm)
表 1.3.12.1-1

沟宽(L)	沟深(h)
400	400
600	400

无覆盖层电缆沟尺寸(二)(mm)
表 1.3.12.1-2

沟宽(L)	层架(a)	通道(A)	沟深(h)
1000	200/300	500	700
1000	200	600	900
1200	300	600	1100
1200	200/300	700	1300

无覆盖层电缆沟尺寸(mm)
表 1.3.12.1-2

沟宽(L)	层架(a)	通道(A)	沟深(h)
1000	200/300	500	700
1000	200	600	900
1200	300	600	1100
1200	200/300	700	1300

电缆隧道内应使人能方便地巡视和维修电缆线路，其净高不应低于1.9m，有困难时局部地段可适当降低。电缆隧道直线段，如图1.3.12.1-2所示，图中尺寸C与电缆的种类有关；当电力电缆为35kV时，$C \geq 400$mm；电力电缆为10kV及以下时，$C \geq 300$mm；控制电缆为$C \geq 250$mm。电缆隧道各部尺寸见表1.3.12.1-4。

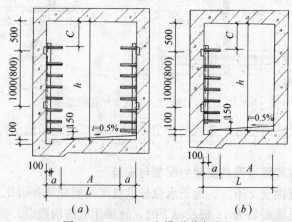

图 1.3.12.1-2 电缆隧道直线段
(a) 双侧支架; (b) 单侧支架

电 缆 隧 道 选 择 (mm)　　　　　　　　　　表1.3.12.1-4

支架形式	隧道宽 L	层架宽 a	通道宽 A	隧道高 h
单侧支架	1200	300	900	1900
	1400	400	1000	1900
	1400	500	900	1900
双侧支架	1600	300	1000	1900
	1800	400	1000	2100
	2000	400	1200	2100
	2000	500	1000	2300
	2000	400/500	1100	2300

电缆沟和电缆隧道应采取防水措施，其底部应做成坡度不小于0.5%的排水沟。积水可及时直接接入排水管道或经集水坑、集水井用水泵排出，以保证电缆线路在良好环境条件下运行。

电缆沟和电缆隧道应考虑分段排水，每隔50m左右设置一个集水坑或集水井。电缆沟及电缆隧道集水坑，如图1.3.12.1-3和图1.3.12.1-4所示。

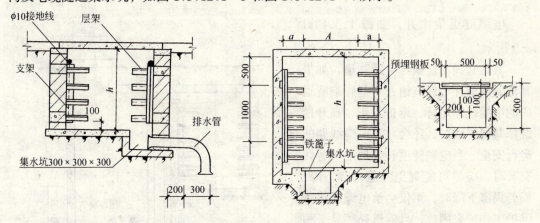

图1.3.12.1-3 电缆沟集水坑　　　　图1.3.12.1-4 电缆隧道集水坑

电缆沟在地下水流较高的地区，集水井做法，如图1.3.12.1-5所示。集水井应设置临时排水泵，如果能满足标高要求时，可与排水系统相连，但必须采取防止倒灌的措施。

在地下水位较低的地区，电缆沟集水井，如图1.3.12.1-6所示，图中卵石或碎石层的厚度可依据修建地点情况适当增减。

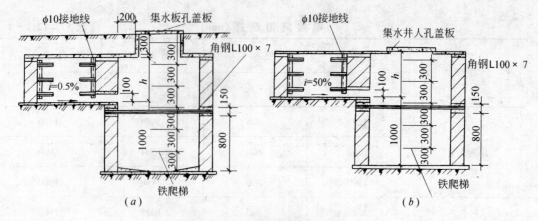

图 1.3.12.1-5 电缆沟沟侧集水井（一）
(a) 电缆沟有覆盖层；(b) 电缆沟无覆盖层

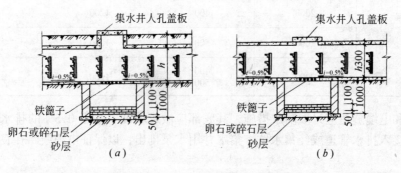

图 1.3.12.1-6 电缆沟沟内集水井（二）
(a) 电缆沟有覆盖层；(b) 电缆沟无覆盖层

电缆隧道集水井，如图 1.3.12.1-7 所示。

其他管线不应横穿电缆隧道。如果其他管线横穿电缆隧道，不但影响隧道内的电缆线路运行、维护工作，在开挖翻修其他管线时，还会危及电缆线路的运行安全。当电缆隧道和其他地下管线交叉时，应尽可能避免隧道局部下降，倘若局部下降时，不仅会给电缆的运行维护工作带来困难，且隧道局部易于积水，又不易排出，应采取相应措施尽量避免和防止隧道局部下降。

重要回路的电缆沟，在进入建筑物处及电缆沟分支处和电缆进入控制室、配电装置室、建筑物和厂区围墙处以及电缆隧道的分支处应设置防(阻)火墙。

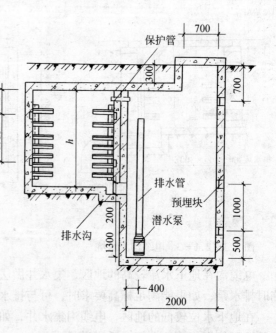

图 1.3.12.1-7 电缆隧道集水井

电缆隧道进入建筑物处以及在变电所围墙处，应设带防火门的防火墙。长距离电缆沟、隧道在每相距100m处应设置带防火门的阻火墙。防火门应采用非燃烧材料或难燃烧材料制成，并应加锁。

电缆隧道长度大于7m时，两端应设出口（包括人孔）；当长度小于7m时，可设一个出口。两个出口间的距离超过75m时，尚应增加出口。人孔井的直径不应小于0.7m。

电缆隧道内应有照明，使用电压不应超过36V，否则应采取安全措施。

为了降低环境温度和驱除潮气，电缆隧道内应考虑采取通风措施，一般宜采用自然通风，只有在进出风温差超过10℃，且每米电缆隧道内的电力电缆损失超过150W时，需考虑机械通风，在采用机械通风时，也宜采用自然进风、利用机械排风的方式。

1.3.12.2 电缆支架的加工制作

电缆敷设在电缆沟和隧道内，一般多使用支架固定。支架的选择由工程设计决定，常用的支架有角钢支架和装配式支架。电缆沟内使用的角钢支架，有7种不同的型号规格，如图1.3.12.2-1所示。支架层间垂直距离为300mm的是安装35kV电缆用；120mm是安装控制电缆用。

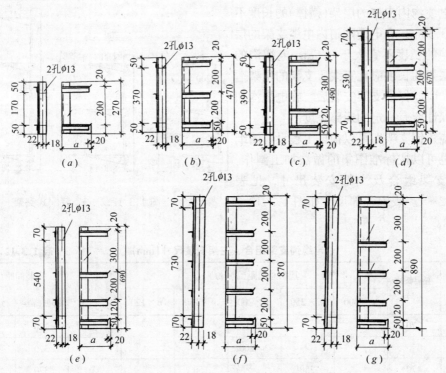

图1.3.12.2-1 电缆沟用角钢支架
(a) 支架1；(b) 支架2；(c) 支架3；
(d) 支架4；(e) 支架5；(f) 支架6；(g) 支架7

电缆隧道内使用的角钢支架，共有5种不同的型号规格，如图1.3.12.2-2所示。图中支架层间垂直距离为300mm的供安装35kV电缆用；250mm供安装6~10kV交联聚乙烯绝缘电缆用；200mm供安装10kV及以下电缆用；150mm供安装控制电缆用。

装配式支架，如图1.3.12.2-3所示，由工厂加工制作。

电缆沟和电缆隧道内的角钢支架,一般需要自行加工制作。

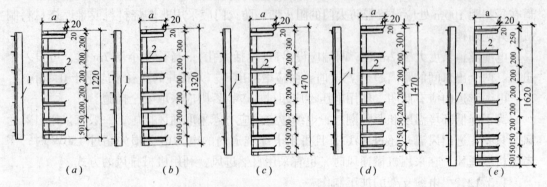

图 1.3.12.2-2 电缆隧道用角钢支架
(a) 支架 1;(b) 支架 2;(c) 支架 3;(d) 支架 4;(e) 支架 5;
1—主架 ∟75×5;2—层架(横撑) ∟45×5

角钢支架由主架和层架(横撑)两部分组成,在电缆沟内支架的层架(横撑)的长度不宜大于 0.35m;在电缆隧道内电缆支架的层架(横撑)的长度不宜大于 0.5m。电缆沟的转角段层架的长度应比直线段支架的层架适当加长。应能保证支架安装后,在电缆沟和隧道内保证留有一定的通路宽度。

电缆角钢支架即可以根据工程设计图纸制作,也可以按标准图集的做法加工制作。电缆沟支架组合及主架安装尺寸,见表 1.3.12.2-1。表中各部尺寸如图 1.3.12.2-4 所示。

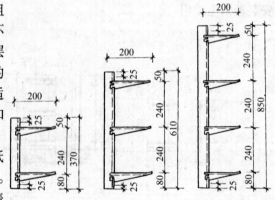

图 1.3.12.2-3 装配式支架

电缆沟支架组合、主架安装尺寸(mm)　　　　表 1.3.12.2-1

沟深	主架长度	层架总间距($n×m$)					层架层数	安装间距(F)	
(h)	(l)	$n×300$	$n×250$	$n×200$	$n×150$	$n×120$		膨胀螺栓	预埋件
500	270			200			2	170	150
700	470			2×200			3	370	350
700	470		250		150		3	370	350
700	490			2×150	120		4	390	370
700	490	300				120	4	390	370
900	670			3×200			4	530	550
900	670		250	200	150		4	530	550
900	670	300			2×150		4	530	550
900	690			200	2×150	120	5	550	570

续表

沟深 (h)	主架长度 (l)	层架总间距 ($n\times m$)					层架层数	安装间距 (F)	
		$n\times 300$	$n\times 250$	$n\times 200$	$n\times 150$	$n\times 120$		膨胀螺栓	预埋件
1100	870			4×200			5	730	750
1100	870		250	2×200	150		5	730	750
1100	890	300		2×200		120	5	750	770
1300	1070			5×200			6	930	950
1300	1090	300	250	200	150	120	6	950	970
1300	1070	300		2×200	2×150		6	930	950

注：1. 当主架安装采用膨胀螺栓时 $F_1=50$ 或 70；采用预埋件时 $F_1=60$；
2. m 分别为 120、150、200、250、300mm 五种间距，由工程设计决定；
3. c 值为 150~200mm，D 值为 50mm。

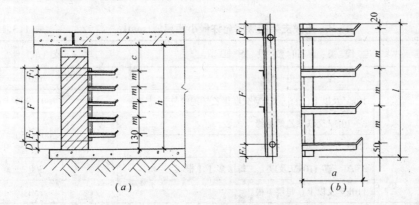

图 1.3.12.2-4 支架安装和支架组合尺寸图
(a) 支架安装尺寸；(b) 支架组合尺寸

为了使制作的电缆支架牢固、整齐、美观，在电缆支架加工制作时，所使用的材料必须是标准钢材，且钢材应平直无明显扭曲。在现场批量制作角钢电缆支架时，可以事先做出模具，支架的外形应一致，下料后的长短误差应保持在 5mm 范围内。切口应光滑，无卷边、毛刺。安装在电缆沟内角钢支架的主架，如果采用膨胀螺栓或射钉螺栓固定时，在主架上应根据给定的位置用电钻钻 $2\times \phi 13$ 孔，两孔的间距不宜大于 2mm，严禁用电、气焊割孔。

为了便于电缆的敷设和抽换，在确定电缆沟和电缆隧道内电缆支架的层间垂直距离时，应加以验算，须保证在同一支架上敷设多根电缆时，能够进行里外移动和更换电缆。电缆支架层间垂直距离和通道宽度，工程设计中的最小净距，不应小于表 1.3.12.2-2 所规定数值。

支架层间允许最小距离，当设计无规定时，可采用表 1.3.12.2-3 的规定。但层间净距不应小于电缆外径的 2 倍加 10mm，35kV 及以上高压电缆不应小于电缆外径的 2 倍加 50mm。

由于电缆沟或电缆隧道内空气潮湿、积水，为避免电缆支架腐蚀严重而强度降低，角钢支架的主架与层架(横撑)应采用焊接固定，焊接后应无明显变形，焊缝应均匀，同时需要清除焊渣和焊药皮。焊接后的支架各层架(横撑)间的垂直净距与设计尺寸偏差不应大于5mm。

支架层间垂直距离和通道宽度的最小净距(m)　　　　表 1.3.12.2-2

名称	敷设条件	电缆隧道(净高1.90)	电缆沟 沟深0.60以下	电缆沟 沟深0.60及以上
通道宽度	两侧设支架	1.00	0.30	0.50
	一侧设支架	0.90	0.30	0.45
支架层间垂直距离	电力电缆	0.20	0.15	0.15
	控制电缆	0.12	0.10	0.10

电缆支架的层间允许最小距离值(mm)　　　　表 1.3.12.2-3

电缆类型和敷设特征		支(吊)架
控制电缆		120
电力电缆	10kV及以下(除6~10kV交联聚乙烯绝缘外)	150~200
	6~10kV交联聚乙烯绝缘	200~250
	35kV单芯	
	35kV三芯 110kV及以上，每层多于1根	300
	110kV及以上，每层1根	250
电缆敷设于槽盒内		h+80

注：h 表示槽盒外壳高度。

电缆支架制作完成后，必须进行良好的防腐处理，室外使用时应进行镀锌处理，若无电镀条件，宜采用涂磷化底漆一道，过氯乙烯漆两道。如果支架用于湿热、盐雾以及有化学腐蚀地区时，应根据设计作特殊的防腐处理。

1.3.12.3　电缆支架的安装

电缆沟和电缆隧道内的电缆支架安装方式，应符合设计要求，并应同土建专业密切配合安装，尤其是预埋件的埋设位置极为重要，它将直接影响到支架安装的质量。在安装支架时，宜先找好直线段两端支架的准确位置，先安装固定好，然后拉通线再安装中间部位的支架，最后安装转角和分岔处的支架。电缆沟或电缆隧道内，电缆支架最上层至沟顶及最下层至沟底的距离，当工程设计没有明确规定时，不宜小于表 1.3.12.3-1 中所列数值。

电缆支架本体应保证安装牢固、横平竖直和安全可靠。电缆支架间的距离，应符合设计规定，见表 1.3.12.3-2。

当电缆支架间，设计没有给出确切的距离时，施工中也不应大于表 1.3.12.3-3 中所列数值。

电缆支架最上层及最下层至沟顶、楼板或沟底、地面的距离(mm) 表 1.3.12.3-1

敷设方式	电缆隧道及夹层	电缆沟
最上层至沟顶或楼板	300~350	150~200
最下层至沟底或地面	100~150	50~100

电缆支架间或固定点间的最大间距(m) 表 1.3.12.3-2

敷设方式 \ 电缆种类	塑料护套、铝包、铅包钢带铠装		钢丝铠装
	电力电缆	控制电缆	
水平敷设	1.00	0.80	3.00
垂直敷设	1.50	1.00	6.00

电缆各支持点间的距离(mm) 表 1.3.12.3-3

电缆种类		敷设方式	
		水平	垂直
电力电缆	全塑型	400	1000
	除全塑型外的中低压电缆	800	1500
	35kV 及以上高压电缆	1500	2000
控制电缆		800	1000

注：全塑型电力电缆水平敷设沿支架能把电缆固定时，支持点间的距离允许为 800mm。

在电缆沟和隧道内，各电缆支架的同层层架(横撑)应在同一水平面上，高低差不应大于 5mm。

在有坡度的电缆沟内安装的电缆支架，应有与电缆沟相同的坡度。

电缆沟转角、分支及交叉段的电缆支架的布置以及电缆隧道在转角、分支、交叉和终端段以及隧道加宽段或标高变化段处的电缆支架的布置，应按标准图集给定的位置施工。

电缆支架在电缆沟和电缆隧道内常用的安装固定方式有多种，施工中可按工程设计根据不同的安装地点和环境，选择适当的安装方式，配合土建工程施工。

(1) 支架与预埋件焊接固定。电缆沟和电缆隧道内，电缆支架同预埋件采用焊接固定时，预埋件是用 120mm×120mm×6mm 的钢板与两根 φ12 长为 500mm 的圆钢固定条组合焊成一体，如图 1.3.12.3-1 所示。预埋件应配合土建在电缆沟(隧道)施工中预埋，预埋件的水平间距应由设计决定，也可参照标准图绘出的尺寸，按表 1.3.12.3-1 所示施工，预埋件的垂直间距应根据设计或施工规范规定尺寸施工。支架角钢与预埋件连接钢板焊接，如图 1.3.12.3-2 所示。

(2) 支架用预制混凝土砌块固定。使用预制混凝土砌块固定支架时，砌块内的铁件应按图 1.3.12.3-1 制成，再将做好的预埋件，按图 1.3.12.3-3 所示，埋设在强度不小于 C15 混凝土砌块内。

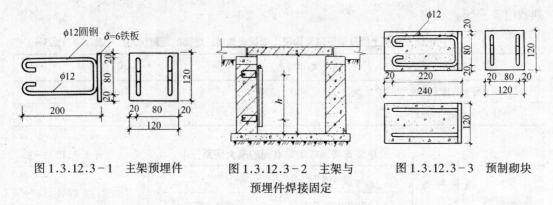

图1.3.12.3-1　主架预埋件　　　图1.3.12.3-2　主架与预埋件焊接固定　　　图1.3.12.3-3　预制砌块

在电缆沟或隧道墙体砌筑施工时，应紧密配合土建将预制混凝土砌块砌筑在适当的位置上。待安装支架时将支架与预埋件焊接固定，如图1.3.12.3-4所示。

(3) 电缆沟的上部有护边角钢时，支架的主架上部与护边角钢焊接在一起。下部与沟壁上的预埋扁钢相焊接，如图1.3.12.3-5所示。预埋扁钢方案，在土建施工时应由土建专业选择决定。

(4) 支架用预埋螺栓安装。电缆支架为槽钢时，支架可以用预埋底脚螺栓或事先将底脚螺栓埋设在预制混凝土砌块内的方法固定。

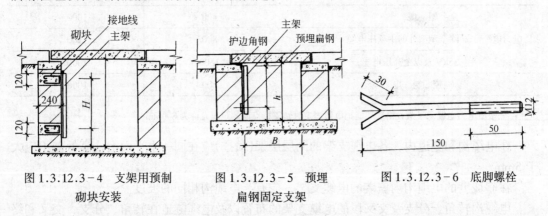

图1.3.12.3-4　支架用预制　　　图1.3.12.3-5　预埋　　　图1.3.12.3-6　底脚螺栓
砌块安装　　　　　　　　扁钢固定支架

电缆沟墙体施工时，可预先将M12×150的底脚螺栓或砌块直接埋设在墙体内，待安装支架时，用底脚螺栓紧固电缆支架的主架，如图1.3.12.3-6和图1.3.12.3-7所示。

(5) 用膨胀螺栓安装支架。在电缆沟墙体强度C15及以上混凝土及钢筋混凝土或强度相当的砖砌体墙上安装电缆支架，可采用M10×100膨胀螺栓和φ14胀管固定，如图1.3.12.3-8所示。

采用膨胀螺栓施工，先用冲击钻或电锤在现场就地打孔，孔洞大小应与膨胀螺栓套管粗细相同，孔深略长于套管，孔洞内应清扫干净，然后放入膨胀螺栓并轻轻打入，用膨胀螺栓与支架连接固定，如图1.3.12.3-9所示。在敷设电缆前应将支架再紧固一次。

(6) 电缆沟在分支段及交叉段常设有槽钢过梁，有时需要过梁处安装过梁电缆支架。此时，支架的主架上端可与过梁焊接固定，主架的下端与预埋在沟底内的预埋L50×5长为180mm的角钢接，如图1.3.12.3-10所示。

(7) 隧道内落地支架安装。在电缆隧道加宽段内的支架，应使用落地支架进行落地安装,需要在隧道底部设置预埋件,落地支架的主架与预埋件采用焊接固定,如图1.3.12.3-11所示。

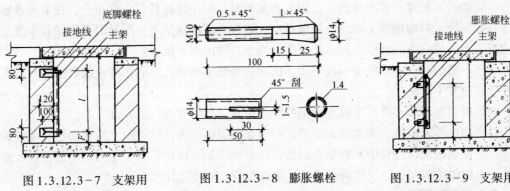

图1.3.12.3-7 支架用底脚螺栓固定　　图1.3.12.3-8 膨胀螺栓　　图1.3.12.3-9 支架用膨胀螺栓固定

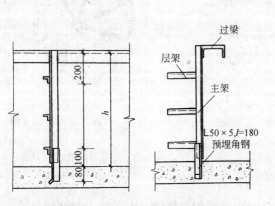

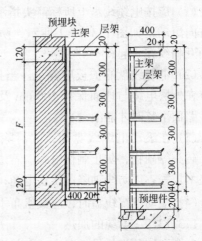

图1.3.12.3-10 过梁支架安装　　图1.3.12.3-11 支架落地安装

1.3.12.4 电缆支架的接地

为避免电缆产生故障时危及人身安全,电缆支架全长均应有良好的接地,电缆线路较长时,还应根据设计多点接地。

接地线宜使用直径不小于 $\phi12$ 镀锌圆钢,并应该在电缆敷设前与支架焊接(参见支架安装中图示)。当电缆支架利用电缆沟或电缆隧道的护边角钢或预埋的扁钢接地线作为接地线时,不需再敷设专用的接地线。

1.3.13 电缆敷设

电缆敷设是电缆施工的一个重要环节,必须有一定的步骤,并应严格按程序和有节奏地进行施工,确保达到电缆安全运行的最终目的。

1.3.13.1 电缆的搬运

电缆敷设在搬运前,应检查电缆外观应无损伤、绝缘良好,当对电缆的密封有怀疑时,应进行潮湿判断。直埋电缆应经过试验合格。电缆的规格、型号是否符合要求,尤其应注意电压等级和线芯截面。

电缆盘不应平放贮存和平放运输。盘装电缆在运输或滚动电缆盘前,必须检查电缆盘的牢固性,电缆两端应固定、电缆线圈应绕紧使之不松弛。

在装卸电缆过程中,不应使电缆及电缆盘受到损伤,装卸车时应尽可能使用汽车吊。用吊车装卸时,吊臂下方不得站人。用人力装卸时,可用跳板斜搭在汽车上,在电缆盘轴心穿一根钢管,两端用绳子牵着,使电缆盘在跳板上缓慢地滚下,滚动时必须顺着电缆盘上的箭头指示或电缆的缠紧方向。严禁将电缆盘直接由车上推下。

用汽车搬运时,电缆线盘不得平放,应用垫木垫牢并绑扎牢固,防止线盘滚动。行车时线盘的前方不得站人。

电缆运到现场后,应尽量放在预定的敷设位置,尽量避免二次搬运。

对充油电缆若运输和滚动方式不当,会引起电缆损坏或油管破裂。对充油电缆油管的保护,应在运输滚动过程中检查是否漏油,压力油箱是否固定牢固,压力指示是否符合要求等。否则电缆因漏油、压力降低会造成电缆受潮以致不能使用。

当电缆需要短距离搬运时,允许将电缆盘滚到敷设地点,但应注意以下事项:

(1)应按电缆线盘上所标箭头指示或电缆的缠紧方向滚动,如图 1.3.13.1 所示,防止因电缆松脱而互相绞在一起;

(2)电缆线盘的护板应齐全。当护板不全时,只有在外层电缆与地面保持 100mm 及以上的距离而且路面平整时才能滚动;

(3)在滚动电缆线盘前,应清除道路上的石块、砖头等硬物,防止刺伤电缆。若道路松软则应铺垫木板等,以防线轴陷落压伤电缆;

图 1.3.13.1　电缆线盘的滚动方向

(4)滚动电缆线盘时,应戴帆布手套。在电缆滚动的前方不得站人,以防止伤人。

1.3.13.2　电缆的加热

电缆允许敷设的最低温度,在敷设前 24h 内的平均温度以及电缆敷设现场的温度不低于表 1.3.13.2-1 的规定,当施工现场的温度低于规定不能满足要求时,应采取适当的措施,避免损坏电缆,如采取加热法或躲开寒冷期敷设等。

电缆允许敷设最低温度　　　　　　　　表 1.3.13.2-1

电 缆 类 型	电 缆 结 构	允许敷设最低温度(℃)
油浸纸绝缘电力电缆	充油电缆	-10
	其他油纸电缆	0
橡皮绝缘电力电缆	橡皮或聚氯乙烯护套	-15
	裸铅套	-20
	铅护套钢带铠	-7
塑料绝缘电力电缆		0
控制电缆	耐寒护套	-20
	橡皮绝缘聚氯乙烯护套	-15
	聚氯乙烯绝缘聚氯乙烯护套	-10

电缆加热方法通常有两种：

1. 提高室内温度

将加热电缆放在暖室里，用热风机或电炉及其他方法提高室内周围温度，对电缆进行加热。但这种方法需要时间较长，当室内温度为 5~10℃ 时，需 42h；如温度为 25℃ 时，则需 24~36h；温度在 40℃ 时需 18h 左右。有条件时可将电缆放在烘房内加热 4h 之后即可敷设。

2. 电流加热法

电流加热法是将电缆线芯通入电流，使电缆本身发热。电流加热的设备，可采用小容量三相低压变压器，初级电压为 220V 或 380V，次级能供给较大的电流即可，但加热电流不得大于电缆的额定电流。也可采用交流电焊机进行加热。

用电流法加热时，将电缆一端的线芯短路，并加以铅封，以防潮气侵入。铅封端时，应使短路的线芯与铅封之间保持 50mm 的距离。接入电源的一端可先制成终端头，在加热时注意不要使其受损伤，敷设完后就不要重新封端了。当电缆线路较长，所加热的电缆放在线路中间，可临时做一支封端头。通电电源部分应有调节电压的装置和适当的保护设备，防止电缆过载而损伤。

电缆在加热过程中，要经常测量电流和电缆的表面温度。测量电流可用钳型电流表，10kV 以下的三芯统包型电缆所需的加热电流和时间如表 1.3.13.2-2 所示。

电缆加热所需的电流及加热时间　　　表 1.3.13.2-2

电缆规格	加热最大允许电流(A)	温度在下列数值时的加热时间(min)			加热时所用电压(V) 电缆长度(m)				
		0℃	-10℃	-20℃	100	200	300	400	500
3×10	72	59	76	97	23	46	69	92	115
3×16	102	56	73	74	19	39	58	77	96
3×25	130	71	88	106	16	32	48	64	80
3×35	160	74	93	112	14	28	42	56	70
3×50	190	90	112	134	12	23	35	46	58
3×70	230	97	122	149	10	20	30	40	50
3×95	285	99	124	151	9	19	27	36	45
3×120	330	111	138	170	8.5	17	25	34	42
3×150	375	124	150	185	8	15	23	31	38
3×185	425	134	163	208	6	12	17	23	29
3×240	490	152	190	234	5.1	11	16	21	27

测量温度可用水银温度计，测温时，将温度计的水银头用油泥粘在电缆外皮上。加热后电缆的表面温度应根据各地的气候条件决定，但不得低于 5℃。在任何情况下，电缆的表面温度不应超过下列数值：

3kV 及以下的电缆 40℃；

6～10kV 的电缆 35℃；

20～35kV 的电缆 25℃。

经过加热后的电缆应尽快的敷设，敷设前放置的时间一般不超过 1h。当电缆已冷却到低于表 1.3.13.2-1 中所列的允许敷设最低温度时，就不宜在敷设中进行弯曲了。

1.3.13.3 电缆的敷设

电缆敷设常用的有两种方法，即人工敷设和机械牵引敷设。无论采用哪种敷设方法，都得先将电缆盘稳妥地架设在放线架上。架设电缆线盘，将电缆线盘按线盘上的箭头方向滚至预定地点，再将钢轴穿于线盘轴孔中，钢轴的强度和长度应与电缆线盘重量和宽度相结合，使线盘能活动自如。钢轴穿好后用千斤顶将线盘顶起架设在放线架上。

电缆线盘的高度离开地面应为 50～100mm，能自由转动，并使钢轴保持平衡，防止线盘在转动时向一端移动，放电缆时，电缆端头应从线盘的上端放出（线盘的转动方向应与线盘的滚动方向相反）。逐渐松开放在滚轮上，用人工或机械向前牵引。

电缆敷设前应按设计和实际路径计算出每根电缆的长度，合理安排每盘电缆，尽量减少电缆接头。在安排电缆时，不要把电缆接头考虑在道路交叉处、建筑物的大门口以及与其他管道交叉的地方。同在一条沟内有数条电缆并列敷设时，电缆接头的位置且相互错开，使电缆接头间尽量保持在 2m 以上的距离，以便日后检修。

1．人工敷设

采用人力敷设电缆，首先要根据路径的长短，组织劳力由人杠着电缆沿电缆沟走动敷设，也可以站在沟中不走动用手抬着电缆传递敷设。敷设路径较长时，应将电缆放在滚轮上，用人力拉电缆，引导电缆向前移动如图 1.3.13.3-1 所示。

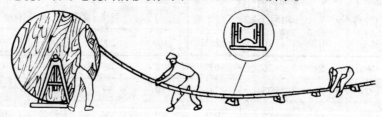

图 1.3.13.3-1 电缆用滚轮敷设

2．机械牵引敷设

机械牵引敷设电缆，牵引动力由牵引机械提供，牵引机械主要由卷扬机组成。为保护电缆装有测量拉力的装置，有的牵引机械当拉力达到预定极限时，可自行脱扣，有的还装有测量敷设长度的测量装置。

使用机械牵引时，应首先在沟旁或沟底每隔 2～2.5m 处放好滚轮，将电缆放在滚轮上，使电缆牵引时不与支架或地面摩擦。滚轮的品种繁多，常用的见图 1.3.13.3-2，(a)、(c)型为直线部位的滚轮；(d)、(e)型为转角处使用的滚轮；(b)型滚轮即可用于直线部位又可用于各种方向的转弯处。

如采用机械牵引方法敷设电缆时，应防止电缆因承受拉力过大而损伤，因此对电缆敷设时的最大允许牵引强度作了如表 1.3.13-3 所示的规定，其充油电缆总拉力不应超过 27kN。

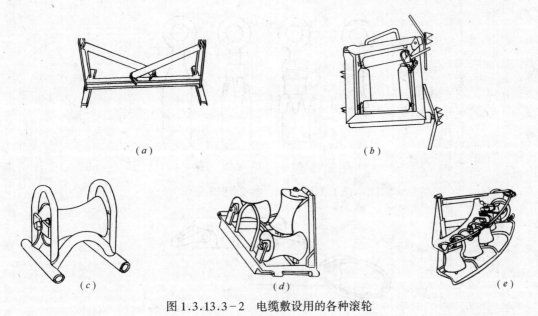

图1.3.13.3-2 电缆敷设用的各种滚轮

电缆最大牵引强度(N/mm²)　　　　　　　　　　　表1.3.13-3

牵引方式	牵引头		钢丝网套		
受力部位	铜芯	铝芯	铅套	铝套	塑料护套
允许牵引强度	70	40	10	40	7

当敷设条件较好，电缆承受拉力较小时，可在电缆端站套一特制的钢丝网套拖放电缆，如图1.3.13.3-3所示。

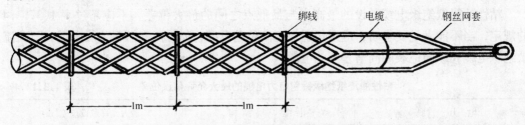

图1.3.13.3-3 牵引电缆用钢丝网套

当电缆敷设承受拉力较大时，则应在末端封焊牵引头(俗称和尚头)，使线芯和铅包同时承受拉力。作牵引头时按(a)～(d)的顺序，先将钢铠锯掉，将铅包剥成条状翻向钢铠末端，然后把线芯绝缘纸剥除，将拉杆插到线芯间用铜线绑牢，再把铅包翻回拍平，最后用封铅将拉杆、线芯、铅包封焊在一起，形成牵引头如图1.3.13.3-4所示。

机械敷设电缆时，应在牵引头或钢丝网套与牵引钢绳之间装设防捻器(防扭牵引头)防止电缆绞拧如图1.3.13.3-5所示。

机械牵引电缆要慢慢牵引，速度不宜超过15m/min。110kV及以上电缆或在较复杂路径上敷设时，其牵引速度应适当放慢，在转弯处的侧压力不应大于3kN/m。

在复杂的条件下用机械敷设大截面电缆时，应进行施工组织设计，确定敷设方法、线盘架设位置，电缆牵引方向、校核牵引力和侧压力，配备敷设人员和机具。

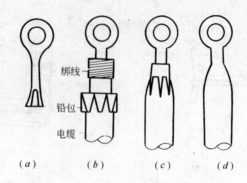

图 1.3.13.3-4 电缆牵引头制作

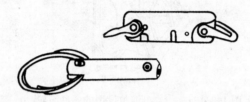

图 1.3.13.3-5 防扭牵引头

1.3.13.4 电缆敷设的要求

电缆敷设时，不应损伤电缆沟、隧道、电缆井和人井的防水层。

电缆敷设时不可能笔直，实际敷设的电缆长度一般比沟长 1%～1.5%，各处均会有大小不同的蛇形或波浪形，在直线路段，完全能够补偿在各种运行环境温度下因热胀冷缩引起的长度变化。电力电缆在终端头与接头附近宜留有适当的备用长度，为故障时的检修提供方便。对于电缆外径较大、通道狭窄无法预留备用段时，规范中对此并无硬性规定。

粘性油浸纸绝缘电缆敷设的最高点与最低点之间的最大位差，不应超过表 1.3.13.4 的规定，当不能满足要求时，应采用适应于高位差电缆，如橡皮和塑料绝缘电缆、不滴流纸绝缘电缆和纵向铠装的高落差充油电缆。

粘性油浸纸绝缘铅包电力电缆的最大允许敷设位差   表 1.3.13.4

电 压 （kV）	电缆护层结构	最大允许敷设位差(m)
1	无铠装	20
	铠装	25
6～10	铠装或无铠装	15
35	铠装或无铠装	5

油浸纸绝缘电力电缆在切断后，应将端头立即铅封。

为了保证质量，塑料电缆两端也应有可靠的防潮封端。在塑料电缆的使用中，应消除塑料电缆不怕水，电缆两端既使不密封电缆内进一些水也不要紧的错误观念。

塑料电缆进水后，在试验时一般不会发现问题，但长期运行后会出现电缆使用的问题，尤其是高压交联聚乙烯电缆线芯进水后，在长期运行中会出现水树枝现象，即线芯内的水呈树枝状进入塑料绝缘内，从而使这些地方成为薄弱环节，一般运行 6～10 年即显现出由此而造成的危害。此外高压交联聚乙烯电缆接头在模塑成型加热时，线芯中的水汽会进入交联聚乙烯带的层间，形成气泡，影响接头质量。

塑料护套电缆，当护套内进水后，会引起内铠装锈蚀。

塑料电缆的封端，可以采用粘合法：一种是用聚氯乙烯胶粘带作为密封包绕层；另一种是用自粘性橡胶带，自粘性橡胶带本身在包缠后能紧密粘合成一体，均起到电缆切口封端的作用。

充油电缆在切断时，可按下述方法进行并应符合有关要求：

1. 在任何情况下，充油电缆的任一段都应有压力油箱保持油压。充油电缆在切断前，先在被分割的一端接上压力油箱，切断后两端均可用压力油箱的油分别冲洗切断口。并排出封端内的空气和杂物。

2. 在连接油管路时，可用压力油排除管内的空气，并在有压力的情况下进行管路连接，以免接头内积气。

3. 充油电缆的切断口必须高于邻近两侧电缆的外径，使电缆内不易进气。

4. 切断电缆时不应有金属屑及污物进入电缆。

电缆进入电缆沟、隧道、竖井、建筑物、盘（柜）以及穿入管子时，出入口应封闭，管口应密封。

1.3.13.5 直埋电缆的敷设

直埋电缆敷设前，应在铺平夯实的电缆沟先铺一层100mm厚的细砂或软土，作为电缆的垫层。直埋电缆周围铺砂还是铺软土好，应根据各地区的情况而定。在南方水位较高的地区，铺软土比铺砂好，铺砂的电缆易受腐蚀；在水位较低的北方地区，因砂松软、渗透性好，电缆经常处于干燥的环境中，电缆周围的砂总是干的，不怕冻、腐蚀性小。

软土或砂子中不应有石块或其他硬质杂物。

若土壤中含有酸或碱等腐蚀物质，不用做电缆垫层。

电缆在垫层中敷设后，电缆表面距自然地面的距离不应小于0.7m，穿越农田时不应小于1m。电缆应埋设于冻土层以下，当受条件限制时，可浅埋，但应采取保护措施，防止电缆在运行中受到损坏。可以用混凝土或砖块在电缆沟底砌一浅槽，电缆放置于槽内，槽内填充河砂，上面再盖上混凝土保护板或砖块。

直埋电缆敷设施工时，严禁将电缆平行敷设在其他管道的上方或下方。

同沟敷设两条及以上电缆时，电缆之间，电缆与管道、道路、建筑物之间平行交叉时的最小净距应符合表1.3.13.5-1的规定，电缆之间不得重叠、交叉、扭绞。

电缆之间，电缆与管道、道路、建筑物之间平行交叉时的最小净距　　表1.3.13.5-1

项　目		最小净距（m）	
		平行	交叉
电力电缆间及其与控制电缆间	10kV及以下	0.10	0.50
	10kV以上	0.25	0.50
控制电缆间		—	0.50
不同使用部门的电缆间		0.50	0.50

续表

项 目		最小净距 (m)	
		平行	交叉
热管道(管沟)及热力设备		2.00	0.50
油管道(管沟)		1.00	0.50
可燃气体及易燃液体管道(沟)		1.00	0.50
其他管道(管沟)		0.50	0.50
铁路路轨		3.00	1.00
电气化铁路路轨	交流	3.00	1.00
	直流	10.0	1.00
公 路		1.50	1.00
城市街道路面		1.00	0.70
杆基础(边线)		1.00	—
建筑物基础(边线)		0.60	—
排水沟		1.00	0.50

注：1. 电缆与公路平行的净距，当情况特殊时可酌减；
2. 当电缆穿管或者其他管道有保温层等防护设施时，表中净距应从管壁或防护设施的外壁算起。

10kV 及以下电力电缆之间及其与控制电缆间平行敷设时，最小净距为 100mm，如图 1.3.13.5-1 所示。

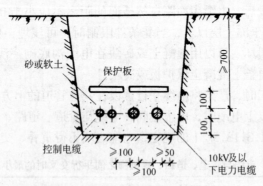

图 1.3.13.5-1 10kV 及以下电缆及控制电缆并列敷设最小净距

10kV 以上(35kV 以下)电力电缆之间及 10kV 以上(35kV 以下)电力电缆和 10kV 及以下电力电缆或与控制电缆之间平行敷设时，最小净距为 250mm，如图 1.3.13.5-2(a) 所示。在特殊情况下 10kV 以上电缆之间及与相邻电缆间的距离可以降低为 100mm，但应选用加间隔板电缆并列方案，如图 1.3.13.5-2(b) 所示；如果电缆均穿在保护管内，并列间距也可以降至为 100mm，如图 1.3.13.5-2(c) 所示。

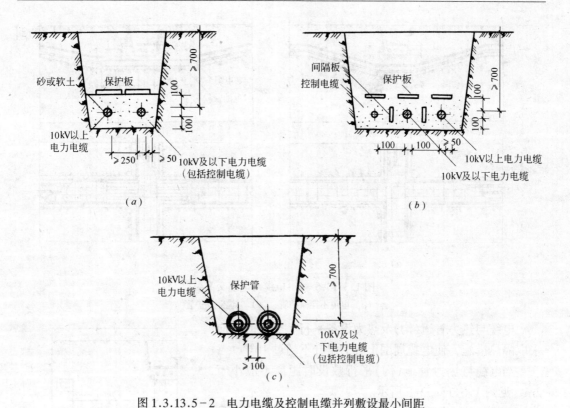

图1.3.13.5-2 电力电缆及控制电缆并列敷设最小间距
(a) 并列敷设；(b) 加间隔板方案；(c) 电缆穿保护管

不同使用部门的电缆间，如电力电缆与通信电缆平行敷设最小净距不应小于500mm，当电缆穿保护管敷设时，最小平行净距可降低至0.1m，如图1.3.13.5-3(a)和图1.3.13.5-3(b)所示。

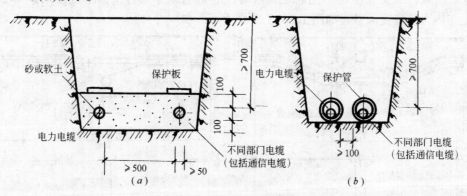

图1.3.13.5-3 不同部门使用的电缆并列敷设最小净距

电缆与电缆交叉敷设时，间距应不小于500mm，如图1.3.13.5-4(a)所示。当电力电缆间、控制电缆间以及它们相互之间，不同使用部门的电缆间在交叉点前后1m范围内，当电缆穿入管中或用隔板隔开时，其交叉净距可降为250mm。电缆与通信电缆交叉敷设时，通信电缆应埋设在上方，电缆保护管内径不应小于电缆外径的1.5倍，如图1.3.13.5-4(b)所示。

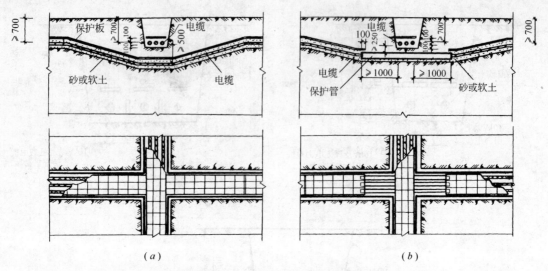

图 1.3.13.5-4 电缆与电缆交叉敷设
(a) 电缆不穿保护管; (b) 电缆穿保护管

电缆与热力管道(沟)及热力设备平行、交叉时,应采取隔热措施,使电缆周围土壤的温升不超过10℃。

当电缆与热力管道(沟)平行敷设时距离不应小于2m,见图1.3.13.5-5所示。

电缆与热力管道(沟)、油管道(沟)、可燃气体及易燃液体管道(沟)、热力设备或其他管道(沟)之间交叉敷设时,虽然净距能满足≥500mm的要求,但在检修管路可能伤及电缆时,在交叉点前后1m的范围内还应采取保护措施;当交叉净距不能满足要求时,应将电缆穿入管中,净距可减少为250mm。电缆与热力管道交叉敷设如图1.3.13.5-6所示。

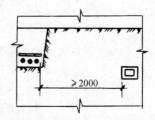

图 1.3.13.5-5 电缆与热力管道(沟)平行敷设

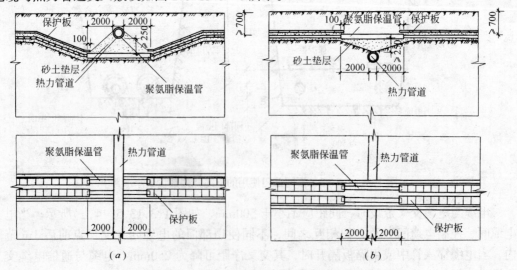

图 1.3.13.5-6 电缆与热力管道交叉
(a) 热力管道在电缆上方敷设; (b) 热力管道在电缆下方敷设

电缆与热力沟交叉敷设时,应在热力沟与电缆保护管之间,采用矿棉保温板、岩棉保温板或微孔硅酸钙保温板做隔热板,其厚度不应小于50mm,并外包二毡三油。隔热板与电缆保护管之间也用砂土作垫层,电缆与热力管沟隔热板之间的最小间距不小于250mm。电缆与热力沟交叉敷设如图1.3.13.5-7所示。

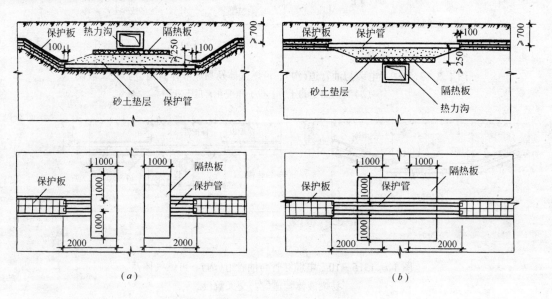

图1.3.13.5-7 电缆与热力管沟交叉
(a)电缆在热管沟下方敷设;(b)电缆在热管沟上方敷设

电缆与油管道(沟)、可燃气体及易燃液体管道(沟)之间平行敷设时,距离不应小于1m;电缆与其他管道(沟)平行敷设时,距离不应小于500mm。当电缆穿在保护管内时,电缆与其他管道(沟)例如水管的距离不应小于250mm,如图1.3.13.5-8所示。

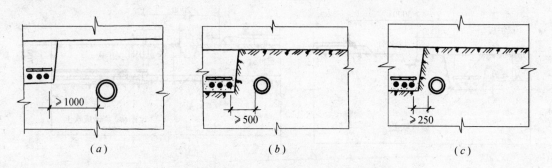

图1.3.13.5-8 电缆与各种管道平行敷设
(a)电缆与油管道(沟)、可燃气体、易燃液体管道(沟);(b)电缆与其他管道(沟);
(c)电缆穿保护管与其他管道(沟)

电缆与油管道(沟)、可燃气体及易燃液体管道(沟)和其他管道(沟)间交叉敷设时,净距不应小于500mm,如图1.3.13.5-9所示,当电缆穿在保护管内时,最小净距可减至250mm,如图1.3.13.5-10所示。

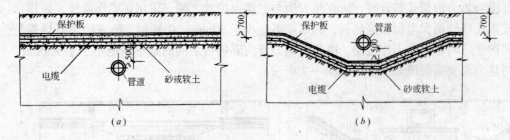

图 1.3.13.5-9　电缆与油管道(沟)、可燃气体及易燃液体管道(沟)交叉敷设
(a) 电缆在管道上方；(b) 电缆在管道下方

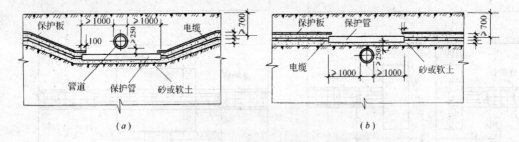

图 1.3.13.5-10　电缆穿管与油管道(沟)、可燃气体及
易燃液体管道(沟)交叉敷设
(a) 电缆穿管在管道下方；(b) 电缆穿管在管道上方

电缆与铁路平行敷设时，距铁路路轨最小距离为3m，距排水沟为1m，如图1.3.13.5-11所示。

电缆与铁路交叉敷设时，最小净距为1m。电缆应敷设于坚固的保护管或隧道内，电缆保护管的两端宜伸出铁路路基两边各2m；伸出排水沟0.5m，如图1.3.13.5-12所示。

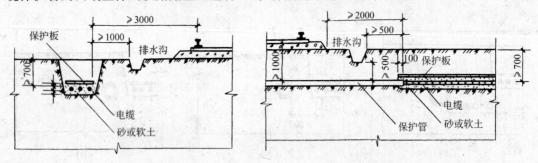

图 1.3.13.5-11　电缆与铁路平行　　　图 1.3.13.5-12　电缆与铁路交叉

电缆与公路平行敷设时，距公路边缘最小距离为1.5m，如图1.3.13.5-13所示，图中电缆与公路平行的净距，当情况特殊时可酌情减少。

电缆与公路交叉敷设时，最小净距为1m。电缆也应敷设在坚固的保护管或隧道内，电缆保护管的两端宜伸出公路路基两边各2m；伸出排水沟0.5m，如图1.3.13.5-14所示。

电缆与城市街道路面平行敷设时，最小净距为1m；交叉敷设时为700mm。电缆与城市街道和厂区道路交叉时，应敷设在坚固的保护管或隧道内。电缆管的两端宜伸出道路基两边各2m；伸出排水沟500mm；在城市街道应伸出车道路面。

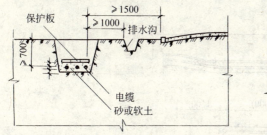
图1.3.13.5-13 电缆与公路平行

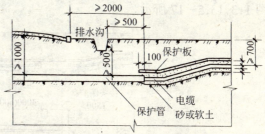
图1.3.13.5-14 电缆与公路交叉

交流电缆与电气化铁路路轨平行敷设时，最小净距为3m；交叉敷设时净距为1m。

直流电缆与电气化铁路路轨平行敷设时，最小净距为10m；交叉敷设时净距为1m。当平行、交叉净距不能满足要求时，应采取防电化腐蚀措施。

电缆敷设与建筑物、树木、电杆之间距离见图1.3.13.5-15所示。电缆与建筑物平行敷设时应埋在散水坡外。

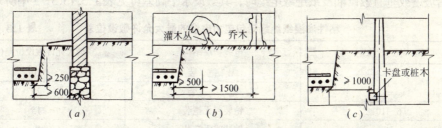
图1.3.13.5-15 电缆与建筑物、树木、电杆最小净距
(a) 电缆与建筑物平行；(b) 电缆与树木接近；(c) 电缆与电杆接近

埋地敷设的电缆长度，应比电缆沟长约1.5%～2%，并做波状敷设。电缆在终端头与接头附近宜留有备用长度，其两端长度不宜小于1～1.5m。

电缆沿坡度敷设的允许高差及弯曲半径应符合要求，电缆中间接头应保持水平，如图1.3.13.5-16所示。

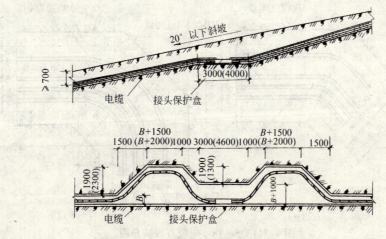
图1.3.13.5-16 电缆沿坡度敷设中间接头

多根电缆并列敷设时,中间接头的位置宜相互错开,一般净距不宜小于500mm,如图1.3.13.5-17所示。

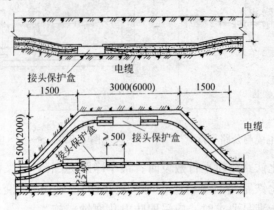

图1.3.13.5-17 水平地段电缆接头

沿坡度或垂直敷设油浸纸绝缘电缆时,其敷设水平高差可见表1.3.13.5-2中所列数值。

粘性油浸纸绝缘铅包电力电缆的最大允许敷设位差　　表1.3.13.5-2

电压(kV)	电缆护层结构	最大允许敷设位差(m)
1	无铠装	20
1	铠装	25
6~10	铠装或无铠装	15
35	铠装或无铠装	5

埋地敷设的电缆在接头盒的部位下面,必须垫混凝土垫板,其长度应伸出接头保护盒两侧各0.5~0.7m。

直埋电缆接头盒外面应有防止机械损伤的保护盒(环氧树脂接头盒除外)。位于冻土层内的保护盒,盒内宜注以沥青。

电缆直埋转角段和分支段做法,如图1.3.13.5-18和图1.3.13.5-19所示。

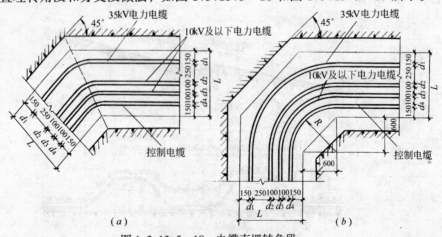

图1.3.13.5-18 电缆直埋转角段
(a) 电缆直埋转45°；(b) 电缆直埋转90°

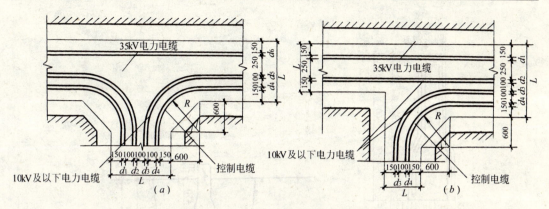

图 1.3.13.5-19 电缆直埋分支段
(a) 两侧分支；(b) 单侧分支

电缆放好后，上面应盖一层100mm的细砂或软土，并应当及时加盖保护板，防止外力损伤电缆，覆盖保护板的宽度应超过电缆两侧各50mm如图1.3.13.5-20所示。

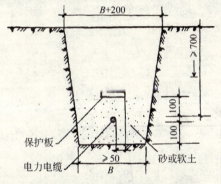

图 1.3.13.5-20 电缆保护板做法

直埋电缆保护板可采用混凝土盖板或砖块。混凝土保护板对防止机械损伤效果较好，有条件时应首先采用。在不易挖掘和承受外力较小处，可用砖代替，由工程设计决定。保护板可以采用C15混凝土制作，板厚度为35mm，有四种规格如图1.3.13.5-21(a)所示。保护板也可用C15钢筋混凝土制作，有两种规格如图1.3.13.5-21(b)所示，图中括号内数字用于35kV电缆用。

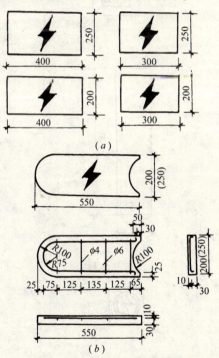

图 1.3.13.5-21 电缆保护板
(a) 混凝土保护板；(b) 钢筋混凝土保护板

直埋电缆在直线段每隔50～100m处、电缆接头处、转弯处、进入建筑物等处，应设置明显的方位标志或标示桩，以便于电缆检修时查找和防止外来机械损伤。

电缆标示桩，如图1.3.13.5-22所示。图中(a)标志桩采用C15钢筋混凝土预制，埋设于电缆壕沟中心；图中(b)标志桩采用C15混凝土预制，埋设于沿送电方向的右侧。标示桩桩头露出地面0.15m。

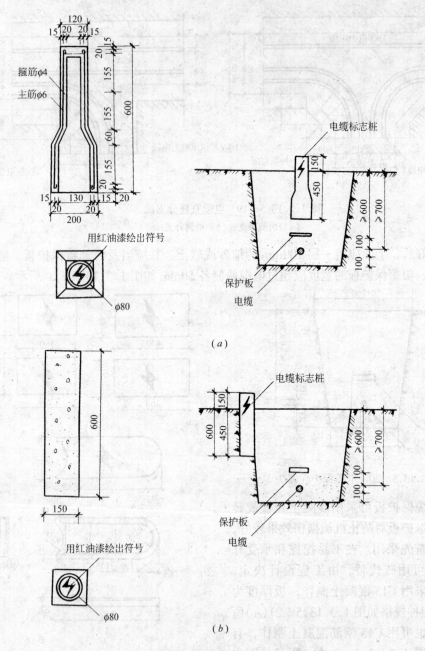

图 1.3.13.5-22 电缆标示桩
(a) 直埋电缆沟中心标示桩；(b) 直埋电缆沟侧面标示桩

电缆沟标示牌如图 1.3.13.5-23 所示，标示牌用 150mm×150mm×0.6mm 镀锌铁皮制作，符号及文字最好用钢印压制。标示牌固定在预制的标示桩上，在有建筑物的地方标示牌应尽量安装在壕沟附近建筑物外墙上，安装高度底边距地面 450mm。

电缆在施放过程中，应用镀锌铁丝把电缆标示牌系在电缆上。

直埋电缆回填土前，应经隐蔽工程验收合格。对电缆的埋深、走向、坐标、起止点及埋入方法等应随时做好隐蔽工程记录。

电缆沟应分层夯实，覆土要高出地面150~200mm，以备松土沉陷。

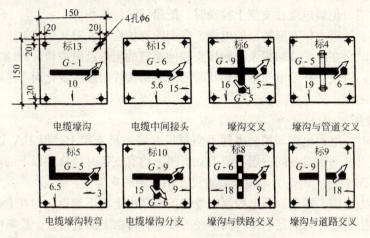

图1.3.13.5-23 直埋电缆沟标示牌

标示牌符号说明如下（以电缆沟交叉标示牌为例）：标6（红色）——标示牌号，+（黑色）——电缆壕沟，G5、G9（黑色）——电缆沟编号，◁（红色）——电压符号，——（黑色）——至标示设施方向，5、16（黑色）——至标示设施距离(m)。

1.3.13.6 电缆在电缆沟和隧道内敷设

在同一条电缆沟（道）内敷设很多电缆时，为了做到电缆按顺序分层配置，施放电缆前，应充分熟悉图纸，弄清每根电缆的型号、规格、编号、走向以及在电缆支架上的位置和大约长度等。

1. 施放电缆

放电缆时，可先敷设长的、截面大的电源干线，再敷设截面小而又较短的电缆。

每放完一根电缆，应随即把电缆的标志牌挂好。这样的敷设程序，有利于电缆在支架上合理布置与排列整齐，避免接叉和混乱现象。

电缆标志牌应在电缆终端头，电缆接头、拐弯处、隧道的两端及人孔井内等地方装设。标志牌上应注明线路编号。当无编号时，应写明电缆型号、规格及起止地点；并联使用的电缆应有顺序号。

标志牌规格宜统一，字迹应清晰不易脱落。标志牌挂装应牢固。

电缆标志牌见图1.3.13.6-1。用2mm厚的铅板或切割下的电缆铅皮制成，文字用钢印压制并用镀锌铁丝系在电缆上。

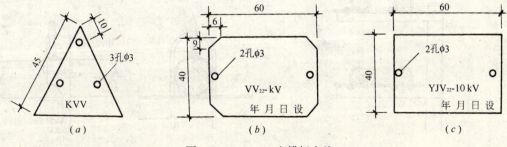

图1.3.13.6-1 电缆标志牌
(a)控制电缆标志牌；(b)1kV及以下电力电缆标志牌；(c)10kV以上电力电缆标志牌

在敷设裸铅(铝)包电缆时,最好先把电缆从盘上散开放在地上,待量好尺寸,两端截断后再托上支架,免得电缆在支架上拉动时,把铅(铝)包损伤。

在电缆沟、隧道内带有麻护层的电缆,应剥除麻护层,并对其铠装加以防腐。

电缆敷设时,在电缆终端头及中间接头和伸缩缝的附近及电缆转弯的地方,电缆都要适当留些余量,以便于补偿电缆本身和其所依附的结构件因温度变化而产生的变形,也便将来检修接头之用。

2. 电缆排列

电缆排列时,电力电缆和控制电缆不应敷设在同一层支架上。但1kV以下的电力电缆和控制电缆可并列敷设在同一层支架上。当两侧均有支架时,1kV以下的电力电缆和控制电缆宜与1kV及以上的电力电缆分别敷设在不同侧的支架上。

高低压电力电缆、强电、弱电控制电缆应按顺序由上而下敷设,但在含有35kV以上高压电缆引入柜盘时,为满足电缆弯曲半径的要求,可由下而上敷设。控制电缆在支架上敷设不宜超过一层。交流三芯电力电缆,在支架上也不宜超过一层。

交流单芯电力电缆,应敷设在同侧支架上。当按紧贴的正三角形排列时,应每隔1m用绑带绑扎。

电力电缆在电缆沟或电缆隧道内并列敷设时,水平净距为35mm,但不应小于电缆的外径。

3. 电缆的固定

电缆在超过45°倾斜敷设,应在每个支架上进行固定。水平敷设的电缆,在电缆的首末两端及转弯、电缆接头的两端应加以固定。当对电缆的间距有要求时,应每隔5~10m处进行固定。

单芯电缆的固定应符合设计要求。电缆在支架上固定常用的方法,采用管卡子或单边管卡子固定,也有用U形夹固定以及用Ⅱ形夹固定,如图1.3.13.6-2、图1.3.13.6-3和图1.3.13.6-4所示,可以根据不同的需要选择。

交流系统的单芯电缆或分相后的分相铅套电缆的固定夹具不应构成闭合磁路。

裸铅(铝)套电缆的固定处,应加软衬垫保护。护层有绝缘要求的电缆,在固定处应加绝缘衬垫。

电缆进入电缆沟、隧道、建筑物出入口应封闭,管口应密封。

电缆敷设经检查完毕后,应及时清除杂物,盖好盖板,必要时,尚应将盖板缝隙密封。

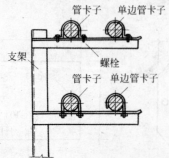

图1.3.13.6-2 电缆在支架上用管卡固定安装

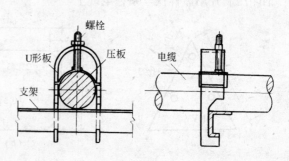

图1.3.13.6-3 电缆在支架上用U形夹固定安装

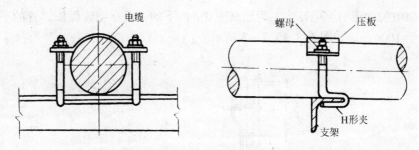

图1.3.13.6-4 电缆在支架上用H形夹固定安装

电缆沟宜采用钢筋混凝土盖板,每块盖板的重量不宜超过50kg。

对电缆沟(道)内敷设的电缆也应作好隐蔽工程记录。

1.3.13.7 电缆穿保护管敷设

电缆在穿入保护管前,管道内应无积水,且无杂物堵塞。保护管应安装牢固,不应将电缆管直接焊接在支架上。

穿入管中的电缆数量,应符合设计要求。交流单芯电缆不得单独穿入钢管内。保护管内穿电缆时,不应损伤电缆护层,可采用无腐蚀性的润滑剂(粉)。

电缆穿入管子后,管口应密封,如图1.3.13.7-1所示。

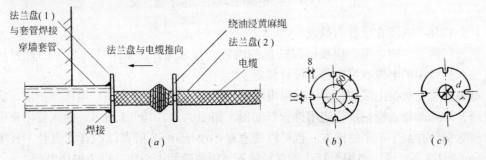

图1.3.13.7-1 电缆穿墙套管密封做法
(a) 套管密封;(b) 法兰盘(1);(c) 法兰盘(2)

电缆进入建筑物内的保护管敷设如图1.3.13.7-2所示。保护管伸出建筑物散水坡的长度不应小于250mm。

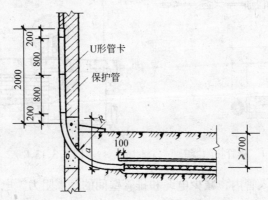

图1.3.13.7-2 电缆进入建筑物保护管敷设

电缆出电缆沟道引至电杆应在距地高度2m以下的一段穿钢管保护,管的下端埋入深度不应小于100mm。如图1.3.13.7-3所示。

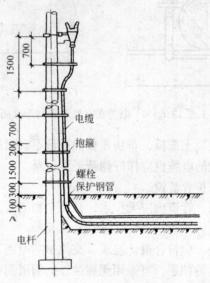

图1.3.13.7-3 电缆引至电杆上保护管敷设

1.3.13.8 电缆在排管内敷设

敷设在排管内的电缆,应按电缆选择的内容进行选用,或采用特殊加厚的裸铅包电缆。穿入排管中的电缆数量应符合设计规定。

电缆排管在敷设电缆前,为了确保电缆能顺利穿入排管,并不损伤电缆保护层,应进行疏通,清除杂物。清扫排管应用排管扫除器,如图1.3.13.8-1所示,通入管内来回拖拉,清除积污并刮平不平的地方。也可以用直径不小于0.85倍直径的管孔直径,长度约600mm的钢管来疏通,再用与管孔等直径的钢丝刷清除管内杂物。以免损伤电缆。

在排管中拉引电缆时,把电缆盘放在入孔井口,然后用预先穿入排管孔眼中的钢丝绳,把电缆拉入管孔内,为了防止电缆受损伤。排管管口处应套以光滑的喇叭口,入孔井口应装设滑轮,如图1.3.13.8-2所示。

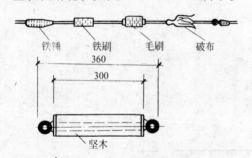

图1.3.13.8-1 排管扫除器

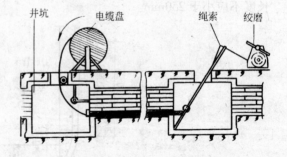

图1.3.13.8-2 在入孔处敷设电缆

为了电缆容易拉入管内,减少电缆和排管壁间的摩擦阻力,电缆表面应涂上滑石粉或黄油等润滑物。

1.3.14 低压架空电力电缆敷设

当地下情况复杂不宜采用电缆直埋敷设,且用户密度高、用户的位置和数量变动较大,今后需要扩充和调整以及总图无隐蔽要求时,可采用架空电缆。但在覆冰严重地面不宜采用架空电缆。

架空电缆线路的电杆,应使用钢筋混凝土杆,应采用定型产品,电杆的构件要求应符合国家标准。在有条件的地方,宜采用岩石的底盘、卡盘和拉线盘,应选择结构完整、质地坚硬的石料(如花岗岩等),并进行强度试验。

电杆的埋设深度不应小于表 1.3.14-1 所列数值,即除 15m 杆的埋设深度不小于 2.3m 外,其余电杆埋设深度不应小于杆长的 1/10 加 0.7m。

电杆埋设深度(m)　　　　　　　　　　表 1.3.14-1

杆高 (m)	8	9	10	11	12	13	15
埋深 (m)	1.5	1.6	1.7	1.8	1.9	2	2.3

架空电缆线路应采用抱箍与不小于 7 根 ϕ3mm 的镀锌铁绞线或具有同等强度及直径的绞线作吊线敷设,每条吊线上宜架设一根电缆,当杆上设有两层吊线时,上下两吊线的垂直距离不应小于 0.3m。

架空电缆与架空线路同杆敷设时,电缆应在架空线路的下面,电缆与最下层的架空线路横担的垂直间距不应小于 0.6m。

架空电缆在吊线上以吊钩吊挂,吊钩的间距不应大于 0.5m。

架空电缆与地面的最小净距不应小于表 1.3.14-2 所列数值。

架空电缆与地面的最小净距(m)　　　　表 1.3.14-2

线路通过地区	线路电压	
	高 压	低 压
居 民 区	6	5.5
非居民区	5	4.5
交通困难地区	4	3.5

1.3.15 桥梁上电缆敷设

木桥上敷设的电缆应穿在钢管中,一方面能加强电缆的机械保护,另一方面能避免因电缆绝缘击穿,发生短路故障电弧损坏木桥或引起火灾。

在其他结构的桥上,如钢结构或钢筋混凝土结构的桥梁上敷设电缆,应在人行道下设电缆沟或穿入由耐火材料制成的管道中,确保电缆和桥梁的安全。在人不易接触处,电缆可在桥上裸露敷设,但为了不降低电缆的输送容量和避免电缆护层加速老化,应有避免太阳直接照射的措施。

悬吊架设的电缆与桥梁构架之间的净距不应小于 0.5m。

在经常受到震动的桥梁上敷设的电缆,应有防震措施,防止电缆长期受振动,造成电缆护层疲劳龟裂、加速老化。

桥梁上敷设的电缆在桥墩两端和伸缩缝处的电缆,应留有松弛部分。

1.3.16 电缆终端头和接头的制作

电缆敷设完后,其两端要剥出一定长度的线芯,以使分相与设备接线端连接,需要做终端头。在电缆施工中,往往会由于电缆长度不够,需要将两根电缆的两端连接起来,需要做接头。

电缆终端和接头的制作,是电缆施工中最重要的一道工序,制作质量的好坏,对电气设备的安全运行具有十分密切的关系。

1.3.16.1 一般规定和准备工作

电缆终端与接头的制作,应由经过培训的熟悉工艺的人员进行,并应严格遵守制作工艺规程。

制作电缆终端和接头前,应熟悉安装工艺资料,做好检查,并符合下列要求:

1. 电缆绝缘状况良好,无受潮;塑料电缆内不得进水;充油电缆施工前应对电缆本体、压力箱、电缆油桶及纸卷桶逐个取油样,做电气性能试验,并应符合标准。
2. 附件规格应与电缆一致;零部件应齐全无损伤;绝缘材料不得受潮;密封材料不得失效。壳体结构附件应预先组装,清洁内壁;试验密封,结构尺寸符合要求。
3. 施工用机具齐全,便于操作,状况清洁,消耗材料齐备,清洁塑料绝缘表面的溶剂宜遵循工艺导则准备。
4. 必要时应进行试装配。

制作电缆终端头和接头在现场制作,现场的环境条件如温度、湿度、尘埃等因素直接影响绝缘处理效果,考虑到施工现场条件复杂,一般情况下规范对此不作硬性规定。

在室外制作 6kV 及以上电缆终端与接头时,其空气相对湿度宜为 70% 及以下;当湿度大时,可提高环境温度或加热电缆。

110kV 及以上高压电缆终端与接头施工时,应搭临时工棚,环境湿度应严格控制,温度宜为 10~30℃。制作塑料绝缘电力电缆终端与接头时,应防止尘埃,杂物落入绝缘内。

严禁在雾或雨中制作电缆终端和接头。

35kV 及以下电缆终端与接头时,应符合下列要求:

1. 型式、规格应与电缆类型如电压、芯数截面、护层结构和环境要求一致;
2. 结构应简单、紧凑、便于安装;
3. 所用材料、部件应符合技术要求;
4. 主要性能应符合现行国家标准《额定电压 26/35kV 及以下电力电缆附件基本性能要求》的规定。

制作终端和接头所用的电缆线芯连接金具,应采用符合标准的连接管和接线端子。其内径应与电缆线芯紧密配合,间隙不应过大,截面宜为线芯截面的 1.2~1.5 倍。铝芯电缆与接线端子的连接应采用压接,铜芯电缆与接线端子的连接采用焊接或压接。采用压接时,压接钳和模具应符合规格和要求。

橡塑绝缘电缆线芯一般为圆形紧压线芯,与其配套的连接金具尚未标准化,因此在选择金具时应特别注意,确保连接质量,避免运动中发生过热现象。

电力电缆接地线应采用铜绞线或镀锡铜编织线,其截面面积不应小于表 1.3.16.1 的规定。橡塑绝缘电缆的接地线应使用镀锡编织线,便于锡焊和引出。110kV 及以上电缆的截面面积应符合设计规定。

电力电缆接地线截面　　　　　　　　　　表 1.3.16.1

电 缆 截 面 （mm²）	接 地 线 截 面 （mm²）
120 及以下	16
150 及以下	25

1.3.16.2　电缆终端和接头制作要求

制作电缆终端与接头，从剥切电缆开始应连续操作直至完成，尽量缩短绝缘暴露时间。由于塑料绝缘电缆材料密实、硬度大，有时半导电屏蔽层与绝缘层粘附紧密，而当前专用工具尚不完善普及，造反剥切困难。应特别注意剥切电缆时不应损伤线芯和保留的绝缘层。

35kV 及以下电缆在剥切线芯绝缘、屏蔽、金属护套时，线芯沿绝缘表面至最近接地点（屏蔽或金属护套端部）的最小距离应符合表 1.3.16.2 中的要求。

电缆终端和接头中最小距离　　　　　　　　表 1.3.16.2

额 定 电 压 （kV）	最 小 距 离 （mm）
1	50
6	100
10	125
35	250

三芯油浸纸绝缘电缆应保留统包绝缘 25mm，不得损伤。剥除屏蔽碳黑纸，端部应平整。

塑料绝缘电缆在制作终端头和接头时，应彻底清除半导电屏蔽层，对包带石墨屏蔽层必须使用溶济如丙酮、三氯乙烯等擦去碳迹，擦抹时应从高压部位往接地方向单向擦抹，不要往复进行，避免把导电粉末带向高电位。

电缆线芯连接时，应除去线芯和连接管内壁油污及氧化层，压接模具与金具应配合恰当。压缩比应符合要求。压接后应将端子或连接管上的凸痕修理光滑，不得残留毛刺。采用锡焊连接铜芯，应使用中性焊锡膏，不得烧伤绝缘。

三芯电力电缆接头两侧电缆的金属屏蔽层（或金属套），铠装层应分别连接良好，不得中断。跨接线的截面不应小于表中接地线截面的规定。直埋电缆接头的金属外壳及电缆的金属护层应做防腐处理。

三芯电力电缆终端处的金属护层必须接地良好，塑料电缆每相铜屏蔽和钢铠应锡焊接地线。电缆通过零序电流互感器时，电缆金属护层和接地线应对地绝缘，电缆接地点在互感器以下时，接地线应直接接地；接地点在互感器上时，接地线应穿过互感器接地。

装配、组合电缆终端和接头时，各部件间的配合或搭接处必须采取堵漏、防潮和密封措施。铅包电缆铅封时，应擦去表面氧化物；搪铅时间不宜过长，铅封必须密实无气孔。

塑料电缆宜采用自粘带、粘胶带、胶粘剂（热熔胶）等方式密封；塑料护套表面应打毛，粘接表面应用溶剂除去油污，粘接应良好。

电缆终端上应有明显的相色标志,且应与系统的相位一致。

控制电缆终端可采用一般包扎,接头应有防潮措施。

1.3.17 10kV交联聚乙烯绝缘电缆户内、外热缩终端头制作

热收缩型终端头,是由一种具有"弹性记忆效应"的橡塑材料制成,是一种经加工后遇热收缩的高分子材料。终端头主要由热收缩应力控制管、无泄痕耐气候管、密封胶、导电漆、手套、防雨罩等组成。

1.3.17.1 制作终端头

厂家有操作工艺可按厂家工艺操作。否则应按下列程序制作:

1. 剥塑料护套、锯钢甲

按图1.3.17.1-1剥除塑料护套,在距剖塑口30mm处扎绑线一道(3~4匝)将钢甲锯除。在距钢甲末端20mm处将内护套及填料剥除。

2. 焊接地线

用截面不小于25mm²的镀锡铜辫按图1.3.17.1-2的方法在三相线芯根部的铜屏蔽上各绕一圈,并用锡焊点焊在铜屏蔽上,然后用镀锡铜线绑在钢甲上,并用焊锡焊牢。在铜辫的下端(从塑料护套切断处开始)用焊锡填满铜辫,形成一个30mm的防潮层。

3. 套分支手套

将热收缩手套套至根部然后用喷灯开始加热,从中部

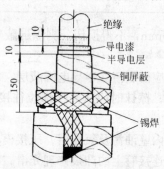

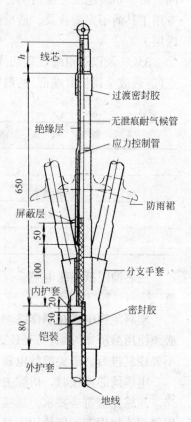

图1.3.17.1-2 接地线的连接方法

图1.3.17.1-1
热收缩头剥切尺寸

开始往下收缩,然后再往上收缩,使手套均匀地收缩在电缆上。当手套内未涂密封胶时,则应在手套根部的塑料护套上及接地铜辫上缠30mm的热熔胶带,以保证手套处有良好的密封。

4. 剥除铜屏蔽及半导电屏蔽层按图1.3.17.1-1的尺寸将铜屏蔽层和半导电层剥除;用φ1.0mm镀锡铜丝在距内护套150mm处绑扎两圈,将绑线至末端的铜屏蔽剥除(不应伤半导电层),在距铜屏蔽末端10mm处将至末端的半导电屏蔽层剥除。剥时不应损伤绝缘。在保留的10mm导电层上,在靠绝缘一端用玻璃片刮1个5mm的斜坡,最后用0号砂纸将绝缘表面打磨光滑、平整。

5. 涂导电漆或包半导电胶

用汽油将绝缘表面擦净,擦时应保持从末端往根部擦,防止将半导电层上的炭黑擦到绝缘表面。然后在距半导电层末端10mm处的绝缘层上包两圈塑料带(其目的是为了使导电漆刷得平整、无尖刺),在绝缘表面刷导电漆10mm和在半导电层末端的5mm斜坡上刷导电漆,导电漆要涂刷整齐。当不用导电漆而采用半导电胶带时,则应在此15mm处包半导电胶带一层,再把临时包的两圈塑料带拆除。

6. 套应力控制管

当绝缘表面不光滑时则应在绝缘表面套应力管部分涂上一层薄薄的硅脂。而后将应力控制管套至屏蔽上(压铜屏蔽层50mm)从下至上进行收缩。

7. 套无泄痕耐气候管

用清洁剂将绝缘表面、应力控制管和手套的手指表面擦净,在手指上缠一层密封胶带,分别将三只无泄痕耐气候管至手指根部。从手指与应力控制管接口处开始加热收缩,先向下收缩完后再向上收缩。

8. 压接线鼻子及套过渡密封管

按线鼻子孔深加5mm将末端绝缘剥除,然后套上线鼻子进行压接。用密封胶填满空隙,套上过渡密封管从中部向两端加热收缩。加热收缩前应先对接线鼻子加热以使密封胶充分熔化粘合。

户内终端头到此工序结束。室外终端头还加以下工序。

9. 热缩防雨罩

热手套的手指末端向上测量200mm,用热收缩安装一个防雨罩,再往上每隔60mm加一个防雨罩,10kV户外终端头应加三个防雨罩,如图1.3.17.1-3所示。

1.3.17.2 电缆头的热收缩工艺

(1) 热收缩时的热源,尽量用液化气,因其烟尘较少,绝缘表面不易积炭;使用时应将焊枪的火焰调到发黄的柔和的蓝色火焰,避免蓝色尖状火焰。用汽油喷灯加热收缩时,应用高标号烟量少的汽油。禁止使用煤油喷灯作热源。

(2) 在收缩时火焰应不停地移动,避免烧焦管材;火焰应沿电缆周围烘烤,而且火焰应朝向热缩的方向以预热管材;只有在加热部分充分收缩后才能将火焰向预热方向移动。

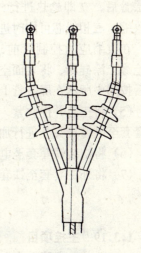

图1.3.17.1-3
户外型热收缩电缆头

(3) 收缩后的管子表面,应光滑、无皱纹、无气泡,并能清晰地看到内部结构轮廓。

(4) 较大的电缆和金属器件,在热缩前应预先加热,以保证有良好的粘合。

(5) 应除去和清洗所有将与粘合剂接触的表面上的油。

1.3.18 热收缩型中间接头的安装

热收缩型中间接头的基本安装工艺和终端头类同,下面以10kV240mm^{2}的铠装电缆为例,对接头的工艺作一介绍:

(1) 按图1.3.18.1的尺寸进行剖塑和锯钢甲,然后将接头盒的外护套、铠装铁套和内护套套至接头两端的电缆上。

（2）按图1.3.18.2尺寸剥切各相线芯的铜屏蔽层、半导电屏蔽层和绝缘层；并在绝缘上刷导电漆10mm，半导电屏蔽上刷导电漆5mm。

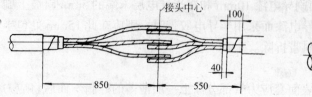

图1.3.18.1　热收缩接头剥削尺寸

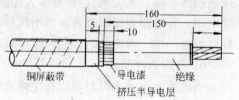

图1.3.18.2　热收缩头线芯绝缘剥切尺寸
L＝1/2接管长＋5mm

（3）压接线芯及包半导电带。压接后在压接管表面包半导电带一层，并将接管的两端的空隙填平。密封胶带除起填充作用外，还可以改善电场分布。

（4）按图1.3.18.3，先后套上应力控制管、绝缘管、屏蔽管，分别进行加热收缩。收缩时应先从中间开始向两端收缩，并在每收缩完一层管后，立即趁热进行外层管子的收缩。三相线芯可同时进行热缩。

在收缩应力控制管前，应在线芯绝缘上涂硅脂，将表面空隙填平。

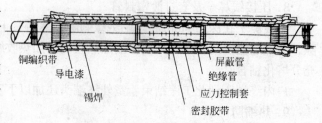

图1.3.18.3　接头绝缘结构

然后按图中所示在屏蔽管上包铜编织带，在两端用镀锡铜绑线扎紧并用焊锡焊牢。

（5）将三芯并拢收紧，用白布带将线芯扎紧。在电缆的内护套上包缠密封胶带，将内护套套至电缆接头上进行加热收缩密封。各接口部位均应加密封胶。

（6）将铠装铁套套至电缆接头上，分五点用油麻带扎紧。

（7）将外护套套至铁套上（在各接口部位均应包缠密封胶带），分段进行加热收缩。

Ⅲ　质量标准

1.3.19　主控项目

1.3.19.1　高压电力电缆直流耐压试验必须符合现行国家标准《电气装置安装工程电气设备交接试验标准》GB 50150的规定交接试验合格。

检查方法：全数检查，查阅试验记录或试验时旁站。

1.3.19.2　低压电线和电缆，线间和线对地间的绝缘电阻值必须大于0.5MΩ。

检查方法：全数检查，查阅测试记录或测试时旁站或用兆欧表进行摇测。

1.3.19.3　金属电缆支架、电缆导管必须与PE或PEN线连接可靠。

检查方法：全数检查，目测检查。

1.3.19.4　电缆敷设严禁有绞拧、铠装压扁、护层断裂和表面严重划伤等缺陷。

检查方法：全数检查，目测检查。

1.3.19.5　铠装电力电缆头的接地线应采用铜绞线或镀锡铜编织线，截面积不应小于

表1.3.19.5的规定。

电缆芯线和接地线截面积表(mm^2)　　　　表1.3.19.5

电缆芯线截面积	接地线截面积
120及以下	16
150及以上	25

注：电缆芯线截面积在$16mm^2$及以下，接地线截面积与电缆芯线截面积相等。

检查方法：全数检查，目测或尺量检查。

1.3.19.6 电线、电缆接线必须准确，并联运行电线或电缆的型号、规格、长度、相位应一致。

检查方法：全数检查，目测检查和用仪表核对相位。

1.3.20 一般项目

1.3.20.1 电缆支架安装应符合下列规定：

1. 当设计无要求时，电缆支架最上层至竖井顶部或楼板的距离不小于150～200mm；电缆支架最下层至沟底或地面的距离不小于50～100mm；

2. 当设计无要求时，电缆支架层间最小允许距离符合表1.3.20.1的规定；

3. 支架与预埋件焊接固定时，焊缝饱满；用膨胀螺栓固定时，选用螺栓适配，连接紧固，防松零件齐全。

检查方法：按不同类型支架各抽查5段，目测检查和尺量检查；螺栓的紧固程度，用力矩扳手做拧动试验。

1.3.20.2 电缆在支架上敷设，转弯处的最小允许弯曲半径应符合表1.3.20.2的规定。

电缆支架层间最小允许距离表(mm)　　表1.3.20.1

电缆种类	支架层间最小距离
控制电缆	120
10kV及以下电力电缆	150～200

电缆最小允许弯曲半径表(mm)　　表1.3.20.2

序号	电缆种类	最小允许弯曲半径
1	无铅包钢铠护套的橡皮绝缘电力电缆	10D
2	有钢铠护套的橡皮绝缘电力电缆	20D
3	聚氯乙烯绝缘电力电缆	10D
4	交联聚氯乙烯绝缘电力电缆	10D
5	多芯控制电缆	10D

注：D为电缆外径。

检查方法：全数检查，目测检查和尺量检查。

1.3.20.3 电缆敷设固定应符合下列规定：

1. 垂直敷设或大于45°倾斜敷设的电缆在每个支架上固定；

2. 交流单芯电缆或分相后的每相电缆固定用的夹具和支架，不形成闭合铁磁回路；

3. 电缆排列整齐，少交叉；当设计无要求时，电缆支持点间距，不大于表1.3.20.3-1的规定；

4. 当设计无要求时，电缆与管道的最小净距，符合表1.3.20.3-2的规定，且敷设在易燃易爆气体管道和热力管道的下方；

电缆支持点间距表(mm)
表 1.3.20.3-1

电缆种类		敷设方式	
		水平	垂直
电力电缆	全塑型	400	1000
	除全塑型外的电缆		
控制电缆		800	1500
		800	1000

电缆与管道的最小净距(mm)
表 1.3.20.3-2

管道类别		平行净距	交叉净距
一般工艺管道		0.4	0.3
易燃易爆气体管道		0.5	0.5
热力管道	有保温层	0.5	0.3
	无保温层	1.0	0.5

5. 敷设电缆的电缆沟和竖井，按设计要求位置，有防火隔堵措施。

检查方法：全数检查，目测检查，尺量检查。

1.3.20.4 电缆的首端、末端和分支处应设标志牌。

检查方法：目测检查和尺量检查。

1.3.20.5 电缆的芯线连接金具(连接管和端子)，规格应与芯线的规格适配，且不得采用开口端子。

检查方法：各抽查5%，但不少于10个，目测检查。

1.3.20.6 电线、电缆的回路标记应清晰，编号准确。

检查方法：各抽查5%，但不少于10个，目测检查。

Ⅳ 成品保护

1.3.21 电缆在运输过程中，不应使电缆及电缆盘受到损伤，禁止将电缆盘直接由车上扒下。电缆盘不应平放运输；平行储存。

1.3.22 运输或滚动电缆盘前，必须检查电缆盘的牢固性。充油电缆至压力箱间的油管应妥善固定及保护。

1.3.23 装卸电缆时，不允许将吊绳直接穿电缆轴孔吊装，以防止孔处损坏。

1.3.24 滚动电缆时，应以使电缆卷紧的方法进行。

1.3.25 敷设电缆时，如需从中间倒电缆，必须按"8"字形或"S"字形进行，不得倒成"O"形，以免电缆受损。

1.3.26 直埋电缆敷设完毕应及时会同建设单位进行全面检查，并及时做好隐蔽工程记录。如无误，应立即进行铺砂盖砖，以防电缆损坏。

Ⅴ 安全注意事项

1.3.27 架设电缆盘的地面必须平实，支架必须采用有底平面的专用支架，不得用千斤顶代替。

1.3.28 采用撬动电缆盘的边框架设电缆时，不要用力过猛，也不要将身体伏在撬棍上面，并应采取措施防止撬棍滑脱、折断。

1.3.29 拆卸电缆盘包装木板时，应随时清理，防止钉子扎脚或损伤电缆。

1.3.30 挖电缆沟时，土质松软或深度较大，应适当放坡，防止坍方。

1.3.31 敷设电缆时，处于电缆转向拐角的人员，必须站在电缆弯曲弧的外侧，切不可站在弯曲弧内侧，防止挤伤。

1.3.32 人力拉电缆时，用力要均匀，速度应平稳，不可猛拉猛跑，看护人员不可站在电缆盘的前方。

1.3.33 电缆穿过保护管时，送电缆手不可离管口太近，防止挤手。

1.3.34 在交通道路附近或较繁华地点施工时，电缆沟要设栏杆和标志牌，夜间要设置红色标志灯。

Ⅵ 质量通病及其防治

1.3.35 电缆的排列顺序混乱。电缆敷设应根据设计图纸绘制的"电缆敷设图"进行，合理的安排好电缆的放置顺序，避免交叉和混乱现象。

1.3.36 电缆的中间接头位置安排的不恰当。电缆敷设时，要弄清每盘的电缆长度，确定好中间接头的位置。不要把电缆接头放在道路交叉处、建筑物的大门口以及与其他管道交叉的地方。在同一电缆沟内电缆并列敷设时，电缆接头应相互错开。

1.3.37 电缆标志牌挂装不整齐或遗漏。在电缆架上敷设电缆，在放电缆时，当每放一根电缆，即应把标志牌挂好，并应有专人负责。

1.3.38 电缆头制作时受潮。从开始剥切到制作完毕，必须连续进行，中间不应停顿，以免受潮。

1.3.39 热缩型电缆头，热缩管加热收缩时出现气泡。在加热时要按一定方向转圈，不停进行加热收缩。

1.3.40 分支手套，绝缘管加热收缩时局部烧伤或无光泽。在加热时应调整加热火焰呈黄色。加热火焰不能停留在一个位置上。

1.3.41 绝缘管端部加热收缩时，出现开裂。在切割绝缘管时，端面要平整，防止加热收缩时，端部开裂。

2 室内线路敷设

2.1 照明工程器具盒(箱)位置的确定及室内配线

Ⅰ 施工准备

2.1.1 材料

1．照明配电箱箱体、照明配电板、接线盒(箱)。
2．金属、塑料制品的灯位盒、开关(插座)盒、中间接线盒等。

2.1.2 机具

钢卷尺、水平尺、靠尺板、线坠或磁性线坠等。

2.1.3 作业条件

1．电气安装工程在配管施工前，应加强审图和图纸会审，应充分理解设计意图(或根据安装场所的实际需要)，结合土建布局及建筑结构情况，以及其他专业管道位置，根据电气安装工艺及施工验收规范的基本要求，经过综合考虑，确定好各种盒(箱)的准确位置，规划出线(管)路的具体走向及不同方向进、出盒(箱)的位置。以保证电气器具安全及使用功能。

2．在室内配线中，为了保证某一区域内的线路和各类器具达到整齐美观，施工前必须设立统一的标高，以适应使用的需要，给人以整齐美观的享受。

目前用以往习惯的 500mm 线，做为建筑标高线，已不再适应要求。现场预埋安装高度要求在 300mm 或 500mm 高的插座盒，无法准确控制标高。应改 200mm 线为建筑标高线，以保证同一室内插座允许高差在规定的范围内。

Ⅱ 施工工艺

2.1.4 跷板(扳把)开关盒位置确定

开关盒的设置位置是由开关的安装位置决定的。

《建筑电气工程施工质量验收规范》GB 50303-2002 中规定：开关安装位置便于操作，开关边缘距门框边缘的距离为 0.15~0.2m；开关距地面高度 1.3m。

安装暗扳把或跷板开关及触摸开关的开关盒，一般应在室内距地坪 1.3m 处预设，并宜以开关盒的下沿为准，这样好控制高度，达到同一场所整齐一致，外表美观。

当门旁设有开关时，在一般情况下，可在门的开启方向在距门框或洞口边缘 180mm 处设置开关盒体，如图 2.1.4-1(a)所示。这个距离既可以方便瓦工进行普通砖砌体墙的砌筑(尺寸为普通砖的七分头)又可保证开关安装后符合规范的规定。

在工程中为了使开关盒内立管既能躲开门上方预制混凝土过梁支座(长 250mm)又可配合土建砌筑施工，门旁开关盒位也可以在距门框或洞口边缘 240mm 处设置，如图

2.1.4-1(b)所示。

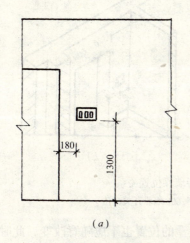 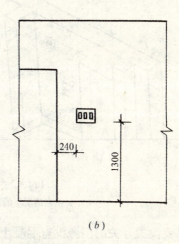

图 2.1.4-1 门框、洞口旁开关设置位置图
(a) 门旁开关位置一；(b) 门旁开关位置二

由于建筑格局和建筑结构的不同，在工程中全部按上述位置预埋开关盒体尚存在一定的问题，为此可因地制宜的综合考虑，既能够使门旁开关的设置便于操作，又使其位置美观大方。

在建筑物墙体上设置开关盒，还应考虑到墙体的厚度应超过盒体的厚度；如果在设置开关的墙体上有墙裙时，还应了解墙裙的设计高度，不应把开关盒体设在墙裙的上口线上，否则安装开关后，盖板无法紧贴建筑物表面，将有失美观；在考虑好门的开启方向的同时，还需要考虑预留门洞洞口尺寸的大小，门或门框与洞口的尺寸是否一致，同时还应考虑到与门平行的门旁墙垛的尺寸。需要特别指出的是：有些电气图纸上不标注门的开启方向或标注的开启方向与土建施工图不相符合，也有的土建施工图画的门的开启方向不尽合理，这些问题都应对照土建平面图，正确的确定好门的开启方向，防止返工重做。

当门口处设计有装饰贴脸或将来要进行装修时，一般住宅工程开关距门框边缘的位置尺寸在 240mm 处为宜，如图 2.1.4-2(a)所示。在公共建筑中，由于门口处装饰贴脸的宽度不同，盒体边缘距门框边的距离应再适当考虑加装贴脸宽度的尺寸，使安装后的开关位置尽量与装饰贴脸协调、美观、使用方便。

如果需设置开关盒体的门旁并不都是长墙体时，按规定的尺寸设置开关盒也是有一定问题的，在确定门旁开关盒位时，除了门的开启方向外，还应考虑到同门平行的墙体的墙垛尺寸，此处最小应该够 370mm 才能设置 75mm×75mm×60mm 的 86 系列开关盒，此盒且应设在墙垛的中心处，开关盒与墙垛的尺寸位置适中，两侧对称，看上去比较协调；如果单纯的为了维持开关与门框边的规定距离 0.15～0.2m，就会造成开关盒位在墙垛处偏向一边，在盒两侧形成了一边大、一边小的局面，缺少协调影响观瞻；如果此处墙垛在 370～600mm 之间，开关盒应设在垛中心；如果设置 135mm×75mm×60mm 的 86 系列盒中，墙垛的最小尺寸不应小于 450mm，盒也应在墙垛中心处。当墙垛大于 600mm 时，开关盒就应在距门框边缘 180mm 或 240mm 处设置，如图 2.1.4-2 所示。

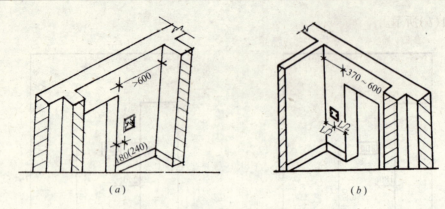

图 2.1.4-2 开关盒与门旁墙垛位置关系
(a) 正常情况下的盒位；(b) 370~600 墙垛开关盒位

如果要设置开关的门旁没有混凝土柱时，开关盒的位置也不应随意改变，此时应查看好土建结构和建筑施工图，根据门旁混凝土柱的位置和柱的宽度及柱与柱旁墙（或墙垛）的位置关系等不同情况，再决定将开关盒设在混凝土柱内或柱外的适当位置上，使得安装后的开关与门的位置协调，既方便操作又美观大方。

当门或洞口旁混凝土柱紧靠门框或洞口，柱的宽度为 240mm 且柱旁墙体与柱同一平面时，由于柱内的柱筋位置的影响，无论使用何种规格的开关盒，都无法埋设在门旁的柱子内，此种情况应将盒体埋设在柱子旁的砌体墙上，使盒边紧贴柱边，如图 2.1.4-3(a) 所示；当门或洞口旁混凝土柱宽度为 370mm 时，且柱旁墙体与柱同一平面时，开关盒应设在柱内距门框或洞口边缘 180mm 处，也可以在 240mm 处设置开关盒，如图 2.1.4-3(b) 和图 2.1.4-3(c) 所示；当门或洞口为 370mm 宽混凝柱旁无墙或墙与柱平面不在同一条直线上时，应将开关盒设在混凝土柱内的中心处，如图 2.1.4-3(d) 所示。

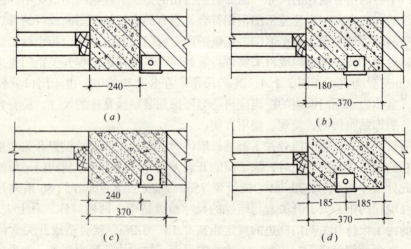

图 2.1.4-3 开关盒与门旁混凝土柱位置关系（一）

在住宅建筑中，进户门的位置是多种多样的，施工时应从多方面考虑，正确的确定门旁开关的位置。当门旁在门的开启方向，只有混凝土柱连接与门口垂直的墙体，而无与门平行的墙体时，设计图纸中往往把开关设计在进门的拐角处墙体上，在此处安装开关盒将不方便对开关的操作,如图2.1.4-4(b)所示,这种做法是错误的,应该予以纠正;当混凝土柱宽为370mm时,开关盒应设在与门平行的混凝土柱面的中心处;如图2.1.4-4(a)所示。

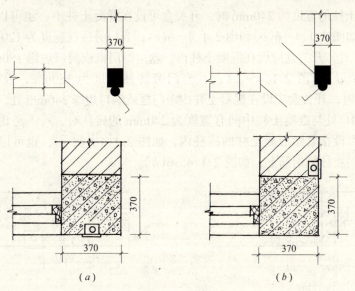

图2.1.4-4 开关盒与门旁混凝土柱位置关系(二)
(a)正确位置;(b)错误位置

在住宅建筑中,进户门开向楼梯间一侧,开关盒也应设在与门平行的墙体上,如图2.1.4-5(a)所示;如在门开启方向的内侧无相应的位置时,开关应设在另一侧的混凝土柱的中心处,如图2.1.4-5(b)所示。

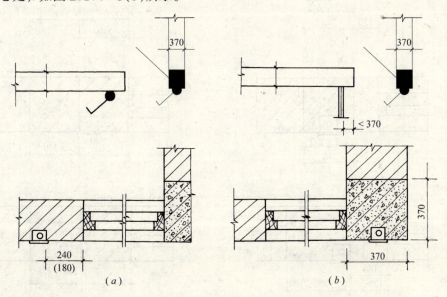

图2.1.4-5 开关盒与门旁混凝土柱位置关系(三)

当建筑物门或洞口旁与混凝土柱之间有普通砖砌体柱时,如图2.1.4-6所示,应事先查看好土建图纸。而门旁开关盒的设置位置，可根据砖柱和混凝土柱的宽度适当确定。当门旁砖柱宽度为600mm、混凝土柱宽度为240mm及以上时，开关盒应设在混凝土柱内，盒边距门框或洞口边缘为180mm或240mm，如图2.1.4-6(a)；当门旁砖柱宽度为120mm、混凝土柱的宽度为240mm时，开关盒可设在混凝土柱中心也可以设在混凝土柱中心的外侧，如图2.1.4-6(b)和图2.1.4-6(c)；当门旁砖柱宽度为120mm，混凝土柱宽度为370mm时，开关盒应设在混凝土柱内，盒边距门框或洞口边缘180mm或240mm，如图2.1.4-6(d)和图2.1.4-6(e)；当门旁砖柱宽度为180mm，混凝土柱宽度在240mm及以上时，开关盒应设在混凝土柱内距门框或洞口边缘240mm处，如图2.1.4-6(f)；当门或洞口处与混凝土柱中间有宽度为240mm的砖柱时，可不考虑混凝土柱子的宽度，开关盒可设在紧贴混凝土柱的砖柱内，如图2.1.4-6(g)，也可以设在混凝土柱内，盒边应紧贴在柱侧钢筋上，如图2.1.4-6(h)。

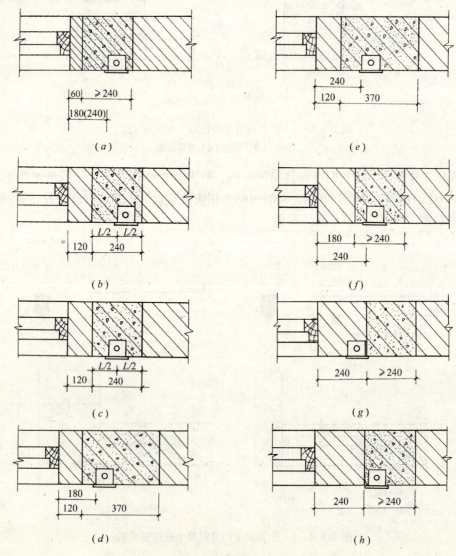

图2.1.4-6 开关盒与门旁砖及混凝土柱位置关系

在住宅建筑中，在门的开启方向一侧，当门旁墙垛小于370mm，就不应在墙垛上设置盒体。但有与门垂直的墙体，可将开关盒设在此墙上，盒边空距与门平行的墙体内侧240mm，这个位置进门时操作开关也比较方便，如图2.1.4-7(a)所示。但要注意假如此处是住宅的进户门处，此开关盒位置还要进一步考虑，此处是否能被用户将来后安装的内门挡在门后，否则应按下述方法施工：在门的开启方向一侧墙体上因位置小而无法设置开关盒位时，而在门后有与门垂直的墙体，开关盒应设在距与门平行墙体1m处与门垂直的墙体上，如图2.1.4-7(b)所示，可防止门在开启时，把开关挡在门后。

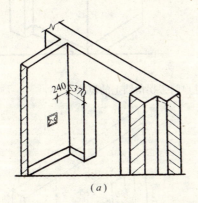 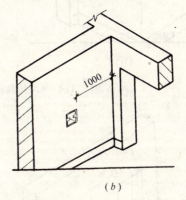

(a)　　　　　　　　　　　　　(b)

图2.1.4-7　门旁垂直墙体上的开关盒位

在住宅建筑中，平行在与门的墙垛尺寸小于370mm，而在进户门开启方向侧，有与门垂直的墙体，在此墙体上另设有居室门时，应根据居室门所在位置的两侧墙垛上的较适当尺寸的位置上设置开关盒，如图2.1.4-8所示。

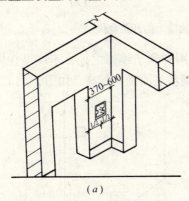 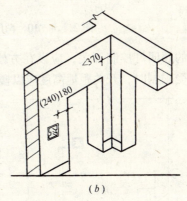

(a)　　　　　　　　　　　　　(b)

图2.1.4-8　住宅进户厅开关在居室门旁设置位置

当门后墙体有拐角墙且长为1.2m时，开关盒应设在墙体门开启后的外边，距墙拐角0.24m处。当此拐角墙长度小于1.2m时，开关盒设在拐角另一面的墙上，盒边距墙角处0.24m如图2.1.4-9所示。

当建筑物两扇门并列安装，两门中间墙体在370～1000mm的范围内，且此墙设有一个开关位置时，开关盒宜设在墙体的中间处，如果开关偏向一旁时会影响观瞻，如果此处设计为两个单联开关时，应改为一个双联开关，可设一个开关盒，如图2.1.4-10(a)所示；如果此处墙垛尺寸大于1000mm时，应设有两个开关盒，盒体距门框边缘可在

180mm 或者 240mm 处。开关盒的设置，如图 2.1.4-10(b)所示。

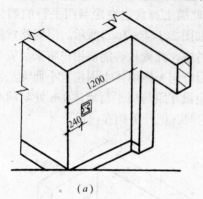 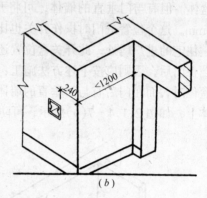

图 2.1.4-9 开关盒在进户门旁拐角墙上的位置

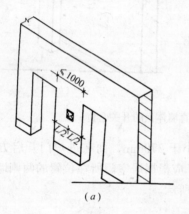 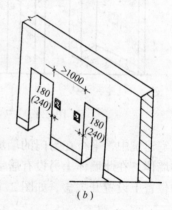

图 2.1.4-10 两门中间墙上的开关盒位

楼梯间的照明灯控制开关，应设在方便使用和利于维修之处，不应设在楼梯踏步上方，当条件受限制时，开关距地高度应以楼梯踏步表面确定标高，如图 2.1.4-11 所示。

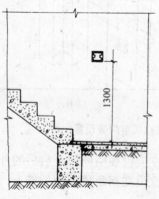 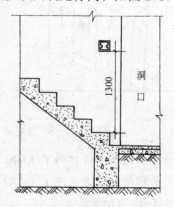

图 2.1.4-11 梯间灯开关设置位置

走廊灯的开关盒，应在距灯位较近处设置，当开关盒距门框（或洞口）旁不远处时，也应将盒设在距门框（或洞口）边 180mm 或 240mm 处。

2.1 照明工程器具盒(箱)位置的确定及室内配线

厨房、厕所(卫生间)、洗漱室等潮湿场所的开关盒不应设在室内,而应该设在房间的外墙处。

壁灯(或起夜灯)的开关盒,应设在灯位盒的正下方,并在同一条垂直线上,如图2.1.4-12所示。

室外门灯、雨棚灯的开关盒不宜设在外墙处,应设在建筑物的内墙上。

住宅居室内同时安装顶灯和起夜灯照明,如设计采用单联开关在两处分别控制时,应将顶灯控制开关设置在门旁,起夜灯开关设在床头或起夜灯下方,在同一面墙上设置两处开关是没有必要的,如图2.1.4-13所示。

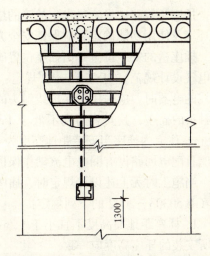

图2.1.4-12 壁灯或起夜灯下开关盒位置

在设置开关盒时,应找好标高,为将来安装开关盖板打下基础。在开关安装中要求:并列安装的相同型号开关距地面高度应一致,高度差不宜大于1mm;同一室内安装的开关高度差不宜大于5mm。

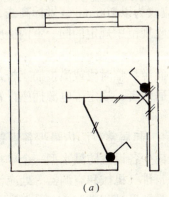
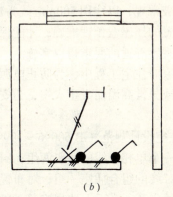

图2.1.4-13 同一面墙上不应设置两处开关
(a)开关正确安装位置;(b)开关不正确安装位置

2.1.5 拉线开关盒位确定

目前拉线开关,在一些工程中已被限制使用,住宅工程中严禁使用拉线开关。拉线开关有明装和暗装之分,暗装拉线开关,使用与拉线开关盖板相配套的开关盒,暗配管路中,安装明装拉线开关则使用90mm×90mm×45mm的灯位盒(即八角盒)。

安装拉线开关的接线盒(开关盒、八角盒),一般在室内地坪2~3m或距棚0.25~0.3m高处埋设。设在门旁时,应在门开启方向距门框边180mm或240mm处的上方埋设;安装双、叁联明装拉线开关,则应在门框边240mm或300mm处的上方埋设。应防止在关门时开关绳被掩在门里。并列安装的相同型号的拉线开关盒距地面(或顶棚)的高度应一致,高度差不宜大于1mm;同一室内安装的拉线开关盒高差不宜大于5mm。

2.1.6 插座盒位置的确定

安装插座应使用开关盒,且与插座盖板相配套。

插座是线路中最容易发生故障的地方，插座的形式和安装高度及位置应根据工艺和周围环境及使用功能确定，应保证安全方便、利于维修。

插座盒的安装位置是由插座位置确定的。插座的安装高度应符合设计规定，《民用建筑电气设计规范》JGJ/T 16—92 规定：干燥场所，宜采用普通型插座。当需要接插带有保护线的电器时，应采用带保护线触头的插座；潮湿场所，应采用密闭型或保护型的带保护线触头的插座，其安装高度不低于 1.5m；儿童活动场所，插座距地安装高度不应低于 1.8m；住宅内插座当安装距地高度为 1.8m 及以上时，可采用普通型插座，如采用安全型插座且配电回路设有漏电电流动作保护装置时，其安装高度可不受限制。

当施工时无上述设计规定时，插座的安装高度应符合《建筑电气工程施工质量验收规范》GB 50303—2002 的下列规定：

1. 插座距地面高度不宜小于 1.3m；托儿所、幼儿园及小学校不宜小于 1.8m；同一场所安装的插座高度应一致。

2. 车间及试验室的插座安装高度距地面不宜小于 0.3m；特殊场所暗装的插座不小于 0.15m；同一场所安装的插座高度差不宜大于 5mm；并列安装的相同型号的插座高度差不宜大于 1mm。

插座盒的安装高度，不应用查砖行的方法确定标高，而应以建筑标高线为基准，放线员应打破常规，以往用 500mm 线为建筑标高线，应改为以 200mm 线做标高线，这样才能使低位置的插座盒预埋准确，才能保证施工质量验收规范中规定的同一室内插座安装高度一致的观感舒适的要求得以实施。

国家对住宅工程中，为防止电源插座数量过少而滥拉临时线或滥接插座板，而发生电器短路或异常高温而发生火灾，为安全用电并方便居住者，规定了电源插座设置数量的最低标准。

《住宅设计规范》GB 50096-1999 中规定：卧室、起居室(厅)内最少各设置一个单相三线和一个单相二线的插座两组；厨房、卫生间内最少各设置防溅水型一个单相三线和一个单相二线的组合插座一组；对布置洗衣机、冰箱、排气机械和空调器等处应设置专用单相三线插座各一个。上述规定显然要比《民用建筑电气设计规范》JGJ 16—92 插座的安装数量要多。

由于人们生活水平的不断提高，对家用电器的需求越来越多。住宅起居室(厅)内，应最少设有单相二线和单相三线的组合插座两组，用以接插电视机、录音机等音响家电和接插落地灯、吸尘器等电器，除此以外还应考虑设有空调器的电源插座，并应根据起居室(厅)的使用面积考虑设壁挂式空调，还是落地式空调，因它们需求的插座安装的高度不一致；居室内除了在使用家用电器可能性最大的两面墙上各设置一个插座位置外，至少在主居室内应考虑一个墙挂式空调器插座的位置；条件较好的住宅厨房或饭厅内应设置放置电冰箱的插座，无条件的厨房电冰箱插座可以设在厅内，除此外厨房内应有排油烟机的插座位置，电饭锅或微波炉的电源插座，还应考虑有些家庭的饮水机及消毒器的电源插座；卫生间内应设置有洗衣机插座，洗浴的电热水器或浴箱和排风扇的电源插座，有条件时还应设有电动剃须刀或电吹风的交流电源插座。

旅馆客房各种插座及床头控制柜用接线盒，一般装设在墙上，当隔音条件要求高且条件允许时，可安装在地面上。

插座在住宅居室中布置的位置是否合理也是十分重要的，它既关系到引至家用电器的移动电线的长短，也关系到固定配线管、线的多少。将居室插座设置在窗户的两侧或在长墙上一侧的两端都是不可取的，如图2.1.6-1(a)、(b)所示，在实际生活中，居室四周均有用电的可能。如果将居室内的两个插座位置在相对的两侧墙上对角布置或在侧墙上相对设置，如图2.1.6-1(c)、(d)所示，则不管居室内何处用电都能使家用电器导线不横穿过道部位，并利于把导线隐蔽在家具的后面，且移动的导线也相对较短。在上述插座位置中，图2.1.6-1(d)的方案最佳，如果照明与插座同一回路供电时，配管、线可以引至室内顶灯灯位盒内；无论是同一回路或照明插座双回路供电，均可以与用户隔墙的另一侧插座共用同一管线。

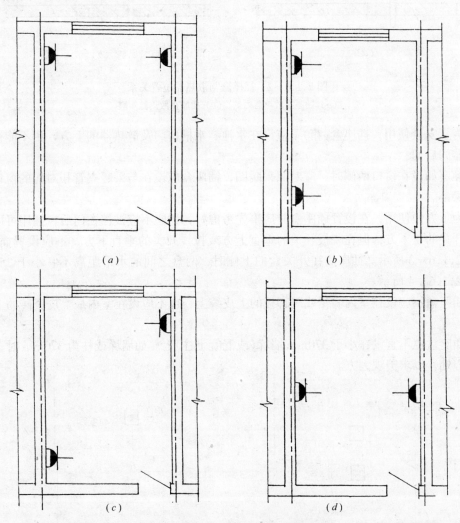

图2.1.6-1　住宅居室插座设置位置
(a) 插座设在窗两侧；(b) 插座设在一侧长墙的两端；
(c) 插座设在两侧墙上的对角位置；(d) 插座设在两侧墙上的相对位置

在室内低位置上设置插座盒，应事先考虑好与采暖回水管及给水管的最小距离，有条件时尽量不在0.4m以下的位置上设置插座盒，不但容易与给、回水管位置碰车，假如建筑标高线给的不及时，预埋盒时也无法控制标高。插座盒在散热器近旁设置位置，如图2.1.6-2所示。

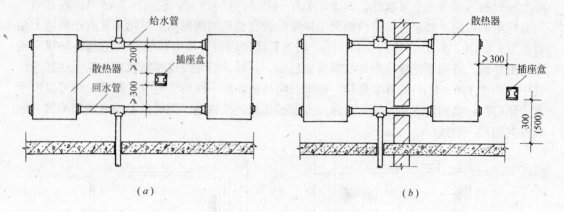

图 2.1.6-2 插座盒与散热器位置关系
(a) 插座在散热器内侧；(b) 插座在散热器外侧

为了安全使用，插座盒(箱)不应设在水池、水槽(盒)及散热器的上方，更不能被挡在散热器的后面。

插座如设在窗口两侧时，应对照采暖图，插座盒应设在与采暖立管相对应的窗口另一侧墙垛上。

为了方便使用，在设置插座盒时应事先考虑好，插座不应被挡在门后，插座可以设在跷板开关的正下方，但在跷板开关的垂直上方或拉线开关的垂直下方，不应设置插座盒，如图 2.1.6-3 所示。插座盒在开关盒的上侧时，两盒之间的水平距离不宜小于 250mm，如图 2.1.6-4 所示。

插座盒不应设在室内墙裙或踢脚板的上皮线上，也不应设在室内最上皮瓷砖的上口线上。

插座盒也不宜设在小于 370mm 墙垛(或混凝土柱)上。如墙垛或柱为 370mm 时，应设在中心处，以求美观大方。

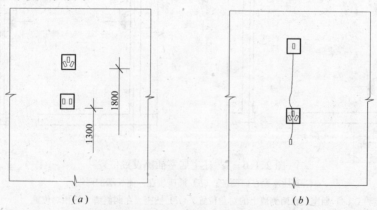

图 2.1.6-3 开关与插座安装的不适宜位置
(a) 插座不宜在跷板开关上方；(b) 插座不宜在拉线开关的下方

2.1 照明工程器具盒(箱)位置的确定及室内配线

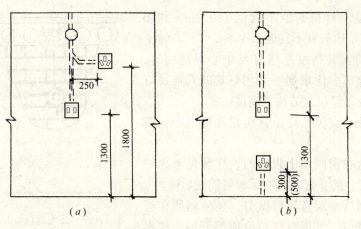

图 2.1.6-4 插座与开关的相关位置
(a) 插座在开关的侧上方；(b) 插座在开关的正下方

住宅楼方厅或走道内只设计一个插座时，应首先考虑在能放置电冰箱的位置上设置插座盒，可以防止电源线乱拉乱扯。

安装插座盒还应考虑好躲开煤气干管和表的位置，插座盒边缘与煤气管、表的边缘距离不应小于150mm，在干管安装后，在异径三通的小管径朝向侧即是煤气表的安装位置如图2.1.6-5所示。

住宅厨房内设置供排油烟机使用的插座盒应设在煤气台板的侧上方，如图2.1.6-6所示，可以防止与煤气二次管及排油烟机碰车。

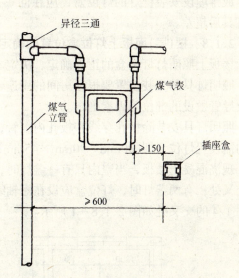

图 2.1.6-5 插座盒与煤气表位置图

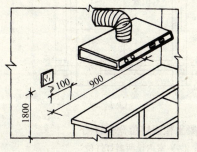 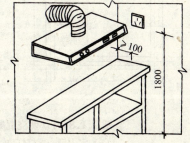

图 2.1.6-6 排油烟机插座位置图

2.1.7 壁灯灯位盒的确定

室内安装灯具一般不应低于2.4m，住宅壁灯(或起夜灯)由于楼层高度的限制，灯具安装高度可以适当降低,但不宜低于2.2m,如图2.1.7所示。旅馆床头灯不宜低于1.5m。

壁灯灯具的安装高度系指灯具中心对地而言,故在确定灯位盒时,应根据所采用灯具的式样及灯具高度,准确确定灯位盒的预埋高度。

壁灯如在柱上安装;灯位盒应设在柱中心位置上。

壁灯灯位盒在窗间墙上设置时,应预先考虑好采暖立管的位置,防止灯位盒被采暖管挡在后面。

住宅蹲便厕所一般宜设置壁灯,坐便厕所在有条件时也宜设壁灯,其壁灯灯位盒应躲开给、排水管及高位水箱的位置。

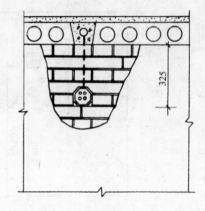

图2.1.7 住宅起夜灯灯位盒安装高度

成排埋设安装壁灯的灯位盒,应在同一条直线上,高低差不应大于5mm。可防止安装灯具后超差。

2.1.8 楼(层)面板上灯位盒位置的确定

楼板上照明灯灯位盒的正确确定,决定了照明灯具安装位置正确与否。

照明灯具的安装位置要根据房间的用途、室内采光的方向及门的位置和楼板的结构形式及导管敷设的部位等因素确定。

照明灯具安装除板孔穿线和板孔内配管,需在板孔处打洞安装灯具外,其他暗配管施工均需设置灯位盒即(90mm×90mm×45mm)八角盒。

现浇混凝土楼板,当室内只有一盏灯时,其灯位盒应设在纵横墙(或梁)净尺寸中心线的交叉处;有两盏灯时,灯位盒应设在短轴线墙(或梁)净尺寸中心线与长轴线墙(或梁)净尺寸1/4的交叉处如图2.1.8-1所示。

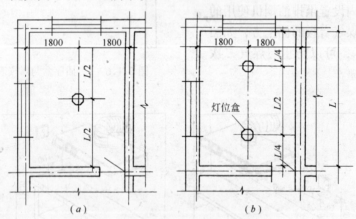

图2.1.8-1 现浇混凝土楼板灯位盒位置图
(a)室内设一盏灯灯位;(b)室内设两盏灯灯位

现浇混凝土楼板上设置按几何图型组成的灯位,灯位盒的位置应相互对称。

预制空心楼板,配管管路需沿板缝敷设时,特别是同一房间使用不同宽度的楼板时,为了在合理的位置上安装导管及灯具,电工要配合安排好楼板的排列次序,以利配管方便和电气装置安装对称。

预制空心楼板，室内只有一盏灯时，灯位盒应设在尽量在屋中心的板缝内。由于楼板宽度的限制，灯位无法在中心时，应设在略偏向窗户一侧的板缝内。

如果建筑物室内进伸方向轴线尺寸为4.8m或5.1m时，可以安装宽度为0.6m的空心楼板4块，再安装宽度为0.9m的空心楼板2块，此时灯位盒可以设在屋中心的板缝内，如图2.1.8-2(a)所示，如果均使用宽度为0.6m的预制空心楼板，则一间内需要用7块楼板，灯位就无法设在屋中心的板缝处，由于受楼板的限制灯具应设在略偏向窗户一侧的板缝内，如图2.1.8-2(b)所示，此时由于灯位偏移不多（半块板），并不影响正常使用。

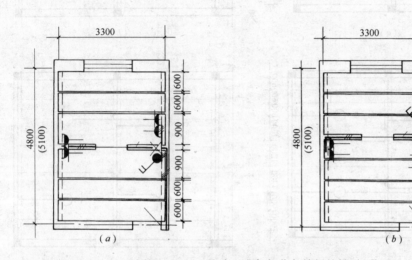

图2.1.8-2 室内一盏灯灯位与楼板的排列
(a) 灯位在室内中心处；(b) 灯位略偏向窗侧

如果室内设有两盏（排）灯时，应相互搭配调整楼板，使两灯位之间的距离，应尽量等于灯位盒与墙距离的2倍如图2.1.8-3所示。如室内有梁时灯位盒距梁侧面的距离，应与距墙的距离相同。

建筑物室内灯位确定，还应考虑好梁与墙、柱的关系。当室内顶部有混凝土梁时，应该按梁与墙内净尺寸，合理的安排灯位位置，以求得灯具安装后不影响室内的美观。图2.1.8-4(a)所示为住宅方厅带有阳台与内厅连接有梁、柱时的灯位布置图；图2.1.8-4(b)所示为同样形状的方厅，只有突出墙体的砖或混凝土柱而无梁时的灯位布置图，为了方便将来用户装修的美观也应设有两盏灯；图2.1.8-4(c)所示，厅内既无梁也无明柱时，当进伸长度大于10m时，此间可按安装两盏灯来布置灯位盒。如果设置一盏灯，应在厅内楼板中心布置，图2.1.8-4(d)系厅内有梁而无明柱时，应考虑用户对梁的装修，也应设置两盏灯。

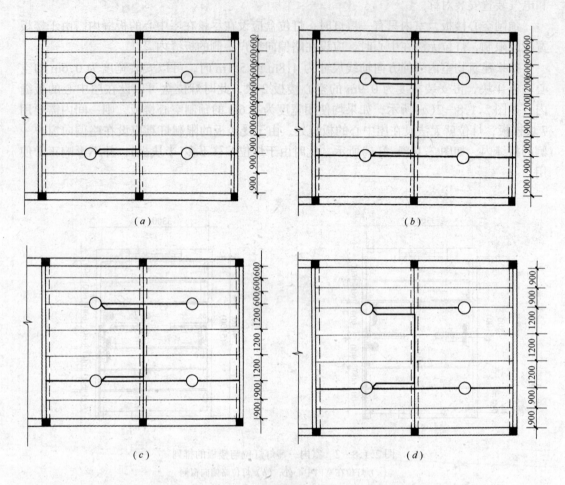

图 2.1.8-3 不同宽度预制板与灯位的排列方法
(a) 0.6m 与 0.9m 板的排列方法一；(b) 0.6m 与 0.9m 板的排列方法二；
(c) 0.6m、0.9m 和 1.2m 板的排列；(d) 0.9m 和 1.2m 板的排列

建筑物室内楼板层上设置三盏(排)灯具，其中间的灯位盒应设在室内纵(横)墙或梁内净尺寸的中心处，另两盏(排)灯位距墙或梁的距离应为房间墙或梁净尺寸的 1/6，如图 2.1.8-5 所示。

楼(屋)面板上，设置三个及以上成排灯位盒时，应沿灯位盒中心处拉通线定灯位，成排的灯位盒应在同一条直线上，其中心线偏差不应大于 5mm。

公共建筑走廊照明灯，应按其顶部建筑结构不同，来合理地布置灯位盒的位置，当走廊顶部无凸出楼板下部的梁时，除考虑好楼梯对应处的灯位盒外，其他灯位盒宜均匀分布；如有凸出楼板下部的梁，确定灯位盒时，应考虑到灯位与梁的位置关系，灯位盒与梁之间的距离应协调，均匀一致，力求实用美观，灯具在走廊顶部位置，如图 2.1.8-6 所示。

2.1 照明工程器具盒(箱)位置的确定及室内配线

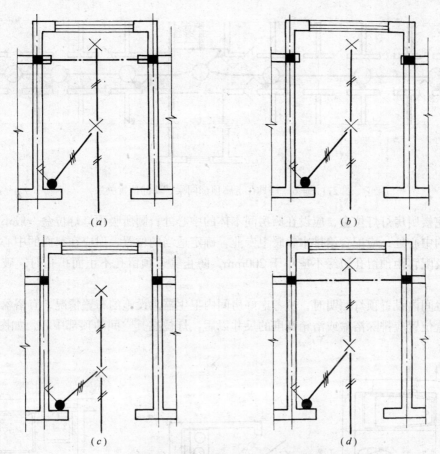

图 2.1.8-4 住宅方厅灯位布置图
(a)厅内有梁、柱时；(b)厅内有柱无梁时；
(c)厅内无明梁和明柱时；(d)厅内有梁、无明柱时

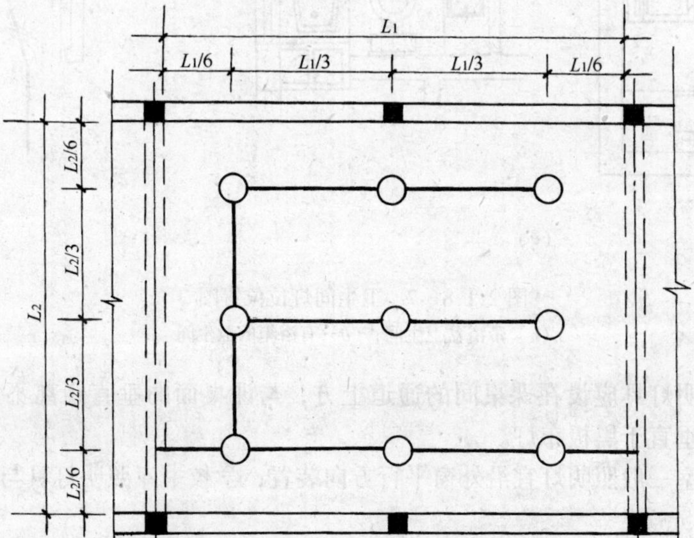

图 2.1.8-5 室内三盏(排)灯布置位置图

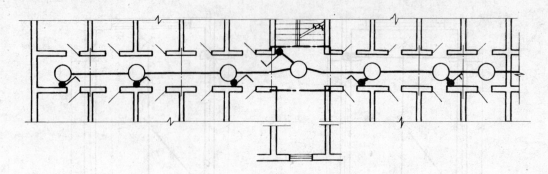

图 2.1.8-6 灯具在走廊顶部同梁、墙的位置关系

住宅楼厨房灯灯位盒，应设在厨房间本体的中心处；厕所吸顶灯灯位盒一般不宜设在其本体的中心处，应配合给排水、暖卫专业，确定适当的位置，但应在窄面的中心处，其灯位盒及配管距预留孔边缘不应小于200mm，防止管道预留孔不正而扩孔时，破坏电气管、盒。

卫生间内设置顶灯照明时，应考虑好房间内卫生器具设施的布置情况，有浴盆或浴箱时灯位盒位置应排除浴盆或浴箱宽度的尺寸以后，灯位在其空间的顶部中心，如图 2.1.8-7 所示。

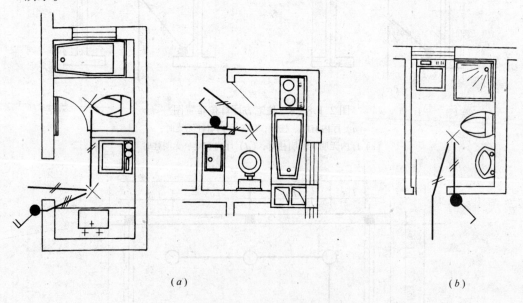

(a) (b)

图 2.1.8-7 卫生间灯位位置图
(a) 带浴盆卫生间；(b) 有浴箱的卫生间

学校教室照明灯具应设在课桌间的通道上方，与课桌面的垂直距离不宜小于1.7m，设有荧光灯时应垂直于黑板布灯。

学校大阅览室一般照明灯宜沿外窗平行方向装置；学校书库照明灯具与图书等易燃物的距离应大于0.5m。

办公楼的办公房间的一般照明宜设在工作区的两侧，采用荧光灯时宜使灯具纵轴与水平视线相平行。不宜将灯具布置在工作位置的正前方，以免灯光从作业面向眼睛直接反射。大开间办公室宜采用与外窗平行的布灯方式。

在高低压配电室内,在配电柜(屏)的正上方不应设置灯具。

成套(组装)吊链荧光灯,灯位盒埋设,应先考虑好灯具吊链开档的距离;安装简易荧光灯的两个灯位盒中心距离应符合下列要求:

1. 20W 荧光灯为 600mm;
2. 30W 荧光灯为 900mm;
3. 40W 荧光灯为 1200mm。

2.1.9　中间拉线盒设置

管路敷设应尽量减少中间接线盒或拉线盒,管路水平敷设时只有在管路较长或有弯曲时,才允许加装接线盒或拉线盒及放大管径,且拉线盒或接线盒的位置应便于穿线:

1. 管长度每超过 30m,无弯曲;
2. 管长度每超过 20m,有一个弯曲;
3. 管长度每超过 15m,有两个弯曲;
4. 管长度每超过 8m,有三个弯曲。

垂直敷设的电线保护管遇下列情况之一时,应增设固定导线的拉线盒:

1. 管内导线截面为 50mm^2 及以下,长度每超过 30m;
2. 管内导线截面为 70~95mm^2,长度每超过 20m;
3. 管内导线截面为 120~240mm^2,长度每超过 18m。

关于管路的弯曲角度,规定为 90°~105°,当弯曲角度大于此值时,每两个 120°~150°弯折算为一个弯曲角度,管进盒处的弯曲不应按弯计算。

2.1.10　配电箱位置的确定

配电箱设置应根据设计图纸要求确定,当设计图纸无明确要求时,可在审核图纸时共同确定,一般应遵循下述原则进行:

1. 总配电箱应安装在靠近电源的进口处,使电源进户线尽量短些,并应在尽量接近负荷中心的位置上,一般讲配电箱的供电半径为 30m 左右。

在确定照明配电箱位置时,除应满足《建筑电气工程施工质量验收规范》GB 50303-2002 规定:照明配电箱底边距地面高度为 1.5m;照明配电板底边距地面高度不小于 1.8m。除此之外还要仔细查看其他专业设计图纸,并根据已经选定箱型的外形尺寸,对照土建施工图安装的位置是否合适。再对照采暖、给排水、煤气施工图,配电箱与各种管道之间是否能保证最小安全距离,应确保使用安全。

2. 配电箱安装在干燥、明亮、不易受损、不易受震、无尘埃、无腐蚀气体和便于抄表、维护和操作的地方。

为了保证使用安全,配电箱与采暖管道距离不应小于 300mm;与给排水管道不应小于 200mm;与煤气管、表不应小于 300mm。

3. 配电箱一般设在过道内,但对于公共建筑场所,应设在管理区域内。多层建筑各层配电箱应尽量设在同一垂直位置上,以便于干线立管敷设和供电。

住宅楼总配电箱和单元及梯间配电箱,一般应安装在梯间过道的墙壁上,以便支线立管的敷设。一梯三户住宅楼 2.7m 宽度不同轴线位置的楼梯间配电箱的设置位置,如图 2.1.10-1 所示。住宅楼一梯两户配电箱设置位置,如图 2.1.10-2 所示。

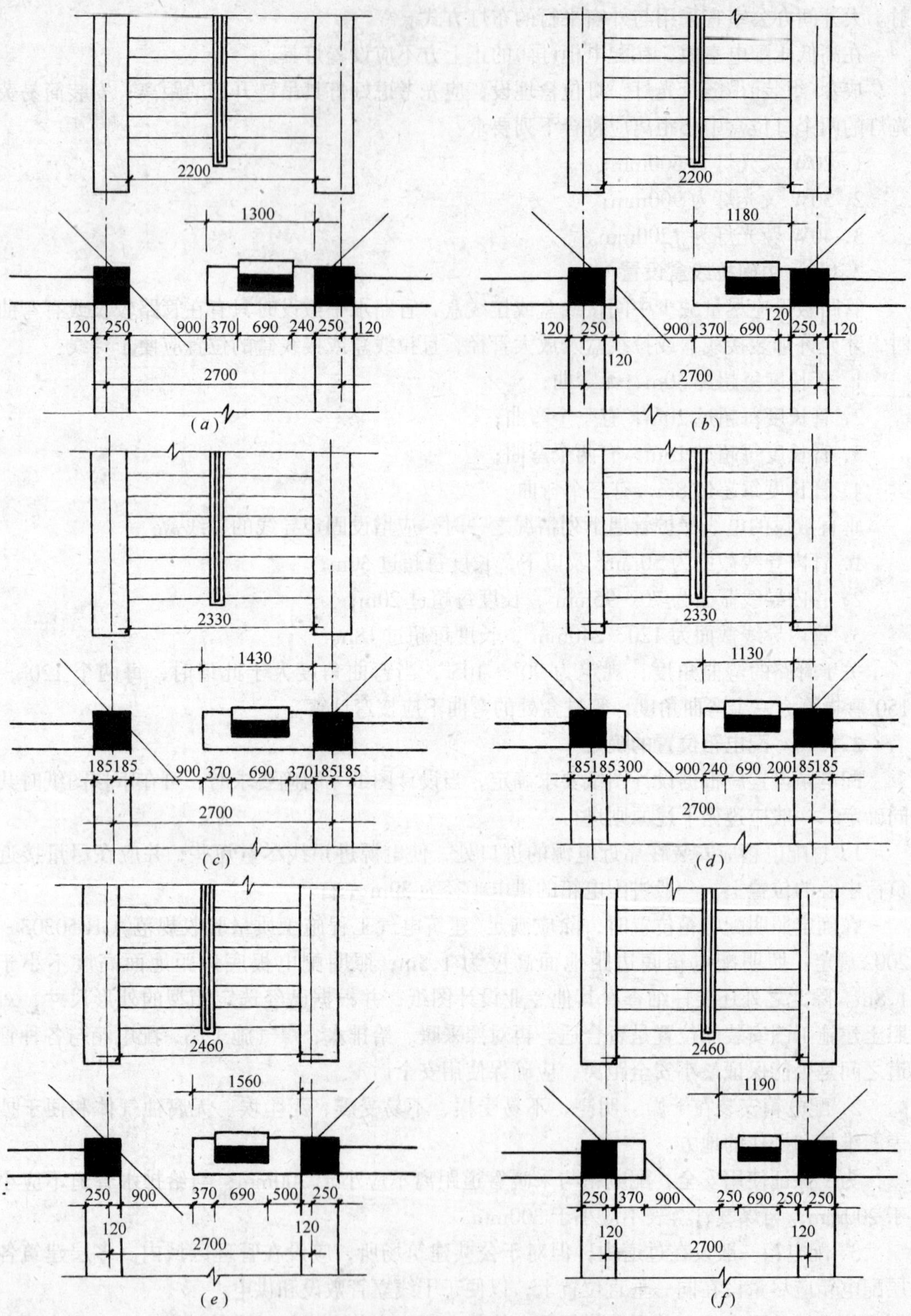

图 2.1.10-1 2.7m 宽楼梯间配电箱设置位置图
(a) 外侧轴线位置一；(b) 外侧轴线位置二；
(c) 中轴线位置一；(d) 中轴线位置二；(e) 内轴线位置一；(f) 内轴线位置二

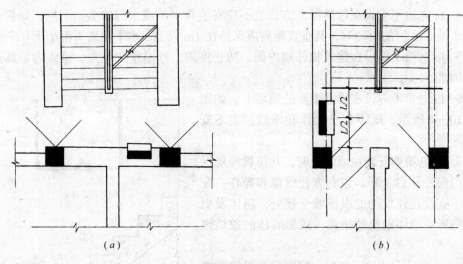

图 2.1.10-2 一梯两户住宅楼梯间配电箱位置图
(a) 一梯两户侧开门；(b) 一梯两户正开门

住宅楼楼房开关箱(也称分户箱或户内漏电保护箱)的位置应设在方厅(或内走道)内，其位置距电表箱或电源越近越好。楼房开关箱如安装在与进户门平行的墙体上时，箱体边缘距门框边缘500mm为宜；楼房开关箱如安装在与门垂直的墙体上时，箱体边缘可距门口处240mm为宜，可在开门时挡在门后，如图2.1.10-3所示。

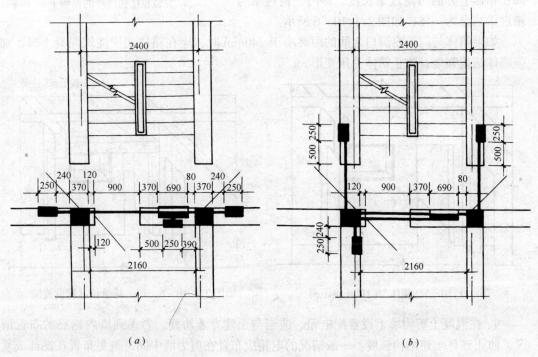

图 2.1.10-3 住宅配电箱及楼房开关箱设置位置图
(a) 开关箱与门平行安装；(b) 开关箱与门垂直安装

4. 配电箱不应设在散热器上方,也不应安装在水池或水门的上、下侧,如果必须安装在水池、水门的两侧时,其垂直距离应保持在1m以上,水平距离不得小于0.7m。

5. 配电箱不宜设在建筑物外墙内侧,防止室内、外温差变化大,箱体内结露产生不安全因素。

6. 配电箱不应设在楼梯踏步的侧墙上,如图2.1.10-4所示,既不利于操作和维修,也不安全。

7. 配电箱如安装在墙角处时,其位置应能保证箱门向外开启180°,以利方便维修和操作。配电箱不宜设在建筑物的纵横墙交接处,箱体及引上管将影响墙体砌筑的接茬,减弱墙体的拉结强度。

8. 普通砖砌体墙,在门、窗洞口旁设置配电箱时,箱体边缘距门、窗框或洞口边缘不宜小于0.37m,如图2.1.10-5所示,否则将减少门、窗过梁支座的断面,即影响建筑结构强度,又使箱体受压。当条件受限制时,过梁支座的长度不应小于墙体厚度,否则应与土建专业配合,适当加长箱体上方的门窗过梁长度,即门、窗过梁与箱过梁结合为一体,如图2.1.10-6所示。

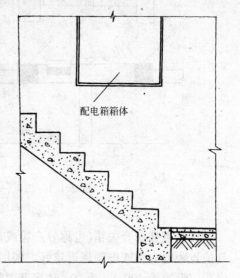

图2.1.10-4 配电箱不应安装在楼梯踏步的侧墙上

如果箱体与门、窗洞口之间的距离小于240mm时,应在箱体四周浇筑混凝土框,加强墙体结构强度,防止箱体受压变形。

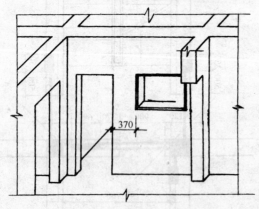

图2.1.10-5 箱体与门口正确距离

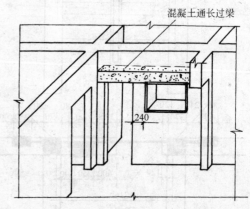

图2.1.10-6 门、箱通长过梁设置图

9. 在混凝土剪力墙上设置配电箱,应当与土建专业协商,考虑到墙内钢筋的布置情况,防止破坏土建结构强度。一般情况的电箱应布置在剪力墙中间,避免布置在端部或紧靠柱边,配电箱至柱边距离,不宜小于2倍墙厚。

2.1.11 室内配线

室内配线按其敷设方式可分为明敷设和暗敷设两种。明、暗敷设的区别是以线路在敷设后，能否为人们用肉眼直接观察到而区别。明敷——导线直接或在管子、线槽等保护体内，敷设于墙壁、顶棚的表面及桁架、支架等处；暗敷——导线在管子、线槽等保护体内，敷设于墙壁、顶棚、地坪及楼板等内部或者在混凝土板孔内敷设等。

室内配线的方式应根据建筑物的性质、要求、用电设备的分布及环境特征等因素确定，但主要取决于建筑物的环境特征。当几种配线方式同时能满足环境特征要求时，则应根据建筑物的性质、要求及用电设备的分布等因素综合考虑，决定合理的配线及敷设方式。

2.1.11.1 瓷（塑料）线夹配线一般适用于正常环境的室内场所和挑檐下室外场所；鼓形绝缘子、针式绝缘子配线一般适用于室内外场所。

为了防止在建筑物顶棚内引起火灾事故，瓷（塑料）线夹、鼓形绝缘子、针式绝缘子配线，严禁敷设在建筑物顶棚内。

2.1.11.2 直敷配线即是塑料护套线绝缘电线配线，一般适用于正常环境室内场所和挑檐下室外场所。在建筑物顶棚内，严禁采用直敷配线。

2.1.11.3 金属导管配线一般适用于室内、外场所，但对金属导管有严重腐蚀的场所不宜采用。建筑物顶棚内宜采用金属导管配线。

2.1.11.4 刚性绝缘导管配线一般适用于室内场所和有酸碱腐蚀性介质的场所，但在易受机械损伤的场所不宜采用明敷设。建筑物顶棚内，可采用难燃型绝缘导管配线。

2.1.11.5 柔性绝缘导管（即难燃平滑塑料管、塑料波纹管）及现浇混凝土板孔配线适用于正常环境一般室内场所，潮湿场所不应采用。在建筑物顶棚内，不宜采用塑料波纹管。

2.1.11.6 金属线槽配线一般适用于正常环境的室内场所明敷，但对金属线槽有严重腐蚀的场所不应采用。具有槽盖的封闭式金属线槽，有与金属导管相当的耐火性能，可在建筑物顶棚内敷设。

2.1.11.7 塑料线槽配线一般适用于正常环境的室内场所，在高温和易受机械损伤的场所不宜采用。

根据上述原则在确定了室内配线及敷设方式以后，即可以根据建筑结构情况和施工质量验收规范的规定，规划出较为理想的线路布局。

2.1.11.8 室内配线用电线、电缆应按低压配电系统的额定电压、电力负荷、敷设环境及其与附近电气装置、设施之间能否产生有害的电磁感应等要求，选择合适的型号和截面。

电线、电缆导体截面的选样应符合下列规定：

1. 按照敷设方式、环境温度及使用条件确定导体的截面，其额定载流量不应小于预期负荷的最大计算电流；

2. 线路电压损失不应超过允许值；

3. 导线最小截面应满足机械强度的要求，不同敷设方式导线线芯的最小截面不应小于表2.1.11.8－1的规定；

不同敷设方式导线线芯的最小截面　　　　表 2.1.11.8-1

敷设方式			线芯最小截面(mm²)		
			铜芯软线	铜线	铝线
敷设在室内绝缘支持件上的裸导线			—	2.5	4.0
敷设在室内绝缘支持件上的绝缘导线其支持点间距 L (m)	L≤2	室内	—	1.0	2.5
		室外	—	1.5	2.5
	2<L≤6		—	2.5	4.0
	6<L≤12		—	2.5	6.0
穿管敷设的绝缘导线			1.0	1.0	2.5
槽板内敷设的绝缘导线			—	1.0	2.5
塑料护套线明敷			—	1.0	2.5

4．单相回路中的中性线应与相线等截面。

在三相四线或二相三线的配电线路中，在 TN 系统中，当用电负荷大部分为单相用电设备时，其 N 线或 PEN 线的截面不宜小于相线的截面；以气体放电灯为主要负荷的回路中，N 线截面不应小于相线截面；采用可控硅调光的三相四线或二相三线配电线路，其 N 线或 PEN 线的截面不应小于相线截面的 2 倍。

当 PE 线所用材质与相线相同时，按热稳定要求，截面不应小于表 2.1.11.8-2 的所列规定。

保护线的最小截面(mm²)　　　　表 2.1.11.8-2

装置的相线截面 S	接地线及保护线最小截面
S≤16	S
16<S≤35	16
S>35	S/2

在 TN-S、TN-C-S 系统中，由于有专用的保护线(PE)，可以不必利用金属电线管作保护线(PE)的导体，因而金属管和塑料管可以混用。当金属管、金属盒(箱)、塑料管、塑料盒(箱)混合使用时，非带电的金属管和金属盒(箱)必须与保护线(PE)有可靠的电气连接。

2.1.11.9　室内配线与各种管道的最小距离不应小于表 2.1.11.9-1 的规定。

煤气管道与其他管道以及导线、电气器具等的距离均不应小于表 2.1.11.9-2～2.1.11.9-4 的规定。

2.1 照明工程器具盒(箱)位置的确定及室内配线

电气线路与管道间最小距离(mm)　　　　表 2.1.11.9-1

管道名称	配线方式		穿管配线	绝缘导线明配线	裸导线配线
蒸汽管	平行	管道上	1000	1000	1500
		管道下	500	500	1500
	交叉		300	300	1500
暖气管、热水管	平行	管道上	300	300	1500
		管道下	200	200	1500
	交叉		100	100	1500
通风、给排水及压缩空气管	平行		100	200	1500
	交叉		50	100	1500

注：1. 对蒸汽管道，当在管外包隔热层后，上下平行距离可减至200mm；
　　2. 暖气管、热水管应设隔热层；
　　3. 对裸导线，应在裸导线处加装保护网。

埋地煤气管与其他相邻管道及电缆(线)间的最小水平净距　　表 2.1.11.9-2

项目		水平净距(mm)
与给、排水管		1000
与供热管的管沟外壁		
与电力电缆		
与通讯电缆	直埋	
	在导管内	

埋地煤气管与其他相邻管道及电缆(线)间的最小垂直净距　　表 2.1.11.9-3

项目		垂直净距(当有套管时以套管计)(mm)
与给、排水管		150
与供热管的管沟底或顶部		150
电缆	直埋	600
	在导管内	150

煤气管与其他相邻管道及电线、电表箱、电器开关接头之间的距离　　表 2.1.11.9-4

类别 走向	煤气管与给排水、采暖和热水供应管道的间距(mm)	煤气管与电线的间距(mm)	煤气管与配电箱、盘的距离(mm)	煤气管与电气开关和接头的距离(mm)
同一平面	≥50	≥50	≥300	≥150
不同平面	≥10	≥20		

Ⅲ 质 量 标 准

照明工程器具盒(箱)位置的确定及室内配线,是各相应的分项工程的施工基础。对于其质量标准、成品保护及安全注意事项和质量通病及其防治的内容,均分别参见"室内线路敷设"中的各相关的分项工程的内容。

配管及盒(箱)位置设置的正确与否总的质量要求是:

1. 盒(箱)位置设置正确,固定可靠,与其他管路间的距离符合规定;导管进入盒(箱)处顺直;非镀锌钢导管焊接连接在盒(箱)内露出的长度为3~5mm;钢管螺纹连接用锁紧螺母(护圈帽)固定的管口,管子露出螺纹为2~3扣;金属、非金属柔性导管应使用专用接头;刚性绝缘导管与盒(箱)连接,应使用连接器件或在管端做喇叭口,喇叭口应紧贴盒(箱)接触面。

2. 导管敷设应连接紧密,管口光滑,护口齐全;明配管及其支架平直牢固,排列整齐,固定点正确,管子弯曲处无明显皱折,油漆防腐良好;暗配管敷设路线正确,弯曲数量符合规定,管保护层不应小于15mm(不含抹灰层)。

2.2 刚性绝缘导管暗敷设

Ⅰ 施 工 准 备

2.2.1 材料
1. 硬质聚氯乙烯塑料管、刚性PVC管;
2. 塑料制品的接线盒、开关盒及各种成品的管接头、管卡头等;
3. 各种螺丝、胶合剂、汽油、木炭或木材等。

2.2.2 机具
喷灯、弯管弹簧、锯条、卷尺、自制硬质塑料管弯曲模具和管端做喇叭胎具等。

2.2.3 作业条件
敷设管路须与土建主体工程密切配合施工,土建施工后应及时给出电气施工所需要的建筑标高线200mm线。

敷设绝缘导管时的环境温度不宜低于-15℃,防止塑料管发脆造成断裂,影响工程质量。

Ⅱ 施 工 工 艺

2.2.4 施工程序
刚性绝缘导管应根据线管的每段埋设位置和线管所需长度进行锯断、弯曲,做好部分管与盒的连接,然后在配合土建施工敷设时进行管与管及管与盒(箱)的预埋和连接。

2.2.5 硬质塑料管的选择
刚性绝缘导管的材质及适用场所必须符合设计要求和施工质量验收规范规定。

2.2.5.1 保护电线用的刚性绝缘导管及其配件必须由阻燃处理的材料制成,导管外壁应有间距不大于1m的连续阻燃标记和制造厂标。

2.2 刚性绝缘导管暗敷设

2.2.5.2 绝缘导管不应敷设在高温(环境温度在40℃以上)和易受机械损伤(冲击、碰撞、摩擦)的场所。

2.2.5.3 在选择绝缘导管及其附件时,应一律选用难燃型管材,其氧指数应为27%及以上,即有离火自熄的性能。对刚性绝缘导管及配件的阻燃性能有异议时,按批抽样送有资质的试验室检测。

2.2.5.4 刚性绝缘导管应具有耐热、耐燃、耐冲击并有产品合格证,管口应平整、光滑;内外径应符合国家统一标准。外观检查管壁壁厚应均匀一致,无凸棱、凹陷、气泡等缺陷。

硬质聚氯乙烯管应能反复加热煨制,即热塑性能好。再生硬质聚氯乙烯管不应再用到工程中。刚性PVC管应能冷弯。

2.2.5.5 根据所穿导线截面、根数,选择配管管径,一般情况下,管内导线总截面积(包括外护层),不应大于管内空腔截面积的40%。可参考表2.2.5.5-1和表2.2.5.5-2所示。

BV、BLV塑料线穿刚性绝缘导管管径选择(mm) 表2.2.5.5-1

导线截面(mm²)	导线根数						
	2	3	4	5	6	7	8
1							
1.5							
2.5			15	15	15	15	20
4			15	15	15	15	20
6		20	20	20	20	20	25
10		20	25	25	25	25	32
16		25	25	25	25	25	40
25			32	32	32	32	50
35			40	40	40	40	50
50			40	40	40	40	65
70			50	50	50	50	80
95			65	65	65	65	80
120					80	80	100

注:1. 硬塑料管规格根据HG2—63—65,管径指内径;
2. 本管按轻型管计算。

BX、BLX绝缘线穿刚性绝缘导管管径选择(mm)　　表2.2.5.5-2

导线截面(mm²)	导线根数						
	2	3	4	5	6	7	8
1							
1.5							
2.5		15					25
4			20				32
6			25				
10		25					40
16			32				50
25							
35			40				65
50			50		65		80
70				65	80		
95			65				
120			80				

注：同表2.2.5.5-1注。

2.2.5.6 刚性绝缘导管敷设工程中，应使用与管材相配套的各种难燃材料制成的器具盒，在工程中不宜使用金属制品盒。

2.2.6 管的切断

配管前应根据管子每段敷设所需长度进行切断。

2.2.6.1 硬质聚氯乙烯塑料管的切断用带锯的多用电工刀或钢锯条，直接锯到底，切口应整齐。

2.2.6.2 刚性PVC管用锯条切断时，应直接锯到底。当使用厂家配套供应的专用截管器进行裁剪管子，应边稍转动管子边进行裁剪，使刀口易于切入管壁，刀口切入管壁后，应停止转动PVC管（以保证切口平整），继续裁剪，直至管子切断为止，如图2.2.6.2所示。

图2.2.6.2　PVC管切断

2.2.7 刚性绝缘导管的弯曲

刚性绝缘导管的弯曲有冷煨和热煨两种。

2.2.7.1 冷煨法：适用于刚性 PVC 管在常温下的弯曲。在弯管时，将相应的弯管弹簧插入管内需煨弯处，两手握住管弯曲处弯簧的部位，用手逐渐弯出需要的弯曲半径来，如图 2.2.7.1-1 所示。

如果用手无力弯曲时，也可将弯曲部位顶在膝盖上或硬物上再用手扳，逐渐进行弯曲，但用力及受力点要均匀。弯管时一般需弯曲至比所需要弯曲角度要小，待弯管回弹后，便可达到要求，然后抽出管内弯簧。

刚性 PVC 管还可以使用手扳弯管器冷煨管，将已插好弯簧的管子插入配套的弯管器，手扳一次即可弯出所需弯管，如图 2.2.7.1-2 所示。

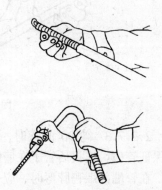

图 2.2.7.1-1 用弯管弹簧冷煨管

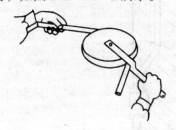 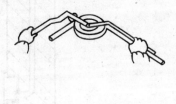

图 2.2.7.1-2 用弯管器冷弯管

当弯曲较长的管子时，应用铁丝或细绳拴在弯簧一端的圆环上，以便弯管完成后拉出弯簧，在弯簧未取出前，不要用力使弯簧回复，否则易损坏弯簧，当弯簧不易取出时，可逆时针转动弯簧，使之外径收缩，同时往外拉即可取出。

低温施工弯管时，可先用布将管子需要弯曲处摩擦生热后再煨管。

在刚性 PVC 管端部冷煨 90°曲弯或鸭脖弯时，用手冷煨管有一定困难，可在管口处外套一个内径略大于管外径的钢管，一手握住管子，一手扳动钢管即可煨出管端长度适当的 90°曲弯。

刚性 PVC 管也可同硬质聚氯乙烯管一样进行热煨。

2.2.7.2 热煨法：热煨管子弯曲质量的好坏，同管本身质量和热煨温度及煨管技巧、操作水平都有一定关系。

加热刚性绝缘导管可以用喷灯、木炭或木材做热源，也可以用水煮、电炉子或碘钨灯加热等等。无论采用什么方法加热，应掌握好加热温度和加热长度，应注意不应将管烤伤、变色。

煨制 20mm 及以下刚性绝缘导管的端部，与盒（箱）连接处的 90°曲弯或鸭脖弯时，管端加热后，管口处插入一根直径相适宜的防水线或橡胶棒，用手握住需煨弯处两端进行弯曲，如图 2.2.7.2 所示，成型后将弯曲部位插入冷水中定型。此法如两人操作特别方便，可一人同时烤多根管，另一人一根接一根的煨管，弯管质量好且效率又高。加热时，应防止管口处受热变型。

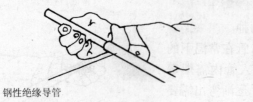 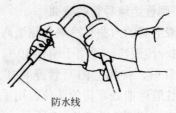

钢性绝缘导管　　　　　　　防水线

图2.2.7.2　用防水线或橡胶棒热煨管

2.2.7.3　弯90°曲弯时，管端部应与原管垂直，有利于瓦工砌筑。管端不应过长，应保证管（盒）连接后管子在墙体中间位置上，如图2.2.7.3(a)所示。

在管端部煨鸭脖弯时，应一次煨成所需长度和形状，并注意两直管段间的平行距离，且端部短管段不应过长，防止造成砌体墙通缝。如图2.2.7.3(b)所示。

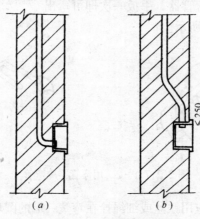

图2.2.7.3　管端部的弯曲
(a) 90°曲弯；(b) 鸭脖弯

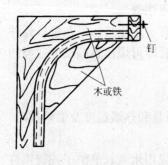

图2.2.7.4-1　自制弯管模具

2.2.7.4　直径20mm及以下的导管的中间部位的90°弧型弯曲，也可按弯曲半径的不同要求，先自制能一次并立着容纳多根管子的模具如图2.2.7.4-1所示。用手同时拿多根管一齐加热，在加热过程中要一边前后串动，一边转动，待管子加热至柔软状态时，弯曲后一根根放入模具中，为了加速管的硬化，需浇水冷却。弯制25mm以上的硬塑料管，宜一根根加热，用手弯制成型，并浇水进行冷却。弯曲50mm以上的硬塑料管还要在冷却的过程中整形，管径再大者要装上炒干的砂子，塞好管口后再加热弯曲。

刚性绝缘导管的弯曲半径不应小于管外径的6倍；埋设于地下或混凝土内时，不应小于管外径的10倍，如图2.2.7.4-2所示。管的弯曲处不应有折皱、凹穴和裂缝现象，弯扁程度不应大于管外径的10%。

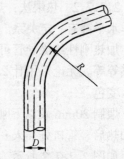

图2.2.7.4-2　管子弯头
D—管子直径；R—弯曲半径

2.2.8 管与管的连接

管与管的连接一般均在施工现场管子敷设的过程中进行,刚性绝缘导管的连接方法较多,但基本可以区分为采用器件连接和用套管连接及插入法连接等几种方法。无论采用哪种方法连接,导管管口应平整、光滑,接口处连接紧密。

2.2.8.1 采用器件连接

刚性 PVC 管的连接,采用器件连接即使用成品管接头(图 2.2.8.1)连接管两端及与器件的连接面应涂专用胶合剂,接口应牢固密封。管与器件连接时,插入深度宜为管外径的 1.1～1.8 倍。

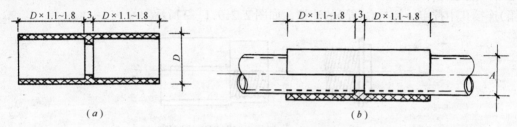

图 2.2.8.1 PVC 成品管接头及其连接
(a)成品管接头;(b)管与管的连接

2.2.8.2 插入法连接

插入法连接时,先把连接管端部擦净,把阳管管端涂上胶合剂,将阴管端部加热软化,把阳管迅速插入到软化后的阴管中,插接长度为管外径的 1.1～1.8 倍,待两管同心时,冷却后即可,如图 2.2.8.2 所示。

2.2.8.3 套管连接

套管连接时,可以用比连接管管径大一级的同类管料做套管,套管长度宜为管外径的 1.5～3 倍,把涂好胶合剂的连接管,从两端插入到套管内,连接管对口处应在套管中心,接口处应牢固密封,管的连接如图 2.2.8.3 所示。

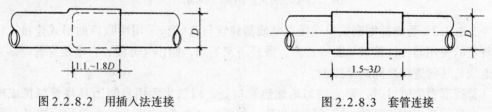

图 2.2.8.2 用插入法连接　　　　　图 2.2.8.3 套管连接

在现场施工中有一种传统做法,不使用胶合剂直接套接的方法,这种套管连接法,使用套管的长度不宜小于连接管外径的 4 倍,并且套管的内径与连接管的外径应紧密配合才能连接牢固。

2.2.9 管与盒(箱)的连接

刚性绝缘导管与盒(箱)连接,有的需要预先进行连接,有的则需要在施工现场配合施工过程中在管子敷设时进行连接。

刚性绝缘导管与盒(箱)的连接方法很多,无论采用什么方法进行连接,总的质量要求是:连接管外径应与盒(箱)敲落孔相一致,管口光滑,一管一孔顺直进入盒(箱),在盒(箱)内露出长度应符合规定,多根管进入配电箱时应长度一致,排列间距均匀。管与盒

(箱)连接应固定牢固,各种盒(箱)的敲落孔不被利用的不应被破坏。

刚性绝缘导管与盒连接时,一般把管弯成90°曲弯,在后面入盒,尤其是埋设在墙中的开关、插座盒,如果煨成鸭脖弯,在盒上方入盒,预埋砌筑时立管不易固定。

管与盒连接时要掌握好入盒长度,不应在预埋时使管口脱出盒子,也不应使管插入盒内过长,更不应后打断管头,致使管口出现齿状或断在盒外出现负值。

2.2.9.1 采用器件连接:刚性 PVC 管与盒(箱)连接,可以采用成品管盒连接件(图2.2.9.1-1),连接时先把连接管与器件进行插入法连接,插入深度宜为管外径的1.1~1.8倍,连接处结合面应涂专用胶合剂,接口应牢固密封。然后把连接器件另一端插入盒(箱)连接孔中拧牢。管与盒(箱)的连接,如图2.2.9.1-2所示。

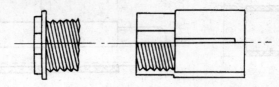

图 2.2.9.1-1 管与盒(箱)用连接器件

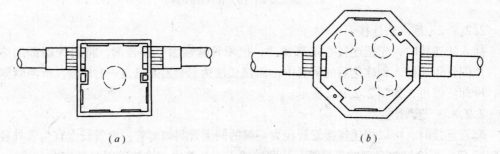

图 2.2.9.1-2 用连接器件连接管、盒
(a) 开关盒;(b) 八角盒

2.2.9.2 管端部做喇叭口连接:硬质塑料管与盒(箱)采用喇叭口的形式连接,比规范规定的使用器件连接效果要好得多,既经济又美观,制作又方便,在电线穿管时,减少了电线与导管管口之间的摩擦力。

管端部做喇叭口时,要先均匀地加热管口处,略软化后用自制胎具将管口扩成喇叭状,在管、盒连接时可防止管子脱离盒孔,如图2.2.9.2(a)所示。在管端再略长一些加

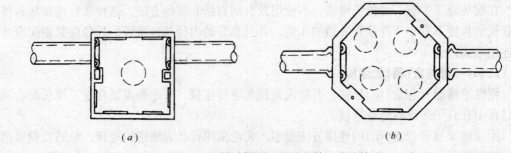

图 2.2.9.2 管端做喇叭口进行管、盒连接
(a) 管端做喇叭口;(b) 管端做双喇叭口

热软化管口处,用胎具可将管口做成双喇叭口状,可以把配管与盒体牢牢地固定位,如图2.2.9.2(b)所示。

刚性绝缘导管与配电箱的连接,可见"照明配电箱安装"中的相关内容。

2.2.10 砖混结构工程墙体内管子敷设

砖混结构受力特点是由墙体承重,砖混结构工程先由下向上砌筑墙体,或在墙体顶部浇筑圈梁,再在上边安装或浇筑楼板。电气工程墙体内管子敷设,也由下向上进行,一般要在未砌筑墙体前,预先把管子与各种器具盒预装好,由电工或建筑工人在砌筑的过程中埋入。但埋入深度是有一定要求的,即所有埋设的管子不能有外露现象,埋入墙体内的管子离表面的最小净距不应小于15mm,如图2.2.10所示。管与盒周围应用砌筑砂浆固定牢。

管子暗敷设时,能在墙体内敷设的管路应尽量在墙体内敷设,减少楼板层内的配管数量便于施工。墙体内水平敷设的管子不宜太粗,若管外径大于20mm时,一般宜现浇一段砾石混凝土。

配管砌在承重墙内,当水平敷

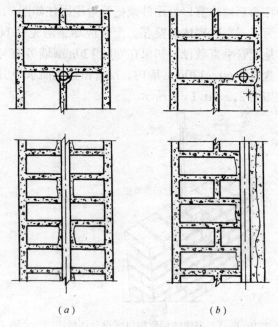

图 2.2.10 墙体内配管
(a) 配管敷设在墙体中间;(b) 敷设在砖墙面层

设管路较多时,应相互间错开标高,防止影响墙体的结构强度。

不应在承重墙体上,留槽及大面积剔槽配管,特别是水平方向留(剔)槽影响更大。为了不造成砌体墙通缝,竖向留(剔)槽的长度不应超过300mm,但必须用强度不小于M10水泥砂浆抹面保护,厚度不应小于15mm。

2.2.10.1 开关(插座)盒管在墙体上的预埋

在同一室内预埋的开关(插座)盒,安装高度应一致,相互间高低差不宜大于5mm;并列安装高低差不宜大于1mm。并列埋设时应以下沿对齐。施工前宜选用多极(联)开关,尽量减少并列安装。

当墙体砌筑到开关(插座)盒安装高度时,可将连接好的管盒一同放置在墙体上,盒应放置平整,坐标正确,盒子安装孔的方向应与开关或插座面板安装孔的位置相一致,并应根据墙体装饰面厚度确定盒口突出墙体表面的尺寸,一般抹灰墙体盒口宜突出砌体5~10mm。不能使盒口缩进墙体表面,也不能使盒口突出墙面过大,以使其在安装开关、插座面板时能紧贴建筑物表面。

为了加强对盒位的固定,可以用钢丝或8号线做的匚型卡子,上部卡在盒内底沿上,下部钉在二层砖下的灰缝中将管、盒稳固在墙体上。继续砌筑时,根据墙体厚度及管子敷设方向,使管子在墙体中间的位置上,同时用砂浆固定好管盒。

如果在墙体施工过程中先留置一个豁口就更方便了。在240mm及以上墙体上敷设管盒时，在需要的高度处，可在墙体砌筑时适当位置上留置一个宽度同盒宽，深半砖墙的豁口，待瓦工挑线开始砌上皮砖时，把已连接好带喇叭口的管盒放置在墙体的豁口处，用事先准备好的卡子稳固住管盒，其卡子的上部卡住盒的下沿一面，卡子前端弯起处顶住喇叭口，使管口贴紧盒底部，卡子下部钉在盒下第二皮砖的灰缝中，将立管在墙中心处扶正管子，在盒后墙体豁口处用砂浆把管弯稳固住如图2.2.10.1-1所示。

为了不影响砌体墙接茬，配管应尽量避免在60～120mm厚的普通砖砌体墙内敷设，尤其是配管垂直敷设，如果在60～120mm墙旁有与此墙相连接的240mm及以上墙体时，可将盒设在60～120mm墙内，配管由盒侧面水平引至厚度在240mm及以上墙体内再向上敷设如图2.2.10.1-2所示。

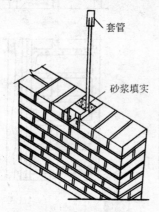 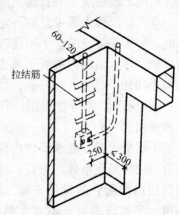

图2.2.10.1-1　砌体墙预留豁口埋设盒体做法　　图2.2.10.1-2　在60～120mm墙内管子敷设

当条件受限制的情况下，配管必须要在60～120mm墙体内垂直向上敷设时。为防止砌体墙接茬不良，在墙体砌筑时，最少应每隔500mm横向设置2根$\phi6$拉结筋，在墙体两侧抹好不小于M10水泥砂浆，或在配管处用高强度等级水泥砂浆砌筑。也可以在墙体上留槽，配管后在墙体双侧支模，浇筑细石混凝土。

60～120mm墙体内水平配管，可根据图纸在设计部位支模，管子敷设后并在管两侧各设1～2根$\phi6$钢筋，最后浇筑同砖厚的细石混凝土板带，待达到一定强度后继续砌墙。

开关（插座）盒连接管的敷设方向不同，有的需要向上敷设到墙体（或圈梁）顶部，然后再接管；有的则需要向上垂直敷设到墙体的灯位盒内，与盒进行连接，再由灯位盒向上敷设短管至墙体（或圈梁）顶部，也有的需垂直引上一段经弯曲后再水平敷设，还有的需先水平敷设一段，经弯曲垂直引上到墙体的灯位盒内或直接敷设到墙体（或圈梁）顶部，在墙体内引至墙（或圈梁）顶部的管子需要与楼板层的配管相连接。在墙体内敷设的管子一般情况下不宜倾斜敷设，倾斜敷设虽然比90°转角能节省一部分管材，但会给土建墙体砌筑带来一定麻烦。

当同一道墙体在正反两侧同一位置上的两个连通盒，有一根立管引上时，做法如图2.2.10.1-3(a)所示；

当同一道墙体在正反两侧同一位置上，有两根立管同时引上墙体（或圈梁）顶部时，两立管应与墙体轴线平行放置，如图2.2.10.1-3(b)所示。立管的左右方向与墙体内的盒体不能弄错,以便楼板层施工中准确的连接楼板层上不同方向的配管。

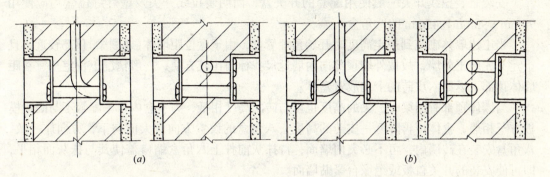

图 2.2.10.1-3 同一墙体内两连通盒引上管做法
(a) 单根引上管做法;(b) 双引上管做法

当墙体上配管需要引进吊顶内时,其配管的上端应先煨成 90°弯曲,在墙体的适当位置外露待吊顶施工时连接吊顶内配管。

敷设至墙体(或圈梁)顶部需要与楼板层相连接的管子,在墙体施工时,不宜高出墙或圈梁的表面,防止楼板施工时损坏高出的管子,且高出的管子向楼板层弯曲敷设时也不好施工。墙体内的立管应略低于墙体(或圈梁)的顶部表面,应先在管端部套好大一级管径的套管做连接管用,以待将来连接楼板层的配管,套管上端管口应与墙体(或圈梁)的顶部相平如图 2.2.10.1-4 所示。

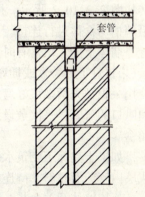

图 2.2.10.1-4 墙内立管顶部套管做法

当楼板为预制空心楼板,且楼板层配管沿板缝暗敷设时,墙上垂直管口的位置应在楼板板缝处,而不应被压在预制板下面,防止连接楼板层配管时,需破坏楼板端部而减少楼板搭接部位的有效面积,如图 2.2.10.1-5 所示。

敷设在墙体内的立管,管口要用灰袋纸做成纸捻堵塞严密,防止杂物落入管内。

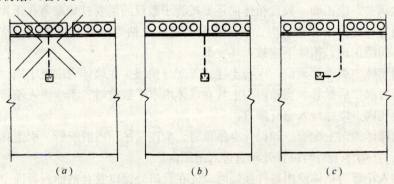

图 2.2.10.1-5 墙上配管与楼板位置关系
(a) 错误做法;(b) 配管垂直引至板缝处;(c) 配管水平敷设再垂直引上至板缝处

2.2.10.2 拉线开关及壁灯盒的预理

安装暗装拉线开关一般使用配套的开关盒,而明装拉线开关及壁灯灯位盒均应使用 90mm×90mm×45mm 的八角盒。

当土建墙体砌筑到规定高度时开始预埋管盒,由于盒位距墙体(或圈梁)顶部较近,且土建又先施工外墙,故按外墙顶部向内墙返尺找标高比较方便,一般情况下住宅楼宜在距墙体顶部下返第六皮砖的上皮放置盒体。

当墙体顶部有圈梁时,梁的高度也可与砖的高度相抵,为了盒内水平配管不与圈梁模板方子相遇,盒体可再降低一皮砖的高度,八角盒的设置方向应大面向下,方向应一致,八角盒安装在砖墙内,可不必突内墙面,待抹灰前拧上八角盒缩口盖使其与抹灰面相平,即可使安装的开关盖板或绝缘台紧贴墙面。

八角盒内敷设端部带 90°曲弯的引上管,此管一般长度不超过墙(或圈梁)顶部,可随土建施工进行预埋,也可使用管进盒处无弯的管子,需在墙体或圈梁处先垂直留槽后配管,留槽的高度不应超过四至六皮砖如图 2.2.10.2 所示。楼板层配管时,将管子直接沿墙槽与盒体进行连接。

墙体上的八角盒有时要与由下部引来的管子相连接(来自灯下开关盒或插座盒内引上的配管),此管可使用一根预先两端煨好弯的管子,也可以用管口处有喇叭口的弯管,一次敷设到位连接开关(插座)盒与八角盒。

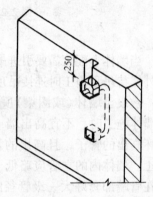

图 2.2.10.2 盒上部墙体预留槽

如果土建瓦工砌筑水平不高时,应将管上端 90°曲弯留置长一些,防止墙体砌筑时造成墙内管前后倾斜,待连接盒体同时锯断多余的管口。

连接墙体开关盒与八角盒的管子上端进入八角盒时,如何利用盒底部的敲落孔,也有讲究,应选择好连接孔位置,使管盒连接后,灯位八角盒与开关盒应在同一条垂直线上。

2.2.10.3 配电箱箱体的预埋

当砌体墙施工到需要安装箱体的高度时,就应该预埋配电箱箱体。箱体的宽度与墙体的厚度的比例关系应正确。放置箱体前还要按管子敷设的需要打掉敲落孔压片,当敲落孔数量不足或管与孔径不相吻合时,可采用开孔机或电钻等机具开圆孔,孔径应适宜、光滑、整洁,间距正确,箱体不应被损坏变形。

配电箱箱体内引上管敷设,应与土建施工配合预埋,在墙体内砌筑牢固,不应在箱体顶部垂直留置洞口后敷管。当箱内引上管在墙体内水平敷设时,不应将入箱管的弯曲弧段插入到敲落孔内,以保持入箱管顺直。

配电箱箱体内向上配管,如设计有吊顶时,为连接吊顶内的配管,引上管的上端应弯成 90°曲弯,在墙体上适当位置处垂直进入吊顶内。

成排的入箱管与箱体使用器件连接时,先在管口处涂以胶合剂插入器件中,再与箱体敲落或连接孔拧牢;入箱管管端做喇叭口时,应把配管直接由箱体内向外穿通过箱体敲落或连接孔,可以在箱内搁置一个预先加工好的托板,顶住入箱管。也可以用砖在箱内顶住管口,使配管喇叭口与箱体内表面接触严密。这样就可以做到入箱管顺直、间距均匀、管口平齐、伸入长度一致。

箱体内引上、引下配管位置应正确，电源管应在左侧，负荷管在右侧且应按回路依次排列，并应使管子在墙体内排列整齐，尽量不交叉，住宅配电（分户）箱的负荷管除应与户门对应外，还应按照明、插座或插座、照明回路按顺序排列。

2.2.11 承重的加气混凝土砌块墙体导管敷设

承重的加气混凝土砌块墙体上使用刚性绝缘导管暗敷设，管路不需配合土建砌筑时进行敷设，而要在墙体砌筑完成后，在墙体表面镂槽敷设管子，并且只允许在墙体上垂直敷设，不得水平镂槽敷设管子。

承重的加气混凝土砌体墙，在墙体顶部一般均设有圈梁，电气工程配管要在圈梁施工时，在靠近圈梁的一侧先预埋好比配管管路大一级的过梁套管，待楼板层配管施工时，配管直接插入过梁管中，与墙体表面镂槽敷设的管路相连接。

墙体内镂槽敷设的管子直径不宜大于25mm。墙体敷设管路前，需要在埋设盒的部位上划线，用手电钻钻好固定盒位的孔，顺管路垂直走向的路径，使用专用的用薄钢片制成的一面带齿、一面带刃的镂槽工具镂槽如图1.2.11-1所示，不得用锤斧剔槽。管子在镂槽处敷设后，用水冲去粉末，在管子两侧用钉子将100mm宽镀锌钢丝网或0.5mm厚钢板网钉牢，防止抹灰层开裂如图2.2.11-2所示。

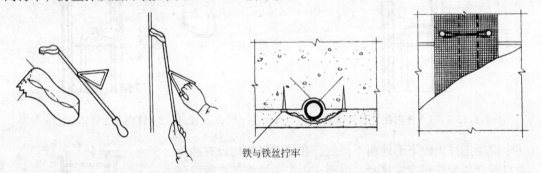

图2.2.11-1 用镂槽工具在墙体上镂槽　　　　图2.2.11-2 墙体管子固定做法

承重的加气混凝土砌体墙内设置配电箱，应随墙体砌块砌筑时预埋，当箱体深度大于或等于180mm，宽度大于500mm时，需要在箱体周围设置钢筋混凝土框。配电箱箱体上下侧敲落孔处，应在砌块砌筑前，斜向用专用锯锯出豁口，待埋入敷设箱体至墙体上的管子。

2.2.12 现浇框架工程的配合施工

现浇混凝土内配管多使用钢管。如使用刚性绝缘导管，应使用强度比较好的中型以上的导管，且在结构的重要部位应做适当的保护。

现浇混凝土框架结构的承重体系由横梁和柱子相互之间刚性连接而成，施工时先浇筑框架，然后安装或浇筑楼板，最后施工墙体，电气管路敷设时，一般先预埋梁、柱内的管子（或套管），待楼板层施工时敷设和连接管路，在砌墙的过程中，连接和埋设剩余的部分管子，基本上属于由上向下敷设。

2.2.12.1 现浇混凝土柱内导管敷设

现浇混凝土柱内预埋壁灯灯位盒或开关（插座）盒时，应先将管与盒连接好，并将盒内堵塞严密，在柱子正面模板支好后，将盒与模板固定牢固（如使用钢模板时，其局部最好用木模板），防止浇筑混凝土时移位。盒应在柱中间的位置上设置，当柱子正面钢筋设计为单数筋时，将影响盒位的钢筋拨开，在施工前应对照土建结构施工图，与设计者协商改单数的筋为双数筋，留开中间位置，而方便盒位的埋设。在敷设管盒的同时，应把管子与主筋保持一定间距平行布置且在中间部位每隔1m处与箍筋绑扎，在管进盒处绑扎点不宜大于0.3m。

混凝土柱内敷设的电气配管管径不宜大于ϕ20mm，如果配管管径较大，而柱子断面较小时，管子应沿柱中心垂直通过，防止减损柱子的有效截面积。

当混凝土柱内垂直配管，需要与墙体内管子相连接时，管子需要伸出模板外，以待将来连接，伸出的部位易被破坏，且要在模板上开孔。为使配管不伸出模板，可在管口处先连接好套管如图2.2.12.1-1所示，套管的外端先堵塞好，并与模板紧密靠住，直接浇筑在混凝土内，拆模后取出堵塞物，当墙体施工到需要接管处，即可把柱外的管子插入柱内管子的套管内。

由柱内向外引管，还可以使用管帽预留管口，待拆模后取出管帽再接管（图2.2.12.1-2）。

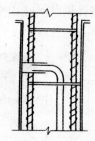
图2.2.12.1-1　柱内配管套管做法

图2.2.12.1-2　柱内配管管帽做法

混凝土柱内距下部地面不高处，在柱的两侧均设有插座盒且两盒的配管相互连接时，由地面内引来的管子宜敷设到相反方向的盒内，与盒下侧的敲落孔相连接，这样敷设可以防止配管在入盒处呈现手杖弯，也方便电线穿管如图2.2.12.1-3所示。

暗配管需要横向穿过现浇混凝土柱时，对柱子的结构强度是有一定影响的，混凝土受压面积将被减损，应用钢管做套管并与土建专业商量，相应地增加补强钢筋面积，以抵消对柱子的减损影响。

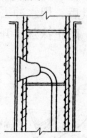
图2.2.12.1-3　柱内插座盒配管做法

2.2.12.2　现浇混凝土梁内导管敷设

现浇混凝土工程中，当墙体内配电箱内配出的引上管和配电箱或电气器具盒引至楼板层内的配管，施工时均需穿过混凝土梁，待土建楼板和墙体施工时，再连接或敷设管路。

暗配管在梁内敷设时，当管子需要穿过梁时，横穿梁时对混凝土梁的结构强度影响不会太大，而竖穿梁时对梁的结构强度的影响则不可忽视。当管子需要在混凝土梁内垂直通过时，应选择在梁受剪力较小的部位通过，宜在梁的净跨度的1/3中跨的区域内通过，此

2.2 刚性绝缘导管暗敷设

处剪力、应力均小于边跨。一般可在现浇混凝土梁允许留置施工缝处预埋内径比配管外径粗的钢管做套管。

暗配管在梁内水平敷设，管子需要穿过混凝土梁时，可预埋比配管大一级的同材质管做套管，也可直接预埋与配管管径相同的短管，其配管或套管的位置，除了也应考虑梁受剪力较小的部位外，还应在梁的中和轴及以下混凝土受拉区内通过，且穿梁管或套管距梁底筋上部不应小于50mm。

暗配刚性绝缘导管可以直接竖穿梁，要想在梁内预埋比配管大一级管径的钢性绝缘导管做套管时，应与土建专业商量，在梁的受压面积内相应地增加补强钢筋，防止减损梁的有效截面。

暗配管时，管子(或套管)在梁内并列敷设时，管与管的间距不应小于25mm。

在现浇混凝土梁内设置灯位盒及进行管子顺向敷设时，应在梁底模支好后进行。其灯位盒应设在梁底部中间位置上，盒管连接好后，盒内可用黄泥或浸过水的纸团堵塞严密，盒口应与模板接触紧密后再进行固定，防止混凝土浆渗入盒内。当梁底钢筋妨碍在中间部位上布置灯位盒时，应考虑灯具的安装方式。如安装吸顶灯不能够完全遮盖住灯位盒时，则应与有关专业联系，宜改变灯位位置，可移至梁的侧面或在楼板上布灯。

梁内顺向敷设管子时，当管径较小应平行于主筋，并与主筋有一定间距敷设，不应与主筋绑扎在一起。梁内顺向敷设管子应尽量沿梁的中和轴处，此处是梁受力最小的部位，即不受压也不受拉，对梁的结构强度影响不大。当施工条件受限制时，配管可在梁上部的楼板层内敷设，此时应在梁底部灯位盒内向上预留垂直短管至梁顶部，待以后连接梁内灯位盒与楼板层上的配管。

电气导管(或套管)在梁内垂直敷设时，还应考虑到隔墙与梁的轴线位置关系，当梁与墙为同轴线时，穿梁管应敷设在轴线上；当梁与墙不是同轴线时，穿梁管下部应敷设至墙体的中心线处，不应造成墙顶部与梁底相交处配管外露而凿梁修补；当梁的侧面与墙体的反向侧面相接触时，配管应改变位置，不应在梁内"竖穿梁"，而应由楼板上引下敷设至隔墙墙体的中心处。配管中墙体与梁的关系，如图2.2.12.2所示。

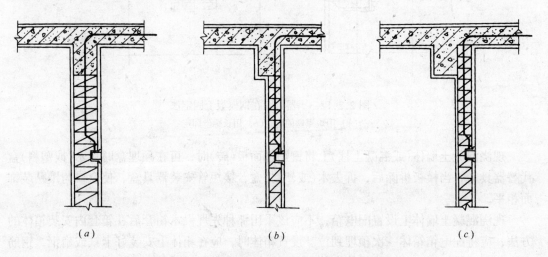

图2.2.12.2 梁内垂直配管与墙体的位置关系
(a)梁墙同轴线；(b)梁墙非同轴线；(c)梁侧面与墙体反向侧面相交

2.2.12.3 现浇混凝土墙体内导管敷设

现浇混凝土墙体内钢筋网绑扎完成后，应有建筑标高线和墙的厚度线。

现浇混凝土墙体内配管应先连接好管盒，敷设在墙体内的盒(箱)应在钢筋的网格中，如盒位与钢筋网格有矛盾时，应将钢筋拨开，将盒管与模板固定牢固，待盒管固定后，再将拨开的钢筋作适当的调整就位。为防止浇筑混凝土时盒子移位，可用扁钢板做套子稳固盒，也可以在局部使用木模板固定盒；如墙体内的盒位正好赶在钢模板的缝隙上，可用铁绑线穿过盒底两孔，由模板的缝隙内穿出，将铁绑线与模板外另加的短木方或短钢筋绑牢；也可在盒内放楔形木方，用木螺丝穿过模板固定盒内木方稳固盒子；在钢模板上用机螺栓固定盒体，如图2.2.12.3所示。

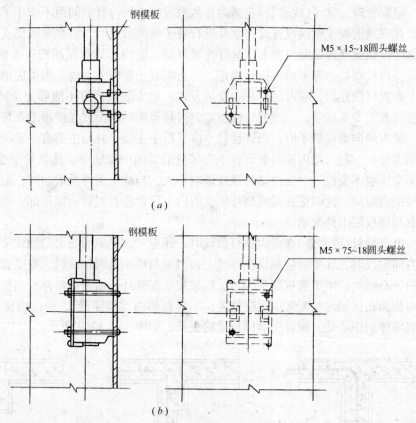

图2.2.12.3 器具盒在钢模板上固定法
(a) 用短螺丝固定；(b) 用长螺丝固定

现浇混凝土墙体(或混凝土柱)上将镶贴饰面板(砖)时，可在预埋盒时用木(或塑料)盒代替器具盒，当模板拆除后，拆去木(或塑料)盒，接短管安装器具盒，使盒口与镶贴装饰面相平。

现浇混凝土墙体上设置配电箱，不应该采用那种先埋设木箱套后在箱套内安装箱体的方法，应将配电箱箱体一次预埋到位。设置箱体时，应在箱体上安装好卡铁或扁钢，钢筋网绑扎后，模板固定前，将箱体安装在相应的位置上，同时要考虑好突出墙面的距离，将箱体连同卡铁或扁钢焊接或绑扎在竖向钢筋上，当箱体位置与钢筋网有矛盾时，可将影响安装的钢筋弯曲绑扎或切断后再进行绑扎，并应在箱体周围增绑附加钢筋，避免设置箱体处对墙体强度的削弱。

现浇混凝土墙体内配管，应沿最近的路径在两层钢筋网中间，并应把管子绑在内壁钢筋的里边一侧，可避免或减少管与盒连接时的弯曲，也防止承受混凝土的冲击。应将管路每隔1m处用绑线与钢筋绑扎牢固，在管进入盒(箱)处绑扎点应适当缩短。

现浇混凝土墙体内，多根管子并列敷设时，管子之间应有不小于25mm的间距，使每根管子周围都有混凝土包裹。

2.2.12.4 框架结构空心砖隔墙导管敷设

框架结构空心砖隔墙内电气配管，应根据给定的建筑标高线及墙身尺寸线及门窗位置线，测量出管子的使用长度，进行截料加工，并安装好管与盒。待墙体砌筑到需埋设盒(箱)的高度时，连接好梁内引出的管子，同时应根据砌筑面的平整度，考虑好墙面的抹灰层厚度，使盒(箱)口突出墙表面的距离准确。

管子在空心砖墙内水平敷设时，在配管层内可以改为一皮用普通砖砌筑，或者浇筑一段砾石混凝土保护住管子。当空心砖为卧砌时，也可以将管子在预埋盒的高度处，由空心砖的空心洞中穿过，再连接管盒，如图2.2.12.4所示。

管子在空心砖墙内垂直敷设时，在管路经过处应改为局部使用普通砖立砌，或进行空心砖与砖之间的钢筋拉结，也可以现浇一条垂直的混凝土带将管子保护起来。

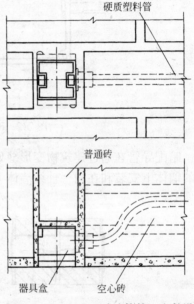

图2.2.12.4 空心砖墙体管、盒敷设

2.2.12.5 框架结构加气混凝土砌块隔墙导管敷设

框架结构加气混凝土砌块隔墙管子敷设，不同于空心砖隔墙的配管，除配电箱箱体需配合土建预埋，其他器具盒、管均应在墙体砌筑完成后剔槽配管。

加气混凝土砌块隔墙内设置管、盒，应在已确定的盒位四周钻孔凿洞，其位置应准确，并同时考虑好抹灰层的厚度，使盒口突出部位尽量与抹灰后的墙面平齐。在导管敷设部位两边弹线，用刀锯锯槽后再剔槽，槽的宽度不宜大于导管外径加15mm，槽的深度不应小于管外径加15mm，如图2.2.12.5所示。连接好管与盒(箱)后，在每隔0.5m处用钉子在管两侧用绑线固定住，再用不小于M10水泥砂浆把沟槽抹平，把盒周围抹牢。

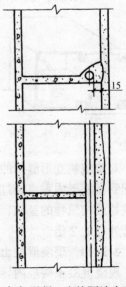

图2.2.12.5 加气混凝土砌块隔墙内配管

2.2.13 管路补偿措施

管路通过建筑物变形缝的墙体时，要在其两侧各埋设接线盒（箱）做补偿装置。补偿装置的做法很多，可在两接线盒（箱）相邻面，穿一短钢保护管，管内径应大于塑料管外径的2倍，套在塑料管外面保护如图2.2.13-1所示。

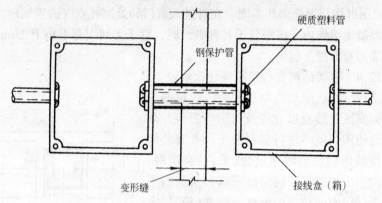

图 2.2.13-1 暗配导管变形缝补偿装置

暗配导管在通过建筑物变形缝处，还有直筒式和拐角式接线箱，分别适用于在不同轴线的墙体上安装和在同一轴线墙体上安装，如图2.2.13-2和图2.2.13-3所示。

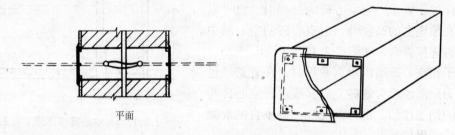

图 2.2.13-2 变形缝直筒式接线箱做法

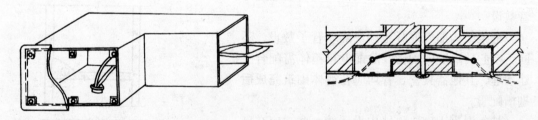

图 2.2.13-3 变形缝拐角式接线箱做法

对建筑物变形缝中的伸缩缝和抗震缝，由于缝下基础设有断开，施工中配管应优先采用配管在基础内垂直通过的方法，避免在墙体上设置补偿装置。但此处配管不宜直接穿过建筑物或构筑物的基础，应在配管外套一段保护管保护配管，保护管的内径一般不宜小于配管外径的2倍。

2.2.14 现浇混凝土楼板内导管敷设

现浇混凝土楼板内导管敷设，应与土建专业密切配合施工。

现浇混凝土楼板在模板支好后，未安放钢筋前电工应根据房间四周墙或梁的边缘弹好十字线,先确定好灯位的准确位置。此时应注意房间中另有梁分割时,对此梁应按墙考虑,应在墙及梁的中心处设置灯位盒并适当增加灯位。当楼板底筋绑扎并垫好后,面筋没绑扎前进行配管。配管完成后土建专业再绑扎面筋(或附加钢筋)。管路应在两层钢筋中间,而不得将管子放在正弯矩受力筋下面敷设。配管不应平行于主筋位置绑扎在主筋上。灯位盒应放在钢筋的空格处,当灯位盒与楼板钢筋网有矛盾时,应将钢筋移开不使盒位偏差。

现浇混凝土楼板内管子敷设,不同于空心板板缝内配管,管路应沿最近的路径敷设,如图 2.2.14-1 所示。电气配管与混凝土上、下表面应不小于 15mm,并且管子外径不宜超过混凝土板厚度的 1/3,否则容易产生楼板裂缝。

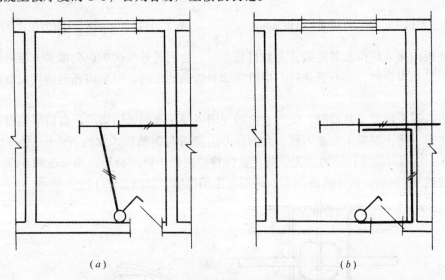

图 2.2.14-1 不同型式楼板的配管走向图
(a) 现浇楼板配管;(b) 预制楼板板缝配管

现浇混凝土板内并列敷设的管子中间的距离不应小于 25mm,使管周围均有混凝土包裹。敷设在现浇板内的管路应尽量不交叉,但在特殊情况下,交叉点两根管子的外径之和至少要比板的厚度小 40mm,以免影响钢筋网的布置及楼板的强度。

现浇混凝土楼板内配管时,楼板的厚度较薄容易造成管外露时,此时灯位盒上部敲落孔不能被利用,管应由盒四周侧面连接孔而一管一孔顺直进盒,待盒管就位固定后,用喷灯加热入盒管的端部附件处,管受热软化时,一手向上提管即使其在入盒管处形成鸭脖弯,也可在管、盒连接前冷煨煨好鸭脖弯。当配管由盒体侧面与连接时,灯位盒只能接入四根管子,超过四根以上连接管时,就选用大型灯位盒。

为了防止盒、管被底筋垫起,管子入盒煨鸭脖弯处可局部敷设在一根底筋下边,并应防止管被钢筋压扁。

现浇混凝土楼板内暗配管,如果楼板厚度为 120mm 及以上时,配管入盒较多,可以同时在灯位盒四周及顶部敲落孔入盒,在盒顶部入盒的连接管应预先煨好 90°曲弯做好喇叭口,盒内放置好堵塞物,使入盒管口处的喇叭口紧贴盒底内表面,如图 2.2.14-2 所示。

当灯位盒侧面四周入盒管的敷设方向与盒敲落孔有一定角度时，应在管入盒前一段进行弯曲，使其入盒管与敲落孔呈垂直角度如图2.2.14-3所示。

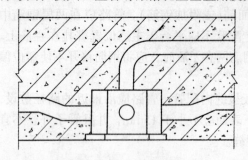

图2.2.14-2 管在盒顶部入盒做法

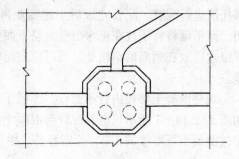

图2.2.14-3 盒侧面入盒管顺直做法

现浇板内接入灯位盒的连接管，数目较多时，盒内的导线接头也会很多，难以容纳在盒内，也是不可取的，在有条件时，应改变部分管路的走向，引至相邻近的灯位盒内进行连接。

现浇混凝土内管子敷设时，应将盒内用泥团或浸了水的纸团堵严，盒口应与模板紧密贴合固定牢，防止混凝土浆渗入管、盒内。并应把管与钢筋在入盒约300mm处，中间部位每隔1m处用绑弛绑扎牢固。为了防止盒体移位或盒子口底翻转，用长度约0.3~0.4m的8号线或φ6钢筋，压在盒的顶部，两端与主筋绑牢，如图2.2.14-4所示。

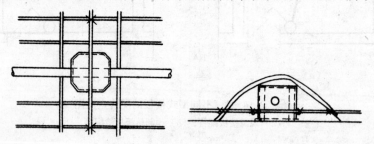

图2.2.14-4 灯位盒固定方法

为了防止现浇混凝土内灯位盒被浇筑的混凝土砂浆面层覆盖，拆模后难以寻找，应在设置灯位盒的位置处模板上用红色油漆或黑墨画好十字线作标记，待拆除模板后方便寻找灯位盒。

现浇板内管子敷设完成后，浇筑混凝土时，电工应看护，防止将管子损伤、管盒移位等情况出现，发现问题应及时进行处理。

2.2.15 预制空心楼板板缝内导管敷设

楼板层暗敷设的管路，其管材应与墙体内配管的管材相同，在与墙体内管路连接前，应检查墙体内的配管是否通畅，可以随时清理管内杂物，以免增加集中扫管时的工程量。还应注意当遇有同一道墙体上，正反两面均配有引上管时，楼板层的配管不应与之接错方向，可以在管口处投入少许灰面，用胶管插入管口处吹气判断，也可以向管内吹烟判断。

楼板排列完毕，木工吊好模板后，电工开始沿板缝配管路，板缝中的灯位盒，可以使用八角盒也可以使用板缝灯位盒，如图2.2.15-1所示。在空心板板缝中不设置灯位盒直接配管，图 2.2.15-2 中的做法是不正确的。

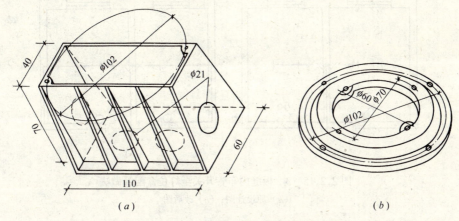

图 2.2.15-1　板缝灯位盒及调整圈
(a) 板缝灯位盒；(b) 灯位盒调整圈

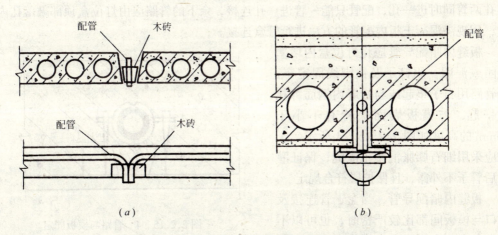

图 2.2.15-2　板缝内无盒配管不正确的做法
(a) 灯位处无盒安装木砖；(b) 配管端部直接进入灯台内

在配管的同时，应根据管路弯曲的需要进行截管加工，煨管时应使用足够长度的管加工弯曲，在管子的弯曲处，尤其是在楼板板缝纵横方向的管子转弯处，应保持管弯曲半径的规定，以利穿线，不应利用弯曲半径不足管处径6倍的预制短弯进行现场连接，增加不必要的管路的中间接头。

板缝内暗配导管，当楼板层灯位盒与墙或梁上配管的垂直管口不在同一条直线上时，管子敷设时应先与墙或梁内的引上管连接好，管子应根据楼板的搁置方向，先沿横向板缝经弯曲后，至顺向板缝的灯位盒内。或者先沿顺向板缝敷设至横向板缝，敷设至中间部位的灯位盒内。配管沿预制板之间的横向板缝敷设时，只应在板缝的对接处的上端容纳下一两根管子，不应过大的破坏空心板端部，而同时并排敷设两根以上管子。如设计图纸有此种情况时，可以改变管子敷设部位，将沿板缝内敷设的管路，改一部分为沿墙体内暗敷设，减少板缝内配管，图 2.2.15-3 中开关盒配至壁灯灯位盒内的管子，改为由开关盒至顶灯灯位盒内。

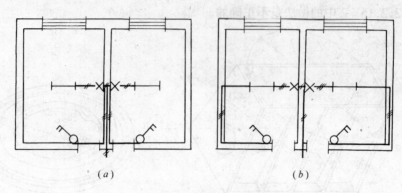

图 2.2.15-3 板缝内布管开关至灯位盒配管做法
(a) 原设计图;(b) 改后图

板缝内暗配导管,当楼板板缝中的灯位盒的管路,需要与两侧墙体内配管连接时,管路不要直接通过灯位盒。如果灯位盒内需要连接的管路超过两根时,不应破坏盒侧面的敲落孔两管同时进一孔,配管只能一管进一孔连接,余下的管路应由灯位盒顶部敲落孔内入盒,用现浇混凝土板内配管的方法进行管盒连接。

板缝内暗配导管应将灯位盒内堵塞纸团或泥团,用钉子及铁绑线固定牢,把管路用石子垫起或与板缝内钢筋绑扎在一起,与模板表面保持有不小于15mm 的高度如图 2.2.15-4 所示。土建应采用细石膨胀混凝土灌缝,保证灌缝后管子不外露,且保护层符合规定。

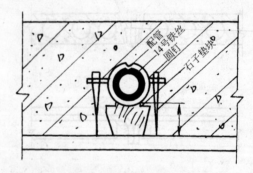

图 2.2.15-4 管路与模板固定

板缝内暗配导管,当盒、管连接及盒口与模板间都比较严密时,也可以不堵塞盒内,直接固定在模板上,也可用细石混凝土先保护住盒周围。严禁采用那种在盒外包纸防止盒内流进混凝土浆的做法。

2.2.16 楼(层)面垫层内导管敷设

楼(屋)面垫层内管子敷设,垫层厚度应能保护住管子,最小管保护层不应小于15mm,防止楼(地)面面层开裂,垫层内配管时灯位盒的设置位置与楼板结构有关,现浇混凝土楼板灯位盒应设在楼板层内,预制空心板时,灯位盒应设在板缝中,不应在楼板板孔处打透眼设置灯位盒,防止影响空心楼板的结构强度,如灯位设置的板孔处时,垫层内配管在板孔处由上到下打眼不宜大于 30mm,且不应伤肋和断筋。

垫层内配管时,应先与墙体的引上管连接好,垫层内管路应在楼板板面上沿最近的路径敷设直至灯位盒内,配管应在灯位盒顶部的敲落孔进入盒内与之连接。

图 2.2.16-1 所示中的在板孔处打洞无盒或在板孔内设盒的两种做法,严重地破坏空心楼板的结构强度,不应提倡。

楼(屋)面焦渣垫层内配管时,应在垫层施工前,对管路周围应用水泥砂浆加以保护,防止管路受机械损伤如图 2.2.16-2 所示。

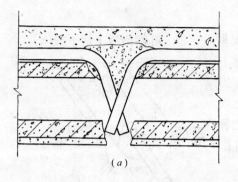 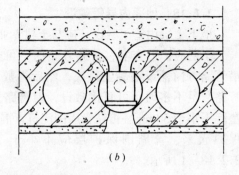

图 2.2.16-1 楼板垫层内配管不正确做法
(a) 板孔上打洞无盒安装；(b) 板孔内打洞设盒

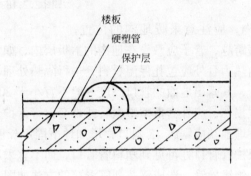

图 2.2.16-2 焦渣垫层内配管管子保护

2.2.17 阳台、雨篷板内导管敷设

现浇混凝土阳台、雨篷板的受力情况系上部受拉、下部受压，钢筋设在其上部。阳台、雨篷内管子敷设，应在支好模板后，没绑扎钢筋前进行，管子与器具盒敷设好后，应将管子在模板上垫起不小于15mm的高度，使用木模板时，也可以用钉子钉在模板上固定管盒，如图2.2.17所示。

  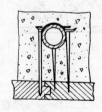 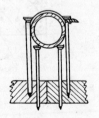

(a)

(b)

图 2.2.17 混凝土板内管、盒的固定
(a) 配管固定；(b) 灯位盒的固定

2.2.18 地面内导管敷设

地下土层内管子敷设，应与土建专业施工人员联系定位，并测出竣工地平线。

土层应铲平夯实，管路较多时，可先在土层上沿管路方向铺设混凝土打底，然后再敷设管路。当管路数量不多时，可直接敷设，但管路下要用石块垫起不小于50mm。再在管周围浇筑素混凝土，把管保护起来，管周围保护层应不小于50mm如图2.2.18-1所示。

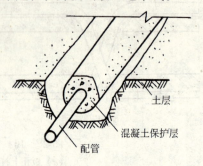

图2.2.18-1 埋地管路混凝土保护层

施工中应注意埋入地下的管路要尽量减少中间接头，防止潮气和水分浸入管内，必须采用接头时，接口处应牢固密封。

管路敷设在地面内，应注意采暖地沟的位置，管子跨越地沟时应垂直跨越，管子应敷设在地沟的盖板层内，如为预制地沟盖板时，应局部改为现浇板，地沟内热力管外应包扎保温材料，进行隔热处理。

地面内敷设的管子，其露出地面的管口高度一般不宜小于200mm，且应与地面垂直。露出地面一段易受机械损伤，应外套重型塑料管或外套钢管保护，钢管应内外涂多层耐酸或耐碱的防腐漆。钢管埋地端应锯成45°斜口，增加地下固定长度，并在管侧面焊上圆钢加强固定，且应在钢保护管管口处可见到塑料管管口，而不宜采用那种露出地面一段为钢导管，而地面内为刚性绝缘导管，造成钢、塑管混接的方法如图2.2.18-2所示。埋于地下受力较大处的刚性绝缘导管，宜使用厚壁的材质较硬机械强度高的重型管，防止损坏。

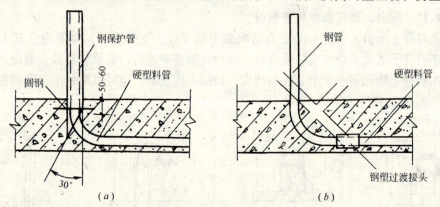

图2.2.18-2 刚性绝缘导管地面保护管做法
（a）正确做法；（b）不宜采用的方法

埋地时还可埋设塑料地面出线盒如图2.2.18-3所示，但盒口调整后应与地面相平，立管应垂直于地面。

绝缘导管在穿过建筑物基础时，要外套保护管保护，保护管内径不应小于配管外径的2倍。宜垂直通过，无法垂直时，管路与基础水平交角不宜小于45°如图1.2.18-4所示。

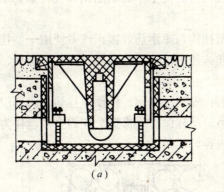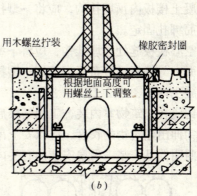

图 2.2.18-3 塑料地面出线盒
(a) 使用前剖面；(b) 使用时剖面

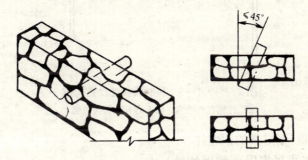

图 2.2.18-4 建筑物基础保护管

2.2.19 楼(屋)面板层上预埋件设置

在楼(屋)面板上安装吊扇及大(重)型灯具时，应在楼板层管子敷设的同时，一并预埋悬挂吊扇的挂钩和安装大(重)型灯具的预埋件。

2.2.19.1 吊扇挂钩的预埋

吊扇的挂钩应不小于吊扇悬挂销钉的直径，且应用不小于8mm的圆钢制作。吊扇的挂钩应弯成⊤字型或┌型，如图2.2.19.1-1所示。

暗配管时，吊扇电源出线盒，应使用与灯位盒相同的八角盒，吊扇挂钩应由盒中心穿下，严禁将预埋件下端在盒内预先煨成圆环，如图2.2.19.1-2所示。

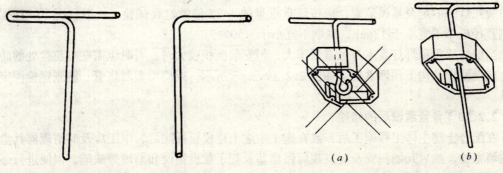

图 2.2.19-1 吊扇挂钩　　图 2.2.19-2 吊扇挂钩与出线盒做法
(a) 错误做法；(b) 正确做法

现浇混凝土楼板内预埋挂钩，应将⌐型挂钩与混凝土中的钢筋相焊接，如无条件焊接时，应与主筋绑扎固定。

在预制空心板板缝处理埋挂钩，应将⌐型挂钩与短钢筋焊接，或者使用┬型挂钩，吊扇挂钩在板面上与楼板垂直布置，使用┬型挂钩还可以与板缝内钢筋绑扎或焊接，固定在板缝细石混凝土内见图 2.2.19.1-3。

吊扇挂钩应在建筑物室内装饰工程结束后，安装吊扇前，将预埋挂钩露出部位弯制成型，吊扇挂钩伸出建筑物的长度，应以安上吊扇吊杆保护罩将整个挂钩全部遮住为好，做法可见电气照明器具安装中吊扇安装的有关内容。

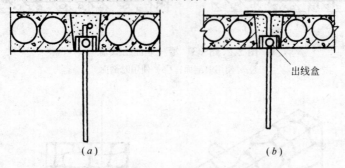

图 2.2.19.1-3 预制板板缝设置挂钩
(a) 挂钩在板缝内；(b) 挂钩在楼板面层上

2.2.19.2 大(重)型灯具的预埋件

电气照明安装工程吊扇需要预埋钩外，大(重)型灯具应预埋挂钩。挂钩圆钢的直径不应小于灯具吊挂销钉的直径，且不应小于 6mm。固定灯具挂钩，除了同吊扇的挂钩预埋方法之外，还可将圆钢的上端弯成弯钩，挂在混凝土内的钢筋上如图 2.2.19.2-1 所示。

固定大(重)型灯具除了有的需要预埋挂钩外，还有的需要预埋螺栓，在不同结构的楼板上预埋固定灯具螺栓如图 2.2.19.2-2 所示。

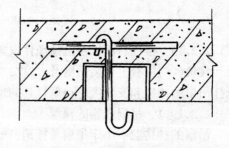

图 2.2.19.2-1 现浇混凝土楼板灯具挂钩做法

大型花灯为确保固定可靠，不发生坠落，对吊装花灯的固定及悬吊装置，应按灯具重量的 1.25 倍做过载试验。一般情况下，挂钩圆钢直径最小不宜小于 12mm，扁钢不宜小于 -50×5。

当壁灯或吸顶灯灯具本身虽重量不大，但安装面积较大时，有时也需在灯位盒处的砖墙上或混凝土结构上预埋木砖，如图 2.2.19.2-3 所示，或使用塑料胀管、膨胀螺栓固定灯具。

2.2.20 导管敷设后的修整

在配合土建主体工程施工后，或在施工中途土建模板拆除后，电工应及时清理器具盒内的堵塞物，然后开始扫管及时发现管路堵塞及管子敷设错误和漏埋等缺陷，以便进行必要的修补工作，有利于室内抹灰和地坪工程结束后，进行管内穿线。应避免室内抹灰及地坪工程结束后再凿孔、打洞、剔槽，留下不易弥补的痕迹。

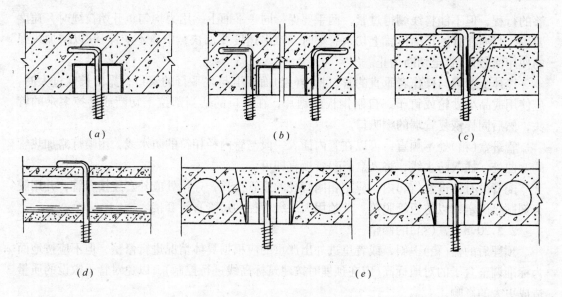

图 2.2.19.2-2 预埋螺栓做法
(a) 现浇楼板预留螺栓；(b) 现浇楼板预留双螺栓；
(c) 沿预制槽型板吊挂螺栓；(d) 空心楼板板孔吊挂螺栓；(e) 空心板板缝纵、横向吊挂螺栓

2.2.20.1 清扫管路

扫管时应使用引线钢丝，引线钢丝穿通管子后（穿引线钢丝的方法，可见管内穿线和导线连接一节有关内容），应带好适当截面及长度的两根绝缘导线，将其导线由中间折回，进行扫管检查，可防止因管路中间存有杂物及管子连接和弯曲处存在缺陷，钢丝可以穿通，而穿入导线时受阻，在扫管过程中当发现管路堵塞应及时纠正处理。

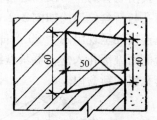

图 2.2.19.2-3 预埋木砖

当管路被堵塞严重无法畅通时，应在堵塞处凿开建筑物将这段管子切除，换上一段同材质、同管径的管子，在其两端用套管连接。严禁使用大一级的管子做异径管连接。

敷设在现浇混凝土内的管子被堵塞，由于埋设在混凝土内距表面较深，而凿开混凝土较困难或破坏范围较大时，可废弃此段管子，重新在混凝土表面剔槽敷设进行弥补。剔槽敷设的部位及管子走向和埋入深度应记录到隐蔽工程记录中。

2.2.20.2 盒（箱）内管头的修补

当施工不当造成管与盒（箱）连接时露出管口过长及管口进入盒（箱）不顺直，或者管口脱出盒（箱）均应进行修补，以达到符合管与盒（箱）连接标准的规定。

在墙体上盒（箱）内露出过长与操作者平行的管子，楼（屋）面板上与之垂直的管子或敷设时直通盒内的管子，均可以用经始线（白线绳）依靠绳管之间的摩擦发热将管子按适当长度拉断。配电箱内并列敷设的管子应套在一起一次拉断，即可保证管口平齐，还可使露出长度一致，对剩余长度的管头，应用固体酒精或用电吹风加热软化，再用模具做好喇叭口，使其紧贴盒（箱）接触面。

用线拉管时，两手应握住适当长度的线的两端，前后或上下移动手臂，使线绳保持足

够的行程，但不能将线绷得过紧，两手要保持同一平面上，用力均匀，开始拉绳时，速度要慢，当绳在管的正确位置上切入管壁时，拉绳速度要加快，中途不应停顿(以增加线绳的使用次数)，直至切断为止。

墙体上盒内与操作者垂直的管口，楼(屋)面板上与之平行的管口，露出长度过大时，应使用成品小砂轮或钉子、自制钢板圆锯片，在管口的适当部位上切断或磨掉多余的管头，然后同样恢复管端的喇叭口。

管进盒(箱)处不顺直，可以在管内插入一段与管内径相符的防水线，用喷灯略加热管的弯曲处，插入防水线，将入盒(箱)管扳直即可。

配管没有伸进盒(箱)内，应用相同管径的短管接长，连接处应外套连接套管，并用胶合剂贴接固定，以防短管脱落。严禁用大一级管径的短管直接套接。

2.2.20.3 盒(箱)的修整

预埋后的盒(箱)歪斜，或者里进外出严重的应根据具体情况进行修整。但不应按地面为标准调整盒子的对地标高(应在预埋时按建筑标高线进行控制)，以免对管子敷设的质量造成更大的影响。

当敷设好的器具盒与其他管路安全距离不符规定时，应及时的移动盒位，使之有足够的安全距离。如原盒内引上管在盒底部入盒时，且向侧面移动盒位，应在盒位的上方打洞，找出立管的直管段，进行切断，连接一根适当长度有90°弧形弯曲的管子，由盒侧面敲落孔与新盒位连接如图2.2.20.3所示。严禁在入盒管口处管的端部再连接90°曲弯，造成在连接处呈现出两个90°弯曲，给管内穿线及导线的互换性带来不便。如果原入盒管即在盒侧面敲落孔入盒，器具盒经水平移位后，可将原敷设管切断或接长一段，管由盒侧面敲落孔引入新盒内。

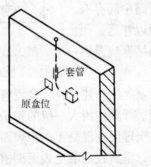 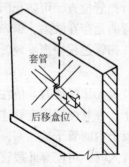

图 2.2.20.3 侧向移动盒位做法

管子敷设及修整后，配管管路应连成一体，严禁出现管壁外露及中间断路和管壁出现裂缝、孔洞、残缺和管入盒(箱)不符合规定等缺陷。并应将施工中造成的孔、洞、沟、槽等修补完整。

2.2.20.4 盒口周围装饰工程的质量保证措施

1. 管子敷设修整后，室内抹灰前，对于灯位盒(即八角盒)还应在室内抹灰前拧好八角盒缩口盖如图2.2.20.4-1所示，以利灯位盒周围抹灰，可防止灯具绝缘台安装后与建筑物表面的缝隙和孔洞等缺陷出现。

2. 为了防止开关(插座)盒口周围抹灰阳角不方正，应与土建专业配合用铁皮或木方做好胎具，见图2.2.20.4-2，先插入到盒内，可使盒口周围抹灰尺寸正确、边缘整齐。

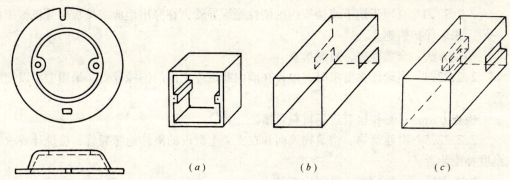

图2.2.20.4-1 八角盒缩口盖　　　　图2.2.20.4-2 开关盒口抹灰胎具
(a) 开关(插座)盒；(b) 铁皮胎具；(c) 木方胎具

3. 墙体上器具盒部位处，镶贴瓷砖时，应配合土建把住质量关，瓷砖镶贴在器具盒处，应用整砖套割吻合，不应用非整砖拼凑镶贴如图2.2.20.4-3所示。

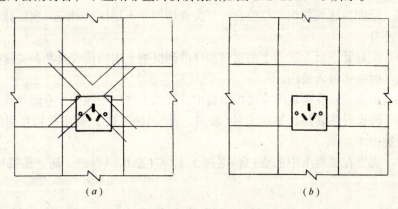

图2.2.20.4-3 盒位处瓷砖镶贴方法
(a) 用非整砖拼凑；(b) 整砖套割镶贴

4. 建筑裱糊工程，在器具盒处应按盒的里口挖洞交接，在盒口处应交接紧密、无缝隙、无漏贴和补贴。

Ⅲ 质量标准

2.2.21 主控项目

当绝缘导管在砌体上剔槽埋设时，应采用强度等级不小于M10的水泥砂浆抹面保护，保护层厚度大于15mm。

检查方法：全数检查、观察检查和检查隐蔽工程记录。

2.2.22 一般项目

2.2.22.1 暗配的导管，埋设深度与建筑物、构筑物表面的距离不应小于15mm。

检查方法：抽查10处，观察检查和检查隐蔽工程记录。

2.2.22.2 绝缘导管管口平整光滑；管与管、管与盒(箱)等器件采用插入法连接时，连接处结合面涂专用胶合剂，接口牢固密封。

检查方法：抽查总数的5%，目测检查。

2.2.22.3 直埋于地下或楼板内的刚性绝缘导管，在穿出地面或楼板易受机械损伤的一段，采取保护措施。

检查方法：全数检查，目测检查。

2.2.22.4 当设计无要求时，埋设在墙内或混凝土内的绝缘导管，采用中型以上的导管。

检查方法：目测和检查进场材料合格证。

2.2.22.5 沿建筑物、构筑物表面和在支架上敷设的刚性绝缘导管，按设计要求装设温度补偿装置。

检查方法：全数检查，目测检查。

2.2.22.6 管在建筑物变形缝处应设补偿装置。

检查方法：全数检查、观察检查和检查隐蔽工程记录。

Ⅳ 成 品 保 护

2.2.23 暗配在建筑物内的灯位盒、开关盒周围在土建抹灰时应一次性抹好，防止修补造成接茬不良。

2.2.24 配好管子后，凡向上的管口和浇灌到混凝土内的接线盒和开关盒必须堵塞严密，防止施工时杂物进入管内。

2.2.25 出墙立管在砌筑中或楼板吊装中，其他工种应予保护，不能导致损坏。

2.2.26 敷设好的管路，其他工种（暖卫，煤气）施工时，要注意相互间配合，凿洞时，使之不能损坏。

2.2.27 现浇在混凝土中的管（盒）混凝土工应注意加强保护，防止振捣时移位或损坏。

Ⅴ 安全注意事项

2.2.28 喷灯使用前应仔细检查油桶是否漏油，喷油嘴是否通畅，丝扣是否漏气等。根据喷灯所用油的种类加注相应的燃料油，注油量要低于油桶的3/4，并拧紧螺塞。工作完毕，灭火放气。

喷灯点火时喷嘴前严禁站人，工作场所不能有易燃物品，喷灯的加油、放油和修理，应在熄灭冷却后进行。

2.2.29 剔槽打洞时，锤头不得松动，凿子应无卷边、裂纹，应戴好防护眼镜。

Ⅵ 质量通病及其防治

2.2.30 绝缘导管连接时，连接处不严密牢固。管子连接时，套管管径选择要适当，不能过大。

2.2.31 管子弯曲处出现裂缝、折皱。应选用优质管材，加热时掌握好加热温度和加热长度。

2.2.32 管口在盒内长短不一，管口不平齐，有的出现负值，断在盒外。敷设管盒时，应掌握好管入盒长度，使用好连接器件或在管端做好喇叭口，不能采用以往的习惯做法，不能留有余量。

2.2.33 混凝土楼板内的管子脱出盒口。应使用好连接器件或在管端做好喇叭口，使管子无法脱出。

2.2.34 楼板板缝内管子外露。板缝配管应将管子垫起不小于15mm。

2.2.35 混凝土现浇板内管子外露。现浇混凝土板内配管管子应在底筋上面敷设。

2.2.36 楼板面层内配管造成地面顺管路方向裂缝。楼板面层薄，管路不应敷设在面层内。

2.2.37 硬塑管敷设工程中使用木盒或铁盒。应使用同材质的塑料制品盒。

2.2.38 开关、插座盒同一工程中位置不一致。预埋时应按建筑标高线确定标高，建筑标高线应改500mm为200mm预埋插座盒。对成排的开关插座盒应拉通线埋设。

2.2.39 成排灯位盒不在同一条直线上。应拉通线或放线定盒位。

2.2.40 混凝土内敷设的导管浇筑混凝土时损坏。混凝土内配管质量低劣，也可能被土建施工时破坏，应加强看护，施工中不应使用再生硬质聚氯乙烯管或不合标准的刚性PVC管。

2.3 柔性绝缘导管暗敷设

Ⅰ 施工准备

2.3.1 材料

(1) 难燃平滑塑料管、难燃型聚氯乙烯波纹管及其接线盒、开关盒、各种专用波纹管连接管接头、各种专用管卡头、管护弯套等；

(2) 各种螺栓、木螺丝、各种绑线。

2.3.2 机具

卷尺、电工刀等。

2.3.3 作业条件

敷设管路须与土建工程密切配合施工，土建主体工程施工时，应及时给出建筑标高线。

Ⅱ 施工工艺

2.3.4 施工程序

柔性绝缘导管操作方便，不需预先加工，在施工过程中，边敷设边加工即可。

柔性绝缘导管敷设时，在确定盒(箱)位置后，进行管路敷设，主体工程结束后再清扫管路。

2.3.5 管的选择

柔性绝缘导管可分为难燃平滑塑料管和难燃聚氯乙烯波纹管(简称塑料波纹管)两种，如图2.3.5所示。半硬塑料管规格见表2.3.5-1和表2.3.5-2。

 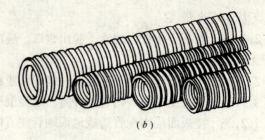

图 2.3.5 柔性绝缘导管外形图
(a) 难燃平滑塑料管；(b) 难燃聚氯乙烯波纹管

平滑半硬塑料管规格及编号表　　表 2.3.5-1

公称口径 (mm)	规格尺寸(mm)			编号	
	D_2	b	D_1	PVCBY-1(通用型)	PVCBY-2(耐寒型)
15	16	2	12	HY 1011	HY 1021
20	20	2	16	HY 1012	HY 1022
25	25	2.5	20	HY 1013	HY 1023
32	32	3	26	HY 1014	HY 1024
40	40	3	34	HY 1015	HY 1025
50	50	3	44	HY 1016	HY 1026

聚氯乙烯难燃型可挠电线管(KRG)规格表　　表 2.3.5-2

标准直径 (mm)	内径 D_1 (mm)	外径 D_2 (mm)	每米重量 (kg)	产品供应长度 (m)	编号
15	$14.3^{+0.5}_{-0}$	18.7 ± 0.1	0.060	100	HSR 1001
20	$16.5^{+0.5}_{-0}$	21.2 ± 0.15	0.070	100	HSR 1011
25	$23.3^{+0.5}_{-0}$	28.9 ± 0.15	0.105	50	HSR 1021
32	$29^{+0.5}_{-0}$	34.5 ± 0.15	0.130	50	HSR 1031
40	$36.2^{+0.6}_{-0}$	42.5 ± 0.2	0.184	50	HSR 1014
50	$47.7^{+0.8}_{-0}$	54.5 ± 0.2	0.260	25	HSR 1051

2.3.5.1 根据敷设场所选择

柔性绝缘导管适用于正常环境一般室内场所，潮湿场所不应采用。

混凝土板孔布线应采用塑料绝缘电线穿柔性绝缘导管敷设。

建筑物顶棚内，不宜采用塑料波纹管。现浇混凝土内也不宜采用塑料波纹管。

2.3 柔性绝缘导管暗敷设

2.3.5.2 根据所穿导线截面、根数选择管径

塑料波纹管穿管管径的选择，可按管内导线总面积应小于管内截面40%考虑。根据不同导线型号选择管径参照表2.3.5.2-1和表2.3.5.2-2。

BV、BLV 塑料线穿PVC波纹管管径选择(mm)　　　　表2.3.5.2-1

导线截面(mm²)	导线根数										
	2	3	4	5	6	7	8	9	10	11	12
1			10	12							
1.5				12				20			
2.5			12	15							
4		12			20						
6				20		25				32	
10		20			32						
16				32				40			
25				40		50					

BX、BLX 橡皮绝缘线穿PVC波纹管管径选择(mm)　　　　表2.3.5.2-2

导线截面(mm²)	导线根数										
	2	3	4	5	6	7	8	9	10	11	12
1				20							
1.5		12									
2.5			15								
4			20	25						32	
6								40			
10				32		40					
16			32								
25		32	40		50						

2.3.5.3 外观检查

难燃平滑半硬塑料管，应壁厚均匀，易弯折且不断裂，回弹性好，无气泡及管身变形等现象。

由于当前各地市场上半硬塑料管种类较多，但真正难燃的少，购买和使用时应注意鉴别。高压聚乙烯管其氧指数低于26%，系可燃性管材，一般用作流体输送管，禁止在电气安装工程中做电线保护管使用。

塑料波纹管应符合ZBG-33008-89标准的质量要求。

应选择柔韧好、阻燃性好、耐腐蚀等较好的电气性能和抗冲击、抗压力强的塑料波纹管。管应无断裂、孔洞和变形。

2.3.6 管的切断

波纹管的管壁较薄,一般在 0.2mm 左右,在配管过程中,需要切断时,应根据每段长度,用电工刀垂直波纹方向切断即可。

平滑塑料管也可在敷设过程中,根据每段所需长度,用电工刀或钢锯条按着与管的垂直方向切断或锯断。

2.3.7 管与盒(箱)的连接

2.3.7.1 终端连接

塑料波纹管与盒(箱)做终端连接时,应使用专用的管接头和塑料卡环,如图 2.3.7.1-1 所示。配管时,先把管端部插入管卡头上,将管卡头插入盒(箱)敲落孔中,拧牢管卡头螺母将管与盒(箱)固定牢固。

平滑塑料管与盒(箱)做终端连接时,可以用砂浆加以固定。也可以使用胀扎管头和盒接头或塑料束接头固定,如图 2.3.7.1-2 所示。

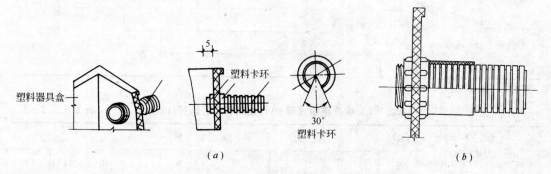

图 2.3.7.1-1 塑料波纹管与盒连接
(a)用卡环连接固定;(b)用管接头连接固定

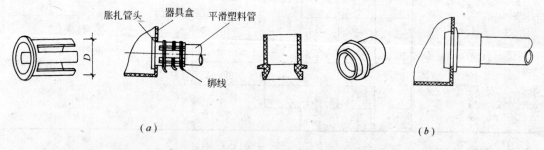

图 2.3.7.1-2 半硬平滑塑料管管盒固定件
(a)用胀扎管头固定管盒;(b)塑料束、接头固定管盒

2.3.7.2 中间串接

柔性绝缘导管与盒做中间串接时,也可不必切断管子,可将管子直接通过盒内敷设,待管内穿线前将管子切断。

2.3.8 管与管的连接

柔性绝缘导管由于成盘管较长,在敷设过程中,一般很少需要进行管与管的连接,如果需要进行连接时,可以采用套接和绑扎连接等方法进行:

2.3.8.1 套管连接

套管连接中的套管即采用成品管接头，把连接管端部涂好胶粘剂从管接头两端分别插入管接头中心处，既牢固又可靠，平滑半硬塑料管和塑料波纹管的连接，如图2.3.8.1-1和图2.3.8.1-2所示。

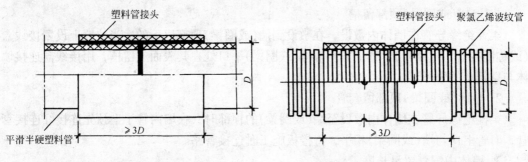

图2.3.8.1-1　平滑半硬塑料管连接　　　　图2.3.8.1-2　塑料波纹管连接

平滑半硬塑料管连接，除采用成品套管连接，还可以使用比配管大一级管径的管子，长度不小于连接管外径的3倍做套管，两连接管端部应涂好胶粘剂，将连接管插入套管内粘接牢固，不使连接处脱落，连接管对口处应在套管中心。

2.3.8.2　绑接连接

绑接连接的方法只适合于塑料波纹管。

用大一级管径的波纹管做套管，套管长度不宜小于连接管外径的4倍，将套管顺长向切开，把连接管插入套管内。应注意连接管的管口应平齐，对口处在套管中心，在套管外用铁(铝)绑线斜向绑扎牢固、严密。

2.3.9　管的弯曲

在配管时可根据弯曲方向的要求，用手随时弯曲。平滑半硬塑料管在90°弯曲时，可使用定弯套固定。

管子应尽量减少弯曲，当线路直线段长度超过15m或直角弯超过3个时，均应装设中间接线盒。为了便于穿线，管子弯曲半径不宜小于6倍管外径，弯曲角度应大于90°。

2.3.10　在墙体砌筑中的施工

柔性绝缘导管的配管方法与刚性绝缘导管的配管方法截然不同，在与土建专业配合施工中，刚性绝缘导管是要逐层逐段敷设，而柔性绝缘导管在有些时候不需要逐段配管。

柔性绝缘导管在砌体墙内配管，是在确定好盒(箱)位置后，进行管路敷设的。

在墙体砌筑中，柔性绝缘导管垂直配管应将管子与盒上或下方敲落孔连接好，水平敷设时管应与盒侧面落孔连接，把管路预埋在墙体中间，与墙表面净距应不小于15mm。垂直敷设时，要有把管子沿墙体高度及敷设管方向挑起的措施，方便瓦工进行墙体的砌筑。在砌筑过程中应将管周围用砂浆灌牢，在管路弯曲处尤为重要，以免管内穿线困难。尤其是塑料波纹管敷设，更应注意这一点。

柔性绝缘导管在砌体墙内与器具盒连接时，不应在盒体后面入盒，应防止管弯曲处被弯扁及管入盒处不顺直。

在砖混结构砌体墙内，柔性绝缘导管的敷设方法，与楼板层内管子敷设方法有关。

楼板为现浇混凝土板时，墙体内的柔性绝缘导管，配管时可以将敷设在墙内的管子，按敷设至楼板上灯位盒的长度留足后切断，待楼板施工时将墙体上埋设余下的管子敷设至楼板上的灯位盒内。

楼板为预制板，管子沿板缝敷设时，施工方法与上述方法相同。

楼板为预制空心板且电气管路敷设为板孔配管时，墙体内的配管方法则略有不同：

1. 墙体（或圈梁）顶部留槽

柔性绝缘导管在墙体内敷设，在敷设到墙（或圈梁）顶部以下的适当位置上设置接线盒（或称断接盒、过路盒），盒上方至墙体（或圈梁）平口处在其表面上留槽，用接线盒连接墙体与楼板上的管子。

2. 墙体（或圈梁）顶部留套管

柔性绝缘导管在墙体内敷设至墙（或圈梁）的顶部时，在墙内管子上预先连接好连接套管，套管上口与墙（或圈梁）相平，待楼板施工时连接管路。

3. 墙体内配管留足长度

在墙体内敷设半硬塑料管时，管子按进入板孔内灯位处的长度切断，待墙体砌筑后，楼板安装时，把管子穿入板孔内，到灯位处。

柔性绝缘导管在保温墙内配管，管路应敷设在保温层内。

柔性绝缘导管在轻质砌块墙内敷设，应在墙体上用刀锯锯适当宽度的墙槽，配管后用C15混凝土填充在墙槽内，如图2.3.10-1所示。

图2.3.10-2所示的由墙体接线盒至板孔的一段配管由墙外明敷是不正确的，并且有碍观瞻。

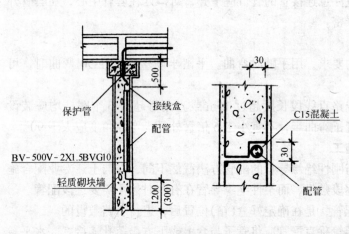 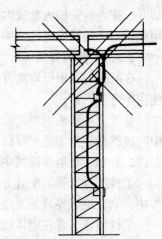

图2.3.10-1 轻质砌块墙内配管　　　　　图2.3.10-2 墙体上配管的错误做法

2.3.11 在现浇混凝土工程中的施工

在现浇混凝土工程中的梁、柱、墙及楼（屋）面板内如果敷设柔性绝缘导管，应敷设平滑半硬塑料管，塑料波纹管不宜使用到现浇混凝土内。

在大模板墙体内柔性绝缘导管敷设，如图2.3.11所示。

2.3.11.1 柔性绝缘导管在混凝土墙、柱内配管施工，器具盒与钢模板之间的固定，可用M4×20圆头螺钉固定，也可以用支撑件固定。在模板上固定盒的方法，如图2.3.11.1所示。

2.3 柔性绝缘导管暗敷设

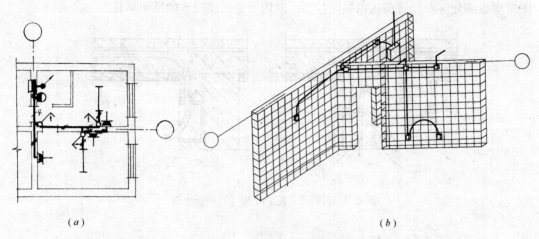

图 2.3.11 大模板墙体内配管做法
(a) 电气照明平面图；(b) 配管及盒(箱)在钢筋网上的布置

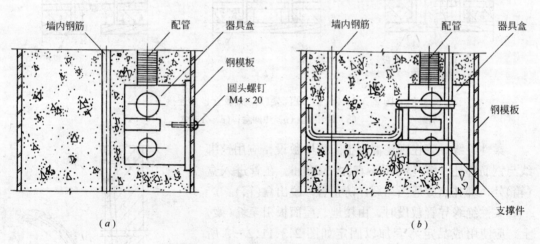

图 2.3.11.1 在钢模板上固定器具盒
(a) 用螺钉固定；(b) 用支撑件固定

柔性绝缘导管穿过梁、柱时，敷设方法同刚性绝缘导管相同，柔性绝缘导管应穿在钢保护管内敷设。

柔性绝缘导管在梁、柱、墙内敷设，水平与垂直方向应采取不同的方法。

垂直方向敷设时，在墙内管路应放在钢筋网片的侧面，在柱内顺主筋靠屋内侧；在墙内水平方向敷设时，管路应顺列在钢筋网片的一侧，在梁内，应顺上方主筋靠下侧防止承受混凝土冲击。

2.3.11.2 柔性绝缘导管在现浇混凝土楼(屋)面板上敷设，管路敷设在钢筋网中间，单层筋时，应在底筋上侧，应先把管子沿敷设的路径用混凝土先加以保护，如图 2.3.11.2-1 所示。

柔性绝缘导管在现浇混凝土楼板层或空心楼板板缝内敷设，管路中间器具盒内可不断管直接通过；在终端盒处管口应带好管接头或把管头弯回扎牢，如图 2.3.11.2-2 所示。

图中虚线部分应在扫管前用白线绳拉断，盒内用泥团或浸水的纸团堵好。

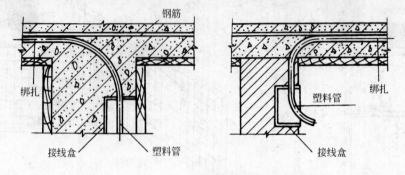

图 2.3.11.2-1　配管在楼(屋)面板上敷设

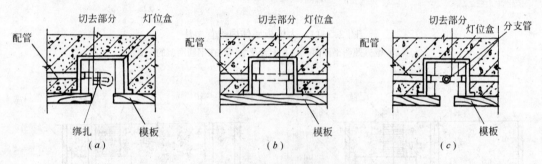

图 2.3.11.2-2　现浇楼(屋)面板管、盒连接方法
(a) 终端盒；(b) 中间盒；(c) 分支盒

柔性绝缘导管在现浇混凝土工程中敷设，应用铁绑线与钢筋绑扎，绑扎间距不宜大于 30cm。在管进入盒(箱)处，绑扎点应适当缩短，防止管口脱出盒(箱)。

柔性绝缘导管敷设时，由楼地、屋面板引至墙(梁)上，应使用成品定弯套加以固定如图 2.3.11.2-3 所示。

2.3.12　轻质空心石膏板隔墙管子敷设

轻质空心石膏板隔墙上一般设置插座盒，适合于难燃平滑塑料管暗敷设。

轻质空心石膏板隔墙的管子敷设，其电源管多数由楼(地)面内引入隔墙，有时也由楼(屋)面引入隔墙。

土建专业在隔墙施工前应给出隔墙中心线和墙体的宽度线。

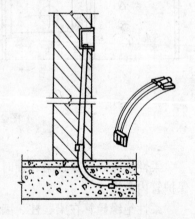

图 2.3.11.2-3　定弯套安装示意图

在楼(地)面工程配管时，管子应敷设到隔墙的墙基内，并应在管口处先连接好套管，待与空心石膏板隔墙内将敷设的管子进行连接。连接套管应尽量对准石膏板隔墙的板孔处。

盒位在空心石膏板上开孔时，可用单相手电钻，在板孔处已确定好的盒位处所画的框线四角钻 φ12 的穿透孔，然后用锯条穿过所钻的孔，沿划好的轮廓进行锯割(不应用凿子、手锤等敲打)，在墙上开个穿透的方洞。洞口应按盒的尺寸两侧各放大 5mm，上下各放大10mm，并在顺着盒位洞口垂直的上（或下）方石膏板底部（或顶部）再开一孔口，准备连接敷设管子时使用。

敷设隔墙内管子时，应在盒的开孔处向下穿入一根适当长度的半硬平滑难燃塑料管，其前端伸入墙基顶面预留套管内与楼（地）面内管子连接，末端留在插座盒内。如电源管由上引来，管应由盒孔处向上穿与上方的套管进行连接。管子的连接管的管端接头处均应用胶粘剂粘接牢固。

管子敷设后进行堵孔固定盒体先从盒孔处往下20～30mm处塞一纸团，用已配制好的填料堵孔，使管上部及左右填料与墙体粘结牢固，如图2.3.12所示。

配制填料时，用107胶、高强度水泥和砂子按1:(2～3):(1～1.5)的比例加水混合搅拌均匀即可使用，且应一次用完。

如果轻质空心石膏板隔墙，在同一墙体上设有多个插座时，盒体不应并列安装，中间应最少空2～3个墙孔，插座盒也不应装在墙板的拼合处。连接同一墙体上多个插座盒之间的链式配管，其水平部分应敷设在墙板的墙基内，或在墙板底部锯槽，严禁在墙体中部水平开槽敷设管子。

2.3.13 在预制空心楼板板孔内配管

柔性绝缘导管在楼板板孔内配管，如图2.3.13-1所示。要首先确定好空心板板孔上灯位位置，应在尽量接近屋中心的板孔中心处。在楼板层板孔内配管的同时，并进行好和墙体内引上管的连接。

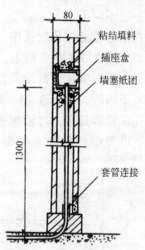

图2.3.12 空心石膏板隔墙配管示意图

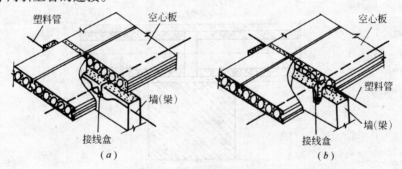

图2.3.13-1 空心楼板板孔配管示意图

板孔内配管在和墙体上配管相连接时，要根据墙体内配管的几种不同情况采用相应的施工方法。

1. 墙体内有接线盒，且在盒上方留槽时，应在楼板就位后，在配管前沿墙槽与楼板板孔相交处，由下向上打洞，打穿板洞后，把管子沿墙槽敷设至板孔中心的灯位处露出为止，墙体上一端与接线盒落孔连接。

2. 墙体（或圈梁）顶部有连接套管时，应在楼板部位后，在与套管相接近的板孔处，板端的上下侧打出豁口，将管子一端由上部豁口处穿至中心板孔的灯位孔处，管另一端插入到连接套管内与墙体内管子相连接。

3. 在墙体内已预留好的管子，应在吊装楼板就位前，在楼板端部适当的板孔处先打好豁口，防止楼板就位时损伤出墙管，同时也方便管子向板孔内插入。当楼板基本就位后，直接由豁口处将管子向板孔内敷设，直到板孔中心露出灯位洞口处为止。

楼板板孔上打洞，洞口直径不宜大于 $\phi 30mm$，且不应打透眼，打洞时应不伤筋、不断肋。管子敷设完后，对墙槽内的管子应用 M10 水泥砂浆抹面保护，管保护层不应小于 15mm。

在空心楼板板孔配管中，板孔灯位处配管及器具安装，如图 2.3.13-2 所示。

在空心板板孔内敷设柔性绝缘导管，有几种做法都是不正确的，图 2.3.13-3 中灯位处打透眼均破坏了板孔设置器具盒，对楼板强度是有一定损坏的，在板孔处设置中间接线盒的做法也是不值得提倡的事情。

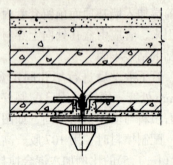

图 2.3.13-2 灯位处板孔配管及器具安装

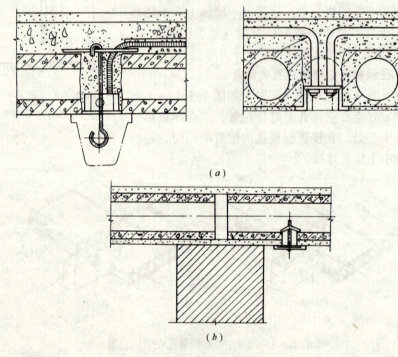

图 2.3.13-3 板孔配管不正确做法
(a) 破坏板孔设置器具盒；(b) 空心板板孔有接线处

Ⅲ 质量标准

2.3.14 主控项目

配管的质量、使用场所、难燃平滑塑料管和难燃聚氯乙烯波纹管的材质及品种、规格、质量及配管的适用场所必须符合设计要求和施工规范规定。

检查方法：全数检查，观察检查和检查隐蔽工程记录。

2.3.15 一般项目

柔性绝缘导管敷设应符合下列规定：

1. 刚性绝缘导管经柔性绝缘导管与电气设备、器具连接，柔性导管的长度在动力工程中不大于0.8m，在照明工程中不大于1.2m；

检查方法：全数检查，目测和尺量检查。

2. 柔性绝缘导管与刚性导管或电气设备、器具间的连接采用专用接头。

检查方法：全数检查，目测检查。

Ⅳ 成品保护

2.3.16 在墙体砌筑过程中，瓦工应注意将管周围用砂浆筑密实；混凝土工需用细石混凝土把楼面上特别是弯曲部位管周围浇筑密实，防止穿引线钢丝困难。

2.3.17 墙内敷设的立管，瓦工应配合按敷设的方位砌筑，不应使管产生过多的弯曲。

2.3.18 在梁、柱、墙钢筋上，特别是平台板上已敷设好的管路，其他工种在交叉作业时不得损坏。

2.3.19 现浇混凝土中，混凝土工应注意振捣时，不要使管、盒位移及损坏。

Ⅴ 安全注意事项要求

2.3.20 空心板板孔配管，在板孔打洞时，必须锤把结实，不能松动，凿子无飞刺，打望天眼时，必须戴好防护眼镜。

2.3.21 在上方打孔眼，下面不得有人作业或站立，应在下面周围设禁区。

Ⅵ 质量通病及其防治

2.3.22 混凝土或砌体墙内管断裂。管的材质质量有问题，应选用柔软、抗冲击力、抗压力强的产品。

2.3.23 管路在钢筋上绑扎后呈波浪状。管路绑扎固定点距离过大，应适当缩短距离，不宜大于30cm。

2.3.24 浇注混凝土工程施工时，管子脱出盒(箱)口。管子进入盒(箱)处，绑扎点要选择适当，防止在浇注混凝土时，管子承受冲击力后，脱出盒(箱)口。

2.3.25 管路敷设后，造成扫管时穿引线钢丝困难。尤其是塑料波纹管，管的弯曲部位周围应用砂浆(混凝土)固定严密，防止穿钢丝时导致管子颤动。

2.4 钢导管暗敷设

Ⅰ 施工准备

2.4.1 材料

1. 电线管、水煤气焊接钢管及各种金属制品管接头、销紧螺母、护圈帽、各种接线盒(箱)、开关盒和塑料内护口等；

2. 圆钢、各种螺栓、木螺丝、圆钉、电焊条、铁线、红丹防锈漆、油漆、沥青油及铅油和麻等。

2.4.2 机具

弯管器或弯管机、管子压钳、套丝器或套丝机、钢锯弓和锯条或切管器、卷尺、管钳子、圆锉或绞刀、钢丝刷、毛刷、钢丝等。

2.4.3 作业条件

敷设管路须与土建主体工程密切配合施工，土建主体工程施工中应给出建筑标高线。

Ⅱ 施工工艺

2.4.4 工艺流程

熟悉图纸 → 选管 → 切断 → 套丝 → 煨弯 → 按使用场所刷防腐漆 → 进行部分管与盒的连接 → 配合土建施工逐层逐段预埋管 → 管与管和管与盒(箱)连接 → 接地跨接线焊接

2.4.5 熟悉图纸

不仅要读通电气施工图，还要阅读建筑和结构施工图以及其他专业图纸，电气工程施工前要了解土建布局及建筑结构情况，和电气配管与其他工种间的配合情况。按施工图纸的要求和施工规范的规定(或实际需要)，经过综合考虑，确定盒(箱)的正确位置，及管路的敷设部位和走向，以及在不同方向进出盒(箱)的位置。

2.4.6 钢导管的选择

室内配管使用的钢导管有厚壁钢导管和薄壁钢导管两类，厚壁钢导管又称焊接钢管或低压流体输送钢管(水煤气管)，薄壁钢管又称电线管。

钢导管按其表面质量又分为镀锌钢导管和非镀锌钢导管(也叫黑色钢管)。

配管的管材如果选用不当，易缩短使用年限或造成浪费。

2.4.6.1 根据敷设场所选择管的材质

暗配于干燥场所的宜采用电线管即薄壁钢导管，规格见表2.4.6.1-1所示。潮湿场所或埋于地下的应采用水煤气钢管即厚壁钢导管，规格见表2.4.6.1-2所示。

普通碳素钢电线套管(GB 3640-88)　　　　表2.4.6.1-1

公称尺寸 (mm)	外径 (mm)	外径允许偏差 (mm)	壁厚 (mm)	理论重量 (不计管接头) kg/m
16	15.88	±0.20	1.60	0.581
19	19.05	±0.25	1.80	0.766
25	25.40	±0.25	1.80	1.048
32	31.75	±0.25	1.80	1.329
38	38.10	±0.25	1.80	1.611
51	50.80	±0.30	2.00	2.407
64	63.50	±0.30	2.25	3.760
76	76.20	±0.30	3.20	5.761

注：1. 经供需双方协议，可制造表中规定之外尺寸的钢管；
　　2. 交货时，每支钢管应附带一个管接头；在计算钢管理论重量时，应另外加管接头重量。

低压流体输送用焊接钢管(GB 3092-82)　　　　　表 2.4.6.1-2

公称口径		外 径		普通钢管			加厚钢管		
				壁 厚			壁 厚		
(mm)	(in)	公称尺寸(mm)	允许偏差(mm)	公称尺寸(mm)	允许偏差(%)	理论重量(kg/m)	公称尺寸(mm)	允许偏差(%)	理论重量(kg/m)
15	½	21.3	±0.50	2.75	+12 −15	1.25	3.25	+12 −15	1.45
20	¾	26.8		2.75		1.63	3.50		2.01
25	1	33.5		3.25		2.42	4.00		2.91
32	1¼	42.3		3.25		3.13	4.00		3.78
40	1½	48.0		3.50		3.84	4.25		4.58
50	2	60.0	±1%	3.50		4.88	4.50		6.16
65	2½	75.5		3.70		6.64	4.50		7.88
80	3	88.5		4.00		8.34	4.75		9.81
100	4	114.0		4.00		10.85	5.00		13.44
125	5	140.0		4.50		15.04	5.50		18.24
150	6	165.0		4.50		17.81	4.50		21.63

注：1. 表中的公称直径系近似内径的名义尺寸，它不表示公称外径减去两个公称壁厚所得的内径；
   2. 钢管理论重量计算(钢的相对密度为7.85)的公式为：
$$P = 0.02466 S(D-S)$$
式中　P—钢管的理论重量，kg/m；
　　　D—钢管公称外径，mm；
　　　S—钢管的公称壁厚，mm。

有严重腐蚀的场所(如酸、碱和具有腐蚀性的化学气体)，不宜采用钢导管配线，应使用刚性绝缘导管配线。

建筑物顶棚内，宜采用钢导管配线。

暗敷设管路，当利用钢导管管壁兼做接地线时，管壁厚度不应小于2.5mm。

2.4.6.2　根据所穿导线截面、根数选择配管管径

为了便于穿线，配管前应选择线管规格。

两根绝缘导线穿于同一根管，管内径不应小于两根导线外径之和的1.35倍(立管可取1.25倍)。

当三根及以上绝缘导线穿于同一根管时，导线截面积(包括外护层)的总和，不应超过管内径截面积的40%。

绝缘导线允许穿管根数及相应最小钢导管管径，可参考表2.4.6.2-1~4。

BX、BLX绝缘线穿焊接钢管、管径选择(mm)　　　表2.4.6.2-1

导线截面(mm²)	导线根数						
	2	3	4	5	6	7	8
1							
1.5							
2.5		15	20				25
4							32
6							
10			25				40
16			32		40		
25			40				50
35							65
50	40		50				
70							80
95			65	80			
120							
150			80				

注：钢管的管径指内径。

BX、BLX绝缘导线穿电线线管管径选择表(mm)　　　表2.4.6.2-2

导线截面(mm²)	导线根数						
	2	3	4	5	6	7	8
1							
1.5							
2.5		20	25			32	
4							
6							40
10			32				
16			40				
25		40					
35			(50)				
50							
70							

注：1. 电线管的管径指外径；
　　2. 管径为50mm的电线管一般不用，因管壁太薄，弯管时容易破裂。

2.4 钢导管暗敷设

BV、BLV塑料线穿焊接钢管管径选择表(mm) 表 2.4.6.2-3

导线截面(mm²)	导线根数						
	2	3	4	5	6	7	8
1							
1.5							20
2.5							
4			15				
6							25
10		20					32
16			25				40
25						40	50
35			32	40			
50			40				65
70			50				80
95							
120			65				

注：钢管管径指内径。

BV、BLV塑料线穿电线管管径选择(mm) 表 2.4.6.2-4

导线截面(mm²)	导线根数						
	2	3	4	5	6	7	8
1							
1.5							
2.5			15		20		25
4			20				
6		20					32
10			25	32			40
16		32					
25			40				
35		40					
50			(50)				
70							

2.4.6.3 钢导管的外观检查

钢导管进入现场前应检查：产品的技术文件应齐全，并且有合格证，并应符合国家颁发的现行技术标准。

钢管进入现场后,应进行外观检查;钢导管应壁厚均匀,管口应平整、内壁光滑;不应有折扁、裂缝、砂眼、塌陷及严重腐蚀等缺陷。

钢管的表面质量应满足相应技术条件的规定:

1. 普通碳素钢电线套管(GB 3640-88)

电线管全长允许偏差为+15mm。

钢管的弯曲度每 m 不大于 3mm。

钢管的两端应切直,剪切斜度不大于 2°,并应切除毛刺。

钢管的外表面不得有裂纹和结疤,凡不大于制造钢管的钢带厚度允许偏差的轻微压痕、直道、划伤、凹坑以及经打磨或清除后的毛刺痕迹允许存在(凹坑直径小于2mm者不作考核)。

钢管的内表面应光滑,焊缝处允许有高度不大于 1mm 毛刺。

镀锌钢管的外表面应有完整的镀层,表面不得有剥落、气泡;允许有轻微的粗糙表面和局部的瘤疤存在。

钢管的螺纹应整齐、光洁、无裂纹,允许有轻微毛刺,在钢管焊缝处的螺纹允许的黑皮,但螺纹断面高度的减低量不超过规定高度的 15%,螺纹的断缺或齿形不全,其长度总和不超过规定长度的 10% 时允许存在,相邻两扣的同一部位不得同时断缺。

2. 低压流体输送用焊接钢管(GB 3092-82)

钢管的定尺长度应在通常长度范围内,其允许偏差为+20mm。

钢管两端截面应与其中心线垂直,内外毛刺高度均不应大于 0.5mm。

钢管内外表面应光滑,不允许有折叠、裂缝、分层、搭焊缺陷存在。钢管表面允许有不超过壁厚负偏差的划道、刮伤、焊缝错位、烧伤和结疤等轻微缺陷存在。允许焊缝外壁厚增厚和内缝焊筋存在。

3. 低压流体输送用镀锌焊接钢管(GB 3019-82)

镀锌钢管全长允许偏差为 $^{+20}_{\ 0}$ mm。

镀锌钢管采用热浸镀锌法,管的内外表面应有完整的镀锌层。不得有未镀上锌的黑斑和气泡存在。不大的粗糙面和局部的外瘤允许存在。

2.4.6.4 配管的附件

钢导管配管工程中,暗配管必须使用暗装附件,应选用钢板制成的冲压盒或点焊而成的焊接盒。暗配钢导管工程中,所选用的灯位盒、开关(插座)盒等,应为镀锌制品盒,其壁厚不应小于 1.2mm。

钢导管配管工程中不宜使用塑料制品盒。

2.4.7 管子切断

配管前必须把管子按每段长度切断。钢导管的切断方法很多,管子批量较大时,可以使用型钢切割机(无齿锯)利用纤维增强砂轮片切割,操作时要用力均匀平稳,不能用力过猛,以免过载或砂轮崩裂。

用割管器切管时,切断处易产生管口内缩,缩小后的管口要用绞刀或锉刀刮(锉)光。

用细齿钢锯切钢导管时,要注意使锯条与管子轴线保持垂直,避免切断处出现马蹄口,推锯时,稍加用力,使其发生锯割作用,但用力不要过猛,以免别断锯条;回锯时,不加压力,锯稍抬起,尽量减少锯条磨损;当快要切断时,要减慢锯割速度,使管子平稳地锯断。为防止锯条发热,要时常注意在锯条口上注油。

管子切断后,断口处应与管轴线垂直,管口应锉平、刮光,使管口整齐光滑。当出现马蹄口后,应重新切断。

严禁用电、气焊切割钢管。

2.4.8 管子套丝

薄壁钢导管或暗配镀锌钢导管,为使管子互相连接或管子与器具或盒(箱)连接时,均需在管子端部套丝。

水煤气钢管套丝,可用管子绞板,电线管套丝,可用圆丝板。水煤气钢管套丝绞板见图2.4.8-1(a)。电线管圆丝板由板架和板牙组成见图2.4.8-1(b)。

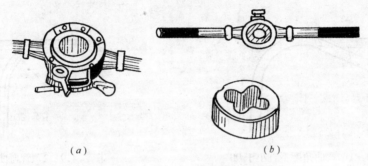

图 2.4.8-1 管子套丝绞板
(a)水煤气管套丝绞板;(b)电线管圆丝板板架、板牙

套丝时,先将管子固定在管子台虎钳(龙门压架)上,再把绞板套在管端。当水煤气管套丝时,应先调整绞板的活动刻度盘,使板牙符合需要的距离,用固定螺丝把它固定,再调整绞板上的三个支承脚,使其紧贴管子,防止套丝时出现斜丝。绞板调整好后,手握绞板手柄,平稳向里推进,按顺时针方向转动,如图2.4.8-2所示。

开始套丝扳转时要稳而慢,太快了不宜带上丝,不得骤然用力,避免偏丝啃丝。继续套丝时,还要避免套出来的丝扣与管子不同心。

由于钢导管丝扣连接的部位不同,管端套丝长度也不尽相同。用在与盒(箱)连接处的套丝长度,不宜小于管外径的1.5倍;用在管与管相连接部位时的套丝长度,不得小于管接头长的1/2加2~3扣,需倒丝连接时,连接管的一端套丝长度不应小于管接头长度加2~3扣。

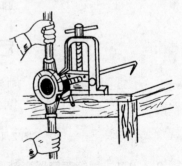

图 2.4.8-2 管子套丝示意图

第一次套完后,松开板牙,再调整其距离比第一次小一点,用同样的方法再套一次,要防止乱丝,当第二次丝扣快套完时,稍松开板牙,边转边松,使其成为锥形丝扣(拔梢)。在套丝过程中,要及时浇油,以便冷却板牙并保持丝扣光滑。

电线管的套丝,操作比较简单,只要把绞板放平,平稳地向里推进,就可以套出所需的丝扣来。

套完丝扣后，随即清理管口，将管子端面毛刺处理光，使管口保持光滑。

2.4.9 管子弯曲

管子敷设中需要改变方向时，应预先进行弯曲加工，管子弯曲也可以在管切断以前进行。钢导管的弯曲，应将配管本身进行煨制。严禁在管路弯曲处采用冲压弯头连接管路和用气焊加热拿褶弯管。

钢导管的弯曲有冷煨、热煨两种，冷煨钢管的工具有手动和电动弯管器等。在弯管时不但要掌握一定的技巧，在弯管过程中还要注意，弯曲处不应有折皱、凹穴和裂缝现象，弯扁程度不应大于管外径的10%，弯曲角度一般不宜小于90°，如图2.4.9-1所示。

暗配时管弯曲半径，不应小于管外径的6倍；埋设于地下或混凝土内的管子弯曲半径，不应小于管外径的10倍。管弯曲半径如图2.4.9-2所示。整排管子在转弯处应弯成同心圆。

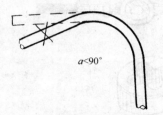

图2.4.9-1 弯曲角度不宜小于90°

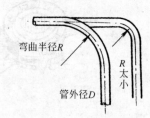

图2.4.9-2 管弯曲半径

在弯管过程中，还要注意弯曲方向和管子焊缝之间的关系，一般宜放在管子弯曲方向的正、侧面交角处的45°线上，如图2.4.9-3所示。防止在管缝处产生裂纹。

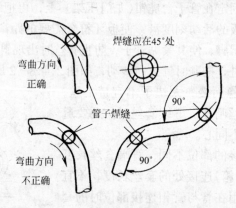

图2.4.9-3 管子焊缝与弯曲方向的配合

2.4.9.1 用管弯管器弯管

适用于弯50mm以下小批量的管子。弯管器应根据管子直径选用，不得以大代小，更不能以小代大。在弯曲管路中间的90°弧型弯曲时，应先使用8号线或薄板做好样板，以便在弯管的同时进行对照检查。弯管时把弯管器套在管子需要弯曲部位(即起弯点)，用脚踩住管子，扳动弯管器手柄，稍加一定的力，使管子略有弯曲，然后逐点向后移动弯管器，重复前次动作，直至弯曲部位的后端，使管子弯成所需要的弯曲半径和弯曲角度来如图2.4.9.1所示。

弯管的过程中还要注意移动弯管器的距离不能一次过大，用力也不能太猛。如果采用两人煨管时，则另一个应踩在弯管器前端的钢导管处，这样可以控制住煨管的弯曲半径不致于过大。

当需要在钢导管端部煨管入盒处的90°曲弯时，煨好后管的端部管口应与管垂直，但应防止管口处受压变形，特别是已套丝的管子为防止损坏丝扣，应在管口螺纹处拧上管接头或在管端下侧丝扣处与弯管器之间垫以适当厚度的木块，再扳动弯管器手柄煨管。

图 2.4.9.1　用管弯管器弯管

在管端部煨制鸭脖弯在施工现场中用得比较多，在煨弯时弯曲处前端直管段不应过长，避免造成由此而产生的墙砌体通缝。

当管端弯到适当角度后，翻转管子在反方向适当位置再进行煨管。应注意管弯起的一端直管段，应与管子平行，且弯曲弧处不应过直。

2.4.9.2　滑轮弯管器弯管

用于弯制直径较大（最大可至100mm）的管子。可用滑轮弯管器。对线管无损伤，特别是外观、形状要求比较高，用滑轮弯管器最适宜。弯管器可固定在工作台上，如图2.4.9.2所示。弯管时把管子放在两滑轮中间，扳动滑轮应用力均匀，速度缓慢，即可煨出所需要的管子来。

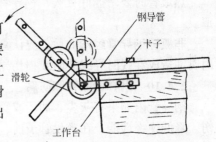

图 2.4.9.2　滑轮弯管器弯管

2.4.9.3　电动或液压弯管机弯管

直径80mm及以上或批量较大的管子，一般用电动或液压弯管机弯管，如图2.4.9.3所示，模具应按线管弯曲半径的要求进行选择。将已划好线的管子放入弯管机胎模具内，使管子的起弯点对准弯管机的起弯点，然后拧紧夹具，弯管时当弯曲角度大于所需角度1°~2°时停止，将弯管机退回起弯点，用样板测量弯曲半径和弯曲角度。应注意的是所弯的管外径一定要与弯管模具配合贴紧，否则管子会产生凹瘪现象。

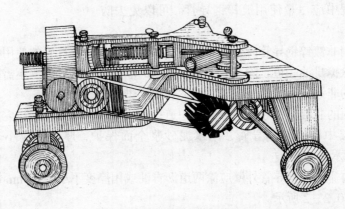

图 2.4.9.3　用电动弯管机弯管

2.4.9.4 用火加热弯管

用火加热弯管,只限于非镀锌钢导管,镀锌钢管严禁用火加热煨制。弯管前先把管内装上炒干的砂子,两端塞紧后,在烘炉或焦炭火上加热后,放在模具上弯曲。砂子应采用河砂并过筛或干燥,不应采用矿砂,因其含有矿物质或其他杂质。

用气焊加热煨管时,先在钢导管上划出直管段,再划出加热长度 L,先在需加热的长度上预热,现再从起弯点开始,边加热边弯曲。弯曲半径应尽量一致,防止弯曲段表面产生折皱。因弯曲冷却后角度约回缩 $2°\sim3°$,弯制时要比预定弯曲角度略大于 $2°\sim3°$。加热长度 L 可用简单的公式计算:

$$L = \frac{\pi dR}{180} \approx 0.0175 dR$$

式中 d——弯曲角度(°);
R——弯曲半径(mm)。

也可根据经验数据,确定加热部位和长度弯管更好。

热煨管时要掌握好火候,钢导管烧得不红弯不动,烧得过红或者红的不均匀都容易弯瘪。

非镀锌钢导管经弯曲后,应认真清理管内砂子或固定在管壁上的硬质物质,以避免管内腐蚀造成穿线时导线受阻或损伤导线绝缘。

2.4.10 钢导管除锈和防腐

钢导管内如果有灰尘、油污或受潮生锈,不但穿线困难,而且会造成导线的绝缘层损伤,降低绝缘性能。在敷设管子前,应对管子进行除锈或防腐处理。对于已锈蚀的管子应在除锈后再进行防腐处理。

2.4.10.1 管子除锈

管内壁除锈,可用圆形钢丝刷,两头各绑一根钢丝,来回拉动钢丝刷,把管内铁锈清除干净如图 2.4.10.1 所示。

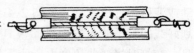

图 2.4.10.1 用钢丝刷清除钢导管内表的铁锈

管子外壁可用钢丝刷或电动除锈机除锈。

2.4.10.2 管子防腐

暗敷设工程中应尽量使用镀锌钢导管。可以免去防腐这一工艺。

工程中使用非镀锌钢导管时,为了加强其防腐作用,延长导管的使用年限,非镀锌钢导管内壁均应涂樟丹油一道,除了埋入混凝土内的非镀锌钢管导外壁不需防腐处理外,其他场所内敷设的非镀锌钢导管外壁均应按下列规定进行防腐处理:

埋入砖墙内的非镀锌钢导管刷樟丹油一道;

埋入焦渣层中非镀锌钢导管,用水泥砂浆全面保护,厚度不应小于50mm,如图 2.4.10.2-1 所示。

埋入土层内非镀锌钢导管外壁应涂两道沥青油或用厚度不小于50mm混凝土保护层保护,如图 2.4.10.2-2 所示。

埋入有腐蚀性土层内非镀锌钢导管应刷沥青油后缠麻(或玻璃丝)布,外面再刷一道沥青油。包缠要紧密妥实不得有空隙,刷油要均匀。

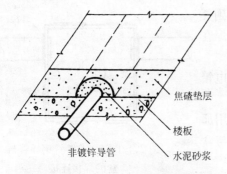 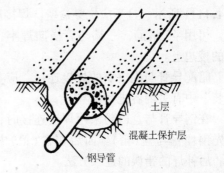

图 2.4.10.2-1 焦渣垫层内管路保护　　　　图 2.4.10.2-2 土层内混凝土保护层

使用镀锌管时,在镀锌层剥落处,也应涂防腐漆。

非镀锌钢导管内壁涂樟丹油防腐时,可用圆钢焊接成能放置数根钢导管的涂漆操作架。把钢导管在操作架上交错倾斜放置,用透明塑料软管将管子串接一体,操作时先抬高排漆处塑料软管,在最上一层管口处灌入樟丹漆,樟丹漆充满钢导管后,把排漆管放入排漆桶内,樟丹漆即由最下一层管口内自然排出,管内壁即可涂好漆,如图 2.4.10.2-3 所示。

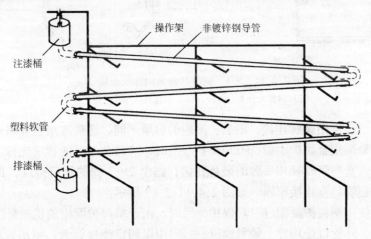

图 2.4.10.2-3 管内壁涂漆方法示意图

2.4.11 钢导管与盒(箱)及设备的连接

钢导管在暗配管中,根据钢导管的种类和质量不同采用不同的连接方法,基本上分为焊接连接和螺纹连接两种。螺纹连接即是钢管管端套丝后,与盒(箱)的连接采用锁紧螺母或护圈帽固定。

2.4.11.1 焊接连接

暗配的非镀锌钢导管与盒(箱)连接可采用焊接连接,管口宜高出盒(箱)内壁 3~5mm,且焊后应补涂防腐漆。

管与盒(箱)的焊接连接仅适用于厚壁非镀锌钢导管,壁厚≤2mm 的薄壁钢导管和镀锌钢导管严禁进行焊接固定。

钢导管采用焊接连接时,需由持有合格证件的焊工操作。

暗配导管管与盒(箱)焊接固定时,应一管一孔顺直插入与管径吻合的敲落(连接)孔内,伸进长度宜为 3~5mm,管与盒外壁焊接的累计长度不宜小于管外周长的 1/3,如图

2.4.11.1所示，且不应烧穿盒壁。焊接质量达不到要求，可用φ6钢筋，一端与管横向焊牢，另一端焊在盒的棱边上。

暗配导管与配电箱的焊接连接，应参见"配电箱安装"中有关内容进行。

在钢导管与盒（箱）采用焊接连接时，不应采用那种先预埋管与盒（箱），而后在盒（箱）内进行管与盒（箱）后补焊的错误的连接方法。

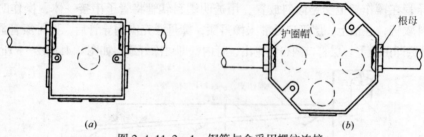

图 2.4.11.1 非镀锌钢导管与盒的焊接连接

2.4.11.2 螺纹连接

明配钢导管或暗配的镀锌钢导管与盒（箱）连接，采用螺纹连接，管端用锁紧螺母或护圈帽固定盒（箱），如图2.4.11.2-1所示，用锁紧螺母固定的管端螺纹宜外露锁螺母2~3扣。

图 2.4.11.2-1 钢管与盒采用螺纹连接
(a) 钢管与开关盒连接；(b) 钢管与八角盒连接

钢导管与盒（箱）采用螺纹连接，根据护圈帽的材质不同，连接方法也应略有不同。

钢导管管口处采用金属护圈帽（护口）保护导线时，应将套丝后的管端先拧上锁紧螺母（根母），顺直插入盒与管外径相一致的敲落孔内，露出2~3扣的管口螺纹，再拧上金属护圈帽（护口），把管与盒连接牢固，如图2.4.11.2-2所示。

当配管管口使用塑料护圈帽（护口）保护导线时，由于塑料护圈帽的机械强度无法固定管盒，应在盒内、外管口处均拧上锁紧螺母（根母）用以固定连接管盒，留出管端螺纹2~3扣，再拧塑料护圈帽（也可以在管内穿线前拧好），如图2.4.11.2-3所示。

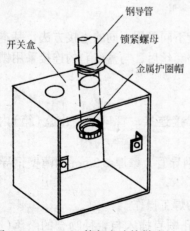

图 2.4.11.2-2 管与盒连接做法一

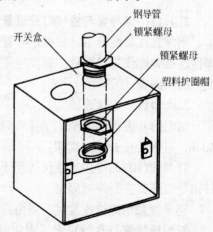

图 2.4.11.2-3 管与盒连接做法二

钢导管与配电箱的连接做法,可见"照明配电箱安装"中的相关内容。

2.4.11.3 钢导管与设备连接

钢导管与设备连接时,应将钢导管敷设到设备的接线盒内。

当钢导管与设备间接连接时,对室内干燥场所,钢管端部宜增设电线保护金属软管(蛇母管、挠性金属管)或可挠金属电线保护管,然后引入到设备的接线盒内,且钢导管管口应包扎紧密;对室外或室内潮湿场所,钢导管端部应增设防水弯头,导线应加套保护金属软管,经弯成滴水弧状后,再引入到设备的接线盒。

配管钢导管与设备连接的管口与地面的距离宜大于200mm。

室内进入落地式柜、台、箱、盘内的导管管口应排列有序,应高出柜、台、箱、盘的基础面50～80mm。

室外导管的管口应设置在盒、箱内。在落地式配电箱内的管口应排列有序,箱底无封板的,管口应高出基础面50～80mm。所有管口在穿入电线后应做密封处理。

由箱式变电所或落地式配电箱引向建筑物的导管,建筑物一侧的导管管口应设在建筑物内。

2.4.12 管与管连接

暗配钢导管之间的连接有螺纹连接和焊接连接等几种方法。金属导管严禁对口熔焊连接;镀锌钢导管和壁厚小于等于2mm的钢导管不得采用套管熔焊连接。

2.4.12.1 螺纹连接

钢导管与钢导管之间进行螺纹连接时,应使用全扣管接头,连接管端部套丝,两管拧进管接头的长度不应小于管接头长度的1/2,管连接后使两管端之间吻合,其螺纹在套管端部宜外露2～3扣,螺纹表面应光滑、无缺损,如图2.4.12.1所示。

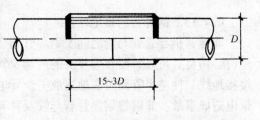

图2.4.12.1 钢导管螺纹连接

2.4.12.2 套管连接

钢导管之间用套管连接时,套管长度宜为管外径的1.5～3倍,管与管的对口处应位于套管中心,套管采用焊接连接,焊缝应牢固严密。

钢导管采用套管连接,只适用于非镀锌钢导管的暗配管。套管可购成品,也可用大一级管径的管加工车制。套管内径与连接管外径应吻合,套管长度为连接管外径的1.5～3倍,连接管对口处应在套管中心,套管周边采用焊接应牢固严密如图2.4.12.2所示。

当没有合适的管径做套管时,也可将较大管径的套管顺向冲开一条缝隙,将套管缝隙处用手锤击打对严再做套管。

图2.4.12.2 钢导管套管连接

现场施工时严禁不同管径的异径配管直接套接连接。

2.4.12.3 紧定螺钉连接

钢导管与钢导管采用紧定螺钉连接,是钢导管与可挠金属电线保护管连接时,所采用的方法,可见"可挠金属电线保护管敷设"的相关内容。

2.4.12.4 钢导管对口焊接

暗配黑色钢导管管径在80mm及其以上，使用套管较困难时，也可将两连接管端打喇叭口再进行管与管之间采取对口焊的方法进行焊接连接，如图2.4.12.4-1所示。

钢导管不能直接进行对口焊，如图2.4.12.4-2所示，容易在对口处管口内壁形成尖锐的毛刺，穿线时要破坏导线的绝缘层，造成无法通电和危及人身安全的后果，给日后维修更换导线带来较大的困难。这种方法不得使用。

钢导管在打喇叭口对口焊时，在焊接前应除去管口毛刺，用气焊加热连接管端部，边加热边用手锤沿管内周边，逐点均匀向外敲打出喇叭口，再把两管喇叭口对齐，两连接管应在同一条管子轴线上，周围焊严密，应保证对口处管内光滑，无焊渣。

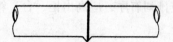
图2.4.12.4-1 钢导管打喇叭对口焊

图2.4.12.4-2 钢导管的错误做法——对口焊

2.4.12.5 钢导管与刚性绝缘导管连接

钢导管与刚性绝缘导管的连接，应使用钢塑管过渡接头进行连接，如图2.4.12.5所示。

在TN-S、TN-C-S系统中，当金属电线保护管、金属盒(箱)、塑料电线保护管、塑料盒(箱)混合使用时，金属电线保护管和盒(箱)必须与保护地线(PE线)有可靠的电气连接。

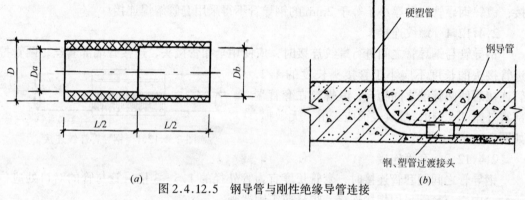

图2.4.12.5 钢导管与刚性绝缘导管连接
(a)钢、塑管过渡接头；(b)连接做法

2.4.13 钢导管的接地连接

非镀锌钢导管管与管之间及钢导管与盒(箱)之间采用螺纹连接时，为了使管路系统接地(接零)良好可靠，要在管接头的两端及管与盒(箱)连接处，用相应圆钢或扁钢焊接好跨接接地线，使整个管路可靠地连成一个导电的整体，以防止导线绝缘可能损伤，而使管子带电造成事故。非镀锌钢导管管与管及管与盒(箱)跨接接地线的做法，如图2.4.13-1所示。

跨接接地线直径应根据钢导管的管径来选择，如表2.4.13所示。管接头两端跨接线焊接长度，不小于跨接线直径的6倍，跨接线在连接管焊接处距管接头两端不宜小于50mm。盒(箱)上焊接面积，不应小于跨接接地线截面积，且应在盒(箱)的棱边上焊接。

电线管管接头的两端可焊接直径不小于5mm的铜或铁的跨接线。

严禁将管接头或套管与连接管焊死。

2.4 钢导管暗敷设

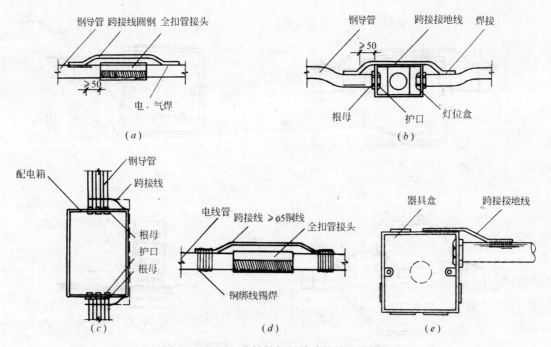

图 2.4.13-1 非镀锌钢导管跨接接地线做法
(a) 钢导管连接;(b) 管与盒中间连接;(c) 管与箱连接;
(d) 薄壁管连接;(e) 管与盒终端连接

跨接接地线线规格选择表　　　　　　表 2.4.13

公 称 直 径 (mm)		跨 接 线 (mm)	
电线管	钢 管	圆 钢	扁 钢
≤32	≤25	φ6	
38	32	φ8	
51	40—50	φ10	
64~76	65~80	φ12 以上	25×4

镀锌钢导管或可挠金属电线保护管,跨接接地线宜采用专用接地卡跨接,不应采用熔焊连接。专用接地卡跨接的两卡间连线为铜芯软导线,截面积不小于 4mm^2。

非镀锌钢导管采用螺纹连接时,也可采用专用接地线卡跨接。

钢导管跨接接地线卡及其做法,如图 2.4.13-2 和图 2.4.13-3 所示。

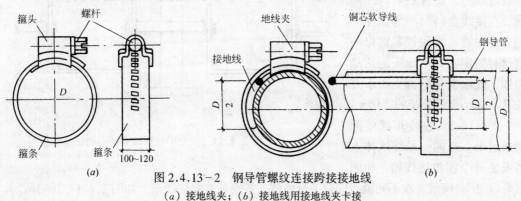

图 2.4.13-2 钢导管螺纹连接跨接接地线
(a) 接地线夹;(b) 接地线用接地线夹卡接

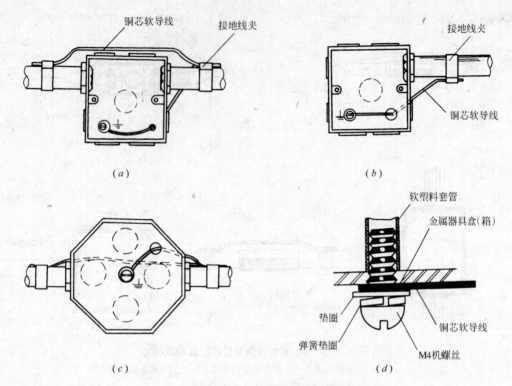

图 2.4.13-3 镀锌钢导管与盒(箱)跨接线做法
(a)中间开关盒;(b)终端开关盒;(c)八角盒;(d)金属盒(箱)接地线压接

2.4.14 管路补偿措施

管路通过建筑物变形缝既伸缩缝、抗震缝和沉降缝时,要在其两侧各埋设接线盒(箱)做补偿装置。

对变形缝中的伸缩缝和抗震缝,由于缝下基础没有断开,施工中配管应尽量在基础内水平通过,避免在墙体上设置补偿装置。

配管施工中,可根据配管通过变形缝处的不同位置采取不同的管路补偿措施。

2.4.14.1 在与建筑物变形缝相垂直的墙体两侧各设置接线盒(箱),如图 2.4.14.1 所示,在接线盒(箱)相邻面穿一短管,短管一端用锁紧螺母与盒(箱)固定。另一端应能活动自如,此端盒(箱)面上、下开长孔不应小于管外径的 2 倍。

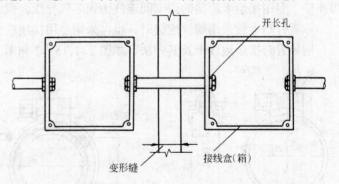

图 2.4.14.1 变形缝接线盒(箱)做法

2.4.14.2 在变形缝暗配管通过处,在同一轴线墙体上各安装一个拐角接线箱,如图 2.4.14.2(a)所示。在不同轴线即两平行墙体上各安装直筒接线箱,如图 2.4.14.2(b)所示。

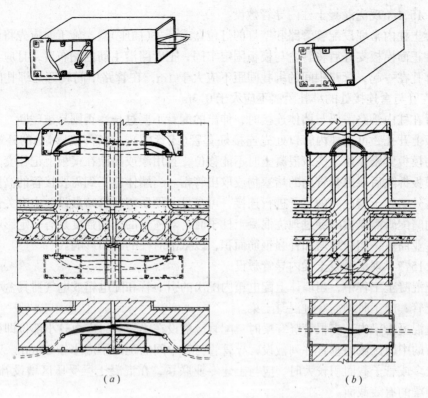

图 2.4.14.2 变形缝拐角及直筒接线箱安装
(a) 拐角接线箱及安装做法；(b) 直筒接线箱及安装做法

2.4.14.3 在变形缝两层楼板层上设置变形缝接线盒(箱)时，可以设暗装接线盒，如图 2.4.14.3(a) 所示；也可以同图 2.4.14.3(b) 所示，设置接线盒(箱)，在两接线盒(箱)之间，可以使用可挠金属电线保护管或金属软管(挠性金属管、金属蛇皮管)。

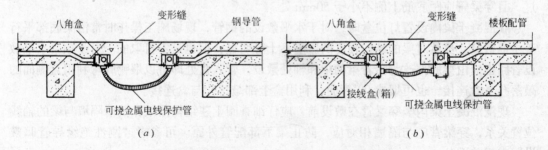

图 2.4.14.3 楼板层变形缝接线盒(箱)做法
(a) 变形缝配管做法；(b) 变形缝接线盒(箱)做法

2.4.15 现浇混凝土框架工程的配合施工

现浇混凝土框架结构工程中的电气配管多使用钢导管，在与土建配合施工中既不易被破坏，也不会过大的降低混凝土梁、柱的结构强度。

现浇框架暗配管路施工，要先把框架中的管路或预埋件埋设好，在砌墙过程中，连接或埋设剩余的部分。

2.4.15.1 现浇混凝土柱内导管敷设

混凝土柱内常埋设配管管路和壁灯的灯位盒或开关(插座)盒。施工时应先将管与盒连接好，在正面模板支好后将管盒与模板固定牢固，把管路沿主筋内侧布置，且应与主筋上的箍筋绑扎在一起，管路中间的绑扎间距不应大于1m，在管路中间转弯处绑扎间距宜为0.5m，在管与盒连接处的绑扎距离不应大于0.3m。

设置在柱内管路需要与墙体连接时，伸出的配管不要过长，否则易被碰断。为了避免在钢模板上开孔，可在柱内管口处先连接好套管(或管帽)，套管(或管帽)的外端先堵塞好，并与模板紧密靠住，浇筑混凝土时不能移位，且用漆或墨涂在模板上记住套管所在位置，待模板拆除后取出套管内的堵塞物或取出管帽。当墙体施工到需要接管的高度处，即可以将柱外的管子与柱内的管子进行连接，可参见"硬质塑料管暗敷设"中有关做法。

柱内暗配管需要横向穿过现浇混凝土柱子时，对柱子的结构强度是有一定影响的，应与土建专业商量，相应地增加补强钢筋面积，以抵消对柱的减损影响。

2.4.15.2 现浇混凝土梁内导管敷设

现浇混凝土工程中，当墙体上配电箱内配出的引上管和配电箱或电气器具盒引至楼板层内的配管，施工时均需穿过混凝土梁。

现浇混凝土梁内，多根管竖穿梁时，配管应敷设在梁受剪、应力较小部位即梁的净跨度的1/3的中跨区域内垂直并列敷设，导管管与管中间的距离不应小于25mm。梁内钢导管数量较多或管子截面积较大时，应与土建专业联系，在混凝土梁受压区增设补强钢筋，防止减损梁的有效截面。

现浇混凝土梁顶部露出的管口，应用塑料内护口(管堵)堵塞严密，防止杂物进入管内，且应防止塑料内护口(管堵)丢失。

暗配钢导管需要横向穿过混凝土梁时，对梁的结构强度影响不会太大，除应考虑梁受剪刀和受应力较小部位(梁的净跨度的1/3的中跨区域内)，还应在梁的中和轴处横向敷设通过；当无法确定中和轴准确位置时，管宜在梁中部，在中和轴及以下受拉区内横向穿过，且穿梁管应距底筋上侧不小于50mm处。

在混凝土梁内设置灯位盒时，对于水平敷设的钢管，现场施工操作时常沿梁底部平行于主筋敷设，虽然对梁的结构强度的影响不十分明显，但也是不可取的。对于顺梁水平敷设管路也应由梁底部改为沿着梁的中和轴处敷设。管入盒处即可以煨鸭脖弯利用盒侧面的敲落孔与盒连接，也可煨成90°弯曲，利用盒上部敲落孔与盒连接。

现浇混凝土梁内竖穿梁管在敷设前，应仔细查阅土建结构图纸，搞清隔墙与梁的轴线位置关系，穿梁管应与隔墙相对应，防止梁下部配管外露。可参考"刚性绝缘导管暗敷设"中相关部分。

2.4.15.3 现浇混凝土墙体内导管敷设

现浇混凝土墙施工时，应在绑扎好钢筋后进行配管的定位，然后把管路与钢筋固定好，将盒体与模板固定牢，应随时连接好跨接接地线，即把所有插入盒内管子相互间连接在一起，并与盒连接好。如果管与盒采用焊接连接，则不需要再焊跨接接地线。

现浇混凝土墙体施工如采用木模板，可在木模板上钻孔，用8号线将盒与模板绑牢；如果采用钢模板时，应将管、盒与钢筋加强固定或焊牢，也可在盒体背后另加设φ6钢筋套子，后部顶在另一侧模板上，使盒体被模板夹紧夹牢，稳固盒防止移位如图2.4.15.3

-1所示。也可以在钢模板上对着盒子的安装孔位置在模板上钻孔,用螺丝把盒子固定在模板上,不使管盒位移如图2.4.15.3-2所示。

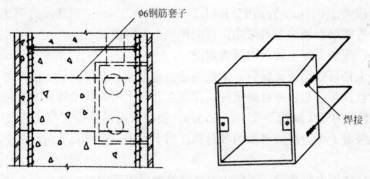

图2.4.15.3-1 用钢筋套子固定盒体

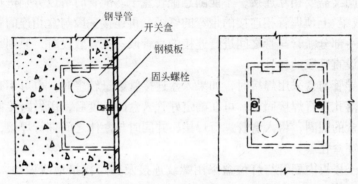

图2.4.15.3-2 用圆头螺栓固定盒体

现浇混凝土墙(或柱)上镶贴饰面板(砖)或进行装饰板施工中,为使器具盒不缩进装饰面,可计算好盒位与混凝土表面突出的距离暂不设盒(管应煨90°曲弯由后面入盒),或预下长方木盒(木盒高度应有二次接管的余量),待二次安装金属器具盒。敷设管、盒采用螺纹连接时,应先在管的适当部位焊好跨接线,安装盒体时跨接线另一端再与盒体焊接。应控制好管口的位置,待二次安装的盒体与装饰表同相平。

现浇混凝土墙体内设置配电箱应与钢筋专业相配合。在箱体上、下侧按箱体标高,焊接或绑扎各两根附加钢筋,固定牢固箱体。在配合土建支模时,应使配电箱体突出模板,突出的距离应按装饰面的厚度决定。当箱体位置与钢筋网有矛盾时,可将影响安装的钢筋弯曲绑扎或切断后再进行绑扎,并应在箱体处增绑附加钢筋,以防设置箱体处对墙体强度的削弱。

现浇混凝土墙体内设置配电箱,应随土建施工进行预埋,如箱体未到现场,在万不得已情况下才可采用后安装箱体的做法。后安装箱体时,应把比箱体高的简易木箱套,预埋在墙体内,配电箱引上管敷设至与木箱套上部内表面相平,待拆除模板后先拆下木箱套再安装配电箱箱体,在原引上管处接短管,对准箱体敲落孔同箱体进行连接。

采用后安装箱体的做法,在安装配电箱时,严禁将箱体直接安装在木箱套内,也不应使导管敷设不到位,更严禁用电焊、气焊切割箱体。

现浇混凝土墙体内配电箱引上管,敷设部位应准确,随着钢筋绑扎时,在钢筋网中间与配电箱箱体连接敷设一次到位,并与钢筋一起固定绑扎牢固。

现浇混凝土墙体内配管，应沿最近的路径在两层钢筋网中间敷设，一般应把管子绑扎在内壁钢筋的里边一侧，这样可避免或减少管与盒连接时的弯曲，钢筋绑扎位置在导管进入盒(箱)处不应大于0.3m，管路中间绑扎间距不应大于1m。当敷设的钢导管与钢筋有冲突时，可将竖直钢筋沿墙面左右弯曲，横向钢筋上下弯曲。

2.4.15.4 现浇混凝土楼板内导管敷设

现浇混凝土楼板在模板支好后，未敷钢筋前进行器具盒位测量定位并划线，待钢筋底网绑扎垫起后敷设管、盒，并且固定好，预埋在混凝土内的管子外径不宜超过混凝土厚度的1/2；并列敷设的管子间距不应小于25mm，使导管周围均有混凝土包裹。如配管间距过小，浇筑的混凝土将会被较密集的导管挡住而下不去，在导管下面形成空洞，造成土建质量隐患。

钢导管在现浇板内暗敷设，不同于绝缘导管敷设那样方便，往往由于楼板层的灯位盒较多，管盒之间又需要相互连接，不能随意翻转盒子。配管时可以分别进行连接，先连接好一段与墙(或梁)上预埋管相连接的带弯的管子，再连接一段与盒相连的管子，最后连接剩余的中间的一部分需管与管之间进行连接的直管段。在管敷设时，原则是先敷设带弯曲的导管，后敷设直管段的导管。

暗敷设钢导管与盒采用焊接时，如果入盒连接管数量较多时，也可不必将连接管一根根分别与盒敲落孔进行焊接固定，可在确定好管入盒的长度后，用做跨接接地线的圆钢煨成略大于灯位盒的圆圈，将入盒管进行焊接，并同时与盒体之间进行焊接，可以防止盒管——焊接时烧穿盒孔。

现浇混凝土楼板内配管与灯位盒采用螺纹连接及其跨接接地线做法，如图2.4.15.4所示。

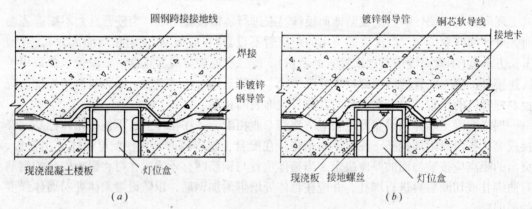

图2.4.15.4 现浇混凝土楼板灯位盒安装做法
(a)非镀锌钢导管做法；(b)镀锌钢导管做法

2.4.16 楼(层)面垫层内导管敷设

楼板细石混凝土垫层厚度如能足以保护住导管，可以在垫层内沿最近的路径敷设，但配管的混凝土保护层不应小于15mm。

当楼板上为炉渣垫层时，暗配钢导管应在楼板面上先敷设管路，再沿着导管铺设水泥砂浆，防止管路受化学腐蚀。

楼(层)面垫层内管子敷设做法，如图2.4.16所示。

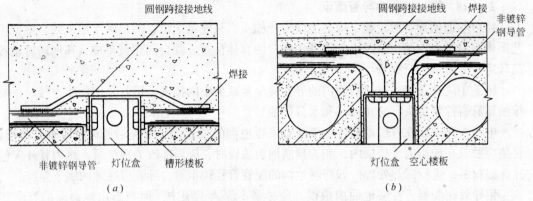

图2.4.16 楼(层)面垫层内配管做法
(a)槽形楼板垫层；(b)空心楼板垫层

2.4.17 现浇框架工程隔墙内导管敷设

框架结构隔墙在未施工前，土建专业应给出墙身尺寸线、门窗位置线及梁中心线和建筑标高线。

框架结构中空心砖隔墙和加气混凝土砌块隔墙电气配管方法略有不同，前者电气配管应预埋，后者应在墙体砌筑后剔槽配管。

2.4.17.1 空心砖隔墙导管敷设

空心砖隔墙内敷设钢导管，应在墙体砌筑前，根据土建放出的各种线，确定好由下引来的梁内短管，至墙体盒(箱)一段管路的长度，管子切断加工后先与盒(箱)连接好，再与下部的梁内短管相连接，根据墙身尺寸线安排好，盒(箱)口突出墙面的位置，管子敷设就绪后开始砌墙，砌墙初期应进一步调整盒(箱)口与墙面的距离。在管路经过处墙体应改空心砖为普通砖立砌，或现浇一条垂直的混凝土带即把导管保护起来，又增强了墙体的结构强度。

隔墙内设置配电箱时，应将箱体下侧导管长度测量好，下料加工后与梁内预埋短管一一连接，且应保持管口高度一致。再根据箱体敲落孔位置及间距，用做为跨接接地线的适当长度圆钢，在入箱管前后两侧，将入箱管做横向焊接连接。将箱体下部敲落孔对正管口座落在已焊好的两根圆钢上，保证入箱管长度为3～5mm。再测量好引上管到梁下短管的长度，先与箱体上部梁下短管连接好，管口伸进箱体的长度宜为3～5mm，将引上管全部连接好后，可用一根做为跨接线的圆钢(也可用箱体下侧的圆钢弯折)将引上管做横向焊接，并与箱体棱边或箱体下部的跨接线焊接。管子敷设好后，待土建砌筑墙体。

2.4.17.2 加气混凝土砌块隔墙导管敷设

加气混凝土砌块隔墙导管敷设，不同于空心砖墙导管敷设，除配电箱箱体需配合砌筑预埋外，其盒体及导管敷设均在墙体施工后剔槽敷设。

砌体砌筑后，在已确定好的盒(箱)四周钻孔凿洞，沿管路走向在两边弹线，用刀锯锯槽后再剔槽连接敷设管路。配电箱由下引来管及引上管，应在墙体背侧剔槽。墙体上剔槽宽度不宜大于导管外径加15mm，槽深不应小于导管外径加15mm，导管外皮距砌体表面不应小于15mm，用不小于M10水泥砂浆抹面保护。

当配电箱入箱导管敷设好后，应用跨接接地线把入箱导管连接一体再与箱体的棱边进行焊接。

2.4.18 楼(地)面内导管敷设

楼(地)面内导管敷设前,应与土建专业施工人员联系定位,测出竣工地平线。根据工艺图确定好设备安装位置及电气设备出线口的具体位置,并会同建设单位,在现场将设备基础定位后方可进行配管。

施工中应注意埋入楼(地)面内的导管应尽量减少中间接头。钢管采用丝扣连接时,要抹油缠麻再拧紧接头,防止潮气和水分侵蚀导管。

电气管路敷设在首层地面内,要注意采暖地沟的位置,导管跨越地沟时应垂直跨越,管路应敷设在地沟的盖板层内,如为预制地沟盖板时,应局部改为现浇板,热力管外应包扎保温材料,进行隔热处理。如跨越地沟的配管管径较粗时,导管应在地沟底下穿跨。

钢导管在混凝土首层地面内敷设,应尽量不深入土层中,但当露出地面前的弯曲部位,不能全部埋入时,可适当增加埋入深度。

地下土层中的导管敷设,土层应铲平夯实,土层夯实后,如管路较多,可先在土层上沿管路方向铺设混凝土打底,然后再敷设管路,管路敷设后再在管周围铺设混凝土保护住导管,当管路不多时可直接敷设,但管路下要用石块垫起不小于50mm。然后在管周围浇筑素混凝土,把管保护起来,导管周围保护层应不小于50mm。

地面内敷设的导管,其露出地面与设备连接的管口距地面高度宜大于200mm;进入落地式配电箱的电线管路,排列应整齐,管口宜高出配电箱基础面50~80mm,防止地面污水、液体和油类等流入管内降低导线的绝缘强度。

钢导管与设备连接时,应将钢导管敷设到设备的接线盒内,如不能直接进入时,在干燥房屋内,可在钢导管出口处加保护软管引入设备接线盒内,管口应包扎严密;在室外或潮湿房屋内,可在管口处装设防水弯头。

地面内配管使用金属地面出线盒时,盒口调整后应与地坪相平,地面出线盒引出的立管应与地面垂直,如图2.4.18所示。

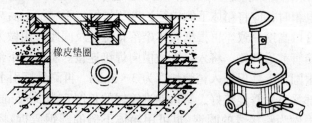

图2.4.18 地面出线盒

埋入地下的钢导管不宜穿过设备基础,若穿过设备基础和建筑物基础时,为防止基础下沉折断管路,影响使用及避免检修困难,要设保护套管,保护套管内径不宜小于配管外径的2倍。

2.4.19 钢导管敷设后的修补

在配合土建施工,钢导管敷设工作完成后,应及时清理管口处的堵塞物,然后开始扫管。

钢导管内有水泥砂浆等杂物堵塞,可利用手枪钻夹持废旧钢丝绳穿入管内进行清理,钢丝绳前端应用绑线缠绕扎紧,防止松散。

钢导管内被扔进钢筋、铁钉等杂物堵塞，使管路无法畅通时，只能凿开建筑物把这段管子切除，在切断处严禁套上一段较粗的管子，应换上一段相同管径的管子，其两端采用套管或螺纹连接。当建筑物无法凿开时，可废弃此管路，沿最近的路径另外敷设管子。

钢导管伸入盒（箱）过长，可以用手电钻卡上市售成品小砂轮磨去多余的管头，也可剔除盒（箱）后用钢锯锯断，但不能用气、电焊切割。

钢导管管口脱出盒（箱），应用套套管连接法接一段短管，使其伸入至盒（箱）内，将管与盒（箱）连接，进盒（箱）管还应在管与盒（箱）之间补做跨接接地线。

Ⅲ 质量标准

2.4.20 主控项目

2.4.20.1 配管的质量、配管的使用场所；配管的品种、规格、质量，适用场所必须符合设计要求和施工质量验收规范规定。

检查方法：全数检查，检查进场材料和检查隐蔽工程记录。

2.4.20.2 金属导管严禁对口熔焊连接；镀锌钢导管和壁厚 2mm 及以下的薄壁钢导管不得套管熔焊连接和熔焊焊接跨接接地线。

检查方法：全数检查，目测检查。

2.4.20.3 钢导管必须与 PE 或 PEN 线有可靠的电气连接，并符合下列规定：

1. 镀锌钢导管的管与管及管与盒（箱）之间采用螺纹连接时，连接处的两端用专用接地线卡固定跨接接地线；

2. 暗敷设的非镀锌钢导管的管与管及管与盒（箱）之间采用螺纹连接时，连接处的两端焊跨接接地线；

3. 以专用接地线卡跨接的管与管及管与盒（箱）间跨接线为黄绿相间色的铜芯软导线，截面积不小于 $4mm^2$。

检查方法：全数检查，目测检查及查阅隐蔽工程记录。

2.4.21 一般项目

2.4.21.1 钢导管内、外壁应防腐处理；埋设于混凝土内的导管内壁应防腐处理，外壁可不防腐处理。

检查方法：全数检查，目测检查。

2.4.21.2 电线钢导管在室外埋地敷设的埋设深度不应小于 0.7m，长度不宜大于 15m；壁厚≤2mm 的电线钢导管不应埋设于室外土壤内。

检查方法：全数检查，目测检查或施工时旁站或查阅隐蔽工程记录。

2.4.21.3 室外导管的管口应设置在盒、箱内。在落地式配电箱内的管口应排列有序，箱底无封板的，管口应高出基础面 50~80mm。所有管口在穿入电线后应做密封处理。

检查方法：全数检查，目测检查和尺量检查。

2.4.21.4 室内进入落地式柜、台、箱、盘内的导管管口应排列有序，应高出柜、台、箱、盘的基础面 50~80mm。

检查方法：全数检查，目测检查。

2.4.21.5 暗配的钢导管，埋设深度与建筑物、构筑物表面的距离不应小于 15mm。

检查方法：抽查总数的 5%，目测和查阅隐蔽工程记录。

Ⅳ 成品保护

2.4.22 暗敷在建筑物内的管路、灯位盒、接线盒、开关盒，应在土建施工过程中预埋，不能留槽剔槽、留洞或凿洞，敷设在混凝土内的管路不能破坏其结构强度。

2.4.23 配好管子后凡向上的立管和现浇混凝土内的管（盒），其他工种应注意不要损坏，在浇筑混凝土时，不能使管、盒位移。否则应及时通知电工修补。

Ⅳ 安全注意事项

2.4.24 锯管套丝时管子压钳案子要放平稳，用力要均衡，防止锯条拆断或套丝扳手崩滑伤人。

2.4.25 用手动弯管器煨弯时，操作人员面部一定要错开所弯的管子，以免弯管器滑脱伤人。

2.4.26 用火煨弯时，管口处禁止站人，以防放炮伤人，烘炉位置应与消防部门联系好，周围的易燃物必须清除，下班前必须将火熄灭，以防发生事故。

2.4.27 在进行管路各部焊接时，应注意避免弧光伤害其他工作人员的眼睛，打药渣时要注意防止烫伤眼睛。

电焊把线和工作零线不准搭在氧气瓶子上面，更不准从金属绳上面拉过，也不能和氧气胶管及乙炔管混合在一起。

每天下班时，电焊把线和工作线必须分开放着，以防短路。

2.4.28 搬运大管径钢导管时，不能直接用手抬导管，应在导管两端插入木棒或钢导管等再抬运。

Ⅴ 质量通病及其防治

2.4.29 锯管管口不齐，出现马蹄口。锯管时人要站直，持锯的手臂和身体成90°角，和钢管垂直，手腕不能颤动。

2.4.30 套丝乱丝。检查板牙有无掉牙，套丝时要边套边加润滑油。

2.4.31 管子弯曲半径小，弯曲处出现弯扁、凹穴、裂缝现象。用手动弯管器弯管时，要正确地放置好管焊缝位置，弯曲时逐渐向后移动弯管器，不能操之过急。

2.4.32 管子入盒时，不进行固定，不带护线帽。管与器具盒采用螺纹连接时，必须用锁紧螺母和护圈帽固定住；焊接连接时应在管口处使用塑料内护口。

2.4.33 暗配在混凝土内的导管，拆模时外露。暗配在混凝土中的管路，应将导管敷设在底筋上面，使管路与混凝土表面距离不小于15mm。

2.4.34 厚度120mm及其以下砖墙内敷设管路，造成墙体接茬不良。应在图纸会审时，及时发现问题，与设计者提出研究，改变敷设位置，或者与土建专业协商，用圆钢加强墙体拉结。

2.4.35 墙体上配管，连接处无跨接接地线。管与箱（盒）连接，要预先连接好，再拿到施工现场敷设，墙体中间需要接管时，要与其他工种配合好，焊完跨接线后再施工。

2.4.36 配管使用非镀锌钢导管，不进行刷油、防腐处理。除敷设在混凝土内的导管外壁外，其他部位的导管外壁均应进行防腐和刷油。

2.5 钢导管、刚性绝缘导管明敷设

Ⅰ 施工准备

2.5.1 材料

(1) 电线管、水煤气(焊接)钢导管及各种金属制品管接头、锁紧螺母、护圈帽、各种明装接盒(箱)、开关盒等；

(2) 刚性绝缘导管及配件的接线盒、开关盒及各种成品的管接头、管卡头等；

(3) 圆钢、扁钢、角钢、各种膨胀螺栓、塑料胀管、各种螺栓、木螺钉、电焊条、铁线、红丹防锈漆、油漆、沥青油及铅油和麻、胶粘剂、汽油、木炭或木材等。

2.5.2 机具

弯管器或弯管机、管子压钳、套丝器或套丝机、钢锯弓和锯条或切管器、卷尺、管钳子、圆锉或绞刀、钢丝刷、毛刷、钢丝、喷灯等。

2.5.3 作业条件

(1) 明配管应配合土建施工安装好支架、吊架预埋件。土建室内装饰工程结束后配管；

(2) 吊顶内配管虽然属于暗配管，但一般常按明配管的方法施工。吊顶内配管应配合吊顶施工，在龙骨施工后没安装顶板前进行配管。

Ⅱ 施工工艺

2.5.4 施工程序

支、吊架制作 → 定　位 → 箱、盒支架、吊架安装 → 导管敷设

2.5.5 支、吊架制作

明配管路的施工方法，一般为配管沿墙、支架、吊架敷设。在导管敷设前应按设计图纸或标准图，加工好各种支架、吊架、抱箍等金属支持件。

支、吊架一般用钢板或角钢加工制作，下料时应用钢锯锯割或用型钢切割机下料，严禁用电、气焊切割。钻孔时应使用手电钻或台钻钻孔，不应用气焊或电焊吹孔。

2.5.6 测量定位

2.5.6.1 明配管应在建筑物室内装饰工程结束后进行。在配管前应按设计图纸确定好配电设备，各种箱、盒及用电设备安装位置，并将箱、盒与建筑物固定牢固。然后根据明配管路应横平竖直的原则，顺线路的垂直和水平位置进行弹线定位，并应注意管路与其他管路相互间位置及最小距离。测量出吊架、支架等固定点的具体位置和距离。

2.5.6.2 明配管与热水管、蒸汽管同侧敷设时，应敷设在热水管、蒸汽管的下面。有困难时，可敷设在其上面，相互间的净距不宜小于下列数值：

1. 当管路平行敷设在热水管、暖气管下面时为 0.2m，上面时为 0.3m；与暖气管、热水管交叉敷设时为 0.1m。

暖气管、热水管应设隔热层。交叉敷设时为 0.3m。

2. 当管路平行敷设在蒸汽管下面时为 0.5m，上面时为 1m；

当不能符合上列要求时，应采取隔热措施。对包有隔热层的蒸汽管，上、下平行净距均可减至 0.2m；

3. 电线管路与通风、给排水及压缩空气管的平行净距不应小于 0.1m，交叉净距不小于 0.05m。当与水管同侧敷设时，宜敷设在水管的上面。

2.5.7 明配导管及附件选择

明配于潮湿场所的钢导管，应使用厚壁钢管；明配于干燥场所的钢导管，宜使用薄壁钢管。但对钢管有严重腐蚀的场所不宜采用。

建筑物顶棚内宜采用钢导管敷设。

刚性绝缘导管一般适用于室内场所和有酸碱盐腐蚀介质的场所，但在高温和易受机械损伤的场所不宜采用刚性绝缘导管明敷设。

建筑物顶棚内，可采用难燃型刚性绝缘导管布线。

管子和外观检查，管壁应薄厚均匀、不扁、不裂，管身不弯曲，不变形。

明配钢导管应使用明装附件，明配钢管工程应选用明装铸铁盒，如图 2.5.7 所示。

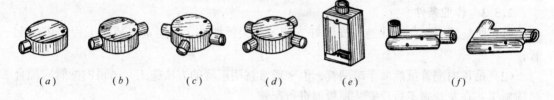

图 2.5.7 明配钢导管用明装铸铁盒
(a) 一通；(b) 二通；(c) 三通；(d) 四通；(e) 开关盒；(f) 拐角盒

2.5.8 钢导管调直

导管在使用前由于装卸搬运不当等原因，不一定都是很平直，弯曲的导管应先进行调直后再进行加工。

2.5.8.1 冷调法调直

调直前要先检查导管的弯曲部位。当导管弯曲程度不大，管径在 DN50mm 以下时，可采用冷调法进行调直。操作时将管子放在铁砧子上，使凸出部位朝上，然后用木锤子敲打凸出的部位，如用手锤敲打时应垫以木方，不得直接敲打管子，以免将管子砸出坑来。应先从大弯着手，然后再调小弯，经过这样反复敲打，便可将管子调直。长管冷调时可将管子放在两根相距一定距离的平行粗管上，一个人在管端边转动管子边找出管弯曲部位，将需调直的弯曲凸面朝上，如图 2.5.8.1 所示，另一个用一把

图 2.5.8.1 弯管的冷调直

手锤顶在凹处，用另一把手锤稳稳在敲打凸边，两把手锤之间应有 50~150mm 的距离，使两力产生一个弯距，经反复翻转敲打，管子便可调直。

2.5.8.2 热调法调直

使用非镀锌钢导管明敷设时，当管径较大且导管的弯曲程度较大时，须采用热调法来调直管子。此时先要将四根以上的管子平行放在平地上，以组成可滚动的支承架，然后将管子的弯曲部位放在烘炉内加热到 600~800℃（近似樱桃红色），再抬放到支承架上，使

2.5 钢导管、刚性绝缘导管明敷设

烧红的部位落在支承架的管子之间,滚动弯管,使依靠管子的自重而使弯曲部位变直,如图2.5.8.2所示。若弯曲太大,可抬起管子一头往下摔碰使其变直。

2.5.9 导管的加工

配管的切断和钢导管的套丝等一系列加工方法,可参见钢导管和刚性绝缘导管暗敷设的有关内容进行。明配管在安装前需要按施工图纸要求弯制成不同角度和形状的弯管,如图2.5.9所示。明配管弯曲半径不宜小于管外径的6倍;当两个接线盒间只有一个弯时,弯曲半径不宜小于管外径的4倍,如图2.5.9所示。

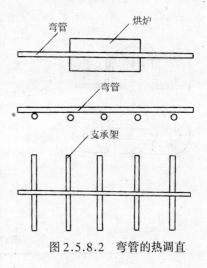

图2.5.8.2 弯管的热调直

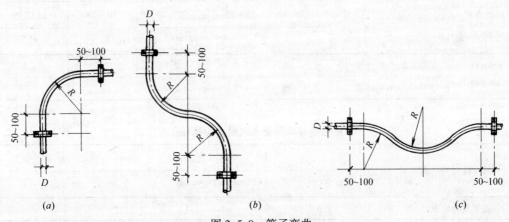

图2.5.9 管子弯曲
(a) 90°弯曲;(b) 双90°弯曲;(c) 跨越弯曲
R—弯曲半径;D—管外径

明配钢导管管与管、管与盒(箱)应采用螺纹连接及套管紧固螺钉连接。不应采用熔焊连接。采用螺纹连接的方法,可参见"钢导管暗敷设"的相关内容;采用套管紧固螺钉连接的方法,应参见"可挠金属电线保护管敷设"的相关内容。当采用套管紧固螺钉连接时,螺钉应拧紧;在振动的场所,紧固螺钉应有防松动措施。

明配刚性绝缘导管管与管、管与盒(箱)等器件应采用插入法连接;连接处结合面应涂专用胶粘剂,接口应牢固密封。其具体的连接方法应参见"刚性绝缘导管暗敷设"的相关内容。

2.5.10 明配导管用卡子在建筑物表面敷设

沿建筑物表面敷设的明配单导管管路,一般不需采用支架,应用管卡子均匀固定。钢管可采用金属管卡子固定;刚性绝缘导管可用塑料管卡子固定如图2.5.10-1所示。当两根及以上配管并列敷设时,可根据情况用管卡子沿墙或在支架、吊架上敷设。固定点间的最大距离可见表2.5.10-1和表2.5.10-2。

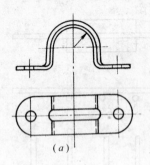 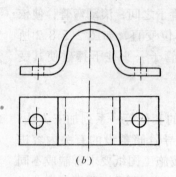 

图 2.5.10-1 明配管固定件
(a) 金属管卡子；(b) 塑料管卡子；(c) 塑料开口管卡

钢导管管卡间的最大距离 (m)　　　　表 2.5.10-1

敷设方式	导管种类	导管直径 (mm)				
		15～20	25～32	32～40	50～65	65以上
		管卡间最大距离 (m)				
支架或沿墙明敷	壁厚>2mm 钢导管	1.5	2.0	2.5	2.5	3.5
	壁厚≤2mm 钢导管	1.0	1.5	2.0	—	—

刚性绝缘导管管卡间最大距离(m)　　　　表 2.5.10-2

敷设方式	导管直径 (mm)		
	20及以下	25～40	50及以上
支架或沿墙敷设	1.0	1.5	2.0

　　管卡子在砖混结构上的固定方法可用胀管法，在需要固定管卡子处，可选用适当的塑料胀管或膨胀螺栓。

　　钻塑料胀管孔宜使用单相串激冲击电钻，使用手电钻时，应使用合金钢钻头，孔径应与塑料胀管外径相同，孔深度不应小于胀管的长度。

　　钻膨胀螺栓套管的孔时，当孔径在 $\phi 12mm$ 以上时，宜用电锤，钻头外径宜与套管外径相同，钻出的孔径与套管外径的差值不应大于 1mm，孔洞不应小于套管长度加 10mm。

　　当管孔钻好后，放入塑料胀管，待管固定时，先将管卡的一端螺钉拧进一半，然后将管敷于管卡内，再将管卡用木螺丝拧牢固定。

　　使用膨胀螺栓固定时，螺栓与套管应一起送到孔洞内，螺栓要送到洞底，螺栓埋入结构内的长度应与套管长度相同。

　　明配钢导管沿楼板下敷设固定时，应先固定一块厚为 3mm 的底板，在底板上用管卡子固定钢管。明配钢导管沿墙及沿楼板下用管卡子固定，如图 2.5.10-2 所示。

　　明配刚性绝缘导管用开口管卡时，应先用木螺钉或塑料胀管把管卡固定住，配管时把管子压入到管卡的开口处内部，如图 2.5.10-3 所示。刚性绝缘导管用塑料管卡子在墙上固定敷设，如图 2.5.10-4 所示。

2.5 钢导管、刚性绝缘导管明敷设

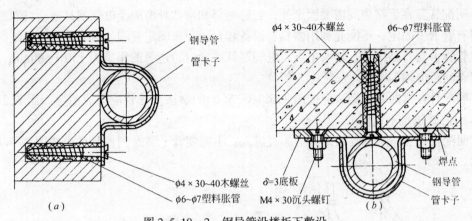

图 2.5.10-2 钢导管沿楼板下敷设
(a) 钢导管沿墙敷设；(b) 钢导管沿楼板下敷设

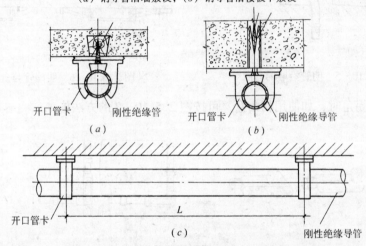

图 2.5.10-3 刚性绝缘导管用开口管卡子固定敷设
(a) 管卡用木砖固定；(b) 管卡用塑料胀管固定；(c) 刚性绝缘导管在顶棚上安装
L—固定点间距

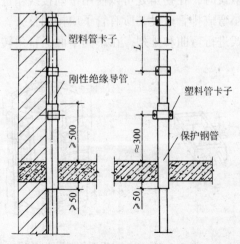

图 2.5.10-4 刚性绝缘导管在墙体上用塑料管卡子固定敷设
L—管卡固定点间隔

明配管除在管路中间需要固定外,在管端部和弯曲处两侧及电气器具或盒(箱)等处也需要有管卡子固定,不能光利用器具、设备和盒(箱)来固定管端。钢导管、刚性绝缘导管明配管管卡与管路终端、转弯中点、电气器具或盒(箱)边缘的距离为150~500mm,配管固定点间距应均匀一致。

明配管在弯曲处的做法应按图2.5.10-5(b)的做法,导管应煨成曲弯。而图2.5.10-5(a)的做法是不正确的。

明配管与盒(箱)的连接处,应顺直进入,不应使管子斜穿到器具盒内如图2.5.10-6所示。

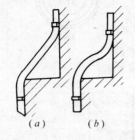

图2.5.10-5 明管沿墙的弯曲

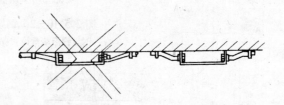

图2.5.10-6 明配管与盒的连接

明配管在拐角时,如使用拐角盒,可按图2.5.10-7的方法施工。

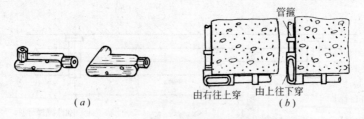

图2.5.10-7 明配管在拐角上的施工法
(a)拐角盒;(b)在拐角上的施工

当多根明管排列敷设时,在拐角处可以使用中间接线箱进行连接,如图2.5.10-8所示。也可按管径的大小弯成排管敷设,所有管子应排列整齐,在同一平面上转弯时弯曲部分应按同心圆弧的形式进行弯曲和排列,在不同平面上直角转弯时,应按同径圆的形式进行弯曲和排列。

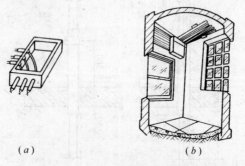

图2.5.10-8 多根明管排列拐角作法
(a)中间接线箱;(b)用中间接线箱连接的多根明配管

2.5.11 明配导管沿支架敷设

对于多根明配管或较粗的明管可用支架进行安装，安装时应先固定两端的支架，再拉通线固定中间的支架。图2.5.11-1为单管扁钢支架沿墙安装作法。图2.5.11-2为双管扁钢支架沿墙安装作法。图2.5.11-3为角钢支架作法。有的管子为了离开墙垛也可用角钢托架进行安装。图2.5.11-4为墙垛处角钢水平托架安装情况。支架固定点的安装尺寸分别见表2.5.10-1和表2.5.10-2的规定。

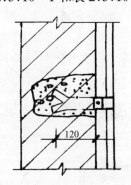

图2.5.11-1　单管扁钢支架

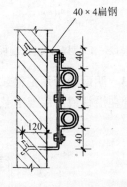

图2.5.11-2　双管扁钢支架

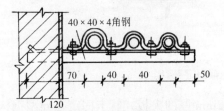

图2.5.11-3　多根管的角钢支架

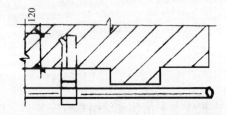

图2.5.11-4　墙垛角钢水平托架

2.5.12 明配导管吊架安装

多根明配管或较粗的明配管也可采用吊架安装，采用吊架安装时应先固定好两端的吊架，再拉通线固定中间吊架。图2.5.12-1为管子在现浇楼板下用扁钢吊架吊装。图2.5.12-2为明配管在楼板梁下用角钢支架吊装，此法也可将吊架预埋螺栓改为膨胀螺栓在梁的侧面固定吊架。

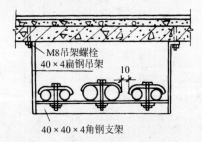

图2.5.12-1　明配导管在现浇楼板下吊装

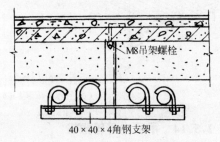

图2.5.12-2　明配导管在楼板梁下吊装

对于预制楼板也可采用吊装方法，在楼板板缝处固定吊架。图2.5.12-3为明管沿预制板下水平吊装敷设。图2.5.12-4为明管在预制板梁下垂直吊装。

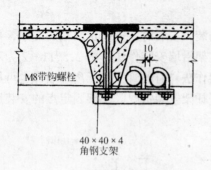
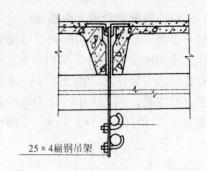

图 2.5.12-3 明配管沿预制板下敷设　　　图 2.5.12-4 明配管沿预制板梁下吊装

2.5.13　明配导管用抱箍或异型钢固定敷设

明配管在沿柱或沿屋架下弦及沿钢屋架敷设时，可以用抱箍固定支架如图 2.5.13-1 所示。

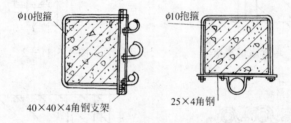

图 2.5.13-1　明配管用抱箍固定支架作法

多根管水平吊装和沿墙垂直安装，可以使用 2mm 厚的夹板式管卡固定在异型钢构成的支、吊架上，如图 2.5.13-2 所示。

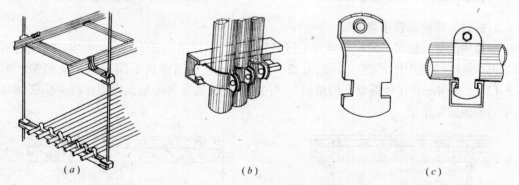

图 2.5.13-2　用夹板式管夹安装示意图
(a) 配管水平安装；(b) 配管垂直安装；(c) 管卡安装图

2.5.14　吊顶内导管敷设

易燃材料吊顶内应使用钢导管敷设，难燃材料吊顶时可使用难燃型刚性绝缘导管敷设。

吊顶工程施工时，电气人员应与土建及其他安装专业紧密配合，特别是空调管道设备施工，如配合不当，会造成施工相互影响、相互损坏已施工完毕的部位，甚至会造成大面积返工修整，而损坏材料拖延进度。

吊顶内的电气工程施工，一般应在龙骨装配完成后敷设导管，在顶板安装前完工。先在顶棚或地面上进行定位弹线，以便准确的确定好灯具和吊扇等器具在吊顶上的位置。当吊顶有分格块线条时，灯位必须按吊顶分格块分布均匀，如图2.5.14-1所示。按几何图形组成的灯位应相互对称布置，然后再根据灯位的位置，确定配管管路的最佳敷设部位及走向。

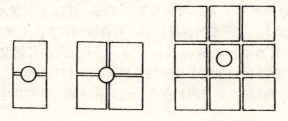

图2.5.14-1 灯位格块分布

固定花灯、吊扇、大（重）型灯具时，应在建筑结构施工时预埋吊钩且吊钩不应与吊顶龙骨连结。

吸顶灯、吊灯等直接吊挂灯具的灯位盒，应固定在主龙骨或附加龙骨上，盒口朝下，如图2.5.14-2所示。在有防火要求的木结构上，可用石棉布垫好盒口（或用其他防火措施处理灯位盒），盒口应与吊顶板平齐。

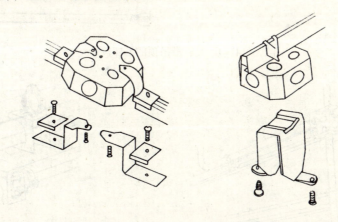

图2.5.14-2 灯位盒与轻钢龙骨固定

嵌入式灯具可用支架或吊架将灯位盒固定在吊顶内，也可用立卡固定在轻钢龙骨上，见图2.5.14-3。盒距离灯具边缘不宜大于100mm，如为活板吊顶可适当远一些，但也不宜大于300mm，灯位盒口应朝向侧面并加盖板，便于安装接线和观察维修。

图2.5.14-3 灯位盒与轻钢龙骨固定

吊顶内管子敷设，应按明配管方法施工。当钢导管敷设时，管与管或管与盒的连接，均应采用丝扣连接。管与盒连接时，应在盒的内、外侧均套锁紧螺母固定盒体。使用难燃型刚性绝缘导管敷设时，管与管或管与盒的连接，应使用专用的管接头、管卡头并涂以专用的胶粘剂粘结。

吊顶内难燃型刚性绝缘导管、当管径在 $\phi 20mm$ 及以下数量不超过 5 根或管径在 $\phi 40mm$ 及以下，数量不超过 3 根的成排管子，可直接用管卡固定在主龙骨上。

吊顶内敷设钢导管直径为 $\phi 25mm$ 及以下时，管子允许在轻钢龙骨吊顶的吊杆和吊顶的主龙骨上边敷设，并应使用吊装卡具吊装，如图 2.5.14-4 和图 2.5.14-5 所示。当需要在主龙骨敷设必须开孔时，应采用相应孔径的开孔工具，严禁用电、气焊切割轻钢龙骨的任何部位。

图 2.5.14-4 配管沿吊顶的吊杆敷设

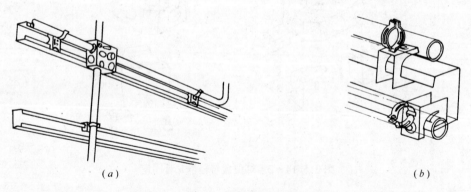

图 2.5.14-5 配管在轻钢龙骨上敷设
(a) 做法之一；(b) 做法之二

吊顶内导管敷设时，当管径较大或并列管子数量较多，应由楼板顶部或梁上固定支架或吊杆直接吊挂固定管子如图 2.5.14-6 所示。不应影响吊顶的更换和检修。

吊顶内用支架或吊架固定的导管，排列应整齐，固定点间距应均匀，在导管的终端、转弯中点、灯位盒的边缘固定点的距离为 150～500mm。钢导管中间固定点的最大距离应符合表 2.5.10-1 的规定；刚性绝缘导管中间固定点的最大距离应符合本节表 2.5.10-2 的规定。

如果原设计为楼（屋）面内暗配管，而后增加吊顶时，电气工程吊顶内管子敷设应尽量利用原有配管管路及灯位盒。原配管为钢导管时，连接灯位盒与吊顶上灯位盒的导管，应使用可挠金属电线保护管或金属软管接续，上端灯位盒用盖板封死，套管两端均应使用连接器件与灯位盒或灯具连接，金属软管的每段长度不应大于1.2m。当原设计为刚性绝缘导管时，吊顶内配管应使用难燃型塑料波纹管进行接续，管与盒的连接应使用专用管接头进行连接，波纹管的每段长度不应大于1.2m。

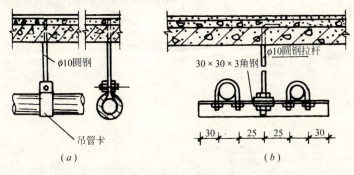

图 2.5.14-6 吊架固定管子
(a) 单管吊卡；(b) 双管角钢吊架

2.5.15 管路补偿措施

明配刚性绝缘导管在穿过楼板易受机械损伤的地方应用钢管保护，其保护高度距楼板表面不应小于500mm。

刚性绝缘导管沿建筑物的表面敷设时，应按设计规定装设温度补偿装置，一般在直线段上每隔30m应装设补偿装置(在支架上架空敷设除外)，如图2.5.15-1(a)所示。PVC补偿装置接头的大头与直管套入并粘牢，小头与直管套上一部分并粘牢，连接管可在接头内滑动，如图2.5.15-1(b)所示。

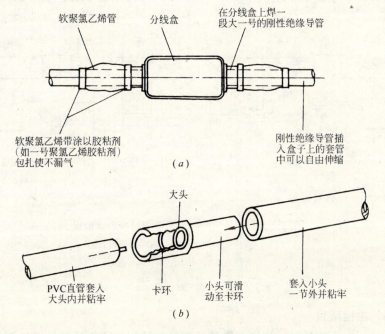

图 2.5.15-1 刚性绝缘导管补偿装置

明配钢导管沿墙敷设时，在通过建筑物伸缩缝和沉降缝时应做补偿装置，做法如图2.5.15-2所示。

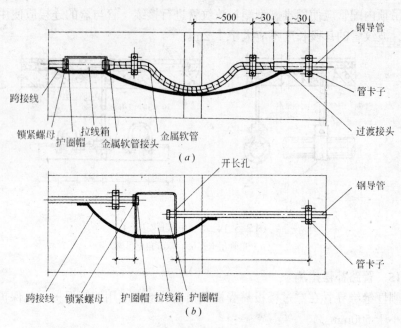

图2.5.15-2 明配钢导管沿墙过变形缝敷设
(a) 做法之一；(b) 做法之二

明配导管沿楼板敷设时，在通过建筑物伸缩缝和沉降缝做补偿装置时，可做一端接线箱或两端接线箱，中间用可挠金属电线保护管或挠性金属管保护线路，如图2.5.15-3所示。

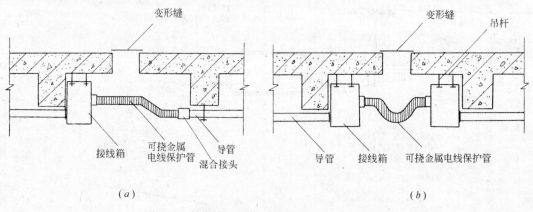

图2.5.15-3 明配导管沿楼板过变形缝敷设
(a) 一端接线箱做法；(b) 两端接线箱做法

Ⅲ 质量标准

2.5.16 主控项目

2.5.16.1 配管的品种、规格、质量，配管的适用场所必须符合设计要求和施工质量验收规范的规定。

2.5.16.2 明敷设钢导管采用螺纹连接，不得采用套管熔焊连接和熔焊焊接跨接接地线。

检查方法：全数检查，目测检查。

2.5.16.3 钢导管必须与 PE 或 PEN 线有可靠的电气连接，并符合下列规定：

1. 钢导管的管与管及管与盒(箱)连接处的两端用专用接地线卡固定跨接接地线；
2. 以专用接地线卡跨接的跨接线，为黄绿相间色的铜芯软导线，截面积不应小于 $4mm^2$。

检查方法：全数检查，目测检查。

2.5.17 一般项目

2.5.17.1 明配黑色钢导管内、外壁应做防腐处理。

检查方法：全数检查，目测检查。

2.5.17.2 刚性绝缘导管的管口平整光滑；管与盒(箱)等器件采用插入法连接时，插入深度应与器件相吻合，结合面涂专用胶合剂，接口牢固密封；

检查方法：抽查总数的5%，目测检查或尺量检查或查阅隐蔽工程记录。

2.5.17.3 明敷设的导管应排列整齐，固定点间距均匀，安装牢固；在终端、转弯中点或柜、台、箱、盘等边缘的距离 150～500mm 范围内设有管卡，中间直线段管卡间的最大距离应符合表2.5.10-1和表2.5.10-2的规定。

检查方法：按不同管径各抽查5%，但不少于10处，目测检查和尺量检查。

2.5.17.4 刚性绝缘导管在穿过楼板易受机械损伤的地方，应采用钢管保护，保护高度距楼板表面不小于0.5m；

检查方法：全数检查，目测和尺量检查。

Ⅳ 成品保护

2.5.18 明配管路及安装电气器具时，应保持墙面、地面、顶棚清洁完整。搬运材料和使用梯子时，不得碰坏门窗、墙面等。

2.5.19 吊顶内配管时，不要踩坏龙骨。严禁采用电线管行走，刷漆时，不应污染墙面、顶棚等。

2.5.20 其他专业在施工中，应注意不得碰坏电气配管。

Ⅴ 安全注意事项

2.5.21 锯管套丝时管子压钳案子要放平稳，用力要均衡，防止锯条拆断或套丝扳手崩滑伤人。

2.5.22 用手动弯管器煨弯时，操作人员面部一定要错开所弯的管子，以免弯管器滑脱伤人。

2.5.23 用火煨弯时，管口处禁止站人，以防放炮伤人，烘炉位置应与消防部门联系好，周围的易燃物必须清除，下班前必须将火熄灭，以防发生事故。

2.5.24 喷灯使用前应仔细检查油桶是否漏油，喷油嘴是否通畅，丝扣是否漏气等。根据喷灯所用油的种类加注相应的燃料油，注油量要低于油桶的3/4，并拧紧螺塞。

喷灯点火时喷嘴前严禁站人，工作场所不能有易燃物品。喷灯的加油、放油和修理，应在熄灭冷却后进行。

Ⅵ 质量通病及其防治

2.5.25 锯管管口不齐,出现马蹄口。钢导管锯管时人要站直,持锯的手臂和身体成90°角,和钢导管垂直,手腕不能颤动。

2.5.26 钢导管套丝时乱丝。套丝前应检查板牙有无掉牙,套丝时要边套边上润滑油。

2.5.27 刚性绝缘导管弯曲处出现裂缝。应选用优质管材,加热时应掌握好热温度和加热长度。

2.5.28 刚性绝缘导管连接时,连接处不严密、牢固。管子连接时,应选用专用套管进行连接,连接管端部要涂好胶合剂粘牢。

2.5.29 明配管路定不牢,螺栓(丝)松动,固定点间距不均匀。明配管应采用与管径相配套的管卡子,固定牢固。采用塑料胀管钻孔时,孔径不应过大,防止胀管拧后松动。明配管固定点距离应测量准确。

2.5.30 支架、吊架歪斜,应根据具体情况进行修补。

2.6 可挠金属电线保护管敷设

Ⅰ 施工准备

2.6.1 材料

可挠金属电线保护管、可挠金属电线保护管接线箱连接器、管接头、固定夹子、灯位盒、开关(插座)盒等各种螺栓、木螺丝、各种绑线。

2.6.2 机具

可挠金属电线保护管切割刀、卷尺、活扳手等。

2.6.3 作业条件

暗敷设管路须与土建主体工程密切配合施工,土建主体工程施工时,应及时给出建筑标高线。

明敷设管路施工前,对施工有影响的模板、脚手架应拆除,杂物清理干净;会使管路发生损坏或严重污染的建筑物装饰工程应全部结束,埋入建筑物内的支架、螺栓及他它部件,应在土建施工时做好预埋工作,预埋件、预留孔的位置和尺寸应符合设计要求,预埋件应埋设牢固。

Ⅱ 施工工艺

2.6.4 工艺流程

选管 → 管子切断 → 管与盒(箱)连接 → 管与管连接 → 管子敷设 → 扫管

2.6.5 可挠金属电线保护管及附件的种类和用途

可挠金属电线保护管。适用于建筑、装饰、机电、交通、石油化工、航空、船舶等行业。

可挠金属电线保护管种类很多，但基本结构是由镀锌钢带卷绕成螺纹状，故属于可挠性管材。

1. LZ-3可挠金属电线保护管

LZ-3型为单层可挠性电线保护套管，构造见图2.6.5-1，外层为镀锌钢带(FeZn)，里层为电工纸(P)。

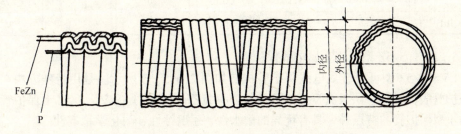

图2.6.5-1 LZ-3型普利卡金属套管构造图

2. LZ-4型可挠金属电线保护管

LZ-4型为双层金属可挠性保护套管，构造见图2.6.5-2，外层为镀锌钢带(FeZn)，中间层为冷轧钢带(Fe)，里层为电工纸(P)。金属层与电工纸重叠卷绕螺旋状，再与卷材方向相反地施行螺纹状折褶，构成可挠性。其规格见表2.6.5-1。

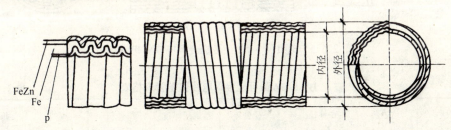

图2.6.5-2 LZ-4型可挠金属电线保护管构造图

LZ-4型可挠金属电线保护管规格表　　　　表2.6.5-1

规格（号）	内径（mm）	外径（mm）	外径公差（mm）	每卷长（m）	螺距（mm）	每卷重量（kg）
10	9.2	13.3	±0.2	50	1.6 ± 0.2	11.5
12	11.4	16.1	±0.2	50		15.5
15	14.1	19.0	±0.2	50		18.5
17	16.6	21.5	±0.2	50		22.0
24	23.8	28.8	±0.2	25	1.8 ± 0.25	16.25
30	29.3	34.9	±0.2	25		21.8
38	37.1	42.9	±0.4	25		24.5
50	49.1	54.9	±0.4	20		28.2

续表

规格(号)	内径(mm)	外径(mm)	外径公差(mm)	每卷长(m)	螺距(mm)	每卷重量(kg)
63	62.6	69.1	±0.6	10	2.0±0.3	20.6
76	76.0	82.9	±0.6	10		25.4
83	81.0	88.1	±0.6	10		26.8
101	100.2	107.3	±0.6	6		18.72

3. LV-5/5Z型可挠金属电线保护管

LV-5/5Z型可挠金属电线保护管构造如图2.6.5-3所示。是用特殊方法在LZ-4型保护管表面被覆一层具有良好耐韧性软质聚氯乙烯(PVC)。LV-5/5Z型保护管除具有LZ-4型保护管的特点外，具有优异的耐水性、耐腐蚀性、耐化学稳定性。

LV-5Z/5Z型保护管防火性能较高。规格如表2.6.5-2所示。

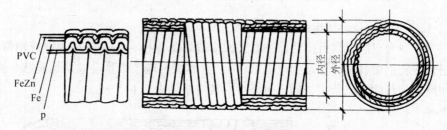

图2.6.5-3 LV 5/5Z型可挠金属电线保护管构造图

LV 5/5Z型可挠金属电线保护管规格表　　　　表2.6.5-2

规格(号)	内径(mm)	外径(mm)	外径公差(mm)	乙烯层厚度(mm)	每卷长(m)	重量(kg/m)	每卷重量(kg)
10	9.2	14.9	±0.2	0.8	50	0.31	15.5
12	11.4	17.7	±0.2	0.8	50	0.40	20.0
15	14.1	20.6	±0.2	0.8	50	0.45	22.5
17	16.6	23.1	±0.2	0.8	50	0.51	25.5
24	23.8	30.4	±0.2	0.8	25	0.80	20.0
30	29.3	36.5	±0.2	0.8	25	0.98	24.5
38	37.1	44.9	±0.4	0.8	20	1.26	31.5
50	49.1	56.9	±0.4	1.0	20	1.80	36.0
63	62.3	71.5	±0.6	1.0	10	2.38	23.8
76	76.0	85.3	±0.6	1.0	10	2.88	28.8
83	81.0	90.9	±0.8	2.0	10	3.41	34.1
101	100.2	110.1	±0.8	2.0	6	4.64	27.84

4. LE-6型可挠金属电线保护管

LE-6型其构造见图2.6.5-4，是在LZ-4型保护管表面被覆一层在低温下具有良好的柔软性软质聚氯乙烯(PVC)，系耐寒型聚氯乙烯覆盖保护管，保护管规格见表2.6.5-3。

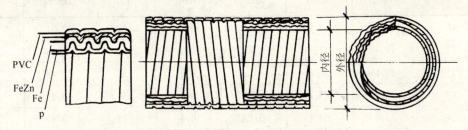

图2.6.5-4 LE-6型可挠金属电线保护管构造图

LE-6型可挠金属电线保护管规格表　　　　表2.6.5-3

规格 (号)	内径 (mm)	外径 (mm)	外径公差 (mm)	乙烯层厚度 (mm)	每卷长 (m)	重量 (kg/m)	每卷重量 (kg)
17	16.6	23.1	±0.2	0.8	50	0.51	25.5
24	23.8	30.4	±0.2	0.8	50	0.80	40.0
30	29.3	36.5	±0.2	0.8	25	0.98	24.5
38	37.1	44.9	±0.4	0.8	25	1.26	31.5
50	49.1	56.9	±0.4	1.0	25	1.80	45.0
63	62.6	71.5	±0.6	1.0	10	2.38	23.8
76	76.0	85.3	±0.6	1.0	10	2.88	28.8
83	81.0	90.9	±0.8	2.0	10	3.41	34.1
101	100.2	110.1	±0.8	2.0	5	4.64	23.2

5. LVH-7型可挠金属电线保护管

LVH-7型可挠金属电线保护管结构见图2.6.5-5，是在LZ-4型表面被覆一层具有良好耐热性软质聚氯乙烯(PVC)，属于耐热型聚氯乙烯覆盖保护管。其规格见表2.6.5-4。

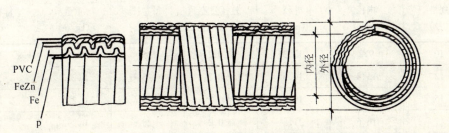

图2.6.5-5 LVH-7型可挠金属电线保护管结构图

LVH-7型可挠金属电线保护管规格表 表2.6.5-4

规格(号)	内径(mm)	外径(mm)	外径公差(mm)	乙烯层厚度(mm)	每卷长(m)	重量(kg/m)	每卷重量(kg)
10	9.2	14.9	±0.2	0.8	50	0.31	15.5
12	11.4	17.7	±0.2	0.8	50	0.40	20.0
15	14.1	20.6	±0.2	0.8	50	0.45	22.5
17	16.6	23.1	±0.2	0.8	50	0.51	25.5
24	23.8	30.4	±0.2	0.8	25	0.80	20.0
30	29.3	36.5	±0.2	0.8	25	0.98	24.5
38	37.1	44.9	±0.4	0.8	25	1.26	31.5
50	49.1	56.9	±0.4	1.0	20	1.80	36.0
63	62.3	71.5	±0.6	1.0	10	2.38	23.8
76	76.0	85.3	±0.6	1.0	10	2.88	28.8
83	81.0	90.9	±0.8	2.0	10	3.41	34.1
101	100.2	110.1	±0.8	2.0	6	4.64	27.84

6. LAL-8型可挠金属电线保护管

LAL-8型可挠金属电线保护管，外层使用耐腐蚀性良好的铝带(AL)，不易生锈，重量轻、柔软、美观，便于精美加工，系铝带覆盖保护管。结构见图2.6.5-6，其规格见表2.6.5-5。

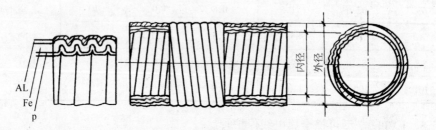

图2.6.5-6 LAL-8型可挠金属电线保护管结构图

LAL-8型可挠金属电线保护管规格 表2.6.5-5

规格(号)	内径(mm)	外径(mm)	外径公差(mm)	每卷长(m)	重量(kg/m)	每卷重量(kg)
10	9.2	13.3	±0.2	25	0.156	3.9
12	11.4	16.6	±0.2	25	0.206	5.2
15	14.1	19.0	±0.2	25	0.235	5.9
17	16.6	21.5	±0.2	25	0.292	7.3
24	23.8	28.8	±0.2	25	0.447	11.2

7. LS-9型可挠金属电线保护管

LS-9型可挠金属电线保护管,为船舶专用产品,外层和中间层都是用不锈钢带构成,而耐腐蚀性极好,是不锈钢带覆层管。其结构见图2.6.5-7,规格见表2.6.5-6。

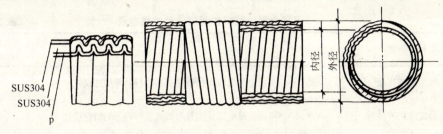

图2.6.5-7 LS-9型可挠金属电线保护管构造图

LS-9型可挠金属电线保护管规格表   表2.6.5-6

规格 (号)	内径 (mm)	外径 (mm)	外径公差 (mm)	每卷长 (m)	螺距 (mm)	每卷重量 (kg)
15	14.1	19.0	±0.2	50	1.6±0.2	18.5
17	16.6	21.5	±0.2	50		22.0
24	23.8	28.8	±0.2	25	1.8±0.25	16.25
30	29.3	34.9	±0.2	25		21.8
38	37.1	42.9	±0.4	25		24.5
50	49.1	54.9	±0.4	20		28.2
63	62.6	69.1	±0.6	10	2.0±0.3	20.6
76	76.0	82.9	±0.6	10		25.4
83	81.0	88.1	±0.6	10		26.8
101	100.2	107.3	±0.6	6		18.72

8. LH-10型可挠金属电线保护管

LH-10型可挠金属电线保护管,构造如图2.6.5-8所示。中间层为冷轧钢带,外层和里层采用镀锌钢带,可耐250℃高温,属于耐热型保护管。

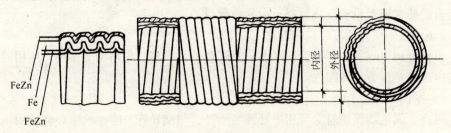

图2.6.5-8 LH-10型可挠金属电线保护管构造图

9. 可挠金属电线保护管附件

可挠金属电线保护管附件的种类见表2.6.5-7所示,可根据用途及施工方法灵活使用。

可挠金属电线保护管附件种类用途表　　　　　　表2.6.5-7

种　类	型　号	用　途
接线箱连接器	BG	可挠金属电线保护管与器具盒(箱)等的连接
组合接线箱连接器	VBG	可挠金属电线保护管与器具盒(箱)等的组合连接
防水型接线箱连接器	WBG	外覆PVC塑料的可挠金属电线保护管与器具盒(箱)等组合连接
角型接线箱连接器	AG	可挠金属电线保护管与器具盒(箱)等直角组合连接
防水角型接线箱连接器	WAG	外覆PVC塑料的可挠金属电线保护管与器具盒(箱)等直角组合连接
直接头连接器	KS	可挠金属电线保护管之间的相互连接
混合连接器	KG	可挠金属电线保护管与有螺纹钢导管的连接
混合组合连接器	VKG	可挠金属电线保护套导管与有螺纹钢导管的组合连接
无螺纹连接器	VKC-J	可挠金属电线保护管与无螺纹电线管的连接
无螺纹连接器	VKC-C	可挠金属电线保护管与无螺纹钢导管的连接
防水型混合连接器	WVG	外覆PVC塑料的可挠金属电线保护管与有螺纹钢导管的组合连接
绝缘护套	BP	在不进入盒(箱)及设备的可挠金属电线保护管管口处,保护导线绝缘层
固定夹子	SP	固定可挠金属电线保护管用
接地夹	DXA	固定连接保护线用

2.6.6 可挠金属电线保护管选择

可挠金属电线保护管是电线、电缆保护管的新型管材,属于可挠性金属管,可用于各种场合的明、暗敷设和现浇混凝土内的暗敷设。

2.6.6.1 按使用场所选择管材

可挠金属电线保护管分为标准型、防腐型、耐寒型、耐热型等多种,使用时应根据不同场所选择相应管材和附件。

1. 室内布线

可挠金属电线保护管除可用于特殊场所外,与钢导管、刚性绝缘导管适用场所基本相同。可挠金属电线保护管适用于场所见表2.6.6.1。

可挠金属电线保护管室内布线适用场所　　　　表 2.6.6.1

配线方法	明敷设		暗敷设			
			可维修		不可维修	
	干燥场所	湿气多或有水蒸气场所	干燥场所	湿气多或有水蒸气场所	干燥场所	湿气多或有水蒸气场所
可挠金属电线保护管（双层金属挠性电线管）	○	○	○	1	○	1
钢制电线管	○	○	○	○	○	○
单层金属挠性套管	2	×	2	×	×	×

注：○能用；×不能用
1. 请用 LV-5 型或 LE-6 型；
2. 超过 500V 情况时，只限于在连接电机短小部分，需要挠性部位配线用。

在现浇混凝土内暗布线，应选用 LZ-4 基本型或 LZ-3 型可挠金属电线保护管；在正常环境中的明敷设或在建筑物室内装修施工，可使用 LZ-3 型单层可挠性可挠金属电线保护管。

在寒冷地区以及冷冻机等低温场所的配管工程，可选用 LE-6 耐寒型可挠金属电线保护管；在高温场所配管，应选用 LVH-7 耐热型可挠金属电线保护管；在食品加工及机械加工厂明配管的场所，应选用 LAL-8 型可挠金属电线保护管；使用在酸性、碱性气体等场所的电线、电缆保护管，可选用 LS-9 型可挠金属电线保护管；高温场所（250℃及以下）的配管，可选用 LH-10 耐热型可挠金属电线保护管；在室内潮湿及有水蒸气或有腐蚀性及化学性的场所使用，应选用 LV-5 型可挠金属电线保护管（即聚氯乙烯覆层保护管）。在防火性能要求较高的场所，适用于 LV-5Z 型管材。

在易燃性粉尘（指镁、铝等粉尘聚积状态，点火时易引起爆炸）或可燃性粉尘（指面粉、淀粉及其他可燃性粉尘浮游在空中，点火时易引起爆炸）或者有火药类存在，电气设备有可能成为点火源而引起爆炸的场所，设置低压室内电气设备以及连接电动机要求可挠性部分的配线时，可使用可挠金属电线保护配件（LVF）。在粉尘多的场所设置室内低压设备，可采用可挠金属电线保护管。

在溢漏或滞留可燃性气体或引火性物资蒸汽，电气设备有可能成为点火源而引起爆炸的场所，室内低压电器以及电机连接需要可挠性部位的配线时，可使用可挠金属电线保护配件（LVF）。

2. 室外配线

可挠金属电线保护管可以用于室外配线，应用 LV-5 型或 LE-6 型。

可挠金属电线保护管可用于通行的隧道内及铁路专用的隧道内的低压线路。也可用于桥梁下敷设的低压供电线路。

2.6.6.2 可挠金属电线保护管管径的选择

为了便于日后的穿线，配管前应根据所穿导线截面和根数选择可挠金属电线保护管的规格。

可挠金属电线保护管与镀锌钢导管尺寸对照参见表2.6.6.2-1。

可挠金属电线保护管与镀锌钢导管尺寸对照表　　　表 2.6.6.2-1

公称口径	可挠金属电线保护管		10号	12号	15号	17号	24号	30号	38号	50号	63号	76号	83号	101号
	镀锌钢导管	mm	8	10	15	20	25	—	32	50	—	70	80	100
		in	1/4	3/8	1/2	3/4	1	—	1¼	2	—	2½	3	4

附注：尺寸对照表仅为参考尺寸，不是绝对值。

穿入可挠金属电线保护管内导线的总截面积（包括外护层）不应超过管内径截面积的40%，管内穿 BV、BLV 导线选择管径可参照表2.6.6.2-2进行。

BV、BLV-500V 导线穿可挠金属电线保护管管径选择表　　　表 2.6.6.2-2

电线截面单位（mm²）	电线根数									
	1	2	3	4	5	6	7	8	9	10
	可挠金属电线保护管的最小粗度(mm)									
1		10	10	10	10	12	12	15	15	15
1.5		10	10	12	15	15	17	17	17	24
2.5		10	12	15	15	17	17	17	24	24
4		12	15	15	17	17	24	24	24	24
6		12	15	17	17	24	24	24	24	30
10		17	24	24	24	30	30	38		
16		24	24	30	30	38	38	38		
25		24	30	38	38	38				
35		30	38	38	50					
50		38	38	50	50					
70		38	50	50	63					
95		50	50	63	63					
120		50	63	76	76					
150		50	63	76	76					

2.6.7　可挠金属电线保护管的外观检查

管外径、内径及螺距应符合技术规定，应抗压缩并具有阻燃性能。管外镀层无脱落、起层、锈斑，镀锌钢带无折皱，中间层无外露，管内无突起及损伤。切断面光滑无毛刺，卷边现象。

2.6.8　管的弯曲

可挠金属电线保护管在管子敷设时，可根据弯曲方向的要求，不需任何工具用手自由弯曲，如图 2.6.8-1 所示。

可挠金属电线保护管的弯曲角度不宜大于 90°。明配管管子的弯曲半径不应小于管外径的 3 倍。在不能拆卸，不能检查的场所使用时，管的弯曲半径不应小于管外径的 6 倍。

可挠金属电线保护管在敷设时，应尽量避免弯曲。明配管直线段长度超过 30m 时，暗配管直线长度超过 15m 或直角弯超过 3 个时，均应装设中间拉线盒或放大管径。

若管路敷设中出现有 4 处弯曲时，且弯曲角度总和不超过 270°时，可按 3 个弯曲处计算，如图 2.6.8-2 所示。

 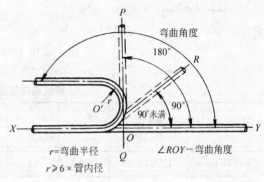

图 2.6.8-1　管的弯曲　　　　　图 2.6.8-2　管弯曲要求

2.6.9　保护管管切断

可挠金属电线保护管，每盘的长度较长，在配管施工中不需要很多接头，不需预先切断，在管子敷设过程中，需要切断时，应根据每段敷设长度，使用可挠金属电线保护管切割刀进行切断，如图 2.6.9 所示。

切管时用手握住保护管或放在工作台上用手压住，将可挠金属电线保护管切割刀刀刃，轴向垂直对准可挠金属电线保护管螺纹沟，尽量成直角切断。如放在工作台上切割时要用力边压边切。

图 2.6.9　用可挠金属电线保护管切割刀切管

保护管也可用钢锯进行切割。

保护管切断后，应清除管口处毛刺，使切断面光滑，在切断面内侧用刀柄绞动一下。

2.6.10　保护管与盒(箱)的连接

可挠金属电线保护管与各种器具盒(箱)连接时，应使用各种专用的连接器进行连接。
盒(箱)敲落孔孔径与连接器的螺纹不适合时，要用异径接头环安装，使其无间隙。

2.6.10.1　用接线箱连接器或组合接线箱连接器连接

用接线箱或组合接线箱连接器连接时，确认管端无毛刺后，将连接管按管子绕纹方向旋入连接器的套管螺纹一端，连接器另一端插入盒(箱)敲落孔内拧紧连接器紧固螺母或盖形螺母。接线箱连接器和组合接线箱连接器如图 2.6.10.1-1，表 2.6.10.1-1 和图 2.6.10.1-2 及表 2.6.10.1-2 所示。

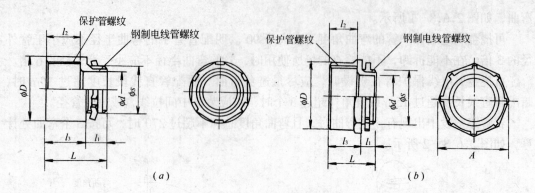

图 2.6.10.1-1 接线箱连接器

接线箱连接器规格表(mm) 表 2.6.10.1-1

型号	保护管规格	l_1	l_2	l_3	L	ϕD	ϕd	ϕS
BG-10	LZ-4#10	12	15	16.5	28.5	24.0	12.0	20.9
BG-12	LZ-4#12	12	15	16.5	28.5	24.0	12.0	20.9
BG-15	LZ-4#15	12	15	16.5	28.5	24.0	15.0	20.9
BG-17	LZ-4#17	12	18	21.4	33.4	28.3	14.5	20.9
BG-24	LZ-4#24	12	20	23.4	35.4	35.5	19.7	26.4
BG-30	LZ-4#30	16	22	25.4	41.4	41.6	25.9	33.2
BG-38	LZ-4#38	16	25	28.9	44.9	50.5	34.4	41.9
BG-50	LZ-4#50	18	25	28.9	46.9	62.5	40.1	47.8
BG-63	LZ-4#63	18.0	35.0	39.0	57.0	76.6	51.5	59.6
BG-76	LZ-4#76	18.0	35.0	39.0	57.0	90.4	66.5	75.1
BG-83	LZ-4#83	20.0	35.0	39.0	59.0	95.6	79.0	87.8
BG-101	LZ-4#101	20.0	40.0	44.5	66.5	116.6	89.0	100.3

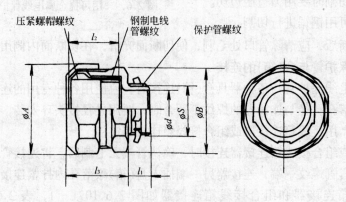

图 2.6.10.1-2 组合接线箱连接器

组合接线箱连接器规格表(mm)　　　　表2.6.10.1-2

型号	保护管规格	l_1	l_2	l_3	ϕA	ϕB	ϕd	ϕS
UBG-17	LZ-4-17	12	21	26	37.0	34.0	14.5	20.9
UBG-24	LZ-4-24	12	23	28	46.0	42.8	19.7	26.4
UBG-30	LZ-4-30	16	25	31	54.0	50.5	25.8	33.2
UBG-38	LZ-4-38	16	28	34	64.0	60.0	34.3	41.9
UBG-50	LZ-4-50	18	28	34	78.0	73.5	40.0	47.8
UBG-63	LZ-4-63	18	36	43	92.0	90.0	52.0	59.6
UBG-76	LZ-4-76	18	41	49	108.0	104.0	67.5	75.1
UBG-83	LZ-4-83	20	42	50	121.7	115.8	77.8	87.8

2.6.10.2　用防水型接线箱连接器连接

防水型接线箱连接器上有橡胶衬垫，用以外覆PVC塑料的LV-5/5Z型和LE-6型可挠金属电线保护管与器具盒(箱)的连接，防水型接线箱连接器，如图2.6.10.2和表2.6.10.2所示。

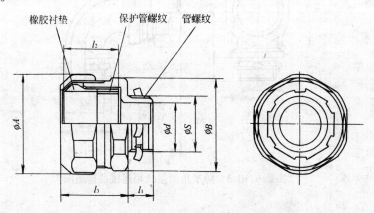

图2.6.10.2　防水型接线箱连接器构造图

防水型接线箱连接器规格表(mm)　　　　表2.6.10.2

型号	保护管规格	l_1 (mm)	l_2 (mm)	l_3 (mm)	ϕA (mm)	ϕB (mm)	ϕd (mm)	管螺纹 ϕS(mm)
WBG-10	LV-5#10	12	24.5	27	37.0	34.0	14.5	20.9 (1/2)
WBG-12	LV-5#12	12	24.5	27	37.0	34.0	14.5	20.9 (1/2)
WBG-15	LV-5#15	12	24.5	27	37.0	34.0	14.5	20.9 (1/2)
WBG-17	LV-5#17	12	23.5	27	37.0	34.0	14.5	20.9 (1/2)
WBG-24	LV-5#24	12	25.5	30	46.0	42.8	19.7	26.4 (3/4)

续表

型号	保护管规格	l_1 (mm)	l_2 (mm)	l_3 (mm)	ϕA (mm)	ϕB (mm)	ϕd (mm)	管螺纹	
								ϕS(mm)	
WBG-30	LV-5#30	16	29.0	33	54.0	50.5	25.8	33.2	(1)
WBG-38	LV-5#38	16	33.0	37	64.0	60.0	34.3	41.9	(1¼)
WBG-50	LV-5#50	18	34.5	38	78.0	73.5	40.0	47.8	(1½)
WBG-63	LV-5#63	18	37.0	44	92.0	90.0	52.0	59.6	(2)
WBG-76	LV-5#76	18	42.0	48	108.0	104.0	67.5	75.1	(2½)
WBG-83	LV-5#83	20	42.0	49	121.7	115.8	77.8	87.8	(3)
WBG-101-92	LV-5#101	33	52.0	57	145.0	150.0	88.5	100.3	(3½)

2.6.10.3 用角型或防水角型接线箱连接器连接

可挠金属电线保护管与盒(箱)敲落孔呈90°角时,可以使用AG角型接线箱连接器进行管与盒(箱)的连接;在需要防水场合,可以使用防水角型接线箱连接器进行连接如图2.6.10.3所示,规格见表2.6.10.3所示。

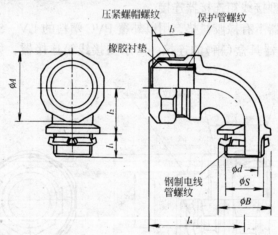

图2.6.10.3 防水角型接线箱连接器构造图

防水角型线箱连接器规格表(mm) 表2.6.10.3

型号	保护管规格	l_1	l_2	l_3	l_4	ϕA	ϕB	ϕd	ϕS
WAG-10	LV-5#10	12	24.5	25.0	51	37.0	36.0	14.0	20.9
WAG-12	LV-5#12	12	24.5	25.0	51	37.0	36.0	14.0	20.9
WAG-15	LV-5#15	12	24.5	25.0	51	37.0	36.0	14.0	20.9
WAG-17	LV-5#17	12	23.5	25.0	51	37.0	36.0	14.0	20.9
WAG-24	LV-5#24	12	23.5	31.0	59	46.0	38.0	20.0	26.4
WAG-30	LV-5#30	16	29.0	38.0	69	54.0	44.0	26.0	33.2
WAG-38	LV-5#38	16	33.0	50.0	83	64.0	56.0	34.0	41.9
WAG-50	LV-5#50	18	34.5	56.0	91	78.0	62.0	39.0	47.8
WAG-63	LV-5#63	18	37.0	68.0	108	92.0	80.0	52.0	59.6

管与防水角型接线箱连接器连接时,除去管端毛刺后,拧下连接器盖形螺母套到可挠金属电线保护管上,然后拧入套管,使套管管口端面与连接器套管螺纹的底面吻合,用盖形螺母拧紧固定。再将防水角型接线箱连接器的另一端插入盒(箱)敲落孔中,拧紧紧固螺母即可。

2.6.10.4 可挠金属电线保护管绝缘护套

可挠金属电线保护管在进入盒(箱)使用接线箱连接器;在不进入盒(箱)及设备处的管口,应使用绝缘护套如图2.6.10.4所示,拧在管口处,可在穿线时保护导线绝缘层不受损伤。

绝缘护套的规格见表2.6.10.4-1和表2.6.10.4-2。

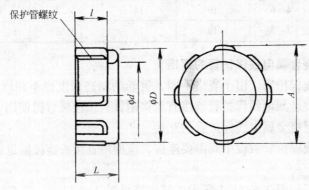

图2.6.10.4 可挠金属电线保护管用绝缘护套

BP型可挠金属电线保护管绝缘护套规格表(mm)　　　表2.6.10.4-1

型　号	保护管规格	l	L	ϕD	ϕd	A
BP-10	LZ-4#10	11.0	14.0	17.5	9.4	20.5
BP-12	LZ-4#12	11.0	14.0	20.5	10.9	23.5
BP-15	LZ-4#15	11.0	14.0	23.5	13.6	26.5
BP-17	LZ-4#17	12.5	16.5	26.4	16.3	29.5
BP-24	LZ-4#24	13.5	17.5	33.7	23.3	36.7
BP-30	LZ-4#30	14.5	19.5	40.2	28.8	43.2
BP-38	LZ-4#38	16.0	21.0	48.7	37.1	52.7
BP-50	LZ-4#50	16.0	22.0	61.2	48.6	65.2
BP-63	LZ-4#63	18.0	24.0	75.0	61.2	79.3
BP-76	LZ-4#76	19.0	26.0	89.6	74.0	94.0
BP-83	LZ-4#83	20.0	28.0	98.3	82.0	101.3

BPA型可挠金属电线保护管绝缘护套规格表(mm)　　表2.6.10.4-2

型　号	保护管规格	l (mm)	L (mm)	ϕD (mm)	ϕd (mm)	A (mm)
BPA-17	LZ-4-17	5	9	25.6	14	28.6
BPA-24	LZ-4-24	5	9	32.5	19.2	35.5
BPA-30	LZ-4-30	9	13	38.5	25.4	41.5
BPA-38	LZ-4-38	9	13	47.8	33.9	51.8
BPA-50	LZ-4-50	10	14	54.9	39.6	58.9
BPA-63	LZ-4-63	10	14	66.7	49.7	71.0
BPA-76	LZ-4-76	10	14	83.6	65	87.4

2.6.11 可挠金属电线保护管的连接

可挠金属电线保护管，由于规格不同，每卷的制造长度也不相同，最短的5m，最长的可达50m。可挠金属电线保护管连接有很多附件，供连接管时使用。

2.6.11.1 可挠金属电线保护管的互接

可挠金属电线保护管敷设中间需要连接，应使用直接头连接器进行可挠金属电线保护管的互接。

直接头连接器如图2.6.11.1所示，其规格见表2.6.11.1。检查管端无毛刺后，用手将直接头拧入保护管管端，再将另一保护管拧入直接头的另一端，连接管的对口处应在直接头的中心，并应连接牢固正确。

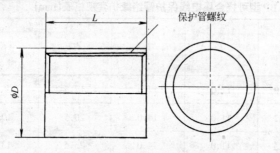

图2.6.11.1　直接头连接器

直接头连接器规格表(mm)　　表2.6.11.1

型　号	保护管规格	L	ϕD
KS-10	LZ-4-10	33	17.3
KS-12	LZ-4-12	33	22.8
KS-15	LZ-4-15	33	22.8
KS-17	LZ-4-17	39	25.0
KS-24	LZ-4-24	43	32.8
KS-30	LZ-4-30	47	39.4

续表

型 号	保护管规格	L	φD
KS-38	LZ-4-38	53	47.8
KS-50	LZ-4-50	53	60.2
KS-63	LZ-4-63	73	76.3
KS-76	LZ-4-76	73	89.1

2.6.11.2 可挠金属电线保护管与钢导管连接

可挠金属电线保护管在敷设中需要与钢导管直接连接时，钢导管可分为有螺纹连接和无螺纹连接两种。

1. 有螺纹混合连接

可挠金属电线保护管与钢导管有螺纹连接，应使用混合连接器或混合组合连接器进行连接。

使用混合连接器进行连接时，应将混合连接器拧入钢导管螺纹端，使钢导管管口与混合连接器的螺纹里口吻合，再将可挠金属电线保护管拧入混合连接器的保护管螺纹端。混合连接器构造如图 2.6.11.2-1 所示，其规格见表 2.6.11.2-1。

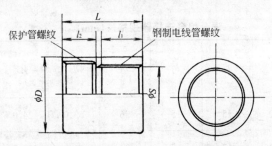

图 2.6.11.2-1 混合连接器

混合连接器规格表(mm)　　　　表 2.6.11.2-1

型 号	保护管规格	L_1	L_2	L	φD	φS
KG-10	LZ-4-10	19.0	15	37.0	24.0	19.0
KG-12	LZ-4-12	19.0	15	37.0	24.0	19.0
KG-15	LZ-4-15	19.0	15	37.0	26.0	19.0
KG-17	LZ-4-17	19.0	18	40.0	28.3	19.0
KG-24	LZ-4-24	22.0	20	45.0	35.5	24.5
KG-30	LZ-4-30	25.0	22	50.0	41.6	30.7
KG-38	LZ-4-38	28.0	25	56.0	50.5	39.4
KG-50	LZ-4-50	28.0	25	56.0	62.5	45.3
KG-63	LZ-4-63	32.0	35	70.0	76.8	57.1
KG-76	LZ-4-76	36.0	35	74.0	90.6	72.7
KG-83	LZ-4-83	40.0	35	78.0	95.8	85.4
KG-101	LZ-4-101	42.5	40	85.5	116.6	97.8

2. 有螺纹混合组合连接

使用混合组合连接器连接可挠金属电线保护管与钢导管和使用混合连接器连接方法基本一致，可先将混合组合连接器拧开分解，待分别拧到可挠金属电线保护管和钢导管后，再将混合组合连接器拧为一体。混合组合连接器构造如图 2.6.11.2-2 所示，规格见表 2.6.11.2-2。

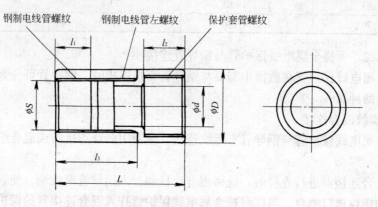

图 2.6.11.2-2　混合组合连接器

混合组合连接器规格表(mm)　　　　　表 2.6.11.2-2

型　号	保护管规格	l_1	l_2	l_3	L	ϕD	ϕd	ϕS
UKG-10	LZ-4-10	15	15	36	53.0	24.0	13.0	19.0
UKG-12	LZ-4-12	17	15	37	54.0	24.0	14.6	19.0
UKG-15	LZ-4-15	17	15	37	54.0	26.0	14.6	19.0
UKG-17	LZ-4-17	19	18	37	57.0	26.0	16.0	19.0
UKG-24	LZ-4-24	22	20	39	62.0	35.5	21.5	24.5
UKG-30	LZ-4-30	25	22	50	75.4	41.6	25.9	30.7
UKG-38	LZ-4-38	28	25	56	85.5	50.0	34.4	39.4
UKG-50	LZ-4-50	28	25	56	85.5	60.0	41.1	45.3

3. 无螺纹连接

可挠金属电线保护管与无螺纹钢导管连接，应使用无螺纹连接器如图 2.6.11.2-3 所示。进行连接时，先将保护管拧入无螺纹连接器的套管螺纹一端，套管管端应与里口吻合后，将保护管连同无螺纹连接器与钢导管管端插接，插入深度与连接器接头处的规格有关可见表 2.6.11.2-3，然后用扳手或螺丝刀拧紧接头上的两个紧固螺钉。

2.6 可挠金属电线保护管敷设

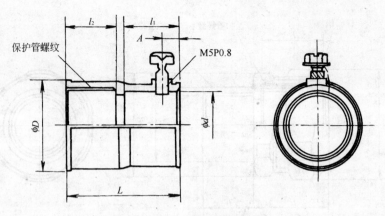

图 2.6.11.2-3 无螺纹连接器

无螺纹连接器规格表(mm)　　　　　　　表 2.6.11.2-3

型　号	保护管规格	l_1	l_2	L	A	ϕD	ϕd	连接钢导管
VKC-17	PZ-4-17	22	18	43	7	28.0	22.0	21.25
VKC-24	PZ-4-24	22	20	45	7	35.2	27.5	26.75
VKC-30	PZ-4-30	22	22	47	7	41.3	34.5	33.5
VKC-38	PZ-4-38	27	25	55	8	50.3	43.5	42.5
VKC-50	PZ-4-50	27	25	55	8	62.3	51.5	48.0
VKC-63	PZ-4-63	35	35	73	9	76.8	64.4	60.0
VKC-76	PZ-4-76	35	35	73	9	90.8	77.1	75.5

4. 防水型金属套管的连接

连接有防水型可挠金属电线保护管 LV-5 型或 LE-6 型管时，使用防水型混合连接器，如图 2.6.11.2-4 和表 2.6.11.2-4 所示。在连接前应按保护管的连接长度，用专用金属切割刀，在管的端部剥掉 PVC 包覆层，修理好管的端口，以便使保护管容易插入，在可挠金属电线保护管上，依次放入盖形螺母，橡胶垫，然后拧入保护管，插入附件上，拧紧盖形螺母。

在剥切 PVC 包覆层时，绝对不允许剥得过长。可挠金属电线保护管规格在 63 号以上者，剥除的 PVC 包覆层长度要比保护管接头的长度稍短，以便在连接时使包覆层进入保护管接头内。

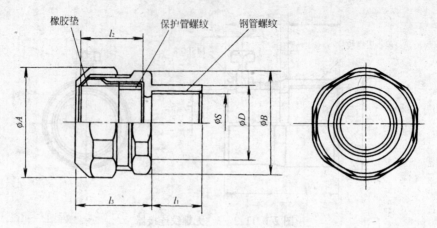

图 2.6.11.2-4 防水型混合连接器

防水型混合连接器规格表(mm)　　　　　　表 2.6.11.2-4

型 号	保护管规格	l_1 (mm)	l_2 (mm)	l_3 (mm)	ϕA (mm)	ϕB (mm)	ϕd (mm)	管螺纹 ϕS(mm)	
WUG-10	LV-5-10	19.0	24.5	27	37.0	34.0	25.3	19.0	(1/2)
WUG-12	LV-5-12	19.0	24.5	27	37.0	34.0	25.3	19.0	(1/2)
WUG-15	LV-5-15	19.0	24.5	27	37.0	34.0	25.3	19.0	(1/2)
WUG-17	LV-5-17	19.0	24.5	27	37.0	34.0	25.3	19.0	(1/2)
WUG-24	LV-5-24	22.0	25.5	30	46.0	42.8	31.3	24.5	(3/4)
WUG-30	LV-5-30	25.0	29.0	33	54.0	50.0	38.4	30.7	(1)
WUG-38	LV-5-38	28.0	33.0	37	64.0	60.0	47.2	39.4	(1¼)
WUG-50	LV-5-50	28.0	34.5	38	78.0	73.5	53.5	45.3	(1½)
WUG-63	LV-5-63	34.0	37.0	44	92.0	90.0	66.0	57.1	(2)
WUG-76	LV-5-76	36.0	42.0	48	108.0	104.0	81.0	72.7	(2½)
WUG-83	LV-5-83	40.0	42.0	49	121.7	115.8	95.8	85.4	(3)
WUG-101-92	LV-5-101	32.0	52.0	57	145.0	150.0	110.4	97.8	(3½)

2.6.12 可挠金属电线保护管的接地

可挠金属电线保护管的金属外壳必须与 PE 或 PEN 线进行可靠的连接；可挠金属电线保护管不得作电气接地线。可挠金属电线保护管与管的连接及管与钢导管和管与盒(箱)的连接，均应做好良好的接地连接，接地连接应使用接地夹。如图 2.6.12-1 所示，其规格见表2.6.12-1。跨接接地线使用直径不小于4.0mm²的铜芯软导线。

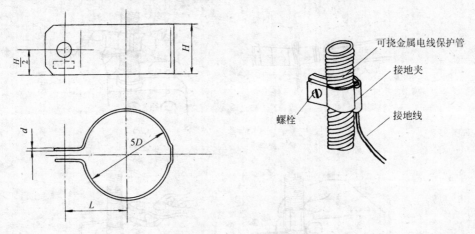

图2.6.12-1 接地夹及连接

可挠金属电线保护管接地夹规格表(mm) 表2.6.12-1

型 号	保护管规格	ϕD (mm)	d (mm)	H (mm)	L (mm)
DXA-15	LZ-4-15	19	1	25	18
DXA-17	LZ-4-17	22	1	25	20
DXA-24	LZ-4-24	29	1	25	23
DXA-60	LZ-4-30	35	1.2	25	26
DXA-38	LZ-4-38	43	1.2	30	30
DXA-50	LZ-4-50	55	1.2	30	36
DXA-63	LZ-4-63	69	1.5	35	44
DXA-76	LZ-4-76	83	1.5	35	51
DXA-83	LZ-4-83	88	1.8	35	54
DXA-101	LZ-4-101	107	1.8	35	63

在可挠金属电线保护管的安装施工中,需要屏蔽接地,可以使用可挠金属电线保护管专用屏蔽接地夹,接地线要使用直径2.5mm²以上软铜线,屏蔽接地夹的安装方法应按图2.6.12-2的方法和顺序进行。

2 室内线路敷设

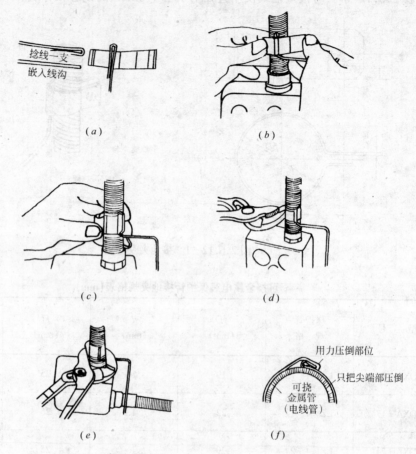

图 2.6.12-2　可挠金属电线保护管屏蔽接地夹安装顺序图
(a) 接头线放入线沟；(b) 加添接头线；(c) 将两端上下咬合；
(d) 用钳尖夹扁；(e) 将咬合部分弄倒；(f) 用力压倒部位

2.6.13　可挠金属电线保护管沿建筑物明敷设

可挠金属电线保护管室内明敷设，应用金属管固定夹子如图 2.6.13，规格见表 2.6.13。将可挠金属电线保护管固定在建筑物表面上，与钢导管的固定方法相同。可挠金属电线保护管的固定点间距应均匀，管卡子与终端、转弯中点、电气器具或设备边缘的距离为 150～300mm，管路中间的固定管的固定夹子最大距离应保持在 0.5～1mm，管固定夹固定点距应均匀，允许偏差不应大于 30mm。

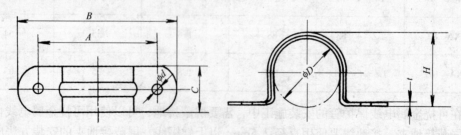

图 2.6.13　金属电线保护管固定夹子

金属电线保护管固定夹子规格表(mm)　　　　　表 2.6.13

型　号	保护管规　格	A	B	C	ϕD	ϕd	H	t
SP-10	LZ-4-10	30	42	15	13.3	4.0	16.3	1.0
SP-12	LZ-4-12	33	45	16	16.1	5.0	18.7	1.0
SP-15	LZ-4-15	36	48	16	19.2	5.0	20.5	1.0
SP-17	LZ-4-17	39	51	18	21.7	5.0	23.0	1.0
SP-24	LZ-4-24	47	59	20	29.0	5.0	30.7	1.0
SP-30	LZ-4-30	58	75	25	34.9	6.0	38.0	1.2
SP-38	LZ-4-38	70	94	25	42.9	6.0	45.1	1.2
SP-50	LZ-4-50	85	100	25	54.9	6.0	57.6	1.2
SP-63	LZ-4-63	123	145	25	69.0	6.0	71.8	1.6
SP-76	LZ-4-76	125	155	30	82.9	6.5	85.5	1.6
SP-83	LZ-4-83	145	165	35	88.1	6.5	91.0	1.6
SP-101	LZ-4-101	181	211	35	107.3	6.5	111.0	1.6

2.6.14　可挠金属电线保护管在砌体墙内敷设

可挠金属电线保护管在空心砖及加气混凝土隔墙内暗敷设方法可同钢导管敷设相同，保护管距砌体墙面不应小于15mm。

可挠金属电线保护管在普通砖砌体墙内敷设同刚性绝缘导管施工方法相同，但管入盒处应在盒四周侧面与盒连接，管子在垂直敷设时，应具有把管子沿墙体高度及敷设方向挑起的措施，方便瓦工进行墙体的砌筑。

2.6.15　可挠金属电线保护管在现浇混凝土内敷设

在现浇混凝土的梁柱、墙内敷设可挠金属电线保护管，水平与垂直方向应采取不同的方法敷设。

垂直方向敷设时，管路宜放在钢筋的侧面；水平方向敷设时，管子宜放在钢筋的下侧，防止承受过大的混凝土的冲击。

管子在穿过梁、柱时，应与土建专业联系，选择梁、柱受力较小的部位通过，并应防止减损梁、柱的有效截面，适当考虑增设补强钢筋。

在现浇混凝土的平台板上敷设可挠金属电线保护管，管路应敷设在钢筋网中间，且宜与上层钢筋绑扎在一起。采用机械化程度高的现浇混凝土灌注施工时，应有保护管路不被直接冲击的措施。

管子敷设时应用铁绑线绑扎在钢筋上，绑扎间隔不应大于50cm，在管入盒(箱)处，绑扎点应适当缩短，距盒(箱)处不宜大于30cm，绑扎应牢固，防止保护管松弛。

2.6.16　可挠金属电线保护管在轻质空心石膏板隔墙内敷设

可挠金属电线保护管在轻质空心石膏板隔墙内敷设的施工方法与柔性绝缘导管暗敷设基本相同，如楼(屋)面板内配出的导管为钢导管时，保护管与钢导管的连接应使用直接头、无螺纹接头或用混合组合接头进行连接，并做好接地跨接线跨接。

2.6.17 可挠金属电线保护管在轻钢龙骨隔断墙内敷设

不同类型、规格的轻钢龙骨,可组成不同的隔墙骨架构造。轻钢龙骨与轻质板材组合,即可组成隔断墙体。轻钢龙骨可用于现装石膏板隔墙,也可用于水泥刨花板隔墙、稻草板隔墙、纤维板隔墙等。

一般在隔墙的下部均设有混凝土的底座或几皮高的砖砌体,为了防水防潮。楼(屋)面板内的暗配钢导管也应由此处引出,准备与隔墙内敷设的可挠金属电线保护管进行连接。

隔墙内敷设的可挠金属电线保护管,可沿龙骨敷设,有时需增加附加龙骨专做固定管子用。可挠金属电线保护管在隔断墙内使用管卡子固定,点间距不应大于1m,管卡子距管与管及管与盒(箱)相连接处,固定点不应大于0.3m。可挠金属电线保护管用管卡子与轻钢龙骨可采用自攻螺丝固定。

2.6.18 可挠金属电线保护管在吊顶内敷设

吊顶内的电气配管应在吊顶龙骨装配完成后(或者配合吊龙骨)进行,顶棚面板安装前完工。

易燃材料和难燃材料吊顶内均可应用可挠金属电线保护管敷设。

原设计或施工在楼(屋)面板内暗配钢管,且楼(屋)面板内设有盒(即八角盒)体时,连接此盒与吊顶内灯位处的配管应使用可挠金属电线保护管。楼(屋)面板应使用金属盖板将盒口密封,盖板中心钻或冲孔,利用可挠金属电线保护管线箱连接器进行管与盒的连接,管下端引至吊顶灯位处,如图2.6.18-1所示。

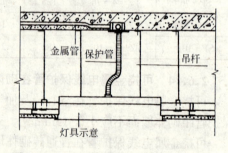

图2.6.18-1 吊顶内金属保护管做法一

原设计或施工楼(屋)面板内暗配管,而楼(屋)面板内无盒体且有配管管头引至楼(屋)面板下时,吊顶内灯位盒至配管管口的接续管,应使用可挠金属电线保护管进行连接。连接管与配管时,应使用混合接头或无螺纹接头进行连接,使金属保护管引下至吊顶灯位盒处如图2.6.18-2所示。

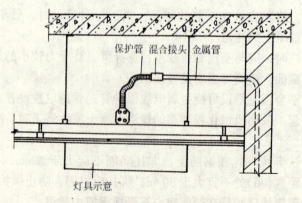

图2.6.18-2 吊顶内金属保护管做法二

吊顶内主干管为钢导管裸露配管时,由干管引至吊顶灯位盒的配管,应使用可挠金属电线保护管,干管可在吊顶灯位集中处,设置分线盒(箱),由盒(箱)内引出分支管,分支管至吊顶灯位或盒位一段使用可挠金属电线保护管，做法见图 2.6.18-3 所示。

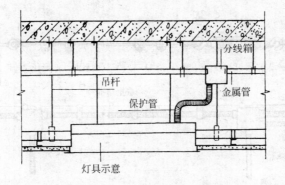

图 2.6.18-3 吊顶内金属保护管做法三

吊顶内主干线使用可挠金属电线保护管敷设时，管子规格在 24 号及其以下时，可直接固定在吊顶的主龙骨上，并应使用卡具安装固定，如图 2.6.18-4 所示。管子规格在 50 号及其以下时管子允许利用吊顶的吊杆或在吊杆上另设附加龙骨敷设，如图 2.6.18-5 所示。

当主干管敷设数量较多时，应专设可调吊杆和吊板利用管卡子固定敷设可挠金属电线保护管，中间固定间距不应大于 2m，如图 2.6.18-6 所示，杆上端应用射钉枪射钉与建筑物固定。

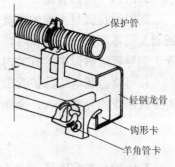

图 2.6.18-4 可挠金属电线保护管在主龙骨上敷设

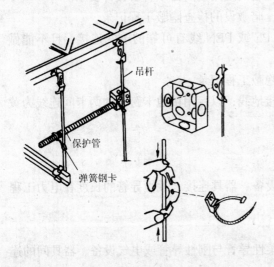

图 2.6.18-5 可挠金属电线保护管在吊杆上敷设

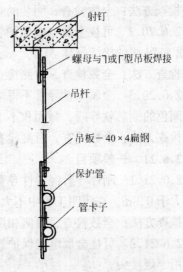

图 2.6.18-6 可挠金属电线保护管使用吊杆和吊板敷设示意图

吊顶内可挠金属电线保护管敷设，也可采用钢索吊管安装，钢索一端用花篮螺栓收紧。吊卡为 1mm 厚钢板制成，吊卡中间距离不宜大于 1m，吊卡距离盒(箱)处应为 0.3m，做法见图2.6.18-7所示。

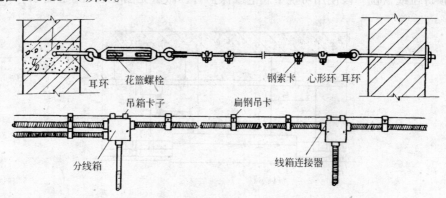

图2.6.18-7 钢索吊可挠金属电线保护管做法示意图

2.6.19 清扫管路

暗敷设在混凝土内的可挠金属电线保护管，在混凝土模板拆除后，要及时发现管路不畅通及损坏部位，以便及时修补。清扫管路及管子的修补，可参照管内穿线和刚性绝缘导管、钢导管暗敷设中的有关内容。

在可挠金属电线保护管敷设及敷设后穿入导线之前期间，为防止湿气灰尘及有可能妨碍穿线作业的异物浸入，全部管的端部应堵塞严密。

Ⅲ 质量标准

2.6.20 主控项目

2.6.20.1 配管的品种、规格、质量及配管的使用场所必须符合设计要求。

检查方法：全数检查，明装的观察检查，暗敷设的检查隐蔽工程记录。

2.6.20.2 可挠金属电线保护管必须与PE或PEN线有可靠的电气连接，且不能做PE或PEN线的接续导体。

检查方法：全数检查，目测检查和检查隐蔽工程记录。

2.6.20.3 金属柔性导管不得熔焊焊接接地线；以专用接地卡跨接的两卡间连线为黄绿相间色的铜芯软导线，截面积不小于4mm^2。

检查方法：全数检查，目测检查。

2.6.21 一般项目

2.6.21.1 刚性导管经柔性导管与电气设备、器具连接，柔性导管的长度在电力工程中不大于0.8m，在照明工程中不大于1.2m。

检查方法：全数检查，目测和尺量检查。

2.6.21.2 可挠金属电线保护管或其他柔性导管与刚性导管或电气设备、器具间的连接采用专用接头。

检查方法：按不同规格，各抽查总数的5%，目测检查。

2.6.21.3 复合型可挠金属电线保护管或其他柔性导管的连接处密封良好，防液覆盖层完整无损。

检查方法：按不同规格，各抽查总数的5%，目测检查。

Ⅳ 成品保护

2.6.22 在现浇混凝土楼(屋)面板,浇筑混凝土时,应保护好管、盒并应防止有可能受重物压力或明显的机械冲击。

Ⅴ 安全注意事项要求

2.6.23 用可挠金属电线保护管切割刀刃切管切断后,应除净管口处尖刺,防止在管子敷设时划伤手臂。

Ⅵ 质量通病及其防治

2.6.24 可挠金属电线保护管切口处边缘有毛刺。应用正确方法切管,当管品出现毛刺后,应清理干净,防止损伤导线绝缘层。

2.6.25 管与盒(箱)直接连接无跨接接地线。可挠金属电线保护管与盒(箱)连接时,应使用线箱连接器进行连接。在管与管及管与盒(箱)连接处应按规定做好跨接接地线。

2.7 管内穿线和导线连接

Ⅰ 施工准备

2.7.1 材料
(1) 各种型号、规格的绝缘导线;
(2) 穿线钢丝、破布、滑石粉、高压绝缘胶布、塑料绝缘带及黑胶布、铝压接管、绝缘螺旋接线纽、焊锡、焊锡膏、铝焊药等。

2.7.2 机具
电阻焊接用变压器、炭棒、克丝钳、剥线钳、电工刀、导线压接钳、电烙铁、螺丝刀等。

2.7.3 作业条件
管内穿线应在建筑物的抹灰、粉刷及地面工程结束后进行,在穿线前应将电线保护管内的积水及杂物清理干净。

Ⅱ 施工工艺

2.7.4 工艺流程

2.7.4.1 穿线

清扫管路 → 穿引线钢丝 → 选择导线 → 放线 → 引线与电线结扎 → 穿线 → 剪断电线

2.7.4.2 接线

剥削绝缘层 → 接线 → 焊头 → 恢复绝缘

2.7.5 导线选择

电气安装工程中使用的导线应是厂家生产的线径、绝缘层符合国家要求的产品,并应有名符其实的产品合格证。

应根据设计图纸线管敷设场所和管内径截面积,选择所穿导线的型号、规格。管内导线的总截面积(包括外护层)不应超过管子截面积的40%。

穿管敷设的绝缘导线,额定电压应不低于500V,即使用工作电压450/750V导线。最小导线截面,铜线、铜芯软线不得低于$1.0mm^2$、铝线不低于$2.5mm^2$。

绝缘导线外径与面积关系见表2.7.5-1和表2.7.5-2。

500V BV、BLV聚氯乙烯绝缘电线外径与面积关系表　　　表2.7.5-1

线芯截面(mm^2)	1	1.5	2.5	4	6	10	16	25	35	50	70	95	120	150
线芯组成	1×1.13	1×1.37	1×1.76	1×2.24	1×2.73	7×1.33	7×1.70	7×2.12	7×2.50	19×1.83	19×2.14	19×2.50	37×2.0	37×2.24
导线外径(mm)	2.6	3.3	3.7	4.2	4.8	6.6	7.8	9.6	10.9	13.2	14.9	17.3	18.1	20.2
导线根数	导 线 总 面 积 (mm^2)													
1	5	9	11	14	18	34	48	72	93	137	174	235	257	320
2	10	18	22	28	36	68	96	144	186	274	348	470	514	640
3	15	27	33	42	54	102	144	216	279	411	522	705	771	960
4	20	36	44	56	72	136	192	288	372	548	696	940	1028	1280
5	25	45	55	70	90	170	240	360	465	685	870	1175	1285	1600
6	30	54	66	84	108	204	288	432	558	822	1044	1410	1542	1920

500V BX、BLX橡皮绝缘电线外径与面积关系表　　　表2.7.5-2

线芯截面(mm^2)	1	1.5	2.5	4	6	10	16	25	35	50	70	95	120	150
线芯组成	1×1.13	1×1.37	1×1.76	1×2.24	1×2.73	7×1.33	7×1.70	7×2.12	7×2.50	19×1.83	19×2.14	19×2.50	37×2.0	37×2.24
导线外径(mm)	4.5	4.8	5.2	5.8	6.3	8.1	9.4	11.2	12.4	14.7	16.4	19.5	20.2	22.3
导线根数	导 线 总 面 积 (mm^2)													
1	16	18	21	26	31	52	69	98	121	170	211	298	320	390
2	32	36	42	52	62	104	138	196	242	340	422	596	640	780
3	48	54	63	78	93	156	207	294	363	510	633	894	960	1170
4	64	72	84	104	124	208	276	392	484	680	844	1192	1280	1560
5	80	90	105	130	155	260	345	490	605	850	1055	1490	1600	1950
6	96	108	126	156	186	312	414	588	726	1020	1266	1788	1920	2340

电照工程中,由于管内所穿电线作用各不相同,应尽量使用各种颜色的塑料绝缘线,方便电气器具接线。不同的相序应使用不同颜色的导线,一般 L_1、L_2、L_3 分别为黄、绿、红色线。淡蓝色线为工作零线(N 线),黄绿颜色相间线为保护线(PE 线)。

出户线应使用橡胶绝缘电线,严禁使用普通塑料绝缘导线。

2.7.6 清扫管路

用压缩空气,吹入已敷设的管路中,除去残留的灰土和水分。如无压缩空气,可在钢丝上绑上破布,来回拉几次,将管内杂物和水分擦净。特别是对于弯头较多或管路较长的钢管,为减少导线与管壁磨擦,应随后向管内吹入滑石粉,以便穿线。

钢导管(或 PVC 管)内有水泥浆等杂物堵塞,可利用手枪钻夹持废旧钢丝绳进行清理,钢丝绳前端应用绑线缠绕扎紧,防止松散。

2.7.7 穿引线钢丝

管内穿线前大多数情况下都需要用钢丝做引线,用 $\phi1.2\sim\phi2.0\mathrm{mm}$ 的钢丝,头部弯成封闭的圆圈状,如图 2.7.7 所示。由管一端逐渐的送入管中,直到另一端露出头时为止。(明配管路有时因管路较长或弯头较多,可在敷设管路时就将引线钢丝穿好。)

穿钢丝时,如遇到管接头部位连接不佳或弯头较多及管内存有异物,钢丝滞留在管路中途,可用手转动钢丝,使引线头部在管内转动,钢丝即可前进。否则要在另一端再穿入一根引线钢丝,估计超过原有钢丝端部时,用手转动钢丝,待原有钢丝有动感时,即表明两根钢丝绞在一起,再向外拉钢丝,将原有钢丝带出。

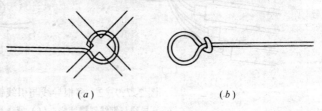

图 2.7.7 引线钢丝头部做法
(a)不正确做法;(b)正确做法

2.7.8 放线

放线前应根据施工图,对导线的规格、型号进行核对,发现线径小,绝缘层质量不好的导线应及时退换。

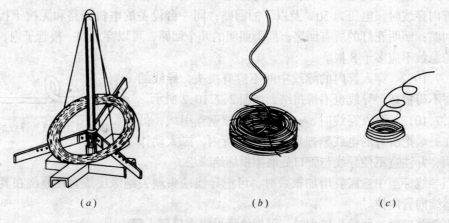

图 2.7.8 放线
(a)放线架;(b)手工放线抽出内圈导线;(c)不正确的放线方法

放线时为使导线不扭结、不出背扣,最好使用放线架。无放线架时,应把线盘平放在地上,把内圈线头抽出,并把导线放得长一些。切不可从外圈抽线头放线,否则会弄乱整盘导线或使导线打成小圈扭结,如图2.7.8所示。

2.7.9 引线与导线结扎

当导线数量为2~3根时,将导线端头插入引线钢丝端部圈内折回,如图2.7.9-1所示。

如导线数量较多或截面较大,为了防止导线端头在管内被卡住,要把导线端部剥出线芯,并斜错排好,与引线钢丝一端缠绕接好,也可以把导线与钢线分段结扎,然后再拉入管内,如图2.7.9-2所示。

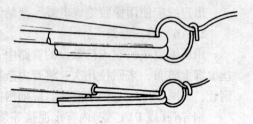

图2.7.9-1 导线与引线钢丝结扎

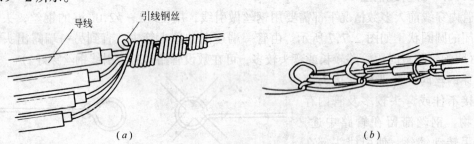

图2.7.9-2 多根导线与引线钢丝结扎法
(a)导线与钢线斜错缠绕;(b)导线与钢线分段结扎

2.7.10 管内穿线

导线穿入钢管前,钢管管口处采用丝扣连接时,应有护圈帽当采用焊接固定时,亦可使用塑料内护口;穿入硬质塑料管前,应先检查管口处是否有连接器件或管口是否做成喇叭口状,在管口处不应留有毛刺和刃口,以防穿线时损坏导线绝缘层。

2.7.10.1 同一交流回路的导线应穿于同一钢管内。

不同回路、不同电压等级及交流与直流的导线,不得穿入同一根管内。

管内穿线时,电压为50V及以下的回路;同一台设备的电机回路和无抗干扰要求的控制回路;照明花灯的所有回路;同类照明的几个回路,可以穿入同一根管子内,但管内导线的总数不应多于8根。

2.7.10.2 穿入管内的导线中间不应有接头,导线的绝缘层不得损坏,导线也不得扭结,如图2.7.10.2所示。

2.7.10.3 两人穿线时,一人在一端拉钢丝引线,另一人在一端把所有的电线紧捏成一束送入管内,二人动作应协调,并注意不使导线与管口处磨擦损坏绝缘层。

图2.7.10-2 导线的扭结

当导线穿至中途需要增加根数时,可把导线端头剥去绝缘层或直接缠绕在其他电线上,继续向管内拉。

当管路较短,而弯头较少时,可把绝缘导线直接穿入管内。

在某种场所,如房间面积不大,且管路弯头较少,穿入导线数量不多时,可以一人穿线。即一手拉钢丝,一手送线,但需要把导线放得长些。

2.7.11 空心板板孔穿线

空心楼板板孔穿线，必须用塑料护套线或加套塑料护层的绝缘导线。

导线穿入前，应将板孔内积水、杂物清除干净。

穿入导线时，不得损伤导线的护套层，并能便于更换导线。

导线接头应设在盒(箱)内。

2.7.12 剪断电线

导线穿好后，应按要求适当留出余量以便以后接线。

接线盒、灯位盒、开关盒内留线长度露出建筑物装饰表面不应小于0.15m；由于配电箱内配线要求呈把成束结扎，故配电箱内留线长度，应根据箱内器具位置及进箱导线位置确定，但最少不应小于箱体的半周长；出户线处导线预留长度为1.5m。

但对一些公用导线和通过盒内的照明灯开关线在盒内以及在分支处可不剪断直接通过，只需在接线盒内留出一定余量，这样可省去后来接线中的不必要的接头。

2.7.13 导线在接线盒内固定

为防止垂直敷设在管路内的导线因自重而承受较大应力，为防止导线损伤，敷设于垂直管路中的导线，每超过下列长度时，应在拉线盒中加以固定，如图2.7.13所示：

(1) 导线截面50mm^{2}及以下为30m；
(2) 导线截面70～95mm^{2}为20m；
(3) 导线截面120～240mm^{2}为18m。

2.7.14 导线连接的质量要求

导线连接的方法很多，有绞接、焊接、压板压接或套管连接和螺栓连接等，视导线和工作地点而定。但无论采用哪种方法都需经过：剥削导线绝缘层，导线芯线连接，导线与设备、器具的连接，恢复绝缘层等工序。

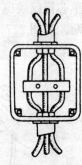

图2.7.13 导线在盒中固定方法

导线连接要牢固，导电良好，操作时应符合下列技术要求：

(1) 当设计无特殊规定时，导线的芯线应采用焊接、压板压接或套管连接。

(2) 导线与设备、器具的连接应符合下列要求：

①截面为10mm^{2}及以下的单股铜芯线和单股铝芯线可直接与设备、器具的端子连接；

②截面为2.5mm^{2}及以下的多股铜芯线的线芯应先拧紧搪锡或压接端子后再与设备、器具的端子连接；

③多股铝芯线和截面大于2.5mm^{2}的多股铜芯线的终端，除设备自带插座或端子外，应焊接或压接端子后再与设备、器具的端子连接。

(3) 熔焊连接的焊缝，不应有凹陷、夹渣、断股、裂缝及根部未焊合的缺陷；焊缝的外型尺寸应符合焊接工艺评定文件的规定，焊接后应清除残余焊药和焊渣。

(4) 锡焊连接的焊缝应饱满，表面光滑；焊剂应无腐蚀性，焊接后应清除残余焊剂。

(5) 压板或其他专用夹板，应与导线线芯规格相匹配；紧固件应拧紧到位，防松装置应齐全。

(6) 套管连接器和压膜等应与导线线芯规格相匹配，压接时，压接深度、压口数量和压接长度应符合产品技术文件的有关规定。

(7) 剖开导线绝缘层时，不应损伤芯线；芯线连接后，绝缘带应包缠均匀紧密，其绝缘强度不应低于导线原绝缘层的绝缘强度；在接线端子的根部与导线绝缘层间的空隙处，应采用绝缘带包缠严密。

(8) 在配线的分支连接处，干线不应受到支线的横向拉力。

2.7.15 剥削绝缘

剥削导线绝缘层的长度和方法，根据导线线芯直径和绝缘层材料以及接线方法不同而各不相同。

2.7.15.1 多层绝缘的单芯橡胶线，可以使用克丝钳子及电工刀，分别采用单层剥法或分段剥切法，或象削铅笔一样的斜削法，如图2.7.15.1-1所示。

图2.7.15.1-1 橡胶导线绝缘层剥切方法
(a) 单层剥法；(b) 分段剥法；(c) 斜削法

单芯橡胶线也可用克丝钳子手柄的前端将导线绝缘层夹扁，再用钳子前端夹住将绝缘层扯断，如图2.7.15.1-2所示。

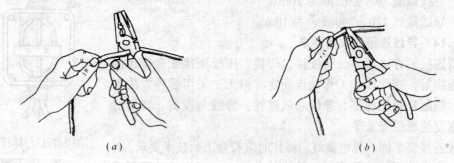

图2.7.15.1-2 单芯橡胶线绝缘剥切方法
(a) 夹扁绝缘层；(b) 扯断绝缘层

多芯橡胶线的绝缘层的剥削，可以用电工刀刃在导线绝缘层上做顺向切割，把橡胶层破开，然后再将与其相连接的根部切断。当橡胶线绝缘层不容易剥离时，可用手锤依次顺向击打导线的绝缘层，然后再全部剥除。

2.7.15.2 对多芯塑料绝缘导线，需用斜削法剥削。对单芯塑料线也可以用电工刀进行斜削法剥削。

斜削法需先用电工刀以45°角倾斜切入绝缘层，当切近芯线时，即停止用力，接着应使刀面的倾斜角度改为15°左右，沿着芯线表面向线头端部推去，然后把残存的绝缘层剥离芯线，用刀口插入背部以45°角削断，如图2.7.15.2-1所示。

用电工刀进行塑料线单层剥切时，一手握刀，刃口向上，如图2.7.15.2-2，另一手拿线放在刀刃上，并用握刀手将导线压在刀刃上，两手配合将线在刀刃上推转一周，同时把刀向导线端部快速移动，绝缘层即可切掉。但应注意线在刀刃上转动的力要用得恰当，既能切断绝缘层又不伤芯线，这种剥线方法要达到熟练程度，必须反复的经过练习才行。

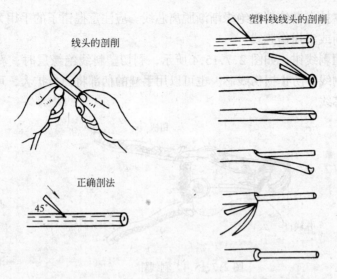

图 2.7.15.2－1　塑料绝缘线绝缘层剖削方法和步骤

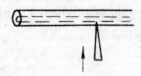

图 2.7.15.2－2　塑料线单层剥切时，导线与刀刃位置

2.7.15.3　使用克丝钳子剥切单芯塑料线绝缘层，是施工中最好用的方法，只要掌握住要领，反复练几次就可以了。用一手握紧导线，再用另一手虎口处握住钳柄前端的钳头部位，同时将钳子的切口根部放在导线所需剥切处，握钳手向前用力，握线的手应握紧不动或稍向反方向加力，如图 2.7.15.3－1 所示，在剥切的同时握钳手要稍用力剪破导线绝缘层的外表层，勒断导线的端部绝缘层。应注意既要剥去导线绝缘层又不能伤线芯。

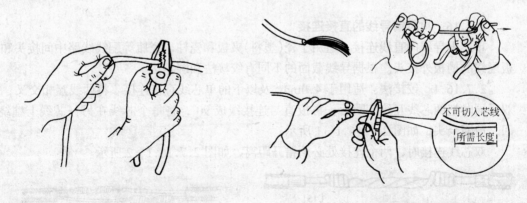

图 2.7.15.3－1　用克丝钳剥切塑料导线　　　图 2.7.15.3－2　软线绝缘层的剖削方法

对多股铜芯软线的绝缘层剥切，也可以按上述的方法进行，能获得较好的效果和较快的速度；另一种手法也可以按图 2.7.15.3－2 中的方法进行，先按线头连接所需长度定下切口位置，并在近切口处捏住线头，用钳头切口轻切绝缘层，趁钳口夹住绝缘层之机，双

手反向同时用力，左抽右勒使端头绝缘渐渐脱离芯线。应注意握钳子的手用力要适当，若用力过猛，将会勒断或者损伤芯线。

2.7.15.4 使用剥线钳，如图2.7.15.4所示，剥切塑料线绝缘层时，剥线钳应选用大一级线芯的刃口剥线，防止损伤线芯。也可以用手锉的柄部将刃口扩大，可在剥切导线绝缘层时防止损伤芯线。

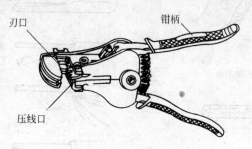

图2.7.15.4 剥线钳

2.7.15.5 用电工刀来剥离塑料护套线的护套层和绝缘层，按所需要的长度用电工刀刀尖在线芯的缝隙处划开护套层接着扳翻用刀口切齐，如图2.7.15.5所示，然后再用前述方法剥去线芯绝缘层。

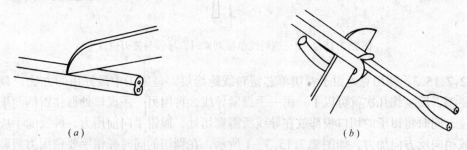

图2.7.15.5 塑料护套线的剥切
(a) 划开护套层；(b) 切去护套层

2.7.16 单芯铜导线的直接连接

单芯铜导线的直线连接，适用于瓷(塑料)夹板和瓷柱、瓷瓶等配线线路中间接头和槽板配线的槽板外接头。根据导线截面的不同有绞接法和缠卷法。

2.7.16.1 绞接法：适用于$4.0mm^2$及以下的单芯线直接连接。将两线互相交叉，用双手同时把两芯线互绞2圈后，再扳直与连接线成90°，将每个芯线在另一芯线上缠绕5回，剪断余头，如图2.7.16.1-1所示。

双芯线连接时，两个连接处必须错开距离，如图2.7.16.1-2所示。

图2.7.16.1-1 单芯线直接连接　　图2.7.16.1-2 双芯线的连接

2.7.16.2 缠卷法：有加辅助线和不加辅助线的两种，适用于$6.0mm^2$及以上单芯线的直接连接。将两连接线相互并合，加辅助线填一根同径芯线后，用绑线在并合部位中间向两端缠卷(即公卷)长度为导线直径的 10 倍,然后将两线芯端头折回,在此向外再单卷 5 回,与辅导线捻绞 2 回,余线剪掉。如图 2.7.16.2 所示。

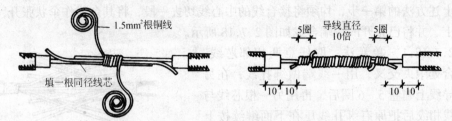

图 2.7.16.2 单芯线直线加辅助线缠绕接法

2.7.17 单芯铜导线的分支连接

单芯铜导线的分支连接适用于瓷(塑料)夹板和瓷柱、瓷瓶配线的分支线路与主线路的连接。连接方法有绞接法和缠卷法以及用塑料螺旋接线钮或压线帽连接。

2.7.17.1 绞接法:适用于 4.0mm² 以下的单芯线,用分支的导线的芯线往干线上交叉,先粗卷 1~2 圈(或先打结以防松脱),然后再密绕 5 圈,余线剪去如图 2.7.17.1-1 及图 2.7.17.1-2 所示。

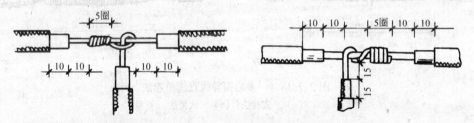

图 2.7.17.1-1 单芯线分支绞接法

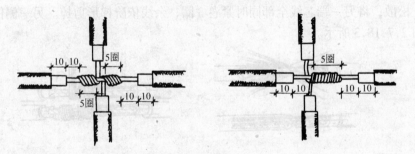

图 2.7.17.1-2 单芯线十字分支连接

2.7.17.2 缠卷法:适用于 6.0mm² 及以上的单芯线连接。将分支导线折成 90°紧靠干线,其公卷长度为导线直径 10 倍,单卷 5 圈后剪断余线如图 2.7.17.2 所示。

2.7.18 多芯铜导线的直线连接

多芯铜导线的直线连接,适用于瓶配线以及低压架空线路或接户线与进户线之间的导线连

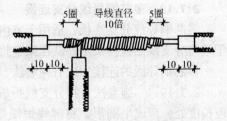

图 2.7.17.2 单芯线分支缠卷法

多芯铜导线的连接共有三种方法,就是单卷、缠卷及复卷法。

上述方法的第一步,均须将接合线的中心线切去一段,将其余线作伞状张开,相互交错叉上,并将已张开的线端合拢如图 2.7.18 所示。

2.7.18.1 单卷法:取任意两相邻芯线,在接合处中央交叉,用一线端做绑扎线,在另一侧导线上缠卷 5~6 圈后,再用另一根芯线与绑扎线相绞后把原有绑扎线压在下面继续按上述方法缠卷,缠绕长度为导线直径 10 倍,最后缠卷的线端与一余线捻绞 2 圈后剪断。另一侧

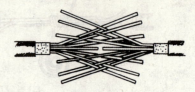

图 2.7.18 多芯铜导线直线连接第一步

导线依此进行,如图 2.7.18.1 所示,应把芯线相绞处排列在一条直线上。

2.7.18.2 缠卷法:使用一根绑线时,用绑线中间,在导线连接线中部开始向两端分别缠卷,长度为导线直径 10 倍,余线与其中一根连接线芯线捻绞二回,余线剪断可参考图 2.7.16.2。

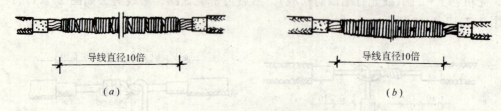

图 2.7.18.1 多芯铜导线直线单卷法
(a) 一式接法;(b) 二式接法

2.7.18.3 复卷法:适用于细而软的导线。把合拢后的导线一端用短绑线作临时绑扎,防止松散;将另一端芯线全部同时紧卷 3 圈,余线依阶梯形剪掉。另一侧依此方法进行,如图 2.7.18.3 所示。

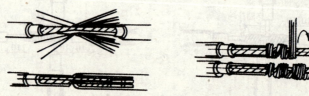

图 2.7.18.3 多芯软线直线连接复卷法

2.7.19 多芯铜导线分支连接

多芯铜导线分支连接,适用于室内瓷柱、瓷瓶配线的分支接头,有时也用于配电箱内干线与分支线的连接及室外低压架空接户线与线路干线的连接。

多芯铜导线的连接方法有缠卷法、单卷法和复卷法三种。

2.7.19.1 缠卷法:将分支线折成 90°靠紧干线,如图 2.7.19.1(a),在绑线端部相应长度处,弯成半圆形,将绑线短端弯成与半圆形成 90°,与连接线靠紧,用长端缠卷,长度达到导线结合处直径 5 倍时,将绑线两端部捻绞 2 回,剪掉余线,如图 2.7.19.1(b)所示;还可将分支线端破开劈成两半后与干线连接处中央相交叉,在干线处加辅助线,用

绑线在干线与分支线结合处向两边缠卷，缠卷长度为导线直径10倍以上，如图2.7.19-1(c)所示。

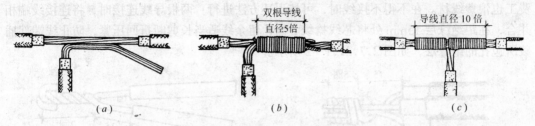

图 2.7.19.1　多芯线分支连接缠卷法

2.7.19.2　单卷法：将分支线破开根部折成90°紧靠干线，用分支线其中一根在干线上缠卷，缠卷3～5圈后剪断，再用另一根线，继续缠卷3～5回后剪断，依此方法直至连接到双根导线直径5倍时为止，如图2.7.19.2所示，应使剪断线处在一条直线上。

2.7.19.3　复卷法：将分支线端破开劈成两半后与干线连接处中央相交叉，将分支线向干线两侧分别紧卷后，余线依阶梯形剪断，连接长度为导线直径的10倍，如图2.7.19.3所示。

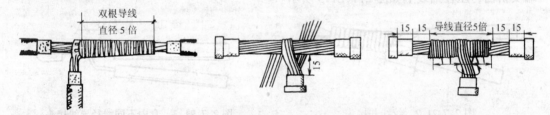

图 2.7.19.2　多芯线分支连接单卷法　　　　图 2.7.19.3　多芯分支线复卷法

2.7.20　多芯铜导线的人字连接

多芯铜导线的人字连接，也称为并接头，适用于配电箱内导线的连接，在一些地区也用于进入户线与接户线的连接。

多芯导线人字连接时，按导线线芯的结合长度，剥去适当长度的绝缘层，并各自分开线芯进行合拢，用绑线进行绑扎，绑扎长度应不少于双根导线结合束直径的5倍，如图2.7.20所示。

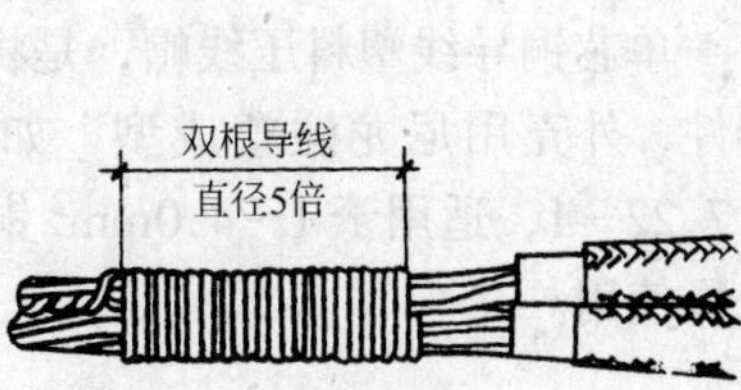

2.7.21　铜导线在器具盒内的连接

图 2.7.20　多芯铜导线人字连接

由于新技术和新工艺不断的改进和更新，铜导线在器具盒内的连接方法很多，常用的方法是并接、用压线帽连接等。

2.7.21.1　单芯线并接接法：3根及其以上导线连接时，将连接线端相并合，在距绝缘层15mm处用其中一根芯线，在其连接线端缠绕5回剪断。把余线头（约5mm长）折回压在缠绕线上，如图2.7.21.1-1所示；

3根及其以上的导线并接在现场应用是较多的（如双联及以上开关的电源相线的分支连接、连接2、3孔插座导线的并接头），在进行导线下料时就应计算好每根短线的长度，其中用来缠绕连接的线应长于其他线，在暗配管中且不能用管内出盒口的相线去缠绕并接的导线，这将导致盒内导线预留线长度不足。

盒内两根导线的并接头一般不应出现，应直接通过器具盒不断线，否则连接起来不但费工也浪费线材。在不得不接线时，可按下述方法进行：两根导线连接时，将连接线端相并合，在距绝缘层15mm处将芯线捻绞2回，留余线适当长剪断折回压紧，防止线端部插破所包扎的绝缘层，如图2.7.21.1-2所示。

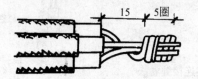
图2.7.21.1-1　三根及以上单芯线并接头

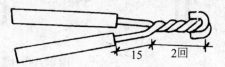
图2.7.21.1-2　两根单芯线并接头

2.7.21.2　绞线并接法：将绞线破开顺直并合拢，另用绑线同多芯导线分支连接缠卷法弯制绑线，在合拢线上缠卷。其长度为双根导线直径的5倍如图2.7.21.2所示。

2.7.21.3　不同直径导线接头：如果细导线为软线时，则应先进行挂锡处理。

先将细线在粗线上距离绝缘层15mm处交叉，并将线端部向粗线端缠卷5回，将粗线端头折回，压在细线上如图2.7.21.3所示。

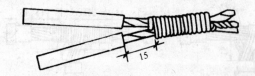
图2.7.21.2　绞线并接头

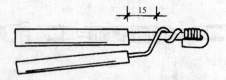
图2.7.21.3　盒内不同线径导线接头

2.7.22　单芯铜导线塑料压线帽压接

单芯铜导线塑料压线帽压接，不但可以应用在器具盒内铜导线的连接，也可用在瓷（塑料）夹板配线的导线连接。

单芯铜导线塑料压线帽，是将导线连接管（镀银紫铜管）和绝缘包缠复合为一体的接线器件，外壳用尼龙注塑成型，如图2.7.22-1所示。其规格有YMT1～3三种，见表2.7.22-1，适用于1～4.0mm²铜导线的连接，可根据导线的截面和根数按表2.7.22-2选择使用。

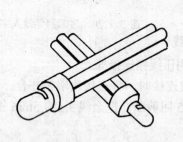
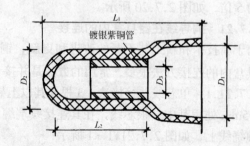

图2.7.22-1　塑料压线帽

2.7 管内穿线和导线连接

YMT型压线帽规格型号表　　　　　　　　表 2.7.22-1

型号	色别	规格尺寸 (mm)				
		L_1	L_2	D_1	D_2	D_3
YMT-1	黄	19	13	8.5	6	2.9
YMT-2	白	21	15	9.5	7	3.5
YMT-3	红	25	18	11	9	4.6

塑料压线帽与导线根数配合表　　　　　　　　表 2.7.22-2

压线管内导线规格 (mm^2)						配用压线帽型号
BV (铜芯)				BLV (铝芯)		
1.0	1.5	2.5	4.0	2.5	4.0	
导线根数						
2	—	—	—	—	—	YMT-1
4	—	—	—	—	—	
3	—	—	—	—	—	
1	2	—	—	—	—	
6	—	—	—	—	—	YMT-2
—	4	—	—	—	—	
3	2	—	—	—	—	
1	—	2	—	—	—	
2	1	1	—	—	—	
—	—	2	—	—	—	YMT-3
—	4	—	—	—	—	
—	—	3	—	—	—	
—	2	2	—	—	—	
4	—	2	—	—	—	
1	—	2	1	—	—	
—	2	—	2	—	—	
8	—	1	—	—	—	
—	—	—	—	2	—	YML-1
—	—	—	—	3	—	
—	—	—	—	4	—	
—	—	—	—	3	2	YML-2
—	—	—	—	—	4	

导线连接时，在导线的端部剥削绝缘后，根据压线帽规格、型号分别露出线芯长度 13、15、18mm，插入压线帽内，如填不实再用 1~2 根同材质同线径的线芯插入压线帽内填补，也可以将线芯剥出后回折插入压线帽内，使用专用阻尼式手握压力钳压实，如图 2.7.22-2 所示。

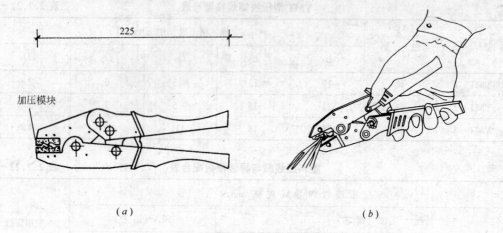

图 2.7.22-2 单芯铜、铝导线压线帽压接
(a) 专用阻尼式手握压力钳；(b) 用压力钳压接导线

2.7.23 铜导线与接线端子连接

铜导线与接线端子连接适用于 2.5mm² 以上的多股铜芯线的终端连接。常用的连接方法有锡焊连接和压接连接。铜导线和接线端子连接后，导线芯线外露部分应小于 1～2mm。

2.7.23.1 铜导线与接线端子间锡焊连接

铜导线与接线端子进行锡焊连接时，把铜导线端头和铜接线端子内表面涂上焊锡膏，放入熔化好的焊锡锅内挂满焊锡，将导线插入端子孔内，冷却即可。

使用开口接线端子时，应先把端子开口处大致弯制成形，然后把导线端头及开口端子挂好焊锡，在端子的开口处把导线端头卡牢，再一次挂好锡即可。开口端子一般使用小截面导线的连接。

2.7.23.2 铜导线与接线端子压接

铜导线与接线端子压接可便于手动液压钳及配套的压模进行压接。

在剥去导线绝缘层时的长度要适当，不要碰伤线芯。清除接线端子孔内的氧化膜，将芯线插入，用压接钳压紧。

2.7.24 铜导线连接的锡焊

铜导线连接好后，要用焊锡焊牢，应使熔解的焊剂，流入接头处的任何部位，以增加机械强度和良好的导电性能，并避免锈蚀和松动，焊锡时锡焊应均匀饱满，表面有光泽、无尖刺。先在连接部位涂上焊料（常用焊锡膏，不得使用酸性焊剂），根据导线截面不同，焊接方法也不相同，无论采用哪种焊法，为了保证接头质量，从导线线芯清洁光泽到接线焊接，就尽可能时间短，否则会增加导线氧化程度，影响焊接质量，在锡焊前待焊接处须涂一层无酸焊锡膏或天然松香溶于酒精中的糊状溶液，但不应使用酸性焊剂，因为它有腐蚀铜质的缺陷。

2.7.24.1 用电烙铁锡焊

10mm² 及以下的铜导线接头，可以用 150W 电烙铁加热导线进行锡焊。当使用新烙铁时，应在接通电源加热后，除去烙铁头上的氧化层，涂上焊剂后在烙铁头上先挂上锡。

经处理后的电烙铁接通电源后,将发热的电烙铁放在涂好焊剂的导线接合处的下端,待导线达到一定热量后,用焊锡丝或焊锡条与导线接合处接触,或者将焊锡丝或焊锡条接触在烙铁上,焊锡即可附着在导线上。

用220V、500W外热式手枪电烙铁,经改造后的烙铁头进行盒内导线并接头的沾焊更省工、省力。将原电烙铁头换上一个直径及深度适当的杯型烙铁头,在烙铁头杯型洞内填入焊锡待通电加热后熔化,在需锡焊的导线并接头上涂好焊剂,伸入到杯型烙铁头内沾锡,所沾焊锡长度、时间可视连接线截面而定。

2.7.24.2 用自制焊锡锅锡焊

自制焊锡锅,用长约80~100mm,直径$\phi20\sim\phi50$的钢管,管口底端用一块约50~60mm的方钢板封焊好,成为平底型方便放在平地上,在上端管旁焊一适当长度的手柄,焊锡锅即制成了。

使用时在锅内放上约2/3的焊锡,可以用喷灯等热源,加热到200℃左右即可使用,当导线并接头涂上焊剂后沾入焊锡锅内,接头处即可挂锡。加热时要掌握好温度,温度过高沾锡不饱满,温度过低沾不上锡,在接头处构成一个锡套。因此要根据焊锡的成分、质量及外界环境温度等诸多因素,随时掌握好适宜的温度。

2.7.24.3 喷灯加热上锡法

对于16mm^{2}及以上的导线接头上锡,如使用烙铁加热不能焊好,可用喷灯对接头处加热再上锡。但注意应调整好喷灯火焰,不使脏污加热处导线,造成无法沾锡,更应注意不能伤及导线的绝缘层。

2.7.24.4 浇焊法

对于16mm^{2}及以上的铜导线直线路接头,锡焊常采用浇焊法。把焊锡放在锡锅内加热熔化,当焊锡在锅内达到高度温度后,锡表面呈磷黄色,把导线接头调直,放在锡锅上面,用勺盛上熔锡从上面浇下如图2.7.24.4所示。刚开始浇锡时,由于接头温度还未升到一定程度,焊锡有凝结状态,应继续浇锡,使接头提高温度,直到全部焊牢为止。

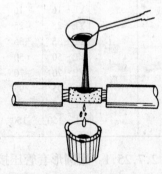

图2.7.24.4 浇焊法

2.7.24.5 沾焊法

沾焊用于多数接头同时加焊(软线吊灯的铜芯软线的挂锡),把接头沾上焊药后,插入熔好的焊锡锅内取出即可。

2.7.25 单芯铝线压接

单芯铝线压接适用于10mm^{2}及以下的单芯铝线。先把绝缘层剥削掉清除导线氧化膜并涂以中性凡士林油膏(使导线表面与空气隔绝,不再氧化)。

压接用的铝套管,应根据芯线的粗细来选择见表2.7.25所示。压接时,压槽中心线,要在同一直线上。

铝线套管压接规格表　　　　　　　表2.7.25

套管形式	套管型号	适用铝线规格		套管尺寸(mm)				压模数	压模深度
		截面(mm^2)	外径(mm)	d	d_1	h	L		
单线	椭圆形	QL-2.5	2.5	1.76	1.8	3.6	1	31	4	3.0
		QL-4	4	2.24	2.3	4.6	1.2	31	4	4.5
		QL-6	6	2.73	2.8	5.6	1.2	31	4	4.8
		QL-10	10	3.55	3.6	7.2	1.3	31	4	5.5
	圆形	YL-2.5	2.5	1.76	1.8	-	1	31	4	1.4
		YL-4	4	2.24	2.3	-	1.2	31	4	2.1
		YL-6	6	2.73	2.8	-	1.2	31	4	3.3
		YL-10	10	3.55	3.6	-	1.3	31	4	4.1
绞线	椭圆形	QL-16	16	5.1	6.0	12.0	1.7	110	-	10.5
		QL-25	25	6.4	7.2	14.0	1.7	120	4	12.5
		QL-35	35	7.5	8.5	17.0	1.7	140	6	14.0
		QL-50	50	9.0	10.0	20.0	1.7	190	8	16.5
		QL-70	70	10.7	11.6	23.2	1.7	210	8	19.5
		QL-95	95	12.4	13.4	26.8	2.0	280	10	23.0
		QL-120	120	14.0	15.0	30.0	2.0	300	10	26.0
		QL-150	150	15.8	17.0	34.0	2.0	320	10	30.0
	圆形	YL-16	16	5.1	5.2	-	2.4	62.0	4	5.4
		YL-25	25	6.4	6.8	-	2.6	62.0	4	5.9
		YL-35	35	7.5	7.7	-	3.15	62.0	4	7.0
		YL-50	50	9.0	9.2	-	3.4	71.0	4	7.8
		YL-70	70	10.7	11.0	-	3.5	77.0	4	8.9
		YL-95	95	12.4	13.0	-	4	85.0	4	9.9
		YL-120	120	14.0	14.5	-	4	95.0	4	10.8
		YL-150	150	15.8	16.0	-	4	100.0	4	11.0

2.7.25.1 用圆形套管压接

当采用圆形套管进行导线直线路连接时，将铝芯线分别在铝套管两端插入，各插到套管一半处，用压接钳压接成型如图2.7.25.1所示。

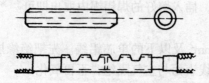

图2.7.25.1　单线圆形套管压接

2.7.25.2 用椭圆形套管压接

采用椭圆形套管进行导线直线路连接时，应使两线对插后，线头分别露出套管两端4mm，然后用压接钳压接成形如图2.7.25.2-1所示。

单股铝线分支连接时，可采用椭圆形铝套管进行分支压接如图2.7.25.2-2所示。

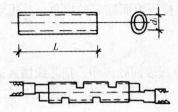
图 2.7.25.2-1 单线椭圆管压接

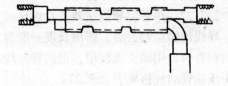
图 2.7.25.2-2 单线分支压接

2.7.26 多芯铝绞线压接

截面 16mm² 以上的铝导线,可采用如图 2.7.26-1 所示,手提式油压钳或 YT-1 型压接钳和压膜压接。

压接前先将两根导线端部的绝缘层剥去,其长度为连接管的 1/2 加上 5mm,用钢丝刷

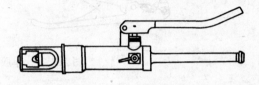
图 2.7.26-1 手提式油压钳

刷去导线表面的氧化铝膜,并立即涂上中性凡士林油膏,再把导线插入连接管内,长度各占连接管一半,并相应地划好压坑的标记。根据导线截面的大小,选好压膜装到钳口内。

压接时先压两端的两个坑,再压中间两个坑,共压四个坑,其中心线应在同一条直线上。压坑时应一次压成,中间不能停顿,直到上下膜接触为止。压完一个坑后,稍停 10~15s,待局部变形完全稳定后,松开压口,再压第二个口,依次进行。压坑顺序、间距、压坑深度,如图 2.7.26-2 和图 2.7.26-3 和表 2.7.26 所示。

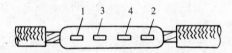

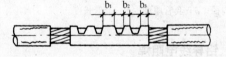

图 2.7.26-2 直线连接压坑顺序　　　图 2.7.26-3 铝导线压接工艺图

铝导线压接的压坑间距及深度尺寸(mm)　　　表 2.7.26

适用范围	压坑间距			压坑深度 h_1	剩余厚度 h
	b_1	b_2	b_3		
GL-16　DL-16	3	3	4	5.4	4.6
GL-25　DL-25	3	3	4	5.9	6.1
GL-35　DL-35	3	5	4	7.0	7.0
GL-50　DL-50	3	5	6	8.3	7.7
GL-70　DL-70	3	5	6	9.2	8.8
GL-95　DL-95	3	5	6	11.4	9.6
GL-120　DL-120	4	5	7	12.5	10.5
GL-150　DL-150	4	5	7	12.8	12.2
GL-185　DL-185	5	5	7	13.7	13.3
GL-240　DL-240	5	6	7	16.1	14.9

压完后用细齿锉刀锉去压坑边缘及连接管端部因被压迫而翘起的棱角，并用砂布打光，再用浸了汽油的抹布擦净。

2.7.27 单芯铝导线在器具盒内压接

导线绝缘层剥去后，露出长度一般为30mm，将导线表面处理净，把芯线插入适合线径的铝管内，用端头压接钳，把铝管和线芯压实两处，达到线管一体，如图2.7.27所示。端头压接管的规格见表2.7.27。

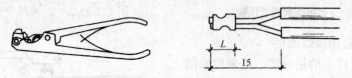

图 2.7.27 单股铝导线并头管压接

端头压接管的规格　　　　　　　表 2.7.27

套管型号	适用导线规格		套管尺寸(mm)			
	截面	外径	d	d_1	δ	L
YT-2.5	2.5	1.76	3.6	—	1	15
YT-4	4	2.24	4.6	—	1	15
YT-6	6	2.73	5.7	—	1.3	20
YT-10	10	3.55	7.5	—	1.3	20

注：d—套管内径；δ—套管厚度；L—套管长度。

2.7.28 铝导线电阻焊

接线盒内的单芯铝导线进行并接方法很多，应尽量避免采用电阻焊。

电阻焊是用低电压大电流通过铝线连接处(或炭棒本身)的接触电阻产生的热量，将全部铝芯熔接在一起的连接方法。

焊接时需要降压变压器(或电阻焊机)容量1~2kVA，二次电压在6~36V范围内。

配用一种特殊焊钳，焊钳上两根直径为8mm炭棒做电极，焊钳引线采用10mm²的铜芯橡皮绝缘软线。

还可用两把电焊钳代替特殊焊钳，用1号电池内炭棒做电极。

焊接前应先按焊接长度接好线，见表2.7.28。把连接线端相并合，用其中一根芯线在其他连接线上缠绕3~5回后顺直，按适当长度剪断。不宜采用多根导线捻绞，如图2.7.28-1所示。

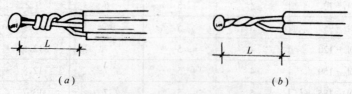

(a)　　　　　　　　(b)

图 2.7.28-1 单芯铝导线电阻焊接法
(a) 实用接线法；(b) 不适宜接线法

单芯铝线电阻焊接长度　　　　　　表 2.7.28

导线截面（mm²）	L（mm）
2.5	20
4	25
6	25
10	30

接线后应随即在线头前端，沾上少许用温开水调合好的铝焊药。焊接常用两种焊法：

1. 接通电源后，将两个电极碰在一起，待电极端部发红时，立即分开电极，在沾了焊药的线头上，待铝线开始熔化时，慢慢撤去焊钳，使之熔成小球，见图2.7.28-2。然后趁热沾在清水中，清除焊渣和残余焊药。

2. 将两电极相碰并稍成一个角度，待电极端部发红时，接触导线连接的端头，等铝线熔化后向上托一下焊钳，使焊点端部形成圆球状，如果连接线端面较大时，可把电极在线端做圆圈型移动，待全部芯线熔化时，再向上托一下，撤下电极后再将电极分开，这样导线端部可以形成蘑菇状。立即沾清水除去导线上残余焊渣和焊药。

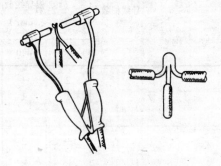

图 2.7.28-2　铝导线电阻焊

2.7.29　多芯铝导线气焊

多根或多股铝导线连接气焊时，由气焊工操作，电工配合。焊前将铝导线芯线破开顺直合拢。用绑线把连接部分作临时缠绑。导线绝缘层处用浸过水的石棉绳包好，以防烧坏。

焊接时火焰的焰心离焊接点2~3mm，当加热至熔点时，即可加入铝焊粉，借助焊药的填充和搅动，即可使焊接处的铝芯相互融合；焊枪逐渐向外端移动，直到焊完。然后立即沾清水清除焊药，铝导线的气焊连接，如图2.7.29和表2.7.29所示。

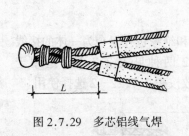

图 2.7.29　多芯铝线气焊

多芯铝导线气焊连接长度　　　　　　表 2.7.29

导线截面（mm²）	L（mm）
16	60
25	70
35	80
50	90
70	100
95	120

2.7.30　塑料螺旋接线钮连接

6mm² 及以下的单芯铝线，采用塑料绝缘螺旋接线钮连接较为方便，导线剥去绝缘层后，把连接芯线并齐捻绞，保留芯线约15mm左右剪去前端，使之整齐，然后选择合适的接线钮，顺时针方向旋紧，要把导线绝缘部分拧入接线钮的导线空腔内。塑料螺旋接线钮的选用和作法，如图 2.7.30 和表 2.7.30 所示。

(a)　　　　　　(b)　　　　　　(c)　　　　　　(d)

图 2.7.30　导线用绝缘螺旋接线钮连接顺序
(a) 剥线；(b) 捻绞；(c) 剪断；(d) 旋紧

绝缘螺旋接线钮与导线根数配合表　　　　　　　　　　　表 2.7.30

型号	导线根数	2根导线截面 (mm^2)			3根导线截面 (mm^2)			4根导线截面 (mm^2)		
		2.5	4.0	6.0	2.5	4.0	6.0	2.5	4.0	6.0
1号		2	—	—	3	—	—	—	—	—
		1	1	—	2	1	—	—	—	—
		1	—	1	2	—	1	—	—	—
2号		—	2	—	—	3	—	4	—	—
		—	—	2	1	2	—	—	4	—
		—	1	1	1	—	2	1	3	—
		—	—	—	2	1	—	3	1	—
		—	—	—	—	—	—	2	—	1
		—	—	—	—	—	—	3	—	1
3号		—	—	—	—	—	3	—	—	4
		—	—	—	—	—	—	2	—	2
		—	—	—	—	—	—	—	2	2
		—	—	—	—	—	—	1	2	3
		—	—	—	—	—	—	1	—	3

2.7.31　单芯铝导线塑料压线帽压接

单芯铝导线塑料压线帽，是将导线连接管（铝合金套管）和绝缘包扎复合为一体的接线器件，如图 2.7.31 所示。其规格有 YML-1 和 YML-2 两种见表 2.7.31，适用于 2.5mm^2 和 4.0mm^2 铝导线的连接，可根据导线的截面和根数按表 2.7.22-2 选择使用。

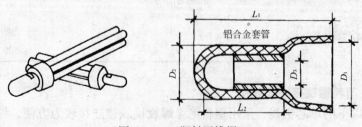

图 2.7.31　塑料压线帽

YML型压线帽规格型号表 表2.7.31

型　号	色　别	规　格　尺　寸　(mm)				
		L_1	L_2	D_1	D_2	D_3
YML-1	绿	25	18	11	9	4.6
YML-2	蓝	26	18	12	10	5.5

　　导线连接时，在导线的端部剥削绝缘后露出长18mm线芯，插入压线帽内，如填不实可以再用1~2根同材质同线径的线芯插入压线帽内，也可以将导线绝缘层剥削后露出适当长度的线芯后回折，插入压线帽内，使用专用阻尼式手握压力钳压实，可参见图2.7.22-2。

2.7.32 铝线与接线端子连接

　　多股铝芯线与接线端子连接，采用压接法连接。剥削导线绝缘长度为接线端子内孔的深度加上5mm，除去接线端子内壁和导线表面的氧化膜，涂以中性凡士林油膏，将芯线插入接线端子内进行压接，铝导线接线端子规格，见表2.7.32。

铝导线接线端子规格表 表2.7.32

图 例	导线截面(mm^2)	端 子 各 部 尺 寸 (mm)									压模深度(mm)
		d	D	C	L_1	L_2	L_3	b	h	ϕ	
	15	5.5	10	1	18	5	32	17	3.6	6.5	5.4
	25	6.8	12	1	20	8	32	17	4.0	8.5	5.9
	35	7.7	14	1	24	9	32	20	5.0	8.5	7.0
	50	9.2	16	1	28	10	37	20	5.0	10.5	7.8
	70	11.0	18	1	35	10	40	25	6.5	10.5	8.9
	95	13.0	21	1	36	11	45	28	7.0	13.0	9.9
	120	14.0	22.5	1	36	11	48	34	7.0	13.0	10.8
	150	16.0	24	1	36	11	50	34	7.5	17.0	11.0
	180	18.0	26	1	41	12	53	36	7.5	17.0	12.0

　　先划好相应的标记，开始压接导线绝缘端的一个坑，压接深度以上、下模接触为宜。压完一个坑后，再压另一个坑。压好后用锉刀锉下压坑边缘因被压而翘起的棱角，并用砂布打光，再用沾有汽油的抹布擦净，如图2.7.32所示。

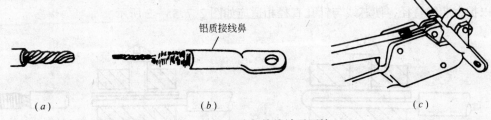

图2.7.32　铝线与接线端子压接
(a) 绞紧芯线，刷去氧化层；(b) 刷去孔内氧化层后涂上中性凡士林；
(c) 用压接钳压坑

2.7.33 铜芯软线与铝导线连接

铜芯软线与铝导线连接的做法,可参照图 2.7.21-3 不同线径铜导线在接线盒内连接接头做法,但铜芯软线必须先挂锡(防止铜铝氧化)。

2.7.34 导线与平压式接线桩连接

导线与器具(灯座、吊线盒等)平压式接线桩连接,可根据芯线的规格采用不同的操作方法。

无论哪种方法都要注意导线线芯根部无绝缘层的长度不能太长,根据导线粗细以 1～2mm 为宜。

2.7.34.1 单芯线连接

将导线绝缘层(长度不宜小于 40～60mm)剥去后,芯线顺着螺钉旋紧方向紧绕一周,再用螺丝刀旋紧螺钉,用手捏住导线余头顺时针方向旋转直至线头断开为止。

也可把芯线先弯成羊眼圈状,在器具上先拧下螺钉,穿入羊眼圈中再旋紧,羊眼圈要顺着螺钉旋转方向放置(如反方向放置,旋紧时导线会松出),如图 2.7.34.1 所示。

2.7.34.2 多股铜芯软线与螺钉连接,先将软线芯线做成封闭的羊眼圈状,挂锡后与螺钉固定。

还可将导线芯线挂锡后,将芯线顺着螺钉旋进方向紧绕一周,再围绕住芯线根部绕将近一周后,拧紧螺钉,如图 2.7.34.2 所示。

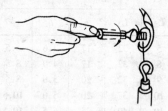 

图 2.7.34.1 导线在螺钉上旋绕　　　　图 2.7.34.2 软线与螺钉连接

2.7.35 导线与针孔式接线桩连接

灯开关、插座及低压电器、端子板接线多为导线与针孔式接线桩连接。

把要连接的芯线插入接线桩头针孔内,线头要露出针孔 1～2mm。

如果针孔直径允许插入双根芯线时,把芯线折成双根后再插入针孔如图 2.7.35-1 所示。

如果针孔较大时,还可以在连接单芯线的针孔内垫铜皮或在多股线芯线上缠绕一层导线以扩大芯线直径,使芯线与针孔直径相适应如图 2.7.35-2 所示。

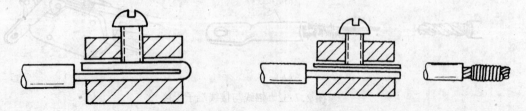

图 2.7.35-1 用螺钉支紧的连接方法　　　　图 2.7.35-2 针孔过大的连接方法

导线与针孔式接线桩头连接时，应使螺钉顶压更加平稳牢固且不伤芯线。如用两根螺钉顶压的，则芯线线头必须插到底，使两个螺钉都能压住芯线。并应先拧牢前端的螺钉，后拧另一个螺钉。

2.7.36 盒内导线分支的处理

在接线过程中，常常会遇到导线需要分支的情况，分支应该在器具盒中处理。其方法一般有两种：一种是利用盒内导线分支；另一种是利用开关和吊线盒及其他电气器具中的接线桩头分支。

用接线桩头分支方法一般用于分支不多、导线直径不大、电气元件桩头可利用的场合，如图2.7.36-1所示。

利用电气器具接线桩头进行分支的方法，就是不断线连接，只要剥去芯线上的绝缘层，将外露芯线折回压在器具的接线桩头上即可。这要比剥去导线端部绝缘再进行导线的连接要省工省力，如图2.7.36-2所示，但一定要防止导线芯线的损伤。

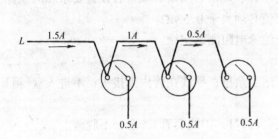

图 2.7.36-1 利用器具桩头分支

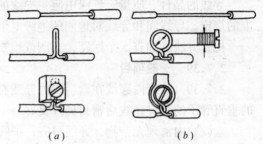

图 2.7.36-2 不断线连接法
(a) 用针式接线桩连接；(b) 用平压桩头连接

2.7.37 绝缘包扎

导线连接后，要包扎绝缘带，恢复线路绝缘。

在包扎绝缘带前，应先检查导线连接处，是否不伤线芯，连接紧密，以及是否存有毛刺，有毛刺必须先修平。

缠包绝缘带必须掌握正确的方法，才能达到包扎严密、绝缘良好，否则会因绝缘性能不佳而造成短路或漏电等事故。

绝缘带应从完好的绝缘层上包起，先裹入1~2个绝缘带的带幅宽度，开始包扎，在包扎过程中应尽可能的收紧绝缘带，直线路接头时，最后在绝缘层上缠包1~2圈，再进行回缠。

用高压绝缘胶布包缠时，应将其拉长2倍进行包缠，并注意其清洁，否则无粘性。

采用粘性塑料绝缘带时，应半叠半包缠不少于两层。当用黑胶布包扎时，要衔接好，应用黑胶布的粘性使之紧密地封住两端口，防止连接处芯线氧化。

并接头绝缘包扎时，包缠到端部时应再多缠1~2圈，然后将此处折回，反缠压在里面，应紧密封住端部如图2.7.37-1所示。

还要注意绝缘带的起始端不能露在外部，终了端应再反向包扎2~3回，防止松散。连接线中部应多包扎1~2层，使之包扎完的形状呈枣核形，如图2.7.37-2所示。

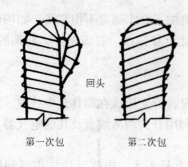 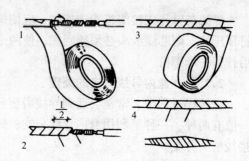

图 2.7.37-1 并接头包扎　　　图 2.7.37-2 直线接头绝缘包扎

Ⅲ 质 量 标 准

2.7.38 主控项目

导线的品种、质量、绝缘电阻：导线的品种、规格、质量必须符合设计要求和国家标准的规定。导线间和导线对地间的绝缘电阻值必须大于 $0.5MΩ$。

检查方法：抽查 5 个回路，实测或检查绝缘电阻测试记录。

2.7.39 一般项目

2.7.39.1 管内穿线在盒（箱）内导线有适当余量；导线在管内无接头；不进入盒（箱）的垂直管子的管口穿线后密封处理良好。

盒（箱）内清理无杂物，导线整齐，护线套（护口、护线套管）齐全，不脱落。

检查方法：抽查 10 处，目测检查。

2.7.39.2 导线连接时，不伤线芯、连接牢固、包扎严密、绝缘良好。

检查方法：抽查 10 处，目测检查。

Ⅳ 成品保护

2.7.40 管内穿线或板孔穿线时，不得污染建筑物，应保持周围环境清洁。

2.7.41 使用高凳和其他工具时，应注意不得碰坏设备和门窗、墙面、地面等。

2.7.42 进行铝导线电阻焊接时，不得污染建筑物顶棚和墙面。

Ⅴ 安全注意事项

2.7.43 扫管穿线时要防止钢丝的弹力勾眼；俩人穿线时应协调一致。一呼一应有节奏的进行，不要用力过猛以免伤手。

2.7.44 使用梯子靠在柱子上工作，顶端应绑牢固。使用人字梯必须坚固，距梯脚 $40\sim60cm$ 处要设拉绳，不准站在梯子最上一层工作，梯凳上禁止放工具、材料。

2.7.45 使用焊锡锅，不能将冷勺或水浸入锅内，防止爆炸，飞溅伤人。

2.7.46 铝导线采用电阻焊时，必须带保护茶镜和手套，防止电弧光伤害眼睛及烫伤手部皮肤。

Ⅵ 质量通病及其防治

2.7.47 使用导线质量差，塑料绝缘导线绝缘层与芯线脱壳，绝缘层厚薄不均，表面粗糙，芯线线径不足。选购导线时要购买正宗厂家的合格产品，防止假冒，防止导线与产品合格证不相符合。

2.7.48 施工中存在钢导管护口遗漏、脱落及与管径不符等现象。因操作不慎而使护口遗漏或脱落者应及时补齐，护口与管径不符者应及时更换。

2.7.49 钢导管先穿线后戴护口，或者根本不戴护口，使导线绝缘层损伤。穿线前必须先戴好护口，发现漏戴的应补齐全。钢导管焊接固定时，应戴好塑料内护口，塑料护口不能顺向切开，在导线连接好后补戴。

2.7.50 导线在穿线过程中，出现背扣或打结。放线时如无放线车，需把线盘平放到地上，抽出里圈线头，注意不要引起螺旋形圈集中。

2.7.51 管内导线出现接头。此种现象在检查时不易被发现，由于在穿线时长度不足而产生。操作者应及时换线重穿，否则将引起后患。

2.7.52 剥削绝缘层时，损伤线芯。用电工刀切割绝缘层时，用刀要得当，刀刃斜角剥切。垂直剥切时，做到既能切掉绝缘层，又不损伤芯线。用克丝钳子剥削时，拿钳子的手用力不要过大，平时要多做练习。用剥线钳剥线时，应使用得当，应选用比线径大一级的刀口或将刀口进行扩口处理后再用。

2.7.53 盒内铜导线并接头连接方法不正确，端部导线没折回压在缠绕线上。铜导线连接后焊接时，焊料不饱满，接头不牢固。铜导线连接方法不同于铝导线电阻焊的并接头，应正确连接。铜导线连接时应在剥削绝缘后，处理好线芯氧化膜立即连接并进行锡焊，加热温度应适当，焊锡膏不可过多，焊锡要均匀。如连接后时间一长再进行焊接，会因导线产生氧化膜，而沾锡困难。

2.7.54 铝导线电阻焊出现断股及根部未焊合现象，接头处出现残余焊渣和焊药。采用电阻焊时，要正确的掌握焊接方法多加练习，焊接完后要马上沾清水清除焊渣和焊药，过后清除比较麻烦。

2.7.55 绝缘包扎时，绝缘带松散，端部不牢，通常称"打小旗"。包扎高压绝缘胶布时，应拉长2倍，半叠半包扎；包扎黑胶布时，应把起端压在里边，把终了端回缠2~3回压在上边。

2.8 槽板配线

Ⅰ 施工准备

2.8.1 材料
(1) 木槽板、塑料槽板及其附件等；
(2) 各种规格的导线等；
(3) 木螺丝、钉子等。

2.8.2 机具
(1) 线坠、粉线袋、卷尺、电工工具等；
(2) 槽板加工用自制模具、钢锯等。

2.8.3 作业条件

(1) 对槽板配线工程会造成污损的建筑装修工作应全部结束;

(2) 对配成施工有影响的模板、脚手架等应拆除,室内杂物应清除。

Ⅱ 施 工 工 艺

2.8.4 施工程序

选择槽板 → 定位划线 → 槽板加工 → 固定槽板底座 → 导线敷设 → 固定盖板 → 平直度、垂直度测量

2.8.5 槽板选择

槽板配线就是把绝缘导线敷设在槽板底板(或盖板)的线槽中,上部再用盖板把导线盖住的配线方式。

槽板配线适用于相对湿度经常在60%及以下的干燥房屋,如办公室、生活间内明配敷设。

槽板配线方式比瓷(塑料)夹板配线整齐、美观,也比线管配线便宜,但由于裸露,较之并不美观。

在建筑电气工程的照明工程中,随着人们物质生活水平的提高,大型公用建筑已基本不用槽板配线,在一般民用建筑或有些古建筑的修复工程中,以及个别地区仍有较多的使用。

常用槽板有两种,一种是木槽板,另一种是塑料槽板。木槽板有双线的,也有三线的,其外形如图2.8.5所示。

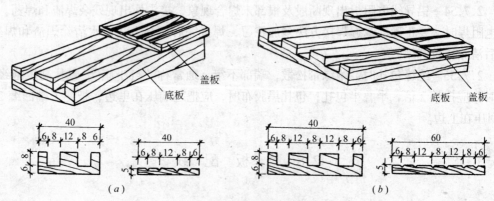

图 2.8.5 木槽板外形示意图
(a) 双线木槽板;(b) 三线木槽板

木槽板应使用干燥、坚固、无节裂的木材制成。木槽板的内、外应平整光滑、无棱刺,并应经阻燃处理;塑料槽板表面应有阻燃标记,内、外应平整光滑无棱刺、无脆裂和扭曲变形现象。

槽板布线应根据线路每段的导线根数,选用合适的双线槽或三线槽的槽板。

运到施工现场的槽板,在安装前首先要进行外观检查和验收,合格的槽板方可使用。应剔除开裂和过分扭曲变形的次品。挑选平直的用于长段线路和明显的场所,略次的设法

用于较隐蔽场所或截短后用于转角、绕梁、柱等地方敷设。

2.8.6 槽板配线的定位划线

槽板配线施工，应在室内抹灰及装饰工程结束后进行，在槽板安装前也应进行定位划线。

槽板配线不允许埋入或穿过墙壁，也不允许直接穿过楼板。但在主体施工阶段，应配合土建施工进行保护管的预埋，防止后期施工打洞。槽板布线在穿过楼板时必须用钢管保护。

槽板配线的定位划线，要根据设计图纸，结合规范的规定，确定较为理想的线路布局。槽板配线宜敷设于隐蔽的地方。应尽量沿建筑物的线脚、横梁、墙角等处敷设，与建筑物的线条平行或垂直布置。槽板布线在水平敷设时至地面的最小距离，不应小于2.5m；垂直敷设时不应小于1.8m。

为使槽板配线线路安装的整齐、美观，可用粉线袋沿槽板水平和垂直的敷设路径的一侧弹浅色粉线。

2.8.7 槽板的加工

槽板布线应按线路敷设的位置和走向，加工好各种形状的槽板。槽板的加工，可使用手工钢锯锯断。在槽板锯断前应先制作小模具，模具可用硬质木材或金属制作，用木材制作时选用三条厚度适当长度相等的木板条，其中一条木板的宽度应略宽于槽板的宽度，用此板条做模具的底部，另两条宽度适当且相等的木板条做侧面；钉在做底的木条的两侧呈木槽状的模具。在木模具长度上选择两个适当的位置，用钢锯条顺向模具交叉锯两个45°的斜口，同时，横向模具锯一个90°的锯口，如图2.8.7所示。

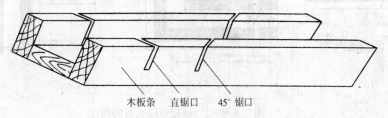

木板条　直锯口　45°锯口

图2.8.7 槽板加工用模具

槽板的加工模具制作好以后，就可以根据计算好的每根盖板和底板的所需长度和形状在模具内进行锯割加工。

槽板由于敷设部位不同，锯割的形状也不同，在直线段上和在同一平面90°转角或不同平面90°转角时，盖板和底板均应锯成45°的斜口对接。线路分支时，接头处可以做成"T"字接法，也可以将槽板端部锯成90°进行T字三角叉接。

2.8.8 槽板底板的固定

槽板配线要先固定槽板底板，槽板要根据不同的建筑结构及装饰材料，采用不同的固定方法。

在木结构上，槽板底板可以直接用木螺丝或钉子固定；在灰板条墙或顶棚上，可用木螺丝固定；在砖墙上可用木螺丝或钉子把槽板底板固定在预先埋设好的木砖上，也可以用木螺丝把槽板底板固定在塑料胀管上；在混凝土上，可以用水泥钉或塑料胀管固定。

无论采用什么方法固定，槽板应在距底板端部50mm处加以固定，三线槽的槽板应交错进行固定或用双钉固定,底板的固定点不应设在底槽的线槽内。特别应注意塑料槽板固定时底板与盖板不能颠倒使用。

槽板布线由于每段槽板长度各有不同,在整条线路上,不可能各段都一样,尤其是在槽板转弯和端部更为明显,同时受建筑物结构限制,中间固定点的间距无法要求一致,但每段槽板的底板中间固定点的距离应小于500mm。两相邻固定点间的间距要均匀一致。固定好后的槽板底板应紧贴建筑物或构筑物表面,无缝隙,且平直整齐;多条槽板并列敷设时,应无明显缝隙。

槽板底板对接时,接口处底板的宽度应一致,线槽要对准,对接处斜角角度应正确,接口应紧密。在直线段对接时两槽板应在同一条直线上,槽板转角时应呈90°角,并把线槽内侧削成圆形,防止布线时刮伤导线绝缘层。在槽板分支处应做三角叉接,如做"T"字接法时,在分支处应把底板线槽中部分用小锯条锯断铲平,使导线在线槽中能够宽畅通过。

槽板在封端处应呈斜角。在加工底板时应将底板坡向底部锯成斜角。线槽与保护管呈90°连接,有条件时可在底板端部适当位置上钻孔与保护管进行连接,把保护管压在槽板内,槽板盖板的端部也应呈斜角封端。

槽板布线底板的固定如图2.8.8-1所示。

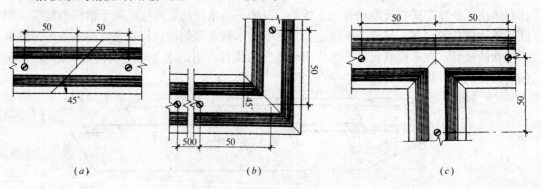

图2.8.8-1 槽板布线底板的固定
(a)底板对接的做法;(b)底板拐角做法;(c)底板分支接头做法

塑料槽板敷设时的环境温度,不应低于-15℃。

塑料槽板的固定方法与木槽板固定方法是一样的,但在现场施工中很多操作者没有分清塑料槽板的底板与盖板,错误的把底板当成盖板,把盖板又当成底板。在施工时应本着槽板应紧贴建筑物表面的原则进行。常用的塑料槽板如图2.8.8-2所示。

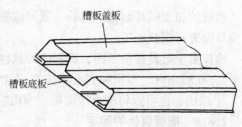

图2.8.8-2 塑料槽板

2.8.9 导线敷设

槽板的底板固定好后,就可以敷设导线了。敷设塑料绝缘导线时环境温度不应低于-15℃。

槽板内敷设的绝缘导线的额定电压不应低于500V。使用铜芯导线时,最小线芯截面

不应小于 $1.0mm^2$，使用铝芯导线时，最小线芯截面不应小于 $1.5mm^2$。为了便于接线，使用塑料绝缘导线时应分色。

木槽板布线时，可以直接把绝缘导线敷设在底板的线槽内，也可以边敷设导线边固定盖板；塑料槽板布线时，导线需直接敷设在盖板上的线槽内，并应与盖板的固定同时进行。

为了使槽板布线的导线在接头时易于辩认、接线正确，在一条槽板内应敷设同一回路导线。

为了使同线槽导线，当其线芯发生碰触也不会造成相间短路，在一条宽线槽内应敷设同一相位的导线。在同一照明回路中的电源相线和经过开关控制后的开关线，属于同一相位，可以同时敷设在一个宽线槽内。

导线在槽板内不得受挤压。槽板内敷设导线不许有中间接头，因槽板内接头会给今后维修、检查带来困难，导线接头可设在槽板外面或器具及接线盒内，槽板布线使用的接线盒如图 2.8.9 所示。

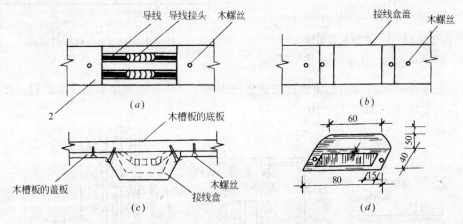

图 2.8.9 木槽板布线接线盒
(a) 接线盒盖打开时；(b) 接线盒盖盖上时；(c) 侧面图；(d) 接线盒盖

当导线敷设到灯具、开关、插座或接头处，为了方便器具接线，要留出适当余量，一般不宜小于 150mm。在配电箱（盘）或集中控制的开关板处，地线要留出不小于盘、板面半周长的余量。

槽板布线的导线连接方法，可参见本篇第七章"管内穿线和导线连接"中的有关内容。但总的要求是：不伤芯线，连接牢固，包扎严密，绝缘良好。

2.8.10 槽板盖板的固定

塑料槽板布线固定盖板的方法与木槽板盖的固定方法不同，塑料槽板盖板的固定与导线同时进行。塑料盖板与底板的一侧相咬合后，向下轻轻一按，另一侧盖板与底槽即可咬合，盖板上不需再用螺丝固定。

木槽板的盖板与底板之间应使用木螺丝固定。使用钉子固定盖板不便线路的检修，不宜提倡。

盖板两端固定点，距离盖板的端部应为 30mm，中间固定点应小于 300mm。如图 2.8.10-1 所示。盖板固定螺丝，应沿底板的中心线布置，注意对中、放直，不应损伤线槽内的导线。

三线槽的盖板应用双螺丝钉固定,双螺丝应相互平行。盖板顺向固定的木螺丝应在同一条直线上,但木螺丝顶部的开口朝向应一致。

槽板布线直线段盖板接口处与底板的接口应相互错开。其错开距离不应小于20mm。接口处的45°斜角应接触紧密,不留空隙,如图2.8.10-2所示。

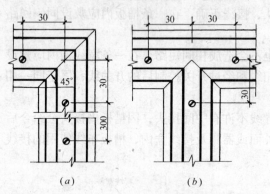

图2.8.10-1 木槽板盖板做法
(a)盖板拐角做法;(b)盖板分支接头做法

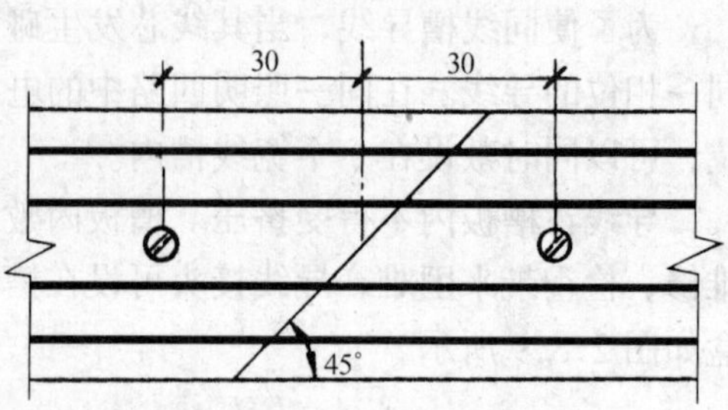

图2.8.10-2 盖板对接做法

盖板在终端处的封端,是将盖板按底板锯出斜度,将盖板的里面锯成半豁口,按底板斜角覆盖折复固定,如图2.8.10-3所示。

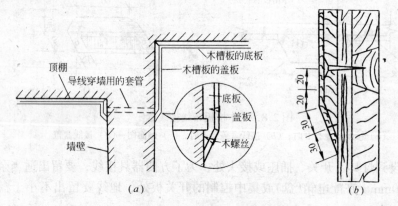

图2.8.10-3 木槽板封端做法
(a)示意图;(b)局部做法图

槽板盖板固定完成后,应进行线路水平和垂直的测量。无论是水平敷设还是垂直敷设,其直线段的平直度和垂直度的允许偏差均不应大于5mm。

Ⅲ 质 量 标 准

2.8.11 主控项目

2.8.11.1 导线及槽板的材质必须符合设计要求和有关规定,木槽板应经难燃处理,塑料槽板表面应有难燃标识;导线间和导线对地间的绝缘电阻值必须大于0.5MΩ。

检查方法:抽查10个回路,目测检查,绝缘电阻值进行实测或检查绝缘电阻测试记录。

2.8.11.2 槽板内电线无接头，电线连接设在器具处；槽板与多种器具连接时，导线应留有余量，器具底座应压住槽板端部。

检查方法：全数检查，目测检查。

2.8.11.3 槽板敷设应紧贴建筑物表面，且横平竖直、固定可靠。严禁用木楔固定槽板。

检查方法：全数检查，目测检查和用拉线及尺量检查平直度和垂直度。

2.8.12 一般项目

2.8.12.1 木槽板无劈裂，塑料槽板无扭曲变形。槽板底板固定点间距应小于500mm；槽板盖板固定点间距应小于300mm；底板距终端50mm和盖板距终端30mm处应固定。

检查方法：抽查10处，目测检查。

2.8.12.2 槽板的底板接口与盖板接口应错开20mm，盖板在直线段和90°转角处应成45°斜口对接，T形分支处应成三角叉接，盖板应无翘角，接口应严密整齐。

检查方法：抽查10处，目测检查。

2.8.12.3 槽板穿过梁、墙和楼板处应有保护套管，跨越建筑物变形缝处槽板应设补偿装置，且与槽板结合严密。

检查方法：全数检查，目测检查。

Ⅳ 成品保护

2.8.13 在槽板配线时，应注意保持建筑物表面清洁。

2.8.14 槽板配线完成后，不应再进行室内建筑物表面的装修工作，以防止破坏或污染槽板和电气器具。

Ⅴ 安全注意事项

2.8.15 施工中用的梯子应牢固，下端应有防滑措施，单面梯子与地面夹角以60°～70°为宜；人字梯要在距梯脚40～60mm处设拉绳，不准站在梯子最上一层工作。

2.8.16 站在高处安装时，工具及材料应拿稳，防止掉落伤人。

Ⅵ 质量通病及其防治

2.8.17 槽板扭曲变形。在选料时要认真，把平直的用于长段线路和明显的场所，略次的设法用于其他较稳蔽场所。

2.8.18 盖板接口不严密。加工下料槽板时，在槽板锯断前应先制做好小模具，然后再根据盖板和底板每段所需要的长度和形状在模具内锯割加工。

2.8.19 器具的绝缘台与槽板对接处有缝隙。器具绝缘台或底座应压住槽板端部。

2.9 金属线槽配线

Ⅰ 施工准备

2.9.1 材料
1. 金属线槽、吊装金属线槽，及其附件等。
2. 各种规格的电线、电缆等。
3. 膨胀螺栓等。

2.9.2 机具
1. 线坠、粉线袋、卷尺、电工工具等。
2. 手电钻或冲击钻等。

2.9.3 作业条件
1. 配合土建工程施工，预留孔洞、预埋件应全部结束。
2. 吊顶内线槽安装时，应在吊顶前进行。吊顶下面线槽安装应在吊顶基本结束或配合龙骨安装进行。

Ⅱ 施工工艺

2.9.4 施工程序

预留孔洞 → 支架、吊架安装 → 线槽安装 → 线槽配线 → 绝缘测试

2.9.5 线槽的选择

金属线槽配线一般适用于正常环境(干燥和不易受机械损伤)的室内场所明敷，由于金属线槽多由厚度为0.4~1.5mm的钢板制成，其构造特点决定了在对金属线槽有严重腐蚀的场所不应采用金属线槽配线。

具有槽盖的封闭式金属线槽，有与金属管相当的耐火性能，可用在建筑物顶棚内敷设。

选择金属线槽时，应考虑到导线的填充率及载流导线的根数，应满足散热、敷设等安全要求。

导线及金属线槽的规格，必须符合设计要求和有关规范规定。

2.9.6 金属线槽的外观检查

金属线槽及其附件，应采用表面经过镀锌或静电喷漆的定型产品，其规格、型号应符合设计要求并有产品合格证。

线槽内外应光滑平整、无棱刺，线槽应无扭曲和翘边等变形现象。

2.9.7 弹线定位

金属线槽安装前，要根据设计图确定出电源及盒(箱)等电气设备、器具的安装位置，从始端至终端找好水平或垂直线，用粉袋沿墙、顶棚或楼(地)面等处，弹出线路的中心线并根据线槽固定点的要求，分匀档距标出线槽支、吊架的固定位置。

金属线槽敷设时，吊点及支持点的距离，应根据工程具体条件确定，一般在直线段固定间距不应大于3m，在线槽的首端、终端、分支、转角、接头及进出接线盒处应不大于0.5m如图2.9.7所示。

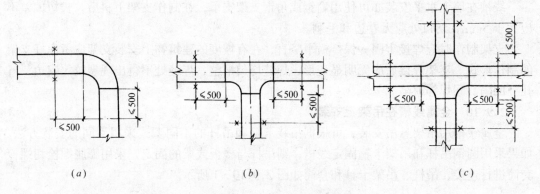

图 2.9.7　金属线槽固定点距离
(a) 90°弯通；(b) 直角三通；(c) 直角四通

2.9.8　金属线槽在墙上固定安装

金属线槽在墙上固定安装时，可采用 8mm×35mm 半圆头木螺丝配塑料胀管的安装方式施工，并应根据金属线槽的宽度采用一个或两个塑料胀管配合木螺丝并列固定。

当线槽的宽度 b≤100mm 时，可采用一个胀管固定；如线槽的宽度 b>100mm 时，应采用两个胀管并列固定，如图 2.9.8 所示。

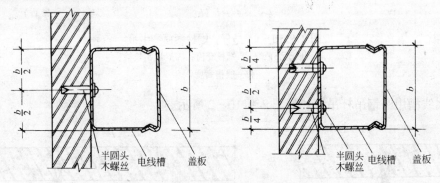

图 2.9.8　金属线槽在墙上固定安装

金属线槽在墙上固定安装的固定间距为 500mm，每节线槽的固定点不应少于两个，线槽固定的螺钉，固定后其端部应与线槽内表面光滑相连，线槽槽底应紧贴墙面固定。

线槽的连接应连续无间断，线槽接口应平直、严密，线槽在转角、分支处和端部均应有固定点。

2.9.9　金属线槽在墙体水平支架上安装

金属线槽在墙上水平安装可使用托臂支承，托臂的型式由工程设计决定，托臂在墙上的安装方式可采用膨胀螺栓固定，线槽在托臂上安装，如图 2.9.9 所示。当金属线槽宽度 b≤100mm 时，线槽在托臂上可采用一个螺栓固定。

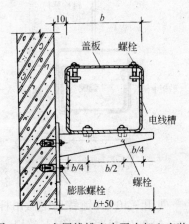

图 2.9.9　金属线槽在水平支架上安装

线槽在墙上水平安装亦可使用扁钢或角钢支架支承,在制作支架下料后,长短偏差不应大于 5mm,切口处应无卷边和毛刺。

支架制作时应焊接牢固,保持横平竖直,在有坡度的建筑物上安装支架应考虑好支架的制作形式。支架焊接后应无明显变形,焊缝均匀平整,焊缝处不得出现裂纹、咬边、气孔、凹陷、漏焊等缺陷。

2.9.10 金属线槽在吊架上安装

金属线槽用吊架悬吊安装,可根据吊装卡箍和吊杆的不同型式采用不同的安装方法。如果采用圆钢吊杆和吊架卡箍固定线槽,则吊杆与楼板或梁的固定,采用膨胀螺栓和螺栓套筒进行连接,吊杆、吊架卡箍和套筒如图 2.9.10-1 所示。

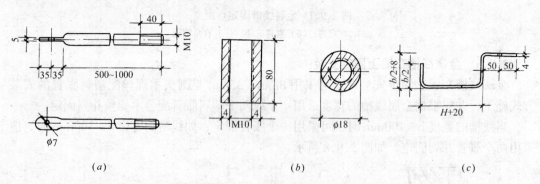

图 2.9.10-1 吊杆、螺栓套筒和卡箍
(a) 圆钢吊杆;(b) 螺栓套筒;(c) 扁钢长箍;
H—线槽高度

金属线槽用圆钢吊杆吊装,如图 2.9.10-2 所示。

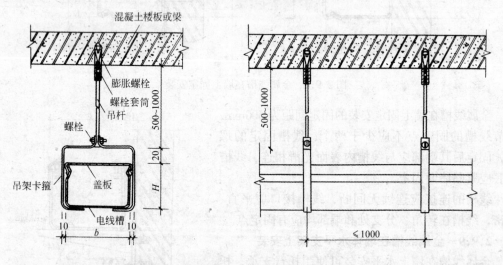

图 2.9.10-2 线槽用圆钢吊架安装

使用-40×4 镀锌扁钢做吊杆时,固定线槽如图 2.9.10-3 所示。吊杆也可以使用不小于 $\phi 8$ 圆钢制作,圆钢上部焊接在⌐形-40×4 扁钢上,⌐形扁钢上部用膨胀螺栓与建筑物结构固定。

2.9 金属线槽配线

金属线槽组装时，金属线槽的连接应无间断，直线段连接应采用连接板，用垫圈、弹簧垫圈、螺栓螺母紧固，连接处间隙应严密、平直。在线槽的两个固定点之间，线槽与线槽的直线段连接点，只允许有一个。

线槽进行转角、分支连接时，应采用弯通、二通、三通、四通或平面二通、平面三通等进行变通连接。

线槽与盒（箱）连接时，进线和出线口处应采用抱脚连接，并用螺丝紧固。金属线槽的末端应加装封堵。

建筑物的表面如有坡度时，线槽应随其坡度变化。待线槽全部敷设完毕后，应进行调整检查。

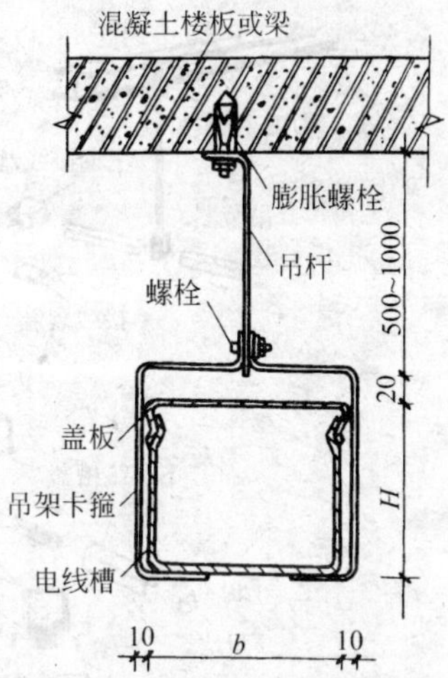

图 2.9.10-3 线槽用扁钢吊架安装

2.9.11 吊装金属线槽的安装

吊装金属线槽在吊顶内安装时，吊杆可用上述方法用膨胀螺栓与建筑混凝土楼板或梁固定。

吊装金属线槽于钢结构固定时，可进行焊接固定，将吊架直接焊在钢结构的固定位置处。也可以使用万能吊装卡具与角钢、槽钢、工字钢等钢结构进行安装，如图 2.9.11 所示。

吊装金属线槽在吊顶下吊装时，吊杆应固定在吊顶的主龙骨上，不允许固定在副龙骨或辅助龙骨上。

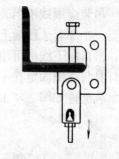

图 2.9.11 用万能吊装卡具在钢结构上固定

2.9.12 吊装金属线槽的组装

吊装金属线槽在吊杆安装好以后，就可以进行线槽的组装。

吊装金属线槽安装时可以根据不同需要，可以槽口向上安装，也可以槽口向下安装，如图 2.9.12-1 和图 2.9.12-2 所示。

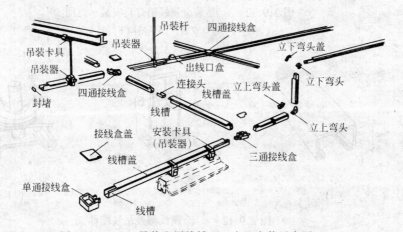

图 2.9.12-1 吊装金属线槽开口向上安装示意图

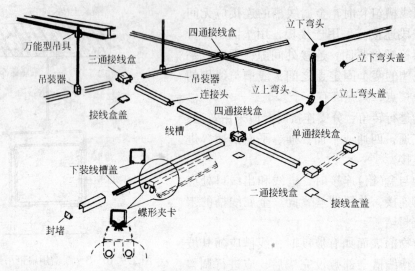

图 2.9.12-2 吊装金属线槽开口向下安装示意图

吊装金属线槽组装时,应先安装干线线槽,后装支线线槽。安装时拧开吊装器,把吊装器下半部套入线槽上,使线槽与吊杆之间通过吊装器悬吊在一起。如在线槽上安装灯具时,槽口向下线槽可用蝶形夹卡将灯具与线槽固定;槽口向上线槽安装灯具可用蝶形螺栓将灯具与线槽固定在一起,如图 2.9.12-3 所示。接着再把线槽逐段组装成形。金属线槽及吊装配件如图 2.9.12-4 所示。

图 2.9.12-3 吊装金属线槽灯具安装示意图
(a)槽口向上灯具安装;(b)槽向下灯具安装

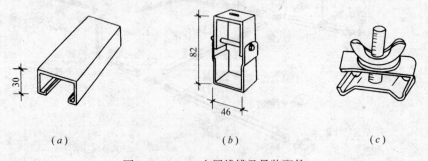

图 2.9.12-4 金属线槽及吊装配件
(a)金属线槽;(b)吊装器;(c)蝶形夹卡

线槽与线槽应采用内连接头或外连接头(图2.9.12-5),进行连接用沉头或圆头螺栓配上平垫和弹簧垫圈用螺母紧固。

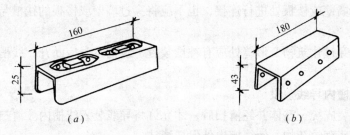

图 2.9.12-5 线槽连接头
(a) 内连接头;(b) 外连接头

吊装金属线槽在水平方向分支时,应采用二通、三通、四通接线盒进行连接;金属线槽在不同平面转弯时,转弯部分应采用立上弯头或立下弯头,按图2.9.12-6进行连接,安装角度要适宜。

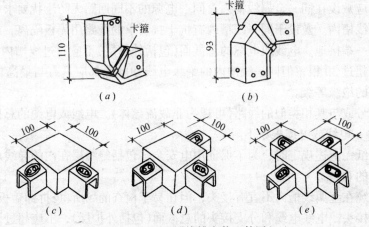

图 2.9.12-6 金属线槽安装配件图(一)
(a) 立上弯头;(b) 立下弯头;(c) 二通接线盒;
(d) 三通接线盒;(e) 四通接线盒

在线槽出线口处应利用出线口盒进行连接,如图2.9.12-7(a)。末端部位要装上封堵进行封闭,如图2.9.12-7(b)。在盒(箱)进出线处应采用抱脚,如图2.9.12-7(c)进行线槽与盒(箱)的连接。

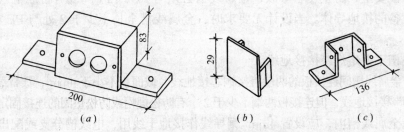

图 2.9.12-7 金属线槽安装配件图(二)
(a) 出线口盒;(b) 封堵;(c) 抱脚

2.9.13 线槽的穿墙做法

金属线槽在通过墙体或楼板处，应在土建工程主体施工中，配合土建预留孔洞。金属线槽不得在穿过墙壁或楼板处进行连接，也不应将穿过墙壁或楼板的线槽与墙或楼板上的孔洞一连抹死。

金属线槽在穿过建筑物变形缝处应有补偿装置。线槽本身应断开，线槽用内连接板搭接，不需固定死。

2.9.14 线槽内导线敷设

金属线槽组装成统一整体并经清扫后，才允许将导线装入线槽内。清扫线槽时，可用抹布擦净线槽内残存的杂物，使线槽内外保持清洁。

放线前应先检查导线的选择是否符合设计要求，导线分色是否正确，放线时应边放边整理，不应出现挤压背扣、扭结、损伤绝缘等现象。并应将导线按回路（或系统）编号分段绑扎，绑扎点间距不应大于2m。绑扎时应采用尼龙绑扎带或线绳，不允许使用金属导线或绑线进行绑扎。导线绑扎好后，应分层排放在线槽内并做好永久性编号标志。

线槽内导线的规格和数量应符合设计规范 JGJ/T16-92 的规定：同一回路的所有相线和中性线，应敷设在同一金属线槽内；同一电源的不同回路无防干扰要求的线路，可敷设在同一金属线槽内。敷设于同一线槽内有抗干扰要求的线路用隔板隔离，或采用屏蔽电线且屏蔽护套一端接地。电线或电缆的总截面（包括外护层）不应超过线槽内截面的20%，载流导体不宜超过30根；但同一线槽内的绝缘电线和电缆都应具有与最高标称回路电压回路绝缘相同的绝缘等级。

控制、信号或与其相类似的线路（可视为非载流导体），电线或电缆的总截面不应超过线槽内的50%，电线或电缆根数不限。

当设计图纸无上述规定时，为了保证用电安全，包括绝缘层在内的导线总截面不应大于线槽截面积的60%。

电线或电缆在金属线槽内不宜有接头，但在易于检查的场所（可拆卸盖板），可允许在线槽内有分支接头，电线电缆和分支接头的总截面（包括外护层），不应超过该点线槽内截面的75%；在不易于拆卸盖板的线槽内，导线的接头应置于线槽的接线盒内。

在金属线槽垂直或倾斜敷设时，应采取措施防止电线或电缆在线槽内移动，使绝缘造成损坏，拉断导线或拉脱拉线盒（箱）内导线。

引出金属线槽的配管管口处应有护口，电线或电缆在引出部分不得遭受损伤。

2.9.15 保护线敷设和接地

为了保证安全，防止发生事故，金属线槽必须与 PE 或 PEN 线有可靠电气连接，但不应作为设备的接地导体。当设计无要求时，金属线槽全长不少于2处与 PE 或 PEN 线干线连接。

金属线槽不得熔焊跨接接地线。

非镀锌金属线槽间连接板的两端跨接铜芯接地线，截面积不小于4mm^2，镀锌线槽间连接板的两端不跨接接地线，但连接板两端不少于2个有防松螺帽或防松垫圈的连接固定螺栓。

在强电金属线槽内，应设置4mm^2 铜导线作接地干线用，电线槽分支或配出的导线接地（PE）线支线，应从接地（PE）干线上引出。

当线槽内敷设导线回路，不需接地保护时，当线槽底板对地距离高于2.4m时，线槽内可不设保护(PE)线。当线槽底板低于2.4m时,线槽本身和线槽盖板均必须加装保护(PE)线。

Ⅲ 质量标准

2.9.16 主控项目

2.9.16.1 导线及金属线槽的规格,必须符合设计要求和有关规范规定。

检查方法:全数检查,目测检查和检查产品合格证。

2.9.16.2 导线之间和导线对地间的绝缘电阻值必须大于0.5MΩ。

检查方法:全数检查,实测或检查绝缘电阻测试记录。

2.9.16.3 金属的线槽必须与PE或PEN线有可靠电气连接,并符合下列规定:

1. 金属线槽不得熔焊跨接接地线;

2. 金属线槽不作设备的接地导体,当设计无要求时,金属线槽全长不少于2处与PE或PEN线干线连接;

3. 非镀锌金属线槽间连接板的两端跨接铜芯接地线,截面积不小于4mm^2,镀锌线槽间连接板的两端不跨接接地线,但连接板两端不少于2个有防松螺帽或防松垫圈的连接固定螺栓。

检查方法:全数检查,目测检查。

2.9.17 一般项目

2.9.17.1 线槽应安装牢固,无扭曲变形,紧固件的螺母应在线槽外侧。

检查方法:抽查总数的5%,但不少于5段,目测检查。

2.9.17.2 线槽在建筑物变形缝处,应设补偿装置。

检查方法:全数检查,目测检查。

2.9.17.3 采用多相供电时,线槽内的电线绝缘层颜色选择应一致,即专用保护线(PE)应是黄绿相间色;中性线(N)用淡蓝色;相线用:L_1相—黄色、L_2相—绿色、L_3相—红色。

检查方法:全数检查,目测检查。

2.9.17.4 线槽敷线应符合下列规定:

1. 电线在线槽内,不得有接头,接头应置于线槽的接线盒内;

2. 电线在线槽内有一定余量,当设计无规定时,包括绝缘层在内的导线总截面不应大于线槽截面积的60%;

3. 同一回路的相线(L)和中性线(N),敷设于同一金属线槽内;

4. 同一电源的不同回路无抗干扰要求的线路可敷设于同一线槽内;敷设于同一线槽内有抗干扰要求的线路用隔板隔离,或采用屏蔽电线且屏蔽护套一端接地。

5. 线槽内的电线按回路编号分段绑扎,绑扎点间距不大于2m。

检查方法:各抽查总数的5%,目测检查。

Ⅳ 成品保护

2.9.18 安装金属线槽及槽内配线时,应注意保持好建筑物清洁。

2.9.19 吊顶内安装金属线槽及槽内配线时,应注意不能损坏吊顶。

2.9.20 金属线槽安装后,不应再进行建筑物喷浆和刷油,以防止金属线槽受到污染。

2.9.21 使用梯子时,应注意不要碰坏建筑物的墙面及门窗等。

Ⅴ 安全注意事项

2.9.22 使用自制高架车施工时，站人部位周围应有护栏。

2.9.23 站在高处传递物品时要拿稳，防止掉落伤人。

Ⅵ 质量通病及其防治

2.9.24 支架或吊架固定不牢。用膨胀螺栓固定支、吊架时，钻孔尺寸偏差大或膨胀螺栓未拧紧，应及时修复。

2.9.25 金属线槽在穿过建筑物变形缝处未做处理。应重新断开底板，导线和保护线应留有补偿余量。

2.9.26 线槽内导线放置混乱，应将导线重新顺理平直，并绑扎成束。

2.9.27 导线连接，线芯受损伤，缠绕圈数或倍数不符规定，挂钩不饱满，绝缘包扎不严密。应按管内穿线和导线连接中的有关内容重新进行连接。

2.10 地面内暗装金属线槽配线

Ⅰ 施工准备

2.10.1 材料

1．地面内暗装金属线槽及其附件等；
2．各种规格的电线、电缆等。

2.10.2 机具

粉线袋、卷尺、电工工具等。

2.10.3 作业条件

当暗装线槽敷设在现浇混凝土楼板内时，楼板厚度不应小于200mm；当敷设在楼板垫层内时，垫层的厚度不应小于70mm，并避免与其他管路相互交叉。

配合土建施工，在现浇混凝土内安装时模板及钢筋工程应结束；在地面垫层内安装时，楼板应安装调整完毕。线槽安装时土建专业应给出室内地坪标高线。

Ⅱ 施工工艺

2.10.4 施工程序

| 线槽选择、检查 | → | 线槽安装 | → | 线槽内导线敷设 |

2.10.5 线槽的选择

地面内暗装金属线槽配线，是为适应现代化建筑物电气线路日趋复杂而配线出口位置又多变的实际需要而推出的一种新的布线方式。是将电线或电缆穿在经过特制的壁厚为2mm的封闭式矩形金属线槽内，直接敷设在混凝土地面、现浇钢筋混凝土楼板或预制混凝土楼板的垫层之内。

地面内暗装金属线槽的外形，如图2.10.5所示。

地面内暗装线槽分为单槽型及双槽分离型两种结构形式，当强电与弱电线路同时敷设时,为防止电磁干扰应将强、弱电线路分隔而采用双槽分离型线槽分槽敷设。在线路交叉处应设置屏蔽分线盒。

应根据线槽内导线的允许填充率选择线槽的型号。50和75系列线槽内允许容纳导线及数量见表2.10.5所示。

地面内暗装金属线槽及其附件,应采用经过镀锌处理的产品。其规格、型号应符合设计要求。

金属线槽的内外应光滑平整、无棱刺、扭曲和变形现象。

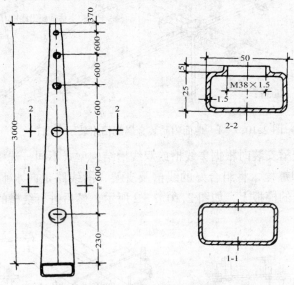

图 2.10.5 地面金属线槽外形尺寸图

线槽内允许容纳导线及电缆数量表　　　　　表 2.10.5

导线型号名称及规格	BV500V 绝缘导线						通信及弱电线路导线及电缆			
	单支导线规格(mm²)						RVB 平型软线	HYV 电话电缆	SYU 同轴电缆	
线槽型号及规格	1	1.5	2.5	4	6	10	2×0.2	2×0.5	75-5	75-9
	槽内容纳导线根数						槽内容纳导线对数或电缆(条数)			
50 系列	60	35	25	20	15	9	40 对	(1)×80 对	(25)	(15)
70 系列	130	75	60	45	35	20	80 对	(1)×150 对	(60)	(30)

2.10.6　测量定位

地面内暗装金属线槽配线,由于线槽及附件的体积较大,在设计与施工中应与土建专业密切配合,以便根据不同的结构型式和建筑布局,合理确定线路路径和材料选型。

地面内线槽安装前,应及时配合土建地面或楼(地)面工程施工。根据地面或楼(地)面的结构形式不同,抄平后测定线槽敷设位置,进行弹线定位,土建专业应及时给出室内地坪线。

2.10.7　地面内暗装金属线槽安装

地面内暗装金属线槽的组合安装,如图 2.10.7-1 所示。

2 室内线路敷设

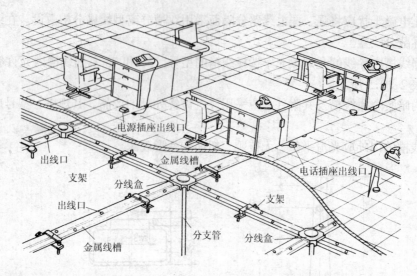

图 2.10.7-1 地面内暗装金属线槽组装示意图

地面内暗装金属线槽安装时根据单线槽或双线槽结构型式不同,选择单压板或双压板与线槽组装并上好卧脚螺栓,将组合好的线槽及支架,沿线路走向水平放置在地面或楼(地)面的抄平层或楼板的模板上,如图 2.10.7-2 所示,然后进行线槽的连接。

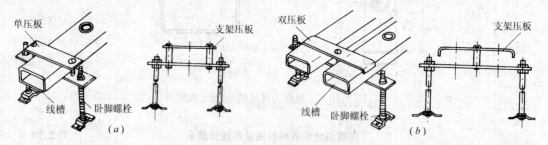

图 2.10.7-2 单、双线槽支架安装示意图
(a) 单线槽支架;(b) 双线槽支架

地面线槽的支架安装距离应按工程具体情况进行设置。一般情况下应设置于直线段大于 3m 或在线槽接头处、线槽进入分线盒 200mm 处。

地面内暗装金属线槽的制造长度一般为 3m,每 0.6m 设一个出线口,当需要线槽与线槽相互进行连接时,应采用线槽连接头进行连接,如图 2.10.7-3 所示,线槽的对口处应在线槽连接头中间位置上,线槽接口应平直,紧定螺钉应拧紧,使线槽在同一条中心轴线上。

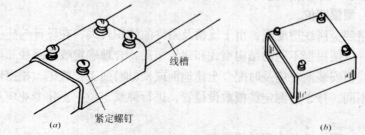

图 2.10.7-3 线槽连接头安装示意图
(a) 线槽连接;(b) 连接头

2.10 地面内暗装金属线槽配线

地面内暗装金属线槽为矩形断面,而不能进行线槽的弯曲加工,当遇有线路交叉、分支或弯曲转向时,必须安装分线盒,如图2.10.7-4所示。当线槽的直线长度超过6m时,为方便线槽内穿线也宜加装分线盒。分线盒的规格见表2.10.7-1和表2.10.7-2。

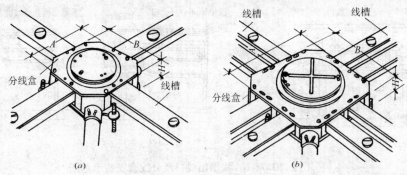

图2.10.7-4 单、双槽分线盒安装示意图
(a) 单线槽分线盒;(b) 双线槽分线盒

单线槽分线盒规格(mm)　　　表2.10.7-1

线槽系列	A	B	H
50	180	180	60
70	182	182	70

双线槽分线盒规格(mm)　　　表2.10.7-2

线槽系列	A	B	H
50	250	250	60
70	276	276	70

注:双槽分线盒带交叉隔板。

地面内金属线槽与分线盒连接时,线槽插入分线盒的长度不宜大于10mm。分线盒与地面高度的调整依靠盒体上的调整螺栓进行。

分线盒的安装附件,组合关系如图2.10.7-5所示。图中附件通用连接板、暗装封口盖与分线盒的组合适用于不明露地面的分线盒封口盖;附件通用连接板、高度调节环及明露标志盖与分线盒的组合,适用于明露地面分线盒标志盖;附件通用连接板、高度调节环及兼用出线口盖与分线盒的组合,适用于连接各种设备的分线盒出线口盖。

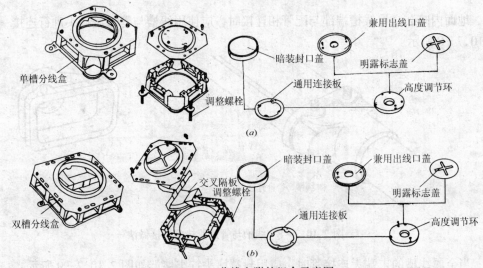

图2.10.7-5 分线盒附件组合示意图
(a) 单槽分线盒及附件;(b) 双槽分线盒及附件

双线槽分线盒安装时,应在盒内安装便于分开线路的交叉隔板。

组装好的地面内暗装金属线槽的不明露地面的分线盒封口盖,不应露出地面;露出地面的分线盒出口和出线口,必须与地面平齐,不应突出地面,如图2.10.7-6所示。

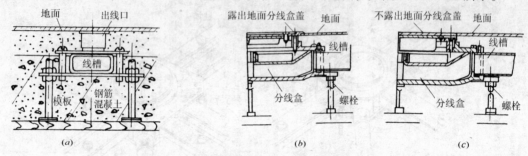

图2.10.7-6 线槽出线口及分线盒安装示意图
(a) 不明露地面出线口;(b) 露出地面分线盒;(c) 不露出地面分线盒

由配电箱、电话分线箱及接线端子箱等设备引至线槽的线路,宜采用镀锌钢导管暗敷设方式引入分线盒,如图2.10.7-7所示。

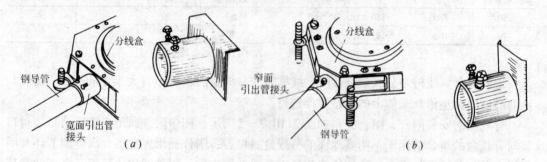

图2.10.7-7 配管与分线盒安装示意图
(a) 分线盒宽面引出管;(b) 分线盒窄面引出管

地面内暗装金属线槽端部与配管相连接时,应使用线槽与管过渡接头进行连接,如图2.10.7-8所示。

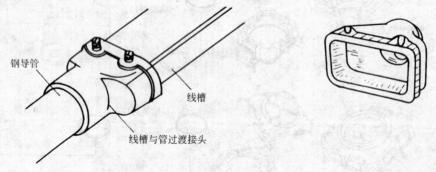

图2.10.7-8 线槽与管过渡接头连接做法

当金属线槽的末端无连接管时,应用封端堵头拧牢堵严如图2.10.7-9所示。

线槽地面出线口处,应用不同需要零件与出线口安装好如图2.10.7-10所示。

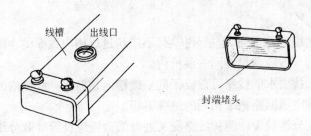

图 2.10.7-9　封端堵头安装做法

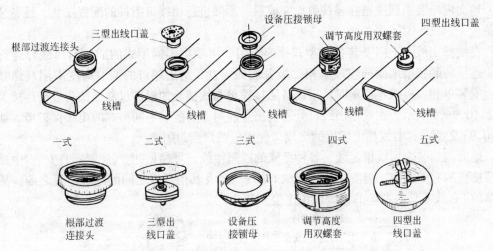

图 2.10.7-10　金属线槽出线口不同零件安装做法示意图

地面内暗装金属线槽及附件全部组装好后，再进行一次系统调整，主要根据地面厚度，仔细调整金属线槽干线、分支线和分线盒接头、出口等处，水平高度应与室内地坪线平齐，以免妨碍交通和有碍观瞻。线槽应平直整齐；水平或垂直允许偏差为其长度的2‰，全长允许偏差为20mm。经过调整后应将各盒盖盖好或堵严，以防水泥浆进入，直至配合土建楼（地）面面层施工结束为止。

为防止地面内暗装金属线槽、出线口、分线盒口露出地面过大或凹进地面面层，在配合土建施工时应加强看护。

2.10.8　线槽内导线敷设

地面内暗装金属线槽内配线时，建筑物室内装饰工程及地面工程应全部结束。应及时清除线槽内的积水和杂物。可先将引线钢丝穿通至分线盒或出线口，然后将布条绑在引线一端送入线槽内，从另一端将布条拉出，反复多次即可将槽内的杂物和积水清理干净。也可用空气压缩机或氧气将线槽内的杂物积水吹出。

穿入线槽内的导线应按相序分色，并检查导线和保护线的选择是否符合设计要求，确认无误后再放线。

放线时将导线放开、伸直、理顺，剥去端部绝缘层，与引线结扎从出线一端线槽内穿入至另一端抽出。穿线时在线槽中间导线或电缆不得有接头，接头应在分线盒内进行。导线如在分线盒内无分支接头时，导线应直接通过不断线。盒内导线接头断线连接时，导线的预留长度出盒口不应小于150mm。导线在箱（盘）内的预留长度不应小于箱（盘）面的半周长。

线槽内电线或电缆的总截面(包括外护层)不应超过线槽内截面的40%。

同一回路的所有导线应敷设在同一线槽内。

同一路径无防干扰要求的线路可敷设于同一线槽内,但同一线槽内的绝缘导线和电缆都应具有与最高标准电压回路绝缘相同的绝缘等级。

强、弱电线路应分槽敷设,两种线路交叉处分线盒内应设置屏蔽分线板。

2.10.9 地面内暗装金属线槽出线口附件配置

地面内暗装金属线槽在导线敷设完成后,需要进行出线口附件的配置安装,准备装接设备。

在线槽出线口上需安装各种型式插座盒时,可根据不同型式的插座与出线口进行连接。连接防脱锁型地面插座或单相二极普通插座盒,与出线口的调节高度需用双螺套连接;安装单相二极双连插座时,用设备压接锁母与线槽上的根部过渡连接头进行连接,如图2.10.9-1所示,在线槽出线口处需引出导线时,要配装不同型式的出线保护盖,如图2.10.9-2所示;对线槽上闲置的出线口应用出线口盖封闭。

地面内暗装金属线槽配线,各种型式的插座接线,可参见《电气照明器具安装》中插座安装接线的有关内容,但要注意在测试PE线与地及其他导线之间的绝缘电阻之前,插座回路的PE线不能与插座的接线桩相连接。

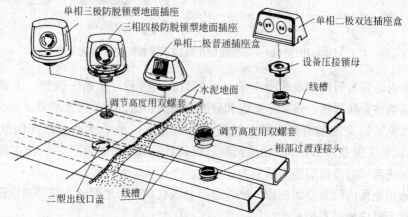

图2.10.9-1 线槽出线口附件配置图

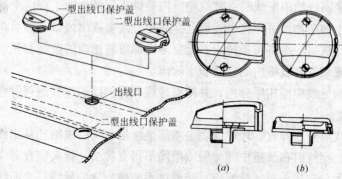

图2.10.9-2 出线口组件安装示意图
(a)一型出线保护盖;(b)二型出线保护盖

Ⅲ 质量标准

2.10.10 主控项目

2.10.10.1 导线及地面内暗装金属线槽的规格,必须符合设计要求和有关规范规定。

检查方法:全数检查,目测检查和检查产品合格证。

2.10.10.2 导线之间和导线对地间的绝缘电阻必须大于 $0.5MΩ$。

检查方法:全数检查,实测或检查绝缘电阻测试记录。

2.10.11 一般项目

2.10.11.1 线槽支架位置正确,固定可靠,接口处严密整齐。出线口、分线盒口与地面平齐无凸出及凹进现象。

检查方法:全数检查,目测和检查隐蔽工程记录。

2.10.11.2 线槽内导线数量正确,导线有适当余量,导线在线槽内无接头。导线连接不伤线芯、连接牢固、包扎严密、绝缘良好。

检查方法:抽查10%,但不少于10处,目测检查。

2.10.11.3 同一电源的不同回路无抗干扰要求的线路可敷设于同一线槽内;敷设于同一线槽内有抗干扰要求的线路用隔板隔离,或采用屏蔽电线且屏蔽护套一端接地。

检查方法:抽查10处,目测和尺量检查。

2.10.11.4 当采用多相供电时,同一建筑物线槽内的电线绝缘层颜色选择应一致,即保护线(PE线)应是黄绿相间色,零线用淡蓝色;相线用:L_1 相——黄色、L_2 相——绿色、L_3 相——红色。

检查方法:全数检查,目测检查。

Ⅳ 成品保护

2.10.12 土建地面或楼(地)面施工时,电工应进行看护,防止线槽位移。

2.10.13 线槽配线全部结束后,出线口及分线盒处,应密封良好,防止清扫有水渗入。

Ⅴ 质量通病及其防治

2.10.14 地面内暗装金属线槽、出线口、分线盒口露出地面过大或凹进地面面层,在配合土建施工时应加强看护。

2.10.15 导线连接时损伤线芯,缠绕圈数或倍数不符规定,铜导线挂钩不饱满,绝缘包扎不严密,应按管内穿线和导线连接中有关内容重新进行连接。

2.11 塑料线槽配线

Ⅰ 施工准备

2.11.1 材料

1. 塑料线槽及其附件等。
2. 各种规格的电线、电缆等。

3. 伞形螺栓、塑料胀管等。

2.11.2　机具

1. 线坠、粉线袋、卷尺、电工工具等。
2. 钢锯、喷灯、焊锡、手电钻等。

2.11.3　作业条件

1. 对塑料线槽配线工程施工有影响的模板、脚手架等应拆除，杂物应清除。
2. 对配线工程会造成污损的建筑装修工作应全部结束。

Ⅱ　施工工艺

2.11.4　施工程序

弹线定位 → 线槽固定安装 → 导线敷设 → 绝缘测试

2.11.5　塑料线槽的选择

难燃型塑料线槽，产品具备多种规格，外形美观，可起到对建筑物的装饰作用。

塑料线槽配线一般适用于正常环境的室内场所明布线，也用于科研实验室或预制墙板结构无法暗配线的工程。还适用于旧工程改造更换线路。同时用于弱电线路吊顶内暗配线场所。

在高温和易受机械损伤的场所不宜采用塑料线槽配线。

塑料线槽由槽底、槽盖及附件组成，是由难燃型硬质聚氯乙烯工程塑料挤压成型。选用塑料线槽时，应根据设计要求选择规格、型号相应的定型产品。塑料线槽及其附件的耐火及防延燃应符合有关规定，一般氧指数不应低于27%。

常用的塑料线槽型号有VXC2型、VXC25型线槽和VXCF型分线式线槽，如图2.11.5所示。

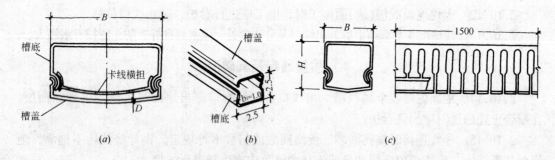

图 2.11.5　塑料线槽
(a) VXC2型线槽；(b) VXC25型线槽；(c) VXCF型分线式线槽

塑料线槽的规格见表2.11.5-1和表2.11.5-2所示。

在潮湿和有酸碱腐蚀的场所宜采用VXC2型塑料线槽。

弱电线路（通讯、信号及数据传输等）多为非载流导体，自身引起火灾的可能性极小，在建筑物顶棚内敷设时，可采用难燃型带盖塑料线槽。

选择线槽还应按线槽允许容纳导线根数来选择线槽的型号、规格。

选用的线槽应有产品合格证件，内外应光滑无棱刺，不应有扭曲、翘边等现象。

VXC2型线槽规格表(mm)　　　　　　　　表2.11.5-1

线槽型号	线槽			
	B	H	D	A
VXC2-30	30	20	1.2	300
VXC2-40	40	20	1.2	400
VXC2-50	50	20	1.5	500
VXC2-60	60	35	2.0	1200
VXC2-80	80	35	2.0	1600
VXC2-100	100	50	2.5	2000
VXC2-120	120	50	2.5	3600

VXCF型分线式线槽规格表(mm)　　　　　　　　表2.11.5-2

线槽型号	规格	
	B	H
VXCF-25	25	30
VXCF-30	30	40
VXCF-40	40	50
VXCF-50	50	60

2.11.6 线槽槽底的安装

难燃型塑料线槽明敷设安装，如图2.11.6-1所示。

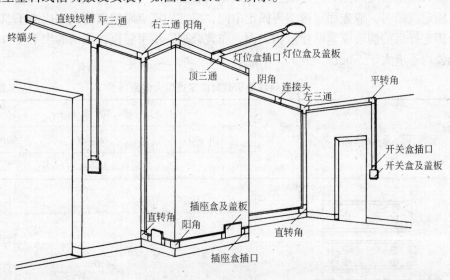

图2.11.6-1　塑料线槽明布线示意图

塑料线槽布线的敷设场所的环境温度不得低于-15℃。线槽敷设应在建筑物墙面、顶棚抹灰或装饰工程结束后进行。

塑料线槽敷设时，宜沿建筑物顶棚与墙壁交角处的墙上及墙角和踢脚板上口线上敷设。应先确定好盒(箱)等电气器具固定点的准确位置,从始端至终端按顺序找好水平线或垂直线。用粉线袋在线槽布线的中心处弹线,确定好各固定点的位置。在确定门旁开关线槽位置时,应能保证门旁开关盒处在距门框边0.15~0.2m的范围内。

塑料线槽布线应先固定槽底,线槽槽底应根据每段所需长度切断。塑料线槽布线在分支时应做成"T"字分支,线槽在转角处槽底应锯成45°角对接,对接连接面应严密平整,无缝隙。

塑料线槽槽底可用伞形螺栓固定或用塑料胀管固定,也可用木螺丝将其固定在预先埋入在墙体内的木砖上,如图2.11.6-2所示。

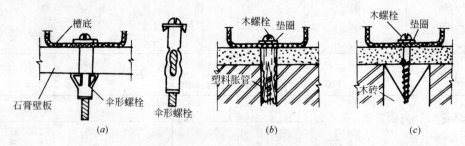

图2.11.6-2 线槽槽底固定
(a)用伞形螺栓固定;(b)用塑料胀管固定;(c)用木砖固定

塑料线槽在石膏板或其他护板墙上及预制空心板处可用伞形螺栓固定,在固定位置上,把线槽的槽底横平竖直地紧贴在建筑物的表面,钻好孔后将伞形螺栓的伞叶掐紧合拢插入孔中,待合拢的伞形自行张开后,再紧固螺栓即可。

塑料线槽槽底的固定点间距应根据线槽规格而定,一般不应大于表2.11.6中所列数值。固定线槽时,应先固定两端再固定中间,端部固定点距槽底终点不应小于50mm。

固定好后的槽底应紧贴建筑物表面,布置合理,横平竖直,线槽的水平度与垂直度允许偏差均不应大于5mm。

塑料线槽明敷时固定点最大间距　　表2.11.6

固定点型式	线槽宽度(mm)		
	20~40	60	80~120
	固定点最大间距 L(m)		
	0.8	—	—
	—	1.0	—
	—	—	0.8

2.11.7 导线敷设

在线槽内敷设塑料导线时的环境温度不应低于-15℃。

强、弱电线路不应同时敷设在同一根线槽内。同一路径无抗干扰要求的线路，可以敷设在同一根线槽内。

线槽内电线或电缆的总截面（包括外护层）不应超过线槽内截面的20%，载流导线不宜超过30根（控制、信号等线路可视为非载流导线）。

VXC2塑料线槽最大允许容纳导线根数，参见表2.11.7。线槽内有效容线总截面积（mm²），为虚线下A的部分，如图2.11.7-1。

VXC2 线槽最大允许容纳导线根数表　　　　　　　表 2.11.7

最大有效容线比	A×33%				A×27.5%				A×22%			
导线规格(mm²)	500VBV、BLV 型聚氯乙烯绝缘导线											
	1.0	1.5	2.5	4	6	10	16	25	35	50	70	95	—
线槽型号	容　纳　导　线　根　数											
VXC2-25	9	5	4	3	—	—	—	—	—	—	—	—
VXC2-30	19	10	9	7	5	—	—	—	—	—	—	—
VXC2-40	—	14	12	9	7	3	—	—	—	—	—	—
VXC2-50	—	—	15	11	9	4	3	—	—	—	—	—
VXC2-60	—	—	—	—	—	9	6	4	3	—	—	—
VXC2-80	—	—	—	—	—	—	9	6	4	3	—	—
VXC2-100	—	—	—	—	—	—	7	6	4	3	—	—
VXC2-120	—	—	—	—	—	—	—	7	6	4	3	—

放线时先将导线放开伸直，从始端到终端边放边整理，导线应顺直，不得有挤压、背扣、扭结和受损等现象。

在VXC2型线槽内敷设导线时，应随时将卡线横担卡入线槽内，如图2.11.7-2所示。卡线横担的安装间距不应大于300mm。

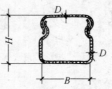

图2.11.7-1　线槽有效容线总截面积

电线、电缆在塑料线槽内不得有接头，导线的分支接头应在接线盒内进行。从室外引进室内的导线在进入墙内一段应使用橡胶绝缘导线，严禁使用塑料绝缘导线。

导线在线槽槽底内敷设完成后，就可以固定槽盖了。

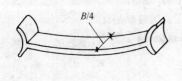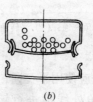

(a)　　　　　　　　　　　　(b)

图2.11.7-2　卡线横担及使用方法

(a) 卡线横担；(b) 卡线入槽步骤

2.11.8 槽盖及附件安装

塑料线槽槽盖应比照每段线槽槽底的长度按需要切断,在切断时槽盖的长度要比槽底的长度短一些,如图2.11.8-1所示,其 A 段的长度应为线槽宽度的一半,在安装槽盖时供做装饰配件就位用。塑料线槽槽盖如不使用装饰配件时,槽盖与槽底应错位搭接。

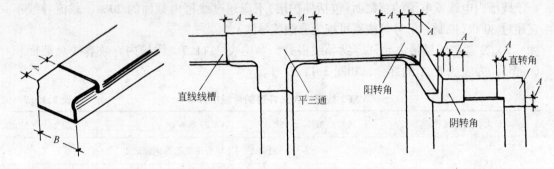

图 2.11.8-1 线槽沿墙敷设示意图

线槽的槽盖及附件一般为卡装式,将槽盖及附件平行放置对准槽底,用手一按槽盖及附件就可卡入到槽底的凹槽中。

塑料线槽布线在线槽的末端应使用附件终端头封堵,如图2.11.8-2(a)所示。同时参见图2.11.6-1。

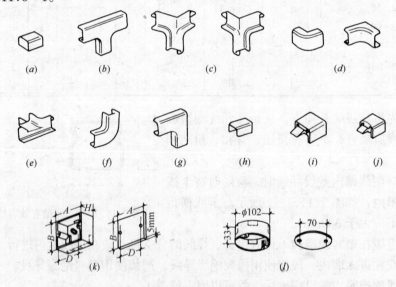

图 2.11.8-2 VXC 系列塑料线槽附件图
(a) 终端头;(b) 平三通;(c) 左、右三通;(d) 阳、阴角;
(e) 顶三通;(f) 平转角;(g) 直转角;(h) 连接头;(i) 接线盒插口;
(j) 灯头盒插口;(k) 接线盒及盖板;(l) 灯头盒及盖板

在线槽的分支处应使用平三通,如图2.11.8-2(b)所示。

在建筑物的墙角处线槽进行转角及分支布置时,应使用左三通或右三通,如图2.11.8-2(c)所示。分支线槽布置在墙角左侧时使用左三通,分支线槽布置在墙角的右侧时应使用右三通。

线槽在建筑物墙体的不同平面上转角时，应使用阳角或阴角，如图 2.11.8-2(d) 所示。

线槽在墙与顶棚的不同平面上分支时，应使用顶三通，如图 2.11.8-2(e) 所示。

线槽在墙体的同一平面上进行转角时，应使用平转角，如图 2.11.8-2(f) 所示；线槽在墙体的墙角处需要转角时，应使用直转角，如图 2.11.8-2(g) 所示。

线槽直线段需要进行连接时，应使用连接头，如图 2.11.8-2(h) 所示。

塑料线槽布线时，开关、插座盒及灯位盒应采用相同材质的定型产品，如图 2.11.8-2(k) 和图 2.11.8-2(j) 所示。线槽与开关、插座盒的连接处应使用相应的插口进行连接，如图 2.11.8-2(i) 和图 2.11.8-2(l) 所示。

塑料线槽布线在线路的分支处采用相应的线槽分线箱，分线箱及做法如图 2.11.8-3 所示。VXC2 型线槽配套用分线箱型号规格，见表 2.11.8 所示。在分线箱盖上也可安装电器件。

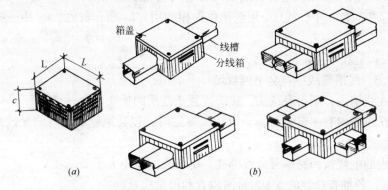

图 2.11.8-3　分线箱及线槽连接
(a) 线槽分线箱；(b) 线槽与分线箱配用图

分线箱型号规格表　　　　　　表 2.11.8

型　号	L(mm)	C(mm)
CX-1	100	50
CX-2	150	50
CX-3	200	70
CX-4	250	70
CX-5	300	100
CX-6	350	100
CX-7	400	100

塑料线槽槽盖与各种附件相对接时，接缝处应严密平整、无缝隙。槽盖及附件应无扭曲和翘角变形现象。

塑料线槽布线完成后，线槽表面应清洁无污染。在安装线槽的过程中应注意保持墙面清洁。

Ⅲ 质 量 标 准

2.11.9 主控项目

2.11.9.1 导线及线槽的材质必须符合设计要求和有关规定。

检查方法：抽查 10 个回路，目测检查。

2.11.9.2 导线间和导线对地间的绝缘电阻值必须大于 0.5MΩ。

检查方法：全数检查，实测或检查绝缘电阻测试记录。

2.11.10 一般项目

2.11.10.1 塑料线槽的连接连续无间断；每节线槽固定点不少于两个；在转角、分支处和端部均应有固定点。线槽应紧贴建筑物表面。安装牢固，无扭曲变形。

检查方法：抽查总数的 5%，但不少于 5 段，目测检查。

2.11.10.2 采用多相供电时，线槽内的电线绝缘层颜色选择应一致，即专用保护线(PE)应是黄绿相间色；中性线(N)用淡蓝色；相线用：L_1 相—黄色、L_2 相—绿色、L_3 相—红色。

检查方法：全数检查，目测检查。

2.11.10.3 线槽敷线应符合下列规定：

1. 电线在线槽内，不得有接头，接头应置于线槽的接线盒内；
2. 电线在线槽内有一定余量，当设计无规定时，包括绝缘层在内的导线总截面不应大于线槽截面积的 60%；
3. 线槽内的电线按回路编号分段绑扎，绑扎点间距不大于 2m。

检查方法：各抽查总数的 5%，目测检查和尺量检查。

Ⅳ 成 品 保 护

2.11.11 安装塑料线槽及槽内配线时，应注意保持建筑物清洁。

2.11.12 线槽安装后，不应再进行建筑装饰工程施工，以防线槽受到污染。

2.11.13 使用梯子施工时，应注意不要碰坏建筑物的门窗及墙面等。

Ⅴ 安 全 注 意 事 项

2.11.14 施工中使用的梯子应牢固，下端应有防滑措施，单面梯子与地面夹角以 60°~70°为宜；人字梯要在距梯脚 40~60mm 处设拉绳，不准站在梯子最上一层工作。

2.11.15 使用自制高度车施工时，站人部位周围应有护栏。

Ⅵ 质 量 通 病 及 其 防 治

2.11.16 线槽内有灰尘。配线前应将线槽内灰尘清理干净。

2.11.17 线槽底板松动和翘边、翘角现象。应把固定线槽的螺钉紧固，螺钉或其他紧固件端部应与线槽内表面光滑相接。

2.11.18 线槽接口不严，缝隙过大并有错台。操作时应仔细把线槽接口对好，使槽盖平整、无翘角。

2.11.19 线槽内导线分色和导线截面及根数超出线槽的允许规定。应按规范进行导线分色；导线截面和根数应符合设计要求。

2.11.20 在不易拆卸盖板的线槽内导线有接头。施工时不应马虎，导线的接头应置于线槽的接线盒或器具盒内。

2.12 钢索配线

Ⅰ 施工准备

2.12.1 材料
1. 配线用各种规格、材质的钢索；
2. 支(吊)架、拉环、花篮螺栓、钢索卡、索具套环等；
3. 钢索吊装用钢导管、刚性绝缘导管；
4. 各种规格导线、塑料护套线等。

2.12.2 机具
1. 钢锯、型钢切割机(无齿锯)、套丝机、弯管器或弯管机、管压力、喷灯等；
2. 煨管机或弯管器、活扳手、电工工具等。

2.12.3 作业条件
1. 配合土建结构施工，做好预埋件；
2. 配合土建装修进行钢索配线安装。

Ⅱ 施工工艺

2.12.4 施工程序

预埋件施工 → 钢索安装 → 钢索吊装配管、配线

2.12.5 钢索及其附件选择

在一般工业厂房内，由于房架较高，跨度较大，而又要求将灯具安装较低时，照明线路常采用钢索配线。

钢索配线是在建筑物两端安装一根用花篮螺栓拉紧的钢索，再将导线和灯具悬挂在钢索上。

钢索配线按所使用的绝缘导线和固定方式不同，可分为钢索吊管配线、钢索吊鼓形绝缘子配线、钢索塑料护套线配线。其中钢索吊管配线，又分为钢索吊钢导管配线和钢索吊刚性绝缘导管配线。

2.12.5.1 配线用钢索

钢索配线的钢索，应优先使用镀锌钢索，钢索的单根钢丝直径应小于0.5mm。在潮湿或有腐蚀性介质及易贮纤维灰尘的场所，为防止钢索锈蚀，影响安全运行，应使用塑料护套钢索。钢索配线由于含油芯的钢索易积贮灰尘而锈蚀，故不得使用含油芯的钢索。

常用做钢索的钢丝绳，见表2.12.5.1－1。

常用钢丝绳数据表　　　　　　　表 2.12.5.1－1

钢线绳规格	直径 (mm)		参考重量 (kg/m)	钢丝绳公称抗拉强度(kN/mm²)		
	钢丝绳	钢丝		1373	1520	1667
				钢丝绳破断拉力总和(kN)不小于		
1×37	2.8	0.4	0.039	6.38	7.06	7.74
	3.5	0.5	0.061	9.90	10.98	12.05
6×7	3.8	0.4	0.05	7.2	8.02	8.79
	4.7	0.5	0.079	11.27	12.45	13.72
6×19	6.2	0.4	0.135	19.6	21.66	23.81
	7.7	0.5	0.211	30.3	33.91	53.61
7×7	3.6	0.4	0.055	8.43	9.34	10.19
	4.5	0.5	0.086	13.13	14.60	15.97
7×19	6.0	0.4	0.147	22.83	25.28	27.73
	7.5	0.5	0.229	35.77	39.59	43.41
8×19	7.6	0.4	0.188	26.17	28.91	31.75
	9.5	0.5	0.294	40.87	45.28	49.69

为了保证钢索的强度，使用的钢索不应有扭曲、松股和断股、抽筋现象。

选用圆钢作钢索时，在安装前应调直、拉伸和刷防锈漆。

如采用镀锌圆钢，在调直、拉伸时不得损坏镀锌层。

热轧圆钢规格见表 2.12.5.1－2。

热轧圆钢规格表　　　　　　　表 2.12.5.1－2

直径 (mm)	理论重量 (kg/m)	直径 (mm)	理论重量 (kg/m)	直径 (mm)	理论重量 (kg/m)
5	0.154	11	0.746	19	2.23
5.5	0.186	12	0.888	20	2.47
6	0.222	13	1.04	21	2.72
6.5	0.260	14	1.21	22	2.98
7	0.302	15	1.39	24	3.55
8	0.395	16	1.58	25	3.85
9	0.499	17	1.78		
10	0.617	18	2.00		

不同的配线方式，不同截面的导线，使钢索承受的拉力也不相同。钢索配线用的钢绞线和圆钢的截面，应根据跨距、荷重、机械强度选择。采用钢绞线时，最小截面不宜小于 $10mm^2$；采用镀锌圆钢做为钢索，直径不应小于 10mm。

2.12.5.2 钢索配线附件

钢索配线附件拉环、花篮螺栓、钢索卡和索具套环及各种盒等均应用镀锌制品或刷防腐漆。

1. **钢索用拉环**

拉环用于在建筑物上固定钢索,为增加其强度,拉环应用不小于$\phi 16$圆钢制作,二式拉环的接口处应焊死,二式拉环适用于受拉≤3900N考虑,如图2.12.5.2-1所示。

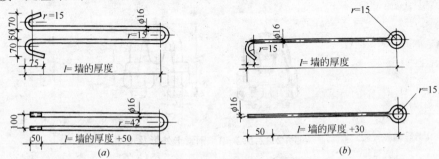

图2.12.5.2-1 拉环外形
(a)一式拉环;(b)二式拉环

2. **花篮螺栓**

花篮螺栓用于拉紧钢索,并起调整松紧作用。花篮螺栓的型号规格如图2.12.5.2-2和表2.12.5.2-1所示。

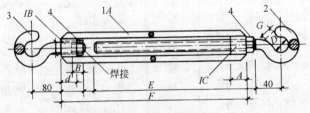

图2.12.5.2-2 花篮螺栓外形

花篮螺栓型号、规格表   表2.12.5.2-1

编号	名称	型号及规格			编号	名称	型号及规格		
		1000kg	600kg	400kg			1000kg	600kg	400kg
1A	调节螺母	$\phi 10$	$\phi 8$	$\phi 6$	A		25	21	18
1B		$\phi 30$	$\phi 28$	$\phi 25$	B		20	18	17
1C		M16	M14	M12	C		$\phi 17$	$\phi 15$	$\phi 13$
2	吊环	M16	M14	M12	D		28	24	22
					E		210	190	160
3	吊环	M16	M14	M12	F		250	230	200
4	螺母	M16	M14	M12	G		24	20	18.5

钢索的弛度大小影响钢索所受的张力，钢索的弛度是靠花篮螺栓调整的，如果钢索长度过大靠一个花篮螺栓不易调整好钢索的弛度。钢索长度在50m及以下时，可在一端装花篮螺栓；超过50m时，两端均应装花篮螺栓；每超过50m时应增加一个中间花篮螺栓。

3. 钢索卡

钢索卡又称钢丝绳轧头、钢丝绳夹等，与钢索套环配合作夹紧钢索末端用。钢索卡及规格如图2.12.5.2-3和表2.12.5.2-2所示。

 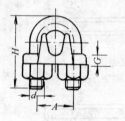

图2.12.5.2-3 钢索卡外形及尺寸

钢丝绳轧头标准产品规格尺寸　　表2.12.5.2-2

公称尺寸(mm)	主要尺寸(mm)				公称尺寸(mm)	主要尺寸(mm)			
	螺栓直径 d	螺栓中心距 A	螺栓全高 H	夹座厚度 G		螺栓直径 d	螺栓中心距 A	螺栓全高 H	夹座厚度 G
6	M3	13.0	31	6	26	M20	47.5	117	20
8	M8	17.0	41	8	28	M22	51.5	127	22
10	M10	21.0	51	10	32	M22	55.5	136	22
12	M12	25.0	62	12	36	M24	61.5	151	24
14	M14	29.0	72	14	40	M27	69.0	168	27
16	M14	31.0	77	14	44	M27	73.0	178	27
18	M16	35.0	87	16	48	M30	80.0	196	30
20	M16	37.0	92	16	52	M30	84.5	205	30
22	M20	43.0	108	20	56	M30	88.5	214	30
24	M20	45.5	113	20	60	M36	98.5	237	36

注：1. 绳夹的公称尺寸，即等于该绳夹适用的钢丝绳直径；
　　2. 当绳夹用于起重机上时，夹座材料推荐采用Q235A钢或ZG35Ⅱ碳素钢铸件制造。其他用途绳夹的夹座材料有KT35-10可锻铸铁或QT42-10球墨铸铁。

4. 索具套环

索具套环也叫钢丝绳套环、心形环，是钢绞线的固定连接附件。在钢绞线与钢绞线或其他附件间连接时，钢绞线一端嵌在套环的凹槽中，形成环状，可保护钢绞线在连接弯曲部分受力时不易折断。其外形和规格如图2.12.5.2-4和表2.12.5.2-3所示。

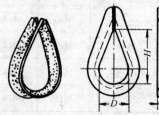

图2.12.5.2-4 索具套环外形

索具套环规格表(mm)　　　　　　　　表 2.12.5.2-3

套环号码	许用负荷 (kN)	适用钢丝绳 最大直径	套环宽度 B	环孔直径 D	环孔高度 H
0.1	1	6.5(6)	9	15	26
0.2	2	8	11	20	32
0.3	3	9.5(10)	13	25	40
0.4	4	11.5(12)	15	30	48
0.8	8	15.0(16)	20	40	64
1.3	13	19.0(20)	25	50	80
1.7	17	21.5(22)	27	55	88
1.9	19	22.5(24)	29	60	96
2.4	24	28	34	70	112
3.0	30	31	38	75	120
3.8	38	34	48	90	144
4.5	45	37	54	105	168

注：括号内数字为习惯称呼直径。

2.12.6 钢索安装

钢索配线，钢索是悬挂灯具和导线及其附件的主要承力部件，它是否安全可靠与两端锚固程度有关，施工中要注意建筑物能否承受钢索及其荷载的拉力，应取得土建专业人员的同意。

钢索的安装应在土建工程基本结束，并对施工有影响的模板、脚手架拆除完毕，杂物清理干净后进行。

钢索配线绝缘导线至地面的最小距离，在室内时不应小于 2.5m。

钢索配线敷设导线及安装灯具后，钢索的弛度不应大于 100mm，如不能达到时，应增加中间吊钩。

钢索在安装前应先用略大于设计值的拉力预拉伸，以减少安装后的伸长率。

用钢绞线作钢索时，钢索端头绳头处应用镀锌铁线扎紧，防止绳头松散。然后穿入拉环中的索具套环(心形环)内。用不少于两个钢索卡(钢丝绳轧头)固定，确保钢索连接可靠，防止钢索发生脱落事故。如果钢索为圆钢，端部可顺着索具套环(心形环)煨成环形圈，并将圈口焊牢，当焊接有困难时，也可使用钢索卡(钢丝绳轧头)固定两道。

钢索的两端需要拉紧固定，在中间也需要进行固定。为保证钢索张力不大于钢索允许应力，固定点的间距不应大于 12m，中间吊钩宜使用圆钢，圆钢直径不应小于 8mm。为了防止钢索受外界干扰的影响发生跳脱现象，造成钢索张力加大，导致钢索拉断，吊钩的深度不应小于 20mm，并应设置防止钢索跳出的锁定装置。

固定钢索的支架、吊钩在加工后应镀锌处理或刷防腐漆。

为了防止由于配线而造成钢索漏电，钢索应可靠接地。一般需在钢索的一端装有明显的保护地线，在花篮螺栓处做好跨接接地线。

2.12.6.1 钢索在墙体上安装

在墙体上安装钢索，使用的拉环根据拉力的不同，安装方法也不相同，左右两种拉环及其安装方法，应视现场施工条件选用。

拉环应能承受钢索在全部荷载下的拉力。拉环应固定牢固、可靠，防止拉环被拉脱，造成重大事故。

图 2.12.6.1 中的右侧拉环在砌体墙上安装，应在墙体施工阶段配合土建专业施工预埋 $DN25$ 的钢管做套管，一式拉环受力按≤3900N 考虑，应预埋一根套管，二式拉环应预埋两根 $DN25$ 套管。左侧拉环需在混凝土梁或圈梁施工中进行预埋。

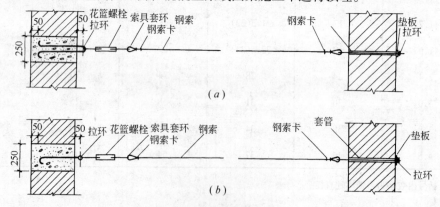

图 2.12.6.1 墙上安装钢索
(a) 安装做法一；(b) 安装做法二

右侧一式拉环在穿入墙体内的套管后，需在靠外墙的一侧垫上一块 120mm×75mm×5mm 的钢制垫板；右侧二式拉环需垫上一块 250mm×100mm×6mm 垫板。在垫板外每个螺纹处各自用一个垫圈、两个螺栓拧牢固，使能承受钢索在全部负载下的拉力。

在拉环的环形一端在不安装花篮螺栓时，应套好索具套环（心形环）。

钢索在一端固定好后，在另一端拉环上装上花篮螺栓。但花篮螺栓的两端螺杆，均应旋进螺母内，使其保持最大距离，以备进一步调整钢索的弛度。

在钢索的另一端，可用紧线器拉紧钢索，与花篮螺栓吊环上的索具套环（心形环）相连接，剪断余下的钢索，将端头用金属线扎紧。再用钢索卡（钢丝绳轧头）固定不少于两道。紧线器要在花篮螺栓受力后才能取下，花篮螺栓应紧至适当程度，最后，用铁线将花篮螺栓绑扎，防止脱钩。

2.12.6.2 柱上安装钢索

在柱上安装钢索，使用 $\phi16$ 圆钢抱箍固定终端支架和中间支架，如图 2.12.6.2-1 所示，抱箍的尺寸可根据柱子的大小由现场决定。

在柱上安装钢索支架用 L50×50×5 角钢制作，角钢支架如图 2.12.6.2-2 所示。图中尺寸 l 在不同拉力情况下，有不同的数值，拉力为 9800N 时为 31mm；拉力为 5800N 时为 27mm；拉力为 3900N 时为 25mm。

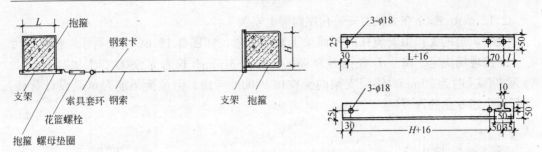

图 2.12.6.2-1 柱上安装钢索　　　　图 2.12.6.2-2 柱上安装钢索角钢支架

2.12.6.3 工字形和 T 形屋面梁上安装钢索

在工字形和 T 形屋面梁上安装钢索，在梁上土建专业设计时应有预留孔，使用螺栓穿过预留孔固定终端支架和中间吊钩，图中支架和吊钩的各部制作尺寸由现场决定。固定螺栓规格为 M12，长度为局部梁的厚度加 25mm。支架下部的固定螺栓为 M12×30，支架的固定螺栓一侧均应加垫 -40×3 的垫板。钢索在屋面梁上安装，如图 2.12.6.3-1 所示。

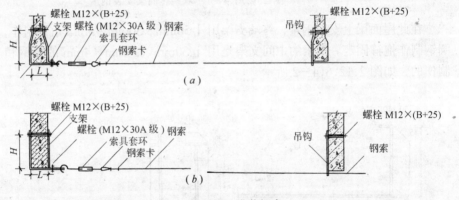

图 2.12.6.3-1 屋面梁上安装钢索
(a) 工字形梁上钢索安装；(b) T 形梁上钢索安装

在工字形和 T 形屋面梁上安装钢索，使用的终端支架受拉按 3900N 考虑，用 -40×4 扁钢制作，中间吊钩是按 490N 考虑，用 $\phi8$ 圆钢制作，如图 2.12.6.3-2 所示。图中尺寸 D 为钢索直径，D 的尺寸应与花篮螺栓配合。

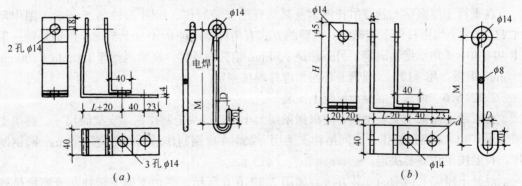

图 2.12.6.3-2 梁上支架
(a) 工字型梁用支架；(b) T 字型梁用支架

2.12.6.4 钢索在无预留安装孔屋面梁上安装

在有风道的无预留安装孔的屋面梁上安装钢索,如图2.12.6.4-1所示。图中尺寸 L、H按现场决定,尺寸 L 在拉力为9800N时为31mm,拉力为5800N时为27mm;拉力为3900N时为25mm。终端支架的受拉按9800N考虑,但屋面梁能否承受设计荷载,须征得土建专业的许可。

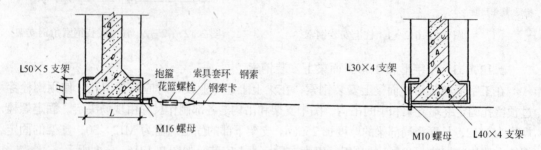

图2.12.6.4-1 双梁屋面梁安装钢索

在此屋面梁上安装钢索,终端支架用 L50mm×50mm×5mm 角钢制作,使用 ϕ16mm 圆钢制作抱箍固定。钢索的中间支架是用 L30mm×30mm×4mm 的角钢和 -40×4 扁钢制作的,如图2.12.6.4-2所示。

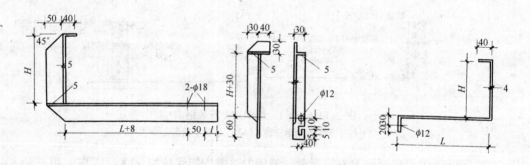

图2.12.6.4-2 双梁屋面梁上支架

2.12.6.5 钢索在平行于屋面梁上悬臂吊挂

在平行于屋面梁上悬臂吊挂钢索及其悬臂的安装制作,如图2.12.6.5所示。图中尺寸 H、L、l 均由具体工程确定。悬臂的方式有两种,一种是 L50×50×5 角钢悬臂,用 L40×40×4 角钢抱箍固定,另一种是 ϕ50mm 钢管做悬臂,在梁内预埋 100mm×100mm×8mm 钢板,用 ϕ12mm 圆钢卡环与预埋件焊接固定。

2.12.6.6 钢索在混凝土屋架上安装

在混凝土屋架上安装钢索,应根据屋架大小由现场决定制作钢索支架的尺寸。终端支架应用 -40×4 扁钢制作,中间吊钩支架用 -25×4 扁钢制作。吊钩可使用 ϕ8mm 圆钢制作,长度按工程需要决定。

混凝土屋架上钢索的安装方法,如图2.12.6.6所示,图中支架上悬挂花篮螺栓吊环的孔眼尺寸应与花篮螺栓配合。

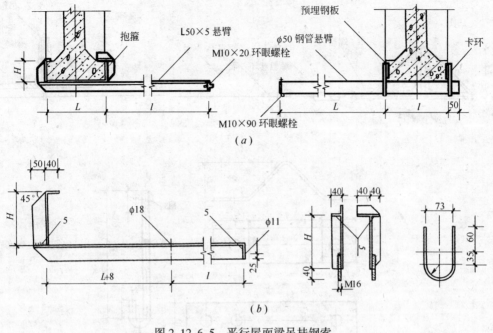

图 2.12.6.5 平行屋面梁吊挂钢索
(a) 钢索安装示意图；(b) 支架

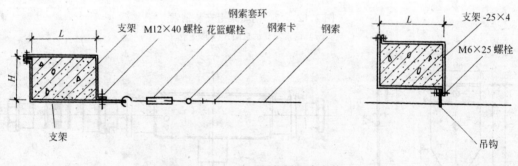

图 2.12.6.6 矩形屋架梁钢索安装

2.12.6.7 钢索在钢屋架上安装

在钢屋架上安装钢索，如图 2.12.6.7 所示。钢索抱箍和吊钩的尺寸应由钢屋架决定，抱箍中尺寸 d 应与花篮螺栓配合。但钢屋架能否承受设计荷载，须征得土建专业的许可。

2.12.7 钢索吊装塑料护套线配线

钢索吊装塑料护套线的配线方式，是采用铝线卡将塑料护套线固定在钢索上，使用塑料接线盒与接线盒安装钢板把照明灯具吊装在钢索上。

在配线时，按设计要求先在钢索上确定好灯位的准确位置，把接线盒的固定钢板吊挂在钢索的灯位处，将塑料接线盒如图 2.12.7-1 所示底部与固定钢板上的安装孔连接牢固。

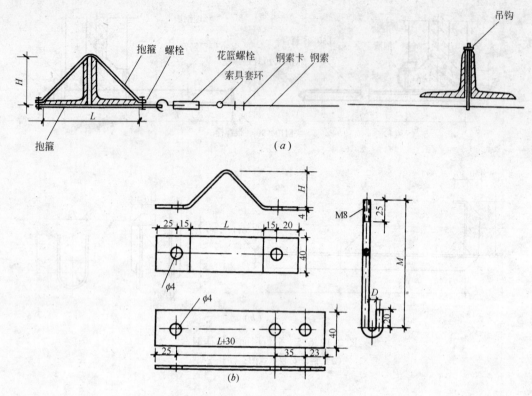

图 2.12.6.7 钢屋架上安装钢索
（a）钢索安装示意图；（b）支架

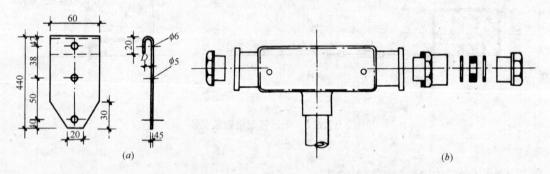

图 2.12.7-1 塑料接线盒及固定件
（a）接线盒固定钢板；（b）塑料接线盒

塑料护套线的敷设，可根据线路长短距离，采用不同的敷设方法。

敷设短距离护套线，可测量出两灯具间的距离，留出适当余量，将塑料护套线按段剪断，进行调直然后卷成盘。敷线从一端开始，一只手托线，另一只手用铝线卡（钢精轧头）将护套线平行卡吊于钢索上。

敷设长距离塑料护套线时，将护套线展放并调直后，在钢索两端做临时绑扎，要留足灯具接线盒处导线的余量，长度过长时中间部位也应做临时绑扎，把导线吊起。把铝线卡根据最大距离的要求，把护套线平行卡吊于钢索上。

用铝线卡在钢索上固定护套线，为确保钢索吊装护套线配线固定牢固，应均匀分布线卡间距,线卡距灯头盒间的最大距离为100mm;线卡之间最大间距为200mm,线卡间距应均匀一致。

为了准确确定线卡位置并使其均匀一致,在敷设时可用经始线(白线绳)或白布带制作长度适当的软尺,最大在每隔200mm处用红色钢笔水划一标记,配线前把软尺拉紧在灯位处做临时固定,夹持铝线卡即可根据软尺上的标记进行,能够保证线卡间距均匀。

敷设后的护套线应紧贴钢索,无垂度、缝隙、扭劲、弯曲、损伤。

钢索吊装塑料护套线配线,照明灯具一般使用吊链灯,灯具吊链可用螺栓与接线盒固定钢板下端的螺栓连接固定。当采用双链吊链灯时,另一根吊链可用-20×1的扁钢吊卡和M6×20螺栓固定,如图2.12.7-2所示。

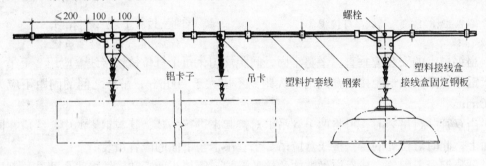

图2.12.7-2 钢索吊装塑料护套线配线吊链灯

照明灯具软线应与吊链灯吊链交叉编花,在塑料护套线接线盒处把导线连接完成后,盖上盒盖并拧严。

安装好的钢索吊装塑料护套线布线,如图2.12.7-3所示。

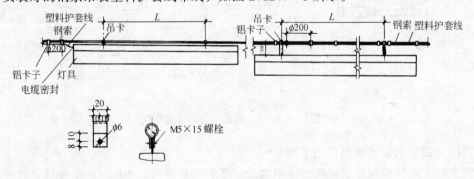

图2.12.7-3 钢索吊装塑料护套线布线

2.12.8 钢索吊管配线

钢索吊管配线方法是采用扁钢吊卡将钢导管或刚性绝缘导管以及灯具吊装在钢索上。钢索吊管配线,先按设计要求确定好灯位的位置,测量出每段管子的长度,然后加工。

使用钢导管时应进行调直,然后切断、套丝、煨弯。使用刚性绝缘导管时,要先煨管、切断,为配管的连接做好准备工作。

2.12.8.1 钢索吊装金属管

要根据设计要求选择适当规格的金属管、铸铁吊灯接线盒如图2.12.8.1-1,以及相应规格的吊卡如图2.12.8.1-2所示。

在吊装钢导管配管时,应按照先干线后支线的顺序进行,把加工好的管子从始端到终端按顺序连接,管与铸铁接线盒的丝扣应拧牢固。将导管逐段用扁钢卡子与钢索固定。

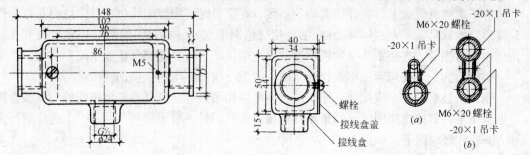

图 2.12.8.1-1 铸铁吊灯接线盒　　　　图 2.12.8.1-2 扁钢吊卡
(a) 钢索吊卡;(b) 管吊卡

扁钢吊卡的安装应垂直,平整牢固,间距均匀,每个灯位铸铁接线盒应用 2 个吊卡固定,钢导管上的吊卡距接线盒间的最大距离不应大于 200mm,吊卡之间的间距不应大于 1500mm。

当双管并行吊装时,可将两个管吊卡对接起来进行吊装,管与钢索的中心线应在同一平面上。此时灯位处的铸铁接线盒应吊 2 个管吊卡与下面的配管吊装。

吊装钢导管配管完成后应做整体的接地保护,管接头两端和铸铁接线盒两端的钢导管应用适当的圆钢做焊接地线焊牢,并应与接线盒焊接。

钢索吊装钢导管配线,如图 2.12.8.1-3 所示。

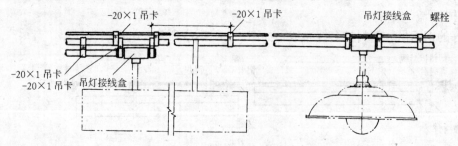

图 2.12.8.1-3 钢索吊装钢导管配线

2.12.8.2 钢索吊装刚性绝缘导管

钢索吊装刚性绝缘导管配管,应根据设计要求选择管材、明配灯位处接线盒以及管接头、管卡头和扁钢吊卡等。

配管的吊装方法基本同于钢导管的吊装,在管进入灯位处接线盒时,可以用管卡头连接管与盒,管与管的连接处应使用相应的管接头连接,在连接处管与管接头或管卡头间应使用粘接法进行粘接。

扁钢吊卡应固定平整、间距均匀,吊卡距灯位接线盒间最大距离不应大于 150mm。吊卡之间的间距不应大于 1000mm。

2.12.9 钢索吊装鼓形绝缘子配线

钢索吊装鼓形绝缘子配线,是采用扁钢吊架将鼓形绝缘子和灯具吊装在钢索上的配线方式。

配线时，要根据设计要求找好灯位及吊架的位置。加工好二线式或四线式扁钢吊架及固定卡子，把鼓形绝缘子用 M5 贯穿螺栓垂直平整、牢固地组装在吊架上，如图 2.12.9－1 所示。

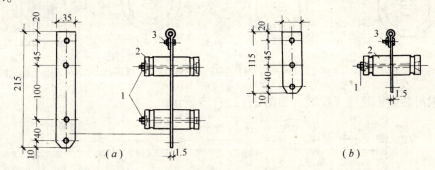

图 2.12.9－1　扁钢吊架
(a) 四线式扁钢吊架；(b) 二线式扁钢吊架
1—贯穿螺栓；2—鼓形绝缘子；3—M5 贯穿螺栓

先将组装好的扁钢吊架用 M5 贯穿螺栓安装在灯位处的钢索上，再安装其余的扁管吊架，在灯位处两端的扁钢吊架的距离不应大于 100mm，其他各扁钢吊架的间距应均匀布置，最大间距不应大于 1500mm。钢索上的吊架不应有歪斜和松动现象。

为了防止始端和终端吊架承受不平衡拉力，应在始端或终端吊架外侧适当位置上，装好固定卡子。固定卡子与扁钢吊架之间应用镀锌铁线拉结牢固。

配线时，将导线放好伸直，准备好绑线后，由一端开始先将导线在鼓形绝缘子上绑牢，另一端拉紧导线后，进行绑扎。导线在两端均应绑回头，中间绝缘子的绑扎，可采用单绑法或双绑法，导线在鼓形绝缘子上的始终端绑扎如图 2.12.9－2 所示，导线在中间绝缘子上的绑扎法如图 2.12.9－3 和图 2.12.9－4 所示。

图 2.12.9－2　导线在鼓形绝缘子始、终端绑扎法

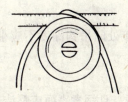 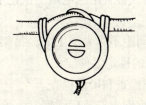 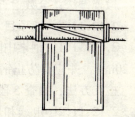

图 2.12.9－3　导线在中间绝缘子上的单绑法

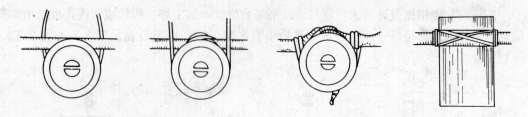

图 2.12.9-4　导线在中间绝缘子上的双绑法

钢索吊装鼓形绝缘子配线，如图 2.12.9-5 所示。

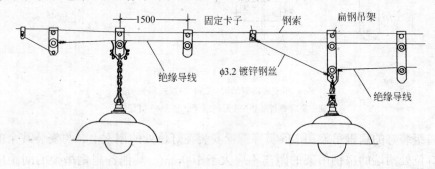

图 2.12.9-5　钢索吊装鼓形绝缘子安装示意图

Ⅲ　质量标准

2.12.10　主控项目

2.12.10.1　应采用镀锌钢索，不应采用含油芯的钢索。钢索的钢丝直径应小于 0.5mm，钢索不应有扭曲和断股等缺陷。

检查方法：全数检查，目测检查和尺量检查。

2.12.10.2　钢索的终端拉环埋件应牢固可靠，钢索与终端拉环套接处应采用心形环，固定钢索的线卡不应少于 2 个，钢索端头应用镀锌铁线绑扎紧密，且应与 PE 线或 PEN 线连接可靠。

检查方法：全数检查，目测检查。

2.12.10.3　当钢索长度在 50m 及以下时，应在钢索一端装设花篮螺栓紧固；当钢索长度大于 50m 时，应在钢索两端装设花篮螺栓紧固。

检查方法：全数检查，目测检查。

2.12.10.4　钢索配线的导线间及导线对地间的绝缘电阻值必须大于 0.5MΩ。

检查方法：全数检查，实测或检查绝缘电阻测试记录。

2.12.11　一般项目

2.12.11.1　钢索中间吊架间距不应大于 12m，吊架与钢索连接处的吊钩深度不应小于 20mm，并应有防止钢索跳出的锁定零件。

检查方法：抽查 5 段，目测检查和尺量检查。

2.12.11.2　电线和灯具在钢索上安装后，钢索应承受全部负载，且钢索表面应整洁、无锈蚀。

检查方法：抽查 5 段，目测检查。

2.12.11.3　钢索配线的零件间距离应符合表 2.12.11.3 的规定。

检查方法：抽查总数的 5%，但不少于 10 处，用尺量检查。

钢索配线的零件间距离表（mm）　　　　　表 2.12.11.3

配线类别	支持件之间最大距离	支持件与灯头盒之间最大距离
钢管	1500	200
刚性绝缘导管	1000	150
塑料护套线	200	100

Ⅳ　成品保护

2.12.12　在钢索配线施工的过程中，应注意不要碰坏其他设备及建筑物的门窗、墙面、地面等。

2.12.13　钢索配线完成后，应防止把已敷设好的钢索碰动松弛，同时防止器具松动变位。

2.12.14　钢索配线完成后，土建其他专业不应进行喷浆、刷油等工作，以免污染线路和电气器具。

Ⅴ　安全注意事项

2.12.15　高空作业时，要注意操作者及现场人员安全，不要上下抛扔物品以免伤人。

2.12.15.1　钢索吊装钢导管配线，锯管套丝时管子压钳案子要放平稳，用力要均衡，防止锯条拆断或套丝扳手崩滑伤人。

2.12.16　钢索吊装刚性绝缘导管配线使用喷灯时，在使用前应仔细检查喷灯油桶是否漏油，喷油嘴是否通畅，丝扣是否漏气等。根据喷灯所用油的种类加注相应的燃料油，注油量要低于油桶的 3/4，并拧紧螺塞。

喷灯点火时喷嘴前严禁站人，工作场所不能有易燃物品。喷灯的加油、放油和修理，应在熄灭冷却后进行。

Ⅵ　质量通病及其防治

2.12.17　安装后的钢索弛度过大。钢索在吊装前没有进行预拉伸，增加了安装后的伸长率。应调整钢索花篮螺栓，使钢索的弛度不大于 100mm。

2.12.18　钢索配线无接地保护线或保护线截面不符合要求。应按规定补做明显可靠的专用保护线，其保护线的截面应考虑好与相线截面的关系。

2.12.19　钢索配线各支持件的距离不一致，差别过大。应按允许偏差的规定值重新进行调整。

2.12.20　钢索吊装的各种配线工程的质量通病及其防治方法，可参见其各相关的配线工程中的相关内容。

2.13 塑料护套线配线工程

Ⅰ 施工准备

2.13.1 材料
1. 塑料护套线、护套线接线盒。
2. 保护管、不同规格的塑料螺旋接线钮和尼龙压接线帽、套管等。
3. 木砖或木钉、铝线卡、塑料钢钉电线卡、塑料胀管、木螺丝、圆钉、秋皮钉等。

2.13.2 机具
手电钻、手锤、凿子、钻头、克丝钳子、电工刀、卷尺、靠尺板、线坠、粉线袋等。

2.13.3 作业条件
配合土建主体施工阶段,根据设计图纸及规范规定的尺寸位置,预埋好木砖或过墙管。

室内土建工程全部结束,进行配线。

Ⅱ 施工工艺

2.13.4 施工程序

弹线定位 → 保护管、木砖预埋 → 固定铝线卡 → 敷设护套线(固定塑料钢钉电线卡) → 导线连接

2.13.5 护套线规格
塑料护套线具有双层塑料保护层,即线芯绝缘为内层,外面再统包一层塑料绝缘护套。工程中常用的 BVV 和 BLVV 型塑料护套线,规格见表 2.13.5。

BVV 和 BLVV 平型护套电线规格表(mm)　　　表 2.13.5

标称截面(mm²)	线芯结构	1芯最大外径	2芯最大外径	3芯最大外径
1.0	1/1.13	4.1	4.1×6.7	4.2×9.5
1.5	1/1.37	4.4	4.4×7.2	4.6×10.2
2.5	1/1.76	4.8	4.8×8.1	5.0×11.5
4	1/2.24	5.3	5.3×9.1	5.5×13.1
6	1/2.73	6.5	6.5×11.3	7.0×16.5
10	7/1.33	8.4	8.4×14.5	8.8×21.1

2.13.6 塑料护套线适用场所
塑料护套线适用于一般工业与民用建筑照明工程的明敷设。

室外受阳光直射的场所,不应明敷塑料护套线。

塑料护套线暗敷设也可称为空心楼板板孔穿线,适用于民用建筑的电照工程中。塑料护套线不得直接埋入到抹灰层内暗敷设。

塑料护套线不应直接敷设在抹灰层、吊顶、护墙板、灰幔角落内。

2.13.7 塑料护套线选择

选择塑料护套线时，其导线的规格、型号必须符合设计要求，并有产品出厂合格证。塑料护套线的最小线芯截面，铜线不应小于 $1.0mm^2$，铝线不应小于 $1.5mm^2$。塑料护套线在明敷设时，采用的导线截面积不宜大于 $6mm^2$。施工中可根据实际需要选择使用双芯或三芯护套线，如图中标注为三根线时，可采用三芯护套线，若标注五根线的，可采用二芯和三芯的各一根，而不会造成多余和浪费。

2.13.8 护套线配线与其他管道距离

塑料护套线配线应避开烟道和其他的发热表面，塑料护套线与接地导体或不发热管道等的紧贴交叉处，应加套绝缘保护管且绕行，敷设在易受机械损伤场所的塑料护套线应增设钢管保护。

塑料护套线配线与其他管道间的最小距离不得小于下列规定：

1. 与蒸汽管平行时 1000mm，在管道下边时可减至 500mm，蒸汽管外包有隔热层时，平行净距可减至 300mm，交叉时 200mm；
2. 与暖热水管平行时 300mm，在管道下边时可减至 200mm，交叉时 100mm；
3. 与通风、上下水、压缩空气管平行时 200mm，交叉时 100mm；
4. 配线与煤气管道在同一平面上布置，间距不应小于 50mm；在不同平面布置时，间距不应小于 20mm；
5. 电气开关和导线接头与煤气管道间的距离不应小于 150mm；
6. 配电箱与煤气管道距离不小于 300mm。

2.13.9 弹线定位

根据设计图纸要求，按线路的走向，找好水平和垂直线(护套线水平敷设时，距地面最小距离不应小于 2.5m，垂直敷设时不应小于 1.8m)，用粉线沿建筑物表面，由始端至终端弹出线路的中心线，同时标明照明器具及穿墙套管和导线分支点的位置，以及接近电气器具旁的支持点和线路转角处导线支持点的位置。

塑料护套线的支持点位置，应根据电气器具的位置及导线截面大小来确定。塑料护套线配线在终端、转弯中点，电气器具或接线盒的边级固定点的距离为 50～100mm；直线部位导线中间固定点距离为 150～200mm 平均分布；两根护套线敷设遇有十字交叉时，交叉口处的四方都应有固定点，护套线配线各固定点的位置如图 2.13.9 所示。

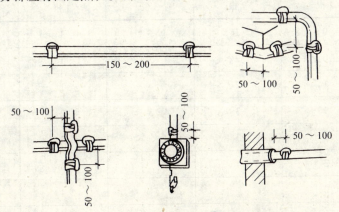

图 2.13.9 塑料护套线固定点位置

2.13.10 预埋保护管和木砖

塑料护套线穿越楼板、墙壁(间壁)时应用保护管保护。穿过楼板时必须用钢管保护，其保护高度距地面不应低于1.8m，如在装设开关的地方，可保护到开关的高度；塑料护套线穿过墙壁(间壁)时，可用钢管、硬质塑料管或瓷管保护，其保护管突出墙面的长度为3～10mm。

在配合土建施工过程中，还应将固定线卡的木砖，根据规划出的线路具体走向，预埋在准确的位置上。

预埋木砖时，应找准水平和垂直线，梯型木砖较大的一面应埋入墙内，较小的一面应与砌体墙面相平或略突出砌体表面。

2.13.11 埋设木钉

采用木钉固定铝线卡时，应在室内装饰抹灰前将木钉下好，可用电钻打孔，木钉外留长度不应高出抹灰层。在清水墙上敷设护套线时，木钉应沿砖缝预埋，并应与墙面相平。

2.13.12 固定塑料胀管

塑料胀管用来固定器具，可在建筑装饰工程完成后按着弹线定位的方法，确定器具固定点的位置，准确确定塑料胀管的位置，按已选定的塑料胀管的外径和长度选择钻头进行钻孔，孔深应大于胀管的长度，埋入胀管后应与建筑装饰面平齐。

2.13.13 固定铝线卡

明敷设塑料护套线，一般常采用专用的铝线卡(钢精轧头)如图2.13.13所示，与护套线配用见表2.13.13和塑料钢钉电线卡做为护套线的支持物固定导线。

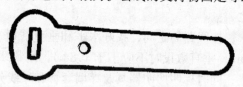

图 2.13.13　铝线卡

塑料护套线配用铝线卡号数　　　　　表 2.13.13

导线截面 (mm^2)	BVV，BLVV 双芯			BVV，BLVV 三芯	
	1根	2根	3根	1根	2根
1.0	0	1	3	1	3
1.5	0	2	3	1	3
2.5	1	2	4	1	4
4	1	3	5	2	5
5	1	3		3	
6	2	4		3	
8	2			4	
10	3			4	

用铝线卡固定护套线，应在线卡固定牢固后敷设护套线，而用塑料钢钉电线卡，则为边敷设护套线边进行固定。

2.13.13.1 钉装固定铝线卡

塑料护套线在已安装好木砖或木钉的建筑物表面或在木结构上敷设，可用钉子直接将铝线卡钉牢。

塑料护套线敷设还可以采用水泥钉，将铝线卡直接钉入建筑物混凝土结构或砖墙上。

塑料护套线如敷设在抹灰层的墙面上时，可用鞋钉（秋皮钉）直接固定铝线卡，使鞋钉钉尖自行折弯而钩在抹灰层内。但铝线卡只在直线路上具有固定1~2根护套线的能力，而在转角、穿墙及进入接线盒或器具等处的支持点，应采用其他方法固定。

2.13.13.2 塑料钢钉电线卡

塑料钢钉电线卡（图2.13.13.2）是固定护套线的极好支持件，且施工方法简便，与铝线卡使用方法也有区别，特别适用于在混凝土及砖墙上的护套线固定。

用塑料钢钉电线卡固定护套线，应先敷设护套线，在护套线两端预先固定收紧后，在线路上按已确定好的位置，直接钉牢塑料电线卡上的钢钉即可。

图2.13.13.2 塑料钢钉电线卡

2.13.14 敷设护套线

在冬季敷设塑料护套线时尤应注意，温度低于-15℃时，严禁敷设塑料护套线，防止塑料发脆造成断裂，影响工程质量。

2.13.14.1 放线

放线是保证护套线敷设质量的重要一步。整盘护套线不能搞乱，不可使导线产生小半径的扭曲，套结和无规则的小圈。

为了防止护套线平面扭曲，放线时需要两人合作，一人把整盘导线按图2.13.14.1方法套入双手中，顺势转动线圈，另一人将外圈线头向前拉。放出的护套线不可在地上拖拉，以免磨损和擦破或沾污护套层。

导线放完后先放在地上，量好敷设长度并留出适当余量后预先剪断。如果是较短的分段线路，可按所需长度剪断，然后重新盘成较大的圈径，套在肩上随敷随放。

图2.13.14.1 护套线放线

塑料护套线如果被弄乱或出现扭弯，要设法在敷设前校直，校线时要两人同时进行，一人握住导线的一端，用力在平坦的地面上甩直。

2.13.14.2 勒直、勒平护套线

在放线时因放出的护套线不可能完全平直无曲，可在敷设线路时，要采取勒直、勒平和收紧的方法校直。

长距离的直线部位护套线的敷设，应先在整段直线路部位的两端，分别安装一副临时瓷夹，把护套线的一端夹入瓷夹中夹紧，用清洁纱团裹住护套线，用力来回拖勒使之挺直，如图2.13.14.2-1(a)所示。

勒平可纠正护套线小半径扭曲，方法是用螺丝刀的金属梗部，把扭曲处来回按捺压勒，如图2.13.14.2-1(b)所示。

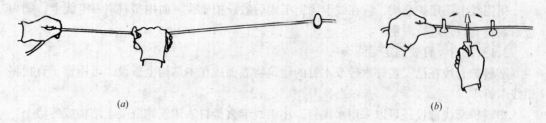

图 2.13.14.2-1 勒直、勒平护套线
(a) 勒直护套线；(b) 勒平护套线

收紧和夹持护套线：护套线经过勒直和勒平处理后，在敷设时还要把护套线尽可能的收紧，把收紧后的导线夹入另一端的临时瓷夹中，再按顺序逐一把铝线卡夹持，如图 2.13.14.2-2 所示。

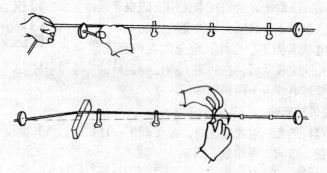

图 2.13.14.2-2 收紧护套线

为防止护套线下垂松长，使它更加挺直，可利用一些宽度不等的斜型木片，选一适当宽度的木片插入已收紧好的护套线与建筑物表面的中间，顶起护套线，然后从一端逐一把铝线卡与护套线夹持。并相应的往一端移动木片，随时根据护套线的松紧程度更换宽度相适宜的木片。

短距离护套线敷设，用铝线卡固定时，将护套线调直后，敷设时从开始端，一手托线，另一手用卡子夹持，边夹边敷。

夹持铝线卡时，应注意护套线必须置于线夹钉位或粘贴位的中心，在搬起两侧线夹片头尾的同时，应用手指顶住支持点附近的护套线，夹持线卡的四步骤，如图 2.13.14.2-3 所示。

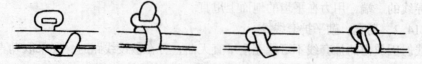

图 2.13.14.2-3 夹持铝线卡四个步骤

在夹持铝线卡的过程中，应每夹完 4~5 个后进行检查，如发现偏斜，用小锤轻敲线夹，予以纠正。

护套线在转角部位及进入电气器具绝缘台或接线盒前，及穿墙处等部位，这些部位护套线的敷设，长度较短，如弯曲和扭曲较严重，就要戴上清洁手套，用大拇指顺向按捺和推挤，使导线挺直平服，紧贴建筑物表面后，再夹上铝线卡。

护套线在跨越建筑物变形缝时，导线两端固定牢固，中间变形缝处应留有适当余量。

几条护套线成排平行或垂直敷设时，可用绳子把护套线吊挂起来，敷设时应上下或左右排列紧密，间距一致，不能有明显空隙。

水平或垂直敷设的护套线，平直度和垂直度不应大于5mm。应及时的检查所敷设的线路是否横平竖直，整齐和固定可靠，用一根平直的靠尺板，靠在线路的旁边比量，如果导线不完全紧贴在靠尺板上，可用螺丝刀柄轻轻敲击。让导线的边缘紧贴在靠尺板上，使线路整齐美观。

2.13.14.3 护套线的弯曲

塑料护套线在建筑物同一平面或不同平面上敷设，需要改变方向时，都要进行转弯处理，弯曲后导线必须保持垂直，且弯曲半径应符合规定：护套线在同一平面上转弯时，弯曲半径应不小于护套线宽度的3倍；在不同平面上转弯时，弯曲半径应不小于护套线厚度的3倍如图2.13.14.3所示。

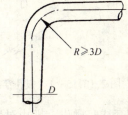

图2.13.14.3 护套线弯曲半径

护套线在弯曲时，不应损伤线芯的绝缘层和护套层。在不同平面转角弯曲时，敷设固定好一面后，在转角处用大拇指按住护套线，弯出需要的弯曲半径。当护套线在同一平面上弯曲时，用力要均匀，弯曲处应圆滑，应用两手的拇指和食指，同时捏住护套线适当的部位两侧的扁平处，由中间向两边逐步将护套线弯出弯曲弧来，也可用一手将护套线扁平面按住，另一手逐步弯曲出弧型来。

多根护套线在同一平面同时弯曲时，应将弯曲侧里边弯曲半径最小的护套线先弯好，再由里向外弯曲其余的护套线，几根线的弯曲部位应贴紧无缝隙。在弯曲处一个铝线卡内护套线的数量不宜超过4根。

2.13.14.4 护套线的连接

塑料护套线明敷设时，不应进行线与线间的直接连接，在线路中间接头和分支接头处，应装设护套线接线盒如图2.13.14.4所示。或借用其电气器具的接线桩头连接导线。在多尘和潮湿场所内应用密闭式接线盒。

护套线在进入接线盒或与电气器具连接时，护套层应引入盒内或器具内进行连接。安装接线盒时，应按护套线的方向、根数比好位置，进行开孔，应使接线盒与护套线吻合，然后用螺丝将接线盒固定牢。

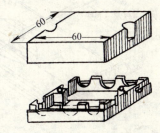

图2.13.14.4 塑料护套线接线盒

2.13.15 塑料护套线暗敷设

塑料护套线暗敷设即板孔穿线，如图2.13.15-1。墙体上导管敷设方法与前述管子敷设基本相同。唯一区别是在空心楼板上配线方式不同，塑料护套线暗敷设是在空心楼板板孔内穿塑料护套线，另一种是在空心楼板孔内暗配柔性绝缘导管，在柔性绝缘导管内穿普通塑料线。

塑料线暗敷设，应在墙体上对着需穿线的空心楼板板孔处的垂直下方，在适当高度处设置过路盒(或称断接盒)，在盒的上方配合土建施工时，在砖墙上留槽或在圈梁内预埋短管预留洞口,楼板安装后,由盒上方至板孔内敷设一段塑料短管如图2.13.15-2。

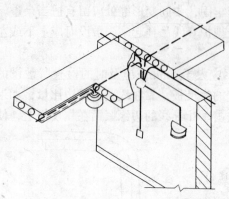

图2.13.15-1 板孔穿线示意图

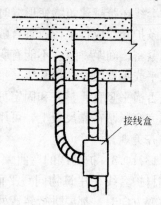

图2.13.5-2 空心楼板板孔穿线

护套线暗敷设,即由过路盒(断接盒)至楼板中心灯位处一段,穿塑料护套线,由盒内留出适当余量,与墙体内暗配管内的普通塑料线在盒内相连接。

板孔内穿线前,应将板孔内的积水和杂物清除干净。

为了确保工程质量,板孔内所穿入塑料护套线,应能便于日后更换导线,不得损伤护套层,导线在板孔内不应有接头,导线的分支接头应在墙体上的接线盒内进行。

空心楼板板孔穿线,护套线需要直接通过两板孔端部接头处,板孔孔洞必须对直,并穿入与孔洞内径一致,长度不宜小于200mm的油毡纸或铁皮制的圆筒加以保护如图2.13.15-3所示。

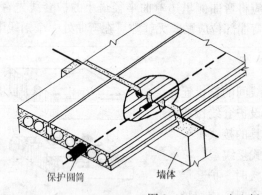

图2.13.5-3 空心板板孔接头处作法

Ⅲ 质量标准

2.13.16 主控项目

2.13.16.1 护套线配线在室内明配线时,可直接敷设在建筑物表面上,不得在室外露天场所明设;暗敷设时用于板孔穿线,严禁直接埋入抹灰层内暗配敷设。

检查方法:全数检查,目测检查。

2.13.16.2 护套线的品种、规格、质量必须符合设计要求。导线间和导线对地间的绝缘电阻值必须大于0.5MΩ。

检查方法:全数检查,护套线进行进场验收,绝缘电阻,实测或检查绝缘电阻测试记录。

2.13.16.3 导线严禁有扭绞、死弯、绝缘层损坏和护套线断裂等缺陷。

检查方法：全数检查，目测检查。

2.13.17 一般项目

2.13.17.1 护套线敷设平直整齐、固定可靠；穿过梁、墙、楼板和跨越线路等处有保护管；跨越变形缝的导线两端固定可靠，并留有适当余量。

明敷设导线紧贴建筑物表面；多根平行敷设间距一致，分支和转弯处整齐。

检查方法：抽查10处，目测检查。

2.13.17.2 护套线连接不伤线芯、连接牢固、包扎严密、绝缘良好；明敷设时中间接头和分支接头放在接线盒内；暗敷设时中间和分支接头设在接线盒或电气器具内，板孔内无接头。

接线盒位置正确，盒盖齐全平整，导线进入接线盒或电器具时留有适当余量。

检查方法：抽查10处，目测检查。

Ⅳ 成 品 保 护

2.13.18 在塑料护套线明、暗敷设时，应保持顶棚、墙面整洁。

2.13.19 塑料护套线明敷设弹线时，应采用浅颜色，弹线时不得脏污墙面，安装木砖时不得损坏墙体。

2.13.20 配线完成后，不得喷浆和刷油，以防污染护套线及电气器具。搬运物件或修补墙面、不要碰松明敷护套线。

Ⅴ 安全注意事项

2.13.21 护套线的绝缘强度必须符合线路的额定电压要求。

2.13.22 施工中使用的梯子应牢固，下端应有防滑措施，梯子不得缺档，不得垫高使用。在通道处使用梯子、应有人监护或设置围栏。

单面梯子与地面夹角以60°～70°为宜，人字梯要在距梯脚40～60cm处设拉绳，不准站在梯子最上一层工作。

2.13.23 空心板板孔穿线工程，板孔打洞时，必须锤把结实，不能松动，凿子应无飞刺，打望天眼时，必须戴好防护眼镜，在上方打孔眼，下面不得有人作业或站立，应在下面周围设禁区。

2.13.24 使用手电钻时必须戴手套和穿胶鞋，并站在干燥的木板上操作。手电钻必须保持良好，并应接有专用保护线。

Ⅵ 质量通病及其防治

2.13.25 导线连接应按管内穿线和导线接线工艺标准进行。

2.13.26 明敷设护套线、线卡间距不均匀，超出允许偏差，且有松动，不平整等现象。应重新进行调整、固定。

2.13.27 导线松弛、有弯、平直度和垂直度超差。应重新将导线调直、收紧，按照要求将导线与线卡子固定好。

2.13.28 在变形缝处的导线未留补偿余留。应补做补偿装置并预留补偿余量。

2.13.29 导线在通过楼板、墙、梁及与其他管道交错时未做保护管。应及时予以补做。

2.13.30 护套线接线盒开口过大，与护套线不相吻合。应修补开口处或换新接线盒，按要求重新开孔。

2.14 室内电缆线路安装

Ⅰ 施工准备

2.14.1 材料

1. 适用于室内的各种规格型号的电力电缆、控制电缆；
2. 各种电缆头外壳、中间接头盒及控制电缆终端头及热缩性电缆头等；
3. 各种绝缘材料及绝缘包扎带等；
4. 各种型钢支架、吊架、电缆盖板、标志牌、油漆、汽油等。

2.14.2 机具

1. 电缆牵引机械、电缆敷设用支架、各种滚轮等；
2. 喷灯、钢锯弓、钢锯条、电工刀等；
3. 兆欧表、直流高压试验器等。

2.14.3 作业条件

1. 与电缆线路安装有关的建筑工程质量应符合国家现行的建筑工程施工及验收规范中的有关规定；
2. 预留洞、预埋件应符合设计要求，预埋件安装牢固；
3. 电缆沟、隧道、竖井等处的地坪及抹面工作结束；
4. 电缆配线施工场所的施工临时设施、模板及建筑废料等要清理干净，施工用道路畅通，施工用临时脚手架搭设应完毕。
5. 电缆沟排水畅通，电缆室的门窗应安装完毕；
6. 电缆线路敷设场所照明满足施工要求。

Ⅱ 施工工艺

2.14.4 施工程序

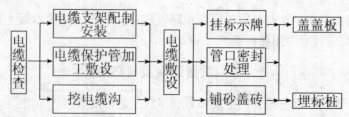

2.14.5 室内配线电缆的选择

室内明敷设的电缆，宜采用裸铠装电缆，当敷设于无机械损伤及无鼠害的场所，允许采用非铠装电缆。

室内电缆为防止发生火灾时火焰曼延，不应有黄麻或其他易燃外被层。

在室内靠近有抗电磁干扰要求的设备及设施的线路，或自身有防外异电磁干扰的线路，需要使用电缆布线时，应采用金属屏蔽结构的电缆。

在有腐蚀性介质的室内明敷的电缆，应视介质的性质，采用塑料护套电缆(塑料护套电缆的塑料外护套具有较强的耐酸、碱腐蚀能力)，或其他防腐型电缆。

沿高层或大型民用建筑的电缆沟道、隧道夹层、竖井、室内、室内电缆桥架和吊顶敷设的电缆，其绝缘或护套应具有非延燃性。

为减少相邻回路阻抗，提高保护装置灵敏度及抑制高电位引入等，可采用零线屏蔽式电缆。

沿建筑物外面和敞露的天棚等非延燃结构明敷电缆时，应采用具有防水防老化外护层的电缆。

当采用多芯电缆的线芯作 PEN 线时，其最小截面可为 $4mm^2$。

PE 线若不是供电电缆或电缆外护层的组成部分时，按机械强度要求，电缆截面也不应小于保护线最小截面的规定。

2.14.6 室内电缆敷设的要求

无铠装的电缆在室内明敷设时，水平敷设距地面不应小于 2.5m，垂直敷设地面不应小于 1.8m，否则应有防止机械损伤的措施。但明敷设在电气专用房间(如电气竖井、配电室、电机室等)内时除外。

电缆在室内埋地敷设或电缆穿过墙、楼板时，应穿钢管保护，穿管内径不应小于电缆外径的 1.5 倍。

1kV 以下电力电缆及控制电缆与 1kV 以上电力电缆宜分开敷设。当并列敷设时，其净距不应小于 0.15m。

相同电压的电缆并列敷设时，电缆的净距不应小于 35mm，并不应小于电缆的外径。

电缆并列明敷设时，电缆之间保持一定距离是为了保证电缆安全运行和维护、检修的需要；避免电缆在发生故障时，烧伤相邻电缆；电缆靠近布置会影响散热，降低载流量，影响检修且易造成机械损伤。不同用途、不同电压的电缆间更应保持较大距离。

为了防止热力管道对电缆的热效应和管道在施工和检修时对电缆的损坏，电缆明敷设时，电缆与热力管道的净距不应小于 1m，否则应采取隔热措施。电缆与非热力管道的净距不应小于 0.5m，否则应在与管道接近的电缆段上，以及由接近段两端向外延伸不小于 0.5m 以内的电缆段上，采取强制机械防损伤措施。

生产厂房内电缆通道应避开锅炉的看火孔和制粉系统的防爆门，当条件受限制时，应采取穿管或封闭槽盒等隔热防火措施。

室内电缆不宜平行敷设于热力设备和热力管道的上部。

电缆明敷设时，电缆支架间或固定点间的距离，应符合规定要求。

电缆水平悬挂在钢索上时，电力电缆固定点的间距不应大于 0.75m，控制电缆固定点的间距不应大于 0.6m。

2.14.7 电缆沿墙垂直敷设

电缆沿墙垂直敷设，可以利用支架敷设，也有利用－30×3 镀锌扁钢卡子直接固定的，也可用卡子与Ⅱ形扁钢支架固定安装电缆，但这种安装型式多用于电气竖井内电缆敷设。

电缆在支架上沿墙垂直敷设，可采用不同型式的一字形、凵形及山字形角钢支架和异型钢制作，如图 2.14.7－1 所示。电缆支架在加工制作时，钢材应平直，无明显扭曲。下料误差应在5mm范围内，切口应平整无卷边、毛刺。采用焊接制作的支架，应焊接牢固，无明显变形。支架和配件均须采取有效防腐措施。

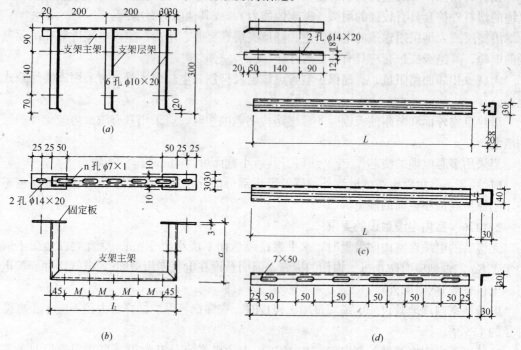

图 2.14.7-1 电缆支架
(a) 凵角钢支架；(b) 凵形角钢支架；(c) U形槽钢支架；(d) 一字形角钢支架；

电缆支架在建筑物墙体上的安装，可根据支架的型式采用不同的固定方式。室内电缆支架的固定有膨胀螺栓固定、预埋件固定以及用预制混凝土砌块固定等几种。支架固定所用的预埋件和预制混凝土砌块，如图 2.14.7-2 所示。

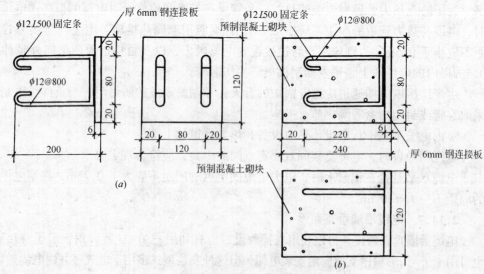

图 2.14.7-2 室内电缆支架安装预制件
(a) 预埋件；(b) 预制混凝土砌块

电缆沿墙敷设时，电力电缆支架间距为1.5m，敷设控制电缆时，支架间距为1m。支架如果采用预埋件或预制混凝土砌块固定时，应采用焊接方法固定。

电缆在支架上的固定，可根据电缆的截面及布线的数量，用-30×3扁钢制成的单面电缆卡子及双面单根电缆卡子或双根电缆卡子，以及与支架配套用的电缆卡子，如图2.14.7-3所示。电缆在各种型式的支架上沿墙垂直敷设，如图2.14.7-4所示。

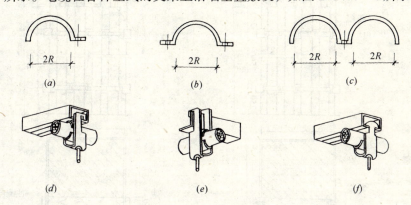

图2.14.7-3 电缆卡子
(a) K-01型单面电缆卡子；(b) K-02型双面电缆卡子；(c) K-03型双根电缆卡子；
(d) K-07型电缆卡子；(e) K-08型电缆卡子；(f) K-09型电缆卡子

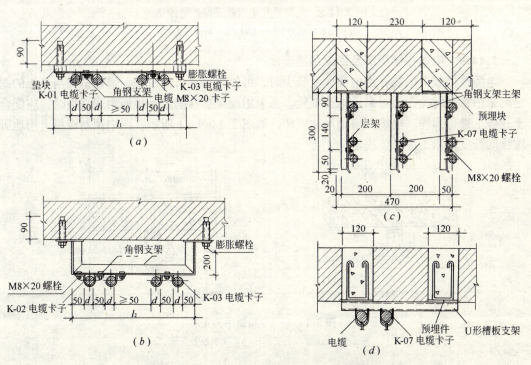

图2.14.7-4 电缆在支架上沿墙垂直敷设
(a) 电缆在一字形角钢支架上敷设；(b) 电缆在Ц形角钢支架上敷设；
(c) 电缆在山字形角钢支架上敷设；(d) 电缆在U形槽钢支架上敷设

2.14.8 电缆沿柱垂直敷设

电缆沿柱垂直敷设可使用抱箍固定支架,用卡子在支架上固定电缆保护管,如图2.14.8(a)所示。支架可采用-40×4金属扁钢制作,也可用50×50木方制作,如图2.14.8(b)所示。电力电缆的固定卡子或固定点的间距为1.5m,控制电缆为1m。

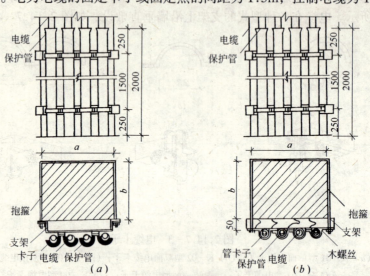

图 2.14.8 电缆沿柱垂直敷设保护管做法
(a) 钢板制成的支架;(b) 木方制成的支架

2.14.9 电缆在楼板下及沿梁吊挂敷设

电缆在楼板下吊装,当电缆数量较少时,可使用扁钢吊钩吊装,扁钢吊钩与楼板的固定可采用膨胀螺栓,也可采用地脚螺栓。当采用地脚螺栓固定,楼板为现浇板时,应配合土建施工进行预埋。电缆用扁钢吊钩安装,如图2.14.9-1所示。图中预制楼板上用地脚螺栓的长度可依工程需要决定。

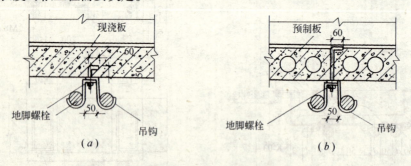

图 2.14.9-1 扁钢吊钩安装
(a) 现浇楼板上安装;(b) 预制板上安装

电缆在楼板上用扁钢吊杆和扁钢吊钩组成的吊架敷设,如图2.14.9-2所示。扁钢吊钩在吊杆上安装数量可依实际需要组装,最多不超过3层。扁钢吊杆吊钩的预埋件利用固定条和连接板制成,如图2.14.9-3所示。预埋件由土建施工预埋,吊杆与预埋件采用焊接固定,必须焊接牢固。

电缆在楼板上用角钢吊架安装做法,如图2.14.9-4所示。电缆用角钢吊架沿梁悬吊安装做法,如图2.14.9-5所示。用角钢吊架安装电缆时,吊架横档的层数依工程需要决定,但最多不宜超过4层。

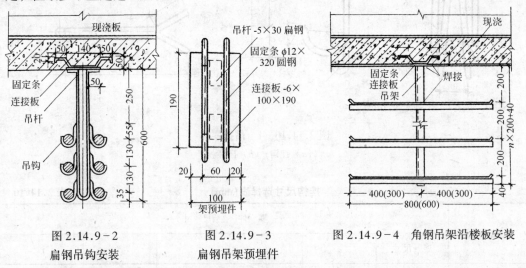

图2.14.9-2 扁钢吊钩安装　　图2.14.9-3 扁钢吊架预埋件　　图2.14.9-4 角钢吊架沿楼板安装

角钢吊架在楼板上或在梁上悬吊安装与楼板或梁内的预埋件均采用焊接固定,且预埋件与楼板和梁内的主筋焊接。预埋件如图2.14.9-6所示。

电缆沿楼板或梁上吊挂敷设时,敷设的电力电缆的各种吊钩及支、吊架间距为1m;敷设控制电缆的吊钩及支吊架间距为0.8m。

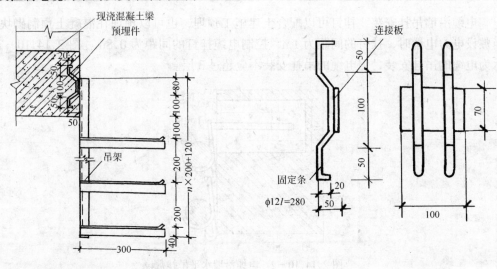

图2.14.9-5 角钢吊架沿梁安装　　图2.14.9-6 角钢吊架预埋件

2.14.10 电缆沿墙水平敷设

电缆沿墙水平敷设,使用挂钉和挂钩吊挂安装。每个挂钩使用两个 $\phi12\times160$ 圆钢制成的挂钉,挂钩由 $\phi6$ 圆钢弯制而成,如图2.14.10-1所示。挂钩与挂钉应是镀锌制品,挂钩的尺寸见表2.14.10。

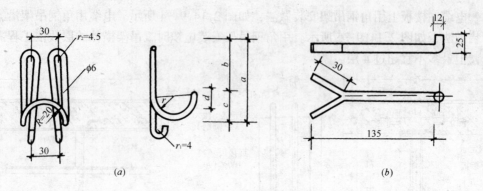

图 2.14.10-1 吊挂零件
(a) 挂钩；(b) 挂钉

挂钩尺寸选择表(mm)　　　　　　　　　　　　　　　表 2.14.10

电缆外径	零件 2 尺寸					
	展开尺寸	a	b	c	d	r
50	585	100	58	42	31	26
35	490	85	51	34	23	18
25	430	75	46	29	18	13

电缆沿墙吊挂安装，挂钉可以配合土建施工预埋，也可以预埋在混凝土预制砌块内。当敷设电力电缆时，挂钉的间距为 1m，控制电缆挂钉的间距为 0.8m。图 2.14.10-2 所示为电缆的吊挂安装，但电缆的吊挂安装不应超过 3 层。

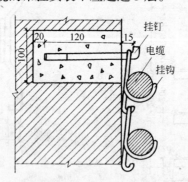

图 2.14.10-2　电缆沿墙水平吊挂敷设

2.14.11　电缆在建筑物电缆夹层内敷设

在建筑物电缆夹层内有重要回路电缆时，严禁装有易燃气、油管路，也不得有可能影响环境温升持续超过 5℃ 的供热管路。

电缆在建筑夹层内敷设，主要依靠落地支架和沿墙安装的支架支持，如图 2.14.11-1 所示。落地支架与楼(地)面内的预埋件焊接固定，见"室外电缆线路安装"中图

1.3.12.3-11。

沿墙安装的支架,如图2.14.11-2所示,支架与2.14.7-2中的预埋块内的连接板焊接固定。落地及沿墙安装支架选择见表2.14.11。

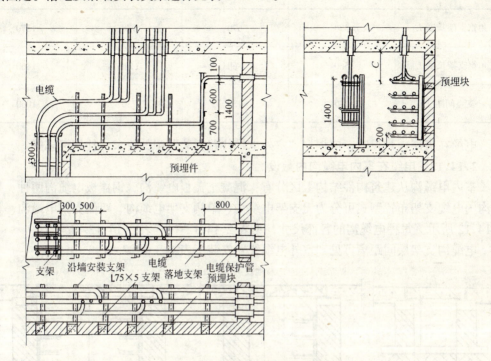

图2.14.11-1 电缆夹层内支架布置图

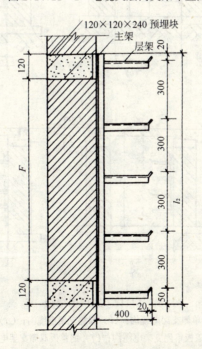

图2.14.11-2 夹层内沿墙安装支架

支架选择表(mm)　　　　　　　　　表 2.14.11

电缆层数	二层	三层	四层	五层
角钢支架长度 L_1	370	670	970	1270
角钢支架长度 L	560	860	1160	1460
支点间距 F	130	430	730	1030

电缆在夹层内敷设时,应根据"室外电缆线路安装"中的要求,挂好标志牌。

2.14.12　电缆在室内电缆沟内敷设

室内电缆沟从建筑构件结构上区分有:混凝土盖板电缆沟、钢盖板电缆沟两种。按电缆沟内电缆支架布置型式可分为无支架电缆沟、单侧支架电缆沟、双侧支架电缆沟,如图 2.14.12 所示。每种电缆沟的各部尺寸,见表 2.14.12-1～表 2.14.12-6。

电缆沟支架层间距离可见"室外电缆线路安装"表 1.3.12.2-1。

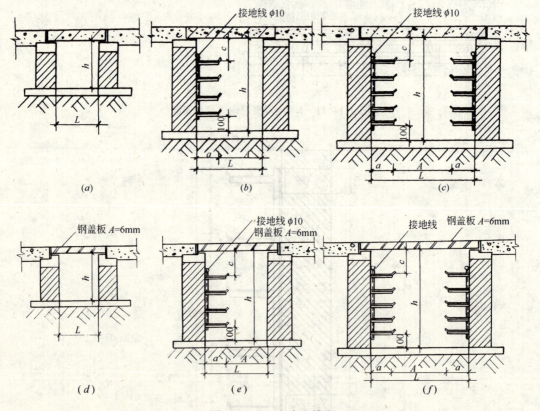

图 2.14.12　室内电缆沟
(a) 无支架电缆沟;(b) 单侧支架电缆沟;(c) 双侧支架电缆沟;(d) 钢盖板无支架电缆沟;
(e) 钢盖板单侧支架电缆沟;(f) 钢盖板双侧支架电缆沟

无支架电缆沟(mm)
表 2.14.12-1

沟宽(L)	沟深(h)
400	200
600	400
800	400

钢盖板无支架电缆沟(mm)
表 2.14.12-3

沟宽(L)	沟深(h)
400	200
600	400
800	400

单侧支架电缆沟(mm)
表 2.14.12-5

沟宽(L)	层架(a)	通道(A)	沟深(h)
600	200	400	500
600	300	300	500
800	200	600	700
800	300	500	700
800	200	600	900
800	300	500	900

单侧支架电缆沟(mm)
表 2.14.12-2

沟宽(L)	层架(a)	通道(A)	沟深(h)
600	200	400	500
600	300	300	500
800	200	600	700
800	300	500	700
800	200	600	900
800	300	500	900

双侧支架电缆沟(mm)
表 2.14.12-4

沟宽(L)	层架(a)	通道(A)	沟深(h)
1000	200/300	500	700
1200	300	600	700
1000	200/300	500	900
1000	200	600	900
1200	300	600	900
1000	200	600	1100
1000	200/300	500	1100
1200	300	600	1100

双侧支架电缆沟(mm)
表 2.14.12-6

沟宽(L)	层架(a)	通道(A)	沟深(h)
1000	200/300	500	700
1200	300	600	700
1000	200/300	500	900
1200	300	600	900
1000	200	600	900
1000	200/300	500	1100
1200	300	600	1100

电缆沟内各种型号的电缆支架安装及电缆敷设,见"室外电缆线路安装"中电缆沟角钢支架制作安装以及电缆敷设的有关内容;电缆沟内如使用电缆桥架安装时,可见"电缆桥架安装"中的有关内容。

2.14.13 电缆穿墙和楼板的做法

明敷设电缆要通过建筑物伸缩缝和变形缝处,应做补偿装置,在伸缩缝处将电缆弯曲,弯曲半径应满足规定值,在变形缝的两侧电缆固定支架应随其直线段的电缆支架一并考虑,如图 2.14.13－1 所示。

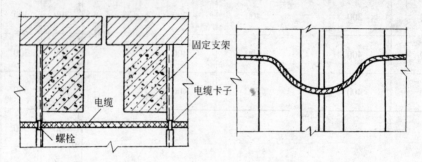

图 2.14.13－1 电缆过变形缝处敷设

电缆通过墙、楼板时,应穿钢管保护,穿管内径不应小于电缆外径 1.5 倍,并应配合土建施工预埋,电缆保护管过墙需做防水时,保护管与电缆间应用沥青麻丝填实,管两端用嵌缝油膏封堵,如图 2.14.13－2 所示。

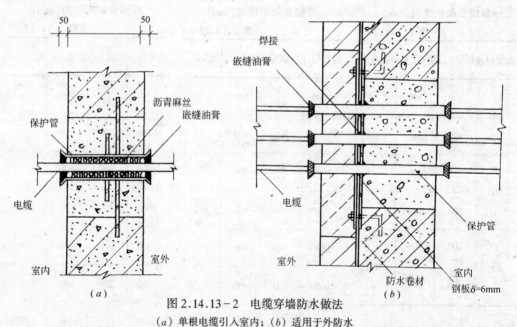

图 2.14.13－2 电缆穿墙防水做法
(a) 单根电缆引入室内;(b) 适用于外防水

电缆穿墙或楼板时,应做阻火封堵,电缆穿入保护管时,管口应密封。用于电缆封堵的防火材料不同,阻火封堵的方法也不尽相同,电缆穿墙和穿楼板孔洞及保护管的阻火封堵,如图 2.14.13－3 和图 2.14.13－4 所示。

2.14 室内电缆线路安装

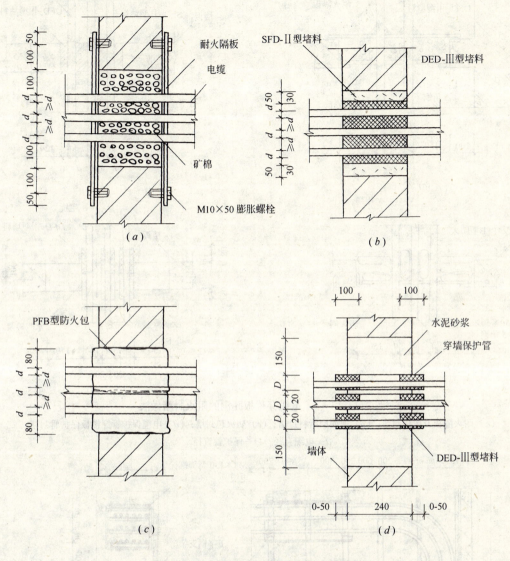

图 2.14.13-3 电缆穿墙孔洞阻火封堵做法
(a) 耐火隔板及矿棉封堵；(b) 速固型堵料封堵；(c) 防火包封堵；(d) 穿墙保护管封堵

电缆在进入电缆沟、隧道、电缆夹层、竖井、工作井、建筑物及配电屏、开关柜、控制屏时，应做防火封堵，防止火焰蔓延。电缆夹层出入口在层架穿耐火隔板处，孔洞要用 PF-1 型改性、柔性防火腻子封堵，如图 2.14.13-5 所示。

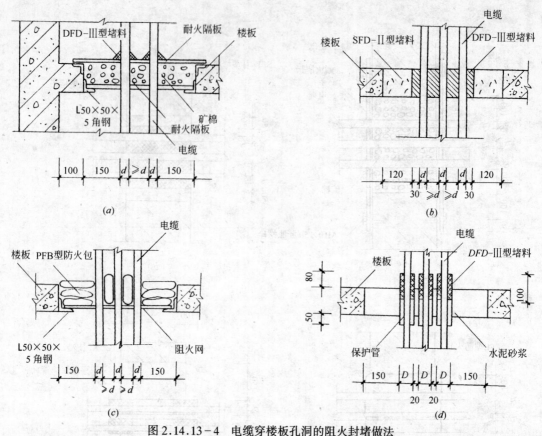

图 2.14.13-4 电缆穿楼板孔洞的阻火封堵做法
(a) 耐火隔板及矿棉封堵；(b) 速固型堵料封堵；(c) 防火包封堵；(d) 电缆保护管穿楼板保护管封堵
d—电缆直径；D—保护管直径

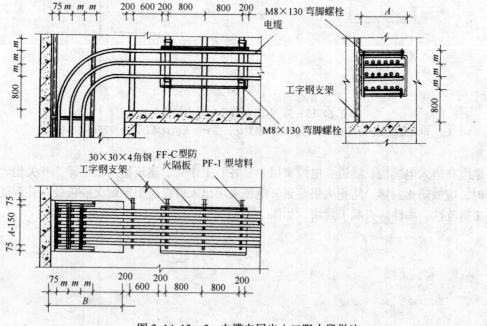

图 2.14.13-5 电缆夹层出入口阻火段做法

2.14.14 室内低压电缆头套制作安装

室内聚氯乙烯绝缘、聚氯乙烯护套、电力电缆终端头套的制作安装,应按下列程序进行:

2.14.14.1 摇测电缆绝缘

选用500V或1000V摇表,对电缆进行摇测,测量各电缆线芯对地或对金属屏蔽层间和各线芯间的绝缘电阻,绝缘电阻值宜在40MΩ以上。电缆摇测完毕后,应将芯线分别对地放电。

2.14.14.2 剥电缆铠甲、打卡子

1. 根据电缆与设备连接的具体尺寸,量电缆并做好标记。锯掉多余电缆,根据电缆头套型号尺寸要求,剥除外护套。电缆头套型号尺寸见表2.14.14.2和图2.14.14.2-1。

电缆头套型号尺寸　　　　　表2.14.14.2

序号	型号	规定尺寸		通用范围	
		L (mm)	D (mm)	VV,VLV四芯 (mm^2)	VV20,VLV29 四芯 (mm^2)
1	VDT-1	86	20	10~16	10~16
2	VDT-2	101	25	25~35	25~35
3	VDT-3	122	32	50~70	50~70
4	VDT-4	138	40	95~120	95~120
5	VDT-5	150	44	150	150
6	VDT-6	158	48	185	185

2. 将地线的焊接部位用钢锉处理,以备焊接。
3. 在打钢带卡子的同时,将10mm²多股铜线排列整齐后卡在钢带卡子里。
4. 利用电缆本身钢带宽的二分之一做卡子,采用咬口的方法将卡子打牢,必须打两道,防止钢带松开,两道卡子的间距为15mm,如图2.14.14.2-2所示。

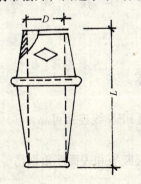

图2.14.14.2-1 电缆头套型号尺寸

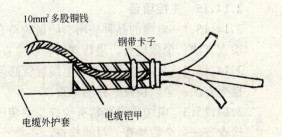

图2.14.14.2-2 打卡子

5. 剥电缆铠甲，用钢锯在第一道卡子向上3～5mm处，锯一环形深痕，深度为钢带厚度的2/3，不得锯透。

6. 用螺丝刀在锯痕尖角处将钢带挑起，用钳子将钢带撕掉，随后将钢带锯口处用钢锉修理钢带毛刺，使其光滑。

2.14.14.3 焊接地线

地线采用焊锡焊接于电缆钢带上，焊接应牢固，不应有虚焊现象，应注意不要将电缆烫伤。

2.14.14.4 包缠电缆，套电缆终端头套

1. 剥去电缆统包绝缘层，将电缆头套下部先套入电缆。

2. 根据电缆头的型号尺寸，按照电缆头套长度和内径，用塑料带采用半叠法包缠电缆。塑料带包缠应紧密，形状呈枣核状如图2.14.14.4-1所示。

3. 将电缆头套上部套上，与下部对接套严，如图2.14.14.4-2所示。

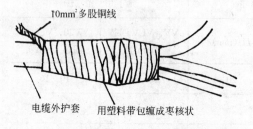 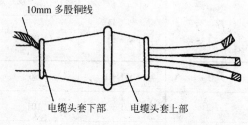

图2.14.14.4-1 包缠塑料带　　　　图2.14.14.4-2 电缆头套做法

2.14.14.5 压电缆芯线接线端子

1. 从芯线端头量出长度为接线端子的深度，另加5mm，剥去电缆芯线绝缘，并在芯线上涂上凡士林；

2. 将芯线插入接线端子内，用压线钳子压紧接线端子，压接应在两道以上；

3. 根据不同的相位，使用黄、绿、红、淡蓝色和黄、绿相间分色塑料带，分别包缠电缆各芯线至接线端子的压接部位；

4. 将做好终端头的电缆，固定在预先做好的电缆头支架上，并将芯线分开；

5. 根据接线端子的型号，选用螺栓将电缆接线端子压接在设备上，注意应使螺栓由上向下或从内向外穿，平垫和弹簧垫应安装齐全。

Ⅲ　质　量　标　准

2.14.15 主控项目

2.14.15.1 电缆的品种规格、质量应符合设计要求。

检查方法：全数检查，进行现场验收检查。

2.14.15.2 金属电缆支架、电缆导管必须与PE或PEN线连接可靠。

检查方法：全数检查，目测检查。

2.14.15.3 电缆敷设严禁有绞拧、铠装压扁、护层断裂和表面严重划伤等缺陷。

检查方法：全数检查，目测检查。

2.14.16 一般项目

2.14.16.1 电缆支架安装应符合下列规定：

1. 当设计无要求时，电缆支架最上层至竖井顶部或楼板的距离不小于150～200mm；电缆支架最下层至沟底或地面的距离不小于50～100mm；

2. 当设计无要求时，电缆支架层间最小允许距离符合表1.3.20.1的规定；

3. 支架与预埋件焊接固定时，焊缝饱满；用膨胀螺栓固定时，选用螺栓适配，连接坚固，防松零件齐全。

检查方法：按不同类型支架各抽查5段，目测检查和尺量检查；螺栓的紧固程度，用力矩扳手做拧动试验。

2.14.16.2 电缆在支架上敷设，转弯处的最小允许弯曲半径应符合表1.3.20.2的规定。

检查方法：全数检查，目测检查和尺量检查。

2.14.16.3 电缆敷设固定应符合下列规定：

1. 垂直敷设或大于45°倾斜敷设的电缆在每个支架上固定；

2. 交流单芯电缆或分相后的每相电缆固定用的夹具和支架，不形成闭合铁磁回路；

3. 电缆排列整齐，少交叉；当设计无要求时，电缆支持点间距，不大于表1.3.20.3-1的规定；

4. 当设计无要求时，电缆与管道的最小净距，符合表1.3.20.3-2的规定，且敷设在易燃易爆气体管道和热力管道的下方；

5. 敷设电缆的电缆沟，按设计要求位置，有防火隔堵措施。

检查方法：全数检查，目测检查，尺量检查。

2.14.16.4 电缆的首端、末端和分支处应设标志牌。

检查方法：按不同敷设方式各抽查50%，但不少于5处，目测检查和尺量检查。

Ⅳ 成品保护

2.14.17 电缆在运输过程中，不应使电缆及电缆盘受到损伤，禁止将电缆盘直接由车上扒下。电缆盘不应平放运输；平行储存。

2.14.18 运输或滚动电缆盘前，必须检查电缆盘的牢固性。充油电缆至压力箱间的油管应妥善固定及保护。

2.14.19 装卸电缆时，不允许将吊绳直接穿电缆轴孔吊装，以防止孔处损坏。

2.14.20 滚动电缆时，应以使电缆卷紧的方法进行。

2.14.21 敷设电缆时，如需从中间倒电缆，必须按"8"字形或"S"字形进行，不得倒成"O"形，以免电缆受损。

2.14.22 直埋电缆敷设完毕应及时会同建设单位进行全面检查，并及时做好隐蔽工程记录。如无误，应立即进行铺砂盖砖，以防电缆损坏。

Ⅴ 安全注意事项

2.14.23 架设电缆盘的地面必须平实，支架必须采用有底平面的专用支架，不得用千斤顶代替。

2.14.24 采用撬动电缆盘的边框架设电缆时，不要用力过猛，也不要将身体伏在撬棍上面，并应采取措施防止撬棍滑脱、折断。

2.14.25　拆卸电缆盘包装木板时，应随时清理，防止钉子扎脚或损伤电缆。

2.14.26　挖电缆沟时，土质松软或深度较大，应适当放坡，防止坍方。

2.14.27　敷设电缆时，处于电缆转向拐角的人员，必须站在电缆弯曲弧的外侧，切不可站在弯曲弧内侧，防止挤伤。

2.14.28　人力拉电缆时，用力要均匀，速度应平稳，不可猛拉猛跑，看护人员不可站在电缆盘的前方。

2.14.29　电缆穿过保护管时，送电缆手不可离管口太近，防止挤手。

2.14.30　在交通道路附近或较繁华地点施工时，电缆沟要设栏杆和标志牌，夜间要设置红色标志灯。

Ⅵ　质量通病及其防治

2.14.31　电缆的排列顺序混乱。电缆敷设应根据设计图纸绘制的"电缆敷设图"进行，合理的安排好电缆的放置顺序，避免交叉和混乱现象。

2.14.32　电缆的中间接头位置安排的不恰当。电缆敷设时，要弄清每盘的电缆长度，确定好中间接头的位置。不要把电缆接头放在道路交叉处。建筑物的大门口以及与其他管道交叉的地方。在同一电缆沟内电缆并列敷设时，电缆接头应相互错开。

2.14.33　电缆标志牌挂装不整齐或遗漏。在电缆架上敷设电缆，在放电缆时，当每放一根电缆，即应把标志牌挂好，并应有专人负责。

2.14.34　电缆头制作时受潮。从开始剥切到制作完毕，必须连续进行，中间不应停顿，以免受潮。

2.15　竖井内配线

Ⅰ　施工准备

2.15.1　材料

1. 钢导管及支、吊架附件等。
2. 金属线槽及吊装附件等。
3. 电缆及支架、电缆卡子、电缆"T"接接头等。
4. 电缆桥架、支架、吊架等。
5. 封闭母线、支架等。
6. 配电箱(盘)、电缆分线箱、电缆接头盒、母线分线盒、防火隔板、防火墙料等。

2.15.2　机具

竖井内配线所使用的机具，可按竖井内的不同配线方式和施工方法，选用相应的机具。

2.15.3　作业条件

竖井内配线需在竖井内土建工程结束后进行。

Ⅱ 施工工艺

2.15.4 电气竖井的构造

竖井内配线一般适用于多层和高层民用建筑中强电及弱电垂直干线的敷设，是高层建筑特有的一种综合配线方式。

高层民用建筑与一般的民用建筑相比，室内配电线路的敷设有一些特殊情况。一方面是由于电源在最底层，用电设备分布在各个楼层直至最高层，配电主干线垂直敷设且距离很大；另一方面是消防设备配线和电气主干线有防火要求。这就形成了高层建筑室内线路敷设的特殊性。

除了层数不多的高层住宅，可采用导线穿钢管在墙内暗敷设以外，层数较多的高层民用建筑，低压供电距离长，供电负荷大，为了减少线路电压损失及电能损耗，干线截面都比较大。一般干线是不能暗敷设在建筑物墙体内的，须敷设在专用的电气竖井内。

2.15.4.1 电气竖井就是在建筑物中从底层到顶层留出一定截面的井道。竖井在每个楼层上设有配电小间，它是竖井的一部分，这种敷设配电主干线上升的电气竖井，每层都有楼板隔开，只留出一定的预留孔洞。考虑防火要求，电气竖井安装工程完成后，将预留孔洞多余的部分用防火材料封堵。为了维修方便，竖井在每层均设有向外开的维护检修防火门。因此，电气竖井实质上是由每层配电小间上下及配线连接构成。

2.15.4.2 电气竖井的大小应根据线路及设备的布置确定，而且必须充分考虑配线及设备运行的操作和维护距离。竖井大小除满足配线间隔及端子箱、配电箱布置所必须尺寸外，并宜在箱体前留出不小于0.8m的操作、维护距离。目前在一些工程中受土建布局的限制，大部分竖井的尺寸较小，给使用和维护带来很多问题，值得引起注意。图2.15.4.2所示，为强弱电竖井配电设备布置方案，可供设计施工时参考。

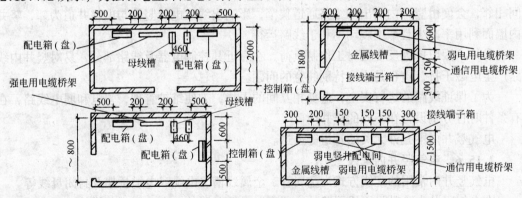

图 2.15.4-2 电气竖井配电设备布置示意图

2.15.4.3 竖井构造材料可为砖、混凝土和钢筋混凝土等。竖井内地坪通常应高于该楼层地坪50mm。竖井的井壁应是耐火极限不低于1h的非燃烧体。电缆井、管道井应每隔2~3层在楼板处用相当于楼板耐火极限的非燃烧体作防火分隔。竖井每层的维护、检修门应朝外开向公共走廊，门的耐火等级不应低于丙级。

为防止发生火灾后，火灾向电气线路蔓延，竖井内封闭式母线、电缆桥架、金属线槽、金属管或电缆等配线在穿过电气竖井楼板或墙壁时(有的应预留好孔洞)，应以防火隔板、防火堵料等材料作好密封隔离。

2.15.4.4 防火堵料、防火涂料应选用已经过国家鉴定的定型产品，使用中应首先检查产品是否过期，然后按照制造厂家的使用方法进行配制使用。常用几种防火堵料、涂料有：

1. DFD-Ⅱ型电线、电缆阻火堵料；
2. DMT-J_2型电缆密封填料；
3. DMT-W型无机电缆密封填料；
4. SFD型速固封堵料；
5. AGO-1型改性氨基膨胀防火涂料。

2.15.5 电气竖井位置的选择

电气竖井的数量和位置选择应保证系统的可靠性和减少电能损耗。应根据建筑物规模、用电负荷性质、供电半径、建筑物的沉降缝设置和防火分区等因素确定。

选择竖井位置时，应考虑下列因素：

1. 电气竖井宜靠近负荷中心，减少干线电缆沟道的长度。特别应注意与变、配电室或机房等部位的联络，使进出线尽可能方便，以减少损耗、节省投资；
2. 为了保证竖井内电气线路及电气设备的运行安全，电气竖井不能与电梯井、管道井共用；

电气竖井与管道井、排烟道、排气道、垃圾道等竖向管道井应分别独立设置。电气竖井应避开邻近烟道、热力管道及其他散热量大或潮湿的设施。否则，应采取相应的隔热、防潮措施。

电气竖井如邻近烟道等热源或潮湿设施，会使竖井内温度升高，影响线路导体允许载流能力，使配电用断路器误动作或因潮湿而使竖井内线路绝缘强度降低、金属件锈蚀等。

3. 在条件允许时宜避免电气竖井与电梯井及楼梯间相邻。电气竖井与电梯井或楼梯间相邻，会使由竖井内引出的线路通道狭窄，影响出线。电气竖井与电梯井道为邻，竖井内墙面利用率减少且产生震动不利于线路运行。

另外，因电梯为反复短时工作制负荷，在靠近其控制电器及线路部分，易对竖井内线路产生电磁干扰，这也是应该特别注意的问题。

为了保证线路的运行安全，避免相互间的干扰，方便维护管理，强电和弱电线路，在有条件时宜分别设置在不同的竖井内。

电气竖井内不允许无关的管道等通过。

2.15.6 电气竖井内配线

电气竖井内常用的配线方式为金属管、金属线槽、电缆或电缆桥架及封闭母线等。

在电气竖井内除敷设干线回路外，还可以设置各层的电力、照明分线箱及弱电线路的端子箱等电气设备。

竖井内高压、低压和应急电源的电气线路，相互间应保持0.3m及以上距离或采取隔离措施，并且高压线路应设有明显标志。

强电和弱电如受条件限制必须设在同一竖井内，应分别布置在竖井两侧或采取隔离措施以防止强电对弱电的干扰。

电气竖井内应敷设有接地干线和接地端子。

在建筑物较高的电气竖井内垂直配线时(有资料介绍超过100m)，要考虑以下因素：

1. 顶部最大变位和层间变位对干线的影响。高层建筑物垂直线路的顶部最大变位和层间变位是建筑物由于地震或风压等外部力量的作用而产生的。建筑物的变位必然要影响到布线系统，实践证明，这个影响对封闭式母线、金属线槽的影响最大，金属管配线次之，电缆布线最小。为保证线路的运行安全，在线路的固定、连接及分支上应采取相应的防变位措施。

2. 要考虑好电线、电缆及金属保护管、罩等自重带来的荷重影响以及导体通电以后，由于热应力和周围的环境温度经常变化而产生的反复荷载（材料的潜伸），和线路由于短路时的电磁力而产生的荷载。

因此，在支持点处存在着损坏导体绝缘或管槽的危险因素。所以要充分研究支持方式及导体覆盖材料的选择。

3. 垂直干线与分支干线的联接方法，直接影响供电的可靠性和工程造价，必须进行充分研究。特别应注意铝芯导线的连接和铜—铝接头的处理问题。

2.15.6.1 金属管配线

在多、高层民用建筑中，采用金属管配线时；配管由配电室引出后，一般可采用水平吊装如图 2.15.6.1 所示的方式，进入电气竖井内，然后沿支架在竖井内垂直敷设。金属

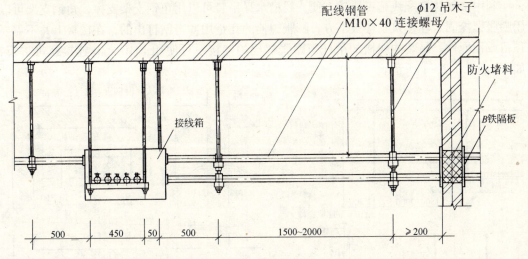

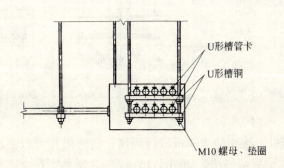

图 2.15.6.1 金属管布线的水平吊装

管水平吊装的施工方法，也可以根据配管数量，选择其他方式施工，可参见"钢管、硬质塑料管明敷设"中的有关内容。

电气竖井内金属管垂直配线，可参照"钢导管、刚性绝缘导管明敷设"的有关做法施工。除应当考虑保护管的自重，还应考虑到导线的自重及其相应的固定方法。为了保证管内穿线不因自重而断裂，应在一定长度的位置上装设接线盒(箱)，在接线盒(箱)内将导线固定住。一般情况下，当导线截面在 $50mm^2$ 及以下，长度超过 30m 时要装设接线盒(箱)；导线截面在 $70\sim95mm^2$，长度超过 20m，导线截面在 $120\sim240mm^2$，长度超过 18m 时就要装设中间接线盒(箱)。

在竖井内，绝缘导线穿钢导管布线穿过楼板处，应配合土建施工，把钢导管直接预埋在楼板上，不必留置洞口，也不再需要进行防火封堵了。

由电气竖井内引至各用户的金属管，若管口向上时，应高出地坪一定距离，以免污水流入管中。

对于消防用电设备的配电线路，在竖井内明敷设时，必须在金属管上采取防火保护措施。专供消防设备的电源配电箱，其全部器件、导线等均应采用耐火、耐热型。

2.15.6.2 金属线槽配线

利用金属线槽配线施工比较方便，线槽水平吊装可以用角钢支架支撑，角钢支架可以用膨胀螺栓固定在建筑物楼板下方，膨胀螺栓的孔是用冲击钻打出的，在楼板上并不需要预留或预埋件。吊装的线槽的吊杆与膨胀螺栓的连接，可使用 M10×40 连接螺母进行，如图 2.15.6.2-1 所示。

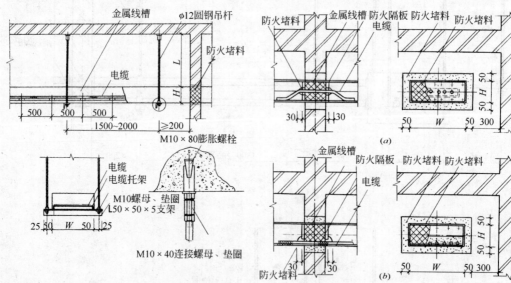

图 2.15.6.2-1 金属线槽的水平吊装　　图 2.15.6.2-2 金属线槽穿墙吊装
　　　　　　　　　　　　　　　　　　(a) 电缆在线槽中间通过；(b) 电缆在线槽底部通过

金属线槽在通过墙壁处，应用防火隔板进行隔离，防火隔板可以采用矿棉半硬板 EF-85 型耐火隔板。金属线槽穿墙做法，如图 2.15.6.2-2 所示。在离墙 1m 范围内的金属线槽外壳应涂防火涂料。

在电气竖井内金属线槽沿墙穿楼板安装时，用扁钢支架固定金属线槽，扁钢支架可用

Q235A 钢材现场加工制作,如图 2.15.6.2-3 所示。图中符号 W 表示金属线槽的宽度。有条件时支架可以进行镀锌处理,当条件不具备时,应按工程设计规定涂漆处理。

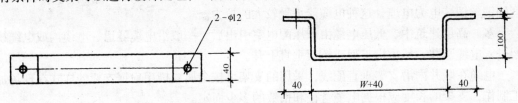

图 2.15.6.2-3　金属线槽用扁钢支架
W—线槽宽度

金属线槽用扁钢支架,使用 M10×80 膨胀螺栓与墙体固定,线槽槽底与支架之间用 M6×10 开槽盘头螺钉固定。金属线槽底部固定线槽的扁钢支架距楼地面距离为 0.5m,固定支架中间距离为 1~1.5m。金属线槽的支架应该用 φ12 镀锌圆钢进行焊接连接作为接地干线。金属线槽穿过楼板处应设置预留洞,并预埋 L40×4 固定角钢做边框。金属线槽安装好以后,再用 4mm 厚钢板做防火隔板与预埋角钢边框固定,预留洞处用防火堵料密封。金属线槽沿墙穿楼板安装,如图 2.15.6.2-4 所示。

金属线槽配线,电线或电缆在引出线槽时要穿金属管,电线或电缆不得有外露部分,管与线槽连接时,应在金属线槽侧面开孔,孔径与管径应相吻合,线槽切口处应整齐光滑,严禁用电、气焊开孔,金属管应用锁紧螺母和护口与线槽连接孔连接。由金属线槽引入端子箱的做法如图 2.15.6.2-5 所示。

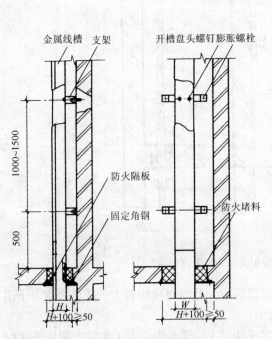

图 2.15.6.2-4　金属线槽沿墙穿楼板安装做法

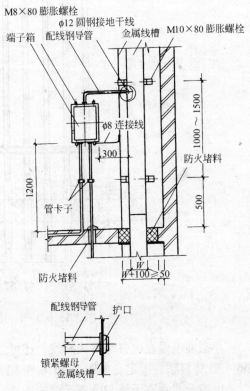

图 2.15.6.2-5　金属线槽配线端子箱安装

2.15.6.3 竖井内电缆配线

竖井内敷设的电缆，其绝缘或护套应具有非延燃性。竖井内电缆较多采用聚氯乙烯护套细钢丝铠装电力电缆，这种电缆能承受较大的拉力。

多、高层建筑中、低压电缆由低压配电室引出后，一般沿电缆隧道、电缆沟或电缆桥架进入电缆竖井，然后沿支架或桥架垂直上升。

电缆在竖井内沿支架垂直配线，采用的支架可按金属线槽用扁钢支架的样式在现场加工制作，支架的长度应根据电缆直径和根数的多少而定。

扁钢支架与建筑物的固定应采用 M10×80 的膨胀螺栓紧固。支架每隔 1.5m 设置一个，底部支架距楼(地)面的距离不应小于 300mm。电缆在支架上的固定采用与电缆外径相配合的管卡子固定，电缆之间的间距不应小于 50mm。

电缆在穿过竖井楼板或墙壁时，应穿在保护管内保护，并应以防火隔板、防火堵料等做好密封隔离，电缆保护管两端管口空隙处应做密封隔离。电缆沿支架的垂直安装，如图 2.15.6.3-1 所示。电缆在穿过楼板处也可以配合土建施工在楼板内预埋保护管，电缆配线后，只在保护管两端电缆周围管口空隙处做密封隔离。

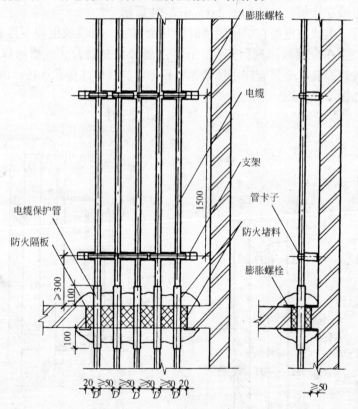

图 2.15.6.3-1 电缆布线沿支架垂直安装

小截面电缆在电气竖井内配线，还可以沿墙敷设，此时可使用管卡子或单边管卡子用 $\phi 6\times30$ 塑料胀管固定，如图 2.15.6.3-2 所示。

电缆配线垂直干线与分支干线的连接，常采用"T"接方法。为了接线方便树干式配电系统电缆应尽量采用单芯电缆，单心电缆"T"接是采用专门的"T"接头由两个近似半圆的铸铜 U 形卡构成，两个 U 形卡卡住电缆芯线，两端用螺栓固定。其中一个 U 形卡上带有固定引出导线接线耳的螺孔及螺钉。单芯电缆 T 形接头大样如图 2.15.6.3-3 所示。

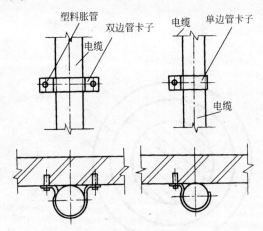

图 2.15.6.3-2　电缆沿墙固定

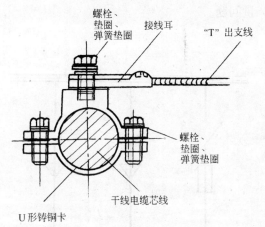

图 2.15.6.3-3　单芯电缆"T"接接头大样图

为了减少单芯电缆在支架上的感应涡流，固定单芯电缆应使用单边管卡子。

采用四芯或五芯电缆的树干式配电系统电缆，在连接支线时，进行"T"接是电缆敷设中常遇到的一个比较难以处理的问题。如果在每层断开电缆，在楼层开关上采用共头连接的方法，会因开关接线桩头小而无法施工。如改为电缆端头用铜接线端子（线鼻子）三线共头，则因铜接线端子截面有限，使导线截流量降低。这种情况下可以在每层中加装接线箱，从接线箱内分出支线到各层配电盘，但需要增加一定的设备投资。

有些工程把四芯电缆断开后，采用高压用的接线夹接"T"接支线，这种做法不但不美观，而且断缆处太多，影响供电的可靠性。

最不利的是把四芯电缆芯线交错剥开绝缘层，把"T"接支线连接于主干线上，然后用喷灯挂锡，最后用绝缘带包扎。这种做法虽然较简单易行，但由于接头被焊死，不便于拆除检修，另外使用喷灯挂锡时，一不小心还会损坏邻近芯线的绝缘。

上述各种方法，都相应的存在着一定的不足之处。因此，对于树干式电缆配电系统为了"T"接方便，应尽可能采用单芯电缆。

对于简单的多层建筑，可以采用专用"T"形接线箱，其接线如图 2.15.6.3-4 所示。

在国外高层建筑中早已采用一种预制分支电缆作为竖向供电干线，在我国也有使用的先例。预制分支电缆装置由上端支承、垂直主干电缆、模压分支接线、分支电缆、安装时配备的固定夹等组成，如图 2.15.6.3-5 所示。

预制分支电缆装置分单相双线、单相三线、三相三线、四相四线。主电缆和分支电缆都是由 XLPE 交联聚乙烯绝缘的铜芯导线、外护套为 PVC 材料的低压电缆，如图 2.15.6.3-6 所示。

预制分支电缆装置的垂直主电缆和分支电缆之间采用模压分支联接，电缆的分支联接件采用 PVC 合成材料的注塑而成。电缆的 PVC 外套和注塑的 PVC 联接件接合在一起形成气密和防水，如图 2.15.6.3-7 所示。

预制分支电缆装置的分支联接及主电缆顶端处置和悬吊部件都在工厂中进行，使电缆分支接头的施工质量得到保证，可以解决目前工地上难以保证的大规格电缆分支接头的质量问题。

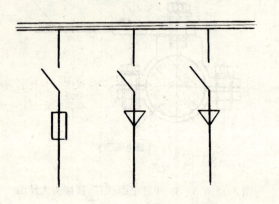

图 2.15.6.3-4 "T"形接线箱线路图

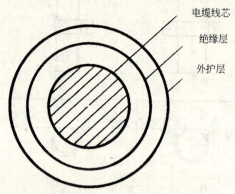

图 2.15.6.3-6 单芯电缆结构

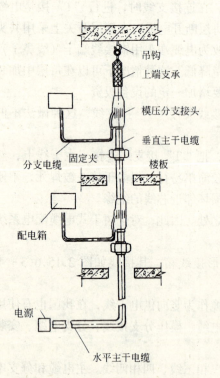

图 2.15.6.3-5 预制分支电缆装置

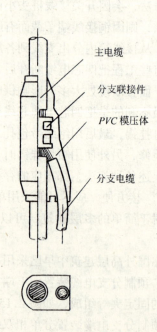

图 2.15.6.3-7 模压分支联接

2.15.6.4 电缆桥架配线

低压电缆由低压配电室引出后,可沿电缆桥架进入电缆竖井,然后再沿桥架垂直上升。

电缆桥架特别适合于全塑电缆的敷设。桥架不仅可以用于敷设电力电缆和控制电缆,同时也可用于敷设自动控制系统的控制电缆。

电缆桥架的形式是多种多样的:有梯架、有孔托盘、无孔托盘和组合式桥架等。

电缆桥架的固定方法很多,较常见的是用膨胀螺栓固定,这种方法施工简单、方便、省工、准确,省去了在土建施工中预埋件的工作。

在电气竖井设备安装中,电缆桥架水平吊装,如图 2.15.6.4-1 所示。图中使用的 $\phi 12$ 吊杆吊挂 U 形槽钢,做桥架的吊架,梯架用 M8×30T 形螺栓和压板固定在 U 形槽钢上。吊杆用 M10×40 连接螺母与膨胀螺栓连接,吊杆间距为 1.5～2m。电缆在梯架上是单层布置,用塑料卡带将电缆固定在梯架上。

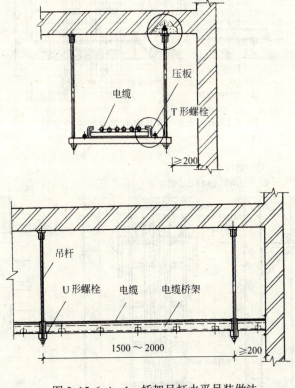

图 2.15.6.4-1 桥架吊杆水平吊装做法

电缆桥架的梯架在竖井内垂直安装时,有两种不同的做法:一种是梯架在竖井墙体上用 L50×5 角钢制成的三角形支架和同规格的角钢固定,在竖井楼板上用两根⊏10 槽钢和 L50×5 角钢支架固定,如图 2.15.6.4-2 所示;另一种做法是在竖井内墙体上,用同样的三角形支架及 U 形槽钢使用压板固定梯架,在竖井楼板上用两根 L50×5 角钢支架固定,如图 2.15.6.4-3 所示。两种做法中固定梯架的方式各不相同,在施工中可根据设计要求或电缆配线数量选用。

敷设在垂直梯架上的电缆采用塑料电缆卡子固定。

2 室内线路敷设

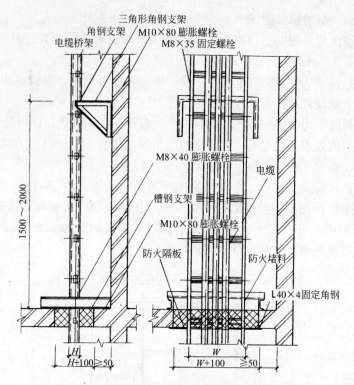

图2.15.6.4-2 竖井内电缆桥架垂直安装

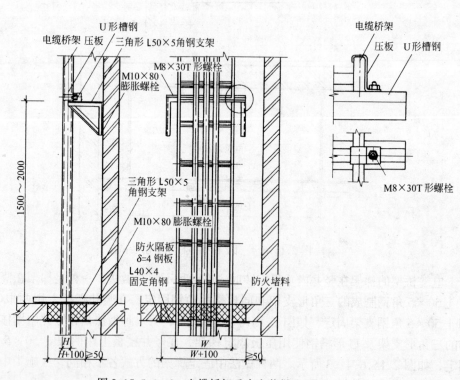

图2.15.6.4-3 电缆桥架垂直安装做法之二

电缆桥架在穿过竖井时，应在竖井墙壁或楼板处预留洞口，配线完成后，洞口处应用防火隔板及防火堵料隔离，防火隔板可采用矿棉半硬板 EF-85 型耐火隔板式或厚 4mm 钢板煨制，电缆桥架穿竖井的不同做法，如图 2.15.6.4-4 所示。

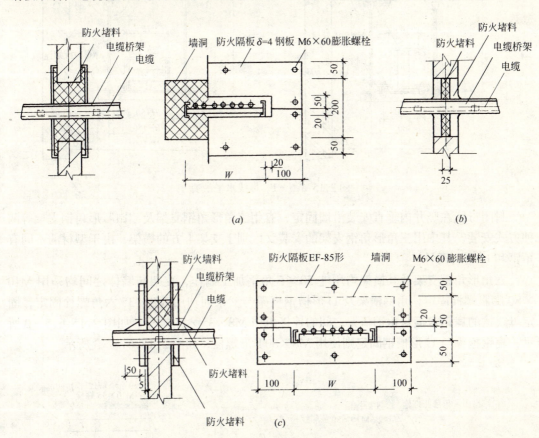

图 2.15.6.4-4　电缆桥架穿竖井做法
(a) 用钢隔板及防火堵料封堵；(b) 用防火堵料封堵；
(c) 用 EF-85 型隔板及防火堵料封堵

2.15.6.5　封闭母线配线

高层建筑中的供电干线，近年来在干线容量较大时推荐使用封闭母线。

封闭母线由工厂成套生产，可向工厂订购。封闭母线是一种用组装插接方式引接电源的新型电气配电装置，它具有配电设计简单、安装方便快速，使用安全可靠，简化供电系统、寿命长、外观美等优点。但其综合经济效益仍然大大高于其他传统布线方式。

封闭母线既可以水平吊装也可以垂直安装。封闭母线水平吊装时，采用 L50×5 角钢作支架，φ12 吊杆悬吊支架，吊杆长度 L 由设计决定。封闭母线水平吊装时，吊架间距应符合设计要求和产品技术文件规定，一般不宜大于 2m。吊杆与建筑物楼(屋)面混凝土内膨胀螺栓用 M10×40 连接螺母连接固定。封闭母线在支架上，有平卧式安装和侧卧式安装两种型式，平卧式安装采用平卧压板，侧卧式安装应用侧卧压根固定，如图 2.15.6.5-1 所示。

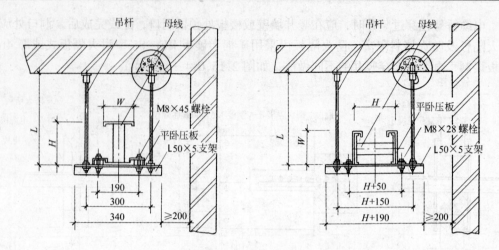

图 2.15.6.5-1 母线水平吊装

封闭母线在竖井内垂直安装沿墙固定,有用三角形角钢支架及"凵"形角钢支架等两种方式安装。其中用三角形角钢支架的安装又区别于支架上方的横架,由于型材的不同有角钢和 U 型材两种。

三角形角钢支架及其横架均用 L 50×5 角钢加工制作,支架与墙体之间均采用 M10×80 膨胀螺栓固定,角钢横架及 U 形槽钢横架与支架间均用 M8×35 六角螺栓固定,固定母线槽的扁钢抱箍与角钢横架之间的连接也用 M8×35 六角螺栓,如图 2.15.6.5-2 所示;扁钢抱箍与 U 形槽钢固定则使用 M8×30T 形螺栓,如图 2.15.6.5-3 所示。

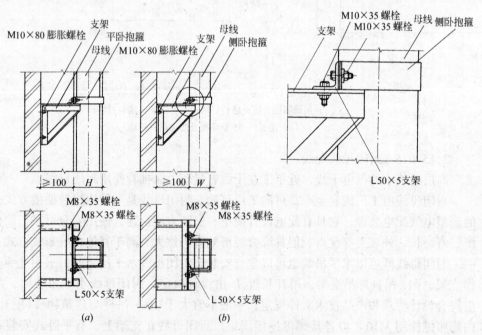

图 2.15.6.5-2 母线沿墙固定安装做法之一
(a) 母线平卧;(b) 母线侧卧

2.15 竖井内配线

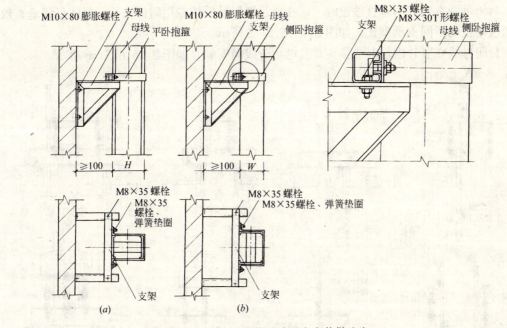

图 2.15.6.5-3 母线沿墙固定安装做法之二
(a) 母线平卧；(b) 母线侧卧

封闭母线沿墙垂直安装，使用Γ形角钢支架固定时，支架用 M10×80 金属膨胀螺栓与墙体固定，母线与支架之间用平卧压板及侧卧压板固定，如图 2.15.6.5-4 所示。

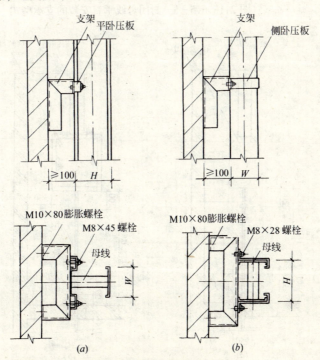

图 2.15.6.5-4 母线沿墙固定安装做法之三
(a) 平卧安装；(b) 侧卧安装

封闭母线在竖井内垂直敷设时,应在通过楼板处采用专用附件支承。封闭母线垂直敷设通过楼板的不同支承型式,如图 2.15.6.5-5 所示。

封闭母线在竖井内与电缆接头盒及电缆分线箱安装,如图 2.15.6.5-6 所示。

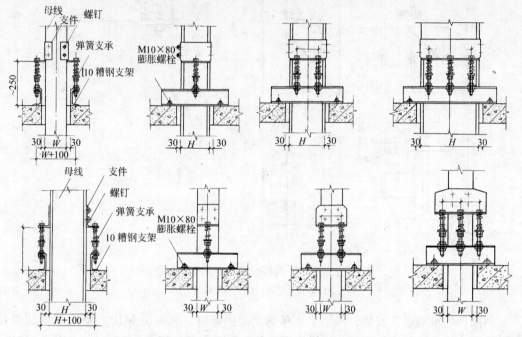

图 2.15.6.5-5 封闭母线垂直安装的支承型式

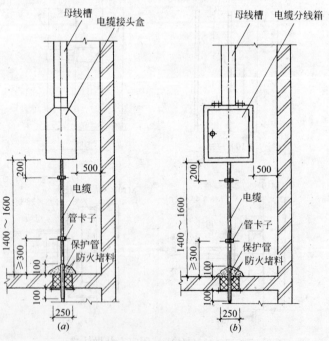

图 2.15.6.5-6 母线电缆接头盒、分线箱安装
(a) 接头盒安装;(b) 分线箱安装

封闭母线在竖井内用分线盒与配电箱的安装，如图2.15.6.5-7所示。

封闭母线在穿过墙及楼板时，应配合土建施工预留洞口，其防火隔离做法如图2.15.6.5-8所示，防火隔板采用钢板或采用矿棉半硬板EF-85型耐火隔板。

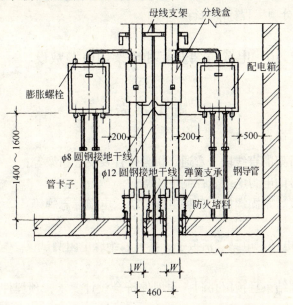

图2.15.6.5-7　母线与分线盒，配电箱安装图

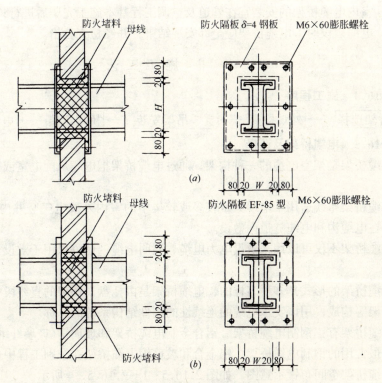

图2.15.6.5-8　封闭母线穿墙防火做法
（a）防火隔板做法一；（b）防火隔板做法二

Ⅲ 说　明

2.15.7　竖井内配线施工的质量标准、成品保护及安全注意事项和质量通病及其防止等内容，均应遵照各自分项工程标准执行。

2.16　电缆桥架安装和桥架内电缆敷设

Ⅰ 施工准备

2.16.1　材料

1. 各种规格电缆桥架的直线段、弯通、桥架附件及支、吊架等；
2. 各种规格、型号的电力电缆、控制电缆等；
3. 桥架附件的连接、紧固螺栓，各种电缆卡子、电缆标志牌等。

2.16.2　机具

经纬仪、水平仪、电锤、电钻、活扳手、卷尺、绝缘电阻测试仪。

2.16.3　作业条件

1. 土建工程应全部结束且预留孔洞、预埋件符合设计要求，预埋件安装牢固，强度合格；
2. 桥架安装沿线模板等设施的拆除完毕，场地清理干净，道路畅通；
3. 室内电缆桥架的安装宜在管道及空调工程基本施工完毕后进行；
4. 电缆敷设时，电缆桥架应全部安装结束，并经检查合格。

Ⅱ 施工工艺

2.16.4　施工程序

桥架选择 → 外观检查 → 支、吊架安装 → 桥架组装 → 电缆敷设

2.16.5　电缆桥架及选择

电缆桥架是架空电缆的一种构架，通过电缆桥架把电缆从配电室或控制室送到用电设备。

电缆桥架布线适用于电缆数量较多或较集中的室内外及电气竖井内等场所架空敷设。也可以在电缆沟和电缆隧道内敷设。

电缆桥架不仅可以用来敷设电力电缆、照明电缆，还可以用于敷设自动控制系统的控制电缆。

电缆桥架的形式是多种多样的，电缆桥架是由托盘、梯架的直线段、弯通、附件以及支(吊)架等构成，用以支承电缆的连续性的刚性结构系统的总称。

电缆桥架有：钢制电缆桥架、铝合金制电缆桥架和玻璃钢(玻璃纤维增强塑料)制电缆桥架。最常用的钢制电缆桥架。铝金合和玻璃钢电缆桥架在个别工程中也有应用。

电缆桥架空间布置示意图，如图2.16.5-1~2.16.5-4所示。

2.16 电缆桥架安装和桥架内电缆敷设

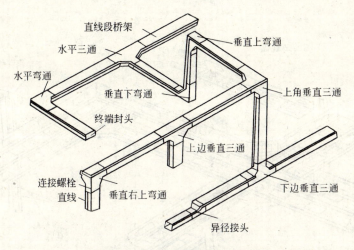

图 2.16.5-1 无孔托盘结构示意图

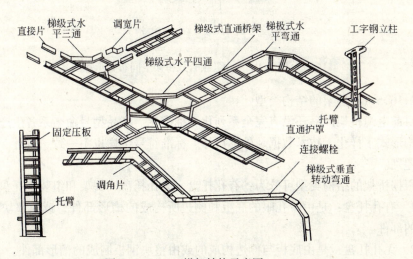

图 2.16.5-2 梯架结构示意图

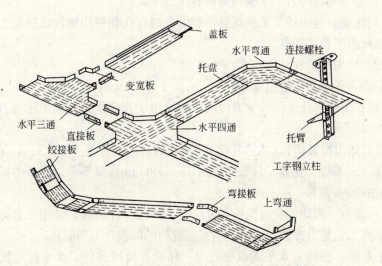

图 2.16.5-3 有孔托盘式桥架空间布置示意图

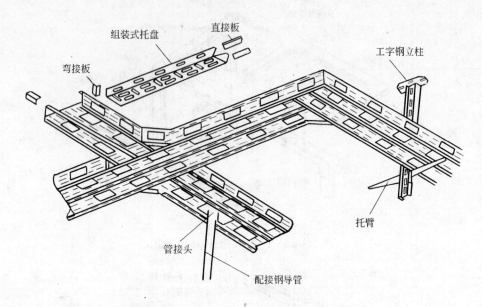

图 2.16.5-4 组合式桥架空间布置示意图

2.16.5.1 桥架的结构类型

目前电缆桥架产品还没有完全系列化和标准化。产品型号命名系各生产厂家自定，产品结构形式多样化，技术数据、外形尺寸、标准符号字样也不一致，设计、施工选用中应注意差别。

根据桥架的结构类型可分为：有孔托盘、无孔托盘、梯架和组装式托盘。

1．有孔托盘：是由带孔眼的底板和侧边所构成的槽形部件，或由整块钢板冲孔后弯制成的部件。

2．无孔托盘：是由底板与侧边构成的或由整块钢板制成的槽形部件。

3．梯架：是由侧边与若干个横档构成的梯形部件。

4．组装式托盘：是由适于工程现场任意组合的有孔部件用螺栓或插接方式连接成托盘的部件，也称做组合式托盘。

2.16.5.2 桥架的结构品种

桥架一般由直线段和弯通组成。

1．直线段：是指一段不能改变方向或尺寸的用于直接承托电缆的刚性直线部件，如图 2.16.5.2-1 所示。

桥架直线段是由冷轧钢板（或热轧钢板）制成的，标准长度为 2、3、4、6m 四种，宽度为 50~1200mm 不等。托盘、梯架高度由 35~200mm 规格不一，梯架的横档间距一般为 250mm 和 300mm 两种。

2．弯通：是指一段能改变电缆桥架方向或尺寸的一种装置，是用于直接承托电缆的刚性非线性部件，也是由冷轧（或热轧）钢板制成的，可包含下列品种：

（1）水平弯通：在同一水平面改变托盘、梯架方向的部件，水平弯通按角度区别有 30°、45°、60°、90°四种，如图 2.16.5.2-2 所示。

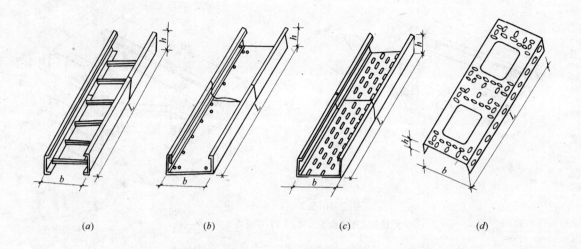

图 2.16.5.2-1 桥架的直线段
(a) 梯架；(b) 无孔托盘；(c) 有孔托盘；(d) 组装式托盘

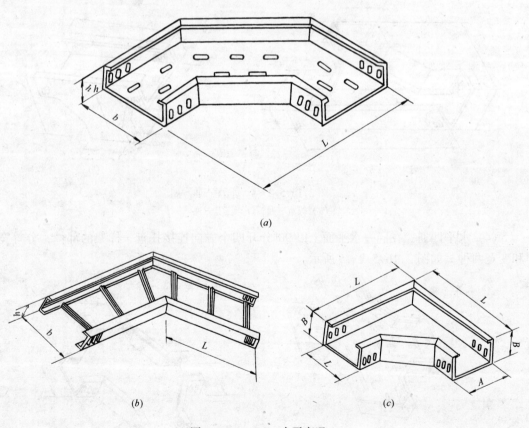

图 2.16.5.2-2 水平弯通
(a) 有孔盘托；(b) 梯架式；(c) 无孔托盘式

(2) 水平三通：在同一水平面上以 90°分开三个方向连接托盘、梯架的部件，分等宽和变宽两种，如图 2.16.5.2-3 所示。

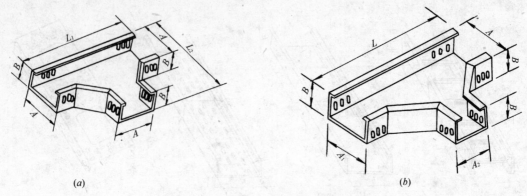

图 2.16.5.2-3　水平三通
(a) 托盘式等宽水平三通；(b) 托盘式变宽水平三通

(3) 垂直三通：在同一垂直面上以 90°分开三个方向连接托盘、梯架的部件，分等宽和变宽两种，如图 2.16.5.2-4 所示。

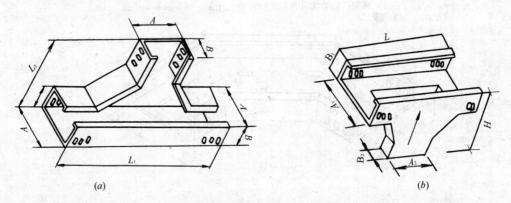

图 2.16.5.2-4　垂直三通
(a) 等宽三通；(b) 变宽三通

(4) 水平四通：在同一水平面上以 90°分开四个方向连接托盘、梯架的部件，分等宽和变宽两种，如图 2.16.5.2-5 所示。

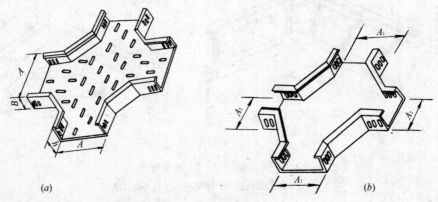

图 2.16.5.2-5　水平四通
(a) 等宽四通；(b) 变宽四通

(5) 垂直四通：在同一垂直面上以90°分开四个方向连接托盘、梯架的部件，分等宽和变宽两种，如图2.16.5.2-6所示。

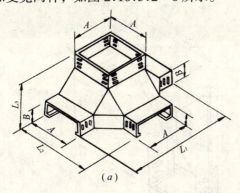
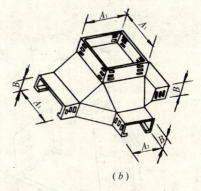

图2.16.5.2-6 垂直四通
(a) 等宽四通；(b) 变宽四通

(6) 上弯通：使托盘、梯架从水平面改变方向向上的部件，分30°、45°、60°、90°四种，如图2.16.5.2-7所示。

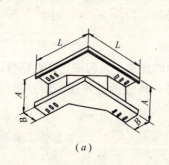
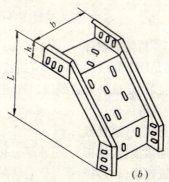

图2.16.5.2-7 上弯通
(a) 直角上弯通；(b) 折弯形上弯通

(7) 下弯通：使托盘、梯架从水平面改变方向向下的部件，分30°、45°、60°、90°四种，如图2.16.5.2-8所示。

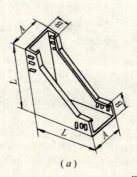
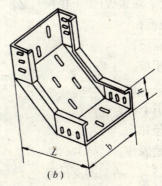

图2.16.5.2-8 下弯通
(a) 直角下弯通；(b) 折弯形下弯通

(8) 变径直通：在同一水平面上连接不同宽度或高度的托盘、梯架的部件，如图 2.16.5.2-9 所示。

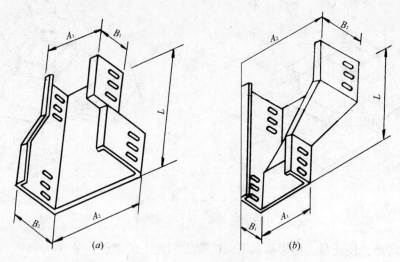

图 2.16.5.2-9 变径直通
(a) 弯宽直通；(b) 弯高直通

2.16.5.3 桥架的附件

桥架附件是用于直线段之间、直线段与弯通之间的连接，以构成连续性刚性的桥架系统所必需的连接固定或补充直线段、弯通功能的部件，即包括各种连接板，又包括盖板、隔板、引下装置等部件：

1. 直线连接板（直接板）；
2. 铰链连接板（铰接板），分水平、垂直两种；
3. 连续铰连板（软接板）；
4. 变宽连接板（变宽板）；
5. 变高连接板（变高板）；
6. 伸缩连接板（伸缩板）；
7. 转弯连接板（弯接板）；
8. 上下连接板（上下接板），分 30°、45°、60°、90°四种；
9. 盖板；
10. 隔板；
11. 压板；
12. 终端板；
13. 引下件；
14. 竖井；
15. 紧固件。

2.16.5.4 桥架的支吊架

支、吊架是指直接支承托盘、梯架的部件，可包括：

1. 托臂：直接支承托盘、梯架且单端固定的刚性部件，分卡板式、螺栓固定式；

2. 立柱：直接支承托臂的部件，分工字钢、槽钢、角钢、异型钢立柱；

3. 吊架：悬吊托盘、梯架的刚性部件，分圆钢单、双杆式；角钢单、双杆式；工字钢单、双杆式；槽钢单、双杆式；异型钢单、双杆式；

4. 其他固定支架：如垂直、斜面等固定用支架。

2.16.5.5 桥架按安装场所选择

需屏蔽电气干扰的电缆回路，或有防护外部影响如油、腐蚀性液体、易燃粉尘等环境的要求时，应选用有盖无孔型托盘，是一种全封闭的金属壳体；当需要因地制宜组装的场所，宜选用组装式托盘。除此之外可用有孔托盘或梯架。

在容易积灰和其他需遮盖的环境或户外场所，宜带有盖板。

在公共通道或户外跨越道路段使用梯架时，底层梯架上宜加垫板，或在该段使用托盘。

低压电力电缆与控制电缆共用同一托盘或梯架时，应选用中间设置隔板的托盘或梯架。

在托盘、梯架分支、引上、引下处宜有适当的弯通；因受空间条件限制不便装设弯通或有特殊要求时，可选用软接板、铰接板；伸缩缝应设置伸缩板；连接两段不同宽度或高度的托盘、梯架可配置变宽或变高板。

支、吊架和其他所需附件，可根据托盘、梯架的型号、规格、路径、安装方式和工程布置条件选择。

2.16.5.6 托盘、梯架规格选择

托盘、梯架的宽和高度，应按下列要求选择：

1. 电缆在桥架内的填充率，不应超过有关标准规范的规定值。电力电缆可取 40%～50%；控制电缆可取 50%～70%。并应留有 10%～25% 的备用空位，以便今后为增添电缆用；

2. 所选托盘、桥架规格的承载能力应满足规定。其工作均布荷载不应大于所选托盘、梯架荷载等级的额定均布荷载；

3. 工作均布荷载下的相对挠度不宜大于 1/200。

托盘、梯架直线段，可按单件标准长度选择。单件标准长度虽然规定为 2、3、4、6m，但实际工程中，在明确长度后，供方可提供非标长度。托盘、梯架的宽度与高度常用规格尺寸系列如表 2.16.5.6-1 所示。

选择各类弯通及附件规格，应适合工程布置条件，并与托盘、梯架配套，并在同类型中规格尺寸相吻合，以利于安装。

托盘、梯架常用弯通内侧的弯曲半径如下：

1. 折弯形：两条内侧直角边的内切圆半径 R 为 300、600、900mm；
2. 圆弧形：300、600、900mm。

选用托盘、梯架弯通的弯曲半径，不应小于该桥架上的电缆最小允许弯曲半径的规定。

支、吊架规格选择，应按托盘、梯架规格层数、跨距等条件配置，并应满足荷载的要求。

连接板、连接螺栓等受力附件，应与托盘、梯架、托臂等本体结构强度相适应。

钢制桥架的表面处理方式,应按工程环境条件、重要性、耐久性和技术经济性等因素进行选择。一般情况宜按表2.16.5.6-2选择适于工程环境条件的防腐处理方式。当采用表中"T"类防腐方式为镀锌镍合金、高纯化等其他防腐处理的桥架,应按规定试验验证,并应具有明确的技术质量指标及检测方法。

钢制托盘、梯架常用规格表 表 2.16.5.6-1

宽度(mm) \ 高度(mm)	40	50	60	70	75	100	150	200
100	△	△	△	△				
200	△	△	△	△				
300		△	△	△	△	△		
400			△	△	△	△	△	
500			△	△	△	△	△	△
600			△	△	△	△	△	△
800					△	△	△	△
1000						△	△	△
1200							△	△

注:符号△表示常用规格。

表面防腐处理方式选择 表 2.16.5.6-2

环境条件					防腐层类别						
	类型		代号	等级	Q 涂漆	D 电镀锌	P 喷涂粉末	R 热浸镀锌	DP 复合层	RQ 复合层	T 其他
户内	一般	普通型	J	3K5L、3K6	○	○	○	○			在符号 CECS31:91 标准中第 2.3.21 条规定
	0类	湿热型	TH	3K5L	○	○	○	○			
	1类	中腐蚀性	F1	3K5L、3C3	○	○	○	○	○	○	
	2类	强腐蚀性	F2	3K5L、3C4			○	○	○	○	
户外	0类	轻腐蚀性	W	4K2、4C2	○		○	○	○	○	
	1类	中腐蚀性	WF1	4K2、4C3	○			○	○	○	

注:符号"○"表示推荐防腐类别。

2.16.6 桥架的外观检查

桥架产品包装箱内应有装箱清单、产品合格证及出厂检验报告。托盘、梯架板材厚度应满足表2.16.6的规定。表面防腐层材料应符合国家现行有关标准的规定。

托盘、梯架允许最小板材厚度　　　　　　　表 2.16.6

托盘、梯架宽度(mm)	允许最小厚度(mm)
<400	1.5
400～800	2.0
>800	2.5

热浸镀锌的托盘、梯架镀层表面应均匀，无毛刺、过烧、挂灰、伤痕、局部未镀锌(直径 2mm 以上)等缺陷，不得有影响安装的锌瘤。螺纹的镀层应光滑，螺栓连接件应能拧入。

电镀锌的锌层表面应光滑均匀，致密。不得有起皮、气泡、花斑、局部未镀、划伤等缺陷。

喷涂应平整、光滑、均匀、不起皮、无气泡水泡。

桥架焊缝表面均匀，不得有漏焊、裂纹、夹渣、烧穿、弧坑等缺陷。

桥架螺栓孔径，在螺杆直径不大于 M16 时，可比螺杆直径大 1.5mm，螺杆直径不小于 M20 时，可比螺杆直径大 2mm。

螺栓连接孔的孔距允许偏差：

同一组内相邻两孔间 ±0.7mm；同一组内任意两孔间 ±1mm；相邻两组的端孔间 ±1.2mm。

2.16.7　桥架的保管

电缆桥架暂时不能安装时，其贮存场所宜干燥、有遮盖，应避免酸、盐、碱等腐蚀性物质的侵蚀。

在保存场所一定要分类码放，不得摔打，层间应用适当软垫物隔开，避免高压，以防变形和防腐层损坏，影响施工和桥架质量。在有腐蚀的环境，还应有防腐蚀的措施，一经发现有变形和防腐层损坏，应及时处理后再存放。

2.16.8　桥架的敷设位置

电缆桥架的总平面布置应做到距离最短，经济合理，安全运行，并应满足施工安装、维修和敷设的要求。

电缆桥架应尽可能在建筑物、构筑物(如墙、柱、梁、楼板等)上安装，与土建专业密切配合。

梯架或托盘式桥架(有孔托盘)水平敷设时的距地高度一般不宜低于 2.5m，槽板桥架(无孔托盘)距地高度可降低到 2.2m。

桥架垂直敷设时，在距地 1.8m 以下易触及部位，为防止人直接接触或避免电缆遭受机械损伤，应加金属盖保护，但敷设在电气专用房间(如配电室、电气竖井、技术层等)内时除外。

电缆桥架如需多层载荷吊装时，要尽量采取双边敷设，避免偏载过去。

电缆桥架多层敷设时，为了散热和维护及防止干扰的需要，桥架层间应留有一定的距离：

桥架最上部距离楼板或顶棚或其他障碍物不应小于 0.3m；

电缆桥架多层敷设时，各层间距离应符合设计规定；

弱电缆与电力电缆间不应小于0.5m，如有屏蔽盖板可减少到0.3m；

控制电缆间不应小于0.2m；

电力电缆间不应小于0.3m。

当设计无规定时，桥架层间允许最小距离应符合表2.16.8-1的规定。但层间净距不应小于两倍电缆外径加10mm，35kV及以上高压电缆不应小于2倍电缆外径加50mm。

电缆桥架的层间允许最小距离值(mm)　　　　表2.16.8-1

电缆类型和敷设特征		桥架
控制电缆		200
电力电缆	10kV及以下(除6~10kV交联聚乙烯绝缘外)	250
	6~10kV交联聚乙烯绝缘	300
	35kV单芯	
	35kV三芯 110kV及以上，每层多于1根	350
	110kV及以上，每层1根	300

几组电缆桥架在同一高度平行或交叉敷设时，各相邻电缆桥架间应考虑维护，检修距离，一般不宜小于0.6m。

电缆桥架与各种管道平行或交叉敷设时，其净距应符合表2.16.8-2的规定。

电缆桥架与各种管道的最小净距　　　　表2.16.8-2

管道类别		平行净距(m)	交叉净距(m)
一般工艺管道		0.4	0.3
具有腐蚀性液体(或气体)管道		0.5	0.5
热力管道	有保温层	0.5	0.3
	无保温层	1.0	0.5

2.16.9　支、吊架位置的确定

在确定支、吊架、支撑距离时，应符合设计规定，当设计无明确规定时，也可按生产厂家提供的产品特性数据确定。

电缆桥架水平敷设时，支撑跨距一般为1.5~3m。

电缆桥架垂直敷设时，固定点间距不宜大于2m。

非直线段的支、吊架位置见图2.16.9，桥架弯通或三通、四通弯曲半径不大于300mm时，应在距弯曲段与直线段接合处300~600mm的直线段侧设置一个支吊架。当弯曲半径大于300mm时，还应在弯通中部增设一个支、吊架。

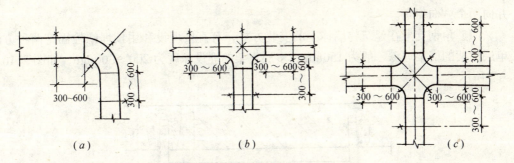

图 2.16.9 桥架非直线段支、吊架位置图
(a) 弯通；(b) 三通；(c) 四通

2.16.10 门型角钢支架的制作安装

电缆桥架沿墙垂直安装，可使用门型角钢支架固定托盘或梯架，门形角钢支架一种是用整根角钢割角煨制焊接制作，如图 2.16.10-1 所示；另一种是支架横梁和支架腿由角钢组装而成，如图 2.16.10-2 所示。

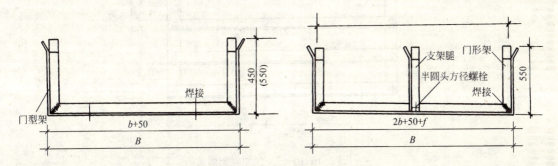

图 2.16.10-1 角钢焊接支架制作图
b—梯架或托盘宽度；f—两梯架或托盘中间距离(100mm)

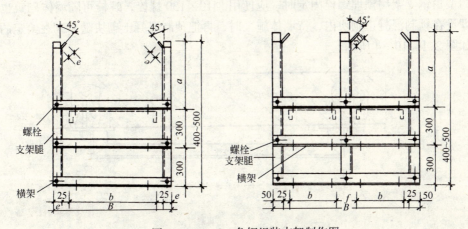

图 2.16.10-2 角钢组装支架制作图
b—梯架或托盘宽度；f—梯架或托盘间距(100mm)；e—角钢宽度

支架角钢的规格应根据托盘、梯架的规格和层数选用。组装式支架的支架腿开孔尺寸应相同，左右两个支架的开孔位置应对称布置，支架角钢掰角长度应与角钢的宽度相同，

并向两个方向掰角。

门型角钢支架在建筑物墙体上的安装方式，有直接埋设和用预埋螺栓固定两种方法。单层桥架的支架埋深一般为150mm，多层支架的埋设深度为200~300mm，如图2.16.10-3所示。

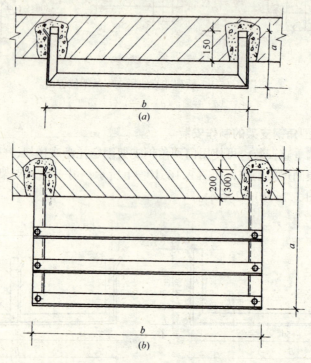

图 2.16.10-3 预埋支架做法
(a) 单层支架；(b) 多层支架

门型角钢支架用预埋螺栓固定时，应使用 M10×150 螺栓，螺栓可随墙体砌筑也可将螺栓埋设在预制混凝土砌块内，待墙体施工时，再把预制混凝土砌块随墙砌在给定的位置上，如图2.16.10-4所示。

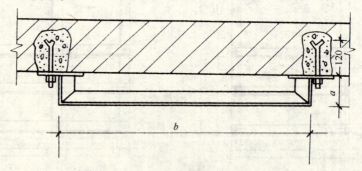

图 2.16.10-4 用预埋螺栓固定支架

2.16.11 梯型角钢固定支架的制作安装

桥架沿墙、柱水平安装时，当柱、墙表面不在同一平面上时，在柱上可以直接安装托臂，而在墙体上托臂需安装在异型钢或工字钢立柱上，立柱要焊接在梯型角钢支架上，支柱在墙、柱上需用膨胀螺栓固定，使柱和墙上的桥架固定支架（或托臂）在同一条直线上。梯型角钢固定支架可以由厂家供应或用角钢自行煨制，角钢固定支架构造，如图2.16.11(a)和表2.16.11所示。框架角钢与8mm厚的上、下固定板需焊接固定，焊接时焊缝高度为5mm。

梯型角钢支架的上、下固定板制作时的开孔个数和开孔位置，如图2.16.11(b)和2.16.11(c)所示。

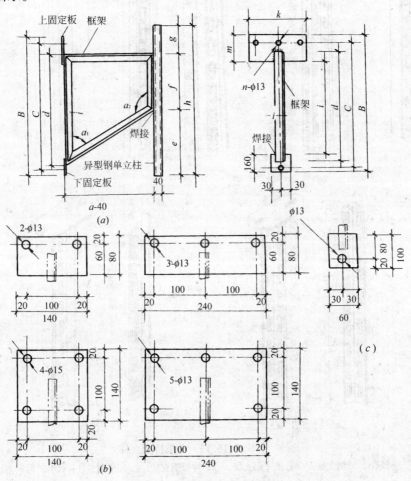

图2.16.11 梯型角钢支架制作图
(a) 支架制作；(b) 上固定板；(c) 下固定板

梯型角钢支架制作尺寸表(mm) 表2.16.11

N(个)	a	b	c	d	e	f	g	h	i	j	k	m	n(个)
1	100~400	300	260	190	100	100	100	300	L40×4	120	240	80	3
2	100~400	400	360	290	300	200	100	600	L50×5	220	140	80	4
3	100~400	500	460	390	400	300	200	900	L50×5	260	240	140	5
4	100~400	600	560	490	500	400	300	1200	L56×5	360	240	140	6

注：N为电缆桥架的层数，a为突出墙面柱子的宽度，n为支架上固定板与下固定板开孔个数之和。

2.16.12 电缆桥架立柱安装

立柱是直接支承托臂的部件,分工字钢、槽钢、角钢、异型钢及 T 形钢立柱,如图 2.16.12 所示。立柱可以在墙、柱上安装,也可以悬吊在梁、板上安装。

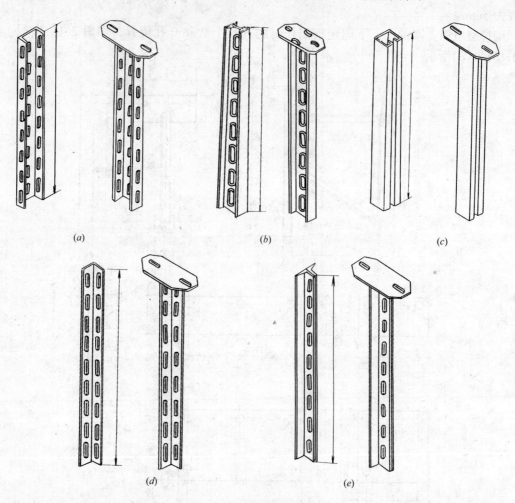

图 2.16.12 电缆桥架立柱
(a) 槽钢立柱;(b) 工字钢立柱;(c) 异型钢立柱;(d) 角钢立柱;(e) T 形钢立柱

2.16.12.1 工字钢立柱侧壁式安装

工字钢立柱沿砖墙侧壁式安装可将预制混凝土块随墙砌筑在适当位置处,工字钢立柱与墙体内的预制砌块内预埋件采用焊接固定,焊缝高度为 6mm,如图 2.16.12.1-1 所示。

工字钢立柱靠混凝土柱安装有两种安装方式:其一将预埋铁件与柱筋固定后一同浇筑在混凝土柱内,立柱与柱内铁件采用焊接固定,焊缝高度为 6mm,如图 2.16.12.1-2(a)。其二当混凝土柱为独立柱时,也可采用抱箍焊接固定,工字钢立杆、焊缝高度为 4mm。抱箍应使用-40×4 镀锌扁钢制作,抱箍的长度为混凝土柱的半周长增加 80mm,抱箍用两根 M8×30 螺栓紧固,如图 2.16.12.1-2(b)所示。工字钢立柱在安装时与抱箍进行焊接固定,焊接处涂刷防腐漆两道。

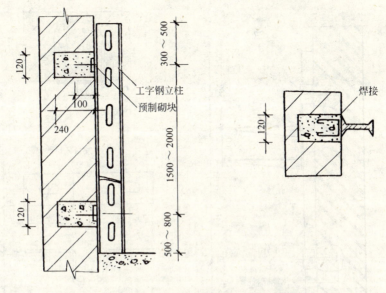

图 2.16.12.1-1 工字钢立柱沿墙用预制砌块侧装

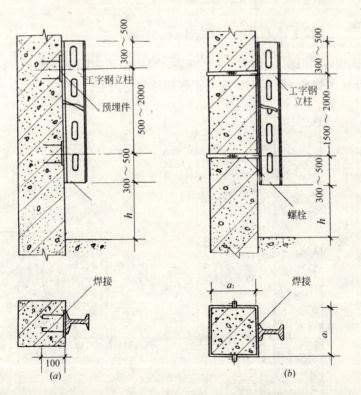

图 2.16.12.1-2 工字钢立柱沿混凝土柱侧壁式安装
(a) 用预埋铁件固定；(b) 用抱箍固定

2.16.12.2 异形钢立柱在墙、柱上侧壁安装

异形钢立柱在砖墙上侧装，可使用固定板与墙体内的 M10×200 预埋螺丝紧固，将异形钢立柱固定，如图 2.16.12.2-1 所示。

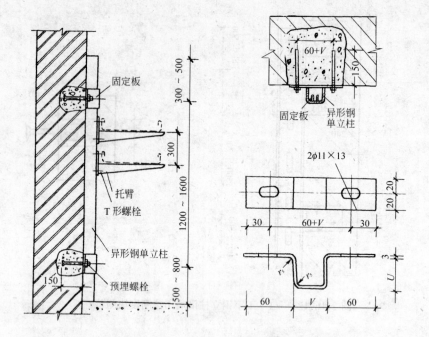

图 2.16.12.2-1 异形钢立柱在砖墙上侧壁安装做法

异形钢支柱在砖墙或混凝土墙、柱上安装，可以使用膨胀螺栓固定，如图 2.16.12.2-2 所示。当托臂层数多于 3 层时，应对膨胀螺栓的受力进行验算。

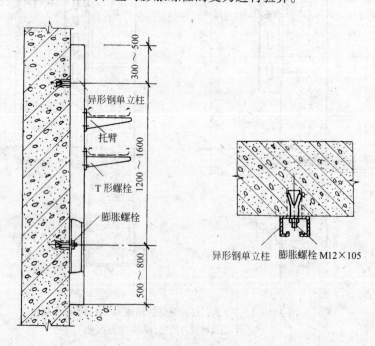

图 2.16.12.2-2 异形钢立柱在砖墙或混凝土墙、柱上侧壁安装做法

2.16.12.3 工字钢立柱直立式安装

工字钢立柱直立式安装方式很多,基本上可分为:一端固定直立式、两端固定直立式和悬臂直立式、混合直立式等。

1. 一端固定直立式安装

工字钢立柱一端固定直立式,适用于工字钢立柱在混凝土地面上直接安装。工字钢立柱应使用立柱接头与地面固定,待混凝土地面强度达到标准强度后,先将立柱接头与地面内螺栓紧固,然后将工字钢立柱插入到立柱接头内,用 M10×30 螺栓紧固,如图 2.16.12.3-1 所示。

2. 两端固定直立式安装

工字钢两端固定直立式,是在工字钢立柱两端均使用立柱接头,安装立柱时,应在立柱起立前将立柱接头插入立柱两端,然后再将立柱接头固定在地面及顶部楼板内的膨胀螺栓或预埋螺栓上,如图 2.16.12.3-2 所示。

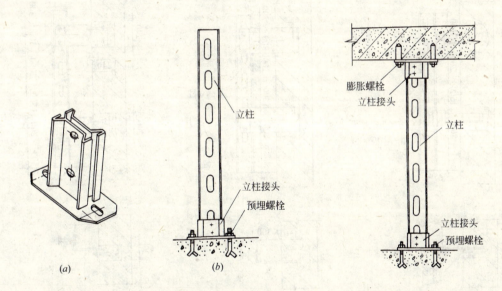

图 2.16.12.3-1 工字钢立柱一端固定直立式安装
(a) 立柱接头;(b) 直立式安装

图 2.16.12.3-2 工字钢立柱两端固定直立式

3. 悬臂直立式安装

工字钢立柱采用悬臂式直立安装,就是使用两套钳形夹板或固定板在工字钢适当位置上与建筑物墙体进行固定,此种方法不需要使用立柱接头固定立柱的端部。

固定工字钢立柱的钳形夹板由角钢制成,钳形夹板需要随土建墙体施工预埋,也可以在墙体施工后进行填埋;固定板是由钢板制作而成,固定板即可以预埋也可用预埋螺栓或直接用膨胀螺栓固定。

钳形夹板和固定板样式很多,图 2.16.12.3-3 中给出的只是其中的几种。使用钳形夹板和固定板来进行工字钢立柱的悬臂直立式安装做法,如图 2.16.12.3-4 所示。

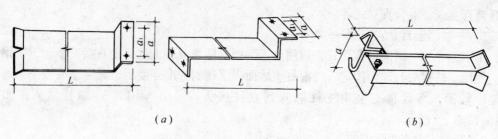

图 2.16.12.3-3　固定板和钳形夹板
(a) 固定板；(b) 钳形夹板

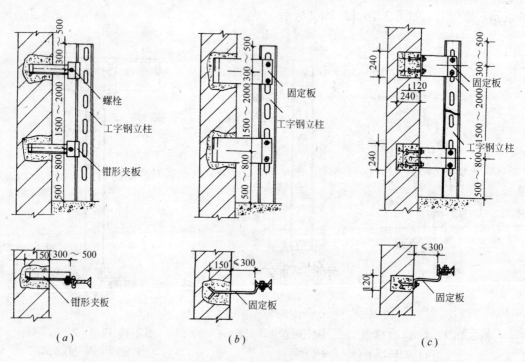

图 2.16.12.3-4　工字钢悬臂直立式安装做法
(a) 立柱用钳形夹板安装；(b) 立柱用预埋夹板安装；(c) 用预制砌块固定夹板安装立柱

4. 混合直立式立柱安装

混合直立式立柱安装，就是在立柱上部适当位置处用一套钳形夹板或固定板与建筑物墙体固定，在立柱下端将底板直接与地面内螺栓进行固定。或者采用图 2.16.12.3-1 立柱接头进行固定。工字钢立柱混合直立式，各种不同做法，如图 2.16.12.3-5 所示。

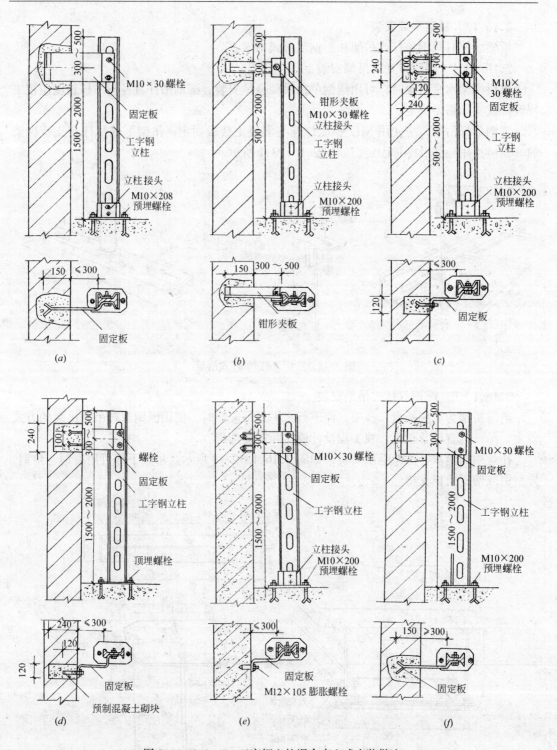

图 2.16.12.3-5 工字钢立柱混合直立式安装做法
(a) 用预埋固定板和立柱接头安装；(b) 用钳形夹板和立柱接头安装；
(c) 用砌块固定夹板和立柱接头安装；(d) 用砌块固定固定板和预埋螺栓安装；
(e) 用膨胀螺栓固定固定板和立柱接头安装；(f) 用预埋固定板和预埋螺栓安装立柱

2.16.13 桥架吊架安装

桥架吊架有圆钢单杆或吊架和圆钢双杆式吊架。

2.16.13.1 圆钢单杆式吊架安装

单层梯架水平敷设时,可用圆钢单杆吊架悬吊安装,圆钢吊杆直径与吊杆长度应视工程设计或实际需要决定。

圆钢单杆吊架,应使用 M12 膨胀螺栓与混凝土楼板固定。吊架下端吊杆与支持梯架的槽钢横担用垫圈及螺母固定,如图 2.16.13.1 所示。

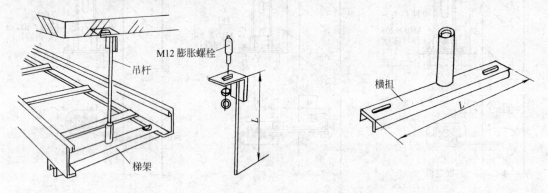

图 2.16.13.1 圆钢单杆式吊架

2.16.13.2 圆钢双杆式吊架安装

电缆桥架为单层托盘、梯架,而进行水平悬吊安装时,使用圆钢双杆吊架吊装的方式较多,吊杆的直径及长度,视工程设计或实际需要选用。

托盘用圆钢双杆吊架悬吊安装,如图 2.16.13.2-1 所示。吊架下部可用扁钢、角钢、异型钢或槽钢横担支持。

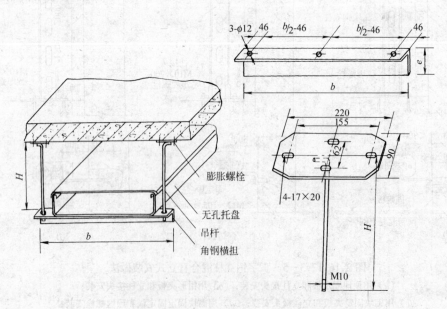

图 2.16.13.2-1 用双杆吊架悬吊托盘

梯架用圆钢双杆吊架悬吊安装，使用夹板夹持固定梯架时，夹板与吊杆的连接，应在夹板的上、下侧使用双垫圈和双螺母固定，如图 2.16.13.2-2 所示。

圆钢双杆吊架与楼板的固定方法，可根据不同形式的吊架使用膨胀螺栓固定，也可用 M10×40 连接螺母来连接吊杆和膨胀螺栓。

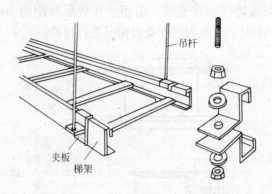

图 2.16.13.2-2 用双杆吊架和夹板夹持梯架

2.16.14 立柱悬吊式安装

桥架立柱的悬吊安装方式因立柱型式及托臂长度和托臂数量以及楼板或梁等的结构不同，安装方式也各不相同。

2.16.14.1 异型钢单、双立柱悬吊安装

异型钢单立柱使用托臂长≤450mm，层数在二层及以下时，在预制混凝土楼板或梁上悬吊安装时，可以采用 M12×105 膨胀螺栓固定，由 220mm×90mm×6mm 钢板制成的异型钢单立柱底座。异型钢单立柱只限于托臂层间距离为 300mm，托臂长≤450mm，层数二层及以下或与其相当的情况时使用，如图 2.16.14.1-1 所示。

异型钢双立柱在预制混凝土楼板或梁上悬吊安装做法及底座尺寸和膨胀螺栓规格与异型钢单立柱均相同，如图 2.16.14.1-2 所示。当托臂长≥450mm，托臂层数在三层及以上时，应对固定点受力情况进行校验。

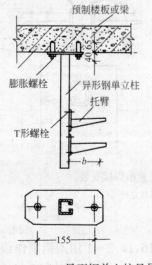

图 2.16.14.1-1 异型钢单立柱悬吊安装

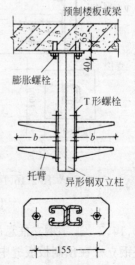

图 2.16.14.1-2 异型钢双立柱悬吊安装

异型钢单、双立柱在现浇混凝土楼板或梁上悬吊安装，还有一种安装方法，需要土建专业在施工阶段埋设如图2.16.14.1-3中所示的160mm×160mm×6mm钢板制成的预埋件，一定要测量好准确的埋设位置，待安装时将无底座异型钢单立柱与预埋件焊接，在焊接前应再次测量定位，焊缝高度为4mm，如图2.16.14.1-4所示。

异型钢双立柱悬吊与预埋件焊接安装，适用于托臂层间距为300mm，当托臂长≥450mm，层数为三层及以上时，应对固定点受力情况进行校验。

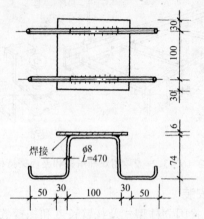

图2.16.14.1-3 异型钢单、双立柱悬吊安装预埋件

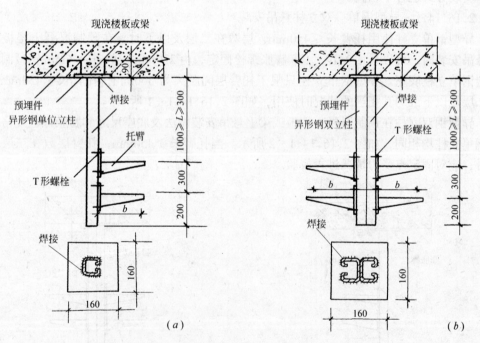

图2.16.14.1-4 异型钢单、双立柱悬吊焊接安装
（a）异型钢单立柱；（b）异型钢双立柱

2.16.14.2 工字钢立柱悬吊安装

工字钢立柱在预制板板缝中悬吊安装，应按图2.16.14.2-1用圆钢制作预埋件，然后配合土建施工安装好预埋件。

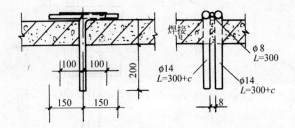

图 2.16.14.2-1　工字钢立柱悬吊安装预埋件

安装立柱时,将工字钢立柱托起,使其工字钢中心线在预埋件两根外露圆钢的中心,工字钢立柱与圆钢焊接牢固,焊缝高度为 8mm,如图 2.16.14.2-2(a)所示。

带底座的工字钢立柱在现浇板或梁上悬吊安装应使用图 2.16.14.1-3 中的预埋件,每个立柱应使用两个预埋件。在立柱安装时,应将工字钢立柱底座与预埋件钢板焊接,如图 2.16.14.2-2(b)所示,焊角高度为 8mm。

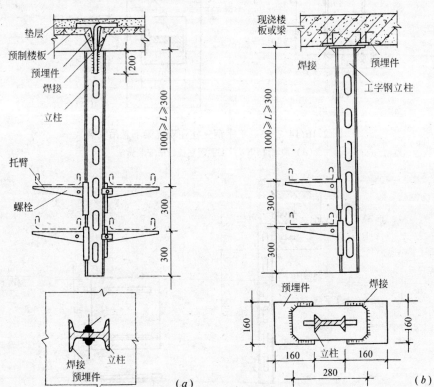

图 2.16.14.2-2　工字钢立柱在楼板上悬吊安装
(a) 立柱在预制楼板上安装;(b) 立柱在现浇楼板或梁上安装

工字钢立柱沿现浇矩形梁悬吊安装,采用 470mm $\phi 8$ 圆钢与 120mm×120mm×6mm 钢板焊接做预埋件,焊接悬吊工字钢立柱,焊缝高度为 8mm,如图 2.16.14.2-3 所示。

工字钢立柱沿现浇矩型梁侧面悬吊安装,采用长 390mm $\phi 8$ 圆钢与 120mm×120mm×6mm 钢板焊接作预埋件,配合梁钢筋绑扎进行预埋,待安装立柱时,焊接悬吊工字钢立柱,焊缝高度为 8mm,如图 2.16.14.2-4 所示。

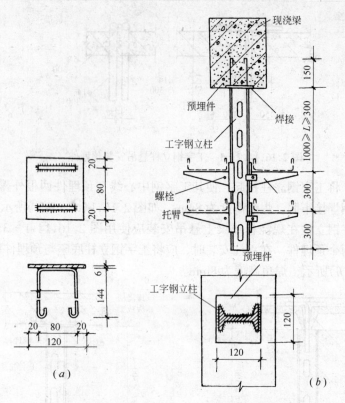

图 2.16.14.2-3 工字钢立柱在现浇梁下悬吊安装
(a) 预埋件;(b) 工字钢立柱悬吊安装做法

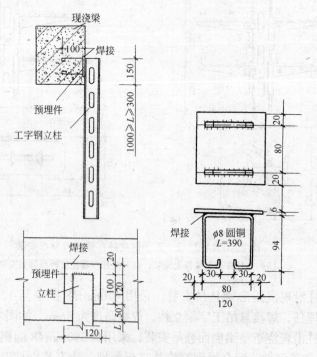

图 2.16.14.2-4 工字钢立柱在现浇梁侧悬吊安装

工字钢立柱在预制混凝土梁底部悬吊安装，应使用有底座立柱，使用两根 M12×105 膨胀螺栓固定住立柱的底座，如图 2.16.14.2-5 所示。

工字钢立柱在混凝土梁下及梁侧悬吊安装方式，同样也适用于角钢和槽钢立柱有底座或无底座悬吊式的安装。

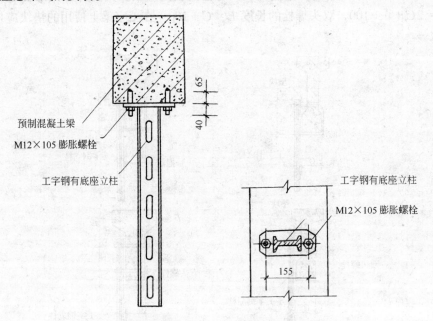

图 2.16.14.2-5　立柱在预制梁下安装

2.16.14.3　桥架立柱在斜面上悬吊安装

工字钢、槽钢、角钢立柱需要与建筑物倾斜面安装或在墙壁上作倾斜支撑时，应使用立柱倾斜底座与建筑物连接。立在倾斜底座有固定底座和可调角度底座两种，可与建筑物采用膨胀螺栓固定如图 2.16.14.3 所示。如斜面为钢结构时，可将底座与钢结构直接焊接，焊缝高度为 10mm。主柱与底座的连接应使用连接板和连接螺栓进行连接。

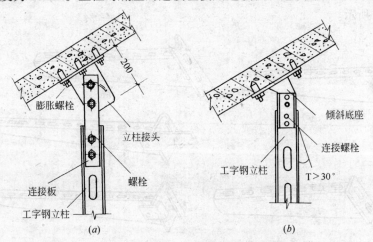

图 2.16.14.3　立柱在斜面上安装
(a) 立柱使用可调角度底座安装；(b) 用固定倾斜底座安装

2.16.14.4 立柱在异型梁上悬吊安装

工字钢、槽钢、角钢立柱在工字型或梯型梁上悬吊安装,可采用 $\phi 16$ 抱箍和 M16 双头螺栓固定,如图 2.16.14.4 所示,图中梁上的开孔应由土建专业预留,尺寸可见土建有关图纸。图中 C 为梁的厚度,抱箍及双头螺栓的长度应根据梁的外形尺寸而定,抱箍的长度 $L=2C+a+100$,双头螺栓的长度 $L=C+100$。在工字梁上使用的垫块应根据需要确定。

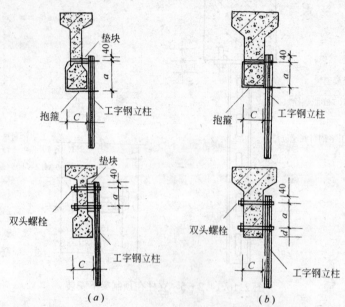

图 2.16.14.4 立柱在工字梁上和 T 型梁上悬吊安装
(a) 工字梁;(b) T 型梁

2.16.15 托臂的安装

托臂是直接支承托盘、梯架且单独固定的刚性部件;托臂的种类很多,可根据工程设计和实际需要选用。托臂的固定方法与其安装位置有关,常用的有螺栓固定式和卡接式等如图 2.16.15 所示。

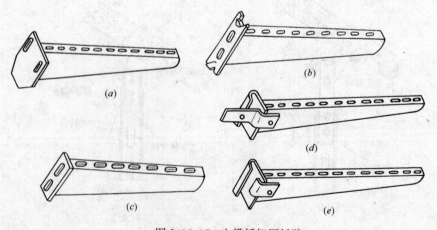

图 2.16.15 电缆桥架用托臂
(a)、(b)、(c) 螺栓固定式;(d)、(e) 卡接式

2.16.15.1　托臂固定的预埋件

托臂在建筑物墙、柱上安装，可根据情况用膨胀螺栓或预埋螺栓固定，也可与墙体内的预埋件，进行焊接固定，预埋螺栓及预埋件可随土建施工预埋，也可将埋好的预埋件的预制混凝土砌块随墙砌入。

2.16.15.2　托臂用预埋螺栓固定安装

墙体上安装用螺栓固定式托臂，是在砌体墙配合土建施工时，找好位置，将预埋有 M10×150 地脚螺栓的尺寸为 120mm×120mm×240mm 的预制混凝土砌块随墙砌入，待安装托臂时进行紧固，如图 2.16.15.2 所示。

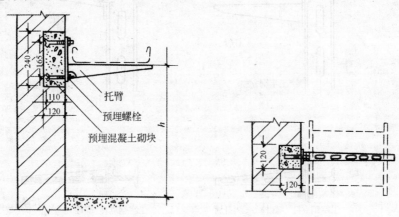

图 2.16.15.2　托臂用预埋螺栓固定

2.16.15.3　托臂用膨胀螺栓固定安装

托臂如采用膨胀螺栓固定时，混凝土构件强度不应小于 C15，在相当于 C15 混凝土强度的砖墙上也允许使用，但不适宜在空心砖建筑物上使用。

膨胀螺栓钻孔前，应先拉通线定好孔、眼的位置，经校验准确无误后，再开始钻孔，钻孔直径误差不应超过 +0.5mm、−0.3mm；深度误差不超过 3mm。钻孔后，应将孔内残存碎屑清除干净。螺栓固定托臂做法，如图 2.16.15.3 所示，螺栓固定后，螺栓头部偏值差不大于 2mm。

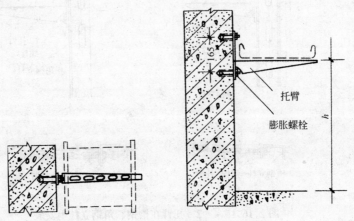

图 2.16.15.3　托臂用膨胀螺栓固定安装

2.16.15.4 托臂在立柱上安装

桥架托臂在立柱上安装,因立柱种类的不同安装方式也不尽相同。

1. 托臂在工字钢立柱上安装

卡接式托臂是与工字钢立柱配套所使用的托臂,它可以自由升降,与工字钢立柱配合使用,可以做单边敷设和双边敷设,如图 2.16.15.4-1 所示。

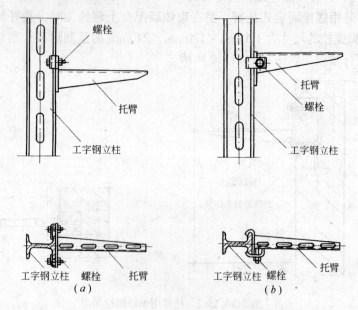

图 2.16.15.4-1　托臂在工字钢立柱上安装
(a) 螺栓固定式托臂;(b) 卡接式托臂

2. 托臂在槽(角)钢立柱上安装

在槽钢、角钢立柱上安装的托臂型式相同,也采用螺栓固定式托臂,用 M10×50 六角螺栓连接固定,如图 2.16.15.4-2 所示。

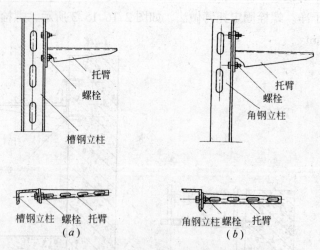

图 2.16.15.4-2　托臂在槽钢、角钢立柱上安装
(a) 槽钢立柱;(b) 角钢立柱

3. 托臂在异型钢立柱上安装

在异型钢立柱上安装托臂，使用相应的螺栓固定式托臂，用 M10×35T 型螺栓连接托臂和立柱，如图 2.16.15.4-3 所示。

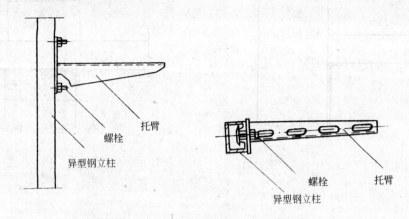

图 2.16.15.4-3　托臂在异型钢立柱上安装

2.16.15.5　扁钢托臂安装

扁钢托臂也称扁钢支架，适用于各种型式电缆桥架在建筑物墙体上或竖井内作为垂直引上、引下或过梁时固定用。扁钢支架可以购买成品也可以用 −40×4 或 −60×6 镀锌扁钢制作，如图 2.16.15.5 所示。扁钢支架(托臂)使用 M10×125 或 M12×110 膨胀螺栓固定。

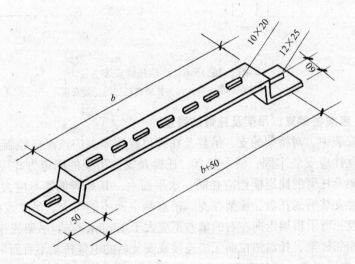

图 2.16.15.5　扁钢托臂

2.16.15.6　终端托臂安装

当电缆桥架至墙臂(或柱壁)终止或越过时，可在墙或柱上安装终端托臂，以支撑电缆梯架或托盘。终端托臂就是 L 30×30 角钢，角钢的长度尺寸为桥架宽度加 10mm，如图 2.16.15.6 所示。

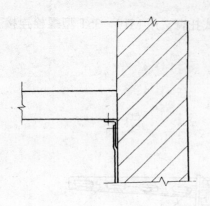 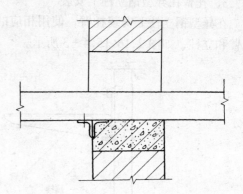

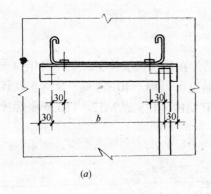 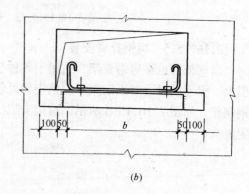

图 2.16.15.6　终端托臂安装
（a）托臂在终端安装；（b）托臂在越过墙壁处安装

2.16.16　电缆桥架支、吊架及托臂的调整

电缆桥架安装中，对桥架的支、吊装及托臂位置误差，应该严格控制。电缆桥架支、吊架及托臂或立柱应安装牢固，横平竖直。托臂及支、吊架的固定方式应按设计要求进行。各支、吊架及托臂的同层横档应在同一水平面上，其高低偏差不应大于 5mm，防止纵向偏差过大使安装后的托盘、梯架在支、吊点悬空而不能与支、吊架或托臂直接接触；桥架支、吊架及托臂沿桥架走向左右的偏差不应大于 10mm，支、吊架或托臂的横向偏差过大可能会使相邻梯架、托盘错位而无法连接或安装后的电缆桥架不直而影响美观。

2.16.17　电缆托盘、梯架安装

电缆桥架配线工程施工，当支、吊架或托臂安装调整后，即可进行托盘或梯架的安装。托盘或梯架的安装，应先从始端直线段开始，先把起始端托盘或梯架位置确定好，固定牢固，然后再沿桥架的全长逐段地对托盘或梯架进行布置。

2.16.17.1　梯架用夹板安装

梯架沿建筑物墙体垂直引上、引下安装时，最简单的敷设方法是直接用夹板支持梯架，夹板使用 M10×85 膨胀螺栓与墙体固定。

梯架底部的夹板距地面一般为0.5～0.8m,上部夹板距梯架边缘可为0.3～0.5m,两夹板之间的垂直距离不应大于2m,如图2.16.17.1所示。

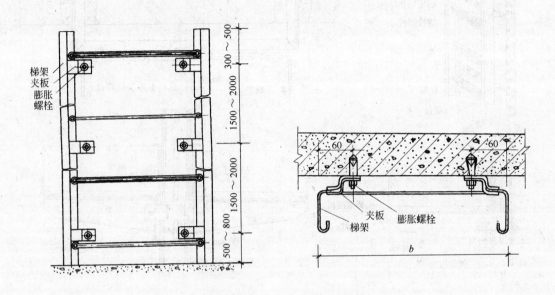

图 2.16.17.1　梯架用夹板安装

2.16.17.2　托盘、梯架用压板固定

压板是电缆桥架附件中的一种,连接各种托臂和梯架(或托盘),常用的压板如图2.16.17.2-1所示。不同的压板适用于梯架(或托盘)沿墙垂直安装及梯架(或托盘)在支、吊架及托臂上固定使用。压板与梯架(或托盘)的固定是用M6×10～30半圆方径螺栓来连接的,压板固定梯架或托盘,如图2.16.17.2-2所示。

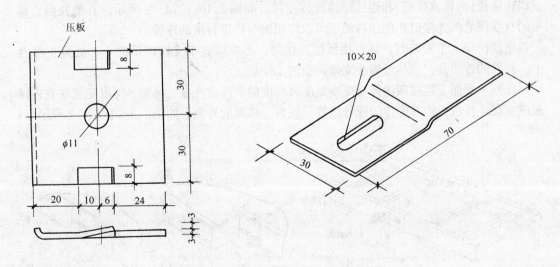

图 2.16.17.2-1　梯架安装用压板
(a)方形压板;(b)曲型压板

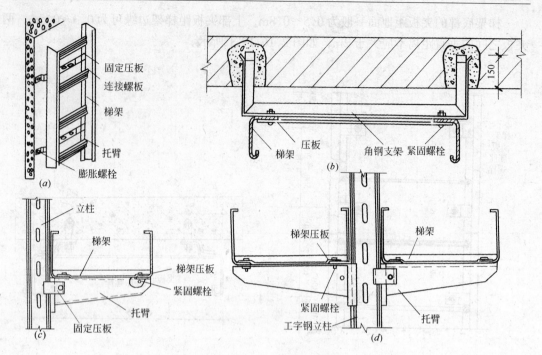

图 2.16.17.2-2　用压板固定梯架
(a) 梯架用扁钢托臂与压板固定；(b) 梯架用压板与门型角钢支架固定；
(c) 单侧托臂用压板固定梯架；(d) 双侧托臂用压板固定梯架

2.16.17.3　电缆桥架的组装

电缆桥架安装时，进入现场应戴好安全帽。桥架下方不应有人停留。

电缆桥架托盘或梯架的直线段和各类弯通端部的侧边上均有螺栓连接孔，当托盘、梯架的直线段与直线段之间以及直线段与弯通之间需要连接时，在其外侧应使用与其配套的直线连接板(简称直接板)和连接螺栓进行连接。如图 2.16.17.3-1 所示。有的托盘、梯架的直线段之间连接时在侧边内侧还可以使用内衬板进行辅助连接。

电缆桥架水平安装时，其直接板的连接处，不应该置于支撑跨距的 1/2 处或支撑点上。桥架的连接处，应尽量置于支撑跨距的 1/4 处。

在同一平面上连接两段需要变换宽度或高度的直线段托盘、梯架，可以配置变宽连接板或变高连接板，连接螺栓的螺母应置于托盘、梯架的外侧，如图 2.16.17.3-2 所示。

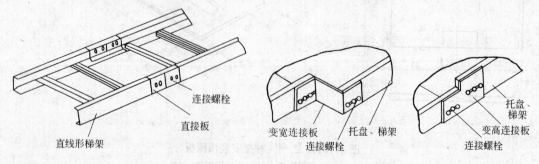

图 2.16.17.3-1　梯架直线段连接示意图　　图 2.16.17.3-2　变宽、变高连接板安装示意图

托盘、梯架需要引上、引下时，宜安装适当的弯通，与托盘、梯架的直线段连接。在托盘、梯架敷设时因受空间条件限制，不便装设弯通或有特殊要求时，可使用绞链连接板，进行连接，如图2.16.17.3-3所示。

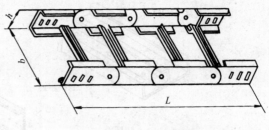

图2.16.17.3-3 绞接板

托盘、梯架敷设水平方向需要改变角度时，用水平弯通可以进行90°转向。当桥架需要在水平方向进行小角度转向时，应使用转弯连接板2.16.17.3-4，在托盘或梯架直线段中间进行连接。

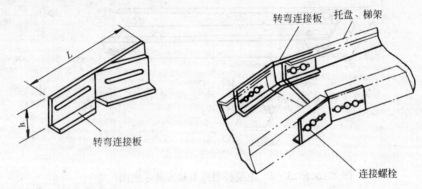

图2.16.17.3-4 转弯连接板及其安装示意图

当托盘、梯架需要垂直改变方向时，可以使用上弯通改变敷设角度。托盘、梯架如果需要在垂直方向调节小角度敷设时，可使用上下连接板进行连接，如图2.16.17.3-5所示。

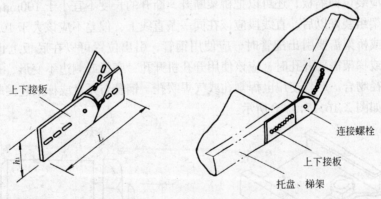

图2.16.17.3-5 上下连接板及其连接示意图

低压电力电缆与控制电缆共用同一托盘或梯架时，应在托盘或梯架纵向中部两种电缆之间设置隔板，隔板底部有螺孔，可用连接螺栓与托盘或梯架固定，如图2.16.17.3-6所示。使用隔板分开电力电缆和控制电缆，防止电磁干扰，以确保控制电缆正常运行。

电缆桥架的末端，应使用终端板进行连接封闭，如图2.16.17.3-7所示。

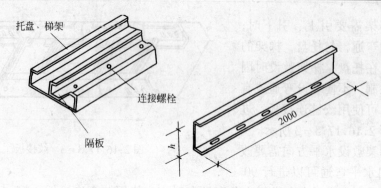

图 2.16.17.3-6 隔板与隔板安装示意图

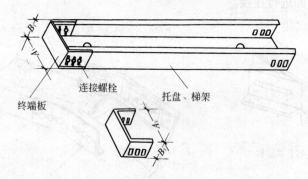

图 2.16.17.3-7 电缆桥架终端板安装示意图

上述各种连接板及其终端板均属于电缆桥架的附件,用来与托盘、梯架进行连接的连接螺栓均应紧固,螺母应位于托盘、梯架的外侧,方便于维护安装。

钢制电缆桥架的托盘或梯架的直线段长度超过30m,铝合金或玻璃钢电缆桥架超过15m时,应有伸缩节,其连接处宜采用伸缩连接板,简称伸缩板;电缆桥架在跨越建筑物伸缩缝处也应装设伸缩板,还可以把桥架断开,断开的长度不宜小于100mm。

电缆桥架组装好以后,直线段应该在同一条直线上,偏差不应该大于10mm。

由托盘或桥架需要引出配管时,应使用钢管,引出位置可以在底板上也可以在侧边上。当托盘或梯架需要开孔时,应该使用开孔机开孔,底板或侧边不变形,开孔处应切口整齐,管孔径吻合。严禁使用电焊割孔或气焊吹孔。钢管与托盘或梯架连接时,应使用管接头固定,如图2.16.17.3-8所示。

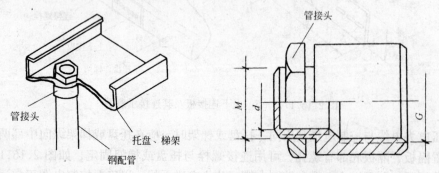

图 2.16.17.3-8 钢配管与托盘、梯架连接做法

电缆桥架在穿过防火墙及防火楼板时,应采取防火隔离措施,防止火灾沿线路延燃。

防火隔离段施工中,应配合土建施工预留洞口,在洞口处预埋好护边角钢。施工时,根据电缆敷设的根数和层数用∟50×5角钢制作固定框,同时将固定框焊在护边角钢上。电缆过墙处应尽量水平敷设,若有困难时,弯曲部分应满足电缆弯曲半径的要求。电缆穿墙时,放一层电缆就垫一层厚60mm的泡沫石棉毡,同时用泡沫石棉毡把洞堵平,再有些小洞就用电缆防火堵料堵塞。墙洞两侧应用隔板将泡沫石棉毡保护起来。在防火墙两侧1m以内对塑料、橡胶电缆直接涂改性氨基膨胀防火涂料3~5次达到厚度0.5~1mm。对铠装油浸纸绝缘电缆,先包一层玻璃丝布,再涂涂料厚度0.5~1mm或直接涂涂料1~1.5mm,如图2.16.17.3-9所示。

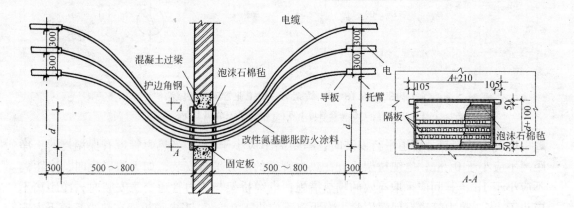

图2.16.17.3-9 防火隔离段安装图

2.16.18 电缆桥架在工业管道架上安装

电缆桥架在工业管架上安装,可以单层、二层或三层,电缆桥架在同工业管架共架安装时,电缆桥架应布置在管架的一侧,在混凝土管架上,电缆桥架立柱底座与预埋件焊接,做法如图2.16.18-1所示。

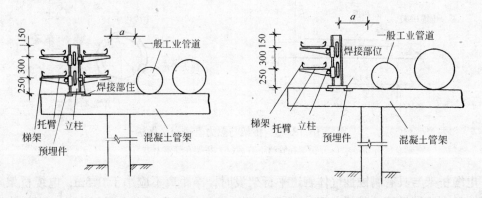

图2.16.18-1 电缆桥架在工业管架上安装
a—桥架与管道最小净距

立柱底座与混凝土管架之间还可以用膨胀螺栓固定,如在钢结构管架上安装时,还可以直接焊接固定。

电缆桥架与一般工业管道平行架设时，净距离不应小于 0.4m。电缆桥架与一般工业管道交叉敷设时，净距离不应小于 0.3m，如电缆桥架在工业管道下方交叉安装时，桥架的托盘或梯架应使用盖板保护，盖板长度不应小于 $D+2m$（D 为管道外径），如图 2.16.18-2 所示。

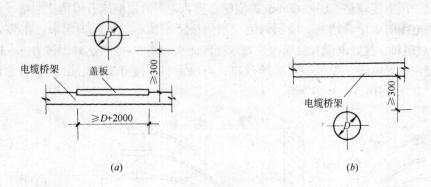

图 2.16.18-2　桥架与一般工业管道交叉做法
(a) 桥架在管道下方；(b) 桥架在管道上方

电缆桥架与热力管道平行安装时，净距离不应小于 1m，当热力管道有保温层时，净距离不应小于 0.5m；电缆桥架不宜在热力管道的上方平行安装，如无法避免时，净距离不应小于 1m，其间应采取有效的隔热措施；电缆桥架与热力管道交叉安装时，净距离不应小于 1m，热力管道有保温层时，净距离不应小于 0.5m；当电缆桥架在热力管道下方安装时，交叉处桥架的上方应用隔热板（如石棉板）将桥架的托盘或梯架保护起来，隔热板长度应不小于 $D+2m$（D 为热力管道保温层的外径）。如图 2.16.18-3 所示。

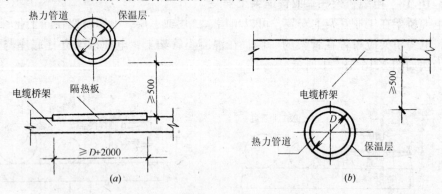

图 2.16.18-3　桥架与热力管道交叉做法
(a) 桥架在管道下方；(b) 桥架在管道上方

电缆桥架与具有腐蚀性气体管道平行架设时，净距离不应小于 0.5m；电缆桥架不宜在运输具有腐蚀性液体管道的下方或具有腐蚀性气体管道的上方平行安装，当无法避免时，应不小于 0.5m，且其间应用防腐隔板隔开；电缆桥架与具有腐蚀性液体管道下方或在具有腐蚀性气体的上方交叉安装时，净距离不应小于 0.5m，且应在交叉处用防腐盖板（如 $\delta=5mm$ 硬质聚氯乙烯板）将电缆桥架的托盘或梯架保护起来，盖板的长度不应小于 $D+2m$（D 为管道外径），如图 2.16.18-4 所示。

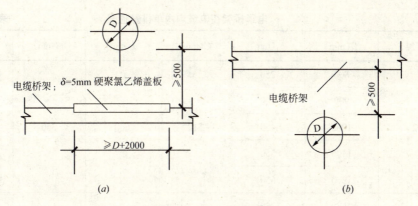

图 2.16.18-4 桥架与腐蚀性液(气)体管通交叉做法
(a) 桥架在管道下方;(b) 桥架在管道上方

2.16.19 电缆桥架在电缆沟和电缆隧道内安装

电缆桥架在电缆沟和隧道内可以单侧安装也可以双侧安装,立柱应选择为异型钢单立柱及其配套的托臂来支持梯架,托臂与立柱的固定使用T型螺栓。

异型钢的单立柱的间距和托臂层间距离应由工程设计决定,也可以根据厂家产品要求进行安装。

异型钢单立柱的安装方式,可以与预埋件焊接固定,也可以使用前述的固定板安装,参见图2.16.12.2-1所示。还可以使用膨胀螺栓固定安装,参见图2.16.12.2-2所示。当异型钢单立柱使用预埋件焊接固定时,应使用120mm×120mm×240mm预制混凝土砌块;立柱与预埋件钢板焊接时,焊缝高度为3mm。

电缆桥架的接地线应使用镀锌扁钢,镀锌扁钢应在电缆敷设前与异型钢单立柱进行焊接,焊缝应清除焊渣并涂红丹两道,灰油漆两道做防腐处理。

电缆桥架在电缆沟内安装,如图2.16.19-1所示。电缆桥架在电缆沟内安装时的各部尺寸,见表2.16.19-1和表2.16.19-2所示。

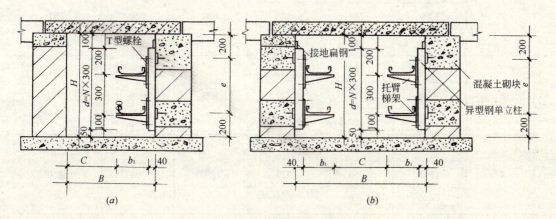

图 2.16.19-1 电缆桥架在电缆沟内安装
(a) 单排梯架;(b) 对排梯架

电缆桥架在电缆沟内单排数值表　　　表2.16.19-1

N(层)	B(mm)	b_1(mm)	C(mm)	d(mm)	e(mm)	H(mm)
2	800	250	510	600	350	750
	900	350				
	1000	450				
	1100	550				
	1200	650				
3	800	250	510	900	650	1050
	900	350				
	1000	450				
	1100	550				
	1200	650				
4	800	250	510	1200	950	1350
	900	350				
	1000	450				
	1100	550				
	1200	650				

电缆桥架在电缆沟内双排数值表　　　表2.16.19-2

N(层)	B(mm)	b_1(mm)	C(mm)	d(mm)	e(mm)	H(mm)
2	1100	250	520	600	350	750
	1300	350				
	1500	450				
3	1100	250	520	900	650	1050
	1300	350				
	1500	450				
4	1100	250	520	1200	950	1350
	1300	350				
	1500	450				

电缆桥架在电缆隧道内安装如图2.16.19-2所示。桥架在电缆隧道内安装时的各部尺寸，见表2.16.19-3和表2.16.19-4所示。

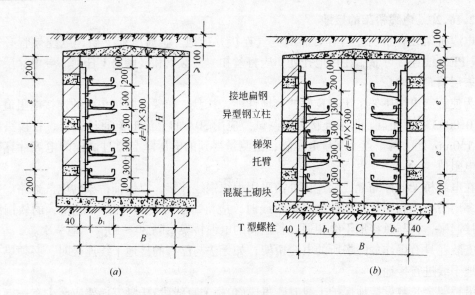

图 2.16.19-2 电缆桥架在电缆隧道内安装
(a) 单排梯架；(b) 对排梯架

桥架在隧道内单排安装数值表 表 2.16.19-3

N(层)	B(mm)	b_1(mm)	C(mm)	d(mm)	e(mm)	H(mm)
6	1400	450	910	1800	775	1950
	1500	550				
	1600	650				
7	1400	450	910	2100	925	2250
	1500	550				
	1600	650				
8	1400	450	910	2400	1075	2550
	1500	550				
	1600	650				

桥架在隧道内双排安装数值表 表 2.16.19-4

N(层)	B(mm)	b_1(mm)	C(mm)	d(mm)	e(mm)	H(mm)
6	2000	450	1020	1800	775	1950
	2200	550				
	2400	650				
7	2000	450	1020	2100	925	2250
	2200	550				
	2400	650				
8	2000	450	1020	2400	1075	2550
	2200	550				
	2400	650				

2.16.20　电缆桥架的接地

电缆桥架装置系统应具有可靠的电气连接并接地。金属电缆支架、电缆导管必须与 PE 或 PEN 线连接可靠。在接地孔处，应将丝扣、接触点和接触面上任何不导电涂层和类似的表层清理干净。

为使钢制电缆桥架系统有良好的接地性能，托盘、梯架之间接头处的连接电阻值不应大于 0.00033Ω。托盘、梯架连接电阻测试，应用 30A 的直流电流通过试样，在接头两边相距 150mm 处的两个点上测量电压降，由测量得到的电压降与通过试样的电流计算出接头的电阻值。

在电缆桥架的伸缩缝或软连接处需采用编织铜线连接，以保证桥架的电气通路。

多层桥架当利用桥架的接地保护干线时，应将每层桥架的端部用 $16mm^2$ 的软铜线并联连接起来，再与总接地干线相通。长距离的电缆桥架每隔 30~50m 接地一次。

安装在具有爆炸危险场所的电缆桥架，如无法与已有的接地干线连接时，必须单独敷设接地干线进行接地。

沿桥架全长敷设接地保护干线时，每段(包括非直线段)托盘、梯架应至少有一点与接地保护干线可靠连接。

对于振动场所，在接地部位的连接处应装置弹簧垫圈，防止因振动引起连接螺栓松动，而造成接地电气通路中断。

2.16.21　电缆敷设

室内电缆桥架配线时，电缆敷设严禁有绞拧、铠装压扁、护层断裂和表面严重划伤等缺陷。为了防止发生火灾时火焰蔓延，电缆不应有黄麻或其他易燃材料外护层。

在有腐蚀或特别潮湿的场所采用电缆桥架配线时，宜选用外护套具有较强的耐酸、碱腐蚀能力的塑料护套电缆。

电缆沿桥架敷设前，应防止电缆排列不整齐，出现严重交叉现象，必须事先就将电缆敷设位置排列好，规划出排列图表，按图表进行施工。

施放电缆时，对于单端固定的托臂可以在地面上设置滑轮施放，放好后拿到托盘或梯架内；双吊杆固定的托盘或梯架内敷设电缆，应将电缆直接在托盘或梯架内安放滑轮施放，电缆不得直接在托盘或梯架内拖拉。

电缆沿桥架敷设时，应单层敷设，电缆与电缆之间可以无间距敷设，电缆在桥架内应排列整齐，不应交叉，并敷设一根，整理一根，卡固一根。

垂直敷设的电缆每隔 1.5~2m 处应加以固定；水平敷设的电缆，在电缆的首尾两端、转弯及每隔 5~10m 处进行固定，对电缆在不同标高的端部也应进行固定。

电缆固定可以用尼龙卡带(如图 2.16.21 所示)、绑线或电缆卡子进行固定，可参见"室内电缆线路安装"中图 2.14.7-3 的做法。

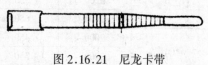

图 2.16.21　尼龙卡带

在桥架内电力电缆的总截面(包括外护层)不应大于桥架有效横断面的 40%，控制电缆不应大于 50%。

电缆桥架内敷设的电缆，在拐弯处电缆的弯曲半径应以最大截面电缆允许弯曲半径为准，电缆敷设的弯曲半径与电缆外径的比值不应小于表 2.16.21 的规定。

为了保障电缆线路运行安全和避免相互间的干扰和影响，下列不同电压不同用途的电缆，不宜敷设在同一层桥架上：

电缆弯曲半径与电缆外径比值　　　　　　表 2.16.21

电缆护套类型		电力电缆		控制电缆
		单芯	多芯	多芯
金属护套	铅	25	15	15
	铝	30	30	30
	皱纹铝套和皱纹钢套	20	20	20
非金属护套		25	15	无铠装 10
				有铠装 15

1. 1kV 以上和 1kV 以下的电缆；
2. 同一路径向一级负荷供电的双路电源电缆；
3. 应急照明和其他照明的电缆；
4. 强电和弱电缆。

如果受条件限制需要安装在同一层桥架上时，应用隔板隔开。

电缆桥架内敷设的电缆，应在电缆的首端、尾端、转弯及每隔 50m 处，设有编号、型号及起止点等标记，标记应清晰齐全，挂装整齐无遗漏。

桥架内电缆敷设完毕后，应及时清理杂物，有盖的可盖好盖板，并进行最后调整。

托盘、梯架在承受额定均布荷载时的相对挠度不应大于 1/200。

吊架横档或侧壁固定的托臂在承受托盘、梯架额定荷载时的最大挠度值与其长度之比，不应大于 1/100。

2.16.22 电缆托盘、梯架盖板的安装

盖板是与托盘、梯架配套使用的，可防雨、防尘、防晒及控制电缆的屏蔽和高压电缆对外干扰，还可以防止机械损伤。

盖板和托盘或梯架的连接，有的使用锁扣固定，还有的用带钩螺栓钩在托盘或梯架上固定，如图 2.16.22-1 所示。

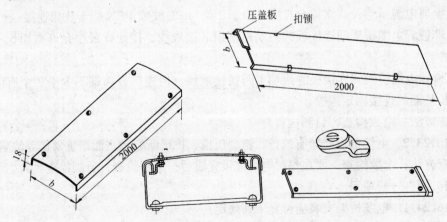

图 2.16.22-1　电缆托盘、梯架盖板

下列情况之一者，电缆桥架应加盖板保护：

1. 电缆桥架在户外安装时，其最上层或每一层；
2. 电缆桥架在铁箅子板或相类似的带孔装置下安装时，最上层电缆桥架应加盖板保护，如果最上层电缆桥架宽度小于下层的电缆桥架宽度时，下层电缆桥架也应加盖板保护；
3. 电缆桥架垂直敷设时，离所在地面1.8m以内的电缆桥架；
4. 电缆桥架安装在容易受到机械损伤的场所、安装在多粉尘的场所和有特殊要求的场所，都需要安装盖板保护。

电缆桥架盖板安装后，在两盖板的接头处，有的还需要安装压盖板或水平夹带，如图2.16.22-2所示。

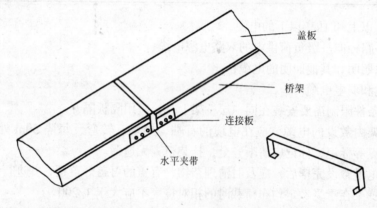

图2.16.22-2 桥架盖板水平夹带

Ⅲ 质 量 标 准

2.16.23 主控项目

2.16.23.1 金属电缆桥架及其支架和引入或引出的金属电缆导管必须与PE或PEN线连接可靠，且必须符合下列规定：

1. 金属电缆桥架及其支架全长应不少于2处与PE线或PEN线干线相连接；
2. 非镀锌电缆桥架间连接板的两端跨接铜芯接地线，接地线最小允许截面积不小于4mm^2；
3. 镀锌电缆桥架间连接板的两端不跨接接地线，但连接板两端不少于2个有防松螺帽或防松垫圈的连接固定螺栓。

检查方法：全数检查，目测检查。

2.16.23.2 电缆敷设严禁有绞拧、铠装压扁、护层断裂和表面严重划伤等缺陷。

检查方法：全数检查，要在每层电缆敷设完成后，进行检查，目测检查。

2.16.24 一般项目

2.16.24.1 电缆桥架安装应符合下列规定：

1. 直线段钢制电缆桥架长度超过30m、铝合金或玻璃钢制电缆桥架长度超过15m设有伸缩节；电缆桥架跨越建筑物变形缝处设置补偿装置；

2. 电缆桥架转弯处的弯曲半径,不小于桥架内电缆最小允许弯曲半径,电缆最小允许弯曲半径见表 2.16.24.1-1;

电缆最小允许弯曲半径表 表 2.16.24.1-1

序号	电 缆 种 类	最小允许弯曲半径
1	无铅包钢铠护套的橡皮绝缘电力电缆	10D
2	有钢铠护套的橡皮绝缘电力电缆	20D
3	聚氯乙烯绝缘电力电缆	10D
4	交联聚氯乙烯绝缘电力电缆	15D
5	多芯控制电缆	10D

注: D 为电缆外径。

3. 当设计无要求时,电缆桥架水平安装的支架间距为 1.5~3m;垂直安装的支架间距不大于 2m;

4. 桥架与支架间螺栓、桥架连接板螺栓固定紧固无遗漏,螺母位于桥架外侧;当铝合金桥架与钢支架固定时,有相互间绝缘的防电化腐蚀措施;

5. 电缆桥架敷设在易燃易爆气体管道和热力管道的下方,当设计无要求时,与管道的最小净距,符合表 2.16.24.1-2 的规定;

6. 敷设在竖井内和穿越不同防火区的桥架,按设计要求位置,有防火隔堵措施;

7. 支架与预埋件焊接固定时,焊缝饱满;膨胀螺栓固定时,选用螺栓适配,连接紧固,防松零件齐全。

检查方法:全数检查,目测检查或实测及检查隐蔽工程记录。

2.16.24.2 桥架内电缆敷设应符合下列规定:

1. 大于 45°倾斜敷设的电缆每隔 2m 处设固定点;

2. 电缆敷设排列整齐,水平敷设的电缆,首尾两端、转弯两侧及每隔 5~10m 处设固定点;敷设于垂直桥架内的电缆固定点间距,不大于表 2.16.24.2 的规定。

3. 电缆出入电缆沟、竖井、建筑物、柜(盘)、台处以及管子管口处等做密封处理。

检查方法:抽查总数的 5%,但不少于 5 处,目测检查或尺量检查。

2.16.24.3 电缆的首端、末端的分支处应设标志牌。

检查方法:抽查总数的 5%,但不少于 5 处,目测检查。

电缆桥架与管道的最小净距(m) 表 2.16.24.1-2

管道类别		平行净距	交叉净距
一般工艺管道		0.4	0.3
易燃易爆气体管道		0.5	0.5
热力管道	有保温层	0.5	0.3
	无保温层	1.0	0.5

354　2　室内线路敷设

电缆固定点的间距表(mm)　　　　　　　　　　　　表 2.16.24.2

电缆种类		固定点的间距
电力电缆	全塑型	1000
	除全塑型外的电缆	1500
控制电缆		1000

Ⅳ　成品保护

2.16.25　室内沿桥架或托盘敷设电缆,宜在管道及空调工程基本施工完毕后进行,防止其他专业施工时损伤电缆。

2.16.26　电缆两端头处的门窗装好,并加锁,防止电缆丢失或损毁。

Ⅴ　安全注意事项

2.16.27　电缆桥架安装时,其下方不应有人停留。进入现场应戴好安全帽。

2.16.28　使用人字梯必须坚固,距梯脚 40~60cm 处要设拉绳,防止劈开。使用单梯上端要绑牢,下端应有人扶持。

2.16.29　使用电气设备、电动工具要有可靠的保护接地(接零)措施。打眼时,要戴好防护眼镜,工作地点下方不得站人。

Ⅵ　质量通病及其防治

2.16.30　电缆排列沿桥架敷设电缆时,应防止电缆排列混乱,不整齐,交叉严重。在电缆敷设前须将电缆事先排列好,划出排列图表,按图表进行施工。电缆敷设时,应敷设一根整理一根、卡固一根。

2.16.31　电缆弯曲半径不符合要求。在电缆桥架施工时,应事先考虑好电缆路径,满足桥架上敷设的最大截面电缆的弯曲半径的要求,并考虑好电缆的排列位置。

3 母线装置

3.1 裸母线安装

Ⅰ 施工准备

3.1.1 材料
1. 铜、铝母线、拉线绝缘子、电车绝缘子、高压穿墙套管等；
2. 母线卡具、花篮螺丝、型钢及螺栓、铜、铝焊条、焊粉、各种颜色调合漆、樟丹油等。

3.1.2 机具
1. 型钢切割机、电、气焊工具、钢、锯、电锤、手电钻、母线煨弯机(器)、力矩扳手、木锤、板锉等；
2. 皮尺、钢卷尺、钢板尺、水平尺、线坠、铁线、小线等。

3.1.3 作业条件
母线装置安装前，基础、构架符合电气设备设计的要求，达到允许安装的强度。
1. 屋顶、楼板施工完毕，不得渗漏，门窗安装完毕，施工用道路畅通；
2. 室内地面基层施工完毕，并在墙上标出抹平标高；
3. 有可能损坏已安装母线装置或安装后不能再进行的装饰工程全部结束；
4. 母线装置的预留孔、预埋铁件应符合设计的要求；
5. 变电所和高、低压配电室内裸母线安装，应在设备安装就位调整后进行。

Ⅱ 施工工艺

3.1.4 施工程序

测量 → 支架制作安装 → 绝缘子安装 → 母线矫正 → 下料 →

母线加工 → 母线安装 → 母线涂色刷油 → 检查送电

3.1.5 裸母线选择
裸母线又称汇流排，是高低压配电装置常用的配电母线。建筑电气工程选用的裸母线多数为矩形铜、铝硬母线，较少选用软母线和管型母线。裸母线有铜、铝母线和铝合金母线、钢母线等几种。TMY型铜母线规格见表3.1.5-2所示，LMY型铝母线规格见表3.1.5-1所示。目前，较多用的是铝母线，高压配电装置的母线和引线不宜采用铜母线。

LMY 矩形铝母线常用规格表　　　　　表 3.1.5-1

母线规格宽×厚 (mm)	每米重量 (kg)	母线规格宽×厚 (mm)	每米重量 (kg)
40×4	0.43	80×6.3	1.3
40×5	0.54	100×6.3	1.62
50×5	0.68	80×8	1.72
50×6.3	0.81	100×8	2.16
63×6.3	0.97	100×10	2.7

TMY 矩形铜母线规格表　　　　　表 3.1.5-2

母线规格宽×厚 (mm)	每米重量 (kg)	母线规格宽×厚 (mm)	每米重量 (kg)
40×4	1.42	80×6.3	4.48
40×5	1.78	100×6.3	5.60
50×5	2.22	80×8	5.68
50×6.3	2.80	100×8	7.11
63×6.3	3.52	100×10	8.89

3.1.5.1 母线检验

母线开箱清点检查，其规格应符合设计要求，附件、备件应齐全，产品的技术文件应齐全。

母线加工前应对母线材料进行检查，以防不合格材料用到工程中。首先检查母线材料有无出厂合格证，当无出厂合格证件或资料不全时，以及对材料有怀疑时，应对母线进行抗拉强度、伸长率及电阻率的检验，检验结果应符合表 3.1.5.1 的规定。

母线的机械性能和电阻率　　　　　表 3.1.5.1

母线名称	母线型号	最小抗拉强度 (N/mm^2)	最小伸长率 (%)	20℃时最大电阻率 ($\Omega \cdot mm^2/m$)
铜母线	TMY	255	6	0.01777
铝母线	LMY	115	3	0.0290
铝合金管母线	$LF_{21}Y$	137	—	0.0373

3.1.5.2 母线的外观检查

母线表面应光洁平整，不应有裂纹、折皱、夹杂物及变形和扭曲现象。用千分尺或卡尺测量母线的厚度和宽度是否符合标准截面的要求。

按制造长度供应的铝合金管母线,其弯曲度不应超过表3.1.5.2的规定。

铝合金管允许弯曲度值 表3.1.5.2

管子规格(mm)	单位长度(m)内的弯度(mm)	全长(L)内的弯度(mm)
直径为150以下冷拔管	<2.0	<2.0×L
直径为150以下热挤压管	<3.0	<3.0×L
直径为150~250热挤压管	<4.0	<4.0×L

注:L—管子的制作长度(m)。

3.1.6 母线的测量

进入安装现场后应核对沿母线敷设全长方向有无障碍物,有无与建筑结构或设备管道、通风等安装部件交叉现象。

根据母线及支架敷设的不同情况,检查预留孔洞、预埋铁件的尺寸、标高位置,核对是否与图纸相符。

配电柜安装母线,其安全距离是否符合规定。

在设计图纸上,一般不标出母线加工尺寸,在母线下料前,应到现场实测,测量出各段母线加工尺寸、支架尺寸,并测划出支架和支持件安装位置和距离。

测量时可用线坠、角尺、卷尺等工具。例如在两个不同垂直面上安装母线,可按下述方法进行测量,如图3.1.6所示。先在与母线接触的瓷面中心上,各悬挂一线坠,用尺量出两垂直面的距离A_1以及两瓷瓶中心距A_2,B_1与B_2的尺寸可根据实际需要而定。有了相关的尺寸,便可在平台上放出大样图,也可用铁丝弯成样板,作为母线制作弯曲时的依据。

在母线加工时,应考虑检修、拆卸方便,在适当地点分段以待用螺栓连接或者焊接。母线的弯曲除确属必要外,应尽量避免。

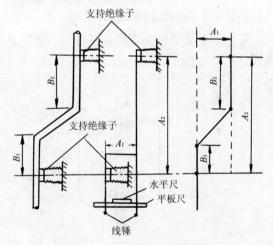

图3.1.6 测量母线装设尺寸

3.1.7 支架制作

按图纸尺寸加工各式支架,支架要采用L50×5的角钢制作,角钢断口必须锯断(或冲压断),不得采用电、气焊切割。

支架上的螺孔宜加工成长孔,以便于调整。螺孔中心距离偏差不小于2mm。螺孔应用电钻钻孔,不应用气焊割孔或电焊吹孔。

支架埋入墙内部分必须开叉成燕尾状。

在有盐雾、空气相对湿度接近10%及含腐蚀性气体的场所,室外金属支架应采用热镀锌。

黑色支架除锈应彻底,防腐漆应涂刷均匀,粘合牢固,不得有起层、皱皮等缺陷。

3.1.8 支架安装

支架安装应符合设计规定。

裸母线安装前,应将母线的支架埋设在墙上或固定在建筑物的构件上。装设支架时,应横平竖直,先用水平尺找正找平。支架埋入深度要大于150mm,采用螺栓固定时,要使用 M12×150 开叉燕尾螺栓,并应使用镀锌制品,安装在户外时应使用热镀锌制品。孔洞要用混凝土填实、灌注牢固。

遇有混凝土墙、梁、柱、屋架等无预留孔洞时,采用膨胀螺栓架设固定支架。

支架跨柱、沿梁或屋架安装时所用抱箍、螺栓、撑架等要紧固。应避免将支架直接焊接在建筑物结构上。

支架安装时支架之间距离,当母线水平敷设时,不超过3m,垂直敷设时,不超过2m。成排支架的安装应排列整齐,间距应均匀一致,两支架之间的距离偏差不大于5cm。

3.1.9 绝缘子和穿墙套管及穿墙板安装

固定母线的绝缘子和穿墙套管有高压和低压两种。绝缘子和套管安装前应测量绝缘电阻值,绝缘子和套管可在母线安装后一起进行交流耐压实验。

对绝缘子和套管在安装前应进行外观检查,瓷件、法兰应完整无裂纹、缺损现象,胶合处填料完整,灌注螺栓、螺母等结合牢固。

3.1.9.1 母线支持绝缘子安装

室内用绝缘子种类很多,且有高、低压之分,较常用的有支柱绝缘子和电车绝缘子,如图 3.1.9.1 所示。

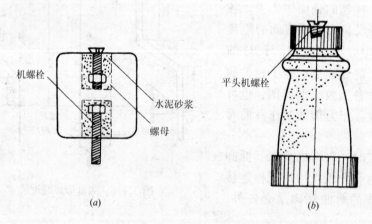

图 3.1.9.1 常用绝缘子外形图
(a) WX-01型电车绝缘子;(b) ZA-10Y 支柱绝缘子

母线支架安装好后,用螺栓将绝缘子固定在支架上,如果在直线段上有许多支架时,为使绝缘子安装整齐,可先安装好两端支架上的绝缘子,并拉一根铁线,再将绝缘子按铁线为准固定在每个支架上。母线直线段的支持绝缘子的中心应在同一直线上。

无底座和顶帽的内胶装式的低压支柱绝缘子,上下应垫厚度不小于1.5mm 的橡胶垫或石棉纸起缓冲作用。

支柱绝缘子如安装在同一水平或垂直面上时，其顶面应位于同一平面上，中心线位置应符合设计要求。

支柱绝缘子叠装时，中心线应一致，固定应牢固，紧固件应齐全。

3.1.9.2 穿墙套管安装

穿墙套管的结构主要部件是瓷件，瓷件外面有一法兰盘，用来固定套管。瓷件里面有铝排或铜导体的导电体。

穿墙套管的安装方法一般有两种，安装在混凝土板上和安装固定在钢板上。安装在混凝土板上时，安装板的最大厚度不超过50mm。在混凝土板上，预留三个套管圆孔，图3.1.9.2－1；套管安装在钢板上，是在土建施工时，在墙体上留一方孔，在方孔上装一角铁框，以固定钢板，套管固定在钢板上，如图3.1.9.2－2所示。

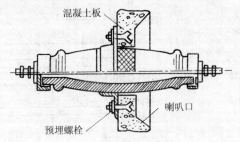

图 3.1.9.2－1 穿墙套管在混凝土板上固定

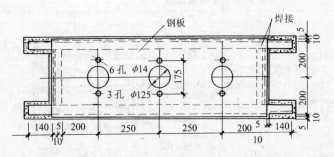 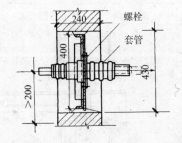

图 3.1.9.2－2 穿墙套管固定在钢板上

穿墙套管的孔径应比套管嵌入部分大5mm以上。

穿墙套管垂直安装时，法兰应向上，水平安装时，法兰应在外。

套管安装拧紧法兰盘固定螺栓时，应将各个螺栓轮流均匀地拧紧，以防底座因受力不均而损坏。

安装在同一平面或垂直面上的穿墙套管的顶面应位于同一平面上，其中心线位置应符合设计要求。

穿墙套管在混凝土板上安装时，法兰盘不得埋入混凝土抹灰层内。

额定电流在1500A及以上的穿墙套管，直接固定在钢板上时，为防止涡流造成严重发热，对固定钢板应采用开槽或铜焊，使套管周围不能构成闭合磁路。

600A及以上母线穿墙套管端部的金属夹板（紧固件除外）应采用非磁性材料，其与母线之间应有金属连接，接触应稳固，金属夹板厚度不应小于3mm，当母线为两片及以上时，母线本身间应予固定。

3.1.9.3 低压母线穿墙板安装

低压母线穿墙时，要经过穿墙绝缘夹板通过，穿墙板可采用硬质聚氯乙烯板（厚度不应小于7mm）或耐火石棉板做成，分上下夹板两部分，下部夹板上开洞，母线由此通过。穿墙板的角钢支架在墙体上的安装方法同穿墙套管在钢板上的方法。安装角钢支架必须横平竖直，中心与支持绝缘子中心在同一条直线上。

低压母线穿墙夹板应装在固定支架角钢的内侧，夹板的安装在母线布线完成以后，进行上下夹板的合成，合成后中间空隙不得大于1mm，夹板孔洞缺口处与母线应保持2mm空隙。夹板的固定螺栓上须装垫橡胶垫圈，应将每个螺栓轮流拧紧，避免受力不均匀而损坏夹板。图3.1.9.3-1、图3.1.9.3-2为低压母线穿墙聚氯乙烯夹板和耐火石棉板夹板做法。使用耐火石棉板做夹板时，在母线穿过夹板孔洞处应加缠3层绝缘带。

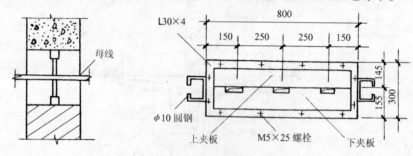

图3.1.9.3-1 低压母线穿墙板做法一

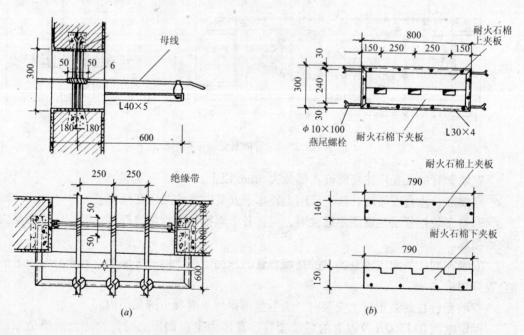

图3.1.9.3-2 低压母线穿墙板做法二
（a）母线穿墙做法；（b）穿墙板

3.1.10 母线矫正

母线在安装前应进行矫正平直，矫正的方法有机械矫正和手工矫正两种。

3.1.10.1 大截面母线用机械矫正平直，将母线的不平整部分放在矫正机的平台上，然后转动操作圆盘。利用丝杠压力将母线矫正如图 3.1.10.1。

3.1.10.2 手工矫正时，将母线放在平台或平直的型钢上，用硬质木锤直接敲打平直。不能用铁锤直接敲打。如母线弯曲过大，可用木锤或垫块（铜、铝木板）垫在母线上，用铁锤间接敲打平直。敲打时用力要适当，不能过猛，否则会引起母线再次变形。

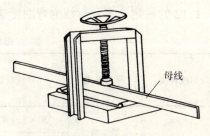

图 3.1.10.1 母线矫正机

开始矫正母线时，先矫正宽边，将翘起部位朝上放置，随着母线的敲打变直而减轻锤击力，在接近矫正完毕时，要时常翻转母线轻轻锤击。在矫正窄边时，锤击力量也同样先重后轻，同时每锤击一次要把条料翻转一次，检查矫正结果。条料的矫正如图 3.1.10.2 所示。

3.1.10.3 棒型母线矫正时，先锤击弯曲部位，再沿其长度轻轻地一面转动一面锤击，依靠视力来检查，直到成直线为止。

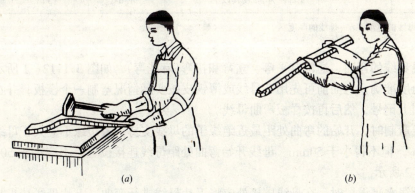

图 3.1.10.2 母线的手工矫正
（a）矫正母线；（b）检查矫正结果

3.1.11 母线切断

母线切断前，应考虑合理的使用母线原有长度，以免造成浪费。应按预先测量的尺寸，在母线上划线，然后再进行切断。

母线切断可用钢锯或型钢切割机（无齿锯），如图 3.1.11 所示。切断时，将母线置于锯床的托架上，然后合闸接通电源，使电动机转动，慢慢压下操作手柄，一直到锯断为止。母线切断面应平整，铝合金管母线管口应与轴线垂直。不得用电弧或乙炔进行切断。

母线下料切断时，要留有适当余量，避免弯曲时产生误差，造成整根母线报废。需弯曲的母线，最好

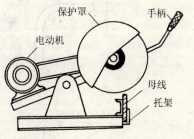

图 3.1.11 型钢切割机

弯曲后再进行切断,以达到准确的尺寸。

3.1.12 母线弯曲

母线的弯曲宜采用专用工具,进行冷煨,弯出圆角。不得进行热煨。矩型母线应减少直角弯曲,母线的弯曲处不得有裂纹及显著的折皱。母线的最小弯曲半径应符合表3.1.12的规定。多片母线的弯曲度应一致。

母线最小弯曲半径(R)值　　　　表3.1.12

母线种类	弯曲方式	母线断面尺寸(mm)	最小弯曲半径(mm)		
			铜	铝	钢
矩形母线	平弯	50×5 及其以下	$2a$	$2a$	$2a$
		125×10 及其以下	$2a$	$2.5a$	$2a$
	立弯	50×5 及其以下	$1b$	$1.5b$	$0.5b$
		125×10 及其以下	$1.5b$	$2b$	$1b$
棒形母线		直径为16 及其以下	50	70	50
		直径为30 及其以下	150	150	150

注:a-母线的宽度;b-母线的厚度。

矩线母线的弯曲,通常有平弯、立弯和扭弯(麻花弯),如图3.1.12-1所示。为使母线弯曲角度准确,弯曲前可先用8号线或薄铁皮按实际情况弯制一个模板,并在母线弯曲的地方划上记号,然后再按样板弯曲母线。

母线弯制时,开始的弯曲处距最近绝缘子的母线支持夹板边缘不应大于母线两支持点间的25%,但不得小于50mm。母线开始弯曲处距母线连接位置,不应小于50mm,如图3.1.12-2所示。

当母线水平设置时,在母线搭接处应将下片母线进行弯曲,上片母线端头与下片母线平弯开始处的距离,不应小于50mm,如图3.1.12-3所示。

母线扭弯扭转90°时,其扭转部分的长度应为母线宽度的2.5~5倍,如图3.1.12-4所示。

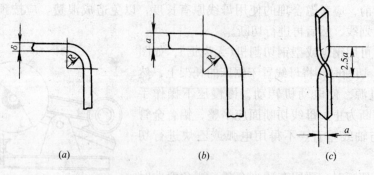

图3.1.12-1 矩型母线的弯曲形式
(a)平弯;(b)立弯;(c)扭弯

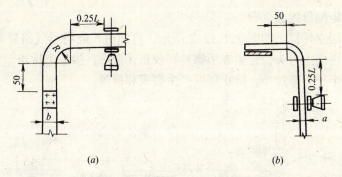

图 3.1.12-2 裸母线的立弯与平弯
（a）立弯母线；（b）平弯母线
a—母线厚度；b—母线宽度；L—母线两支持点间的距离

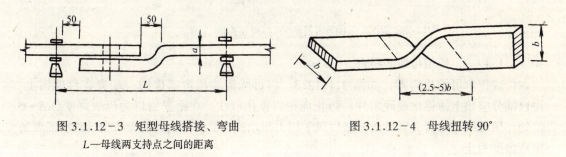

图 3.1.12-3 矩型母线搭接、弯曲　　　　图 3.1.12-4 母线扭转 90°
L—母线两支持点之间的距离

3.1.12.1 矩型母线的平弯

母线平弯可用平弯机，如图 3.1.12.1 所示。先在母线要弯曲的部位划上记号，弯曲时，提起平弯机手柄，将母线插入两个滚轮之间，弯曲部分放在滚轮上校正无误后，拧紧压力丝杠，然后压下平弯机的手柄，使母线逐渐弯曲。可用样板复合，直至达到所需要的弯曲度。操作时，用力不可过猛，以免母线产生裂缝。

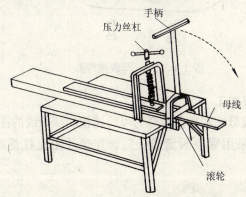

图 3.1.12.1 母线平弯机

小型母线的平弯可用台虎钳弯曲。弯曲时，将母线置于钳口中，钳口上应垫上铝板或硬木，以免伤母线，然后用手扳动母线，使其弯曲至合适的角度。

如果母线将要与电器接线端子的螺栓搭接面相连需要平弯时，弯曲尺寸一定要把握准确。

3.1.12.2 矩型母线的立弯

母线立弯可用立弯机，如图 3.1.12.2 所示。弯曲时，先将母线需要弯曲部位套在立弯机的夹板上，再装上弯头，拧紧夹板螺栓，校正无误后，操作千斤顶，使母线弯曲。

立弯的弯曲半径不能过小，防止母线产生裂痕和折皱。

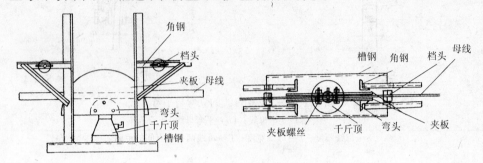

图 3.1.12.2　母线立弯机

3.1.12.3 矩型母线的扭弯

母线扭弯可用扭弯器，如图 3.1.12.3。将母线需要扭弯部位的一端夹在台虎钳上，钳口部分应垫上薄铝皮或硬木片，防止虎钳口损伤母线。在距虎钳口为母线宽度 2.5～5 倍处，用母线扭弯器夹紧母线，然后双手用力扭动扭弯器的手柄，使母线扭转到所需要的扭弯角度为止。

若每相由多片母线组成，扭转长度应一致。

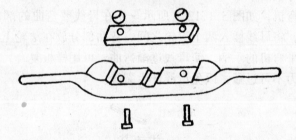

图 3.1.12.3　母线扭弯器

3.1.13　裸母线的连接加工

母线与电气设备连接或母线本身连接即为母线连接。裸母线的连接应采用焊接、贯穿螺栓搭接连接。矩型母线采用螺栓固定搭接时，连接处距支柱绝缘子的边缘不应小于 50mm，可参见图 3.1.12-3。

3.1.13.1 母线的钻孔

凡是用贯穿螺栓连接的母线接头，应首先在母线上钻好孔，然后再用螺栓将两根母线连接起来。各种规格的母线用螺栓连接时，母线的连接尺寸及钻孔要求和螺栓规格如表 3.1.13.1 所示。

母线钻孔前，可根据表 3.1.13.1 所规定的钻孔要求，在母线上划出钻孔位置，并在孔中心用冲子冲眼，用电钻或台钻钻孔。螺孔的直径宜大于螺栓直径 1mm，钻孔应垂直，不歪斜，螺孔间中心距离的误差为 ±0.5mm。

如果母线要与设备螺杆形接线端子连接时，在母线上钻孔的孔径不应大于螺杆形接线端子直径1mm。

母线钻好孔后，应将孔口的毛刺除去，使其保持光洁。

矩型母线搭接要求　　　　　　　　　　　　　　表 3.1.13.1

搭接形式	类别	序号	连接尺寸(mm)			钻孔要求		螺栓规格
			b_1	b_2	a	ϕ(mm)	个数	
直线连接	直线连接	1	125	125	b_1 或 b_2	21	4	M20
		2	100	100	b_1 或 b_2	17	4	M16
		3	80	80	b_1 或 b_2	13	4	M12
		4	63	63	b_1 或 b_2	11	4	M10
		5	50	50	b_1 或 b_2	9	4	M8
		6	45	45	b_1 或 b_2	9	4	M8
直线连接	直线连接	7	40	40	80	13	2	M12
		8	31.5	31.5	63	11	2	M10
		9	25	25	50	9	2	M8
垂直连接	垂直连接	10	125	125		21	4	M20
		11	125	100~80		17	4	M16
		12	125	63		13	4	M12
		13	100	100~80		17	4	M16
		14	80	80~63		13	4	M12
		15	63	63~50		11	4	M10
		16	50	50		9	4	M8
		17	45	45		9	4	M8
垂直连接	垂直连接	18	125	50~40		17	2	M16
		19	100	63~40		17	2	M16
		20	80	63~40		15	2	M14
		21	63	50~40		13	2	M12
		22	50	45~40		11	2	M10
		23	63	31.5~25		11	2	M10
		24	50	31.5~25		9	2	M8
垂直连接	垂直连接	25	125	31.5~25	60	11	2	M10
		26	100	31.5~25	50	9	2	M8
		27	80	31.5~25	50	9	2	M8
垂直连接	垂直连接	28	40	40~31.5		13	1	M12
		29	40	25		11	1	M10
		30	31.5	31.5~25		11	1	M10
		31	25	22		9	1	M8

3.1.13.2 母线接触面的加工

对母线与母线及母线与设备端子连接时接触部分的接触面应进行加工。母线接触面加工是母线安装保证质量的关键。接触面加工的主要作用,是消除母线表面的氧化膜、折皱和隆起部分,使接触面平整而略呈粗糙。接触面加工方法有手工锉削和使用机械铣、刨和冲压等多种方法。母线的接触面加工必须平整,无氧化膜。经加工后的截面减少值,铜母线不应超过原截面的3%,铝母线不应超过原截面的5%。

具有镀银层的母线搭接面,不得任意锉磨。

铝母线不可用砂布来清除接触面,以免砂布上的玻璃屑及砂子嵌入金属内,增加接触电阻。

母线接触面经过上述加工后,还应对其进行处理,以降低接头的接触电阻,减少接头发热的机会。

对母线接触面的处理,可根据不同材质连接处理规定进行:

(1) 铜与铜:室外、高温且潮湿或对母线有腐蚀性气体的室内,必须搪锡,在干燥的室内可直接连接。

(2) 铝与铝:直接连接。

(3) 钢与钢:必须搪锡或镀锌,不得直接连接。

(4) 铜与铝:在干燥的室内,铜导体应搪锡,室外或空气相对湿度接近100%的室内,应采用铜铝过渡板,铜端应搪锡。

(5) 钢与铜或铝:钢搭接面必须搪锡。

铜或钢母线,要把表面污物清刷干净再进行搪锡。搪锡时,先把焊锡放在锡锅中用喷灯或木炭加热熔化,把母线搪锡部位涂上焊锡膏,浸入锡锅中,使锡附在母线的表面。取出母线时,用抹布擦去表面的浮渣,露出银白色的光洁表面。

对于少量的铜母线搪锡可用喷灯火焰直接在母线搪锡部分加热到紫铜发蓝色时,用细钢丝刷掉表面氧化层、涂上锡焊膏,将锡溶化到母线上,再用抹布擦去表面浮渣。也可用锡锅进行搪锡处理。

母线接触面加工后必须保持清洁,并涂以电力复合脂。

3.1.14 母线安装

当母线支架安装好后,用螺栓将支持绝缘子固定在支架上,并调整好后即可以安装母线了。

母线安装应平整美观,水平安装时二支持点间高度误差不宜大于3mm,全长不宜大于10mm。垂直安装时,二支持点间垂直误差不宜大于2mm,全长不宜大于5mm,母线排列间距应均匀一致,误差不大于5mm。

室内母线安装时,配电装置的安全净距应符合图3.1.14-1、3.1.14-2和表3.1.14的规定。当电压值超过本级电压,其安全净距应采用高一级电压的安全净距规定值。

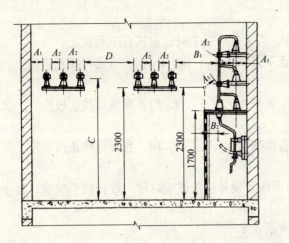 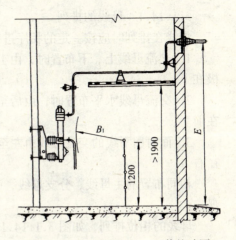

图 3.1.14-1 室内 A_1、A_2、B_1、B_2、C、D 值校验图　　图 3.1.14-2 室内 B_1、E 值校验图

室内配电装置的安全净距(mm)　　表 3.1.14

符号	适用范围	图号	额定电压 (kV)										
			0.4	1~3	6	10	15	20	35	60	110J	110	220J
A_1	1. 带电部分至接地部分之间 2. 网状和板状遮拦向上延伸线距地 2.3m 处与遮拦上方带电部分之间	3.1.14-1	20	75	100	125	150	180	300	550	850	950	1800
A_2	1. 不同相的带电部分之间 2. 断路器和隔离开关的断口两侧带电部分之间	3.1.14-1	20	75	100	125	150	180	300	550	900	1000	2000
B_1	1. 栅状遮拦至带电部分之间 2. 交叉的不同时停电检修的无遮拦带电部分之间	3.1.14-1 3.1.14-2	800	825	850	875	900	930	1050	1300	1600	1700	2550
B_2	网状遮拦至带电部分之间	3.1.14-1	100	175	200	225	250	280	400	650	950	1050	1900
C	无遮拦裸导体至地(楼)面之间	3.1.14-1	2300	2375	2400	2425	2450	2480	2600	2850	3150	3250	4100
D	平行的不同时停电检修的无遮拦裸导体之间	3.1.14-1	1875	1875	1900	1925	1950	1980	2100	2350	2650	2750	3600
E	通向室外的出线套管至室外通道的路面	3.1.14-2	3650	4000	4000	4000	4000	4000	4000	4500	5000	5000	5500

注：1. 110J、220J 系指中性点直接接地电网；
　　2. 网状遮拦至带电部分之间当为板状遮拦时，其 B 值可取 A_1 + 30mm；
　　3. 通向室外的出线套管至室外通道的路面，当出线套管外侧为室外配电装置时，其至室外地面的距离不应小于室外配电装置的安全净距的有关规定；
　　4. 海拔超过 1000m 时，A 值应按有关图示修正；
　　5. 本表所列各值不适用于制造厂生产的成套配电装置。

3.1.14.1 母线的排列

母线在排列时应按一定的相序进行,当无设计规定时,应符合下列规定:

1. 交流母线上、下布置时,由上至下排列为 L_1、L_2、L_3 相;直流母线正极在上,负极在下;

2. 交流母线水平布置时,由后至前排列为 L_1、L_2、L_3 相;直流母线正极在后,负极在前。

3. 面对引下线的交流母线由左至右排列为 L_1、L_2、L_3 相。直流母线正极在左,负极在右。

相同布置的主母线、分支母线、引下线及设备连接线应对称一致,横平竖直,整齐美观。

母线的相位排列,如图 3.1.14.1 所示。

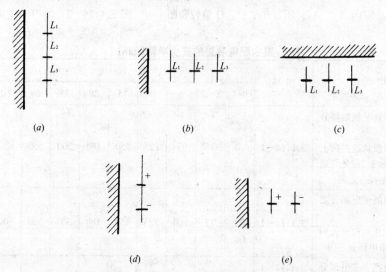

图 3.1.14.1 母线的相位排列
(a) 交流上下布置;(b) 交流水平布置;(c) 引下线交流母线;
(d) 直流上下布置;(e) 直流水平布置

3.1.14.2 母线与绝缘子固定

母线在支持绝缘子上的固定方法通常有三种:

1. 是用螺栓直接将母线拧在绝缘子上,这种固定方法顺着母线,事先钻椭圆形孔,以便当母线温度变化时,使母线有伸缩余地,不致拉坏绝缘子,目前这种固定母线的方法已不多见。

2. 使用夹板固定母线,此时不需母线钻孔,只要把母线穿过夹板两边用螺栓固定即可,如图 3.1.14.2-1 所示。母线在夹板内水平放置时,上夹板与母线之间要保持有 1~1.5mm 的间隙;母线在夹板内立置时,上部夹板应与母线保持 1.5~2mm 的间隙。

母线用卡板固定,这种方法只要把母线放入卡板内待连接调整后将卡板沿顺时针方向水平扭转一定角度卡住母线即可,母线的固定,如图 3.1.14.2-2。

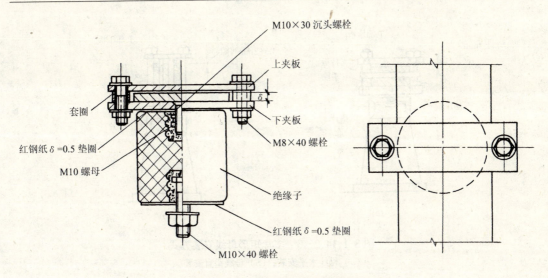

图 3.1.14.2-1 母线用夹板固定

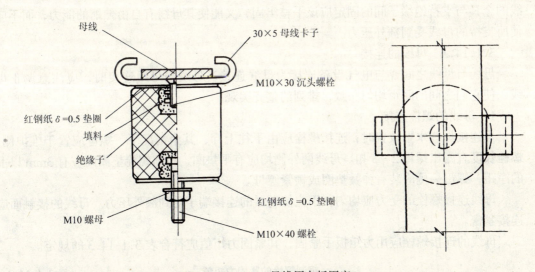

图 3.1.14.2-2 母线用卡板固定

母线固定装置应无棱角和毛刺。母线固定的支持铁件及支持夹板对交流母线不应形成闭合磁路。

在支持绝缘子上固定母线用的金具与支持绝缘子间的固定应平整牢固，不应使所支持的母线受到额外压力。

母线固定在支持绝缘子上，可以平放，也可以立放，应根据需要决定。当母线平行放置，使用夹板固定时，母线支持夹板上部压板应与母线保持有 1.5~2mm 的间隙。应保证母线能够自由伸缩，不致损坏绝缘子。母线在支持绝缘子上，每一段应设置一个固定死点，并宜位于全长或两母线伸缩节中点的位置上。

多片矩形母线应采用特殊的夹板固定，使母线间保持不小于母线厚度的间隙；相邻的间隙隔板边缘间距离应大于 5mm，如图 3.1.14.2-3 所示。

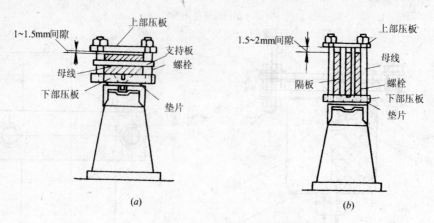

图 3.1.14.2-3 多片矩形母线安装方式
(a) 母线水平安装；(b) 母线垂直安装

由于母线在运行中通过电流是变化的，发热状态也是变化的。在支持绝缘子上固定母线的金具与支持绝缘子间的固定应该平整牢固，又能使其母线有自由伸缩的能力，而不应使所支持的母线受到额外压力。

3.1.14.3 母线的连接

母线与母线之间或与电气设备连接为母线连接。母线与母线连接时，应注意调正母线，使它们之间的间距均匀一致，排列的整齐美观。

1. 母线的螺栓连接

当连接母线水平放置时，连接螺栓应由下往上穿，其余情况下，螺母应置于维护侧，螺栓长度宜露出螺母 2～3 扣。母线两外侧均应有平垫圈，相邻螺栓垫圈间应有 3mm 以上的净距，螺母一侧应装有弹簧垫圈或锁紧螺母。

母线连接螺栓的受力应均匀，不应使电器的连接端子受到额外压力。母线的接触面应连接紧密。

母线的连接螺栓应用力矩扳手紧固，其紧固力矩值应符合表 3.1.14.3 的规定。

钢制螺栓的紧固力矩值　　　　表 3.1.14.3

螺栓规格(mm)	力矩值(N·m)
M8	8.8～10.8
M10	17.7～22.6
M12	31.4～39.2
M14	51.0～60.8
M16	78.5～98.1
M18	98.0～127.4
M20	156.9～196.2
M24	274.6～343.2

以前一直采用的用塞尺检查的检验方法，不能充分有效地反映接触面的实际情况。用力矩扳手紧固时，当达到表中规定的力矩值后，即不必再用塞尺去检查母线的接触面了。

母线安装时，为使母线温度变化时有伸缩的自由，应根据设计规定设母线伸缩节，设计没规定时，铝母线宜每隔20～30m设一个，铜母线宜每隔30～50mm设置一个。

伸缩节形状如图3.1.14.3-1所示。母线的伸缩节一般都用定型产品，伸缩节不得有裂纹、断股和折皱现象，组装后的总截面不应小于母线截面的1.2倍。

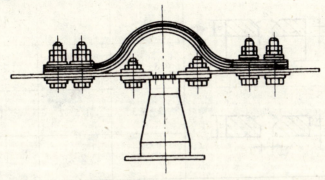

图3.1.14.3-1 母线伸缩节

2. 母线的焊接连接

母线用螺栓连接，接触电阻比较大，接头容易发热，采用焊接连接可以消除这些缺陷。常用的母线焊接有气焊和碳弧焊、氩弧焊等几种方法。

母线施焊前，为了确保母线的焊接质量，焊工必须经过考试合格。考试用试样的焊接材质、接头型式、焊接位置、工艺等应与实际施工时相同；在其所焊试样中，管形母线取二件，其他母线取一件，按下列项目进行检验，当其中有一项不合格时，应加倍取样重复试验，如仍不合格，测试为考试不合格：

(1) 表面及断口检验：焊缝表面不应有凹陷、裂纹、未熔合、未焊透等缺陷；

(2) 焊缝应采用X光无损探伤，其质量检验应按有关标准的规定；

(3) 焊缝抗拉强度试验：铝及铝合金母线，其焊接接头的平均最小抗拉强度不得低于原材料的75%；

(4) 直流电阻测定：焊缝处直流电阻应不大于同截面、同长度的原金属的电阻值。

母线焊接所用的焊条、焊丝应符合现行国家标准，其表面应无氧化膜、水分和油污等杂物。

母线宜减少对接焊缝。对接焊缝的部位离支持绝缘子母线夹板边缘不应小于50mm。同一相如有多片母线对接焊缝，其相互错开距离不应小于50mm。

母线焊接前应将母线加工成坡口，坡口加工面应无毛刺和飞边。并应将坡口两侧表面各50mm范围内清刷干净，不得有氧化膜、水分和油污。铜母线可用钢丝刷清除母线坡口两侧的氧化膜，铝母线可用5%苛性钠(火碱)溶液作表面清洗，直到露出银白色的干净表面再用清水冲洗、擦干。

将清理后的母线摆平对齐，防止错位，母线焊口处应根据表3.1.14.3的规定，留出一定的间隙。焊接前对口应平直，其弯折偏移不应大于0.2%，如图3.1.14.3-2所示。中心线偏移不应大于0.5mm，如图3.1.14.3-3所示。

对口焊接焊口尺寸(mm)　　　　　　　表3.1.14.3

母线类别	焊口形式	母线厚度 a	间　隙 c	钝边厚度 b	坡口角度 α (°)
矩形母线		<5	<2		
		5	1~2	1.5	65~75
		6.3~12.5	2~4	1.5~2	65~75
管形母线		3~6.3	1.5~2	1	60~65
		6.3~10	2~3	1.5	60~75

连接母线的对口处对好后，焊口才可以施焊，必须双面焊接。焊接焊缝处应凸起呈弧形，有2~4mm的加强高度。每个焊缝应一次焊完，除瞬间断弧外不得停焊，母线焊完未冷却前，不得移动或受力。母线焊完应趁余热用足够的水清洗掉焊药。焊缝处除允许个别剔掉多余的焊瘤外，焊缝不得锤平。

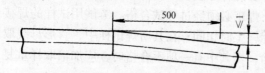
图3.1.14.3-2　对口允许弯折偏移

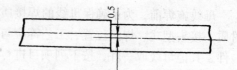
图3.1.14.3-3　对口中心线允许偏移

引下线母线采用搭接焊时，焊缝的长度不应小于母线宽度的2倍；角焊缝的加强高度应为4mm。

铝及铝合金的管形母线，应采用氩弧焊。管形母线的补强衬管的纵向轴线应位于焊口中央，衬管与母线的间隙应小于0.5mm，如图3.1.14.3-4所示。

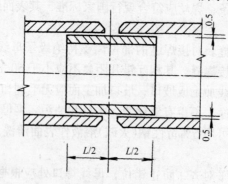
图3.1.14.3-4　衬管位置图
L—衬管长度

母线焊接后，接头表面应无肉眼可见的裂纹、凹陷、缺肉、未焊透、气孔、夹渣等缺陷。

咬边深度不得超过母线厚度（管形母线为壁厚）的10%，且总长度不得超过焊缝总长度的20%。

3.1.14.4 铝合金管形母线的安装

铝合金管形母线的安装，根据结构特点，尚应符合下列规定：

1. 为了防止管形母线弯曲变形，应采用多点吊装，不得伤及母线；
2. 为减少电晕损耗和对弱电信号的干扰，母线终端应有防晕装置，其表面应光滑，无毛刺或凹凸不平；
3. 同相管段轴线应处于一个垂直面上，三相母线管段轴线应互相平行。
4. 管形母线安装在滑动式支持器上时，支持器的轴座与管形母线之间应该有1~2mm的间距。

3.1.15 母线拉紧装置安装

车间内跨柱、梁或跨屋架敷设的低压母线，线路一般较长，支架之间的距离也较大，需要在母线终端或中间分别采用终端及中间拉紧装置，终端或中间拉紧固定支架宜装有调节螺栓的拉线，拉线的固定点应能承受拉线张力1.2倍。如图3.1.15-1和图3.1.15-2所示。

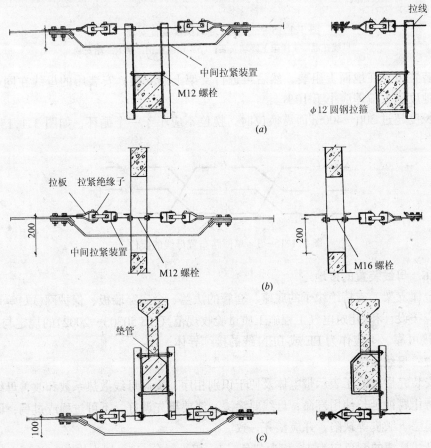

图3.1.15-1 母线中间、终端拉紧装置
(a) 母线跨桁架中间和终端拉紧装置；(b) 母线过屋面梁洞中间和终端拉紧装置；
(c) 母线跨工字形屋面梁中间和终端拉紧装置

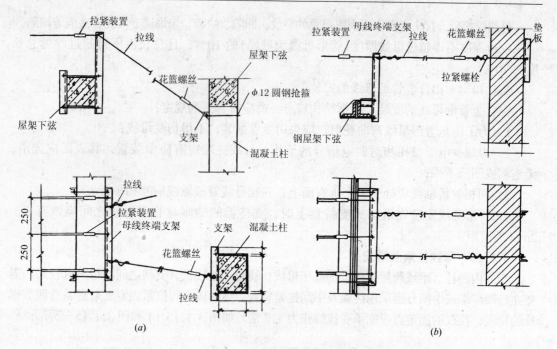

图 3.1.15-2 母线终端拉紧装置安装
(a) 母线在混凝土屋架上终端安装;(b) 母线在钢屋架上终端安装

拉紧装置可先在地面上组装,然后再进行支架上的安装。安装后的母线在同一档距内,各相弛度最大偏差应小于10%。

母线长度超过300~400m而需换位时,换位不应小于一个循环,如图3.1.15-3所示。

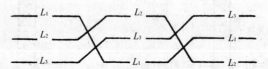

图 3.1.15-3 单回路布置母线的换位

3.1.16 母线装置的接地

母线金属支架、支持绝缘子的底座、套管的法兰、金属穿墙板、保护网(罩)等可接近裸露导体应按设计和《建筑电气工程施工质量验收规范》(GB 50303—2002)的规定与PE或PEN线连接可靠。不应作为PE或PEN线的接续导体。

3.1.17 母线涂漆

母线安装完后,为了表示带电体及便于识别相序,提高母线散热系数和改善母线冷却条件以及防止腐蚀延长使用寿命,母线要涂漆。漆要事先调好,不可过稀或过稠,刷漆应均匀,无起层、皱皮等缺陷,并应整齐一致。

交流母线涂漆的颜色应为 L_1 相为黄色、L_2 相为绿色、L_3 相为红色。单相交流母线应与引出相的相色相同。

直流母线涂漆的颜色正极为赭色,负极为蓝色。

直流均衡汇流母线及交流中性汇流母线，不接地者为紫色，接地者为紫色带黑色条纹。

单片母线的所有面及多片管形母线的所有可见面均应刷相色漆。钢母线的所有表面应涂防腐相色漆。母线的螺栓连接处及支持连接处，母线与电器的连接处以及距所有连接处10mm以内的地方不应刷相色漆，供携带式接地线连接用的接触面上，不刷漆部分的长度应为母线的宽度或直径，且不应小于50mm，并在其两侧涂以宽度为10mm的黑色标志带。

3.1.18 检查送电

裸母线安装工作完成后，要全面的进行检查，清理好工作现场的工具、杂物。并将场地的门窗关好并上锁，防止设备损坏。当母线安装场所土建工程需要二次喷涂时，应将母线用塑料布遮盖好，防止被污染。

母线送电前应进行交流耐压试验，对高压套管和35kV及以下的绝缘子的耐压试验可与母线耐压试验一起进行，试验电压应符合表3.1.18的规定。对500V以下母线试验电压为1000V，可采用2500V兆欧表代替，试验持续时间为1min。绝缘电阻值测试，可用500V兆欧表摇测，绝缘电阻值不应小于0.5MΩ。

经测试符合规定后进行试运行，母线送电后，不得在母线附近工作或走动，以免造成触电事故。正式送电前应先挂好有电标志牌，并通知有关单位。使用单位在未经正式交工验收前，不得使母线投入运行。

穿墙套管、支柱绝缘子工频耐压试验电压标准　　　　表3.1.18

额定电压(kV)	最高工作电压(kV)	1min工频耐受电压(kV)有效值					
		穿墙套管				支持绝缘子	
		纯瓷和纯瓷充油绝缘		固体有机绝缘			
		出厂	交接	出厂	交接	出厂	交接
3	3.5	18	18	18	16	25	25
6	6.9	23	23	23	21	32	32
10	11.5	30	30	30	27	42	42
15	17.5	40	40	40	36	57	57
20	23.0	50	50	50	45	68	68
35	40.5	80	80	80	72	100	100
63	69.0	140	140	140	126	165	165
110	126.0	185	185	185	180	265	265
220	252.0	360	360	360	356	450	450
330	363.0	460	460	460	459		
500	550.0	630	630	630	612		

3.1.19 主控项目

3.1.19.1 绝缘子的底座、套管的法兰、保护网(罩)及母线支架等可接近裸露导体应与 PE 线或 PEN 线连接可靠。不应作为 PE 线或 PEN 线的接续导体。

检查方法：全数检查，目测检查。

3.1.19.2 母线与母线或母线与电器接线端子，当采用螺栓搭接连接时，应符合下列规定：

1. 母线的各类搭接连接的钻孔直径和搭接长度符合表 3.1.13.1 的规定；用力矩扳手拧紧钢制连接螺栓的力矩值符合表 3.1.14.3 的规定；
2. 母线接触面保持清洁，涂电力复合脂，螺栓孔周边无毛刺；
3. 连接螺栓两侧有平垫圈，相邻垫圈间有大于 3mm 的间隙，螺母侧装有弹簧垫圈或锁紧螺母；
4. 螺栓受力均匀，不使电器的接线端子受额外应力。

检查方法：按不同种类的接头各抽查 5%，但不少于 5 个。观察检查和实测或检查安装记录。螺栓紧固程度用力矩扳手抽测。

3.1.19.3 室内裸母线的最小安全净距应符合表 3.1.14 的规定。

检查方法：全数检查，尺量检查。

3.1.19.4 高压母线交流工频耐压试验必须符合国家标准《电气装置安装工程电气设备交接试验标准》GB 50150 的规定交接试验合格。

检查方法：全数检查，查阅设备交接试验记录。

3.1.19.5 低压母线交接试验应符合下列规定：

1. 母线的规格、型号，应符合设计要求；
2. 相间和相对地间的绝缘电阻值应大于 0.5MΩ；
3. 交流工频的耐压试验电压为 1kV，当绝缘电阻值大于 10MΩ 时，可用 2500V 兆欧表摇测替代，试验持续时间 1min，无击穿闪络现象。

检查方法：全数检查，现场摇测试验或查阅试验记录或试验时旁站。

3.1.20 一般项目

3.1.20.1 母线的支架与预埋铁件采用焊接固定时，焊缝应饱满；采用膨胀螺栓固定时，选用的螺栓应适配，连接应牢固。

检查方法：按不同种类的支架抽查 5%，但不少于 5 个。目测检查和用适配工具做拧动试验，检查螺栓的紧固程度。

3.1.20.2 母线与母线、母线与电器接线端子搭接，搭接面的处理应符合下列规定：

1. 铜与铜：室外、高温且潮湿的室内，搭接面搪锡；干燥的室内，不搪锡；
2. 铝与铝：搭接面不做涂层处理；
3. 钢与钢：搭接面搪锡或镀锌；
4. 铜与铝：在干燥的室内，铜导体搭接面搪锡；在潮湿场所，铜导体搭接面搪锡，且采用铜铝过渡板与铝导体连接；
5. 钢与铜或铝：钢搭接面搪锡。

检查方法：按不同种类的接头各抽查 5%，但不少于 5 个。观察检查。

3.1.20.3 母线的相序排列及涂色，当设计无要求时应符合下列规定：

1. 上、下布置的交流母线，由上至下排列为 L_1、L_2、L_3 相；直流母线正极在上，负极在下；

2. 水平布置的交流母线，由盘后向盘前排列为 L_1、L_2、L_3 相；直流母线正极在后，负极在前；

3. 面对引下线的交流母线，由左至右排列为 L_1、L_2、L_3 相；直流母线正极在左，负极在右；

4. 母线的涂色：交流，L_1 相为黄色、L_2 相为绿色、L_3 相为红色；直流，正极为赭色、负极为蓝色；在连接处或支持件边缘两侧10mm以内不涂色。

检查方法：按母线不同安装方式各抽查10处，目测检查。

3.1.20.4 母线在绝缘子上安装应符合下列规定：

1. 金具与绝缘子间的固定平整牢固，不使母线受额外应力；
2. 交流母线的固定金具或其他支持金具不形成闭合铁磁回路；
3. 除固定点外，当母线平置时，母线支持夹板的上部压板与母线间有 1~1.5mm 的间隙；当母线立置时，上部压板与母线间有 1.5~2mm 的间隙；
4. 母线的固定点，每段设置1个，设置于全长或两母线伸缩节的中点；
5. 母线采用螺栓搭接时，连接处距绝缘子的支持夹板边缘不小于50mm。

检查方法：抽查总数的5%，但不少于10处，目测检查和用尺及塞尺测量检查。

Ⅲ 成品保护

3.1.21 母线装置所采用的设备和器材，在运输与保管中应采用防腐蚀性气体侵蚀及机械损伤的包装。

3.1.22 绝缘瓷件在安装中应妥善处理，防止碰伤，已安装后的瓷件不应承受其他压力以防损坏。

3.1.23 已加工调整平直的母线半成品应妥善保管，不得乱堆乱放。安装好的母线应注意保护，不得碰撞，更不得利用母线吊、挂和放置其他物件。

3.1.24 母线在刷相色漆时，要采取措施，避免污染其他母线、支架及建筑物。

3.1.25 母线安装场所土建需二次喷涂时，应将母线用塑料布遮盖好，防止被污染。

3.1.26 母线安装处下班或中断工作时，应将场地的门窗关好并上锁，防止设备损坏。

Ⅳ 安全注意事项

3.1.27 脚手架搭设必须牢固可靠，便于工作。经检查合格后方可施工。

3.1.28 使用人字梯必须坚固，距梯脚 40~60cm 处要设拉绳，防止劈开，不准站在梯子最上一层工作，梯凳上禁止放工具、材料。

3.1.29 使用单梯顶端应绑扎牢固，在光滑坚硬地面上使用时，须考虑防滑措施，必要时，需设人扶持保护。

3.1.30 进入现场应戴好安全帽，高空作业要系好安全带。

3.1.31 母线送电后，不得在母线附近工作或走动，以免造成触电事故。

3.1.32 使用单位在未经正式交工验收前，不得使母线投入运行。

Ⅴ 质量通病及其防治

3.1.33 各种型钢等金属材料,除锈不净,刷漆不均匀,且有漏刷现象。金属构件除锈应彻底,防腐漆应涂刷均匀,粘合牢固,不得有起层、皱皮等缺陷。

3.1.34 各种型钢、母线及开孔处有毛刺或不规则。对型钢、母线钻孔前,先在连接部位,按规定划好孔位中心线并冲眼。钻孔应垂直,不歪斜,螺孔间中心距离应防止误差过大,不得用电、气焊开孔。钻孔后应将孔边的毛刺打磨干净。

3.1.35 母线搭接处间隙过大,不能满足规定。母线搭接处接触面处理正确,母线连接处垫圈应符合规定要求。

3.2 封闭、插接母线安装

Ⅰ 施工准备

3.2.1 设备、材料

1. 封闭、插接母线;
2. 各种规格的型钢、卡件,各种螺栓、垫圈等均应是镀锌制品;
3. 樟丹、油漆、电焊条等。

3.2.2 机具

1. 台虎钳、钢锯、手锤、油压煨弯器、电钻、电锤、电焊机、扳手等;
2. 钢角尺、钢卷尺、水平尺、绝缘摇表等。

3.2.3 作业条件

1. 封闭母线适用于干燥和无腐蚀性气体的室内和电气竖井内等场所安装;
2. 设备及附件应存放在干燥有锁的房间保管,在封闭、插接母线安装前,母线不得任意堆放和在地面上拖拉,外壳上不得进行其他作业。应采取措施防止随意堆放、踩踏,造成外壳损伤变形;
3. 封闭、插接母线安装部位的建筑装饰工程应全部结束,门窗齐全。室内封闭母线的安装宜在管道及空调工程基本施工完毕后进行,防止其他专业施工时损伤母线;
4. 高空作业脚手架搭设完毕,安全技术部门验收合格。

Ⅱ 施工工艺

3.2.4 施工工序

| 设备开箱检查调整 | → | 支架制作安装 | → | 封闭、插接母线安装 | → | 通电测试检验 |

3.2.5 母线选择

封闭、插接母线适用于干燥和无腐蚀性气体的室内场所。除专用型产品外,不应使用在潮湿和有腐蚀性气体的场所。

封闭、插接母线是把铜(铝)母线用绝缘夹板夹在一起(用空气绝缘或缠包绝缘带绝缘)置于优质钢板外壳内,封闭母线内部简易结构见图3.2.5-1。

3.2 封闭、插接母线安装

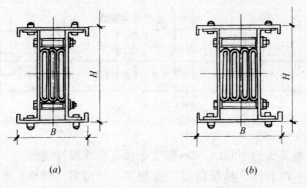

图3.2.5-1 封闭式母线简易结构
(a) 3线式断面；(b) 4线式断面

封闭、插接母线有单相二线制、单相三线制、三相三线、三相四线及三相五线制式，可根据需要选用。封闭插接母线本身结构紧凑，可以借助于增加母线槽的数量延伸线路，通过各种连接件与变压器配电箱等连接十分方便。还便于中间分支，适用于大电流的配电干线，可以缩短施工工期，有替代电缆和高层建筑穿管导线的趋势。但是由于封闭、插接母线造价很高，因此需要进行技术经济比较，合理时方可采用。

封闭、插接母线的型号含义表示如下：

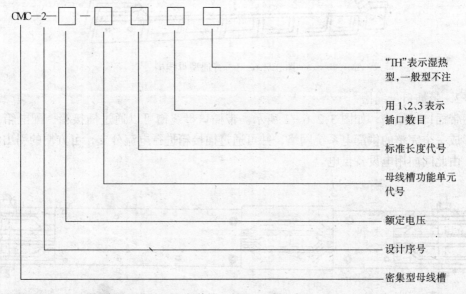

封闭插接母线功能单元及标准长度代号对照，可见表3.2.5-1和表3.2.5-2。

母线槽功能单元代号对照表　　　　　表3.2.5-1

代号	A	S	Z	LS	LC	TS	TC	P	BR	SC	ZS	ZC	SX	F	FX	SS
含义	直线母线槽	始端母线槽	终端盖	L型水平弯头	L型垂直弯头	T型水平接头	T型垂直接头	膨胀节母线槽	变容量接头	十字型垂直接头	Z型垂直接头	Z型垂直接头	始端进线箱	分岔式母线槽	分岔螺栓连接箱	十字型水平接头

标准长度代号对照表　　　　　　　　表 3.2.5-2

代　号	B	C	D	E	F	G	H	J	K	M	N	Q	V	W
标准长度（m）	3.0	2.8	2.6	2.5	2.2	2.0	1.8	1.6	1.5	1.2	1.0	0.8	0.6	0.5

型号示例：

CMC-2-1000-AB2

此型号表示电流等级为 1000A，3m 带 2 个插孔直线段母线槽。

近年来，国内生产封闭、插接母线厂家很多，其型号、规格、外形和尺寸也不尽相同，同时又有各自的安装方式和安装附件。

3.2.6 母线槽功能单元的作用

1. 普通型母线槽

普通型母线槽即直线式母线槽，为了延伸配电线路，一般长度在 0.5~3m，有的母线槽可长达 6m。通过绝缘螺栓能方便地连接成母线干线系统，如图 3.2.6-1 所示。

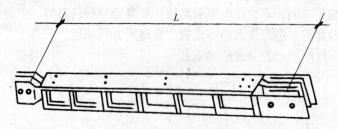

图 3.2.6-1　普通型母线槽

2. 带插口母线槽

带插口母线槽，如图 3.2.6-2 所示。带插口母线槽可以通过插接箱、配电箱与母线槽形成一个完整的供配电系统网络，并可通过插接箱进行电流分支，可方便的引出电源分路，由此间向用电设备供电。

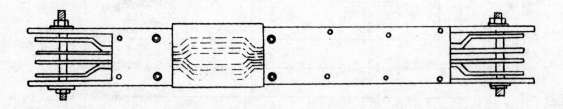

图 3.2.6-2　带插孔母线槽

3. 分岔式母线槽

分岔式母线槽每个分岔的最大电流容量为 800A，分岔式母线槽与插接开关箱或螺栓连接箱连接，即可以保证面接触的效果，较比普通插接箱更为安全可靠，如图 3.2.6-3 所示。

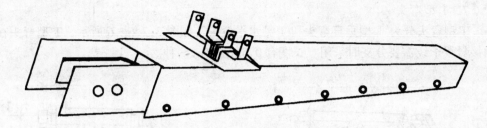

图 3.2.6-3 分岔式母线槽

4. 始端母线槽

始端母线槽可与电缆进线箱连接组成母线槽电源引入单元,也可以直接用于变压器或低压配电柜(屏)的连接。

始端母线槽净长度 L_1 一般为 0.5m、1m 两种,如图 3.2.6-4 所示,如选用其他尺寸可由用户根据需要确定。

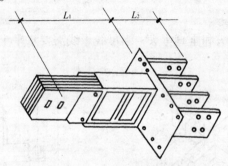

图 3.2.6-4 始端母线槽示意图

5. L型水平弯头

L型水平弯头能使母线干线在水平位置成直角拐弯,其长度一般为 0.5m、1m,如图 3.2.6-5(a) 所示。

6. L型垂直弯头

L型垂直弯头用于母线干线垂直弯向处,能方便地解决母线干线的方向及标高的变换,如图 3.2.6-5(b) 所示。

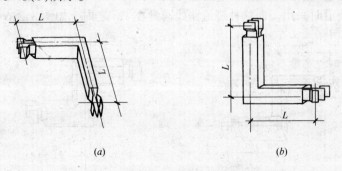

图 3.2.6-5 L型水平、垂直弯头
(a) 水平弯头;(b) 垂直弯头

7. T型弯头

T型弯头分为T型垂直弯头和T型水平弯头,如图3.2.6-6所示,T型弯头在封闭插接母线干线需要分支时采用。长度有0.5m和1m两种。

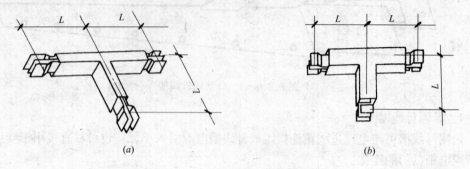

图3.2.6-6 T型水平、垂直弯头
(a) 水平弯头；(b) 垂直弯头

8. 十字型弯头

十字型弯头有水平弯头和垂直弯头,当母线干线需要水平十字分支或垂直十字分支时使用,如图3.2.6-7所示。

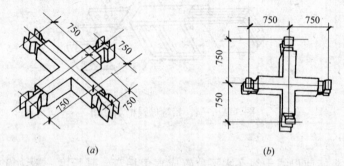

图3.2.6-7 十字型弯头
(a) 水平十字型弯头；(b) 垂直十字型弯头

9. Z型弯头

Z型弯头分为Z型水平弯头和Z型垂直弯头两种。Z型弯头在母线干线单元向一个方向敷设,但需要绕道时采用,而这种绕道路线通常在1m之内,如图3.2.6-8所示。

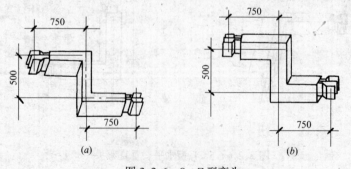

图3.2.6-8 Z型弯头
(a) Z型水平弯头；(b) Z型垂直弯头

10. 变容量接头

封闭、插接母线槽电流容量从始端至终端逐步变小，可使用变容量接头，顺利地对母线槽减容，以节约投资。变容量接头如图3.2.6-9所示。标准长度为1.5m。其改变容量数额见表3.2.6。

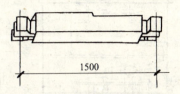

图3.2.6-9 变容量接头

变 容 量 数 额 值（A） 表3.2.6

2500/2000	2000/1600	1600/1200	1200/1000
1000/800	800/600	600/400	400/200

11. 膨胀节母线槽

当封闭、插接母线运行时，母线导体会随着温度的上升而沿长度方向膨胀，膨胀的多少与总的负荷、分支线的大小和位置以及变动负荷的大小和持续时间等因素有关。为适应其膨胀，在直线敷设长度超过一定数值时，应设备伸缩节（即膨胀节母线槽），如图3.2.6-10所示。

母线在水平跨越建筑物的伸缩缝或沉降缝处，也宜采取适当措施。

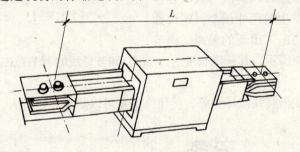

图3.2.6-10 膨胀节母线槽

12. 始端进线箱

始端母线槽与变压器、配电柜之间进行过渡连接，应采用始端进线箱进行连接，其安装尺寸如图3.2.6-11。

13. 插接箱

插接分线箱应与带插孔母线槽匹配使用，可方便地引出电源，向用电设备供电，且插接箱均配有接地线，以保证母线槽可靠接地。

插接箱内部可以安装空气开关、闸刀开关或熔断

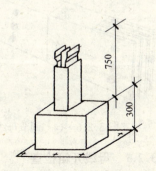

图3.2.6-11 始端进线箱

器、按钮或其他电器元件,并可以自由进行选择。

插接箱内也可不安装其他电器元件,使母线支持与电缆连接插接箱及插接箱与母线连接,如图 3.2.6-12 所示。

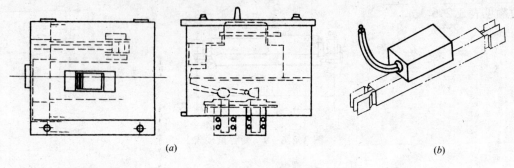

图 3.2.6-12 插接箱

14. 分岔螺栓连接箱

分岔螺栓连接箱为装有自动空气开关或熔断开关且能与分岔母线槽配合连接引出电源如图 3.2.6-13 所示。箱内空气开关(或熔断开关)可通过非固定铜排与分岔式母线槽通过螺栓直接连接。

15. 调节母线

调节母线也称调节接头,调节母线能在工地上进行长度调整,可以解决母线同各种设备连接时,可能发生的尺寸误差,还可弥补建筑物设计计算与施工出现的偏差。调节

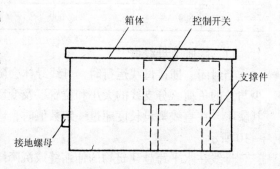

图 3.2.6-13 分岔螺栓连接箱

母线如图 3.2.6-14 所示,其标准长度为 1.5m,调节母线的调节范围为 ±30mm。

16. 终端盖

在封闭插接母线槽直线段尽头处,使用终端盖可以防止异物进入,如图 3.2.6-15 所示。

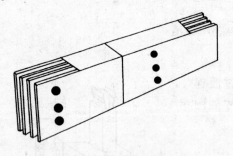

图 3.2.6-14 调节母线　　　　图 3.2.6-15 终端盖

3.2.7 母线开箱检查

1. 封闭、插接母线应有出厂合格证、安装技术文件。技术文件应包括额定电压、额定容量、试验报告等技术数据;

2. 包装及封闭应良好。母线规格应符合要求，各种型钢、卡具各种螺栓、垫圈等附件、配件应齐全；

3. 成套供应的封闭母线的各段应标志清晰，附件齐全，外壳无变形，内部无损伤；

4. 封闭母线螺栓固定搭接面应镀锡。搭接面应平整，其镀锡层不应有麻面，起皮及未覆盖部分；

5. 封闭、插接母线的母线外表面及外壳内表面涂无光泽黑漆，外壳外表面涂浅色漆。

3.2.8 母线支架制作

母线支架的形式是由母线的安装方式决定的。母线的安装方式分为垂直式、水平侧装式和水平悬吊式三种。

支架可以根据用户要求由厂家配套供应也可以自制。支架的制作安装，应按设计和产品技术文件的规定进行，如设计和技术文件无规定时，可按下列要求制作和安装：

制作支架应根据施工现场结构类型，采用角钢和槽钢或扁钢制作，宜采用"一"字型、"U"型、"L"型和"T"字型等几种型式。

支架加工应按选好的型号、测量好的尺寸下料制作，角钢、槽钢的断口必须锯断或冲压，严禁使用电、气焊切割，加工尺寸最大误差不应大于5mm。

支架的煨弯可使用台虎钳用手锤打制，也可使用油压煨弯器用模具压制。

支架钻孔应使用台钻或手电钻钻孔，孔径不应大于固定螺栓直径2mm。严禁用电、电焊割孔。

吊杆套扣应使用套丝机或套丝板加工，不许乱丝和断丝。

现场加工制作的金属支架、配件等应按要求镀锌或涂漆，若无条件或要求不高的场所可刷樟丹、灰漆各一道。

3.2.9 母线支、吊架的安装

封闭、插接母线支架安装位置应根据母线敷设需要确定。

封闭、插接母线直线段水平敷设时，应使用支架或吊架固定，固定点间距应符合设计要求和产品技术文件规定，一般为2～3m，电流容量在1000A以上者以2m为宜；悬吊式母线槽的吊架固定点间距不得大于3m。

封闭、插接母线沿墙垂直敷设时，应使用支架固定。

在建筑物楼板上封闭母线垂直安装应使用弹簧支架支承。对于容量较小(400A及以下)的封闭、插接母线可以隔层在楼板上面支承，400A以上时则需每层支承。

封闭、插接母线的拐弯处以及与箱(盘)连接处必须加支架。垂直敷设的封闭插接母线，当进箱及末端悬空时，应采用支架固定。

任何封闭、插接母线支、吊架安装均应位置正确、横平竖直、固定牢固，成排安装时应排列整齐、间距均匀。固定支架螺栓应加装平垫和弹簧垫固定，丝扣外露2～4扣。

3.2.9.1 支架膨胀螺栓固定

安装在建筑物上的支架应根据母线路径的走向测量出较准确的支架位置，在已确定的位置上钻孔，先固定好安装支架的膨胀螺栓。

设置膨胀螺栓套管钻孔时，采用钻头外径与套管外径相同，钻成的孔径与套管外径相同，钻成的孔径与套管外径的差值不大于1mm。膨胀螺栓及套管如图3.2.9.1所示。螺栓及钻孔规格见表3.2.9.1。

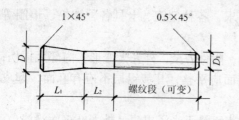
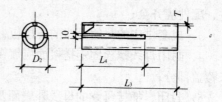

图 3.2.9.1　膨胀螺栓及套管

膨胀螺栓及其钻孔规格表(mm)　　　　　表 3.2.9.1

螺栓规格	螺栓				套管				钻孔	
	D1	D	L1	L2	D2	T	L3	L4	深度	直径
M6	6	10	15	10	10	1.2	35	20	40	10.5
M8	8	12	20	15	12	1.4	45	30	50	12.5
M10	10	14	25	20	14	1.6	55	35	60	14.5
M12	12	18	30	25	18	2.0	65	40	70	19
M16	16	22	40	40	22	2.0	90	55	100	23

3.2.9.2　一字形角钢支架安装

一字形角钢支架适用于母线在墙上水平安装，支架采用预埋的方法埋设在墙体内，角钢支架埋设深度为 150mm，角钢外露长度在母线直立式安装时为母线宽度加 135mm，当母线在支架上侧卧式安装时为母线高度尺寸加 150mm，如图 3.2.9.2 所示。

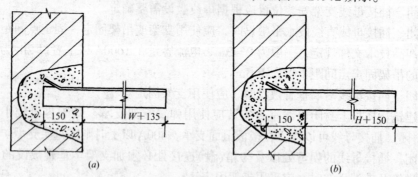

图 3.2.9.2　一字形支架安装
(a) 母线直立式安装用支架；(b) 母线侧卧式安装用支架
W—母线宽度；H—母线高度

3.2.9.3　L形角钢支架安装

L 形角钢支架适用于母线在墙或柱上水平安装，L 形角钢支架与墙或柱的固定，使用 M12×110 金属膨胀螺栓固定，如图 3.2.9.3 所示。图中尺寸 W+135 为母线在支架上直立式安装时的支架尺寸，括号内的数值为母线在支架上侧卧式安装的支架尺寸。封闭插接母线如果在有凸出柱的墙上安装时，角钢支架应适当加长。

3.2 封闭、插接母线安装

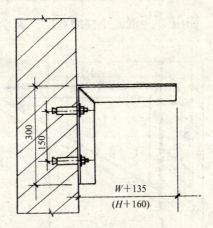

图 3.2.9.3　L形角钢支架安装
W—母线宽度；H—母线高度

3.2.9.4　凵形支架安装

凵形支架适用于封闭、插接母线垂直安装始端、终端及中间固定用，凵形有用预埋燕尾螺栓固定的，也有直接预埋固定的，还有用金属膨胀螺栓固定的，如图3.2.9.4－1所示，图中尺寸K由设计决定。

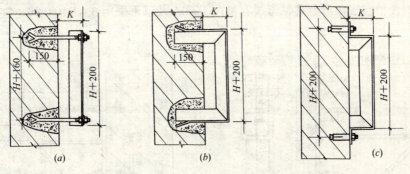

图 3.2.9.4－1　凵字形支架安装
(a）用燕尾螺栓固定；(b）预埋固定；(c）用膨胀螺栓固定
H—母线高度

还有一种适用于BMC及BMZ型封闭式母线100～500A垂直安装支架，如图3.2.9.4－2(a）所示，是将凵形支架先与8mm×70mm×190mm固定板焊接，再用M10×110金属膨胀螺栓固定在墙体上，如图3.2.9.4－2(b）所示。

3.2.9.5　三角形支架安装

三角形支架有母线在凸出柱的墙上安装的角钢支架和母线在墙（柱）上安装的单向三角形金具。角钢三角形

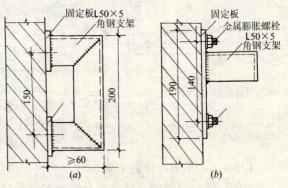

图 3.2.9.4－2　BMC、BMZ型母线固定支架
(a）凵形支架；(b）支架固定

支架如图 3.2.9.5-1 所示,图中 L 为混凝土柱的宽度,W 为封闭母线的宽度,H 为封闭母线的高度。

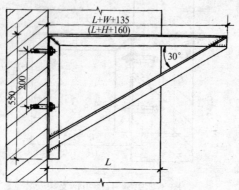

图 3.2.9.5-1 三角形角钢支架
L—柱的宽度;W—母线宽度;H—母线高度

单向三角形金具构造,如图 3.2.9.5-2(a)所示。金具与 3X-D502 金属电线槽组合在墙(柱)上安装,如图 3.2.9.5-2(b)所示,图中固定金属膨胀螺栓间距中括号内尺寸为用 3X-D104B 的固定距离。W 为母线宽度,H 为母线的高度。母线容量在 1000A 及以下采用 3X-D104A 单向三角形金具,母线容量在 1600A 及以下采用 3X-D104B 单向三角形金具安装。

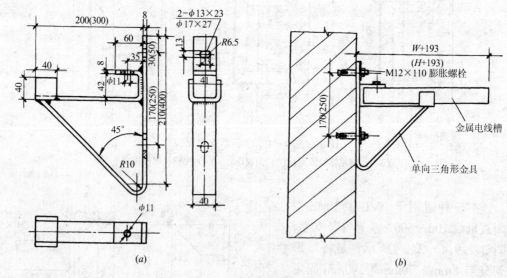

图 3.2.9.5-2 单向三角形金具安装
(a)金具构造;(b)金具安装
W—母线宽度;H—母线高度

3.2.9.6 吊架在楼板上安装

封闭、插接母线的吊装有单吊杆和双吊杆几种型式,根据母线的吊装位置不同其吊架的安装方式也不相同。母线在楼板上水平安装双杆吊架如图 3.2.9.6-1 所示。吊杆头部在楼板内安装,如图 3.2.9.6-2 所示。

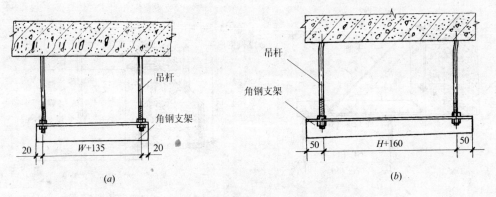

图 3.2.9.6-1 水平双吊杆吊架
(a) 母线平卧安装吊架；(b) 母线侧卧安装吊架
W—母线宽度；H—母线高度

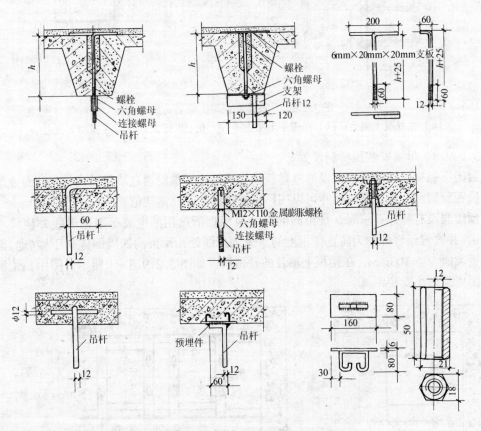

图 3.2.9.6-2 吊杆头部在楼板内安装方式

3.2.9.7 母线支架在梁上安装

封闭、插接母线支架在混凝土梁上安装，系根据梁的结构型式不同，采用不同的安装方法。母线支架在混凝土梁上及工字形梁、矩形梁以及在屋架下弦安装，如图 3.2.9.7 所示，图中 A 为梁的高度；B 为梁的宽度；W 为母线的宽度；H 为母线的高度。尺寸 K 值由工程设计决定，但不应小于 100mm。

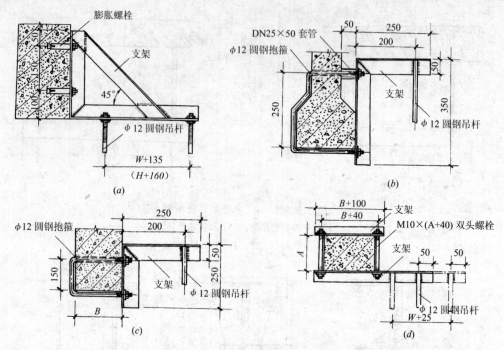

图 3.2.9.7 支架在混凝土梁上安装
(a) 在混凝土梁上；(b) 在工字形梁上；(c) 在矩形梁上；(d) 在屋架下弦上

3.2.9.8 母线安装预留洞设置

封闭、插接母线在垂直敷设通过建筑物楼板和水平敷设通过墙壁处应与土建专业配合施工设置预留洞，预留洞的尺寸可以按厂家提供的产品样本注值。

预留洞没有特殊要求时，预留洞的尺寸应根据所选用的电流等级的母线外型尺寸加70mm，并放置预埋件。为防止楼板上的水进入母线处，预留洞四周围应高于楼(地)面或平台板表面50～100mm，在楼板上留置的预留洞，如图3.2.9.8-1所示，图中预留洞至墙的距离为最小安装距离。

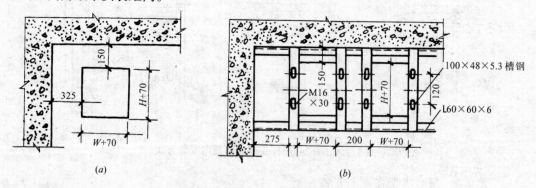

图 3.2.9.8-1 母线安装预留孔
(a) 单母线槽安装预留孔；(b) 双母线槽安装预留孔

母线在穿过建筑物墙壁时，留置预留洞位置，如图3.2.9.8-2所示，洞口距楼(地)面的距离不应小于2.2m。

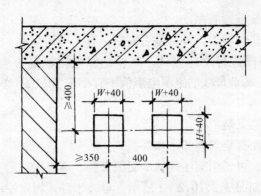

图 3.2.9.8-2 母线穿墙预留洞
W—母线宽度；H—母线高度

3.2.10 封闭、插接母线安装

封闭、插接母线水平敷设时，至地面的距离不应小于 2.2m；垂直敷设时，距地面 1.8m 以下部分应采取防止机械损伤措施，但敷设在电气专用房间内（如配电室、电气竖井、技术层等）时除外。

封闭、插接母线应按分段图、相序、编号、方向和标志正确放置。

母线应按设计和产品技术文件规定组装，母线的安装可参考图 3.2.10 所示进行。

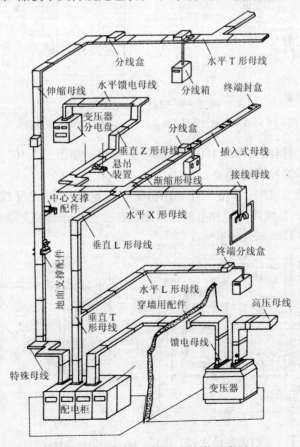

图 3.2.10 封闭、插接母线安装示意图

3.2.10.1 母线组装前检查

母线组装前应逐段进行检查,外壳是否完整,有无损伤变形。

母线在组装前应逐段进行绝缘测试。测试绝缘电阻值是否满足出厂要求,可以用500V兆欧表进行测试,每节母线的绝缘电阻值不宜小于10MΩ,必要时也可做耐压试验,试验电压为1000V。

3.2.10.2 母线垂直安装

在起吊母线时不应用裸钢丝绳起吊和绑扎。

母线沿墙垂直安装,可使用前述的凵形支架安装。母线在凵形支架上安装有平卧式固定和侧卧式固定两种,如图3.2.10.2-1所示。母线平卧式固定使用平卧压底,母线侧卧式固定使用侧卧压板,这两种压板均由电线生产厂提供。

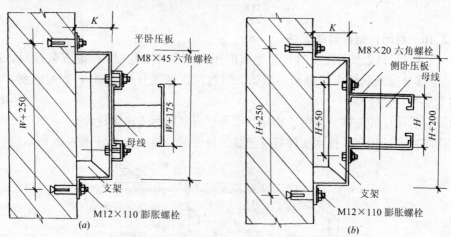

图3.2.10.2-1 母线在凵形支架上垂直安装
(a)母线在支架上平卧式安装;(b)母线在支架上侧卧式安装

BMC及BMZ型封闭式母线100~500A垂直安装,如图3.2.10.2-2所示,母线用抱箍和M10×25六角螺栓固定支架上。

BMC-Ⅰ型及BMZ-Ⅱ型600~1600A空气绝缘封闭式母线的垂直安装,如图3.2.10.2-3所示,母线用抱箍和抱箍托架固定在已安装好的凵支架上。

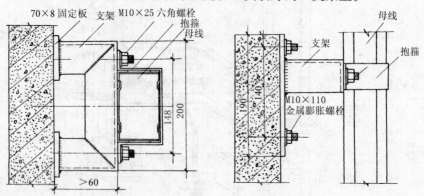

图3.2.10.2-2 BMC、BMZ型母线垂直安装

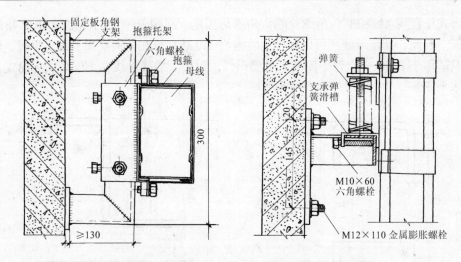

图3.2.10.2-3 BMC-Ⅰ型、BMZ-Ⅱ型母线垂直安装

封闭母线在建筑物楼板上垂直安装时，安装前先将弹簧支承器安装在母线槽上，然后将该母线槽安装在预先设置的槽钢上，不同型号规格的母线使用的支承器也不相同，如图3.2.10.2-4所示。

弹簧支承器的作用是固定母线槽并承受每楼层母线槽的重量。只有长度在1.3m以上的母线槽才能安装弹簧支承器。安装弹簧支承器时应事先考虑好母线的连接处的位置，一般要求在母线穿过楼板垂直安装时，须保证母线的接头中心高于楼板面700mm，如图3.2.10.2-5所示。

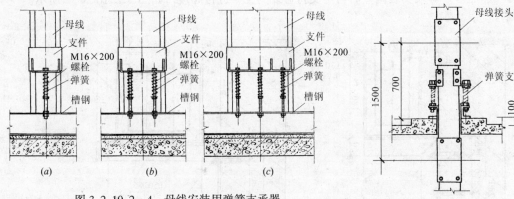

图3.2.10.2-4 母线安装用弹簧支承器
(a) 250~1250A母线；(b) 1600~2000A母线；
(c) 2500~3150A母线

图3.2.10.2-5 母线接头与楼（地）面关系示意图

3.2.10.3 母线水平安装

母线水平安装的顺序应先由始端开始至中间固定再至终端固定。母线在各种不同类型的支、吊架上水平安装也有平卧式和侧卧式两种安装方式。母线与支、吊架的安装用压板固定，母线平卧式安装用平压板固定，母线侧卧式安装用侧卧式压板固定，压板均由厂家配套供应，压板的尺寸规格，如图3.2.10.3-1所示。母线平卧安装时平卧压板用M8×45六角螺栓和六角螺母固定，在螺母一侧应使用ϕ8平垫圈和弹簧垫圈。母线侧卧式安装的侧卧式压板用M8×20六角螺栓和六角螺母固定,在螺母一侧同样使用φ8平垫圈和弹簧垫圈。封闭、插接母线还可以使用平装抱箍或立装抱箍在角钢支架上固定母线,但这种形式只适用于BMC-Ⅰ型及BMZ-Ⅱ型母线。封闭、插接母线在不同型式的支、吊架上的水平安装,如图3.2.10.3-3所示。

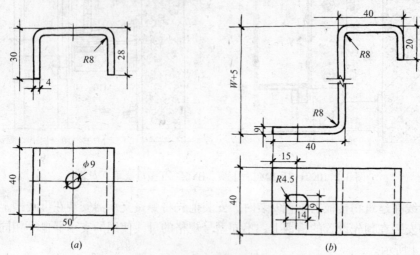

图3.2.10.3-1 母线固定用压板
(a) 平压板;(b) 侧压板

MC型母线在支架上安装,可使用L30×4角钢支架,此角钢支架中部适当位置上有卡固母线的豁口,母线安装调直后再与支持母线的支架进行焊接,如图3.2.10.3-2所示。

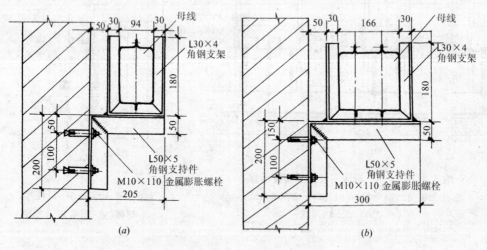

图3.2.10.3-2 用角钢支架固定母线
(a) MC型350A及以下母线;(b) MC型800A母线

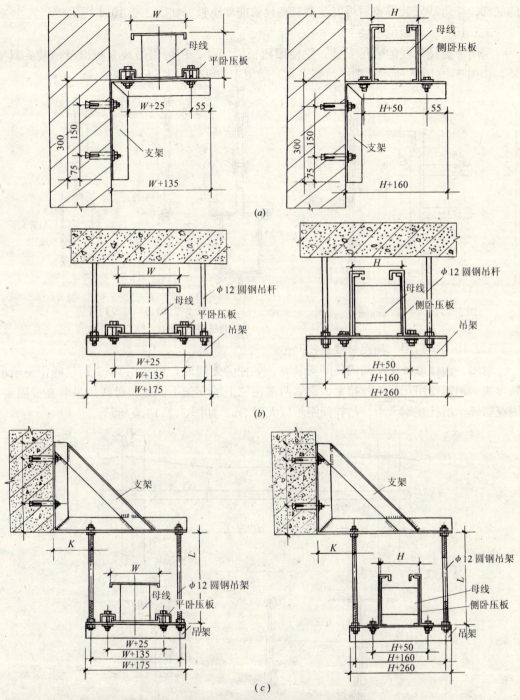

图3.2.10.3-3 母线在支、吊架上水平安装
(a)在墙体角钢支架上平、侧卧安装;(b)在楼板吊架上侧、卧安装;
(c)在柱吊架上平、侧卧安装

3.2.10.4 母线靠墙侧装

母线靠墙侧装的方式,适用于100A及以下的母线安装,母线使用侧装夹具固定,侧装夹具也由生产厂家提供。在安装母线前先用 φ6 塑料管和 φ6×40 沉头木螺钉固定好夹具

的底部，待母线安装调整后再安装侧装夹具的前部压板，如图3.2.10.4所示。

3.2.10.5 母线的吊装

封闭、插接母线的悬吊安装，除使用压板固定外，还可用吊装夹板以及吊装夹具安装，如图3.2.10.5所示。图中吊装夹具只适用于100A及以下母线安装。

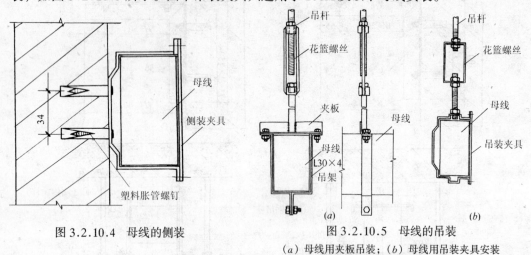

图3.2.10.4 母线的侧装

图3.2.10.5 母线的吊装
(a)母线用夹板吊装；(b)母线用吊装夹具安装

3.2.10.6 封闭、插接母线在柱间吊装

封闭、插接母线在车间内柱间安装时，如柱旁无墙时，可使用φ7.2钢丝绳作钢索吊装母线，钢索使用花篮螺丝拉紧，钢索两端在柱上的支架上固定，母线用吊装夹板固定，用花篮螺丝吊挂在钢索上，吊挂间距不应大于2m，如图3.2.10.6所示。

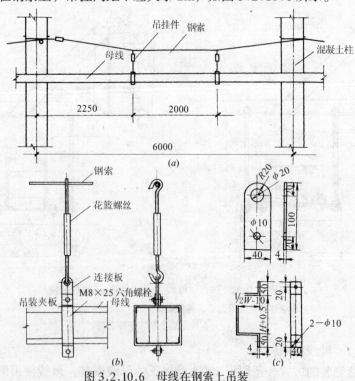

图3.2.10.6 母线在钢索上吊装
(a)母线钢索吊装示意图；(b)母线吊装做法；(c)吊装零件

3.2.10.7 母线的连接

封闭母线连接时母线与外壳间应同心,误差不得超过 5mm。段与段连接时,两相邻段母线及外壳应对准,连接后不应使母线及外壳受到机械应力。橡胶伸缩套的连接头、穿墙处的连接法兰、外壳与底座之间、外壳各连接部位的螺栓应采用力矩扳手紧固,各接合面应密封良好。

在焊接封闭母线外壳的相间短路板时,位置必须正确,连接良好,否则将改变封闭母线原来磁路而引起外壳发热,相间支撑板应安装牢固,分段绝缘的外壳应作好绝缘措施。母线在施焊前,封闭母线各段应全部就位,两端设备到齐,电流互感器、盘形绝缘子都经试验合格,并调整好各段间误差,避免造成返工浪费。呈微正压的封闭母线,在安装完毕后检查其密封性应良好。

插接母线的连接是采用高绝缘、耐电弧、高强度的绝缘板 8 块隔开各导电排以完成母线的插接,然后用覆盖环氧树脂的绝缘螺栓紧固,而确保母线连接处的绝缘可靠。

母线段与段连接时,先将连接盖板取下,将两段母线槽对插起来,再将连接螺栓和绝缘套管穿过连接孔,用力矩扳手将连接螺栓拧紧,如图 3.2.10.7-1 所示。两相邻接的母线及外壳应对准,母线与外壳间应同心,并且误差不应超过 5mm,连接后不应使母线及外壳受到机械应力。

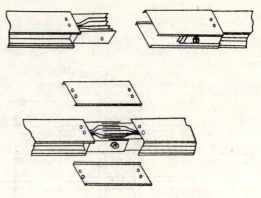

图 3.2.10.7-1 插接母线的连接

拧紧接头螺栓是母线槽稳定运行的可靠保证,母线接头和母线外壳均应用力矩扳手紧固,各结合面应连接紧密,紧固力矩值应符合产品要求。

母线插接紧固后,将连接盖板盖上,此时两段母线槽即已连接好。

封闭、插接母线的连接处应躲开母线支架,母线的连接,不应在穿过楼板或墙壁处进行。

母线在穿过墙及防火楼板时,应采取防火隔离措施,防火隔板还可以采用矿棉半硬板、泡沫石棉板、Ef-85 型耐火隔板。一般在母线周围填充防火堵料,且要堵满缝隙,如图 3.2.10.7-2 所示。防火堵料可选用如下几种:

1. DFD-Ⅱ型电线电缆阻火堵料;
2. DMT-J 型电缆密封填料;
3. DMT-G 型电缆密封填料;
4. DMT-P 型电缆密封填料;
5. DMT-W 型无机电缆密封填料;
6. SFD 型速固封堵料。

封闭母线的插接分支点,应设在安全及安装方便的地方。封闭母线的终端无引出、引入线时,端头应使用终端盖(封闭罩)进行封闭或加装终端盒。插接母线引线孔的盖子应完整。

插接分线箱应与带插孔母线槽匹配使用,在封闭插接母线安装中,应将分线箱设在安全、便于操作和维护的地方，分线箱底边距地面1.4～1.6m为宜。

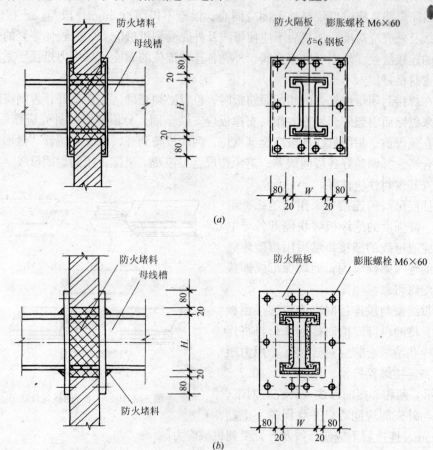

图3.2.10.7-2 母线槽穿墙防火做法
(a) 防火隔离方案一；(b) 防火隔离方案二

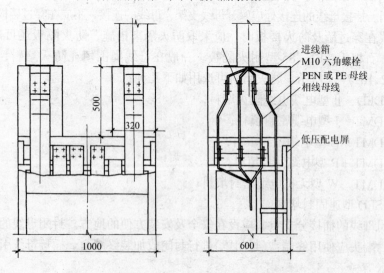

图3.2.10.7-3 母线与低压配电屏连接

封闭、插接母线与低压配电屏连接，在母线终端应使用始端进线箱(进线保护箱)连接，进线箱与配电屏之间使用过渡母线进行连接，过渡母线为铜排，母线两端连接处应镀锡，其余部分刷黑漆。图 3.2.10.7-3 为 400~1600A 母线与 $PGL-\frac{1}{2}$ 型低压配电屏连接参考图，大于 1600A 的母线连接也可参考此图。

当母线槽始端安装进线箱不着地时，它将悬吊在楼板上，其始端及进线箱、母线槽终端竖在楼(地)面，均可用水平支架安装固定。

封闭、插接母线与设备间连接，应在母线插接分线箱处明敷设钢导管至设备接线箱(盒)内，钢导管两端应套扣，在箱(盒)壁内外各用根母、护口将管与箱(盒)紧固。由设备接线盒(箱)至设备电控箱一段可使用普利卡金属管或金属蛇皮管敷设，如图 3.2.10.7-4 所示。敷设的钢导管与母线之间的垂直或水平距离，如果超过 2.5m 时，可采用 φ6 圆钢悬吊或用其他方法以增加稳固性。工艺设备之间的支路，可视具体情况而定。

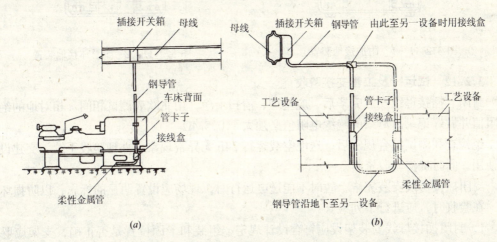

图 3.2.10.7-4 封闭插接母线与设备间钢管敷设示意图
(a) 正面图；(b) 侧面图

3.2.11 封闭、插接母线的接地

封闭、插接母线的接地型式各有不同，安装中应认真的辨别。

一般的封闭式母线的金属外壳仅作为防护外壳，不得作保护接地干线(PE线)用，但外壳必须接地。每段母线间应用不小于 16mm² 的编织软铜带跨接，使母线外壳互相连成一体。

有的利用壳体本身做接地线，即当母线连接安装后，外壳已连通成一个接地干线，外壳处焊有接地铜垫圈供接地用。

也有的带有附加接地装置，即在外壳上附加 3×25 裸铜带，如图 3.2.11-1 所示。每个母线槽间的接地带通过连接组成整体接地带。插接箱通过其底部的接地接触器，自动与接地带接触。

还有一种半总体接地装置，如图 3.2.11-2 所示，接地金属带与各相母线并列，在连接各母线槽时，相邻槽的接地铜带自动紧密结合。当插接箱各插座与铜排触及时，通过自身的接地插座先与接地带牢靠接触，确保插接箱及以后的线路和设备可靠接地。

在 TN-S 系统中，如采用四线型母线，则应另外敷设一根接地干线(PE线)。每段封闭、插接母线外壳应该与接地干线有良好的电气连接。

无论采用什么形式接地，均应接地牢固，防止松动，且严禁焊接。封闭母线外壳应与专用保护线（PE线）连接。

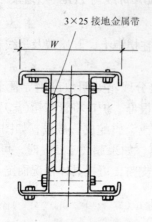

图 3.2.11-1　附加接地装置

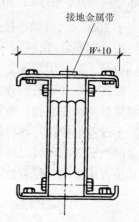

图 3.2.11-2　半总体接地装置

3.2.12　试运行及工程交接验收

封闭、插接母线安装完毕后，应整理、清扫干净，用兆欧表测试相间，相对地的绝缘电阻值并做好记录。母线的绝缘电阻值必须大于 0.5MΩ。

经检查和测试符合规定后，送电空载运行 24h 无异常现象，办理验收手续，交建设单位使用，同时提交验收资料。

封闭插接母线安装完毕，暂时不能送电运行时，现场应设置明显的标志，以防损坏。

在验收时，应进行下列检查：

1. 封闭插接母线安装架设应符合设计规定，组装和卡固位置是否正确，支架应躲开连接接头处，母线应固定牢固、横平竖直；成排安装的应排列整齐，间距均匀，便于维修。
2. 金属构件加工、配制、螺栓连接、焊接等应符合国家现行标准的有关规定。
3. 所有螺栓、垫圈、弹簧垫圈、锁紧螺母等应齐全、可靠。

验收时，应提交下列资料和文件：

1. 设计变更部分的实际施工图；
2. 设计变更的证明文件；
3. 制造厂提供的产品说明书、试验记录、合格证件、安装图纸等技术文件；
4. 安装技术记录；
5. 电气试验记录；
6. 备品备件清单。

Ⅲ　质量标准

3.2.13　主控项目

3.2.13.1　用金属外壳作为保护外壳的封闭、插接母线，其外壳必须接地，但外壳不得作保护线（PE）和中性保护共用线（PEN）使用；封闭、插接式母线支架等可接近裸露导体应与 PE 线或 PEN 线连接可靠。

检查方法：全数检查，目测检查。

3.2.13.2 低压的封闭和插接式母线的交接试验应符合下列规定：

1. 规格、型号，应符合设计要求；
2. 相间和相对地间的绝缘电阻值应大于 0.5MΩ；
3. 封闭、插接式母线的交流工频耐压试验电压为 1kV，当绝缘电阻值大于 10MΩ 时，可采用 2500V 兆欧表摇测替代，试验持续时间 1min，无击穿闪络现象。

检查方法：全数检查，现场摇测试验或查阅试验记录或试验时旁站。

3.2.13.3 高压封闭母线交流工频耐压试验必须按现行国家标准《电气装置安装工程电气设备交接试验标准》GB 50150 的规定交接试验合格。

检查方法：全数检查，查阅试验记录或实验时旁站。

3.2.13.4 封闭、插接式母线安装应符合下列规定：

1. 母线与外壳同心，允许偏差为 ±5mm；
2. 当段与段连接时，两相邻段母线及外壳对准，连接后不使母线及外壳受额外应力；
3. 母线的连接方法符合产品技术文件要求。

检查方法：全数检查，目测和尺量检查。

3.2.14 一般项目

3.2.14.1 封闭、插接母线的支架与预埋铁件采用焊接固定时，焊缝应饱满；采用膨胀螺栓固定时，选用的螺栓应适配，连接应牢固。

检查方法：按不同种类的支架抽查 5%，但不少于 5 个，目测检查和用适配工具做拧动试验，检查螺栓的紧固程度。

3.2.14.2 封闭、插接式母线组装和固定位置应正确，外壳与底座间、外壳各连接部位和母线的连接螺栓应按产品技术文件要求选择正确，连接紧固。

检查方法：全数检查，目测检查。

Ⅳ 成品保护

3.2.15 封闭、插接母线安装完毕，暂时不能送电运行时，现场应设置明显标志牌，以防损坏。

3.2.16 封闭、插接母线安装后，如有其他工种作业应对封闭、插接母线加以保护，以防损伤。

Ⅴ 安全注意事项要求

3.2.17 脚手架搭设必须牢固，便于工作。检查合格后方可施工。

3.2.18 使用人字梯必须牢固，距梯脚 40~60cm 处要设好拉绳，防止劈开，下脚要支稳，并有防滑措施。使用单梯上端要绑牢，必要时需要有人扶持保证。

3.2.19 进入现场要戴好安全帽，高空作业要系好安全带。工具要随手放入工具袋内，上下传递物件禁止抛掷。

3.2.20 使用电气设备、电动工具要有可靠的安全接地（接零）保护。

3.2.21 使用单位未验收交工前，不得使用母线投入运行。

Ⅵ 质量通病及其预防

3.2.22 零部件缺少、损坏。开箱检查清点要仔细,将缺件、破损件列好清单,同供货单位协商解决,加强保管。

3.2.23 成套供应的封闭、插接母线的各段缺少标志,外壳变形。应加强开箱清点,工作要过细,再搬运及保管过程中应避免母线段损伤、碰撞。

3.2.24 封闭母线安装完成后,被土建工程施工污染。封闭母线安装,应在室内装饰工程完工后进行,防止安装后被室内装饰粉刷工程污染。

4 电气器具、设备

4.1 成套配电柜(盘)及电力开关柜安装

Ⅰ 施 工 准 备

4.1.1 设备、材料
1. 高压开关柜、低压配电屏、电容器柜等。
2. 型钢、镀锌螺栓、螺母、垫圈、弹簧垫、地脚螺栓等。
3. 塑料软管、异型塑料管、尼龙卡带、小白线、绝缘胶垫、标志牌、电焊机、氧气、乙炔气、锯条等。

4.1.2 机具
1. 汽车、汽车吊、手推车、卷扬机、倒链、钢丝绳、麻绳索具等。
2. 台钻、手电钻、电焊机、砂轮、气割工具、台虎钳、扳手、锉刀、钢锯、手锤、克丝钳、电工刀、螺丝刀、卷尺等。
3. 水准仪、兆欧表、万用表、水平尺、靠尺板、高压检测仪器、试电笔、塞尺、线坠等。

4.1.3 作业条件
1. 与柜(盘)安装有关的建筑物的土建工程施工标高、尺寸、结构及工程质量均应符合设计要求。
2. 墙面、顶棚喷浆完毕、无漏水，门窗玻璃安装完、门已上锁。
3. 室内地面工程结束，预埋件及预留孔符合设计要求，预埋件应牢固，安装场地干净，道路畅通。
4. 设备、材料齐全，并运至现场。

Ⅱ 施 工 工 艺

4.1.4 施工程序

设备开箱检查 → 二次搬运 → 基础型钢制作安装 → 柜(盘)母线配制 →

柜(盘)二次回路结线 → 试验调整 → 送电运行验收

4.1.5 配电柜(盘)选择
配电柜(盘)可分为高压开关柜、低压配电屏和电容器柜等。
4.1.5.1 高压开关柜
高压开关柜是成套配电装置，柜内可装高压电器、测量仪器、保护装置和辅助装置等。适用于发电厂、变电所、工矿企业变配电站，可接受和分配电力，用于大型交流电机

的起动、保护。一般一个柜构成一个单元,使用时可按设计的主电路方案选用开关柜。高压开关柜的型号含义如下:

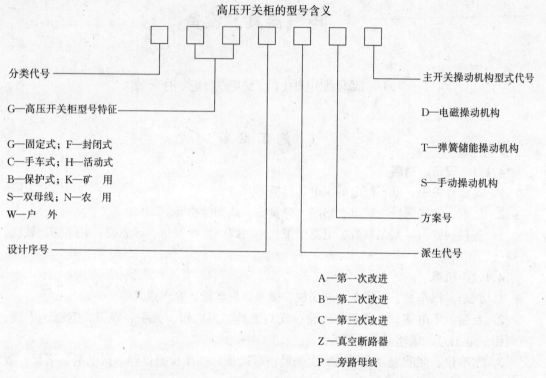

目前我国已广泛生产和使用"五防型"高压开关柜。五防型是指:

防止误合、误分断路器;

防止带负载分、合隔离开关;

防止带电挂地线;

防止带地线合闸;

防止误入带电间隔。

"五防型"高压开关柜从电气和机械联锁上采取了具体措施,实现高压安全操作程序化,提高了可靠、安全性能。常用的型号有:$JYN-\frac{35}{10}$型移开式交流金属封闭间隔式开关柜、KGN-10型铠装型固定式金属封闭式开关柜和KYN-10型铠装移开式金属封闭式开关柜。

KGN型将代替GG-1A型、GG-1A改型(加五防措施)、GG-10型、GG-15型、GSG-1A型和GPG-1A型等固定式开关柜。

$JYN-\frac{35}{10}$型和KYN-10型将代替GBC-35型、GFC-35型、GFC-10型和GC-10型半封闭式、手车式高压开关柜。

JYN_2-10型交流金属封闭型移开式开关柜适用于三相交流50Hz、额定电压3~10kV,额定电流3000A的单母线系统中,接受和分配电能。

其型号含义如下:

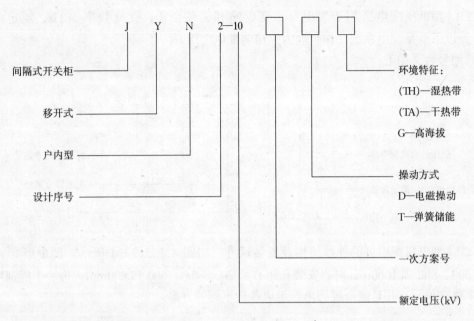

4.1.5.2 低压配电屏

低压配电屏适用于三相交流系统中，额定电压500V及其以下，额定电流1500A及其以下低压配电室，电力及照明配电之用。低压配电屏装有刀开关、熔断器、自动开关、交流接触器、电流互感器、电压互感器等，按需要可组成各种系统。

低压配电屏有固定式和抽屉式两种类型。固定式低压配电屏又分为靠墙和离墙安装两种。离墙式低压配电屏可以双面进行维护。所以检修方便，广受欢迎。但是不宜安装在有导电尘埃、腐蚀金属和破坏绝缘的气体场所，也不宜安装在有爆炸危险的场所。

靠墙式低压配电屏，由于维修不方便，只适用于场地较小的地方。

抽屉式低压配电屏的主要设备均装在抽屉或手车上，通过备用抽屉或手车可立即更换故障的回路单元，保证迅速供电。抽屉低压配电屏有BFC-1，BFC-2及BFC-15型等。

低压配电柜型号含义如下：

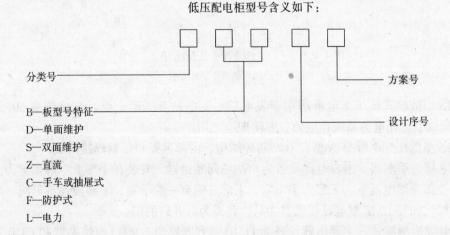

随着我国经济建设迅猛发展，所有BSL型和BDL型系列固定式低压配电屏全部淘汰，而被PGL_2^1型、GGL型和GHL型等低压配电屏所代替。

PGL$_2^1$型低压配电屏用于发电厂、变电站和工矿企业,交流频率50Hz、额定电压380V及以下低压配电系统,作为电力、照明配电之用。

其型号含义如下:

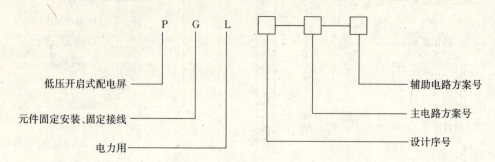

PGL$_2^1$型低压配电屏的外形结构及安装尺寸,如图4.1.5.2-1所示。图中屏宽A为400、600、800和1000mm时,安装孔距B为200、400、600和800mm。每一个屏都可作为一个独立单元,并且能以屏为单位组成各种不同的方案。

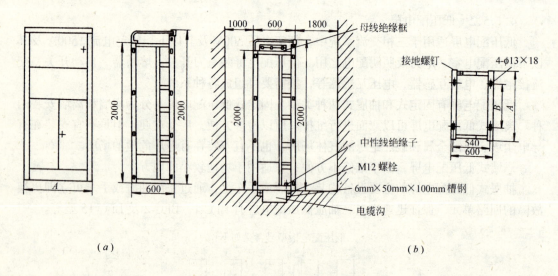

图4.1.5.2-1 PGL$_2^1$型低压配电屏
(a)外形尺寸;(b)结构及安装尺寸

BFC-15型抽屉式低压配电屏适用于发电厂、变电站及工矿企业,交流频率50Hz、电压380V及以下三相电力系统作电力、照明配电之用。

BFC-15型低压配电屏分A型和B型两种结构,由薄钢板和角钢焊接而成。

A型配电屏为手车式。主要电器设备为DW系列断路器,安装在手车上。屏顶部为主母线室,中上部为继电器室,下部为手车室,下部右侧有一端子室,下部敷设零母线。后部装设下引母线和装LMZ型电流互感器3只,背面为可开启的门。

B型配电屏为抽屉式。主要电器设备为DZ10系列断路器、RTO型熔断器和CJ10系列交流接触器等,均安装在抽屉室内。屏顶部为主母线室,下部为电缆头和N母线室,中部1500mm段为抽屉室,中部右侧为1500mm宽的二次走线和端子排室。屏后左侧装设下引主母线，屏后右侧为一次引出触头，屏前后均设有摇门。屏前摇门可装设二次仪表、控制按钮和DZ10系列断路器操动手柄，柜与柜之间、抽屉之间设有隔板隔离。抽屉有工作和试验两种位置，在试验位置一次触头与电源隔离，抽屉的插入靠丝杆拧入，抽屉到工作位置后，右侧锁板自动弹入，这时应停止摇动丝杆。抽屉退出时，必须先将右侧的扳把反时针方向旋转将锁板拉出，然后用摇把反时针方向摇动丝杆即可将抽屉退出。为防止抽屉抽出时落地，在左右侧设有锁板自动挡住抽屉。抽屉如在试验位置，将左右板把转动即可将抽屉拉出柜外。抽屉具有电气联锁，以保证当抽屉未接触严密时不可能送电，防止抽屉带负载从工作位置拉出的误动作。

BFC-15型低压配电屏外形尺寸，如图4.1.5.2-2所示。

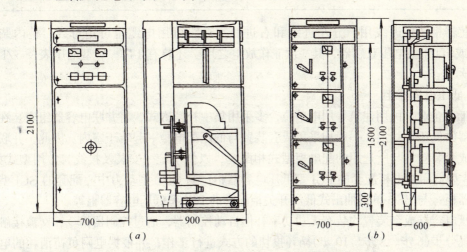

图4.1.5.2-2 BFC-15型低压配电屏外形尺寸图
(a) A型配电屏；(b) B型配电屏

4.1.5.3 电容器柜

电容器柜用在厂矿企业中，由于使用交流异步电动机、变压器和电焊机等电气设备，需要有提高功率因数的措施。采用并联电容器提高功率因数是进行无功功率补偿的方法之一。并联电容器原称移相电容器，"移相"一词用于电力电容器不够确切，因此，将移相电容器改称为并联电容器，它有高、低压之分。而高、低压电容器柜就是高低压并联电容器的成套装置。

1. 高压电容器柜

高压电容器柜除GR-1型、GDR-1型仍继续生产外，还发展了系列产品，如GR-1C型和GR-1Y型。

GR-1型高压电容器柜适用于工矿企业3～10kV变配电所，用以改善功率因数。它由电容器柜及放电装置（电压互感器柜）组成，其方案见表4.1.5.3。

电容器柜额定电压有3、6和10kV三种。柜内装有YY10.5-10-1（或YY6.3-10-1、YY3.15-10-1）并联电容器15台，每五台为一组，组成三角形接入三相母线；还装有RN1型熔断器，01方案有15只熔断器，而02方案只有3只。

GR-1型电容器柜一次方案　　　　　表4.1.5.3

电容器柜		互感器柜	
01	02	03	04

互感器柜兼作进线用，分左进线和右进线，进线可用电缆也可用母线。柜内装有JSJB型或JDZJ型电压互感器，其一次兼作放电之用。还装有1TI-V型电压表及SZD-38型信号灯。

2. 低压电容器柜

在工矿企业，民用建筑等用电单位，多采用集中补偿方式，将并联电容器组安装在配电变压器的低压母线上，一般均采用成套装置与低压配电柜一起装于室内。因此，并联电容器组成套装置均与所选用的配电柜型式相配套，以便于统一安装及接线，常用型式如：与DGL_2^1型低压配电柜配套的PGJ型低压电容器柜；与GCL型动力中心配套的GCJ型低压电容器柜；与BFC单列抽出式低压开关柜配套的BFJ型低压电容器柜等。

低压电容器成套装置均装有无功功率补偿自动控制器，通过控制器指令，交流接触器操作实现分步(6步、8步、10步)循环投切的方式进行工作；并根据电网负荷消耗的电感性无功量的大小以10~120s可调的时间间隔，自动地控制电容器的投切，使电网的无功消耗保持到最低状态，从而可提高电网电压质量和减少电网损耗。

PGJ1及PGJ1A型自动补偿并联电容器屏用于工矿企业变电所和车间、交流50Hz、电压380V及以下、主变压器容量1000kVA及以下三相电力系统中，作自动改善电网功率因数用。

PGJ型自动补偿并联电容器成套装置可与PGL型低压配电屏配套使用，也可单独使用，双面维护。屏内设有ZKW-Ⅱ型无功功率补偿自动控制器一台，控制器采用8步或6步循环投切的方式进行工作，能根据电网负荷消耗的感性无功功率的多少，以10~120s可调的时间间隔，自动地控制并联电容器组的投切，使电网的无功消耗保持在最低状态，从而可提高电网电压质量，减少输配电系统和变压器的损耗。

型号说明：

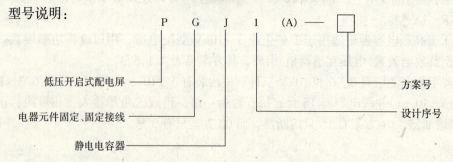

4.1.6 设备保管和开箱检查

设备和器材到达现场后,应存放在室内或能避雨、雪、风、沙的干燥场所。对温度、湿度有较严格要求的装置型设备,应按规定妥善保管在合适的环境中,待现场具备了设计要求的条件时,再将设备运进安装现场进行安装调试。

4.1.6.1 设备和器材到达现场后,安装与建设单位应在规定期限内,共同进行开箱验收检查,可按各厂家规定及合同协议要求,检查设备和器材的包装及密封。开箱时要小心谨慎,不要损坏设备。设备和器材的型号、规格应符合设计要求,附件、备件的供应范围和数量按合同要求。制造厂的技术文件应齐全。

4.1.6.2 柜(盘)本体外观应无损伤及变形,油漆完整无损。柜(盘)内部电器装置及元件、绝缘瓷件齐全、无损伤及裂纹等缺陷。

4.1.7 柜(盘)二次搬运

柜(盘)在二次搬运时,应根据柜(盘)的重量及形体大小,结合现场施工条件,决定采用所需要的运输设备。

在搬运过程中要应采取防振、防潮、防止框架变形和漆面受损等安全措施。尤其是在二次搬运及安装时,要固定牢靠,防止倾倒和磕碰,避免设备及元件、仪表及油漆的损坏。

柜(盘)吊装,柜体上有吊环时,吊索应穿过吊环;无吊环时,吊索应挂在四角主要承力结构处,不得将吊索挂在设备部件上吊装。吊索的绳长应一致,角度应小于45℃,以防受力不均,柜(盘)体变形或损坏部件。

4.1.8 柜(盘)的布置

柜(盘)在室内的布置应考虑设备的操作、搬运、检修和试验的方便,并应考虑电缆或架空线进出线方便。

高压配电装置室内各种通道的宽度(净距)不应小于表4.1.8-1中所列数值。

配电装置室内各种通道的最小净宽(m) 表4.1.8-1

通道分类 布置方式	维护通道	操作通道		通往防爆间隔的通道
		固定式	手车式	
一面有开关设备时	0.80	1.50	单车长+0.90	1.20
两面有开关设备时	1.00	2.00	双车长+0.60	1.20

当电源从柜(盘)后进线,且需要柜(盘)背后墙上另装设隔离开关及手动操作机构时,则柜(盘)后通道净宽不应小于1.5m;当柜(盘)背后的防护等级为IR2X时,可减为1.3m。

低压配电装置成排布置的配电屏,其屏前和屏后的通道宽度,不应小于表4.1.8-2中所列数值。

配电屏前后的通道宽度(m)　　　　　表 4.1.8-2

布置方式 通道宽度 装置种类	单排布置		双排对面布置		双排背对背布置		多排同向布置	
	屏前	屏后	屏前	屏后	屏前	屏后	屏前	屏后
固定式	1.50 (1.30)	1.00 (0.80)	2.00	1.00 (0.80)	1.50 (1.30)	1.50	2.00	—
抽屉式、手车式	1.80 (1.60)	0.90 (0.80)	2.30 (2.00)	0.90 (0.80)	1.80	1.50	2.30 (2.00)	—
控制屏(柜)	1.50	0.80	2.00	0.80	—	—	2.00	屏前检修时 靠墙安装

注：( )内的数字为有困难时(如受建筑平面的限制、通道内墙内有凸出的柱子或暖气片等)的最小宽度。

4.1.9 基础型钢制作安装

4.1.9.1 柜(盘)基础型钢制作

配电柜(盘)一般需要安装在基础型钢上，型钢可根据配电盘的尺寸及钢材规格大小而定，一般型钢可选用 5～10 号槽钢或 ∟50×5 角钢制作。制作时先将有弯的型钢矫平矫直，再按图纸要求预制加工好基础型钢，按柜(盘)底脚固定孔的位置尺寸，在型钢的窄面上打好安装孔，也可在组立柜(盘)时再打扎。在下面打好预埋地脚螺栓固定孔。在定孔位时，应认准两槽钢是相对开口，且应使柜(盘)底面与型钢立面对齐，并进行除锈。

4.1.9.2 基础型钢安装

基础型钢制作好后，应按图纸所标位置或有关规定，配合土建工程进行预埋，埋设方法有下列两种：

1. 随土建施工时在基础上根据型钢固定尺寸，先预埋好地脚螺栓，待基础强度符合要求后再安放型钢。也可在基础施工时留置方洞，基础型钢与地脚螺栓同时配合土建施工进行安装，再在方洞内浇筑混凝土。

2. 随土建施工时预先埋设固定基础型钢的底板，待安装基础型钢时与底板进行焊接。

配电柜(盘)基础型钢安装如图 4.1.9.2 所示。

安装基础型钢时，应用水平尺找正、找平。将水平尺放在基础型钢顶面上，观察气泡的位置，适当的调整型钢的水平度，待水平尺气泡在中间位置上即可。基础型钢安装的不平直度及水平度，每米长时应小于 1mm，全长时应小于 5mm；基础型钢的位置偏差及不平行度在全长时，均应小于 5mm。

基础型钢顶部宜高出室内抹平地面 10mm，手车式成套柜型钢高度应按制造厂产品技术要求执行。

型钢埋设及接地线焊接好后，外露部分应刷好樟丹油，并刷两遍油漆。

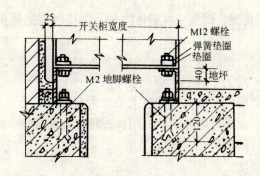

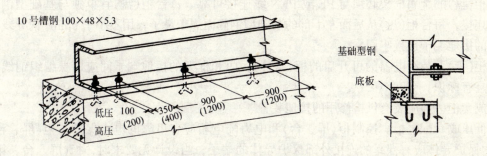

图 4.1.9.2 基础型钢安装

4.1.10 基础型钢接地

埋设的配电柜(盘)的基础型钢必须与 PE 或 PEN 线连接可靠。一般用 -40×4 镀锌扁钢在基础型钢的两端分别与接地网进行焊接,焊接面为扁钢宽度的 2 倍,至少应在三个棱边焊接。

4.1.11 柜(盘)组立

配电柜(盘)的安装组立,应在土建室内装饰工程结束后进行。

组立柜(盘)应在稳固基础型钢的混凝土达到规定强度后进行。立柜(盘)前,先按图纸规定的顺序将柜(盘)作好标记,然后放置到安装位置上。

在基础型钢上安装柜体,应采用螺栓连接,紧固件应是镀锌制品,并采用标准件。应根据柜底固定螺孔尺寸,在基础型钢上用手电钻钻孔。在无要求时,低压柜钻 $\phi 12.5mm$ 孔,高压柜钻 $\phi 16.5mm$ 孔,分别用 M12、M16 镀锌螺栓固定,防松零件应齐全。

柜(盘)单独安装时,应找好柜(盘)正面和侧面的垂直度。

成列柜(盘)安装时,可先把每个柜(盘)调整到大致的位置上,就位后再精确地调整第一面柜(盘),再以第一个柜(盘)的柜(盘)面为标准逐台进行调整。调整次序既可以从左至右,也可以由右至左,还可以先调整好中间的一面柜(盘),然后左右分开调整。

调整柜(盘)垂直度,可以靠尺板和线垂为准,有条件的可以使用磁性线垂。

柜(盘)找正时,柜(盘)与型钢之间采用 0.5mm 铁片进行调整,但每处垫片最多不能超过 3 片。找平找正后,应盘面一致,排列整齐,柜与柜之间及柜体与侧档板均应用螺栓拧紧,防松零件也应齐全。

如果图纸说明是采用电焊固定柜(盘)时,可按图纸制作,但主控制盘、继电保护盘和自动装置盘等不宜与基础型钢焊死。如用电焊,每个柜的焊缝不应少于四处,每处焊缝长约100mm左右，为了美观，焊缝应在柜体内侧，焊接时应把垫在柜下的垫片也焊在基础型钢上。

柜(盘)组立安装后，盘面垂直度允许偏差为1.5‰，柜(盘)之间接缝处的缝隙应小于2mm；成列盘面偏差不应大于5mm。

柜(盘)安装在振动场所，应按设计要求采取防振措施。

柜(盘)固定好后，应进行内部清扫，用抹布将各种设备擦干净。柜内不应有杂物，同时应检查机械活动部分是否灵活。

4.1.12 柜(盘)接地

柜(盘)的金属框架必须与PE或PEN线连接可靠。每台柜(盘)宜单独与基础型钢做接地连接，每台柜(盘)从后面左下部的基础型钢侧面焊上鼻子，用不小于6mm²铜导线与柜上的接地端子连接牢固。

柜(盘)上装有电器的可开启的柜(盘)门，门和框架的接地端子间应用裸编织铜线连接，且有标识。

成套柜(盘)应装有供检修用的接地装置。

低压成套配电柜、控制柜(屏、台)和电力配电箱应有可靠的电击保护。柜(屏、台、箱)内保护导体应有裸露的连接外部保护导体的端子，当设计无要求时，柜(屏、台、箱)内保护导体最小截面积S_P不应小于表4.1.12的规定。

检查方法：检查试验调整记录或试验时旁站。

保护导体的截面积表　　　　　　　　　　　　　　表4.1.12

相线的截面积 $S(mm^2)$	相应保护导体的最小截面积 $S_P(mm^2)$
$S \leqslant 16$	S
$16 < S \leqslant 35$	16
$35 < S \leqslant 400$	$S/2$
$400 < S \leqslant 800$	200
$S \geqslant 800$	$S/4$

注：S指柜(屏、台、箱)电源进线相线截面积，且两者(S、S_P)材质相同。

4.1.13 柜(盘)安装

成套柜、抽屉式配电柜及手车式柜的安装应符合规范的规定。

4.1.13.1 成套柜安装：

1. 机械闭锁、电气闭锁应动作准确、可靠；
2. 动触头与静触头的中心线应一致，触头接触紧密；
3. 二次回路辅助开关的切换接点应动作准确，接触可靠；
4. 柜内照明齐全。

4.1.13.2 抽屉式配电柜安装：

1. 抽屉推拉应灵活轻便，无卡阻、碰撞现象，抽屉应能互换；
2. 抽屉的机械联锁或电气联锁装置应动作正确可靠，断路器分闸后，隔离触头才能分开；

3. 抽屉与柜体间的二次回路连接插件应接触良好；
4. 抽屉与柜体间的接触及柜体、框架的接地应良好。

4.1.13.3 手车式柜安装

1. 检查防止电气误操作的"五防"装置齐全，并动作灵活可靠；
2. 手车推拉应灵活轻便，无卡阻、碰撞现象，相同型号的手车应能互换；
3. 手车推入工作位置后，动触头顶部与静触头底部的间隙应符合产品要求；
4. 手车和柜体间的二次回路连接插件应接触良好；
5. 安全隔离板应开启灵活，随手车的进出而相应动作；
6. 柜内控制电缆的位置不应妨碍手车的进出，并应牢固；
7. 手车与柜体间的接地触头应接触紧密，当手车推入柜内时，其接地触头应比主触头先接触，拉出时接地触头比主触头后断开。

4.1.14 柜(盘)上的电器安装

4.1.14.1 电器安装

电器的安装应符合下列要求：

1. 电器元件质量良好、型号规格应符合设计要求，外观应完好且附件齐全，排列整齐。固定牢固，密封良好；
2. 各电器应能单独拆装更换而不影响其他电器及导线束的固定；
3. 发热元件应安装在散热良好的位置，不宜安装在柜顶，既不安全，也不便于操作；两个发热元件之间的连接线应采用耐热导线或裸铜线套瓷管；
4. 熔断器的熔体规格、自动开关的整定值应符合设计要求；
5. 切换压板应接触良好，相邻压板间应有足够安全距离，切换时不应碰及相邻的压板；对于一端带电的切换压板，应使在压板断开情况下，活动端不带电；
6. 信号回路的信号灯、光字牌、电铃、电笛、事故电钟等应显示准确，工作可靠；
7. 盘上装有装置性设备或其他有接地要求的电器，为防干扰，保证弱电元件正常工作，其外壳应可靠接地；
8. 带有照明的封闭式盘、柜应保证照明良好。

4.1.13.2 端子排安装

端子排的安装应符合下列要求：

1. 端子排应无损坏、固定牢固、绝缘良好；
2. 端子应有序号，端子排应便于更换且接线方便；离地高度宜大于350mm；
3. 回路电压超过400V者，端子板应有足够的绝缘并涂以红色标志；
4. 为防止强电对弱电的干扰，强、弱电端子宜分开布置，当有困难时，应有明显标志并设空端子隔开或设加强绝缘的隔板；
5. 正、负电源之间以及经常带电的正电源与合闸或跳闸回路之间，宜以一个空端子隔开；
6. 电流回路应经过试验端子，其他需要断开的回路宜经特殊端子或试验端子。试验端子应接触良好；
7. 潮湿环境为防止受潮造成端子绝缘降低，宜采用防潮端子；
8. 接线端子应与导线截面匹配，不应使用小端子配大截面导线，可采用两根小截面导线代替一根大截面导线。

4.1.14.3 二次回路及小母线

1. 盘、柜的正面及背面各电器、端子牌等应标明编号、名称、用途及操作位置,其标明的字迹应清晰、工整,且不易脱色,可采用喷涂塑料胶等方法。

2. 二次回路的连接件为防锈蚀,在利用螺丝连接时,应使用垫片和弹簧垫圈,并对其进行检查;防止在使用过程中出现丝扣滑扣现象,导致严重后果,应采用铜质制品;绝缘体应采用自熄性难燃材料。

3. 柜(盘)上的小母线应采用直径不小于6mm的铜棒或铜管,小母线两侧应有标明其代号或名称的绝缘标字牌,字迹应清晰、工整、且不易褪色。

4. 二次回路的电气间隙和爬电距离应符合下列要求:

(1) 屏顶上小母线不同相或不同极的裸露载流部分之间,裸露载流部分与未经绝缘的金属体之间,电气间隙不得小于12mm;爬电距离不得小于20mm;

(2) 盘柜内两导体间,导电体与裸露的不带电的导体间的电气间隙及爬电距离应符合表4.1.14.3的要求。

允许最小电气间隙及爬电距离(mm)　　　　表4.1.14.3

额定电压 V	电气间隙额定工作电流		爬电距离额定工作电流	
	≤63A	>63A	≤63A	>63A
≤60	3.0	5.0	3.0	5.0
60<V≤300	5.0	6.0	6.0	8.0
300<V≤500	8.0	10.0	10.0	12.0

4.1.15 柜(盘)二次回路结线

用于监视测量表计、控制、操作信号、继电保护和自动装置的全部低压回路的结线,均称为二次回路结线。

4.1.15.1
柜(盘)内的配线电流回路应采用电压不低于750V截面不小于2.5mm²的铜芯绝缘导线,其他回路导线截面不应小于1.5mm²,对电子元件回路、弱电回路采用锡焊连接时,在满足载流量和电压降及有足够机械强度的情况下,可采用截面不小于0.5mm²的绝缘铜导线。在油污环境,应采用耐油的绝缘导线,在日光直射环境,橡胶或塑料绝缘导线应采取防护措施。柜(盘)之间的连接导线必须经过端子板,按照接线图将足够数量的线理顺,绑扎整齐,套好线号后接到端子板上。布线方法应尽量与柜(盘)本身的布线方法一致。

4.1.15.2 二次回路结线应符合下列要求:

1. 按图施工,接线正确;
2. 导线与电气元件间采用螺栓连接,插接、焊接或压接等,均应牢固可靠;
3. 柜(盘)内的导线芯线应无损伤,导线中间不应有接头;
4. 控制电缆芯线和所配导线的端部均应标明其回路编号,编号应正确,字迹清楚且不易脱色;

5. 配线应整齐、清晰、美观;

6. 将每个芯线端部煨成圆圈后与端子连接,且每个端子上接线宜为1根,最多不能超过2根。如连接2根线时,中间应加平垫片。

插接式端子,不同截面的两根导线不得接在同一端子上。

7. 二次回路接地应设专用螺栓。

4.1.15.3 连接柜(盘)门上的电器、控制台板等的可动部位的导线,应符合下列要求:

1. 应使用多股软导线,长度应有适当裕度;
2. 线束应有外套塑料管等加强绝缘层;
3. 与电器连接时,端部应绞紧,并应加终端附件或搪锡,不得松散、断股;
4. 在可动部位两端应用卡子固定。

4.1.15.4 引入柜(盘)内的电缆及其芯线应符合下列要求:

1. 引入柜(盘)内的电缆应排列整齐,编号清晰,避免交叉,并应固定牢固,不得使所接的端子排受到机械应力;
2. 铠装电缆在进入柜(盘)后,应将钢带切断,钢带端部应扎紧,并将钢带接地;
3. 用于静态保护,控制等逻辑回路的控制电缆,应采用屏蔽电缆,屏蔽层应按设计要求的方式接地;
4. 强弱电回路不应使用同一根电缆,并应分别成束分开排列;
5. 橡胶绝缘的控制电缆芯线,应外套绝缘管保护;
6. 盘(柜)内的电缆芯线,应按垂直或水平有规律的配置,不得任意歪斜交叉连接。备用芯线长度应留有适当余量。

4.1.16 柜(盘)面装饰

柜(盘)的漆层应完整,无损伤。固定电器的支架等应刷漆。安装在同一室内且经常监视的柜(盘),盘面颜色宜和谐一致。

如漆层破坏或成列的柜(盘)面颜色不一致时,应重新喷漆,使成列配电柜(盘)整齐,漆面不能出现反光眩目现象。

主控制柜面应有模拟母线。模拟母线的标志颜色,应符合表4.1.16中的规定。

模拟母线的标志颜色   表4.1.16

电压(kV)	颜色	电压(kV)	颜色
交流0.23	深灰	交流110	朱红
交流0.40	黄褐	交流154	天蓝
交流3	深绿	交流220	紫
交流6	深蓝	交流330	白
交流10	绛红	交流500	淡黄
交流13.8~20	浅绿	直流	褐
交流65	浅黄	直流500	深紫
交流60	橙黄		

4.1.17 柜(盘)试验调整

试验和调整是安装工程中最主要的环节。柜(盘)试验调整包括高压试验和二次控制回路试验调整。

4.1.17.1 高压试验

高压试验应由当地供电部门许可的试验单位进行。试验应符合《电气装置安装工程电气设备交接试验标准》GB 50150—1991 的有关规定。

1. 试验内容：高压柜框架、母线、避雷器、高压瓷瓶、电压互感器、电流互感器、高压开关等；

2. 调整内容：过电流继电器调整，时间继电器、信号继电器调整以及机械连锁调整。

4.1.17.2 二次控制回路试验调整

二次回路是指电气设备的操作、保护、测量、信号等回路中的操动机构的线圈、接触器、继电器、仪表、互感器二次绕组等。

1. 绝缘电阻测试：

(1) 小母线在断开所有其他并联支路时，不应小于 $10M\Omega$；

(2) 二次回路的每一支路和断路器、隔离开关的操动机构的电源回路等，均不应小于 $1M\Omega$。在比较潮湿的地方，可不小于 $0.5M\Omega$。

2. 交流耐压试验：

(1) 试验电压为 1000V。当回路绝缘电阻值在 $10M\Omega$ 以上时，可采用 2500V 兆欧表代替，试验持续时间为 1min；

(2) 48V 及以下回路可不做交流耐压试验；

(3) 回路中有电子元器件设备的，试验时应将插件拨出或将两端短接。

3. 模拟试验

按图纸要求，接通临时控制和操作电源，分别模拟试验控制、连锁、操作继电保护和信号动作，应正确无误、灵敏可靠。

4.1.18 送电、验收

柜(盘)经试验调整后，并经有关部门检查后，即可送电试运行。当送电空载运行24h，无异常现象，办理验收手续，交建设单位使用。在验收时，应提交下列资料和文件：

1. 工程竣工图；

2. 设计变更的证明文件；

3. 制造厂提供的产品说明书、调试大纲、试验方法、试验记录、合格证件及安装图纸等技术文件；

4. 根据合同提供的备品备件清单；

5. 安装技术记录；

6. 调整试验记录。

Ⅲ 质量标准

4.1.19 主控项目

4.1.19.1
柜、屏、台、箱的金属框架及基础型钢必须与 PE 线或 PEN 线连接可靠；装有电器的可开启门，门和框架的接地端子间应用裸编织铜线连接，且有标识。

检查方法：全数检查，目测检查。

4.1.19.2 低压成套配电柜、控制柜(屏、台)和电力配电箱应有可靠的电击保护。柜(屏、台、箱)内保护导体应有裸露的连接外部保护导体的端子，当设计无要求时，柜(屏、台、箱)内保护导体最小截面积 S_P 不应小于表 4.1.12 的规定。

检查方法：全数检查，目测检查。

4.1.19.3 手车、抽出式成套配电柜推拉应灵活，无卡阻碰撞现象。动触头与静触头的中心线应一致，且触头接触紧密，投入时，接地触头先于主触头接触；退出时，接地触头后于主触头脱开。

检查方法：全数检查，目测检查。

4.1.19.4 高压成套配电柜必须按现行国家标准《电气装置安装工程电气设备交接试验标准》GB 50150—1991 的规定交接试验合格，且应符合下列规定：

1. 继电保护元器件、逻辑元件、变送器和控制用计算机等单体校验合格，整组试验动作正确，整定参数符合设计要求；
2. 凡经法定程序批准，进入市场投入使用的新高压电气设备和继电保护装置，按产品技术文件要求交换试验。

检查方法：全数检查，检查交接试验记录或试验时旁站。

4.1.19.5 低压成套配电柜交接试验，必须符合下列规定：

1. 每路配电开关及保护装置的规格、型号，应符合设计要求；
2. 相间和相对地间的绝缘电阻值应大于 0.5MΩ；
3. 电气装置的交流工频耐压试验电压为 1kV，当绝缘电阻值大于 10MΩ 时，可采用 2500V 兆欧表摇测替代，试验持续时间 1min，无击穿闪络现象。

检查方法：全数检查，查阅试验记录或试验时旁站。

4.1.19.6 柜、屏、台、箱间线路的线间和线对地间绝缘电阻值，馈电线路必须大于 0.5MΩ；二次回路必须大于 1MΩ。

检查方法：全数检查，查阅试验记录或试验时旁站。

4.1.19.7 柜、屏、台、箱间二次回路交流工频耐压试验，当绝缘电阻值大于 10MΩ 时，用 2500V 兆欧表摇测 1min，应无闪络击穿现象；当绝缘电阻值在 1～10MΩ 时，做 1000V 交流工频耐压试验，时间 1min，应无闪络击穿现象。

检查方法：全数检查，检查试验调整记录或试验时旁站。

4.1.20 一般项目

4.1.20.1 基础型钢安装应符合表 4.1.20.1 的规定。

基础型钢安装允许偏差表　　　表 4.1.20.1

项　目	允　许　偏　差	
	(mm/m)	(mm/全长)
不直度	1	5
水平度	1	5
不平行度	/	5

检查方法：全数检查，不直度拉线尺量检查，水平度用铁水平尺测量或拉线尺量检查，不平行度尺量检查。

4.1.20.2 柜、屏、台、箱相互间或与基础型钢应用镀锌螺栓连接，且防松零件齐全。

检查方法：全数检查，观察检查。

4.1.20.3 柜、屏、台、箱安装垂直度允许偏差为1.5‰，相互间接缝不应大于2mm，成列盘面偏差不应大于5mm。

检查方法：全数检查，垂直度用吊线尺量检查，盘间接缝用塞尺检查，成列盘面偏差拉线尺量检查。

4.1.20.4 柜、屏、台、箱内检查试验应符合下列规定：

1. 控制开关及保护装置的规格、型号符合设计要求；
2. 闭锁装置动作准确、可靠；
3. 主开关的辅助开关切换动作与主开关动作一致；
4. 柜、屏、台、箱上的标识器件标明被控设备编号及名称，或操作位置，接线端子有编号，且清晰、工整、不易脱色；
5. 回路中的电子元件不应参加交流工频耐压试验；48V及以下回路可不做交流工频压试验。

检查方法：全数检查，观察检查及检查试验记录。

4.1.20.5 低压电器组合应符合下列规定：

1. 发热元件安装在散热良好的位置；
2. 熔断器的熔体规格、自动开关的整定值符合设计要求；
3. 切换压板接触良好，相邻压板间有安全距离，切换时，不触及相邻的压板；
4. 信号回路的信号灯、按钮、光字牌、电铃、电笛、事故电钟等动作和信号显示准确；
5. 外壳需要与PE或PEN线连接的，连接可靠；
6. 端子排安装牢固，端子有序号，强电、弱电端子隔离布置，端子规格与芯线截面积大小适配。

检查方法：抽查5台，观察检查和试操作检查。

4.1.20.6 柜、屏、台、箱间配线：电流回路应采用额定电压不低于750V、芯线截面积不小于2.5mm^{2}的铜芯绝缘电线或电缆；除电子元件回路或类似回路外，其他回路的电线应采用额定电压不低于750V、芯线截面不小于1.5mm^{2}的铜芯绝缘电线或电缆。

二次回路连线应成束绑扎，不同电压等级、交流、直流线路及计算机控制线路应分别绑扎，且有标识；固定后不应妨碍手车开关或抽出式部件的拉出或推入。

检查方法：抽查5台，观察检查。

4.1.20.7 连接柜、屏、台、箱面板上的电器及控制台、板等可动部位的电线应符合下列规定：

1. 采用多股铜芯软电线，敷设长度留有适当裕量；
2. 线束有外套塑料管等加强绝缘保护层；
3. 与电器连接时，端部紧密，且有不开口的终端端子或搪锡，不松散、断股；

4. 可转动部位的两端用卡子固定。

检查方法：抽查 5 台，观察检查。

Ⅳ 成 品 保 护

4.1.21 柜(盘)等在搬运和安装时，应采取防振、防潮、防止框架变形和漆面受损等措施，必要时可将易损元件卸下。

4.1.22 柜(盘)应存放在室内，或放在干燥的能避雨、雪、风沙的场所，对有特殊保管要求的电气元件，应按规定妥善保管。

4.1.23 安装过程中，要注意对已完工程项目及配件的成品保护，防止损坏。未经批准不得随意拆卸不应拆卸的设备零件及仪表等，以防止损坏。不得利用开关柜支承脚手架或跳板、梯子等。

4.1.24 安装过程中，要注意保护建筑物地面、顶板、门窗及油漆、装饰等，以防碰坏。

4.1.25 设备安装完毕后，暂时不能送电运行时，安装场所门、窗要封闭，并设专人看守。

Ⅴ 安全注意事项

4.1.26 吊装作业时，机具、吊索必须先经过仔细检查，不合格者不得使用，防止事故伤人。

4.1.27 搬运沉重的配电柜时，应在地面垫木板用滚杠移动之，并要有专人统一指挥，用撬杠拨动时，不得使物件倾斜，以免伤人。

4.1.28 在基础型钢上调整柜(盘)体时，动作应协调一致，防止挤伤手脚。当柜内有人时，柜外的工作人员均须听从柜内人员的口号进行。

4.1.29 使用手电钻钻孔时，电钻外壳不得漏电，电源线不得破皮漏电，电钻应按规定接地(接零)。

4.1.30 试运行的安全保护用品未准备好时，不得进行试运行。试运行中必须严格服从指挥，按试运行方案操作，操作及监护人员不得随意改变操作指令。

Ⅵ 质量通病及其防治

4.1.31 基础型钢焊接处焊渣清理不净，除锈不净，油漆不均匀，有漏刷现象。应提高质量意识，加强作业者责任心，做好工序搭接和自互检检查。

4.1.32 基础型钢的平直度及水平度超差过大。埋设前应将型钢调直，在埋设的位置先找出钢型中心线，再用水平尺放在两型钢顶面上测量。待水平调整好后，再配合土建埋设好型钢，混凝土浇筑后再及时检查型钢的安装尺寸和水平度。

4.1.33 柜(盘)内，电器元件、瓷件油漆损坏。应加强责任心，防止安装过程中损坏柜(盘)内器件。

4.1.34 柜(盘)内控制线压接不牢，接线错误。必须通过技术学习，提高技术水平，才能保证不造成出现接线错误。

4.1.35 手车式柜二次小线回路辅助开关切换失灵，机械性能差。反复进行试验调整，达不到要求的部件要求厂方更换。

4.2 照明配电箱安装

Ⅰ 施工准备

4.2.1 材料

1. 成套照明配电箱，自制木制配电箱用红、白松板材、三合板等。
2. 合页、多种规格木螺丝、红丹防锈漆、油漆、沥青漆、白乳胶等。

4.2.2 机具

1. 木钻、克丝钳子、电工刀、螺丝刀、毛刷等。
2. 托线板、铁板尺、卷尺等。

4.2.3 作业条件

暗装配电箱需配合土建主体施工进行箱体预埋，土建主体工程施工中要在配电箱安装部位，由放线员给出建筑标高线。安装开关箱门（贴脸）前应抹灰或粉刷工程结束。

Ⅱ 施工工艺

4.2.4 工艺流程

木质配电箱箱体制作 → 防腐处理 → 配合土建预埋箱体 → 管与箱连接 → 安装盘面 → 安装贴脸及箱门 或 成套铁制配电箱箱体现场预埋 → 管与箱体连接 → 安装盘面 → 装盖板（贴脸及箱门）

4.2.5 照明配电箱的分类

照明配电箱根据安装方式可分为明装（悬挂式）和暗装（嵌入式），以及半明半暗式等。根据制作材质可分铁制、木制及塑料制品配电箱。

照明配电箱还有标准箱与非标准箱之分，标准箱系由工厂成套生产组装的，非标准箱是根据实际需要自行设计制作或订制而成。如果设计为非标准配电箱，一般需要用设计的配电系统图到工厂加工订做。

照明配电箱适用于工业与民用建筑在交流 50Hz、额定电压 500V 以下的照明和小电力控制回路中，作线路的过载、短路保护以及线路的正常转换时用。

常用的标准照明配电箱的产品概况，见表 4.2.5-1。

照明配电箱产品概况　　　　　　　表 4.2.5-1

型　号	安装方式	箱内主要电器元件	备　注
XM-34-2	嵌入、半嵌入、悬挂	DZ12 型断路器	可用于工厂企业及民用建筑
XXM-□	嵌入、悬挂	DZ12 型断路器，小型蜂鸣器等	可用于民用建筑等
XZK-$\frac{1}{2}$ 　　3	嵌入、悬挂	DZ12 型断路器	

续表

型　号	安装方式	箱内主要电器元件	备　注
XM-□	嵌入、悬挂	DZ12 型断路器	
XRM-12	嵌入、悬挂	DZ10、DZ12 型断路器	
XPR	悬　　挂	DZ5 型断路器 DD17 型电度表	用于一般民用建筑
PX	嵌入、悬挂	DZ10、DZ15 型断路器	
PXT-□	嵌入、悬挂	DZ6 型断路器	可用于工厂企业、民用建筑
X^X_RM-1N	嵌入、悬挂	DZ12、DZ15、DZ10 型断路器，小型熔断器	可用于工厂企业及民用建筑
X^X_RM-2	嵌入、悬挂	DZ12 型断路器	可用于民用建筑
XM(R)-04	嵌入、悬挂	DZ12 型断路器	
PDX-□	嵌入、悬挂	DZ12 型断路器	
TWX-50	悬　　挂	电度表(1-5A)带锁	电度计量用，不能作照明配电用
XMR-3	悬挂、嵌入	电度表(1-5A)及瓷刀开关	电度计量用，不能作照明配电用
XML-2	板式、嵌入式	HK_1 型负荷开关 RC1A-15 型熔断器和 DD5-3A型电镀表	
XM-14	嵌入式	DZ15-40/1903 DZ15-40/3901 型断路器	
XRM-□	嵌入、悬挂	DZ12 型断路器	可用于工厂企业及民用建筑
X^X_RM-3	嵌入、悬挂	DZ12 型断路器 JC 漏电开关	可用于民用建筑

X^X_RM-3 型照明配电箱适用于民用建筑，尤其适用于现代化高层建筑，交流频率 50～60Hz、电压 415V、额定电流 63A 以下作照明配电用。也可作 63A 以下电力回路漏电、过载、短路保护及线路转换用。

X^X_RM-3 型照明配电箱的箱体用工程塑料浇筑成形，结构新颖，造型美观。箱体分盖与底两部分，由弹性塑料拉钩紧固并有开启撬口。可分为悬挂式和嵌入式两种，嵌入式箱体还备有安装用的预埋件，以便安装。

X$\frac{X}{R}$M-3型照明配电箱外形尺寸，如图4.2.5-1所示。

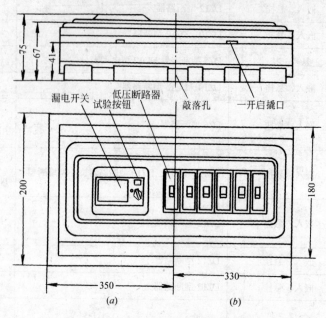

图4.2.5-1　X$\frac{X}{R}$M-3型照明配电箱外形尺寸

(a) 嵌入式；(b) 悬挂式

PX(R)型照明配电箱适用于工厂企业和民用建筑，交流50Hz、电压380V、额定电流100A以下三相系统，作照明或电力配电用。

PX(R)型照明配电箱型号含义如下：

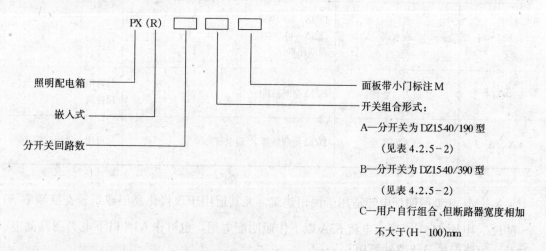

PX(R)型照明配电箱的箱体由薄钢板弯制焊接而成。主要由箱体、箱盖、台架、绝缘铜导线和断路器组成。断路器手柄露在箱盖外，以便操作。箱盖也可另加小门。打开箱盖即可维修。零母线在箱体右侧，箱体上面螺钉供连线零线用。进出线敲落孔在上、下、左

侧。分为悬挂式和嵌入式。总进线开关可用DZ15-40、60或用DZ10-100型，分开关用DZ15型断路器。

PX(R)型照明配电箱的主要技术数据和安装尺寸，可见表4.2.5-2。外形如图4.2.5-2所示。

PX(R)型照明配电箱主要技术数据 表 4.2.5-2

型 号	总开关数量(个) DZ10-100 15-60(40)	分开关数量(个)			外形及安装尺寸(mm)					
					悬挂式			嵌入式		
		DZ15-40/390	DZ15-40/290	DZ15-40/190	H	A	B	H	A	B
PX3-A	1			3	300	304	250	300	328	—
PX3-B	1	1			300	304	250	300	328	—
PX6-A	1			6	380	384	330	380	408	—
PX6-B	1	2			380	384	330	380	408	—
PX9-A	1			9	460	464	410	460	488	—
PX9-B	1	3			460	464	410	460	488	—
PX12-A	1			12	540	544	490	540	568	—
PX12-B	1	4			540	544	490	540	568	—

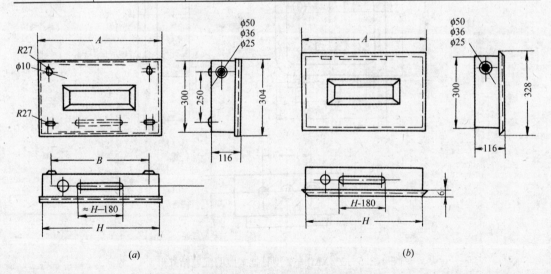

图 4.2.5-2 照明配电箱外形
(a) PX型悬挂式；(b) PX(R)型嵌入式

XML-2型照明配电箱(板)适用于民用建筑、交流50Hz、电压380V及以下三相系统，作为照明配电和电能计量用。

其型号含义如下：

424   4 电气器具、设备

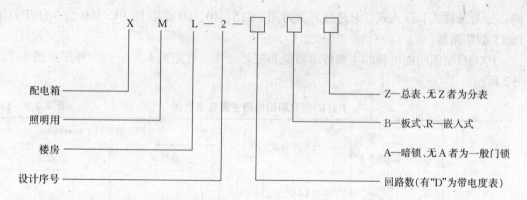

XML-2型照明配电箱分为板式、嵌入式和悬挂式三种。

板式配电箱的板由薄钢板弯焊而成，负荷开关、熔断器、电能表、接零母线直接装在板上，板上方(俯视时可见)开有缺口，进出线均由此进出。

悬挂式、嵌入式配电箱的箱体由箱壳与板组成。箱壳用薄钢板弯制焊接而成，板装在箱壳内，用螺钉固定。箱体正面有可装卸的门，打开门可以检修里面的设备。箱体上下壁有进出线用的敲落孔各三个。

XML-2型照明配电箱悬挂式外形及安装尺寸见图4.2.5-3。

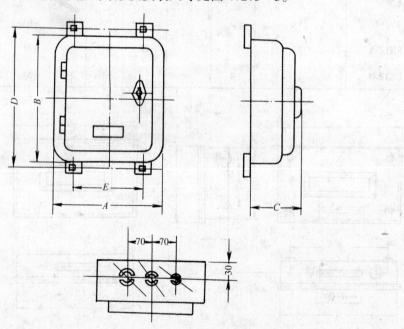

图4.2.5-3　XML-2型悬挂式照明配电箱外形

4.2.6 住宅配电系统及计量方式和导线选择

住宅的计量方式，各地千差万别。确定多层住宅的低压配电系统及计量方式时，应与当地供电部门协商，可采用以下几种方式。

4.2.6.1 单元总配电箱设于首层，内设总计量表，层配电箱内设分户表，由总配电箱至层配电箱宜采用树干式配电，层配电箱至各户采用放射式配电，如图4.2.6.1。

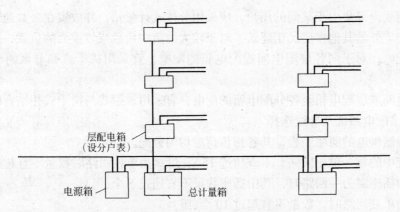

图 4.2.6.1 配电系统方式一

4.2.6.2 单元不设总计量表，只在楼层分配电箱内设分户表，其配电干线宜采用树干式配电，层配电箱至各户支线采用放射式配电，如图 4.2.6.2 所示。

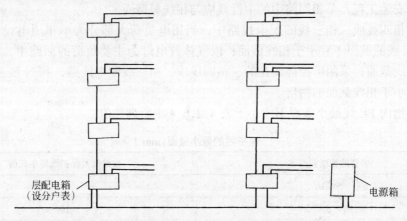

图 4.2.6.2 配电系统方式二

4.2.6.3 分户计量表全部集中于首层（或中间某层）电表间（或箱）内，配电支线以放射式配电至各（层）户，如图 4.2.6.3 所示。

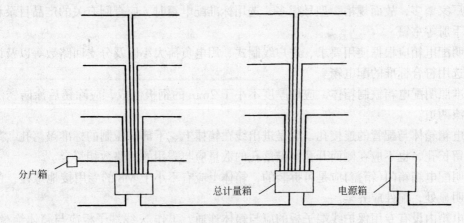

图 4.2.6.3 配电系统方式三

分户电能表全部集中于某间的用户,应采用分体式计量箱,并放置在公共通道上。

除多层住宅外的其他多层民用建筑,对于较大的集中负载或较重要的负载,应从配电室以放射式配电;对于向各层配电间或配电箱的配电,宜采用树干式和分区树干式的方式。

由层配电间或层配电箱至各分配电箱的配电,宜采用放射式与树干式相结合的方式。

4.2.6.4 配电系统及导线选择

三相四线制供电的照明工程,其各相负荷应均匀分配。

照明系统中的每一单相回路,不宜超过15A,灯具为单独回路时数量不宜超过25个。

当灯具和插座混为一回路时,其中插座数量不宜超过5个(组)。

当插座为单独回路时,数量不宜超过10个(组)。

大型建筑组合灯具每一单相回路不宜超过25A,光源数量不宜超过60个。建筑物轮廓灯每一单相回路不宜超过100个。

但住宅可不受上述规定的数量限制。

电气安装工程,单相回路中的中性线应与相线等截面。

在三相四线或二相三线的配电线路中,当用电负荷大部分为单相用电设备时,其N线或PEN线的截面不宜小于相线截面;以气体放电灯为主要负荷的回路中,N线截面不应小于相线截面;采用可控硅调光的三相四线或二相三线配电线路,其N线或PEN线的截面不应小于相线截面的两倍。

建筑物内PE线最小截面不应小于表4.2.6.4中所列数值。

保护线的最小截面(mm^2) 表4.2.6.4

装置的相线截面 S	接地线及保护线最小截面
$S \leqslant 16$	S
$16 < S \leqslant 35$	16
$S > 35$	$S/2$

4.2.7 配电箱的选择

由于国家只对照明配电箱用统一的技术标准进行审查和鉴定,而不做统一设计,且国内生产厂家繁多,故而规格、型号很多,选用标准配电箱时,应查阅有关的产品目录和电气设计手册等书籍。

照明配电箱应根据使用要求、进户线制式、用电负荷大小以及分支回路数等以及设计要求,选用符合标准的配电箱。

标准照明配电箱铁制箱体,应用厚度不小于2mm的钢板制成,应除锈后涂防锈漆一道、油漆两道。

配电箱箱体与配管的连接孔,应是进出线在箱体上、下部有压制的标准敲落孔,敲落孔不应留长孔,也不应在侧面开孔。敲落孔的数量应与需用的回路数相符合。

照明配电箱箱门(箱盖)应是可拆装的,箱体上应有不小于M8的专用接地螺栓,位置应设在明显处,配件应齐全。

配电箱内设有专用保护线端子板的应与箱体连通,工作N线端子板应与箱体绝缘(用作总配电箱的除外),耐压不低于2kV。端子板应用大于箱内最大导线截面2倍的矩型母线制做(但最小截面应不小于 60mm², 厚度不小于 3mm), 端子板所用材料, 使用铜芯导线时应为铜制品, 使用铝芯导线时应为铝制品, 端子板上用以紧固的机螺栓应不小于 M5。

带电体之间的电气间隙不应小于 10mm, 漏电距离不应小于 15mm。

计量箱内的母线应涂有黄(L_1)、绿(L_2)、红(L_3)、淡蓝(N)等颜色。

计量与开关共用的配电箱应使用符合国家或各省内地方标准的标准箱,电能表和总开关应设间隔并加锁。

配电箱所使用的设备均应符合国家或行业标准,并有产品合格证,设备应有铭牌。

住宅用电表箱内的所有开关必须使用经过国家有关部门检定合格的具有过载和短路保护的低压断路器。

用电设备总容量在 100kW 以下,可以采用标准计量箱;用电设备总容量超过 100kW,应装设标准计量柜。

照明配电箱(板)为了防止火灾的发生,不应采用可燃材料;在干燥无尘的场所,采用的木制配电箱(板)应经难燃处理。配电箱(板)的面板出线孔应光滑、无毛刺,为加强绝缘,金属面板出线孔应装设绝缘保护套。

4.2.8 配电箱制作

非标准自制照明配电箱可根据实际需要由施工单位自制。

非标准配电箱中,电流互感器、电能表、总开关以及分开关可以合装在一个箱内。但表前总开关以及电流互感器与电能表应装在单独的间隔内,以便加封加锁。

在配电箱制作时,应先确定盘面尺寸,根据盘面尺寸决定箱体尺寸。

盘面尺寸的确定要根据所装置的电器元件的型号、规格、数量按电气要求,合理的布置在配电箱盘面上,如图 4.2.8 所示,并保证电器元件之间的安全距离。

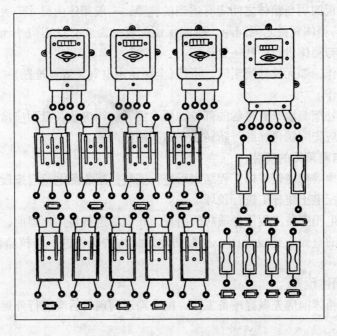

图 4.2.8 盘面电器排列尺寸图

盘面上的各种电气器具最小允许净距不得小于表4.2.8的规定。

配电箱盘面器具最小允许净距（mm）　　　　表4.2.8

电器名称		最小净距
并列电度表间		60
并列开关或单极保险间		30
进出线管头至开关上下沿	10～15A	30
	20～30A	50
	60A	80
电度表接线管头至表下沿		60
上下排电器管头间		25
管头至盘边		40
开关至盘边		40
电度表至盘边		60

木制配电箱箱体及盘面，应使用厚度不小于20mm的无节裂、经过干燥处理的红、白松板材制成，配电箱及盘面板应横平竖直，其对角线长度差不得大于10mm。

宽度超过600mm的配电箱应做成双扇门，门上可以装玻璃、三合板等。配电箱箱门应能向外开启180°，开关多的配电箱，可以做成前、后开门，两面盘面板应有一面能活动。用于室外的配电箱要做成防水坡式，门要严密，防止雨水进入，如为木制配电箱要包镀锌铁皮。盘面板四周与箱体之间应有适当的缝隙，一般箱体内尺寸应大于盘面每边尺寸10mm，盘面板与箱体底板之间间距，应能保证配管的需要，且不应小于50mm。箱体上应开圆孔方便管与箱体进行一孔一管连接。

配电箱的制作，如无设计规定时，可按《全国通用电气装置标准图》"非标准电力配电箱（盘）"进行制作。

木制配电箱外壁与墙壁有接触的部位，要涂沥青。箱内壁及盘面应涂浅色油漆两遍。
铁制配电箱应先除锈再涂红丹防锈漆一遍，油漆两遍。

4.2.9 配电箱箱体的安装

明装配电箱须等待建筑装饰工程结束后进行安装；暗装配电箱应按设计图纸给定的标高和大致位置，配电土建施工进行预埋。

为了防止配电箱安装工程质量通病的出现，在现场进行箱体预埋前，应按照配电箱的规格尺寸，严格的对照土建设计图，并根据建筑结构情况，进一步核验设计位置是否准确。

4.2.9.1 箱体预埋

预埋的电箱箱体前应先做好准备工作，配电箱运到现场后应进行外观检查和检查产品合格证。

由于箱体预埋和进行箱内盘面安装接线的间隔周期较长，箱体和箱盖（门）和盘面应解体后，并做好标记，以防盘内电器元件及箱盖（门）损坏或油漆剥落，并按其安装位置和先后顺序分别存放好,待安装时对号入座。

预埋配电箱箱体时,应按需要打掉箱体敲落孔的压片。当箱体敲落孔数量不足或孔径与配管管径不相吻合时,可使用开孔机开孔。如用手电钻开孔时应沿孔径周边钻小孔,再用圆锉或半圆锉锉齐开孔处。箱体自行开孔或扩孔后,箱体孔径应适宜,切口处整洁、光滑、间距正确,箱体不应被损坏变形。

配电箱严禁有电、气焊开孔或扩孔,箱体上不应开长孔,也不允许在箱体侧面开孔。

在土建主体施工中,到达配电箱安装高度(箱底边距地面一般为1.5m),将箱体埋入墙内,箱体的宽度与墙体厚度的比例关系要正确,箱体不应倒置。箱体要放置平正,箱体放置后用托线板找好垂直使之符合要求,放置箱体时,要根据箱体的结构形式和墙面装饰面的厚度来确定突出墙面的尺寸。木制箱体宜突出墙面10~20mm,尽量与抹灰面相平。铁制箱体是否突出墙面,应根据面板安装方式决定。

宽度超过500mm的配电箱,其顶部要安装混凝土过梁;箱宽度300mm及其以上时,在顶部应设置钢筋砖过梁,$\phi 6$mm以上钢筋,不少于3根,钢筋两端伸出箱体不应小于250mm,钢筋两端应弯成弯钩,如图4.2.9.1-1所示,使箱体本身不受压,箱体周围应用砂浆填实。

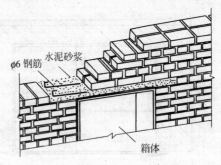

图4.2.9.1-1 配电箱箱体钢筋砖过梁的设置图

在240mm墙上安装配电箱时,要将箱后背凹进墙内不小于20mm,后壁要用10mm厚石棉板,或钢丝直径为2mm孔洞为10mm×10mm的钢丝网钉牢,再用1:2水泥砂浆抹好,以防墙面开裂,如图4.2.9.1-2所示。

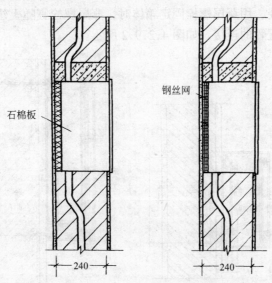

图4.2.9.1-2 在240mm厚墙体上安装配电箱

木制和铁制的配电箱箱体在墙体内的安装，如图4.2.9.1-3所示。

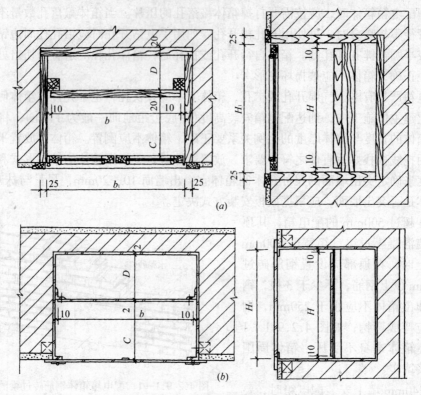

图4.2.9.1-3 暗装配电箱箱体安装
(a) 木制配电箱；(b) 铁制配电箱

4.2.9.2 明装配电箱的安装

明装配电箱安装，用燕尾螺栓固定箱体时，燕尾螺栓宜随土建墙体施工预埋。箱体的固定及与墙体内暗配管的连接，如图4.2.9.2所示。

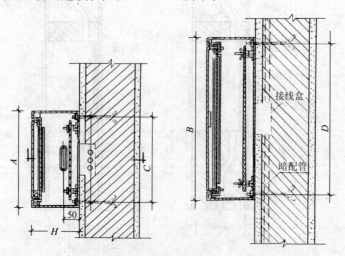

图4.2.9.2 明装配电箱做法

明装配电箱用预埋燕尾螺栓固定箱体的方法施工较费力，可以采用金属膨胀螺栓的方法进行安装。

目前，各种配电箱还有很多新的样式面世，除严格检查其质量保证书外，在安装时按其说明书要求进行安装。

4.2.10 配管与箱体的连接

配电箱箱体埋设后，随着土建工程的进展，将要进行配管与配电箱箱体的连接，连接各种电源、负荷管应由左至右按顺序排列整齐。住宅楼各户配管位置应与住户的位置对应排列，形成规律。

不应该采用那种在砌体墙施工时，在箱体顶部留槽或留置垂直洞口，进行后配管的错误做法。

配管与箱体的连接，应根据配管的种类，采用不同的连接方法。

4.2.10.1 钢导管螺纹连接

钢导管与配电箱采用螺纹连接时，应先将管口端部适当长度套丝，拧入锁紧螺母（根母），然后插入箱体内，管口处再拧紧护圈帽（护口），也可以再拧一个锁紧螺母（根母），露出2～3扣的螺纹长度，拧上护圈帽（护口）。如图4.2.10.1-1所示。

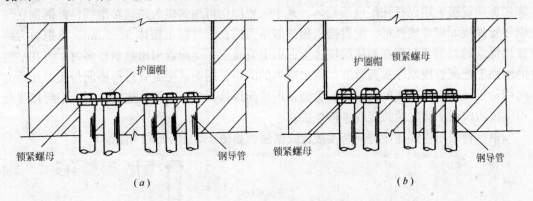

图 4.2.10.1-1 钢导管与配电箱采用螺纹连接
(a) 钢导管与箱体用护圈帽和锁紧螺母固定；(b) 钢导管与箱体用二个锁紧螺母和护圈帽固定

为了使上部入箱管长度一致，可在箱内使用木制平托板，在箱体的适当位置上用木方或普通砖顶住平托板。在入箱管管口处先拧好一个锁紧螺母，留出适当长度的管口螺纹，插入箱体敲落（连接）孔内顶在平托板上，待墙体工程施工后拆去箱内托板，在管口处拧上锁紧螺母和护圈帽，如图4.2.10.1-2所示。

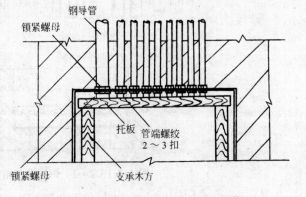

图 4.2.10.1-2 使用托板固定入箱管

镀锌钢导管与配电箱箱体采用螺纹连接时，宜采用专用接地线卡用适当截面的铜导线做跨接接地线，进行镀锌钢导管与配电箱箱体的跨接，不应采用熔焊连接。

明配的黑色钢导管与配电箱箱体采用螺纹连接时，连接处的两端应用适当直径的圆钢，焊接跨接接地线，把钢管与箱体焊接起来。也可以采用专用跨接接地线卡跨接配管与箱体。

4.2.10.2 钢导管焊接连接

暗配的非镀锌钢导管与配电箱的连接可以采用焊接连接，管口宜高出箱体内壁 3～5mm，如图 4.2.10.2-1 所示。应在管内穿线前在管口处用塑料内护口保护导线也可以用 PVC 管加工制作喇叭口插入管口处保护导线。

施工中钢导管与金属配电箱采用焊接连接时，不宜把管与箱体敲落或连接孔直径焊接，易烧穿箱体或造成箱体变形。

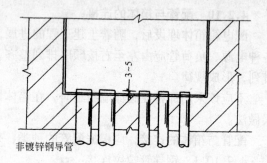

图 4.2.10.2-1 钢导管与配电箱采用焊接连接

配电箱引下管与箱体连接时，可在入箱管端部适当位置上，用两根圆钢在钢管端部两侧做横向焊接，用以托住配电箱箱体，其中一根圆钢可用来做为跨接接地线，此圆钢在与钢导管焊接处应弯成弧形，配管插入箱体敲落孔后，管口露出箱体 3～5mm，再把做为跨接接地线的圆钢弯起焊在箱体的棱边上；引上管施工，当配管引出数量较多时，可在平整的地面上把配管按顺序排列整齐，留出适当的间距，用钢筋把配管进行横向焊接，在反方向用一根做跨接接地线的钢筋再与管做弧形横向焊接，待插入箱体连接孔后，把跨接线与箱体棱边或引下管上的跨接线进行焊接。

钢导管采用焊接连接时，跨接接地线做法，如图 4.2.10.2-2 所示。

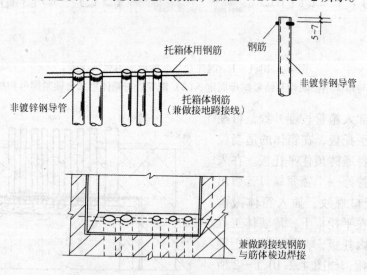

图 4.2.10.2-2 钢导管与箱体跨接接地线的做法

4.2.10.3 刚性绝缘导管与箱体的连接

刚性绝缘导管与配电箱箱体的连接，各地的习惯做法不一，称得上是五花八门。有的使用连接器件；也有的在箱内用托板或砖顶住入箱管的管口，使之管入箱露出长度小于

5mm；还有的是把上部入箱管落入箱的底部，待引上管固定牢固后，用白线绳依靠摩擦生热的作用拉断多余的管头；更为甚者是预先不控制入箱管的长度，在清扫管路时用钳子掰断多余的管头，使入箱管锯齿狼牙。

原《建筑电气工程施工质量验收规范》GB 50303-2002中规定：绝缘导管与盒（箱）应用连接器件，连接处结合面应涂专用胶合剂，接口应牢固密封。

刚性绝缘导管使用连接器件与配电箱连接，如图4.2.10.3-1所示。

刚性绝缘导管与箱体连接的最佳方法是，管端采用做喇叭口的方法，可以节省大量的连接器件，如图4.2.10.3-2所示。

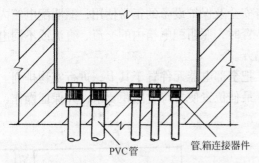

图4.2.10.3-1　PVC管用连接器件与箱体连接

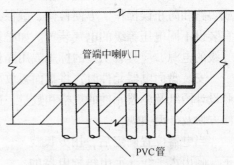

图4.2.10.3-2　管端做喇叭口与箱体连接

配电箱引上管应根据需要长度下料切断，加热软化管口处，用胎具把管口处加工成喇叭口状，由箱体内插出敲落孔，在箱体内用木板或木方把管口顶在箱体上沿处，使喇叭口紧贴接触面，如图4.2.10.3-3待墙面达到配电箱安装高度后，把箱体连同引上管稳固在墙体上，待引上管处墙体施工牢固后，拆除支撑物，配电箱内管口处既美观大方，又可节省配管管材；配电箱下部管可在

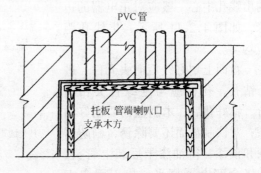

图4.2.10.3-3　配电箱引上管连接做法

箱体就位后，加热管口用胎具做好喇叭口。如果下部管敷设长度不到位，可以用一段适当长度已做好喇叭口的短管，与下部管进行连接，连接套管处应涂胶合剂。但不能用异径管连接此段入箱管。

自配电箱箱体向上配管，当建筑物有吊顶时，为以后连接吊顶内的配管，引上管的上端应在适当高度处弯成90°弯曲，配管沿墙体内垂直进入吊顶顶棚内。

配电箱由下引来的配管，在管路敷设部位的墙体施工时，要随时调整配管的部位及垂直度，当墙体施工对一定的高度时，可用靠尺板测量管距墙表面的距离，与箱底敲落孔距箱体箱口的距离对比，使上、下层配电箱箱体始终保持在同一条垂直线上，配管对准箱体的敲落孔引上。待墙体砌筑到安装箱体的高度时，可用不同的方法将配管拉断，其中用白线绳拉断塑料管的方法最省力。

如果不进行预埋施工，而在墙体上先留洞，后安装配电箱，不但进行重复劳动，还影响建筑物的结构强度，也给配管与箱体连接带来一定的麻烦，这种做法不应提倡。

但是，由于某种原因，配电箱没到位，土建继续施工而无法进行预埋箱体时，应在埋设箱体的位置上，留置一个洞口，洞口下沿应比箱体下沿安装标高略低，这是为了利于引上管与箱体敲落孔连接，洞口高度应比箱体高度大200mm以上。箱体到达现场后，倾斜向预留洞口内放置，把入箱管插入敲落孔内，如管口对不准敲落孔，刚性绝缘导管配管时，可加热入箱管，使管端成鸭脖弯状，使配管管口入箱处保持顺直状态。如果入箱管为钢导管时，应接一段已弯好鸭脖弯的短管与配管连接，进入到箱体内。

4.2.11 盘面电器元件安装

盘面电器元件安装，应根据设计要求，选用符合标准的电器元件。为了防止误接线造成短路和防止误操作、方便检修、确保人身安全及保护设备的正常使用，照明配电箱内不宜装设不同电压等级的电气装置。如必须装置时，照明配电箱内的交流、直流或不同电压等级的电源，应具有明显的标志或用隔板隔开。

安装盘面电器元件时，将盘面板放平，把全部电器元件置于其上，进行实物排列。对照设计图纸及电器元件的规格和数量，选择最佳位置使之符合间距要求；并保证操作、维修方便及外型美观。

当电器位置确定后，用方尺找正，画出水平线，定出每种电器的安装孔和出线孔，电器上、下两侧的出线孔中心一般应对正电器的边缘，如图4.2.11所示，出线孔距应均匀。

盘面上划好线后撤去元件，进行钻孔，孔径应与绝缘管头相吻合，钻好孔后，木制盘面要刷好油漆；对铁制盘面还要除锈，刷防锈漆和油漆，待油漆干后装上管头，并将全部电器摆平、找正固定牢固。木制盘面应使用瓷(或塑料)管头保护导线，铁制盘面要用橡胶压铸套管保护。

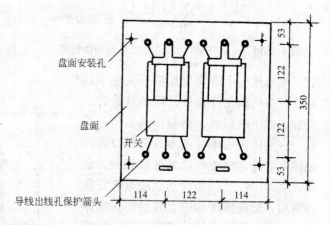

图4.2.11 器具出线孔位置

盘上开关应垂直安装，总开关应装在盘面板的左面。电度表应安装牢固、垂直，不可出现纵向或横向的倾斜，否则要影响计量的准确性。当计算负荷电流在30A及以上时应装电流互感器，其精度应为0.5级。

盘面上电器控制回路的下方，要设好标志牌，标明所控制的回路名称编号。住宅楼配电箱内安装的开关及电度表，应与用户位置对应，在无法对应的情况下，也要设好编号。

塑料配电箱盘面板上安装电器时，先钻出一个 $\phi 3mm$ 小孔，再用木(或自攻)螺丝拧紧元件。

4.2.12 盘内配线

盘内配线应在盘面上电器元件安装后进行，配线时应根据电器元件规格、容量和所在位置及设计要求和有关规定，选好导线的截面和长度，剪断后进行配线。盘前盘后配线应成把成束排列整齐、美观，安全可靠，必要时采用线卡固定。压头时，将导线剥出线芯逐个压牢。

电流互感器的二次线应采用单股铜导线，电流回路的导线截面不应小于 $2.5mm^2$；电压回路的导线截面不应小于 $1.5mm^2$。

电能计量用的二次回路的连接导线中间不应有接头，导线与电器元件的压接螺丝必须牢固，压线方向应正确。所有二次线必须排列整齐，导线两端应穿有带有明显标记和编号的标号头。导线的色别按相序依次为黄、绿、红色，专用保护线为黄绿相间色，工作 N 线为淡蓝色。

4.2.13 配电箱内盘面板安装

室内电气照明器具安装完毕后，把组装好的盘面板拿到现场，即可以进行配电箱盘面板的安装。安装前，应对箱体的预埋质量，线管配制情况进行检验，确定符合设计要求及施工质量验收规范规定后，再进行安装。

安装前必须清除箱内杂物，检查盘面安装的各种元件是否齐全、牢固，并整理好配管内的电源和负荷导线。引入引出线应有适当余量，以便检修，管内导线引入盘面时应理顺整齐。箱盘内的导线中间不应有接头，多回路之间的导线不能有交叉错乱现象。

对配电箱内出管导线理顺后，应成把成束沿箱体内周边保留 10mm 距离，横平竖直布置，并用尼龙扎带扎紧，在转弯处线束要进行弧形弯曲。余线要对正器具或端子板进行接线。

4.2.14 导线与盘面器具的连接

配电箱内导线需要穿过盘面时，把整理好的导线一线一孔穿过盘面，一一对应与器具或端子等进行连接。盘面上接线应整齐美观，安全可靠，同一端子上，导线不应超过两根，螺钉固定应有平垫圈、弹簧垫圈。中性线(N)应经过汇流排采用螺栓连接，不应做成鸡爪线连接。中性线(N)端子板上，分支回路排列位置应与开关或熔断器位置对应。

凡多股铝导线和截面超过 $2.5mm^2$ 的多股铜芯线，与电气器具的端子连接，应焊或压接端子后再连接，严禁盘圆做线鼻子连接。

开关、互感器等应上端进电源，下端接负荷或左侧电源右侧负荷。相序应一致，面对开关从左侧起为 L_1、L_2、L_3 或 $L_1(L_2、L_3)N$。开关及其他元件的导线连接处，牢固压紧，不损伤芯线。

根据额定电流适当选择保险丝，在开启式负荷开关上摆保险要把保险丝中部压在沟槽内，不能拉直，防止在保险丝熔断时产生弧光短路。

熔断器安装时，对磁插式熔断器应上端接电源，下端接负荷，横装时左侧接电源，右侧接负荷。磁插式熔断器底座中心明露螺丝孔应有填充绝缘物，以防止对地放电，磁插件不得裸露金属螺丝，应填充火漆。

螺旋式熔断器安装时，底座严禁松动，电源线应接在底座中心触头的端子上，负荷线接在螺纹的端子上。

电能表接线时，单相电能表的电流线圈必须与相线连接，三相电能表的电压线圈不准装熔丝。

单相和三相四线电能表的接线，如图 4.2.14-1 和图 4.2.14-2 所示。

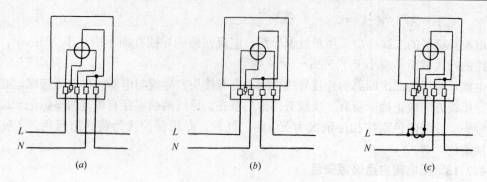

图 4.2.14-1 单相电能表接线图
(a) 直通表跳入式接线；(b) 直通表顺入式接线；(c) 经电流互感器接线

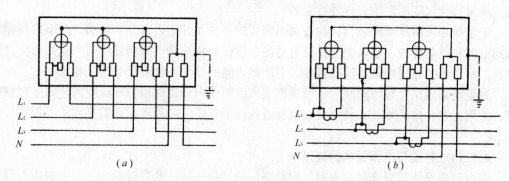

图 4.2.14-2 三相电能表接线图
(a) 直通式接线 (b) 经电流互感器接线

4.2.15 漏电保护器安装

漏电保护器是漏电电流动作保护器的简称，是断路器的一个重要分支。主要用来保护人身电击伤亡及防止因电气设备或线路漏电而引起的火灾事故。

漏电保护器是在断路器内增设一套漏电保护元件组成，所以漏电保护器除具有漏电保护的功能外，还具有断路器的功能。

4.2.15.1 漏电保护器选择

选择漏电保护器不同于一般的电器产品，要认真阅读产品说明书。打开产品说明书，要检查一下有无产品生产许可证和产品的安全认证标志，产品主要安全部件的技术性能，说明书内容与铭牌标志内容是否一致。

漏电保护器属于强制性认证产品，无论任何厂家生产的漏电保护器，都必须经过产品认证。用户在选择漏电保护器时，必须检查产品外壳的明显处有无认证标志。

我国电工产品的安全认证标志为长城标志，标志为白底绿色图案，如

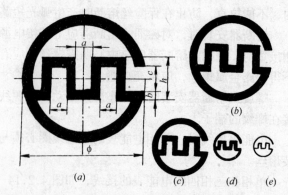

图 4.2.15.1 电工产品安全认证标志
(a) 2号；(b) 1.5号；(c) 1号；(d) 0.5号；(e) 0.3号

图 4.2.15.1 所示。标志图形规格分为 5 种，见表 4.2.15.1。如果漏电保护器产品无标志或标志图案的内容、尺寸大小，与图或表不相符合时，不能选用。

电工产品安全认证标志规格　　　　　　　表 4.2.15.1

标志规格号	尺寸(mm)	Φ	a	b	c	h
0.3		10.5	1.4	0.7	2.1	3.5
0.5		15	2	1	3	5
1		30	4	2	6	10
1.5		45	6	3	9	15
2		67.5	9	4.5	13.5	22.5

4.2.15.2 漏电保护器的安装接线

单相漏电保护器，一般安装在电源末端。安装时可以与单相电能表、熔断器固定在一起。必须指出：没有过载、短路功能的漏电保护器，在安装时必须与短路保护配合使用。

在安装前应核对漏电保护器铭牌上的数据是否符合使用要求，并操作数次，检查其动作是否灵活，有无卡涩现象。

应按漏电保护器产品标志进行电源侧和负荷侧接线。漏电保护器接线时，应注意其上的标志，L 线与 N 线不能接错。漏电保护器前侧 N 线上不应设有熔断器，防止 N 线保险丝熔断后，一旦线路出现 L 线漏电时，漏电保护器不会动作。

电流型漏电保护器安装后，除应检查接线无误外，还应通过试验按钮检查其动作性能，并应满足要求。

4.2.16 配电箱面板（箱盖、贴脸）的安装

当配电箱（盘、板）导线连接完成后，应再次清理箱内杂物，然后再固定盘、板，固定盘、板时，不能挤压盘后导线，也不能把导线压在盘面板的四周边缘上。同时还应注意箱内导线接头处经绝缘包扎后，不应接触箱内金属物上，防止对地漏电。

配电箱盘、板面固定完成后，最后一道工序是安装箱门。

配电箱面板四周边缘应紧贴墙面，不能缩进抹灰层内，也不得突出抹灰层。

木制配电箱安装贴脸前，如箱口突出墙面要刨平，凹进抹灰面时，加钉木条与抹灰面平齐，箱门应能向外开启 180°，超过 600mm 宽时应打双扇门，如图 4.2.16 所示。

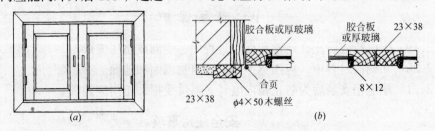

图 4.2.16　双扇木门构造图
(a) 双扇门立面；(b) 门构造图

箱门油漆颜色除施工图中有特殊要求外，一般与工程中门窗的颜色相同。刷油后的质量应与工程中木制门、窗的油漆质量相同。铁制配电箱应油漆完整，无掉漆返锈等现象。

Ⅲ 质量标准

4.2.17 主控项目

4.2.17.1 照明配电箱(盘)的箱体必须与PE线或PEN线连接可靠；盘面和装有电器的可开启门，和箱体的接地端子间应用裸编织铜线连接，且有标识。

检查方法：全数检查，目测检查。

4.2.17.2 照明配电箱(盘)应有可靠的电击保护。箱(盘)内保护导体应有裸露的连接外部保护导体的端子，当设计无要求时，箱(盘)内保护导体最小截面积S_P不应小于表4.2.6.4的规定。

检查方法：全数检查，目测检查。

4.2.17.3 照明配电箱(盘)安装应符合下列规定：

1. 箱(盘)内配线整齐，无绞接现象。导线连接紧密，不伤芯线，不断股。垫圈下螺丝两侧压的导线截面积相同，同一端子上导线连接不多于2根，防松垫圈等零件齐全；

2. 箱(盘)内开关动作灵活可靠，带有漏电保护的回路，漏电保护装置动作电流不大于30mA，动作时间不大于0.1s。

3. 照明箱(盘)内，分别设置中性线(N)和保护线(PE)汇流排，中性线和保护线经汇流排配出。

检查方法：全数检查，1、3项目测检查，2项漏电装置动作数据值，查阅测试记录或用适配检测工具进行检测。

4.2.18 一般项目

照明配电箱(盘)安装应符合下列规定：

1. 位置正确，部件齐全，箱体开孔与导管管径适配，暗装配电箱箱盖紧贴墙面，箱(盘)涂层完整；

2. 箱(盘)内接线整齐，回路编号齐全，标识正确；

3. 箱(盘)不采用可燃材料制作；

4. 箱(盘)安装牢固，垂直度允许偏差为1.5‰；底边距地面为1.5m，照明配电板底边距地面不小于1.8m。

检查方法：1、2、3项目测检查，4项尺量检查。

Ⅳ 成品保护

4.2.19 配电箱应防止在运输和保管过程中，受潮或挤压变形。

4.2.20 在刷油过程中，应注意不污染建筑物墙面和地面。

4.2.21 配电箱安装后为防止箱内电气元器件受损，箱门应加锁。

Ⅴ 安全注意事项

4.2.22 安装配电箱、盘面和器具时，应防止倾倒和坠落伤人。

4.2.23 开关上的保险丝必须按规定选用，不得用铜、铝丝代用，摆放方法要正确合理。

4.2.24 送电试亮前,要通知现场有关施工人员,非电气工作人员禁止乱动电气器具。

Ⅵ 质量通病及其防治

4.2.25 配电箱箱体不方正,箱体在运输过程中变形。木制箱体在制作时,不能用钉子钉,应按标准做铆榫。生产厂家制作的配电箱要进一步加强制作质量,施工购买者要严格检查,运输与保管时要妥善。

4.2.26 箱体预埋后,顶部受压变形。箱体预埋后,顶部应正确设置过梁。

4.2.27 木制配电箱开长孔;铁制箱体用电、气焊割大孔。在配电箱制作时应开圆孔。铁箱开孔数量不能少于配线回路,箱体要配合土建施工预埋,不能先留墙洞后安装配电箱,往往会造成管与箱体敲落孔无法对正。不可用电、气焊割孔,应用开孔器开孔,或者用钻扩孔后再用锉刀锉圆。

4.2.28 同一工程中箱高度不一致,垂直度超差。预埋箱体时要按建筑标高线找好高度,不能查砖行放箱体,安装箱体时同时用线锤吊好,直至垂直度符合要求。

4.2.29 配电箱后部墙体开裂、空鼓。在240mm墙上安装配电箱,后部缩进墙内,正确的设置钢丝网或石棉板,防止直接抹灰致使墙体开裂。

4.2.30 管插入箱内长短不一,不顺直,硬塑管入箱过长,穿线前打断,有的断在箱外。钢管入箱时要先拧好根母再插入箱内使其长度一致,做焊接连接时长度不应超过5mm;入箱管路较多时要把管路固定好防止倾斜,管入箱时最好能利用自制平档板,使其管口入箱长度一致,用砖或木板在箱内把管顶平也可以。

4.2.31 配电箱面板四周边缘,突出或缩进抹灰层内,箱门不能开启180°。自制木配电箱预埋时应先安箱体,抹灰完成后再钉贴脸;箱体突出抹灰面时,突出部位应砍或刨去,使贴脸背部与抹灰面一平。

铁制配电箱要选择活面板的产品,待抹灰完成后再安装。

箱门安装方法应合理,使之能开启180°,图纸会审应加强,在不合乎要求的位置上,不能安装配电箱。

4.2.32 保护线使用不当,不能使中性线与保护线混同,应单独敷设保护线。

4.2.33 保护线在配电箱(盘)内位置不当。保护线,必须连接牢固、可靠,不能压在盘面的固定螺栓上,防止拆盘时断开。

4.2.34 安全开关保护盖及固定钮丢失或损坏。安装安全开关时,要防止其丢失或损坏,要先把开关保护盖和固定钮保管好,待交工前一并拧好,或在配电箱上锁时再拧好。

4.3 电气照明器具安装

Ⅰ 施工准备

4.3.1 材料

1. 各种灯具、开关、插座、吊扇、电铃和电钟等。

2. 各种材质的绝缘台、各种螺丝、多种规格型号绝缘导线、焊锡及焊锡膏等。

4.3.2 工具

1. 克丝钳子、电工刀、螺丝刀、电烙铁及焊锡锅等。
2. 500V兆欧表。

4.3.3 作业条件

1. 建筑物内顶棚、墙面等的抹灰及表面装饰工作需完成，并结束场地清理工作，在房门可以关锁的情况下安装。
2. 对灯具安装有妨碍的模板、脚手架应拆除。
3. 成排或对称及组成几何图形的灯具，安装前应进行测位划线。

Ⅱ 施 工 工 艺

4.3.4 工艺流程

4.3.4.1 照明装置安装前必须清除暗装开关、插座、灯位盒内杂物。

4.3.4.2 由于灯具种类不同，因此灯具安装施工程序也不尽相同。一般来讲需先进行灯具组装，然后到施工现场进行安装。

4.3.4.3 暗装开关、插座工艺流程：

|开关(插座)接线|→|安装开关(插座)芯或连同盖板|→|安装盖板|

4.3.4.4 明装开关、插座工艺流程：

|开关(插座)绝缘台安装|→|开关(插座)安装|→|接线|

4.3.5 灯具选择

在灯具安装前，应对灯具进行外观检查，完好无损的灯具方可使用到工程中，大(重)型灯具应具有产品合格证件。

4.2.5.1 灯座

灯座一般分为平座式、吊式和管接式三种。平座式和吊式灯座用普通的平座灯和吊线灯，管接式灯座用于吸顶灯、吊链灯、吊杆灯和壁灯等成套灯具内，悬吊式铝壳可用于室外吊灯。

根据"JB 844-66"的规定：灯座的绝缘应能承受2000V(50Hz)试验电压历时1min而不发生击穿和闪络；螺口灯座在E27/27-1灯泡旋入时，人手应触不到灯光和灯座的带电部分；插口灯座、两弹性触头被压缩在使用位置时的总弹力为15~25N；灯座通过125%的工作电流时，导电部分的温升不应超过40℃；胶木件表面应无气泡、裂纹、缺粉、肿胀，明显的擦伤和毛刺，并具有良好的光泽。

平座式灯座的接线端子应能可靠连接一根与两根截面为0.5~2.5mm^{2}的导线，其他灯座能连接一根截面为0.5~2.5mm^{2}的导线，悬吊式灯座的接线端子当连接截面为0.5~2.5mm^2(E40用灯口为1~4mm^2)导线后，应能承受4kg的拉力；金属之间的连接螺纹的有效连续圈数不应少于2圈，胶木之间的连接螺纹的有效连接圈数不应少于1.5圈。

4.3.5.2 灯具的外观检查

安装灯具的型号、规格必须符合设计要求和国家标准的规定。各种灯具的型号、规格等均可由生产厂家的灯具样本中查找或到商店查询。

灯具的配件应齐全，无机械损伤、变形、油漆剥落、灯罩破裂、灯箱歪翘等现象。大(重)型灯具应有产品合格证。

4.3.5.3 灯具配线的质量要求

灯具内配线应符合施工验收规范的规定。照明灯具的使用的导线，为保证灯具能承受一定的机械力和可靠的的安全运行。其工作电压等级不应低于交流 250V，最小线芯截面应符合表 4.3.5.3 的规定。

线芯最小允许截面　　　　　　　　表 4.3.5.3

灯具安装场所及用途		线芯最小截面(mm^2)		
		铜芯软线	铜线	铝线
灯头线	民用建筑室内	0.5	0.5	2.5
	工业建筑室内	0.5	1.0	2.5
	室　外	1.0	1.0	2.5
移动用电设备的导线	生活用	0.4		
	生产用	1.0		

灯具内导线应绝缘良好，无漏电现象，灯具内配线应严禁外露，穿入灯箱的导线在分支连接处不得承受额外应力和磨损，多股软线的端头需盘圈、挂锡。灯箱内的导线不应过于靠近热源，并应采取措施。

使用螺口灯头时，相线必须压在中心接点的端子上。

荧光灯可能出现的接线方法有四种，如图 4.3.5.3-1 所示。采用这些接线方法，在正常电压下，虽然都能使荧光灯管放光，但其起动的性能是不一样的；图 4.3.5.3-1(d) 的方法是最好的，不但起动性能好，而灯管的使用寿命也最长。其他接线方法是不可行的，荧光灯接线应将相线接入开关，开关的控制线应与镇流器相连接。当安装电容器时，电容器应并联在镇流器前侧的电路中，不应串联在电路内。

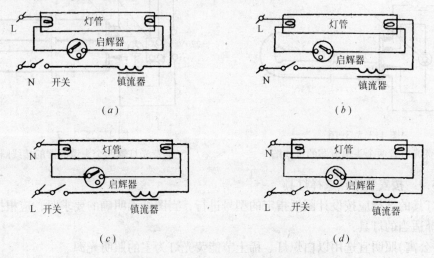

图 4.3.5.3-1　荧光灯的四种接线方法

使用双线圈荧光灯镇流器时,它的接线方法见图4.3.5.3-2。双管荧光灯并联接线见图4.3.5.3-3。

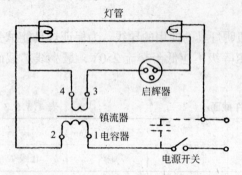

图4.3.5.3-2 双线圈镇流器荧光灯接线图

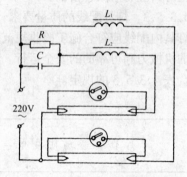

4.3.5.3-3 荧光灯双灯管并联接线图

环形荧光灯管的接线方法见图4.3.5.3-4和图4.3.5.3-5。U形荧光灯管接线见图4.3.5.3-6和图4.3.5.3-7。

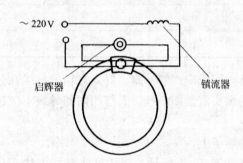

图4.3.5.3-4 环形荧光灯管两个头镇流器的接线图

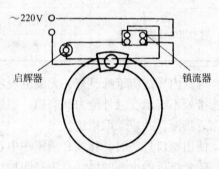

图4.3.5.3-5 环形荧光灯管四个头镇流器的接线图

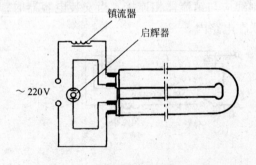

图4.3.5.3-6 V形荧光灯管两个头镇流器的接线图

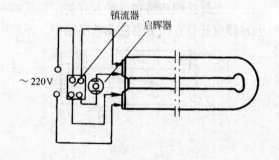

图4.3.5.3-7 V形荧光灯管四个头镇流器的接线圈

4.3.5.4 按安装地点选择灯具

照明灯具的选择应按设计图纸指定的型号进行,当图纸无明确的要求时,应根据下述规定,选择适当的灯具:

住宅(公寓)照明宜选用以白炽灯、稀土节能荧光灯为主的照明光源。

住宅(公寓)中的灯具,可根据厅、室使用条件选用升降式灯具。

高级公寓的起居厅照明宜采用可调光方式。

单身宿舍照明光源宜选用荧光灯，并宜垂直于外窗布置灯具。

办公房间的一般照明采用荧光灯时宜使灯具纵轴与水平视线相平行。大开间办公室宜采用与外窗平行的布灯形式。

教室照明宜采用蝙蝠翼式和非对称配光灯具，并且布灯原则应采取与学生主视线相平行，安装在课桌间的通道上方，与课桌面的垂直距离不宜小于1.7m。

4.3.6 照明装置绝缘台的安装

安装绝缘台或灯具前，应检查导线回路各种线头是否正确，选用的绝缘台是否合适。

绝缘台与照明装置的配备应适当，不宜过大，一般情况绝缘台应比灯具法兰或吊线盒、平灯座的直径或长、宽大40mm。

灯具安装时，应选用合格的绝缘台，安装照明灯具使用的木绝缘台，其厚度不应小于20mm，木绝缘台应完整无节裂及翘曲变形，油漆完美。用于室外或室内潮湿场所的木绝缘台与建筑物相接触的表面应刷防腐漆。

塑料绝缘台应无老化、无脆裂，并应足够的强度，受力后无弯翘、变形等现象。

绝缘台的安装时间和方法，与照明线路敷设方式及灯种不同有所区别，但在安装木绝缘台前，应先用电钻将木绝缘台的出线孔钻好，木绝缘台钻孔时，二孔不宜顺木纹。

塑料台不需钻孔可直接固定灯具。

固定直径100mm及以上的绝缘台的螺丝不能少于两根；绝缘台直径在75mm及以下时，可用一个螺钉或螺栓固定。绝缘台安装应牢固，紧贴建筑物表面无缝隙。安装绝缘台时，不能把导线压在绝缘台的边缘上。

混凝土屋面暗配线路，灯具绝缘台应固定在灯位盒的缩口盖上。安装在铁制灯位盒上的绝缘台，应用机械螺栓固定。

混凝土屋面明配线路，应预埋木砖或打洞，使用木螺栓或塑料胀管固定绝缘台。

空心板板孔穿线或板孔配管工程，应在板孔处打洞，放置铁板或塑料横杆或T型螺栓、伞型螺栓，固定绝缘台如图4.3.6-1所示。

在木梁或木结构的顶棚上，可用木螺丝直接把绝缘台拧在木头上。较重的灯具必须固定在楞木上，如不在楞木位置，必须在顶棚内加固。

瓷（塑料）夹板配线安装绝缘台时，不得压线装设，电线应在其表面引进吊线盒、插座、平灯座等内。

塑料护套线直敷配线的绝缘台，按护套线的粗度挖槽，将护套线压在绝缘台下面，在绝缘台内不得剥去护套绝缘层。

槽板配线工程，应使用厚32mm的高桩木绝缘台，并应按槽板的宽度和厚度将木绝缘台边挖槽，底板应伸进木绝缘台，且木绝缘台应压入盖板头不小于10mm，如图4.3.6-2所示。

暗配灯位盒，在绝缘台安装之前，还应检查盒周围的抹灰情况，灯位盒周围不应有孔洞。

潮湿场所除要安装防水、防潮灯外，还要在绝缘台与建筑物表面安装橡胶垫，橡胶垫的出线孔不应挖大孔，应一线一孔，孔径与线径相吻合，木质绝缘台四周应刷一道防水漆，再刷两道白漆，保持木质干燥。

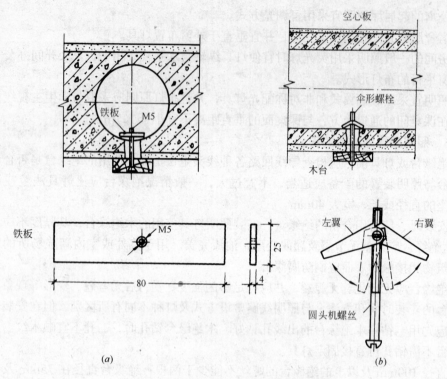

图 4.3.6-1 空心板板孔绝缘台固定
(a) 用铁板固定;(b) 用伞形螺栓固定

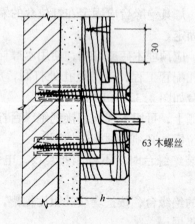

图 4.3.6-2 槽板配线木台绝缘做法

4.3.7 白炽平灯座安装

平灯座在暗配管路灯位盒上安装,应该把平灯座与绝缘台先组装在一起,然后再拿到现场去接线安装。

根据使用场所,如用平灯座时,最好选择带台平灯座。可以减少灯座与绝缘台组装的工序。

现场安装时,把灯位盒的管内导线区分开,把相线(即来自开关控制的电源线)通过绝缘台的穿线孔由平灯座的穿线孔穿出,接到与平灯座中心触点相连的端子上;用同样方法把N线接在与灯座螺口触点相连接的端子上。应注意在接线时防止螺口及中心触点固定螺丝或铆钉松动,以免发生短路故障。

导线接好后将盒内余线盘圆放入盒内,再把绝缘台固定在灯位盒的缩口盖上。

如果平灯座安装在潮湿场所,应使用瓷质平灯座,且绝缘台与建筑物墙面或顶棚之间,要垫橡胶垫防潮,胶垫应选择厚2~3mm,且应比绝缘台大5mm。

4.3.8 白炽软线吊灯安装

白炽软线吊灯由吊线盒、软线、吊灯座和绝缘台组成。灯具重量只限于0.5kg及以下。

4.3.8.1 软线加工

截取所需长度的塑料软线或花线(一般为2m),两端剥出线芯拧紧(或制成羊眼圈状)挂锡。如使用花线,则要把线端外层绝缘编织层做收口处理,即将端部外层绝缘编织层破开约30~40mm长,留下2~3根,余者剪齐,将编织层向里撸;用留下的长线把编织层头部绑扎紧,再把编织层向外撸,将绑扎部位裹在里面,防止端部编织层散开。

4.3.8.2 灯具组装

拧下吊灯座和吊线盒盖,将吊线盒底与绝缘台固定牢(如果使用带台吊线盒可省掉这一工序),把软线分别穿过灯座和吊线盒盖的孔洞,然后打好保险扣,如图4.3.8.2所示,防止灯座和吊线盒螺丝承受拉力。将软线的一端与灯座的接线桩头连接,(如使用分色塑料软线或紫花色时,要把此线接在灯座上与中心触点的接线桩上),另一端与吊线盒的邻近隔脊的两个接线桩相连接,并紧好灯座螺口及中心触点的固定螺丝,防止松动,再将灯座盖拧好准备到现场安装。

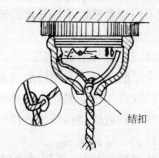

图4.3.8.2 吊线盒软线打保险扣方法

4.3.8.3 灯具安装

把灯位盒内导线由绝缘台穿线孔穿入吊线盒内,分别与底座穿线孔邻近的接线桩上连接,应把相线(即来自开关的电源线),接在与灯座中心触点相连接的接线桩上,把N线接在与灯座螺口触点相连接的接线桩上。导线接好后用木螺丝把木(塑料)台(连同灯具)固定在灯位盒的缩口盖上。

4.3.9 防水软线白炽灯安装

防水软线白炽灯由瓷质或胶木吊线盒、瓷质或胶木防水软线灯座和绝缘台及橡胶垫组成。灯具安装时要根据灯具组成型式不同,采用不同的安装方法:

1. 使用瓷质吊线盒时,把吊线盒与木(塑料)台固定好,把防水软线灯线直接接在吊线盒接线桩上,相线(即来自开关的电源线)接在与软线灯中心触点连接的桩头上,N线接在与螺口连接的接线桩上,然后将橡胶垫木台与灯具固定在灯位盒上。

2. 使用胶木吊线盒时,把吊线盒与绝缘台先固定好,把电源线通过绝缘台与吊线盒穿线孔穿出吊线盒盖,将盒盖拧上。把绝缘台连同吊线盒固定到灯位盒上,绝缘台与建筑物表面按上述要求垫好橡胶垫把电源线与防水灯软线直接连接,两个接头应错开30~40mm。应注意相线(即来自开关的电源线,连接在与防水软线灯座相连接的中心触点的软白线上,N线连接在与螺口相连的软线上)。

4.3.10 吊链白炽灯安装

大于0.5kg的灯具采用吊链,一般情况下灯具的吊链、法兰、灯座已是组装好的成品。

4.3.10.1 软线加工

截取所需长度的软线如前述方法加工,软线两端不需打结。

4.3.10.2 灯具组装

拧下灯座将软线的一端与灯座的接线桩进行连接,把软线由灯具下法兰穿出,拧好灯座。将软线相对交叉编入链孔内,最后穿入上法兰,准备现场安装。

4.3.10.3 灯具安装

把灯具线与电源线进行连接包扎后,将灯具上法兰固定在木台上。注意软线不能绷紧,以免承受灯具重量。

4.3.11 简易吊链荧光灯安装

简易吊链荧光灯灯具由绝缘台与吊线盒(或带台吊线盒),荧光灯吊链、吊环、启辉器和软线等组成,镇流器按另行安装考虑。

4.3.11.1 软线加工

根据不同需要截取不同长度的塑料软线(不宜使用花线,因在链孔内叉编困难),各连接的线端均应挂锡。

4.3.11.2 灯具组装

把两个吊线盒分别与绝缘台固定牢(用带台吊线盒可省掉这一工序),将吊链与吊环安装一体,把软线与吊链编花,并将吊链上端与吊线盒盖用U型铁丝挂牢,将软线分别与吊线盒接线桩和启辉器接线桩连接好,准备到现场安装。

4.3.11.3 灯具安装

把电源相线(即与开关相连的镇流器的出线端)接在启辉器的吊线盒接线桩上,把N线接在另一个吊线盒接线桩上,然后把绝缘台固定到接线盒上。

安装卡牢荧光灯管,进行管脚接线,用$4mm^2$塑料线的绝缘管,把导线与灯脚连接。宜把起辉器与双金属片相连的接线柱接在与镇流器相连的一侧灯脚上,另一接线柱接在与N线相连的一侧灯脚上,这样接线可以迅速点燃并可延长灯管寿命。

4.3.12 组装式吊链荧光灯安装

组装式吊链荧光灯除灯管、启辉器和镇流器外,还有灯架、管座和启辉器座等附件。一般根据供电部门要求还需安装荧光灯电容器。

4.3.12.1 灯具组装

先把管座、镇流器和启辉器座安装在灯架的相应位置上,安装好吊链。连接镇流器到一侧管座的接线,再连接启辉器座到两侧管座的接线,用软线再连接好镇流器及管座另一接线端,并由灯架出线孔穿出灯架,与吊链叉编在一起穿入上法兰,应注意这两根导线中间不应有接头,导线连接处均应挂锡。

组装式荧光灯应在安装前集中加工,经通电试验后再进行现场安装。

4.3.12.2 灯具安装

此种灯具法兰有大小之分,法兰小的应先将电源线接头放在灯头盒内而后固定绝缘台及灯具法兰。法兰大的可以先固定绝缘台接线后,再固定灯具法兰。需要安装电容器时,把电容器两接点分别接在经灯具开关控制后的电源相线和电源N线上。应注意吊链灯双链平行,不使之出现梯型。

4.3.13 吊杆灯安装

灯具由吊杆、法兰、灯座或灯架等组成,白炽灯出厂前已是组装好的成品,而荧光吊杆灯需进行组装。采用钢管做灯具的吊杆时,钢管内径不应小于10mm,钢管壁厚度不应小于1.5mm。

4.3.13.1 灯具组装

白炽灯软线加工后,与灯座连接好(荧光灯接线同上述有关内容),将另一端穿入吊杆内,由法兰(或管口)穿出(导线露出吊杆管口的长度不应小于150mm),准备到现场安装。

4.3.13.2 灯具安装

先固定绝缘台,然后把灯具用木螺丝固定在绝缘台上。也可以把灯具吊杆与绝缘台固定后再一并安装。超过3kg的工具,吊杆应吊挂在预埋的吊钩上。灯具固定牢固后再拧好法兰顶丝,应使法兰在绝缘台中心,偏差不应大于2mm,安装好后吊杆应垂直。双杆吊杆荧光灯安装后双杆应平行。

4.3.14 壁灯安装

壁灯无论是装在砖墙或混凝土墙体及混凝土梁、柱上,应用膨胀螺栓、尼龙塞或塑料塞固定,严禁使用木楔。

安装壁灯如需要设置绝缘台时,应根据灯具底座的外形选择或制作合适的绝缘台,把灯具底座摆放在上面,四周留出的余量要对称,确定好出线孔和安装孔的位置,再用电钻在绝缘台上钻孔。当安装壁灯数量较多时,可按底座形状及出线孔和安装孔的位置,预先做一个样板,集中在绝缘台上定好眼位,再统一钻孔。

安装绝缘台时,应将灯具导线一线一孔由绝缘台出线孔引出,在灯位盒内与电源线相连接,将接头处理好后塞入灯位盒内,把绝缘台对正灯位盒将其固定牢固,并使绝缘台不歪斜,紧贴建筑物表面,再将灯具底座用木螺丝直接固定在绝缘台上。

如果灯具底座固定方式是钥匙孔式,如图4.3.14(a)所示,则需在绝缘台适当位置上先拧好木螺丝,螺丝头部留出绝缘台的长度应适当,防止灯具松动。

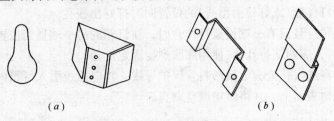

图 4.3.14 壁灯底座的固定方式
(a)钥匙孔式;(b)插板式

当灯具底座固定方式是插板式的,如图4.3.14(b)所示,应将底板先与绝缘台固定,将灯具底座与底板插接牢即可。

同一工程中成排安装的壁灯,安装高度应一致,高低差不应大于5mm。

4.3.15 普通白炽吸顶灯安装

普通白炽吸顶灯,是直接安装在室内顶棚上的一种固定式灯具,形状有圆型或半扁圆及尖扁圆型、长方型和方型等多种。灯罩也有用乳白玻璃、喷砂玻璃或彩色玻璃等制成各种不同形状的封闭状。

4.3.15.1　灯具组装

较小的吸顶灯一般常用绝缘台组合安装，可直接到现场先安装绝缘台，再根据灯具的结构将其与绝缘台安装为一体。

较大些的方型或长方型吸顶灯，要先进行组装，然后再到施工现场安装，当然也可以在现场边安装边组装。

由于建筑物顶棚表面平整度较差时，灯具的安装质量将会受到影响，造成灯具与建筑物表面有缝隙，因此可以不使用绝缘台直接安装，还可以使用空心绝缘台，使绝缘台四周与建筑物顶棚接触，易达到灯具紧贴建筑物表面无缝隙的标准。

4.3.15.2　灯具安装

暗配管路是安装体积较小且重量较轻的吸顶灯，可以直接把灯具或绝缘台固定在预埋的灯位盒上；体积较大的吸顶灯可把灯具或绝缘台直接固定在预埋螺栓、螺钉或用膨胀螺栓、尼龙塞或塑料塞固定。

在灯位盒上安装吸顶灯，其灯具或绝缘台应完全遮盖住灯位盒。

安装有绝缘台的吸顶灯，在确定好的灯位处，应先将导线由绝缘台的出线孔穿出，再根据结构的不同，采用不同的方法安装。绝缘台固定好后，将灯具底板与绝缘进行固定，无绝缘台时可直接把灯具底板与建筑物表面固定，灯具的接线应按上述有关内容进行。若白炽灯泡与绝缘台之间的距离小于 5mm 时，灯泡与绝缘台之间应采取隔热措施，一般可铺垫 3mm 厚的石棉板或石棉布隔热。灯泡也不应紧贴灯罩。

4.3.16　荧光吸顶灯安装

环型管圆型吸顶灯可直接到现场安装，较大的荧光吸顶灯(方型、长方型)，要先进行组装，通电试验无误后再到施工现场安装。灯具的接线应按前述有关内容进行。

4.3.16.1　灯具安装

根据已敷设好的灯位盒(或灯位引出线)位置，确定出荧光灯的安装位置，找好灯位盒安装孔的位置(荧光灯灯箱应完全遮盖住灯位盒)，在灯箱的底板上用电钻打好安装孔，并在灯箱上对着灯位盒(或灯位引出线)的位置同时打好出线孔。

长方型吸顶灯且只有一端设置灯位盒时，在灯箱的另一端适当位置处，打好膨胀管孔(当无灯位盒时，应两端打孔)，使用膨胀螺栓固定灯箱。

安装时，在进线孔处套上软塑料管保护导线，将电源线引入灯箱内，固定好灯箱，使其紧贴在建筑物表面上，并将灯箱调整顺直。

4.3.16.2　灯具接线

灯箱固定后，将电源线压入灯箱的端子板(或瓷接头)上，无端子板(或瓷接头)的灯箱，应把导线连接好，把灯具的反光板固定在灯箱上，最后把荧光灯管装好。

4.3.17　组合式吸顶花灯安装

4.3.17.1　灯具组装

组合式吸顶花灯组装时，首先将灯具的托板放平，如为多块拼装托板，就要将所有的边框对齐，并用螺丝固定，将其连成一体，然后按照产品样本或示意图把多个灯座安装好。

确定出线和走线的位置，量取各段导线的长度，剪断并剥出线芯，盘好圈后挂锡。然后连接好各个灯座，理顺好各灯座的相线和 N 线，用线卡子分别固定，并按要求分别压入端子板(或瓷接头)。

4.3.17.2 灯具安装

安装灯具时，可根据预埋的螺栓和灯位盒的位置，在灯具的托板上用电钻开好安装孔和出线孔，如没有预埋螺栓可以根据灯具托板上的安装孔，并考虑预埋灯位盒的位置，采用射钉螺栓固定灯具托板。

准备工作就绪后，将灯具托板托起，把盒内电源线和从灯具出线孔甩出的导线连接并包扎严密，并尽可能的把导线塞入到灯位盒内，然后把托板的安装孔对准预埋螺栓(或射钉螺栓)，使托板四周和顶棚贴紧，用螺母将其拧紧。

调整好各个灯座，悬挂好灯具的各种装饰物，并安装好灯泡或灯管。

组织吸顶花灯的安装要特别注意灯具与屋顶安装面连接的可靠性，连接处必须能承受相当于灯具4倍重量的悬挂而不变形。

4.3.18 吊式花灯安装

4.3.18.1 灯具组装

花灯要根据灯具的设计要求和灯具说明书和样本清点各部件数量后进行组装，花灯内的接线一般使用单路或双路瓷接头进行连接。

首先将导线根据适当长度一端剥出线芯，盘圈挂锡后与各个灯座连接好，另一端导线从各灯座处穿入到灯具本身的接线盒里，理顺各个灯座的相线和工作零线，根据相序或控制回路方式分别用瓷接头连接，并甩出电源引入线，最后把电源引入线从吊杆穿出或由吊链内交叉编花由灯具上部法兰引出。

4.3.18.2 灯具安装

花灯均应固定在预埋的吊钩上，其制作吊钩的圆钢直径，不应小于灯具吊挂销钉的直径，且不得小于6mm。对大型花灯、吊装花灯的固定及悬吊装置，应按灯具重量的2倍做过载试验，达到安全使用不发生坠落的目的。

将在现场内拼装好的成品或半成品灯具托(或吊)起，并把预埋好的吊钩与灯具的吊杆或吊链连接好，连接好导线并应将绝缘层包扎严密，理顺后向上推起灯具上部的法兰，将导线的接头扣于其内，并将上法兰紧贴顶棚或绝缘台表面，拧紧固定螺栓，调整好各个灯座，上好灯泡，最后再配上灯罩并挂好装饰部件。

4.3.18.3 大型吊式花灯安装

安装在重要场所的大型灯具的玻璃罩，应按设计要求采取防止玻璃罩破碎向下溅落的措施。一般可采用透明尼龙丝编织的保护网，网孔的规格应根据实际情况确定。

4.3.19 应急照明安装

应急照明是现代大型建筑物中保障人身安全和减少财产损失的安全设施。

应急照明包括备用照明(供继续和暂时继续工作的照明)、疏散照明和安全照明。

应急照明灯的电源除正常电源外，另有一路电源供电；或者是独立于正常电源的柴油发电机组供电；或由蓄电池柜供电或选用自带电源型应急灯具。

应急照明在正常电源断电后，电源转换时间为：疏散照明≤15s；备用照明≤15s(金融商店交易所≤1.5s)；安全照明≤0.5s。

应急照明灯具、运行中温度大于60℃的灯具，当靠近可燃物时，采取隔热、散热等防火措施。当采用白炽灯，卤钨灯等光源时，不直接安装在可燃装修材料或可燃物件上。

应急照明线路在每个防火分区有独立的应急照明回路,穿越不同防火分区的线路有防火隔堵措施。

4.3.19.1 备用照明

备用照明除安全理由以外,正常照明出现故障而工作和活动仍需继续进行时而设置的应急照明。备用照明的照度往往利用部分或全部正常照明灯具来提供。备用照明宜安装在墙面或顶棚部位。

4.3.19.2 疏散照明

疏散照明系在紧急情况下将人安全地从室内撤离所使用的应急照明。疏散照明由安全出口标志灯和疏散标志灯组成。疏散照明按安装的位置又分为:安全出口标志灯和疏散标志灯。

疏散照明要求沿走道提供足够的照明,能看见所有的障碍物,清晰无误地沿指明的疏散路线,迅速找到应急出口,并能容易地找到沿疏散路线设的消防报警按钮、消防设备和配电箱。

疏散照明宜设在安全出口的顶部、楼梯间、疏散走道及其转角处距地 1m 以下的墙面上,当交叉口处墙面下侧安装难以明确表示疏散方向时也可将疏散标志灯安装在顶部。疏散走道上的标志灯应有指示疏散方向的箭头标志。疏散走道上的标志灯间距不宜大于 20m(人防工程不宜大于 10m)。

楼梯间内的疏散标志灯宜安装在休息平台板上方的墙角处或壁装,并应用箭头及阿拉伯数字清楚标明上、下层层号。疏散标志灯的设置原则如图 4.3.19.2 所示。

疏散标志灯的设置,不影响正常通行,且不在其周围设置容易混同疏散标志灯的其他标志牌等。

疏散照明线路采用耐火电线、电缆,穿管明敷或在非燃烧体内穿刚性导管暗敷,暗敷保护层厚度不小于 30mm。电线采用额定电压不低于 750V 的铜芯绝缘电线。

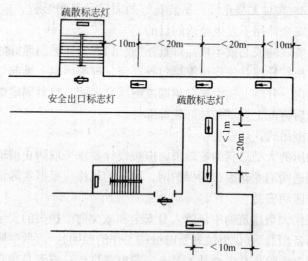

图 4.3.19.2 疏散标志灯设置原则示例

4.3.19.3 安全照明

安全照明在正常照明故障时,能使操作人员或其他人员处于危险之中而设的应急照明。这种场合一般还必须设疏散应急照明。

安全出口标志灯宜安装在疏散门口的上方,在首层的疏散楼梯应安装于楼梯口的里侧上方。安全出口标志灯距地高度宜不低于2m。

疏散走道上的安全出口标志灯可明装,而厅室内宜采用暗装。安全出口标志灯应有图形和文字符号,在有无障碍设计要求时,宜同时设有音响指示信号。

可调光型安全出口标志灯宜用于影剧院的观众厅。在正常情况下减光使用,火灾事故时应自动接通至全亮状态。

应急照明灯,由于至今未建立统一的国家标准,当前名词术语混乱,产品不够标准,数据不全,质量参差不齐。

目前应急照明灯具厂家提供的灯具数据有:名称、型号、规格、光源功率(含平时使用及应急使用)、电压及应急照明时间等,有的厂家还给出接线方法及灯内导线色彩,为用户提供使用指南,在安装应急照明灯时,可根据不同的灯具进行安装、接线。

4.3.20 灯开关的选择

灯开关的品种、型号很多,适用范围也很广。开关按其安装方式可分为明装开关和暗装开关两种,按其开关的操作方式不同又可分为:拉线开关、扳把开头、跷板开关、床头开关等,按其控制方式有单控开关和双控开关。

选用开关时必须核算开关所控制灯具的工作电流及功率因数,不能超出开关的额定电流值。

在同一工程中应尽量采用同一系列的产品,以利于维修和管理。

暗开关的面板形式及尺寸和型号标志如下:

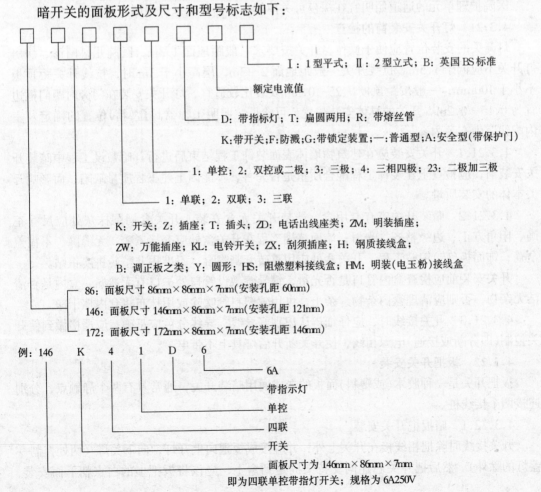

4.3.20.1 开关质量的选择

各种灯开关的内部构造基本相似,都由导电部分动、静触头及操作机构和绝缘构件三个部件组成。无论选用哪种开关,都必须选择经过国家有关部门经过技术鉴定的正宗生产厂家的合格产品。

开关在通过额定电流时,其导电部分的温升不超过50℃。开关的操作机构应灵活轻巧,开关的接线端子应能可靠地连接一根与两根$1\sim2.5mm^2$截面的导线。

开关的塑料零件表面应无气泡、裂纹、铁粉、肿胀、明显的擦伤和毛刺等缺陷,并应有良好的光泽等。

4.3.20.2 按安装地点选择开关

住宅(公寓)卫生间开关装在卫生间门内时,应采用防潮防水型面板或使用绝缘绳操作的拉线开关。

高级住宅(公寓)中的方厅、通道和卫生间等,宜采用带有指示灯的跷板式开关。

书库通道照明应独立设置在通道两端可两处控制的开关。书库照明的控制宜用可调整延时时间的开关。

旅馆客户的进门处宜设有面板上带有指示灯的开关。卫生间内如需要设置红外或远红外设施时,应配置$0\sim30min$定时开关。

医院护理单元的通道照明宜在深夜可关掉其中一部分或采用可调光开关。

4.3.21 灯开关安装前的检查

灯开关的安装位置应便于操作,开关按要求一般距地面1.3m,医院儿科门诊、病房灯开关不应低于1.5m。拉线开关一般距地面$2\sim3m$,层高小于3m时,拉线开关距顶板不小于100mm;一般按距顶板$0.25\sim0.3m$安装比较适宜,灯开关安装在门旁时距门框边宜为$0.15\sim0.2m$。开关的具体安装位置,可参见"照明工程器具盒(箱)位置的确定及室内配线"中有关内容。

4.3.21.1
开关安装应在建筑物墙体表面装饰工程结束后进行。暗敷设工程中暗装开关安装前,应检查土建装饰工程配合质量是否完善,不能因土建工程质量缺陷,而影响开关本体的安装质量。

4.3.21.2
暗装开关应有专用盒,严禁开关无盒安装。开关盒周围抹灰处应尺寸正确、阳角方正、边缘整齐、光滑;墙面裱糊工程在开关盒处应交接紧密、无缝隙、不糊盖盒盖;饰面板(砖)镶贴工程,开关盒处应用整砖套割吻合,不准用非整砖拼凑镶贴。

开关安装前应检查盒内管口是否光滑,钢导管敷设管口处护口有无遗漏,盒内是否清洁无杂物,否则应清理盒内杂物、杂土、可用软塑料管吹除或用抹布将盒内擦干净。

4.3.21.3
开关接线时,应仔细辨认识别好导线,导线分色应正确,应严格做到使开关控制(即分断或接通)电源相线,使开关断开后灯具上不带电。

4.3.22 扳把开关安装

扳把开关是一种胶木(或塑料)面板的老式通用暗装开关,通常具有两个静触点,分别连接两个接线桩。

4.3.22.1 暗扳把开关安装

开关接线时除把相线接在开关上外,并应接成扳把向上开灯,向下关灯(两处控制一盏灯的除外)。然后把开关芯连同支持架固定到盒上,应该将扳把上的白点朝下面安装,开关的扳把必须安正,不得卡在盖板上,再盖好开关盖板,用机械螺栓将盖板与支持架固定牢固,盖板应是紧贴建筑物表面,如图4.3.22.1-1所示。

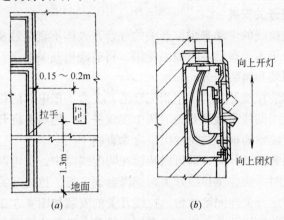

图4.3.22.1-1 暗扳把开关安装
(a)扳把开关位置;(b)暗扳把开关

双联及以上暗扳把开关,每一联即是一只单独的开关,能分别控制一盏电灯。开关接线时,电源相线应接好并接头分别接到与动触点相连通的接线桩上,把开关线接在开关的静触点接线桩上。如果采用不断连接时,管内穿线时,盒内应留有足够长度的导线,开关接线后两开关之间的导线长度不应小于150mm,且在线芯与接线桩上连接处不应损伤线芯。

由两个开关在不同地点上控制一盏或多盏灯时,应使用双联开关,此开关应具有三个接线桩,其中两个分别与两个静触点连通,另一个与动触点连通(称为共用桩),双控开关用来在线路中控制白炽灯,一个开关的共用桩(动触点)与电源的相线连接,另一个开关的共用桩与灯座的一个接线桩连接。采用螺口灯座时,应与灯座的中心触点接线桩相连接,灯座的另一个接线桩应与电源的N线相连接。两个开关的静触点接线桩,用两根导线分别进行连接,如图4.3.22.1-2所示。

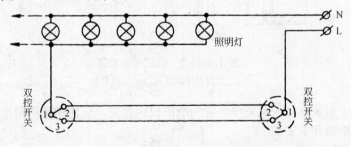

图4.3.22.1-2 两处控制的开关线路图

两个开关同时控制一盏或多盏灯在接线时,不宜将电源相线与N线均接于同一开关内,以免产生漏电和短路现象。

4.3.22.2 明扳把开关安装

明配线路的场所,应安装明扳把开关,明开关需要把绝缘台固定在墙上,将导线甩至绝缘台以外,在绝缘台上安装开关和接线,也接成扳把向上开灯、向下关灯。

无论是明、暗扳把开关,均不允许横装,即不允许扳把手柄处于左右活动位置,因这样安装容易因衣物勾拉而发生开关误动作。

4.3.23 拉线开关安装

拉线开关通过拉线的牵动来操作开关的分合,人体不直接触及开关,比较安全。但在一般住宅工程中由于不美观已不再提倡使用,将被跷板开关取代。

拉线开关有明装和暗装之分。

4.3.23.1 暗装拉线开关应使用相配套的开关盒,把电源的相线和白炽灯座或荧光灯镇流器与开关连接线的线头接到开关的两个接线桩上,然后再将开关连同面板,固定在预埋好的盒体上,应注意面板上的拉线出口应垂直朝下。

4.3.22.2 明装拉线开关,即可以装设在明配线路中,也可以装设在暗配管的八角盒上,装在八角盒上时,应先将拉线开关与绝缘台固定好,拉线开关应在绝缘台中心。在现场上一并接线及固定开关连同绝缘台。拉线开关的安装如图4.3.23.2所示。

明配线路中安装拉线开关,应先固定好绝缘台,拧下拉线开关盖,把两个线头分别穿入开关底座的两个穿线孔内,用两枚长度≤20mm木螺丝将开关底座固定在绝缘台上,把导线分别接到接线桩上,然后拧上开关盖。明装拉线开关拉线口应垂直向下不使拉线口发生摩擦,防止拉线磨损断裂。

双连及以上明装拉线开关并列安装时,应使用长方空心木制绝缘台,拉线开关相邻间距不应小于20mm。

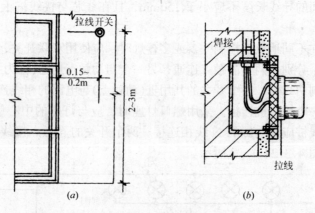

图4.3.23.2 拉线开关安装
(a)拉线开关位置;(b)拉线开关

4.2.23.3 安装在室外或室内潮湿场所的拉线开关,应使用瓷质防水拉线开关。

4.3.24 跷板开关安装

跷板(或指甲式)开关均为暗装开关,开关与盖板连成一体,安装较方便一些。其中86系列较被广泛采用,开关面板尺寸为86mm×86mm,面板为磁白电玉粉压制而成,其弧型面板的开关被称为A86系列。

跷板开关的一块面板上,一般可装1~3个开关,称为单联、双联、三联开关,四联跷板开关面板尺寸则为86mm×146mm。指甲式开关则可装成面板尺寸86mm×86mm的四联及五联开关。此外,还有带指示灯开关,指示灯在开关断开时可显示方位,辨清开关位置,方便操作;还有开关在接通位置时指示灯亮的指示电源接线形式,能够辨别线路是否有电,便于维修;防潮防溅开关在跷板上设置防溅罩,正面为一透明有弹性的薄膜,可隔着薄膜按动跷板,密封性能好,不怕水淋和潮气。

跷板开关同暗扳把开关相同,每一联即是一个单独的开关,能分别控制一盏电灯,每一联内接线桩数量不同,双线的为单控开关,三线的为双控开关,可根据需要进行组合。

4.3.24.1 跷板开关安装接线时,应根据开关内部构造情况进行接线安装,应使开关切断相线,并应根据跷板或面板上的标志确定面板的装置方向。面板上有指示灯的,指示灯应在上面;正面跷板上有红色标记的应朝下安装,跷板上部顶端有压制条纹或红色标志的应朝上安装;面板上有产品标记或跷板上有英文字母的不能装反,更应注意带有 ON 字母的是开的标志,不应颠倒反装而成为 NO;跷板上部顶端有压制条纹或红点的应朝上安装。当跷板或面板上无任何标志的,应装成跷板下部按下时,开关应处在合闸的位置,跷板上部按下时,应处在断开位置,即从侧面看跷板上部突出时灯亮,下部突出时灯熄,如图 4.3.24.1 所示。

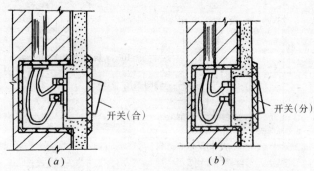

图 4.3.24.1 跷板开关通断位置图
(a) 开关接通;(b) 开关断开

同一场所中开关的切断位置应一致,且操作灵活,接点接触可靠。

4.3.24.2 安装在潮湿场所室内的开关,应使用面板上带有薄膜的防潮防溅开关,如图 4.3.24.2 所示。

在塑料管暗敷设工程中,不应使用带金属安装板的跷板开关。

4.3.24.3 凡几盏灯集中由一个地点控制的,不宜采用单联开关并列安装,应选用双联及以上开关,即可以节省配管和管内所穿导线。应在安装接线时,考虑好开关控制灯具的顺序其位置应与灯具相互对应,也称为控制有序不错位,方便操作。

双联及以上开关接线时,如使用开关后罩为单元组合形式的,电源相线不应串接,如图 4.3.24.3 所示,应做好并接头。

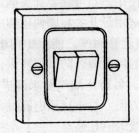

图 4.3.24.2 防潮防溅开关

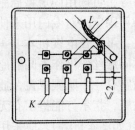

图 4.3.24.3 双联及以上开关错误接线

双联及以上开关如使用开关后罩为整体形式的，二联及三联的共用端(COM)内部为一整体时，电源相线只要接入开关共用接线桩即可，方便安装省去并接头。

4.3.24.4 开关接线时，应将盒内导线依次理顺好，接线后，将盒内导线盘成圆圈，放置于开关盒内。在安装固定面板时，找平找正后再与开关盒安装孔拧固，应用手将面板与墙面顶严，防止拧螺丝时损坏面板安装孔。安装好的开关面板应紧贴建筑物装饰面。开关面板安装孔上有装饰帽的应一并装好，开关安装好以后，面板上要清洁。

4.3.25 插座的选择

插座根据线路的明敷设或暗敷设的需要，有明装式或暗装式两种。250V单相插座分有二孔和三孔的多种，二孔插座专为外壳不需接地的移动电器供电源；三孔插座专为金属外壳或电器内部需接地的移动电器供电源，它可以有利防止电器外壳带电，避免触电危险。插座的型号标志可见4.3.20灯开关的选择中暗开关的面板形式及尺寸和型号标志。插座规格、型号举例如下：

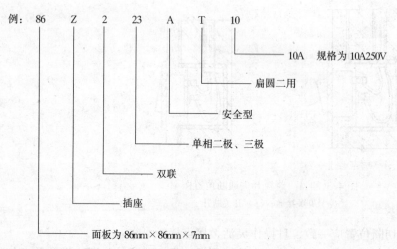

即为安全型双联扁圆二用二极、三极暗插座。

插座通过组合，使其品种、型号较多，而老式通用插座已很少采用。新系列插座除普通二孔、三孔插座外，还有二极连三极组合插座，一个面板上即可单独插入二极或三极插头，也可以同时插入一个二极插头，一个三极插头。还有双联二极、双连三极插座等多种型式。

目前86系列插座已被广泛采用，面板为电玉粉压制，86系列插座型号繁多。当插座需要降低安装高度时，应选用安全型(带保护门)插座。医院理疗设备和理发部门等要移动电器具设备等，可选用固定型插座，也可固定插头配套使用，当可固定插头插入时，旋转一个角度即可固定。对专门用来使用电视机的插座，可选用带开关扁圆两用插座，使用时关、闭开关，可延长电视机本身开关的使用寿命。带熔丝管插座，能保护用电设备和线路，更换不同熔丝，可作不同插座用，可供用做电冰箱的供电源。防溅型插座，适用于潮湿场所，插座有一个防溅罩盖，插头插入后可放下罩盖，可防止潮气及水滴进入插孔内。带指示灯插座，指示灯能指示有无工作电流，使用比较方便。对于接插电源时有触电危险的家用电器(如洗衣机等)，应采用带开关能断开电源相线的三孔插座。

工程中无论采用哪种插座，插座的型式基本参数与尺寸应符合 GB/T 1002-1996、

GB/T 1003-1980 的规定。技术要求插座在通过 1.25 倍额定电流时，其导电部分的温升不应超过 40℃；插座的塑料零件表面无气泡、裂纹、铁粉、肿胀、明显的擦伤和毛刺等缺陷，并应具有良好的光泽；插座额定电流为 6、10A 时，接线端子上应能可靠的连接一根与两根 1~2.5mm² 导线、额定电流 15A 时，接线端子上应能可靠的连接一根与两根 1.5~4mm² 导线、插座额定电流为 25A 时，接线端子应能可靠的连接一根与两根 2.5~6mm² 的导线；带接地的三极插座从其顶面看时，以接地极为起点，按顺时针方向，依次为"相"、"中性"线极。

当交流、直流或不同电压等级的插座安装在同一场所时，应有明显的区别，且必须选择不同结构、不同规格和不能互换的插座；配套的插头，应按交流、直流或不同电压等级区别使用。

4.3.26 插座的安装

4.3.26.1 插座安装一般距地 1.3m，在托儿所、幼儿园及小学校等场所宜选用安全插座，其安装高度距地面应为 1.8m，也可以适当降低高度。潮湿场所，应采用密闭型或保护型插座，安装高度不应低于 1.5m。住宅使用安全插座时，安装高度可为 0.3m。车间及试验室明暗插座一般距地高度不低于 0.3m，特殊场所暗装插座不应低于 0.15m。插座的具体安装位置可参见"照明工程器具盒（箱）位置的确定及室内配线"中有关内容。

插座安装前对土建施工的配合，以及对电气管、盒的检查清理工作应同开关安装同样进行。暗装插座应有专用盒，严禁无盒安装。

4.3.26.2 老式通用插座安装时，需先在插座芯的接线桩上接线，再安装固定插座芯的支持架，然后将盖板拧牢在插座芯的支持架上。新系列插座与面板连成一体，在接线桩上接好线后，需将面板安装在插座盒上。

插座是长期带电的电器，是线路中最容易发生故障的地方，插座的接线孔都有一定的排列位置，不能接错，尤其是单相带保护接地插孔的三孔插座，一旦接错，就容易发生触电伤亡事故。

插座接线时，应仔细地辨认识别线路中的分色导线，正确的与插座进行连接。插座接线时应面对插座；单相双孔插座在垂直排列时，上孔接相线，下孔接 N 线。水平排列时，右孔接相线，左孔接 N 线；单相三孔插座，上孔接保护线，右孔接相线，左孔接 N 线；安装三相四孔插座，保护线或 N 线应在正上方，下孔从左侧起分别接在 L_1、L_2、L_3 相线上，同样用途的三相插座，相序应排列一致，如图 4.3.26.2 所示。

4.3.26.3 交直流或电源电压不同的插座安装在同一场所时，应有明显标志便于使用时区别。且其插头与插座均不能互相插入。

4.3.26.4 双联及以上的插座接线时，相线、N 线应分别与插孔接线桩并接或进行不断线整体套接，不应进行串接，插座接线后在接线桩头处，导线线芯外露无绝缘长度不应大于 2mm。如图 4.3.26.4 所示。插座进行不断线整体套接时，插孔之间的套接线长度不应小于 150mm。

4.3.26.5 插座接线完成后，将盒内导线顺直，依次盘成圆圈状塞入盒内，且不应使盒内导线接头处相碰。插座面板应在线路绝缘测试和确认导线连接正确，盒内无潮气后才能固定。固定面板时切莫损伤导线。

固定插座面板应选用统一的螺丝，并应凹进面板表面的安装孔内，以增加美观。插座面板安装孔上有装饰帽的应一并装好。

插座面板的安装不应倾斜，面板四周应紧贴建筑物表面无缝隙、孔洞。面板安装后表面应清洁。

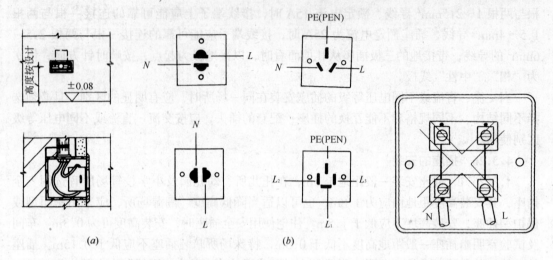

图 4.3.26.2 插座安装接线
（a）插座安装；（b）插座接线

图 4.3.26.4
双联插座的错误串接接线

4.3.27 插座的接地（零）线

插座的保护线线应采用铜芯导线，其截面不应小于相线的截面。

插座的保护线线应单独敷设，不应用 N 线兼做保护线，图 4.3.27-1 的接线方法错误的。

根据我国目前采用的 TN 系统接地型式，电力系统有一点直接接地，受电设备的外露可导电部分通过保护线与接地点连接。按照中性线（N）与保护线（PE）组合情况，又可分为三种型式，插座保护接地（接零）插孔的接线也有三种方式：

1. TN-C 系统

整个系统中性线（N）与保护线（PE）是合一的，称为中性保护共用线（PEN）线。即三相四线制如图 4.3.27-2 所示。

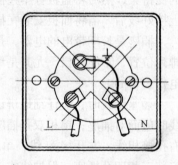

图 4.3.27-1 插座的错误接线

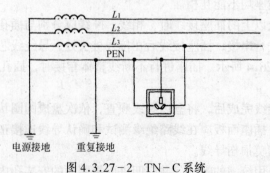

图 4.3.27-2 TN-C 系统

2. TN-S系统

整个系统的中性线(N)与保护线(PE)是分开的,如图4.3.27-3所示。

3. TN-C-S系统

在此系统中,一部分中性线(N)与保护线(PE)合用,一部分分开。此种系统目前应用广泛,由市电变压器低压侧供给建筑物用电,系统中变压器中性点接地,但由于中性点没有接出保护线(PE),而是PEN线,即中性保护共用线。而在建筑物处必须采用专用保护线(PE),PE线接地装置应与N线的接地装置共用,在建筑物总配电箱内分出PE线和N线,导线分开后N线即不应再接地。如图4.3.27-4所示。

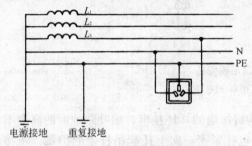

图4.3.27-3　TN-S系统　　　　　图4.3.27-4　TN-C-S系统

在上述的插座的保护线,图4.3.27-2中TN-C系统的连接方法是不适宜的,即N线与保护线混同,正常情况下也是危险的,当系统中一旦PEN线断线,危险性就会更大。

4.3.28 吊扇安装

吊扇是住宅、公共场所、工业建筑中常见的设备。

4.3.28.1 吊扇的选择

吊扇有三叶吊扇及三叶带照明灯吊扇和四叶带照明灯吊扇等。吊扇其规格、型号必须符合设计要求并有产品合格证,各型号吊扇应符合JB 829—78等标准的规定。扇叶不得有变形的现象,有吊杆时应考虑吊杆长短、平直度问题。

选择吊扇时,应适当选配调速器,电扇调速器的档数应与吊扇相匹配。

4.3.28.2 吊扇的组装

吊扇组装时应根据产品说明书进行,且应注意不能改变扇叶角度,扇叶的固定螺钉要有防松装置;吊杆之间,吊杆与电机之间,螺纹连接的啮合长度不得小于20mm,并必须有防松装置。

吊扇吊杆上的悬挂销钉必须装设防振橡皮垫;销钉的防松装置应齐全、可靠。

4.3.28.3 吊扇安装

吊扇安装前应对预埋的吊钩进行检查,吊扇吊钩应安装牢固,吊钩要能承受住吊扇的重量和运转时的扭力,吊扇吊钩的直径不应小于吊扇悬挂销钉的直径,且不得小于8mm。吊钩伸出建筑物的长度应以盖上叶扇吊杆护罩后,能将整个吊钩全部遮没为宜,如图4.3.28.3(a)所示。

当用气焊弯曲预埋吊钩下部进行加热时,应用薄铁板与混凝土楼板或顶棚隔离,防止污染和烤坏楼板或顶棚;用钢筋扳子煨弯时,应防止损坏建筑装饰面。吊钩弯曲时,曲率半径不宜过小。

吊钩弯好后，在挂上吊扇时，应使吊扇的重心和吊钩的直线部分处在同一条直线上，如图 4.3.28.3(b)所示。

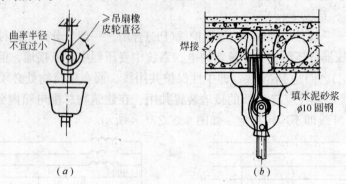

图 4.3.28.3　吊扇吊钩安装
(a) 吊钩；(b) 吊扇做法

吊扇安装时，将吊扇托起，并把预埋的吊钩将吊扇的耳环挂牢，扇叶距地面的高度不应低于 2.5m。然后按接线图接好电源接头，并包扎紧密。向上托起吊杆上的护罩，将接头扣于其内，护罩应紧贴建筑物或绝缘台表面，拧紧固定螺丝。

吊扇调速开关安装高度应为 1.3m。吊扇运转时扇叶不应有显著的颤动。

4.3.29　电铃和电钟安装

4.3.29.1　电铃的选择

电铃有交流和直流两种。按打击方式分，有内击和外击两种。最近几年出现了以冲针运动代替拷棒打击无火花冲击电铃，还有以簧片振动发声的蝉音电铃。

拷棒打击式电铃，用于电压为交流 380V 及以下，直流 220V 及以下的电路中。适用于工矿企业、机关学校、公共场所，作呼唤或通知讯号用。

无火花冲击电铃，适用于交流 220V 电路中，不仅可作仪器设备的报警信号用，也可做为门铃。

蝉音电铃使用于交流 220V 线路中，当线圈中通过交流电流时，导磁体对簧片产生一个脉动吸力使簧片振动发声，可作门铃或传递音响用。

4.3.29.2　电铃的安装

电铃经过试验合格证，方能进行安装。电铃的安装应端正牢固。

室内电铃安装高度，距顶棚不应小于 200mm，下皮距地面不应低于 1.8m。室内明装电铃可以安装在绝缘台上，也可以用 φ4×50 木螺丝和 φ4 垫圈配用 φ6×50 尼龙塞或塑料胀管直接固定在墙体上，如图 4.3.29.2-1(a)所示。电铃也可以安装在厚度不小于 10mm 的木制安装板上，安装板可以用 φ4×63 木螺丝与墙体内预埋木砖固定。如图 3.2.29.2-1(b)所示，也可以用木螺丝与墙内尼龙塞或塑料胀管固定。

室外电铃下皮距地面不应低于 3m。应装设在防雨箱内，防雨箱可以用干燥木材制作，板或箱的背面与墙面相接触的部位应做防腐处理，如图 4.3.29.2-2 所示。

电铃按钮(开关)应装设在相线上，使不震铃时不带电。电铃按钮(开关)的安装高度不应低于 1.3m，并应有明显标志。电铃安装好时，应调整到最响状态。用延时开关控制电铃，应整定延时值。

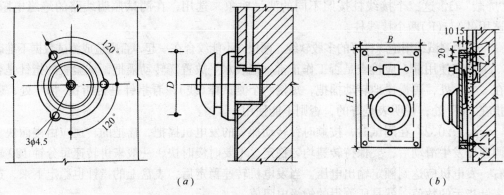

图 4.3.29.2-1 室内电铃安装
(a) 电铃直接安装；(b) 电铃用木板安装

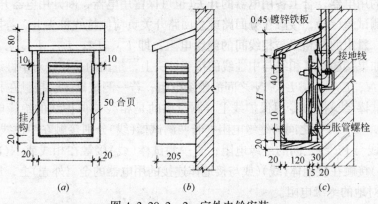

图 4.3.29.2-2 室外电铃安装
(a) 电铃暗箱立面；(b) 侧面；(c) 剖面图

4.3.29.3 电钟安装

电钟的安装一般从暗设的插座盒内引出电源，如图 4.3.29.3 所示。电源部分可以按插座安装方法施工。

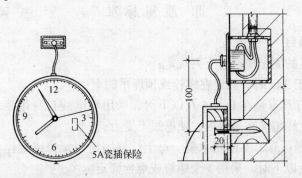

图 4.3.29.3 电钟安装图

4.3.30 绝缘电阻测试

电气照明器具在安装前及安装完成后，应进行线路的绝缘电阻测试。

4.3.30.1 常用代表为 ZC-25 型 500 伏兆欧表。

兆欧表的接线柱有三个，一个为"线路"（L），另一个为"接地"（E），还有一个为

"屏蔽"G，这三个接线柱按照不同的测量对象来选用，在测试照明线路的绝缘电阻时，选用(L)与(E)两个接线柱。

仪表测试线用绝缘良好的多股软线，两根线不能绞合在一起，否则造成测试数据不准确。

仪表使用前，应检查是否工作正常，把表水平放置，转动摇把，试验表的指针是否指在"∞"处，再慢慢地转动摇把，短接两个测试棒(线)，看指针是否指在"0"处，若能指在"0"处，说明表是好的，否则不能使用。

4.3.20.2 在测试时，按顺时针转动摇表的发电机摇把，摇把的转速应由慢而快，待调速器发生滑动后，要保持转速均匀稳定，不要时慢时快，一般来讲转速每分钟120转左右，发电机应达到额定输出电压。当发电机转速稳定后，表盘上的指针也稳定下来，这时表针指示的数值，就是所测得的绝缘电阻值。

4.3.30.3 测试线路绝缘电阻时，需切断电源，所测的线路上应无人工作，并需卸下电路里所有的用电器，合上各用电器的开关(也可保留用电器，断开用电器开关)。然后用兆欧表两根测试棒(线)，接触在分回路或总回路开关负荷侧接线桩头上。若接触在两相线接线桩头上，量出的是相线与相线间的绝缘电阻，即 L_1、L_2，L_2、L_3，L_3、L_1 之间的绝缘电阻；如果接触在某相线与中性线的接线桩头上，量出的是相线对中性线间的绝缘电阻，即 L_1、N，L_2、N，L_3、N 之间的绝缘电阻；若一测试棒(线)接触在相线接线桩头上，另一测试棒(线)接触专用保护线上，测量出的是相线与保护线的绝缘电阻，即 L_1、PE，L_2、PE，L_3、PE 之间的绝缘电阻；若两测试棒(线)分别接触在中性线和保护线上，测出的是N线与PE线之间的绝缘电阻；若一测试棒(线)接触在相线或N(PE)线上，另一测试棒(线)接触在接地体(线)(或与接地体连接的用电器的金属外壳)上，量出的是相线或N(PE)线对地的绝缘电阻。

测试时要注意，测试棒(线)与测试点要保持良好的接触，否则测出的是接触电阻和绝缘电阻之和，不能真实反映线路绝缘电阻的情况。

4.3.30.4 测试的线路绝缘电阻值，不应低于0.5MΩ。否则需要寻找原因，查找影响绝缘电阻的原因不是一件容易的事，所以在安装时就应注意防患于未然。

Ⅲ 质量标准

4.3.31 主控项目

4.3.31.1 灯具的固定应符合下列规定：

1. 灯具重量大于3kg时，固定在螺栓或预埋吊钩上；
2. 软线吊灯，灯具重量在0.5kg及以下时，采用软电线自身吊装；大于0.5kg的灯具采用吊链，且软电线编叉在吊链内，使电线不受力；
3. 灯具固定牢固可靠，不使用木楔。每个灯具固定用螺钉或螺栓不少于2个；当绝缘台直径在75mm及以下时，采用1个螺钉或螺栓固定。

检查方法：对不同种类的灯具各抽查5%，目测检查。

4.3.31.2 花灯吊钩圆钢直径不应小于灯具挂销直径，且不应小于6mm。大型花灯的固定及悬吊装置，应按灯具重量的2倍做过载试验。

检查方法：大(重)型灯具及预埋吊钩，全数检查，目测和检查隐蔽工程记录或试验时旁站。

4.3.31.3 当钢管做灯杆时，钢管内径不应小于10mm，钢管厚度不应小于1.5mm。

检查方法：全数检查，尺量检查。

4.3.31.4 固定灯具带电部件的绝缘材料以及提供防触电保护的绝缘材料，应耐燃烧和防明火。

检查方法：全数检查，查阅产品合格证件和用明火试验。

4.3.31.5 当设计无要求时，灯具的安装高度和使用电压等级应符合下列规定：

1. 一般敞开式灯具，灯头对地面距离不小于下列数值（采用安全电压时除外）。

(1) 室外墙上安装：2.5m；

(2) 厂房：2.5m；

(3) 室内：2m。

2. 危险性较大及特殊危险场所，当灯具距地面高度小于2.4m时，使用额定电压为36V及以下的照明灯具，或有专用保护措施。

检查方法：按不同型式抽查总数的5%，目测检查和尺量检查。

4.3.31.6 当灯具距地面高度小于2.4m时，灯具的可接近裸露导体必须与PE线或PEN线连接可靠，并应有专用接地螺栓，且有标识。

检查方法：全数检查，尺量检查和目测检查。

4.3.31.7 照明开关安装应符合下列规定：

1. 同一建筑物、构筑物的开关采用同一系列的产品，开关的通断位置一致，操作灵活、接触可靠；

2. 相线经开关控制。

检查方法：全数检查，通电试验用测电笔和目测检查。

4.3.31.8 当交流、直流或不同电压等级的插座安装在同一场所时，应有明显的区别，且必须选择不同结构、不同规格和不能互换的插座；配套的插头应按交流、直流或不同电压等级区别使用。

检查方法：目测检查。

4.3.31.9 插座接线应符合下列规定：

1. 单相两孔插座，面对插座的右孔或上孔与相线连接，左孔或下孔与零线连接；单相三孔插座，面对插座的右孔与相线连接，左孔与零线连接；

2. 单相三孔、三相四孔及三相五孔插座的接地(PE)或接零(PEN)线接在上孔。插座的接地端子不与零线端子连接。同一场所的三相插座，接线的相序一致。

3. 接地(PE)或接零(PEN)线在插座间不串联连接。

检查方法：全数检查，目测和用检测工具检测。

4.3.31.10 特殊情况下插座安装应符合下列规定：

1. 当接插有触电危险家用电器的电源时，采用能断开电源的带开关插座，开关断开相线；

2. 潮湿场所采用密封型并带保护地线触头的保护型插座，安装高度不低于1.5m。

检查方法：全数检查，用测电笔检查及目测和尺量检查。

4.3.31.11 吊扇安装应符合下列规定：

1. 吊扇挂钩安装牢固，吊扇挂钩的直径不小于吊扇挂销直径，且不小于8mm；有防振橡胶垫；挂销的防松零件齐全、可靠；

2. 吊扇扇叶距地高度不小于 2.5m;
3. 吊扇组装不改变扇叶角度，扇叶固定螺栓防松零件齐全;
4. 吊杆间、吊杆与电机间螺纹连接，啮合长度不小于 20mm，且防松零件齐全紧固;
5. 吊扇接线正确，当运转时扇叶无明显颤动和异常声响。

检查方法：全数检查，目测和尺量检查。

4.3.32 一般项目

4.3.32.1 引向每个灯具的导线线芯最小截面积应符合表 4.3.32.1 的规定。

导线线芯最小截面积(mm^2)　　　　　　　表 4.3.32.1

灯具安装的场所及用途		线芯最小截面积		
		铜芯软线	铜 线	铝 线
灯头线	民用建筑室内	0.5	0.5	2.5
	工业建筑室内	0.5	1.0	2.5
	室 外	1.0	1.0	2.5

检查方法：按不同种类的灯具各抽查 5%，目测检查或尺量检查。

4.3.32.2 灯具的外形、灯头及其接线应符合下列规定：
1. 灯具及其配件齐全，无机械损伤、变形、涂层剥落和灯罩破裂等缺陷;
2. 软线吊灯的软线两端做保护扣，两端芯线搪锡；当装升降器时，套塑料软管，采用安全灯头；
3. 除敞开式灯具外，其他各类灯具灯泡容量在 100W 及以上者采用瓷质灯头;
4. 连接灯具的软线盘扣、搪锡压线，当采用螺口灯头时，相线接于螺口灯头中间的端子上；
5. 灯头的绝缘外壳不破损和漏电；带有开关的灯头，开关手柄无裸露的金属部分。

检查方法：不同种类灯具各抽查 5%，但不少于 10 盏，目测检查。

4.3.32.3 变电所内，高低压配电设备及裸母线的正上方不应安装灯具。

检查方法：全数检查，目测检查。

4.3.32.4 装有白炽灯泡的吸顶灯具，灯泡不应紧贴灯罩；当灯泡与绝缘台间距离小于 5mm 时，灯泡与绝缘台间应采取隔热措施。

检查方法：抽查总数的 5%，目测检查。

4.3.32.5 安装在重要场所的大型灯具的玻璃罩，应采取防止玻璃罩碎裂后向下溅落的措施。

检查方法：全数检查，目测检查。

4.3.32.6 投光灯的底座及支架应固定牢固，枢轴应沿需要的光轴方向拧紧固定。

检查方法：抽查总数的 5%，用扳手做扭动检查。

4.3.32.7 安装在室外的壁灯应有泄水孔，绝缘台与墙面之间应有防水措施。

检查方法：抽查总数的 5%，但不少于 10 盏，目测检查。

Ⅳ 成品保护

4.3.33 为保证安装质量，照明器具安装后，油漆工需要补刷顶棚和墙壁时，应注意不能污染灯具及其木台和开关、插座面板。

4.3.34　照明器具在运输及保管中,要防止变形和损坏,影响质量。

Ⅴ　安全注意事项

4.3.35　安装较重大的灯具,必须搭设脚手架操作。安装在重要场所的大型灯具的玻璃罩,应有防止其碎裂后向下溅落的措施。

4.3.36　使用梯子靠在柱子上工作,顶端应绑牢固。在光滑坚硬的地面上使用梯凳时,须考虑防滑措施。

4.3.37　使用人字梯必须坚固,距梯脚40~60cm处要设拉绳,防止劈开;不准站在梯子最上一层工作,梯凳上禁止放工具、材料。

Ⅵ　质量通病及防治

4.3.38　软线吊链灯保险扣不起作用。塑料线线径细,应将线双股并列打保险扣。

4.3.39　吊链荧光灯双链出现梯型。应在预埋灯位盒时先测好灯具固定吊链的距离。

4.3.40　吊链荧光灯导线不通过吊链编花。使用花线时,因线径较粗,编花不方便,应用塑料软线,叉编在吊链内。

4.3.41　成套吊链荧光灯吊链处出现导线接头。灯具导线中间不应有接头,应使用整根导线。

4.3.42　成套吊链荧光灯一侧,用木砖固定灯具,绝缘台用一根木螺丝固定,造成灯具脱落。应该用两根木螺丝固定灯具绝缘台。

4.3.43　灯具与绝缘台配置不合理。灯具和绝缘台选择的尺寸应协调。

4.3.44　吊顶房间内灯位不在分格中心或不对称。要配合装修吊顶施工,并核实好图纸中具体尺寸和分格中心,定好灯位,准确安装吊钩。

4.3.45　吸顶灯绝缘台被烤焦。在灯泡与绝缘台中间铺垫石棉板或石棉布隔热。

4.3.46　用射钉枪射钉固定吸顶灯绝缘台。应射准螺栓,用螺栓固定绝缘台,便于维修。

4.3.47　厨房防水灯软线与铝线连接时不做处理。应将防水灯头软线先挂锡再与铝线连接。

4.3.48　成排器具安装时偏差过大。安装灯具前应先放线定灯位,应使其安装后偏差不大于5mm。

4.3.49　灯具绝缘台、开关、插座粉刷时被污染。多由于土建油工造成,应在粉刷完成后安装器具。

4.3.50　灯具、开关、插座周围抹灰质量不良,造成绝缘台、盖板不严或不平。与土建人员多加联系,一次性抹好,开关、插座盒口处抹灰应阳角方正、尺寸正确,灯位八角盒应安装缩口盖。

4.4　装饰灯具安装

Ⅰ　施工准备

4.4.1　材　　料

各种规格、型号的装饰灯具及其附件等。

4.4.2 工　　具

1. 克丝钳子、电工刀、螺丝刀、电烙铁等；
2. 电钻、电锤、射钉枪及射钉或射钉螺丝等。

4.4.3 作业条件

1. 在建筑结构施工中应做好大(重)型灯具的预埋工作；
2. 在灯具安装前，电气施工人员应与土建专业密切配合，主动介绍电气器具的外形尺寸、重量、安装位置及其安装要求；
3. 在建筑物吊顶内安装灯具应配合建筑吊顶施工交叉进行。

Ⅱ　施工工艺

4.4.4 装饰灯具的选择

装饰灯具是照明的集中反映，它应是建筑功能创造视觉条件的工具之一，又是建筑装饰的一个部分，是照明技术与建筑艺术的统一体。因此，对于灯具的要求必须具有功能性、经济性和艺术性的统一，就在改善照明效果的基础上，形成建筑物所特有的风格，取得良好的照明及装饰效应。

为体现出即符合建筑功能，又有利工作、学习、文化活动建筑空间和建筑艺术效果，并应注意光与色彩的相互配合。

大型建筑组合灯具每一单相回路不宜超过 25A，光源数量不宜超过 60A。

装饰灯具的外观检查及灯具配线的质量，可参见电气照明器具安装的有关内容进行。

4.4.5 吸顶灯在吊顶上的安装

在建筑装饰吊顶上安装吸顶灯，应根据灯具型号、规格和重量的不同采取不同的安装方法。

4.4.5.1 荧光吸顶灯的安装

单管荧光吸顶灯安装在吊顶上，可以用自改螺丝在吊顶的中龙骨上固定灯具；双管荧光吸顶灯安装时，应在吊顶的中龙骨旁增加一个附加中龙骨，灯箱用 4 个自改螺丝与中龙骨和附加中龙骨固定，如图 4.4.5.1 所示。

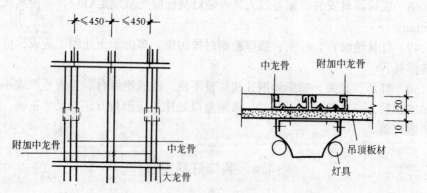

图 4.4.5.1　荧光吸顶灯在吊顶工程中的安装

4.4.5.2 白炽吸顶灯的安装

白炽灯吸顶安装时，装饰专业应在两吊顶中龙骨中间的适当位置上，增加两个附加中龙骨，在灯位上方附加中龙骨中间应有中龙骨横撑。灯具底座在每个附加中龙骨上用了个自攻螺钉固定，如图 4.4.5.2 所示。

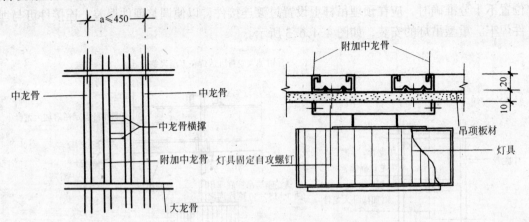

图 4.4.5.2　白炽吸顶灯灯具的安装

4.4.6　吊灯在吊顶上的安装

吊灯的安装可根据灯具的重量选择不同的安装方法。小型吊灯通常可安装在龙骨或附加龙骨上；大(重)型吊灯需要安装在建筑的结构层上。单体吊灯可直接安装，组合吊灯可在组合后安装或安装后组合。

4.4.6.1　轻型吊杆灯在吊顶上安装

轻型吊灯重量在 1kg 及以下时，在吊顶上安装，应使用两个机螺栓穿通吊顶板材，直接固定在吊顶的中龙骨上，如图 4.4.6.1 所示。

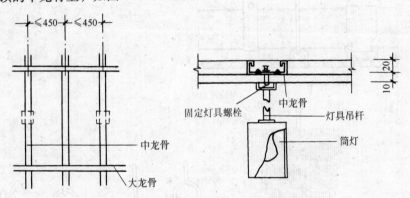

图 4.4.6.1　吊杆灯在吊顶工程中的安装

4.4.6.2　大型吊灯在吊顶上的安装

大型灯具，重量在 8kg 及以下的吊灯，在装饰吊顶的龙骨安装时，应在吊顶的大龙骨上边增设一个附加大龙骨，此龙骨横卧焊接在吊顶大龙骨上边，灯具的吊杆就固定在附加大龙骨上，灯具的底座与吊杆的底座用两个 M5×30 螺栓与中龙骨横撑连接，如图 4.4.6.2 所示。

4.4.6.3　重型吊灯在吊顶上的安装

重量超过 8kg 的吊灯在安装时，需要直接吊挂在混凝土梁上或预制、现浇混凝土楼

(屋)面板上,不应与吊顶龙骨发生任何受力关系。吊挂灯具的吊杆由土建专业预留,吊钩根据工程要求现场制作,吊杆及吊钩的长度及弯钩的形状也由现场确定。当土建预留吊钩位置不十分准确时,应在预埋吊杆上设置过渡连接件,以便调整埋件误差,连接件可与埋件焊牢。重型吊灯的安装,如图 4.4.6.3 所示。

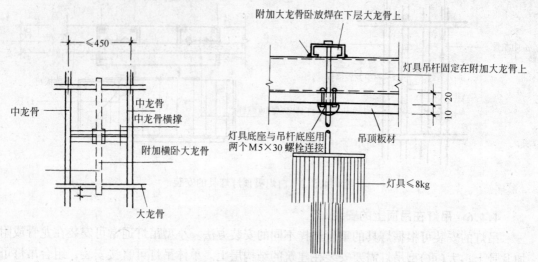

图 4.4.6.2 大型吊灯在吊顶工程中安装

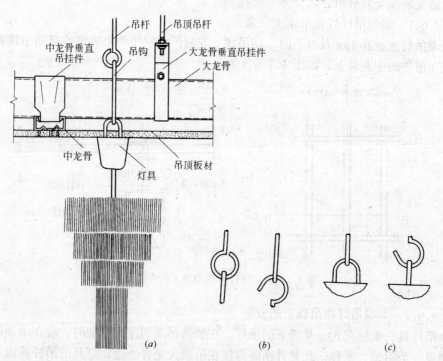

图 4.4.6.3 重型吊灯在吊顶工程中安装
(a)灯具安装示意图;(b)灯具吊杆;(c)灯具吊钩

有的大(重)型豪华吊灯的吊杆要露出吊顶表面,此时在吊杆露出吊顶板材表面处有直接出法和加套管的方法,最好采用加套管法,这样可以保证吊顶顶板的完整,仅在需要出管的位置上钻孔即可。因为直接出顶棚的吊杆,安装时板面钻孔不易找正。若采取先挂好吊杆再截断面板挖孔安装的方法,但对装饰效果有影响。

吊灯在吊顶上安装时,灯位位置应在顶板分格中心。如果同一室内安装多个吊灯,还应注意吊灯之间的位置、距离关系,可以用吊顶龙骨和顶板为依据来调整灯具的位置和高度。

4.4.7 嵌入式灯具安装

嵌入式灯具镶嵌在顶棚中。小型嵌入式灯具(如筒灯)一般安装在吊顶的顶板上;其他嵌入式灯具可安装在吊顶的龙骨上;大型嵌入式灯具安装时则应采用在混凝土梁、板中伸出支撑铁架、铁件连接的方法。

4.4.7.1 顶棚开孔

灯具安装前应熟悉灯具样本,了解灯具的形式及连接构造,以便确定灯具预埋件的位置和顶棚开孔的位置及大小。

小型筒型嵌入式灯具在顶板板材上安装,可先确定好位置,采用曲线锯挖孔。

大面积的嵌入式灯具,一般是预留洞口,先以顶板按嵌入式灯具开口大小围合成孔洞边框,此边框即为灯具提供连接点,边框一般为矩形。再大的嵌入式灯具可在龙骨上需补强部位增加附加龙骨,做成圆开口、方开口或条形开孔,有的灯具还需要切断吊顶的大龙骨或中龙骨,如图4.4.7.1所示。

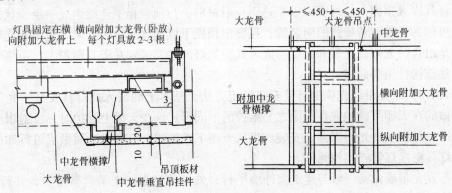

图 4.4.7.1 嵌入式灯具顶棚开口

4.4.7.2 灯具安装

嵌入式灯具与吊顶顶板连接固定,如图4.4.7.2所示。

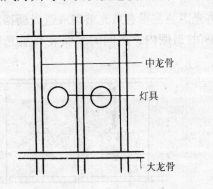 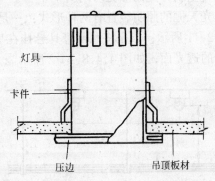

图 4.4.7.2 嵌入灯具安装图

大(重)型嵌入式灯具,应根据灯具的外型尺寸,确定其支架的支撑点,再根据灯具的具体重量经过认真核算,选用合适的型材制作支架,做好后根据灯具的安装位置,用预埋件或用膨胀螺栓把支架固定牢固,不可用射钉后补吊筋。

重量超过 8kg 的大(重)型灯具在楼(屋)面施工时就应把预埋件埋设好,而埋设的位置要求准确,如施工中出现误差,为使灯具安装位置准确,在与灯具上支架相同的位置上另吊龙骨。此龙骨上面与预埋件相连接的吊筋连接,下面与灯具上的支架连接,这样既可保证灯具牢固安全,又可保证位置准确。

灯具支架固定好后,将灯具的灯箱用机螺栓固定在支架上,再将电源线引入灯箱与灯具的导线连接并包扎紧密。调整各个灯座或灯脚,装上灯泡或灯管,上好灯罩,最后调整好灯具,灯具电源线不应贴近灯具外壳,接灯线长度要适当留有余量。

嵌入顶棚内的灯具,灯罩的边框应压住罩面板或遮盖面板的板缝,并应与顶棚面板贴紧。矩型灯具的边框边缘应与顶棚面的装修直线平行,如灯具对称安装时,其纵横中心轴线应在同一条直线上,偏差不应大于 5mm。

多支荧光灯组合的开启式嵌入灯具,灯管排列应整齐,灯内隔片或隔栅安装排列整齐,不应有弯曲、扭、斜等缺陷。

4.4.8 光带、光梁和发光天棚

灯具嵌入顶棚内,外面罩以半透明反射材料,与顶棚相平连续组成一条带状式照明装置,可称为光带。若带状照明装置,且突出顶棚下成梁状时称为光梁。光带和光梁的光源主要是组合荧光灯,光带和光梁与嵌入式荧光灯的主要区别在于其面积大,由多个定型灯具与建筑构件组合而成。

4.4.8.1 光带、光梁的灯具安装施工方法,基本上同嵌入式灯具安装。光带、光梁可以做成在天棚下维护或在天棚之上维护的不同形式。在天棚上维护时,反射罩应做成可揭开的,灯座和透光面则固定安装。当从天棚下维护时,应将透光面做成可拆卸的,以便维修灯具更换灯管或其他元件。

布置光带或光梁一般与建筑物外墙平行,外侧的光带、光梁紧靠窗子,并行的光带、光梁的间距应均匀一致。

4.4.8.2 发光天棚是一种常见的发光装置,它利用有扩散特征的介质如磨砂玻璃,半透明有机玻璃、棱镜、格栅等制作。光源装设在这些大片安装的介质之上,介质将光源的光通量重新分配而照亮房间。

发光天棚的照明装置有两种形式:一是将光源装在带有散光玻璃或遮光栅格内,如图 4.4.8.2-1 所示;二是将照明灯具悬挂在房间的顶棚内,房间的天棚装有散光玻璃或遮光格栅的透光面,如图 4.4.8.2-2 所示。

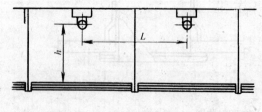

图 4.4.8.2-1 吊顶式发光天棚

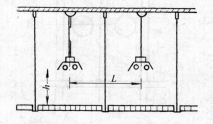

图 4.4.8.2-2 光盒式发光天棚

在发光天棚内照明灯具的安装同吸顶灯及吊杆灯做法。灯具或灯泡至透光面的距离，对于吊顶式不应小于 0.8~1.5m；对于光盒式 100mm（磨砂玻璃为 300mm）。为了使天棚亮度均匀，安装在天棚上夹层中的光源之间的距离 L 与光源距透光平面的距离 h 之比要恰当。比值不合适时，发光天棚看上去会存在令人注目的光斑。对于玻璃或有机玻璃天棚，取 $L/h \leqslant 1.5~2$，如果是采用筒式荧光灯，L/h 不大于 1.5。

4.4.9 光檐照明的安装

光檐是在房间内的上部沿建筑檐边，在檐内装设光源，光线从檐口射向天棚并经天棚反射而照亮房间，如图 4.4.9 所示。

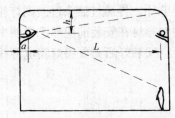

图 4.4.9 光檐照明示意图

4.4.9.1 为了将光源隐蔽，檐要有一定的高度，但又不应挡住光线射向天棚的最近部分，这样才能得到较均匀的天棚亮度。

光檐可以做成单面、双面或环型等几种型式。光檐是建筑结构的一部分，在施工中要特别注意需要与土建人员共同配合。

为了使顶棚的亮度均匀，光檐离反光顶面的高度 h 不能太小，应与反光顶棚的宽度 L 成一定比例，如表 4.4.9.1 所示。

光檐的 L/h 适宜比值表　　　表 4.4.9.1

光檐形式	灯 的 类 型		
	无反光罩	扩散反光罩	镜 面 灯
单边光檐	1.7~2.5	2.5~4.0	4.0~6.0
双边光檐	4.0~6.0	6.0~9.0	9.0~15.0
四边光檐	6.0~9.0	9.0~12.0	15.0~20.0

4.4.9.2 灯泡在光檐槽内的位置，应保证站在室内最远端的人看不见檐内的灯泡（如图 4.4.9）。灯泡离墙的距离 a 过小会在墙上出现亮斑，影响美观，一般 a 值不小于 10~15cm。

灯炮间的距离不宜过大，白炽灯应保持在 $(1.5~1.9)a$ 的距离范围之内；荧光灯最好首尾相接。

4.4.10 舞厅灯安装

舞厅是一种公共娱乐场所，应该使之环境优雅，气氛热烈，照明系统应是多层次的。在舞厅内一般作为座席的低调照明和舞池的背景照明，设置筒形嵌入灯具作点式布置。舞厅的舞区内顶棚上设置各种宇宙灯、旋转效果灯、频闪灯等现代舞用灯光，中间部位上通常还设有镜面反射球。有的舞池地板还安装由彩灯组成的图案，借助于程控或音控而变换图形。

舞厅或舞池灯的线路应采用铜芯导线穿钢导管、可挠金属电线保护管或使用护套为难燃材料的铜芯电缆配线。

4.4.10.1 旋转彩灯安装

当前较流行的旋转彩灯品种很多：

WM—101 10 头蘑菇型旋转彩灯；

WY—302 30头宇宙型旋彩灯；

WW—521 卫星宇宙舞台灯；

WL—210 20头立式滚筒式旋转彩灯。

旋转彩灯的构造各有不同，但总的可分为底座和灯箱两大部分，WM—101 10头蘑菇型旋转彩灯电气原理图，如图4.4.10.1所示。交流220V电源通过底座插口，由电刷过渡到导电环，再通过插头过渡到灯箱内，使灯箱内的灯泡得到电源。

旋转彩灯在安装前应熟悉说明书，开箱后应检查彩灯是否因运输有明显损坏及附件是否齐全。安装好后只要将灯箱电源线插入底座插口内，接通电源后彩灯就能正常工作。

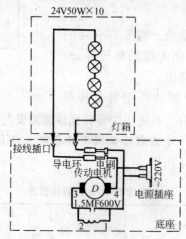

图4.4.10.1　WM-101旋转彩灯电气原理图

4.4.10.2　地板灯光设置

舞池地板上安装彩灯时，先在舞池地板下安装许多小方格，方格采用优质木材制成，内壁四周银以玻璃镜面，以增加反光，增大亮度。

地板小方格中每一种方格图案表示一种彩灯的颜色。每一个方格内装设一个或几个彩灯(视需要而定)，如图4.4.10.2所示。

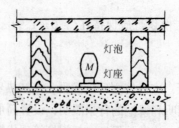

图4.4.10.2　地板方格剖面图

在地板小方格上面再铺以厚度大于20mm的高强度有机玻璃板作为舞池的地板。

4.4.11　喷水照明装置的安装

高层建筑中的高级旅游宾馆、饭店、办公大厦的庭院或广场上，经常安装灯光喷水池或音乐灯光喷水池。照明和充满动态和力量感的喷泉和色彩、音乐配合，给人们的生活增添了生气。

4.4.11.1 灯光喷水系统由喷嘴、压力泵及水下照明灯组成。水下照明灯用于喷水池中作为水面、水柱、水花的彩色灯光照明。使人工喷泉景在各色灯光的交相辉映下比白天更为壮观,绚丽多姿,光彩夺目。

常用的水下照明灯每只300W 额定电压12V 和220V 两种,220V 电压用于喷水照明,12V 电压用于水下照明。水下照明灯的滤色片分为红、黄、绿、蓝、透明等五种。

喷水照明一般选用白炽灯,并且宜采用可调光方式,当喷水高度高并且不需要调光时,可采用高压汞灯或金属卤化物灯。喷水高度与光源功率的关系可参见表4.4.11.1。

喷水高度与光源功率的关系　　　　表4.4.11.1

光源类别	白炽灯					高压汞灯	金属卤化物灯
光源功率(W)	100	150	200	300	500	400	400
适宜喷水高度(m)	1.5~3	2~3	2~6	3~8	5~8	>7	>10

水下照明灯灯具是具有防水措施的投光灯,投光灯下是固定用的三角支架,根据需要可以随意调整灯具投光角度、位置,使之处于最佳投光位置,达到最满意的照明效果。

4.4.11.2 安装喷水照明灯,需要设置水下接线盒,水下接线盒为铸铝合金结构,密封可靠。进线孔在接线盒的底部,可与预埋在喷水池中的电源配管相连接,接线盒的出线孔在接线盒的侧面,分为二通、三通、四通几种,各个灯的电源引入线由水下接线盒引出,用软电缆连接。自电源引入灯具的导管必须采用绝缘导管,严禁采用金属或有金属护层的导管。

水下灯及防水灯具的等电位联结应可靠,且有明显标识,其电源的专用漏电保护装置应全部检测合格。喷水照明灯平面布置图和剖面图,如图4.4.11.2-1和图4.4.11.2-2所示。

喷水照明灯具位置是指能够在喷水嘴的周围喷水端部水花散落瞬间的位置。喷泉的形状和照射方向,如图4.4.11.2-3所示。

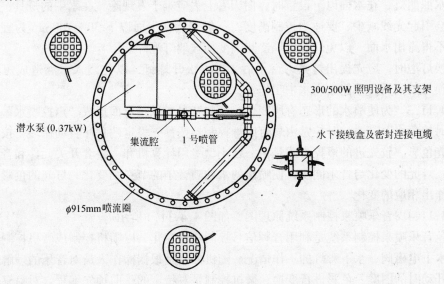

图4.4.11.2-1 喷水照明平面布置图

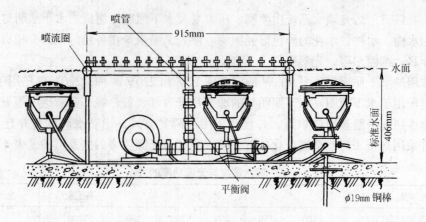

图 4.4.11.2-2 喷水照明剖面图

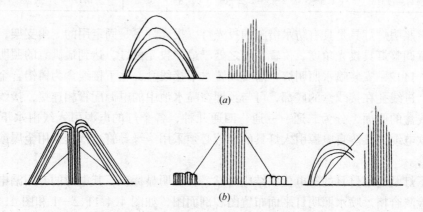

图 4.4.11.2-3 喷水的形态和照明方向图
(a) 与喷水平行照射；(b) 照射喷水散落之处

喷水照明灯，在水面以下设置时，白天看上去应难于发现隐藏在水中的灯具，但是由于水深会引起光线减少，要适当控制高度，一般安装在水面以下 30~100mm 为宜。安装后灯具不得露出水面，以免灯具玻璃冷热突变使玻璃灯泡碎裂。

调换灯泡时，应先提出灯具，待干后，方可松开螺钉，以免漏入水滴造成短路或漏电。待换好装实后，才能放入水中工作。

4.4.11.3 为使喷水的形态有所变化，可与背景音乐结合而形成"声控喷水"方式或采用"时控喷水"方式。时控是由彩灯闪烁控制器按预先设定的程序自动循环，按时变换各种灯光色彩。较先进的声控方式是由一台小型专用计算机和一整套开关元件和音响设备组成的，灯光的变化与音乐同步，使喷出的水柱随音乐的节奏则变化，灯光的色彩和亮灯数量也作出相应的变化。

4.4.11.4 音乐喷泉控制系统原理图，如图 4.4.11.4 所示。

彩色音乐喷泉控制系统是利用音频信号控制水流变化，以随机控制或微机控制高压潜水泵、水下电磁阀、水下彩灯的工作情况。随机控制是根据操作人员对音乐的理解，随时对喷泉开动时的图案、色彩进行变换；微机控制是对特定的乐曲预先编程，对喷泉开动时的图案、色彩自动控制。

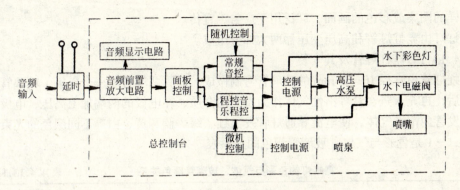

图 4.4.11.4 音乐喷泉控制系统原理图

4.4.12 水中照明灯

水中照明分为以观赏为目的和以视觉工作为目的两种，在前者中有从空气中看水中的情况的，如水中展望塔。在后者中包括直接在水中工作时的照明和为了电视摄像或摄影的视觉作业。

4.4.12.1 照明灯具的选择

水中照明用光源以金属卤化物灯、白炽灯为最佳。在水下的颜色中黄色、蓝色容易看出，水下的视觉也较大。

在水中展望塔之类的以观赏水中景物为目的的照明中，需要水色显得美观，采用金属卤化物灯或白炽灯作为光源。

水中电视摄像机的摄像用照明，一般使用金属卤化物灯、白炽灯、氙灯等。

水中照明无论采用什么方式，照明用灯具都要具有抗蚀性和耐水构造。由于在水中设置灯具时会受到波浪或风的机械冲击，因此还必须具有一定的机械强度。

4.4.12.2 水中照明灯具安装

灯具的位置有三种方式，如图 4.4.12.2 所示。

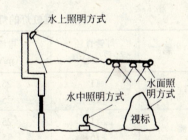

图 4.4.12.2 各种水中照明方式

当游泳池内设置水下照明灯时，照明灯上口距水面宜在 0.3~0.5m，在浅水部分灯具间距宜为 2.5~3m；在深水部分灯具间距宜为 3.5~4.5m。

在水中使用的灯具上常有微生物附着或浮游物堆积情况，为了易于清扫和检查，宜使用水下接线盒进行连接。

当游泳池内设置水下照明时，其照明灯的电源及灯具、接线盒应设有安全接地等保护措施。

游泳池和类似场所灯具(水下灯及防水灯具)的等电位联结必须可靠，且有明显标识，其电源的专用漏电保护装置应全部检测合格。

自电源引入灯具的导管必须采用绝缘导管，严禁采用金属或有金属护层的导管。

4.4.13 霓虹灯的安装

霓虹灯是一种艺术和装饰的灯光。它既可以在夜空显示多种字形，又可在橱窗里显示各种各样的图案或彩色的画面，广泛用于广告、宣传。

霓虹灯由霓虹灯管和高压变压器两大部分组成。

4.4.13.1 霓虹灯管及其安装

霓虹灯管由直径10~20mm的玻璃管弯制做成。灯管两端各装一个电极，玻璃管内抽成真空后，再充入氖、氦等惰性气体作为发光的介质，在电极的两端加上高压，电极发射电子激发管内惰性气体，使电流导通灯管发出红、绿、蓝、黄、白等不同颜色的光束。表4.4.13.1-1是色彩与气体、玻璃管颜色的关系表。

霓虹灯的色彩与气体、玻璃管颜色关系　　　　表4.4.13.1-1

灯光色彩	气体种类	玻璃管颜色
红	氖	透明
桔黄	氖	黄色
淡蓝	少量汞和氖	透明
绿	少量汞	黄色
黄	氦	黄色
粉红	氦和氖	透明
纯蓝	氙	透明
紫	氖	蓝色
淡紫	氦	透明
鲜蓝	氙	透明
日光、白光	氦或氩或汞	白色

霓虹灯管的电离气体在真空中是导电的，电阻与灯管的直径、长度有关，并决定了灯管启辉所需的电流和电压，表4.4.13.1-2是灯管直径与发光效率的关系。

霓虹灯的灯管直径与发光率的关系表　　　　表4.4.13.1-2

色彩	灯管直径(mm)	电流(mA)	灯管每m长 (lm)	灯管每m长 (W)	发光效率(lm/W)
红	11	25	70	5.7	12.2
	15	25	36	4.0	9.0
蓝	11	25	36	4.6	7.8
	15	25	18	3.8	4.7
绿	11	25	20	4.6	4.3
	15	25	8	3.8	2.1

霓虹灯管本身容易破碎，管端部还有高电压，因此应安装在人不易触及的地方，应特别注意安装牢固可靠，防止高电压泄漏和气体放电而使灯管破碎落下伤人，同样也要防止风力破坏下落伤人。霓虹灯管不应和建筑物直接接触，固定后的灯管与建筑物、构筑物表面的最小距离不宜小于20mm。

安装霓虹灯灯管时，一般用角铁做成框架，框架既要美观、又要牢固，在室外安装时还要经得起风吹雨淋。

安装灯管时应用各种玻璃或瓷制、塑料制的专用绝缘支持件固定。根据支持件的不同，有的支持件可以将灯管直接卡入，有的则需用 ϕ0.5 的裸细铜线扎紧，如图 4.4.13.1-1 所示。安装灯管时且不可用力过猛，安装后的灯管应完好，无破裂。

室内或橱窗里的小型霓虹灯管安装时，在框架上接紧已套上透明玻璃管的镀锌铁丝，组成 200~300mm 间距的网格，然后将霓虹灯管用 ϕ0.5 的裸铜丝或弦线等与玻璃管绞紧即可，如图 4.4.13.1-2 所示。

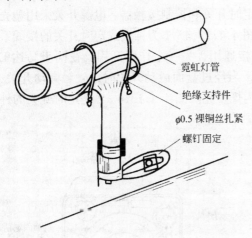

图 4.4.13.1-1 霓虹灯管支持件固定

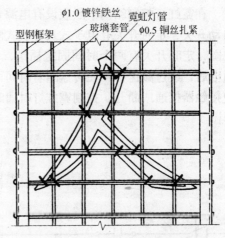

图 4.4.13.1-2 霓虹灯管绑扎固定

4.4.13.2 霓虹灯变压器的安装

霓虹灯变压器是一种漏磁很大的单相干式变压器，霓虹灯变压器必须放在金属箱子内，箱子两侧应开百页窗孔通风散热。常用的霓虹灯变压器外形，如图 4.4.13.2 所示。霓虹灯专用变压器应采用双圈式，所供灯管长度不应超过允许负载长度。

霓虹灯变压器的安装位置宜隐蔽，且方便检修，并不宜设置在被非检修人员触及处。

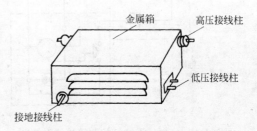

图 4.4.13.2 霓虹灯变压器外形图

一般紧靠灯管处安装，或隐蔽在霓虹灯板后，还可以减短高压接线，但要注意切不可安装在易燃品周围，也不宜装在室内吊平顶内，明装变压器，高度不宜小于 3m，当小于 3m 时，应采取防护措施；在室外露天安装时应采取防水措施。霓虹灯变压器离阳台、架空线路等距离不宜小于 1m。

霓虹灯变压器的铁芯、金属外壳、输出端的一端以及保护箱等均应与 PE 或 PEN 线连接可靠。

4.4.13.3 高压线的连接

霓虹灯管和变压器安装后，即可进行高压线的连接，霓虹灯专用变压器的二次导线和灯管间的连接线应采用额定电压不低于 15kV 的高压绝缘导线。霓虹灯专用变压器的二次导线与建筑物、构筑物表面之间的距离不应小于 20mm。

高压导线支持点间的距离，在水平敷设时为 0.5m；垂直敷设时，支持点间接距离为 0.75m。

高压导线在穿越建筑物时,应穿双层玻璃管加强绝缘,玻璃管两端须露出建筑物两则,长度宜为 50~80mm。

4.4.13.4 低压电路的安装

对于容量不超过 4kW 的霓虹灯,可采用单相供电,对超过 4kW 的大型霓虹灯,需要提供三相电源,霓虹灯变压器要均匀分配在各相上。

在霓虹灯控制箱内一般装设有电源开关、定时开关和控制接触器。电源开关采用塑壳自动开关,定时开关有电子式及钟表式两种,图 4.4.13.4-1 为钟表式定时开关的接线系统图,定时开关有两个时间固定插销,一个作接通用,另一个作断开用。在同步马达 D 通电后,经过减速机构使转盘随着时间而转动,当经过盘面微动开关时,碰触微动开关,使接触器接通或断开,控制霓虹灯时通时断,闪烁发光。图 4.4.13.4-2 是定时开关的外形图。

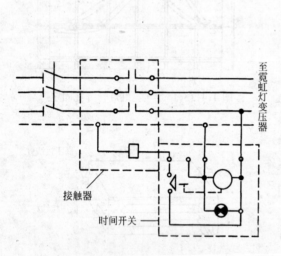

图 4.4.13.4-1 霓虹灯控制箱接线系统图

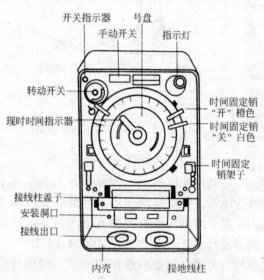

图 4.4.13.4-2 霓虹灯定时开关外形图

控制箱一般装设在邻近霓虹灯的房间内。为防止在检修霓虹灯时触及高压,在霓虹灯与控制箱之间应加装电源控制开关和熔断器,在检修灯管时,先断开控制箱开关再断开现场的控制开关,以防止造成误合闸而使霓虹灯管带电的危险。

当建筑物橱窗内装有霓虹灯时,橱窗门与霓虹灯变压器一次侧开关有联锁装置,确保开门不接通霓虹灯变压器的电源。

霓虹灯通电后,灯管内会产生高频噪声电波,它将辐射到霓虹灯的周围,严重干扰电视机和收音机的正常使用。为了避免这种情况,只要在低压回路上接装一个电容器就可以了,如图 4.4.13.4-3 所示。

4.4.14 装饰串灯安装

装饰串灯用于建筑物入口的门廊顶部,在夜间四周黑暗,而串灯如群星闪烁,烘托

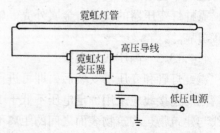

图 4.4.13.4-3 低压回路接装电容器图

出入口的造型艺术效果，也可以用作喜庆节日的装饰点缀，以增加欢欣愉快的气氛，还可以用作家庭日常的小摆饰，以表达房主人高雅的现代化情趣。

装饰串灯主要有如图4.4.14-1所示的三种。

第一种节日串灯可随意挂在装饰物的轮廓或人工花木上，每个小电珠一闪一灭起到晶莹闪烁的效果。

第二种是彩色串灯，装于螺纹塑料管内，沿装饰物的周边敷设，勾绘出装饰物的主要轮廓，串灯的发光颜色根据需要选定。

第三种串灯装于软塑料管或玻璃管内，软塑料管串灯又称塑料霓虹灯，它是由多只相同的低压小电珠串联后用透明软塑料密封灌注而成，机械强度高，受外力不易破损，便于安装和运输。制作文字图案无需事先用喷灯烧烤，可直接在安装时按要求成形，容易形成定型产品便于大批生产。塑料霓虹灯适合沿高大建筑物的轮廓安装，宜静不宜动，给人一种恬静和谐的感觉。

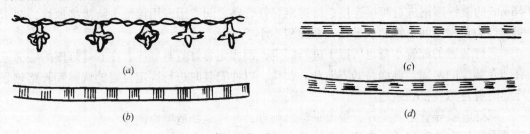

图4.4.14-1 装饰串灯示意
(a) 节日串灯；(b) 螺纹塑料管串灯；(c) 玻璃管串灯；(d) 软塑料管串灯

装饰串灯可直接用市电点亮发光体，省掉了变压器，安装简便。装饰串灯由若干个低压小电珠串联而成，每只小电珠实际上承受的电压就是市电电压除以串接的小电珠数。例如，额定电压$220 \div 100 = 2.2V$，为使用可靠采用额定电压为2.5V的小电珠。

串灯小电珠的内部构造是经过特殊设计的。制作小电珠时，先将支架灯丝的两根引线经过除锈处理，然后在两根引线之间绕上几圈事先经过钝化(氧化)处理(让其表面生成一层导电率较差的氧化薄膜)的细铝丝，由于有这层薄膜，这几圈铝丝并不能将引线线端的灯丝短路，所以铝丝中没有电流通过。一旦出现灯丝断路，那么支架灯丝的两根引线之间就会出现市电电压，这个电压就会将氧化薄膜击穿，通过绕上去的细铝丝形成电流通路，这只断丝小电珠原承担的电压就由其余电珠承担。由于制造小电珠时灯丝容量都有一定余量，因此多承担一点电压也不会被烧坏，所以装饰串灯将继续发光。小电珠的构造，如图4.4.14.2所示。

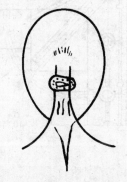

图4.4.14.2 小电珠构造

装饰串灯直接用市电作为电源，只要把每根串灯当作一只白炽灯泡一样并联起来使用就可以了。如果灯串长度有余，应把多余长度也用起来，可将多余部分放在人们看不到的地方，而不能将多余部分剪下。另外，在同一装饰中，应使用相同规格的(即相同头数小电珠)串灯，以免造成亮度不均。

4.4.15 建筑物彩灯安装

在临街的大型建筑物上，沿其建筑物轮廓装设彩灯，以便晚上或节日期间使建筑物显得更为壮观，供人们欣赏，增添节日气氛。

彩灯装置有固定式和悬挂式两种。

4.4.15.1 固定安装的彩灯装置，采用定型的彩灯灯具，灯具的底座有溢水孔，雨水可自然排出，彩灯装置的习惯做法见图 4.4.15.1。其灯间距离一般为 600mm，每个灯泡的功率不宜超过 15W，节日彩灯每一单相回路不宜超过 100 个。

安装彩灯装置时，应使用钢导管敷设，使用非金属管是非常危险的。

彩灯配线管路应按导管明敷设施工，且有防雨功能。管路间、管路与灯头盒间螺纹连接，金属导管及彩灯等可接近裸露导体与 PE 或 PEN 线连接可靠。连接彩灯灯具的每段管路应用管卡子及塑料膨胀螺栓固定，非镀锌导管管路之间(即灯具两旁)应用不小于 $\phi6$mm 的镀锌圆钢进行跨接连接；镀锌钢导管管路之间，用专用接地卡跨接接地线，两卡间连线为黄绿相间色铜芯软导线，截面积不小于 4mm。

彩灯装置的配管本身也可以不进行固定，而固定彩灯灯具底座。在彩灯灯座的底部原有圆孔部位的两侧，顺线路的方向开一长孔，以便安装时进行固定位置的调整和管路热胀冷缩时有自然调整的余地。

彩灯电线导管防腐完好，敷设平整、顺直，与建筑物造型协调。

在彩灯安装部位，土建施工完成后，顺线路的敷设方向拉通线定位。根据灯具位置及间距要求，沿线打孔埋入塑料胀管。把组装好的灯底座及连接钢导管一起放到安装位置(也可边固定边组装)，用膨胀螺丝将灯座及导管固定。

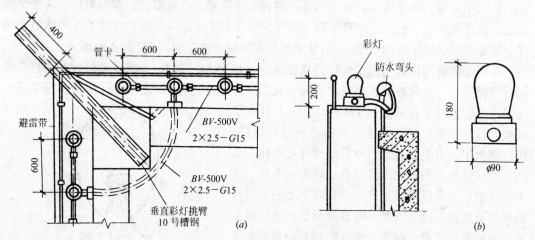

图 4.4.15.1 固定式彩灯装置做法图
(a) 彩灯安装图；(b) 彩灯灯罩

彩灯穿管导线应使用橡胶铜导线敷设。

彩灯装置的钢导管应与避雷带(网)进行连接，并应在建筑物上部将彩灯线路线芯与接地管路之间接以避雷器或放电间隙，借以控制放电部位，减少线路损失(关于建筑物彩灯避雷做法，可见防雷及接地装置安装)。

4.4.15.2 垂直悬挂式彩灯多用于建筑物的四角无法装设固定式的部位。采用直敷钢索配线，防水吊线灯头连同线路一起悬挂于钢丝绳上，悬挂式彩灯导线应采用绝缘强度不低于500V的橡胶铜导线，截面不应小于4mm²。灯头线与干线的连接应牢固，绝缘包扎紧密。导线所载有的灯具的重量的拉力不应超过该导线允许的机械强度，如图4.4.15.2所示。灯的间距一般为700mm，距地面3m以下的位置上不允许装设灯头。

垂直装设的彩灯在室外要受风力的侵扰，悬挂装置的机械强度至关重要。

垂直彩灯悬挂挑臂采用不小于10号的槽钢。端部吊挂钢索用的吊钩螺栓直径不小于10mm，螺栓在槽钢上固定，两侧有螺帽，且加平垫及弹簧垫圈紧固。

悬挂钢丝绳直径不小于4.5mm，底把圆钢直径不小于16mm，地锚采用架空外线用拉线盘，埋设深度大于1.5m。

为防止人身触电事故的发生，彩灯的构架、钢索等可接近的裸露导体均应与PE或PEN线连接可靠。

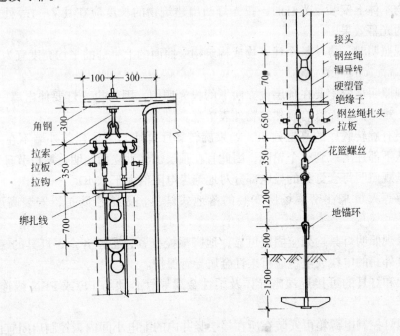

图4.4.15.2 垂直彩灯安装做法

4.4.16 景观照明灯安装

对耸立在主要街道或广场附近的重要高层建筑，一般采用景观照明，以便晚上突出建筑物的轮廓，是渲染气氛、美化城市、标志人类文明的一种宣传性照明。

景观照明通常采用泛光灯。投光的设置应能表现建筑物或构筑物的特征，并能显示出建筑艺术立体感。

建筑物的景观照明，可采用在建筑物自身或在相邻建筑物上设置灯具的布置方式，或是将两种方式相结合，也可以将灯具设置在地面绿化带中，如图4.4.16所示。

在离开建筑物处地面安装泛光灯时，为了能得到较均匀的亮度，灯与建筑物的距离D与建筑物高度H之比不应小于1/10，即$\dfrac{D}{H} \geqslant \dfrac{1}{10}$。

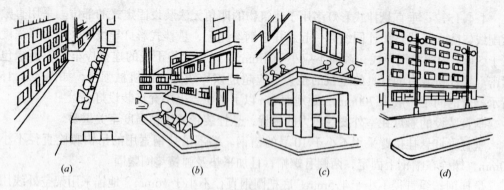

图 4.4.17 景观照明灯安装方式
(a) 在邻近建筑物上安装；(b) 在靠近建筑物地面上安装；
(c) 在建筑物本体上安装；(d) 在街道上设置投光灯柱

在建筑物本体上安装泛光灯时，投光灯凸出建筑物的长度应在 0.7~1m 处。应使窗墙形成均匀的光幕效果。

安装景观照明时，应使整个建筑物或构筑物受照面的上半部的平均亮度宜为下半部的 2~4 倍。

设置景观照明尽量不要在顶层设立向下的投光照明，因为投光灯要伸出墙一段距离，不但难安装、难维护，而且有碍建筑物外表美观。

对于顶层有旋转餐厅的高层建筑，如果旋转餐厅外墙与主体建筑外墙不在一个平面内，就很难从下部往上照到整个轮廓，因此宜在顶层加辅助立面照明，增设节日彩灯。

建筑物景观照明每套灯具的导电部分对地绝缘电阻值大于 2MΩ。

在人行道等人员来往密集场所安装的落地式灯具，无围栏防护，安装高度距地面 2.5m 以上。

建筑物景观照明灯具构架应固定可靠，地脚螺栓拧紧，备帽齐全；灯具的螺栓紧固、无遗漏。灯具外露的电线或电缆应有柔性金属导管保护。

金属构架和灯具的可接近裸露导体及柔性金属导管必须与 PE 或 PEN 线连接可靠，且有标识。

景观照明灯控制电源箱可安装在所在楼层竖井内的配电小间内，控制启闭宜由控制室或中央电脑统一管理。

4.4.17 航空障碍标志灯的安装

一般高层建筑物应根据建筑物的地理位置、建筑高度及当地航空部门的要求，考虑是否设置航空障碍标志灯的问题。

障碍标志灯应装设在建筑物或构物的最高部位。当至高点平面面积较大或为建筑群时，除在最高端装设障碍标志灯外，还应在其外侧转角的顶端分别装设，最高端装设的障碍标志灯光源不宜少于 2 个。同一建筑物或建筑群障碍标志灯灯具间的水平、垂直距离不宜大于 45m。

在烟囱顶上设置障碍标志灯时宜将其安装在低于烟囱口 1.5~3m 的部位并成正三角形水平排列。

国内生产的高重复率脉冲氙航标灯，规格见表 4.4.17 所示。

国产氙航标灯规格表 表4.4.17

型 号	电压(V)/功率(W)	闪光特性	灯光视距（海里）	外形尺寸(mm)
HXF-1-6	6/10	单 闪	>5	138×86×14.5
HXF-2-6	6/10	联 闪	>5	138×86×14.5
HXF-1-12	12/20	单 闪	>8	138×86×14.5
HXF-2-12	12/20	联 闪	>8	138×86×14.5
HXF-1-24	24/60	单闪、联闪	>12	φ250×120
HXF-1-32	32/100	单闪、联闪	>19	φ250×120
HXF-1	32/100	单闪、联闪	>19	φ330×150
HXF-500	220/500	单闪、联闪	>21	φ330×150

灯具的选型应根据安装高度决定。在距地面60m以上装设标志灯时，应采用恒定光强的红色低光强障碍标志灯；距地面90m以上装设时，应采用红色光的中光强障碍标志灯，其有效光强应大于1600cd；距地面150m以上应为白色光的高光强障碍标志灯，其有效光强随背景亮度而定。

障碍标志灯电源应按主体建筑中最高负荷等级要求供电，且宜采用自动通、断电源的控制装置，动作应准确。

障碍标志灯的起闭一般可使用露天安放的光电自动控制器进行控制，它以室外自然环境照度为参量来控制光电元件的动作启闭障碍标志灯，也可以通过建筑物的管理电脑，以时间程序来启闭障碍标志灯。为了有可靠的供电电源，两路电源的切换最好在障碍标志灯控制盘处进行。

图4.4.17-1为航空障碍标志灯接线系统图，双电源供电，电源自动切换，每处装两只灯，由室外光电控制器控制灯的开闭。也可由大厦管理电脑按时间程序控制开闭。

图4.4.17-2为屋顶障碍标志灯安装大样，安装金属支架一定要与建筑物防雷装置焊接。

航空障碍标志灯灯具安装应牢固可靠，且设置维修和更换光源的措施。

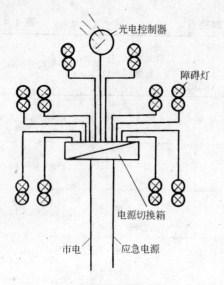

图 4.4.17-1 障碍标志照明系统图

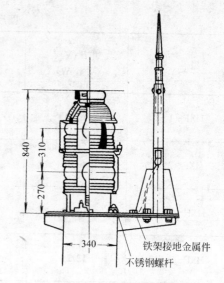

图 4.4.17-2 障碍标志灯安装大样示例（mm）

Ⅲ 质量标准

4.4.18 主控项目

4.4.18.1 游泳池和类似场所灯具（水下灯及防水灯具）的等电位联结应可靠，且有明显标识，其电源的专用漏电保护装置应全部检测合格。

自电源引入灯具的导管必须采用绝缘导管，严禁采用金属或有金属护层的导管。

检查方法：全数检查，目测检查。对等电位联结应进行导通性测试。

4.4.18.2 霓虹灯安装应符合下列规定：

1. 霓虹灯管完好，无破裂；
2. 灯管采用专用的绝缘支架固定，且牢固可靠。灯管固定后，与建筑物、构筑物表面的距离不小于20mm；
3. 霓虹灯专用变压器采用双圈式，所供灯管长度不大于允许负载长度，露天安装的有防雨措施；
4. 霓虹灯专用变压器的二次电线和灯管间的连接线采用额定电压大于15kV的高压绝缘电线。二次电线与建筑物、构筑物表面的距离不小于20mm。

检查方法：全数检查，目测检查和尺量检查。

4.4.18.3 建筑物景观照明灯具安装应符合下列规定：

1. 每套灯具的导电部分对地绝缘电阻值大于2MΩ；
2. 在人行道等人员来往密集场所安装的落地式灯具，无围栏防护，安装高度距地面2.5m以上；
3. 金属构架和灯具的可接近裸露导体及金属软管必须与PE或PEN线连接可靠，且有标识。

检查方法：全数检查，1款绝缘电阻值用兆欧表测试和测试时旁站；2款尺量检查；3款目测检查。

4.4.18.4 建筑物彩灯安装应符合下列规定：

1. 建筑物顶部彩灯采用有防雨性能的专用灯具，灯罩要拧紧；
2. 彩灯配线管路按明配管敷设，且有防雨功能。管路间、管路与灯头盒间螺纹连接，金属导管及彩灯的构架、钢索等可接近裸露导体与PE或PEN线连接可靠；
3. 垂直彩灯悬挂挑臂采用不小于10号的槽钢。端部吊挂钢索用的吊钩螺栓直径不小于10mm，螺栓在槽钢上固定，两侧有螺帽，且加平垫及弹簧垫圈紧固；
4. 悬挂钢丝绳直径不小于4.5mm，底把圆钢直径不小于16mm，地锚采用架空外线用拉线盘，埋设深度大于1.5m；
5. 垂直彩灯采用防水吊线灯头，下端灯头距离地面高于3m。

检查方法：全数检查，目测检查和尺量检查。

4.4.18.5 航空障碍标志灯安装应符合下列规定：

1. 灯具装设在建筑物或构筑物的最高部位。当最高部位平面面积较大或为建筑群时，除在最高端装设外，还在其外侧转角的顶端分别装设灯具；
2. 当灯具在烟囱顶上装设时，安装在低于烟囱口1.5～3m的部位且呈正三角形水平排列；
3. 灯具的选型根据安装高度决定；低光强的（距地面60m以下装设时采用）为红色光，其有效光强大于1600cd。高光强的（距地面150m以上装设时采用）为白色光，有效光强随背景亮度而定；
4. 灯具的电源按主体建筑中最高负荷等级要求供电；
5. 灯具安装牢固可靠，且设置维修和更换光源的措施。

检查方法：全数检查，目测检查或用尺测量。

4.4.19 一般项目

4.4.19.1 霓虹灯安装应符合下列规定：

1. 当霓虹灯变压器明装时，高度不小于3m；低于3m采取防护措施；
2. 霓虹灯变压器的安装位置方便检修，且隐蔽在不易被非检修人触及的场所，不装在吊平顶内；
3. 当橱窗内装有霓虹灯时，橱窗门与霓虹灯变压器一次侧开关有联锁装置，确保开门不接通霓虹灯变压器的电源；
4. 霓虹灯变压器二次侧的电线采用玻璃制品绝缘支持物固定，支持点距离不大于下列数值：

（1）水平线段：0.5m；
（2）垂直线段：0.75m。

检查方法：室外安装的全数检查，室内安装的抽查5%，目测检查和尺量检查。

4.4.19.2 建筑物景观照明灯具构架应固定可靠，地脚螺栓拧紧，备帽齐全；灯具的螺栓紧固、无遗漏。灯具外露的电线或电缆应有柔性金属导管保护；

检查方法：全数检查，目测检查。

4.4.19.3 建筑物彩灯安装应符合下列规定：

1. 建筑物顶部彩灯灯罩完整，无碎裂；
2. 彩灯电线导管防腐完好，敷设平整、顺直，与建筑物造型协调。

检查方法：抽查总数的 5%，目测检查。

4.4.19.4 航空障碍标志灯安装应符合下列规定：

1. 同一建筑物或建筑群灯具间的水平、垂直距离不大于 45m；
2. 灯具的自动通、断电源控制装置动作准确。

检查方法：全数检查，一款目测或用仪器测量 2 款做动作试验。

Ⅳ 成品保护

4.4.20 装饰灯具在运输及保管中，要防止变形和损坏，影响安装质量。

4.4.21 装饰灯具在配合吊顶工程施工安装过程中，不能损坏已完成的吊顶部位。

Ⅴ 安全注意事项

4.4.22 电气工程技术人员应根据工程具体情况，向安装人员作安全交底，安装人员必须认真领会交底要求，严格按着安全操作规程施工。

4.4.23 工作前，应先检查脚手架是否牢固安全，确认无误后，方可进行工作。

4.4.24 使用高凳、架梯时，下脚应绑麻布或垫胶皮，并加拉绳，防滑。凳、梯上搭板时，板不得搭在最高一档，板两端搭接长度不应小于 200mm，板上不得同时站两人操作。

4.4.25 高空作业，无防护设施时，必须系安全带并拴在牢固部位上。

4.4.26 在吊顶房间工作时，现场严禁吸烟和用火。顶棚内如有暗灯，灯位四周应加防火材料，防止起火。

Ⅵ 质量通病及其防治

4.4.27 装饰艺术花灯金属外壳带电。高级花灯灯具，灯头数量多、照度大、温度高，在使用中易使绝缘老化，导致绝缘损坏，使金属外壳带电。在安装灯具时应根据灯具的要求做好保护接地（零）线。且选择灯具导线芯线截面应正确，选择合适的保险丝或自动开关，防止事故范围扩大。

4.4.28 灯位不在吊顶分格中心或不对称。在有装饰吊顶和护墙分格的工程中，安装线路确定灯位时，没有参阅土建装修图，土建、电气会审图纸不严密，容易出现灯位不正，档距不对称。在装饰吊顶板留置灯位时，应测量准确。

4.4.29 灯具法兰盖不住孔洞，影响厅堂整齐美观。在吊顶板上预留灯位孔洞时不准确或土建施工时，灯位开孔过大而造成的。应仔细认真对照灯具确定孔洞位置，在吊顶板上开孔时，应先钻小孔，小孔对准灯位或灯位盒处，再根据灯具法兰盘大小扩孔。

4.4.30 花灯安装不牢固甚至掉下。对大型花灯、吊装花灯的固定及悬吊位置，安装前应请结构设计人员对其牢固程序作出技术鉴定，应按灯具重量的 1.25 倍做过载试验，做到绝对安全可靠。

花灯因吊钩腐蚀而掉下的，必须凿出结构钢筋，用不小于 $\phi 12mm$ 镀锌圆钢重新做吊钩挂于结构主筋上。

4.5 电动机安装接线和检查

Ⅰ 施工准备

4.5.1 材料
1. 各种规格、型号的电动机；
2. 各种规格的型钢、地脚螺栓、镀锌螺栓等；
3. 电焊条、绝缘带、润滑脂等。

4.5.2 机具
1. 三角架、吊链、绳扣、台钻、砂轮、联轴节顶出器、水准仪(水平尺)；
2. 手锤、钢板尺、电工工具、转速表、摇表、万用表、钳型电流表、测电笔等。

4.5.3 作业条件
1. 施工图纸及技术资料齐全；
2. 建筑工程应结束屋面、楼板工作，不得有渗漏现象；
3. 电动机混凝土基础应达到允许安装的强度；
4. 现场模板及杂物清理完毕；
5. 预埋件及预留孔符合设计要求，预埋件牢固。

Ⅱ 施工工艺

4.5.4 施工程序

电动机安装前检查 → 抽芯检查 → 电机干燥 → 电动机安装、接线 →
控制、保护和启动设备安装 → 试运行前的检查 → 试运行及验收

4.5.5 三相异步电动机的分类

三相异步电动机的种类繁多，可按各种方法分类，如按外壳防护、安装方式、转子绕组结构、绝缘等级、功率大小、电流电压、运行特性、用途等各种分类方法。但在若干不同分类之间都有着错综复杂的内在联系，我国目前是以中心高尺寸大小或定子铁芯外径尺寸大小作为大类来总划分，而以主要性能、用途和结构特征、形式等作为补充来适当细分，其具体分类方法说明如下：

4.5.5.1 按照电机中心高或定子铁芯外径尺寸大小分类

小型三相异步电动机，即中心高为 80～315mm 或定子铁芯外径为 120～500mm 的电动机；

中型三相异步电动机，即中心高为 355～630mm 或定子铁芯外径为 500～990mm 的电动机；

大型三相异步电动机，即中心高为 630mm 以上或定子铁芯外径为 990mm 以上的电动机。

4.5.5.2 按系列分类

基本系列，即使用范围广，生产量大，一般用途的系列，是基础产品，称为基本系列；

派生系列，即按照不同的使用要求，在基本系列的基础上做部分改变所导出的产品，

称为派生系列；

专用系列，即为适应某些机械配套的特殊需要而设计制造的具有特殊结构的系列电动机，称为专用系列电动机。

4.5.5.3 按机壳防护形式分类

电动机外壳防护形式分为两种类型：一种是防止人体触及和固体异物进入电机内部的防护形式；一种防止水进入电机内部的防护形式。两种防护形式各自进行分级，两者不能互相取代。前者防护等级分为7级(分级原则，是防护能力逐级加强)后者防护等级分为9级(防水能力也是逐级加强)。

防护等级的标志，采用国际通用的标志系统，由字母"IP"(International Protection《国际防护》的缩写)及两个阿拉伯数字组成。第一位数字代表第一种防护等级，第二位数字代表第二种防护等级。

标志方法举例如下：

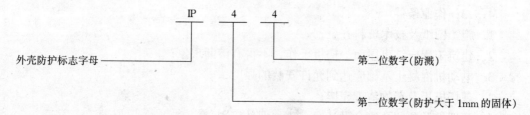

这样标志的电机即表明能防护大于1mm的固体异物进入壳内，同时能防溅。

4.5.5.4 按转子结构型式分类

分有两种类型，即鼠笼式转子异步电动机和绕线式转子异步电动机。鼠笼式的结构牢固，成本低，基本是定速的，绕线式的可以在一定范围内调速，起动性能好，但与鼠笼式转子异步电动机比重量重、功率因数和效率低。

4.5.6 三相异步电动机的型号组成及主要技术数据

4.5.6.1 型号

产品型号采用汉语拼音大写字母，以及国际通用符号及阿拉伯数字组成。汉语拼音字母的选用系从全名称中选择出有代表意义的汉字的汉语拼音的第一音节第一字母，例如绕线转子立式三相异步电动机，产品代号为"YRL"其代号的汉字意义为"异绕立"。

4.5.6.2 型号表示方法

产品型号由产品代号、规格代号、特殊环境代号和补充代号等四个部分组成，并按下列顺序排列：

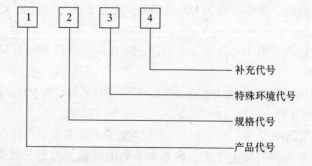

4.5.6.3 产品型号示例

小型三相异步电动机

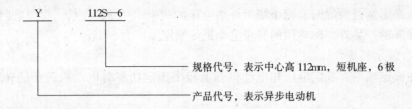

户外化工防腐用小型隔爆异步电动机

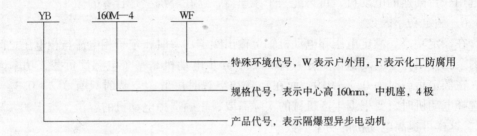

4.5.6.4 三相异步电动机的主要技术数据

1. 额定功率

在额定运行情况下,电动机轴上输出的机械功率,单位是 kW(旧产品也有以马力计,1 马力 = 0.736kW)。三相异步电动机的额定功率可用下式计算:

$$P_N = \frac{\sqrt{3} U_N I_N \cos\varphi_N}{1000} \eta_N$$

式中 P_N——额定功率(kW);

U_N——额定电压(V);

I_N——额定电流(A);

$\cos\varphi_N$——额定功率因数;

η_N——额定运行情况下的效率。

2. 额定电压

在额定运行情况下,定子绕组端应加的线电压值,用 V 或 kV 表示。通常在铭牌上标有两种电压值,这对应于定子绕组采用三角形或星形连接时应加的电压值。例如 220/380V,这表示电动机定子绕组采用三角形连接时需加 220V 的线电压,星形连接时则加 380V 的线电压。我们通常碰见的是电动机在低于额定电压值下运行。这时会引起转速下降,电流增加。如果电动机在满载情况下,电流的增加将超过额定值,使绕组过热。另外,在低于额定电压下运行时,最大转矩 M_{max} 会显著地下降(M_{max} 与电压平方成正比),这对电动机的运行也是不利的。所以一般规定电动机运行的电压不应低于额定值的 5%。

3. 额定电流

在额定频率、额定电压下电动机轴上输出为额定功率时,定子绕组的线电流值。有时在铭牌上标有两种额定电流值,这也是对应于定子绕组采用三角形或星形连接时的线电流值,单位 A。

4. 额定频率

在额定运行情况时,定子绕组外加电压的频率,用 Hz 表示。我国电网频率为 50Hz,因此除外销产品外,国内用的异步电动机的额定频率为 50Hz。

5. 额定转速

在额定频率、额定电压和电动机轴上输出额定功率时电动机转子的转速,单位为 r/min。

通常电动机的转速不低于 500r/min。因为当功率一定时,电动机的转速愈低,则其尺寸愈大,价格愈贵,而且效率也较低。如果生产机械对转速的要求是低于 500r/min 时,可选用一台高速的电动机,再另配一个减速器,这在经济上是合算的。

6. 额定功率因数

在额定功率、额定电压和电动机轴上输出额定功率时,定子相电流与相电压之间相位差的余弦,叫异步电动机的额定功率因数。异步电动机是一个电感性负载,功率因数较低,在额定负载时为 0.7~0.9,而在轻载和空载时更低,空载时只有 0.2~0.3。因此,在选择电动机时,要根据生产机械的实际需要,正确选择电动机的容量,防止"大马拉小车",这样可提高电动机的功率因数。

7. 额定效率

在额定运行情况下,电动机的输出机械功率与输入电功率的比值。

8. 绝缘等级

是指电动机定子绕组所用绝缘材料的等级。它决定了电动机的允许温升,有些电动机铭牌上只标允许温升(运行时电动机温度高出环境温度的允许值叫做允许温升,环境温度规定为 40℃)。

9. $\dfrac{起动电流}{额定电流}$

在电机技术标准中用该比值来表示该电机起动电流的大小。

起动电流:电动机各绕组按正常工作时的接法及在额定电压和频率下,电动机还没有转动时所吸收的电源电流叫起动电流。

10. $\dfrac{起动转矩}{额定转矩}$

在电机技术标准中用该比值来表示该电机起动转矩的大小。

起动转矩:电动机各绕组按正常工作时的接法及在额定电压和频率下,电机转子还没有转动时所产生的转矩。

额定转矩:在额定运行条件下电动机在额定负载时的转矩。额定转矩可按额定功率及额定转速求得:

$$额定转矩 = 9555 \cdot \dfrac{额定功率}{额定转速} \quad (\text{N·m})$$

式中,额定功率的单位是 kW,额定转速的单位是 r/min。

11. $\dfrac{最大转矩}{额定转矩}$

在电机技术标准中用该比值来表示该电机最大转矩的大小,工程上称这个比值为过载系数,反映了电动机短时的过载能力。

最大转矩:电机在额定电压、额定频率及各绕组按额定运行的接法时所能产生的最大转矩。

12. $\dfrac{\text{堵转转矩}}{\text{额定转矩}}$

在电机技术标准中用该比值来表示该电机堵转转矩的大小。

堵转转矩:电动机在额定频率、额定电压和转子堵住时所产生的转矩测得的最小值。

13. $\dfrac{\text{堵转电流}}{\text{额定电流}}$

在电机技术标准中用该比值来表示该电机堵转电流的大小。

堵转电流:电动机在额定频率、额定电压和转子堵住时从供电线路输入的稳态均方根电流。

4.5.7 异步电动机的选择

异步电动机的选择,应该从实用、经济、安全等原则出发。电动机选择的主要内容有:电动机的种类、型式、额定功率、额定电压和额定转速等,其中以电动机功率选择最为重要。

4.5.7.1 电动机种类的选择

为生产机械选择电动机的种类,首先考虑的是电动机性能应该满足生产机械的要求。异步电动机有鼠笼式转子异步电动机和绕线式转子异步电动机。鼠笼式转子异步电动机结构简便,维护容易,价格低廉,但起动性能较差,一般空载或轻载起动可以选用。绕线式电动机起动转矩大,起动电流小,但结构复杂,起动和维护较麻烦,只用于需要大起动转矩的场合和有调速要求的生产机械,如桥式起重机、矿井提升机、压缩机、不可逆轧钢机等。

一般调速要求不高的生产机械尽量优先选用鼠笼式转子三相异步电动机。普通的鼠笼式异步电动机广泛应用于机床、水泵、通风机等。高起动转矩的鼠笼式异步电动机,应用于要求起动转矩较大的生产机械,如空气压缩机、皮带运输机等。多速电动机应用于有级调速的生产机械,如电梯、某些机床等。

一些特殊场合,如易爆炸气体存在及尘埃多,不能使用直流电动机,而使用交流异步电动机。

4.5.7.2 电动机型式的选择

电动机按安装位置分,有立式电动机和卧式电动机两种。一般情况下选用卧式,在特殊情况下用立式,立式价格较贵。

按电动机的轴伸个数分,电动机有单轴伸和双轴伸两种。多数情况下用单轴伸,特殊情况下用双轴伸。

按防护方式分,电动机有开启式、防护式、封闭式和防爆式几种。

开启式电动机,在定子两侧与端盖上都有很大的通风口,散热好,价格便宜,但是容易进入灰尘、水滴、铁屑等杂物。开启式电动机只能够在清洁、干燥的环境中使用。

防护式电动机,在电动机的机座下面有通风口,散热好,能防止水滴、铁屑等从上方落入电动机内，但潮气及灰尘仍可进入到电动机内部。一般在比较清洁、干燥的环境可以使用防护式电动机。

封闭式电动机，电机的机座和端盖上均无通风孔，电动机散热的条件不好。其中自冷式、强迫通风（它冷）式两种可以在灰尘多、潮湿、有腐蚀性气体、易遭风雨、易引发火灾等较恶劣的环境中使用。另外一种密封式的，可以浸泡在液体中使用，如潜水泵电动机等。

防爆式电动机适用于有易燃、易爆气体的场所，如矿井、油库、煤气站等。

4.5.7.3 电动机额定功率的选择

电动机功率的大小由生产机械决定，也就是说，由负载所需的功率决定。

有的人认为，电动机的功率选择大一点，既省事、又保险，其实是不对的。其一，大电动机带动小负载是用"大马拉小车"不能充分发挥作用，而且设备费用较大；其二，电动机如果在低负载的情况下运行，效率和功率因数都较低，增加运行费用。当电动机容量选择过小，或负载波动较大，使电动机轴输出功率增加，会使输入电功率增加，温升提高，当温度超过绝缘材料的允许值长时间运行，会造成绝缘损坏，电动机烧毁。因此，根据生产机械需要，正确选择电动机的功率是十分重要的。一般电动机额定功率选择分成三步：

第一步，计算负载功率 Pz。

第二步，根据 Pz 预选电动机，使其额定功率 $Pe \geqslant Pz$，尽量接近 Pz。

第三步，校核预选电动机的发热、过载能力及起动能力，直至合适。

实际中，根据经验采用比较简单的实用方法，有通过与同类生产机械的电动机相类比确定额定功率的类比法，及按统计分析得到的公式计算电动机功率的经验公式法等。

4.5.7.4 额定电压的选择

电动机额定电压的等级要与系统供电压一致。一般中、小型交流电动机额定电压为380V，大型交流电动机的电压是3000V、6000V。

4.5.7.5 电动机额定转速的选择

额定功率相同的电动机，转速越高，体积越小，造价越低，但转速越高的电动机，拖动系统传动机构速比越大，机构越复杂。

异步电动机的转速接近同步转速，而磁场的转速是以磁极对数 P 来分档的，在两档之间的转速是没有的。电动机转速选择的原则是使其尽可能接近生产机械的转速，以简化传动装置。

在选择异步电动机时应尽量选择使用新系列产品，如 Y、YR 系列的三相异步电动机与绕线式转子的异步电动机。Y 系列三相异步电动机已取代老式 JO 和 JO_2 系列电动机。

Y 系列电动机与 JO_2 系列电动机比较，实测效率提高 0.41%，起动转矩平均提高30%，体积缩小15%，重量减轻12%，有助于配套使用时减少安装容量，有利于节约用电。

4.5.8 电动机的保管和检查

为了保证电动机安装工程的施工质量，促进工程施工技术水平的提高，确保电动机安全运行，采用的设备及器材应符合国家现行技术标准的规定，并应有出厂合格证件及试验报告，设备应有铭牌。

设备和器材到达现场后,应在规定期限内做验收检查,并应符合下列要求:

设备和器材的包装及密封应良好;开箱检查清点,规格应符合设计要求,附件、备件应齐全;产品的技术文件应齐全。

电机的外观检查应符合下列要求:

电机应完好,不应有损伤现象;定子和转子分箱装运的电机,其铁芯、转子和轴颈应完整,无锈蚀现象;电机的附件应无损伤。

设备在安装前的保管期限应为1年及以下,当需要长期保管时,应符合设备保管的专门规定。

电机及其附件宜存放在清洁、干燥的仓库或厂房内;当条件不允许时,可就地保管,但应有防火、防潮、防尘及防止小动物进入等措施。

对一些细长型转子的电机,为防止转子轴变形,在保管期间还应按制造厂要求定期盘动转子。

电动机安装时,应对转子的转动情况、润滑状况,定子、转子之间的空气间隙,电源引出线的连接及电刷提升装置等进行检查,把好安装时的质量关,尤其是裸露带电部分的电气间隙,更应满足产品标准的规定,这是电机安全运行中必须具备的条件之一,在检查时应符合下列要求:

1. 盘动转子应灵活,不得有磁卡声;
2. 电机的润滑脂的情况正常,无变色、变质及变硬等现象。其性能应符合电机的工作条件;
3. 可测量空气间隙的电机,其间隙的不均匀度应符合产品技术条件的规定,当无规定时,各点空气间隙与平均空气间隙之差与平均空气间隙之比宜为±5%;
4. 电机的端出线鼻子焊接或压接应良好,编号齐全,裸露带电部分的电气间隙应符合产品标准的规定;
5. 绕线式电动机应检查电刷的提升装置,提升装置应有"起动"、"逆行"的标志,动作顺序应是先短路集电环,后提起电刷。

在电动机的检查过程中,发现有下列情况之一时,应作抽芯检查:

1. 电动机出厂期限超过制造厂保证期限;
2. 若制造厂无保证期限,出厂日期已超过1年;
3. 经外观检查或电气试验,质量可疑时;
4. 开启式电机经端部检查可疑时;
5. 手动盘转和试运转时有异常情况。

当制造厂规定不允许解体者,发现上述情况时,另行处理。

电动机抽芯检查,应符合下列要求:

1. 电机内部清洁无杂物。
2. 电机的铁芯、轴颈、集电环和换向器应清洁,无伤痕和锈蚀现象,通风孔无阻塞。
3. 绕组绝缘层应完好,绑线无松动现象。
4. 定子槽楔应无断裂、凸出和松动现象,每根槽楔的空响长度不得超过其1/3,端部槽楔必须牢固。
5. 转子的平衡块及平衡螺丝应紧固锁牢,风扇方向应正确,叶片无裂纹。

6．磁极及铁轭固定良好，励磁绕组紧贴磁极，不应松动。

7．鼠笼式电动机转子铜导电条和端环应无裂纹，焊接应良好，浇铸的转子表面应光滑平整；导电条和端环不应有气孔、缩孔、夹渣、裂纹、细条、断条和浇注不满等现象。

8．电机绕组应连接正确，焊接良好。

9．直流电动机的磁极中心线与几何中心线应一致。

10．检查电动机的滚动轴承，应符合下列要求：

(1) 轴承工作面应光滑清洁，无麻点、裂纹或锈蚀，并记录轴承型号；

(2) 轴承的滚动体与内外圈接触良好，无松动，转动灵活无卡涩，其间隙符合产品技术条件的规定；

(3) 加入轴承内的润滑脂应填满其内部空隙的 2/3；同一轴承内不得填入不同品种的润滑脂。

带有换向器或集电环的电动机，换向器或集电环应符合下列要求：

1．换向器或集电环的表面应光滑，无毛刺、黑斑、油垢，当换向器的表面不平程度达到 0.2mm 时，应进行车光。

2．换向器片间绝缘应凹下 0.5～1.5mm。整流片与绕组的焊接应良好。

4.5.9 电动机的安装

按照建筑安装行业内部分工，电动机的安装通常由电钳工或安装钳工承担，有时也由电工和钳工配合安装，大型电动机的安装需要搬运和吊装时，还会有起重工配合进行。

4.5.9.1 电动机的基础

中小型电动机一般都用螺栓安装在金属底板或导轨上，也有些电动机则直接安装在混凝土基础上，通过事先埋入混凝土中的地脚螺栓将电动机紧固。

固定在基础上的电动机，一般应有不小于 1.2m 的维护通道，在审核电动机安装的位置时，应注意是否能满足检修、操作、运输的方便。

电动机的基础，一般采用混凝土浇筑，如果电动机的重量超过 1t 以上，可制成钢筋混凝土基础。当采用混凝土基础若无设计要求时，基础重量一般不应小于电动机重量的 3 倍，基础各边缘应超过电动机底座的边缘 100mm 左右。

电动机基础要求在电动机安装前 15d 做好。基础的深度一般为地脚螺栓的 1.5～2 倍选取，并且深度要考虑大于当地土壤冻结深度。在容易受震动的地方，基础还应做成锯齿状，以增强抗震性能。

制作 10kW 以下的小型电动机的基础，一般先将地脚螺栓按电动机机座尺寸或底板尺寸固定在木板上，再将木板放在已支好的基础模板上，浇筑混凝土时，注意不要碰歪地脚螺栓，这样在紧固电动机时，可避免螺母倾斜和负荷不均。

10kW 以上的电动机，一般先在基础上预留 100mm×100mm 的地脚螺栓孔，螺栓孔的中心必须与电动机机座或地脚板的地脚孔中心相符。安装电机时，再将地脚螺栓穿过机座或地脚板放在预留孔内，进行二次浇筑。

采用二次浇筑地脚螺栓施工，地脚螺栓孔的位置应留置正确，孔洞要比地脚螺栓大一些，便于浇筑。地脚螺栓现在还没有统一规格，无成品供应，但地脚螺栓的强度应满足要求。地脚螺栓的下端，一般要做成弯钩或做成燕尾形，以免在紧固螺母时，地脚螺栓跟着转动。浇筑地脚螺栓可用细石混凝土或水泥砂浆，浇筑前应注意地脚孔洞的干净，浇筑时应捣固结实，并注意保持地脚螺栓的垂直度，稳定电动机的地脚螺栓应和混凝土基础牢固地结合成一体。

电动机的基础表面应平整。可用水平尺检查基础的平整度，用卷尺检查基础各部尺寸应符合设计要求。

在电动机安装前与电动机安装有关的建筑物、构筑物的建筑工程质量应符合国家现行的建筑工程施工及验收规范的有关规定。电动机混凝土基础应达到允许安装的强度。为了实行文明施工，避免现场施工混乱，并为电动机安装工作的顺利进行创造条件，现场的模板、杂物应清理完毕。

电动机重量在100kg以下的小型电机，可用人工搬抬到基础上，较重的电动机应使用滑轮组或倒链等起重设备来吊装，待电动机机座或底板的地脚孔对准地脚螺栓后，再将其徐徐落下，在吊装过程中，应防止碰伤地脚螺栓螺纹，并要注意安全。

4.5.9.2 电动机的校正

电动机的校正有纵向及横向水平校正和传动装置校正。

电动机吊上基础以后，可用普通的水准器(水平仪)进行水平校正，如图4.5.9.2-1所示。如果不平，可用0.5~5mm厚的钢片垫在电动机机座或安装底板下面，来调整电动机的水平，直至符合要求为止，垫片与基础面接触应严密，稳装电动机的垫片一般不超过三片。

在电动机与被驱动的机械通过传动装置互相连接之前，还必须对传动装置进行校正。由于传动装置的种类不同，校正方法也有差异，通常有皮带传动、联轴器传动和齿轮传动三种传动装置。

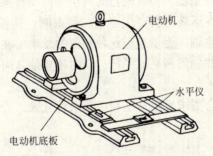

4.5.9.2-1 用水平仪校正电动机水平

1. 皮带传动装置的校正

以皮带作传动时，电动机皮带轮和被驱动的皮带轮的两个轴应平行。两个皮带轮宽度的中心线应在同一条直线上。

如果两个皮带轮的宽度相同，校正时可在皮带轮的侧面进行。利用一根细绳，一人拿细绳的一端，另一人将细绳拉直，使细绳靠近轮缘，如果两轮已平行，则细绳必然同时碰触到，如图4.5.9.2-2所示，两轮的 A、B、C、D 四点上，如果两轴不平行，则会成为图中实线所示位置，应进一步进行调整。

假如皮带轮的宽度不同，可先准确地量出两个皮带轮宽度的中心线，并在轮上用粉笔做出记号，如图4.5.9.2-3所示的1、2和3、4所示的两根线，然后再用细绳对准1、2这根线，并将细绳向3、4处拉直，如果两轴已平行，则细绳与皮带轮上3、4那根线应重合。

采用皮带传动的电动机轴及传动装置的轴除了中心线应平行外,电动机及传动装置的皮带轮,自身垂直度全高不宜超过 0.5mm,并且两皮带轮的相对应槽应在同一直线上。

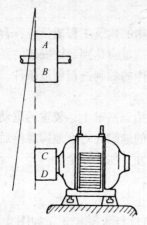 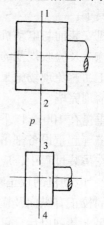

图 4.5.9.2－2　宽度相同的皮带轮校正法　　　　图 4.5.9.2－3　宽度不同的皮带轮校正法

2. 联轴器传动装置的校正

联轴器俗称靠背轮,当电动机与被驱动的机械采用联轴器联接时,用联轴器传动的机组其转轴在转子和轴的自身重量作用下,在垂直平面有一挠度使轴弯曲。如果两相连机器的转轴安装得比较水平,那么联轴器的两接触平面将不会平行,处于图 4.5.9.2－4(a)所示的位置上。如此时连接好联轴器,当联轴器的两接触面相接触后,电机和机器的两轴承将会产生很大的应力,机组在运转时会产生震动。严重时,能损坏联轴器,甚至会扭弯、扭断电动机或被驱动机械的主轴。为了避免此种现象的发生,在安装时必须使两外端轴承要比中间轴承略高一些,使联轴器两平面平行,同时还要使这时转轴的轴线在联轴器处重合,如图 4.5.9.2－4(b)所示。

检验联轴器安装是否符合要求,通常是利用两个百分表,分别检测它的径向位移和轴向位移。

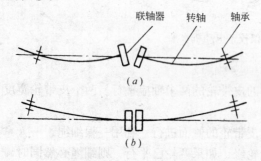 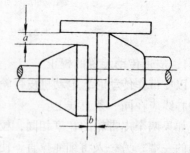

图 4.5.9.2－4　轴的弯曲　　　　　　　　图 4.5.9.2－5　用钢板尺校正联轴器
(a)联轴器接触面不平行;(b)联轴器接触面平行

如果精度要求不高,也可用钢板尺校准联轴器,校正时先取下联轴器的联接螺栓,用钢板尺测量转轴器的径向间隙 a 和轴向间隙 b,如图 4.5.9.2－5 所示,再把转轴的联轴器转 180°,再测量 a 与 b 的数值。这样反复测量几次,若每个位置上测得的 a、b 值的偏差不超过规定的数值,可以认为联轴器两端面平行,且轴的中心对准,否则,要进一步校正。

采用联轴器(靠背轮)传动装置,轴向与径向允许偏差,采用弹性联接时,均不应小于0.05mm,钢性联接的均不应大于0.02mm。互相连接的联轴器螺栓孔应一致,螺母应有防松装置。

3. 齿轮传动的校正

当电动机通过齿轮与被驱动的机械联接时,圆齿轮必须使两轴中心线保持平行,两齿轮应啮合良好,接触部分不应小于齿宽的2/3。伞形齿轴中心线应按规定角度交叉,咬合程度应一致。

在校正时,可用颜色印迹法来检查两齿轮啮合是否良好。也可用塞尺测量两齿轮间的齿间间隙,应间隙适当、均匀。

4.5.10 电动机的配线

电动机选定以后,还要合理地选择配电设备,在电气内线安装工程中,对电力设备进行配线,要根据设计中所确定的配电系统、配线方式和在电力平面图上的设计进行安装施工。配电干线系统是已经介绍过的各种明、暗敷设方式。

电动机的配线施工是电力配线的一部分,它是指由电力配电柜或配电箱(盘)至电动机这部分的配线,采用暗配管及管内穿线的配线方法较多一些,由于为电动机等电力设备供电,相应配备的有关电器设备也是电动机施工的安装内容。

Y系列异步电动机保护设备、配管管径及管内穿线的导线选择及导线截面,可见表4.5.10。

4.5.11 电动机的接线

电动机的接线在电机安装中是一项非常重要的工作。接线前应查对电机铭牌上的说明或电机接线极上接线端子的数量与符号,然后根据接线图接线。如电机没有铭牌或端子标号不清楚,则需要用仪表或其他方法检查,然后再确定接线方法。

三相交流感应电动机共有三相绕组,三相绕组共用6个引出端,各相绕组的首端用D_1、D_2、D_3表示,终端用D_4、D_5、D_6表示。标号D_1、D_4为第一相绕组,D_2、D_5为第二相绕组,D_3、D_6为第三相绕组。国际旧符号首端曾用C_1、C_2、C_3表示,终端用C_4、C_5、C_6表示。也有的用A、B、C和X、Y、Z表示绕组的首、终端。

4.5.11.1 电动机的接线方法

三相交流异步感应电动机有两种接线方法,即星形(Y)接法和三角形(△)接法。接线时,一定要按照电动机铭牌上的额定电压和线路使用电压以及铭牌上规定的接法连接。只有接法正确,电动机才能在额定值下正常运行。接线不正确,不仅使电动机无法正常运行,严重时还会烧毁电动机的绕组。如果将星形接法的电动机错接成三角形,那么就会使三相电流猛增,很快就会烧毁电动机;如果将三角形接法的电动机错接成星形,那么电动机的转矩将大大减小,带不动负载。凡铭牌上标出两个额定电压者,也必定有对应的两种接法。例如:电压220/380V,接法△/Y表示若电源电压220V时,三相定子绕组接成三角形;若电源电压380V时应接成星形。

为了使用方便,电动机的出线端在出线盒中通常按图4.5.11-1所示的次序排列。三角形接线时,只需用连接片将D_1和D_6、D_2和D_4、D_3和D_5相连,并分别与电源L_1、

表 4.5.10 Y 系列异步电动机保护设备及导线选择表

电动机 型号 Y	功率(kW)	额定电流(A)	起动电流(A)	选用熔断器 RL1 熔管电流/熔体电流(A)	选用熔断器 RM10	选用熔断器 RT10	选用熔断器 RT0	铁壳开关 HH 额定电流(A)	磁力起动器等级 QC8 热元件额定电流(A)	磁力起动器等级 QC10	磁力起动器等级 QC12	自动开关 型号	自动开关 脱扣器整定电流(A)	BLX/BLV导线截面(mm²) 20℃ 钢管直径(mm)	30℃	35℃
801-4	0.55	1.6	10	15/4				15/5	2/6 2.4	2/6 2.4	2/H 2.4		2			
801-2	0.75	1.9	13	15/5		20/6										
802-4	0.75	2.1	14		15/6								3			
90S-6	0.75	2.3	14													
802-2	1.1	2.6	18	15/6		20/10	50/10	15/10	2/6 3.5	2/6 3.5	2/H 3.5			2.5 G15	2.5 G15	2.5 G15
90S-4	1.1	2.7	18													
90L-6	1.5	3.2	19													
90S-2	1.5	3.4	24	15/10		20/15										
90L-4	1.5	3.7	24									DZ5-20/330	4.5			
100L-6	1.5	4.0	24													
90L-2	2.2	4.7	33	15/15	15/15	20/20	50/15	15/15	2/6 5	2/6 5	2/H 5		6.5			
110L1-4	2.2	5.0	35	60/20												
112M-6	2.2	5.6	34	15/15	15/15	20/20										
132S-8	2.2	5.8	32													
100L-2	3.0	6.4	45	60/20	60/20	20/20	50/20	15/15	2/6 7.2	2/6 7.2	2/H 7.2					
100L2-4	3.0	6.8	43													
132S-6	3.0	7.2	47													
132M-8	3.0	7.7	43													
112M-2	4.0	8.2	57	60/30	60/25	30/25	50/30	30/20	2/6 11	2/6 11	2/H 11	DS5-20/330	10	2.5 G15	2.5 G15	2.5 G15
112M-4	4.0	8.8	62													
132M1-6	4.0	9.4	61										15			
160M1-8	4.0	9.9	59				30/20	30/20								

续表

电动机				选用熔断器				铁壳开关 HH	磁力起动器等级 热元件额定电流(A)			自动开关		BLX号线截面(mm²)/BLV 钢管直径(mm)		
型号	功率 (kW)	额定电流 (A)	起动电流 (A)	RL1 熔管电流/熔体电流(A)	RM10	RT10	RT0	额定电流(A)	QC8	QC10	QC12	型号	脱扣器整定电流(A)	20℃	30℃	35℃
Y132S1-2	5.5	11	73	60/35	60/35	30/30	50/30	30/25	3/6 11	3/6 11	3/H 11	DS5-20/332	15	2.5 G15	2.5 G15	2.5 G15
Y132S-4	5.5	12	81													
Y132M2-6		13	82													
Y160M2-8		13	80													
Y132S2-2	7.5	15	105	60/50	60/45			30/30	3/6 16	3/6 16	3/H 16		20			
Y132M-4		15	108													
Y160M-6		17	111	60/40												
Y160L-8		18	97													
Y160M1-2	11	22	153		60/45			60/40	3/6 24	3/6 24	4/H 22	DZ5-50/330	25	4 G20	4 G20	4 G20
Y160M-4		23	158								3/H 24					
Y160L-6		25	160													
Y180L-8		25	151													
Y160L2-2	15	29	206	100/80	100/80	60/60	50/50	60/60	4/6 33	4/6 33	4/H 32		30			
Y180L-4		30	212													
Y180L-6		32	205													
Y200L-8		34	205													
Y160L-8	18.5	36	249	100/100	100/80	100/60	100/60	100/80	4/6 45	4/6 45	4/H 45	DS5-50/330	40	6 G20	6 G20	6 G20
Y180M-4		36	251													
Y200L1-6		38	245													
Y225S-8		41	248													
Y180M-2	22	42	295		100/80	100/80	100/80		5/6 57	5/6 50	5/H 45		50	10 G25	10 G25	10 G25
Y180L-4		43	298													
Y200L2-6		45	290						5/6 86		5/H 63	DZ10-100/330	60	16 G32	16 G32	16 G32
Y225M-8		48	286													

续表

电动机 型号Y	功率(kW)	额定电流(A)	起动电流(A)	选用熔断器 RL1 熔管电流/熔体电流(A)	RM10	RT10	RT0	铁壳开关 HH 额定电流(A)	磁力起动器等级 热元件额定电流(A) QC8	QC10	QC12	自动开关 型号	脱扣器整定电流(A)	BLX导线 BLV导线截面(mm²)/钢管直径(mm) 20℃	30℃	35℃
200L1-2	30	57	398		100/125	100/100	200/100	200/100	5/6 86	5/6 72	5/H 63		80	16/G32	25/G32	25/G32
200L-4	30	57	398		100/125	100/100	200/100	200/100	5/6 86	5/6 72	5/H 63		80	16/G32	25/G32	25/G32
225M-6	30	60	387		100/125	100/100	200/100	200/100					80	16/G32	25/G32	25/G32
250M-8	30	63	378		100/125	100/100	200/100	200/100					80	16/G32	25/G32	25/G32
200L2-2	37	70	489			200/120	200/120	200/120	6/6 86	6/6 72	6/H 85	DZ10-100/330	100	25/G32	25/G32	35/G40
225S-4	37	70	489			200/120	200/120	200/120	6/6 86	6/6 72	6/H 85	DZ10-100/330	100	25/G32	25/G32	35/G40
250M-6	37	72	468		200/160	200/150	200/150	200/150				DZ10-100/330	100	35/G40	35/G40	35/G40
280S-8	37	79	472		200/160	200/150	200/150	200/150				DZ10-100/330	100	35/G40	35/G40	35/G40
225M-2	45	84	537			200/200	200/200	200/200	6/6 125	6/6 100	6/H 120	DZ10-150/330	120	50/G50	50/G50	50/G50
225M-4	45	84	589			200/200	200/200	200/200	6/6 125	6/6 100	6/H 120	DZ10-150/330	120	50/G50	50/G50	50/G50
280S-6	45	85	555			200/200	200/200	200/200				DZ10-150/330	120	50/G50	50/G50	50/G50
280M-8	45	93	559			200/200	200/200	200/200				DZ10-150/330	120	50/G50	50/G50	50/G50
315M2-10		98	637			200/200	200/200	200/200				DZ10-150/330	120	50/G50	50/G50	50/G50

续表

电动机				选用熔断器			铁壳开关	磁力起动器等级			自动开关		BLX导线截面(mm²) BLV 钢管直径(mm)		
型号 Y	功率 (kW)	额定电流 (A)	起动电流 (A)	RL1	RM10 RT10	RT0	HH	QC8	QC10	QC12	型号	脱扣器整定电流(A)	20℃	30℃	35℃
				熔管电流/熔体电流(A)			额定电流(A)	热元件额定电流(A)							
250M-2		103	719		200/200	200/200	200/200	7/6 125	7/6 110	6/H 120	DZ10-250/330	120	50 G50	50 G50	70 G50
250M-4		103	718												
280M-6	55	105	682												
315S-8		109	709						7/6 150	7/H 160		140	70 G50	70 G50	
315M2-10		120	780												
280S-2		140	981		350/225	400/250	300/250	7/6 176	7/6 150	7/H 160	DZ10-250/330	160	70/G50	70 G50	95 G70
280S-4		140	978												
315S-6	75	142	923												
315M1-8		148	962										95 G70	95 G70	
315M3-10		160	1040		350/260			7/5 176		7/K 200		200	G70	G70	120 G70

注：1. 熔体的额定电流是按电动机轻载起动计算的。
2. 自动开关均选用复式脱扣器。

L_2、L_3 相连接即可；星形接法时，只需将上面三个出线端或下面出线端连起来作为中性点，其余三个出线端分别与电源 L_1、L_2、L_3 相连作电源进线端即可。

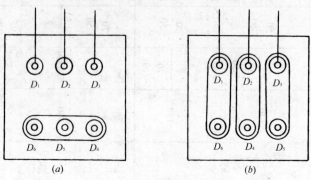

图 4.5.11.1　电动机出线端排列
（a）星形接法；（b）三角形接法

电动机接线端子必须连接紧密，不受外力，连接用紧固件的锁紧装置完整齐全。在电机接线盒内，裸露的不同相的导线间和导线的对地间最小距离应大于 8mm，否则应采取绝缘保护措施。

4.5.11.2　电动机出线端的判别

如果电动机的出线端没有标志，则可用下面介绍的几种方法来区别绕组的相别及首端和终端：

1. 万用表法：用一只万用表，使用电阻档，将电动机三个绕组的六个引出线，做导通判断分别区分出哪两个引出线是属于同一相的。

把三相绕组不同相的两端每三个引出线分别连接在一起，各引出一根导线，接入万用表两个测试棒上，利用万用表的直流 mA 最小的一档。

然后，用手转动电动机的转子，若万用表的表针停止不动，则说明区分每相绕组的首端与终端接线是正确的；如果万用表的指针摆动，说明三相绕组中的首端和终端有连接错的地方，应一相一相分别对调首、终端，直至万用表指针不动为止，如图 4.5.11.2－1 所示。此测量原理是根据三相绕组中的电流同时经过一点其值为零，所以表针不动。

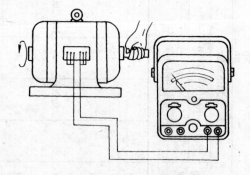

图 4.5.11.2－1　用万用表判别三相绕组的首尾端

用上述方法也可以测量出电动机的磁极对数，用三相绕组中的任一个绕组的首端和终端，分别与万用表的两个测试棒连接，转动电机转子一周，这时万用表的表针就会往返摆动，往返一次，则表示此电动机的极数是一对的，若表针摆动两次，则表示是两对磁极，依此类推。

2. 交流指示灯法：交流指示灯法也是感应法。先用万用表或兆欧表测出每相绕组的引出线端头，再将任何两相绕组串联相接，另两端接于电压较低的单相交流电源，电压约为电动机额定电压的 40% 左右。另外一相绕组的两根引出线上接一只交流电压表或白炽灯泡，灯泡的电压应不低于这相绕组的感应电压，接线方法如图4.5.11.2-2所示。

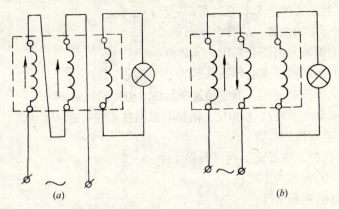

图4.5.11.2-2 指示灯法判断三相绕组的首尾端
(a) 第一相绕组的终端和第二相绕组的首端连接；(b) 第一相绕组的终端和第二相绕组的终端连接

通电后，如果灯亮或电压表有指示，说明两相绕组电磁感应方向相同，即表示第一相绕组的终端和第二相绕组的首端连接，见图4.5.11.2-2(a)所示；当电压表无指示或灯不亮，说明两相绕组电磁感应方向相反，即表示第一相绕组的终端和第二相绕组的终端连接，见图4.5.11.2-2(b)所示，然后，在第一相和第二相绕组的首端和终端做好标志，再用同样方法决定第三相绕组的首端和终端。

有固定转向的电动机，试车前必须检查电机与电源的相序应一致，以免反转时损坏电机或机械设备。

4.5.12 电动机安装工程交接验收

4.5.12.1 电动机试运行前的检查

电动机试运行前的检查，应符合下列要求：
1. 建筑工程全部结束，现场清扫整理完毕；
2. 电动机本体安装检查结束，起动前应进行的试验项目，经试验合格；
3. 电动机的保护、控制、测量、信号等回路的调试完毕，动作正常；
4. 测定电动机定子绕组、转子绕组回路的绝缘电阻，应符合要求；
5. 盘动电动机转子应转动灵活，无碰卡现象；
6. 电动机引出线应相序正确，固定牢固，连接紧密；
7. 电动机外壳油漆应完整，接地良好；
8. 照明、通讯、消防装置应齐全。

4.5.12.2 电动机的起动与运行

电动机宜在空载情况下做第一次起动，空载运行时间一般为2h，记录电机的空载电流，且检查电动机机身和轴承的温升。

安装后的电动机做空载检查并测空载电流，是检查电机有无问题较简单有效的方法。有时在电动机组装后第一次起动电机，发现三相电流严重不平衡和电机发热，如果做过空载检查，就可以辨别出是电动机的问题，还是机械的问题，从而使问题简单化。

交流电动机在空载状态下(不投料)可启动次数及间隔时间应符合产品技术条件的要求；无要求时，连续启动2次的时间间隔不应小于5min，再次启动应在电动机冷却至常温下。空载状态(不投料)运行,应记录电流、电压、温度、运行时间等有关数据,且应符合建筑设备或工艺装置的空载状态运行(不投料)要求。

电动机试运行中的检查,应符合下列要求:
1. 电动机的旋转方向符合要求,无异声;
2. 电动机的换向器、集电环及电刷的工作情况正常;
3. 检查电动机各部温度,不应超过产品技术条件的规定;
4. 滑动轴承温度不应超过80℃,滚动轴承温度不应超过95℃。

4.5.12.3 电动机的验收

电动机在验收时,应提交下列资料和文件:
1. 变更设计的实际施工图;
2. 变更设计的证明文件;
3. 制造厂提供的产品说明书、检查及试验记录、合格证件及安装使用图纸等技术文件;
4. 安装验收技术记录、签证和电机抽转子检查及干燥记录等;
5. 调整试验记录及报告。

4.5.13 交流电动机的试验

4.5.13.1 交流电动机的试验项目
1. 测量绕组的绝缘电阻和吸收比;
2. 测量绕组的直流电阻;
3. 定子绕组的直流耐压试验和泄漏电流测量;
4. 定子绕组的交流耐压试验;
5. 绕线式电动机转子绕组的交流耐压试验;
6. 同步电动机转子绕组的交流耐压试验;
7. 测量可变电阻器、起动电阻器、灭磁电阻器的绝缘电阻;
8. 测量可变电阻器、起动电阻器、灭磁电阻器的直流电阻;
9. 测量电动机轴承的绝缘电阻;
10. 检查定子绕组极性及其连接的正确性;
11. 电动机空载转动检查和空载电流测量。

4.5.13.2 电压1kW以下,容量100kW以下的电动机试验项目
1. 测量绕组的绝缘电阻和吸收比;
2. 测量可变电阻器、起动电阻器、灭磁电阻器的绝缘电阻;
3. 检查定子绕组极性及其连接的正确性;
4. 电动机空载转动检查和空载电流测量。

4.5.13.3 测量电动机绕组的绝缘电阻

1. 仪表选用

测量绝缘电阻时,采用兆欧表的电压等级:
(1) 100V以下的电气设备或回路,采用250V兆欧表;
(2) 500V以下至100V的电气设备或回路,采用500V兆欧表;
(3) 3000V以下至500V的电气设备或回路,采用1000V兆欧表;

(4) 10000V 以下至 3000V 的电气设备或回路，采用 2500V 兆欧表；

(5) 10000V 及以上的电气设备或回路，采用 2500V 或 5000V 兆欧表。

2．交流电动机的绝缘电阻值

绝缘电阻的测量对电动机是很重要的试验项目。绝缘电阻测量，应使用 60s 的绝缘电阻值。

额定电压为 1000V 以下，常温下绝缘电阻值不应低于 0.5MΩ；额定电压 1000V 及以上，在运行温度时的绝缘电阻值定子绕组不应低于 1MΩ/kV，转子绕组不应低于 0.5MΩ/kV；绝缘电阻温度换算可按表 4.5.13.3 的规定进行。

交流耐压试验合格的电动机，当其绝缘电阻值在接近运行温度、环氧粉云母绝缘的电动机则在常温下不低于其额定电压 1MΩ/kV 时，可以投入运行。但在投入运行前不应再拆开端盖进行内部作业。

电机定子绕组绝缘电阻值换算至运行温度时的换算系数　　表 4.5.13.3

定子绕组温度(℃)		70	60	50	40	30	20	10	5
换算系数 K	热塑性绝缘	1.4	2.8	5.7	11.3	22.6	45.3	90.5	128
	B 级热固性绝缘	4.1	6.6	10.5	16.8	26.8	43	68.7	87

表 4.5.13.3 的运行温度，对于热塑性绝缘为 75℃，对于 B 级热固性绝缘为 100℃。定子绕组不应低于 1MΩ/kV。转子绕组不应低于 0.5MΩ/kV。

当在不同温度测量时，可按表 4.5.13.3 所列温度换算系数进行换算。例如某热塑性绝缘发电机在 $t=10℃$ 时测得绝缘电阻值为 100MΩ，则换算到 $t=75℃$ 时的绝缘电阻值为 $100/K = 100/90.5 = 1.1$MΩ。

也可按下列公式进行换算：

对于热塑性绝缘：

$$R_t = R \times 2^{(75-t)/10}(M\Omega)$$

对于 B 级热固性绝缘：

$$R_t = R \times 1.6^{(100-t)/10}(M\Omega)$$

式中　R ——绕组热状态的绝缘电阻值；

R_t ——当温度为 $t℃$ 时的绕组绝缘电阻值；

t ——测量时的温度。

4.5.13.4　测量电动机绕组的吸收比

电动机吸收比测量应使用 60s 与 15s 绝缘电阻值的比值；极化指数应为 10min 与 1min 的绝缘电阻值的比值。

吸收比的测量要用秒表看时间，当摇表摇测到 15s 时，读取摇表的数值，继续摇测到 60s 时再读取一个数值，即可求出 $R60/R15$ 的吸收化的数值。

1000V 及以上的电动机应测量吸收比，吸收比不应低于 1.2，中性点可拆开的应分相测量。

4.5.13.5　测量电动机绕组的直流电阻

1000V 以上或 100kW 以上的电动机各相绕组直流电阻值相互差别不应超过其最小值

的2%，中性点未引出的电动机可测量线间直流电阻，其相互差别不应超过其最小值的1%。

4.5.13.6 定子绕组直流耐压试验和泄漏电流测量

1000V以上及1000kW以上，中性点连线已引出至出线端子板的定子绕组应分相进行直流耐压试验。试验电压为定子绕组额定电压的3倍。在规定的试验电压下，各相泄漏电流的值不应大于最小值的100%；当最大泄漏电流在20μA以下时，各相间应无明显差别。

当不符合上述规定时，应找出原因，并将其消除。

当泄漏电流随电压不成比例地显著增长时，应及时分析。

4.5.13.7 电动机的交流耐压试验

对110kV及以上的电气设备，当没有明确规定时，可不进行交流耐压试验。

交流耐压试验时加至试验标准电压后的持续时间，无特殊说明时，应为1min。

耐压试验电压值以额定电压的倍数计算时，电动机应按铭牌额定电压计算。

定子绕组的交流耐压试验电压，应符合表4.5.13.7-1的规定。绕组式电动机的转子绕线交流耐压试验电压，应符合表4.5.13.7-2的规定。

同步电动机转子绕组的交流耐压试验电压值为额定励磁电压的7.5倍，且不应低于1200V，但不应高于出厂试验电压值的75%。

电动机定子绕组交流耐压试验电压　　　　　　　　　　　表4.5.13.7-1

额定电压(kV)	3	6	10
试验电压(kV)	5	10	16

绕线式电动机转子绕组交流耐压试验电压　　　　　　　表4.5.13.7-2

转子工况	试验电压(V)
不可逆的	$1.5U_k+750$
可逆的	$3.0U_k+750$

注：U_k为转子静止时，在定子绕组上施加额定电压，转子绕组开路时测得的电压。

4.5.13.8 电动机的其他试验项目

1. 可变电阻器、起动电阻器、灭磁电阻器的绝缘电阻，当与回路一起测量时，绝缘电阻值不应低于0.5MΩ。

2. 测量可变电阻器、起动电阻器、灭磁电阻器的直流电阻值，与产品出厂数值比较，其差值不应超过10%；调节过程中应接触良好，无开路现象，电阻值的变化应有规律性。

3. 测量电动机轴承的绝缘电阻，当有油管路连接时，应在油管安装后，采用1000V兆欧表测量，绝缘电阻值不应低于0.5MΩ。

4. 检查定子绕组的极性及其连接应正确。中性点未引出者可不检查极性。

5. 电动机空载转动检查的运行时间可为2h，并记录电动机的空载电流。当电动机与其机械部分的连接不易拆开时，可连在一起进行空载转动检查试验。

Ⅲ 质量标准

4.5.14 主控项目

4.5.14.1 电机的型号、规格、质量必须符合设计要求。

检查方法：高压电机全数检查，低压电机抽查30%，但不少于5台。实测或检查试验调整记录。

4.5.14.2 电动机的可接近裸露导体必须接PE线或PEN线。

检查方法：全数检查，目测检查。

4.5.14.3 电动机绝缘电阻值应大于0.5MΩ。

检查方法：全数检查，实测或检查测试记录或测试时旁站。

4.5.14.4 100kW以上的电动机，应测量各相直流电阻值，相互差不应大于最小值的2%；无中性点引出的电动机，测量线间直流电阻值，相互差不应大于最小值的1%。

检查方法：全数检查，实测或检查测试记录或测试时旁站。

4.5.15 一般项目

4.5.15.1 电气设备安装应牢固，螺栓及防松零件齐全，不松动。防水防潮电气设备的接线入口及接线盒盖等应做密封处理。

检查方法：抽查30%，但不少于5台，目测检查。对螺栓紧固程度用适配工具做拧动试验。

4.5.15.2 除电动机随带技术文件说明不允许在施工现场抽芯检查外，有下列情况之一的电动机，应抽芯检查：

1. 出厂时间已超过制造厂保证期限，无保证期限的已超过出厂时间一年以上；
2. 外观检查、电气试验、手动盘转和试运转，有异常情况。

检查方法：全数检查，查阅技术资料和目测检查或在试运转时旁站。

4.5.15.3 电动机抽芯检查应符合下列规定：

1. 线圈绝缘层完好、无伤痕，端部绑线不松动，槽楔固定、无断裂，引线焊接饱满，内部清洁，通风孔道无堵塞；
2. 轴承无锈斑，注油(脂)的型号、规格和数量正确，转子平衡块紧固，平衡螺丝锁紧，风扇叶片无裂纹；
3. 连接用紧固件的防松零件齐全完整；
4. 其他指标符合产品技术文件的特有要求。

检查方法：抽查抽芯电机的30%，但不少于5台。重点检查大容量电机。抽芯时旁站观察检查或查阅电机抽芯记录。

4.5.15.4 在电动机接线盒内裸露的不同相导线间和导线对地间最小距离应大于8mm，否则应采取绝缘防护措施。

检查方法：抽查30%，但不少于5台。目测检查和检查安装记录。

Ⅳ 成品保护

4.5.16 电动机安装时，应保持机房干燥，以防设备锈蚀。机房门应能加锁。未经有关人员允许，非安装人员不准入内。

4.5.17　电动机安装时，各施工工种要互相配合，协调作业，保护设备不受意外损伤。

4.5.18　电动机及其拖动设备安装完后，应保持清洁，防止设备污染。

Ⅴ　安全注意事项

4.5.19　电动机在干燥时应连续进行，直至合格为止，在干燥的过程中应有专人看护，并应有明确的操作要求。

4.5.20　小型电动机采用刀闸开关直接起动的，必须将刀闸开关的盖、壳安装齐全，方可操作运行。

4.5.21　各种电机试运转时，非工作人员一律不得进入施工现场，防止发生意外事故。

4.5.22　较大型电动机起动时，必须考虑到供电电网中的负荷情况，以防运行过程中发生事故。

4.5.23　高压电动机在安装调试过程中，必须有专人指挥和专人操作，并应预先熟悉操作程序。

Ⅵ　质量通病及其防治

4.5.24　电动机接线盒内裸露导线，导线间及对地距离不足。接线应排列整齐，导线与接线端子应连接正确，必须时要加强绝缘保护。

4.5.25　电机外壳接地（接零）线，接线位置不正确，接触不牢及导线截面选用不正确。接地（接零）线截面应根据与相线截面的关系选择；导线应与专用的接地端子相接并连接牢靠。

4.5.26　小容量电动机安装接线前，不测试绝缘电阻。在安装工程中应做好技术交底工作，提高测试绝缘电阻的重要性的认识，加强施工人员的事业心和责任感。

4.5.27　接线位置不正确。在电机接线前应熟悉电机铭牌，应特别注意额定电压和接线方法的关系，以达到正确接线，确保安全运行的目的。

4.5.28　电机起动时跳闸。在电机安装过程中应检查电源开关额定电流选择和动作电流值是否合理，热继电器的电流是否与电机相符合。

5 防雷及接地装置安装

Ⅰ 施工准备

5.0.1 材料
1. 避雷针及圆钢、扁钢、钢管、角钢、钢板、铜板及支持卡子和各种螺栓等。
2. 其他材料:
保护管、红丹防锈漆、调合漆、清油、沥青漆、电焊条、焊锡和水泥、碎石、砂子等。

5.0.2 机具
钢筋调直机、电焊机、钢锯及锯条、毛刷、线坠、活扳手、接地电阻测试仪等。

5.0.3 作业条件
(1) 接地装置的安装应配合建筑工程的施工进行。接地体的制作安装,应在基础土方开挖的同时,应挖好接地体沟并将接地体埋设好,使接地装置施工完整。
(2) 防雷装置应配合土建主体工程施工,减少重复劳动。接地和防雷装置应及时的配合好土建各专业,采取自下而上的施工程序。

Ⅱ 施工工艺

5.0.4 接地装置的选择
接地装置是接地体和接地线的总称,其布置如图 5.0.4 所示。

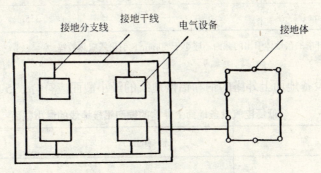

图 5.0.4 接地装置的布置

5.0.4.1 自然接地体和接地线
交流电气设备的接地可以利用的自然接地体有下列几种:
1. 埋设在地下的金属管道,但不包括有易燃或易爆物质的管道;
2. 金属井管;
3. 与大地有可靠连接的建筑物的金属结构;
4. 水工构筑物及其类似的构筑物的金属管、桩。

交流电气设备的接地线可利用下列接地线与接地体连接：
1. 建筑物的金属结构（梁、桩等）及设计规定的混凝土结构内部的结构钢筋；
2. 生产用的起重机轨道、配电装置的外壳、走廊、平台、电气竖井、起重机与升降机的构架、运输皮带的钢架、电除尘器的构架等金属结构；
3. 配线的钢导管。

在地下不得采用裸铝导体作为接地体或接地线；蛇皮管（金属软管）、管道保温层的金属外皮或金属网以及电缆金属护层，这些材质的强度差又易腐蚀，作接地线很不可靠，故不能用作接地线。

5.0.4.2　人工接地体和接地线

为节约金属，接地装置宜采用钢材，经热浸镀锌处理。接地装置的导体截面应符合热稳定和机械强度的要求，最小允许规格尺寸应符合表5.0.4.2-1所列规格。

由于钢接地体（线）耐受腐蚀能力差，钢材镀锌后耐腐蚀性能提高1倍左右，而热镀锌防腐蚀效果好。

钢接地装置最小允许规格、尺寸　　　　　表5.0.4.2-1

种类、规格及单位		敷设位置及使用类别			
		地　上		地　下	
		室　内	室　外	交流电流回路	直流电流回路
圆钢直径(mm)		6	8	10	12
扁钢	截面(mm²)	60	100	100	100
	厚度(mm)	3	4	4	6
角钢厚度(mm)		2	2.5	4	6
钢管管壁厚度(mm)		2.5	2.5	3.5	4.5

注：电力线路杆塔的接地体引出的截面不应小于50mm²，引出线应热镀锌。

低压电气设备地面上外露的铜和铝接地线的最小截面应符合表5.0.4.2-2的规定。

低压电气设备地面上外露的铜和铝接地线的最小截面　　表5.0.4.2-2

名　称	铜（mm²）	铝（mm²）
明敷的裸导体	4	6
绝缘导体	1.5	2.5
电缆的接地芯或与相线包在同一保护外壳内的多芯导线的接地芯	1	1.5

5.0.5 施工程序

防雷装置由接闪器、引下线、接地装置组成,如图5.0.5所示。避雷针(带、网)、引下线及接地装置,应采取自下而上的施工程序,应首先安装接地装置,再安装引下线,最后安装接闪器即避雷针(带、网)。

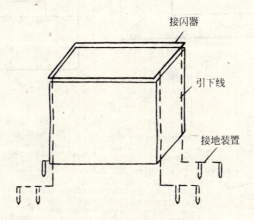

图 5.0.5 防雷装置组成示意图

挖接地体沟 → 接地体制作安装 → 接地母线敷设 → 接地电阻测试 → 引下线(支持卡子)预埋 → 引下线(明装)敷设 → 避雷针(带)支座制作 → 避雷针(带)敷设安装

5.0.6 挖接地体沟

装设接地体前,应沿着接地体的线路先挖沟,供打入接地体和敷设连接接地体的连接扁钢用。

挖接地体沟时,应根据设计要求标高,对接地装置的线路进行测量弹线,接地体应远离由于高温影响(如烟道等)使土壤电阻率升高的地方。在弹线的线路上从自然地面以下,挖掘上口宽0.6m、下底宽0.4m、深0.9m的沟,沟要挖得平直、深浅一致,沟底如有石子应清除干净。挖沟时如附近有建筑物或构筑物,沟的中心线与建筑物或构筑物的基础距离不宜小于2m。

独立避雷针的接地装置与重复接地之间距离不应小于3m。

5.0.7 降低跨步电压的措施

防直击雷的人工接地装置距人行道或建筑物的出入口处的距离不应小于3m;当小于3m时,为降低跨步电压应采取下列措施之一:

1. 水平接地体局部埋深不小于1m,如图5.0.7-1所示;
2. 水平接地体局部包以绝缘物(例如50~80mm厚的沥青层);
3. 采用沥青碎石地面或在接地装置上面敷设50~80mm厚的沥青层,其宽度应超过接地装置2m;
4. 在接地体上部装设,用圆钢或扁钢焊成500mm×500mm网格均压网,其边缘距接地体不得小于2.5m;
5. 采用埋设两条与水平接地体相连的"帽檐式"均压带做法,如图5.0.7-2所示。

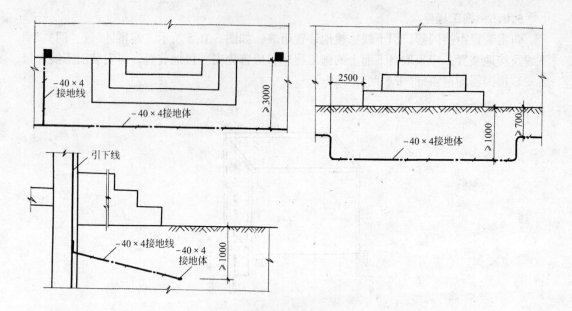

图 5.0.7-1 降低跨步电压做法

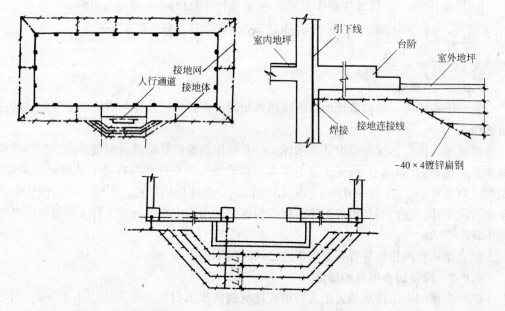

图 5.0.7-2 "帽檐式"均压带做法图

5.0.8 人工接地体制作安装

接地体制作安装，应配合土建工程施工，在基础土方开挖的同时，应挖好接地体沟并将接地体埋设好。

5.0.8.1 垂直接地体

截取长度不小于 2.5m 的 ∟50×50 的镀锌角钢、$\phi20$ 圆钢或 $\phi50$ 钢管，圆钢或钢管端部锯成斜口或锻造成锥型，角钢的一端应加工成尖头形状，尖点应保持在角钢的角脊线上并使两斜边对称制成接地体，如图 5.0.8.1-1 所示。

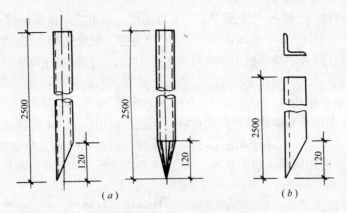

图 5.0.8.1-1 垂直接地体制作图
(a) 钢管接地体；(b) 角钢接地体

接地体制作好后，将接地体放在接地体沟的中心线上垂直打入地下，顶部距地面不小于 0.6m，间距不小于二根接地体长度之和，如图 5.0.8.1-2 所示，即一般不应小于 5m，当受地方限制时，可适当减少一些距离，但一般不应小于接地体的长度。

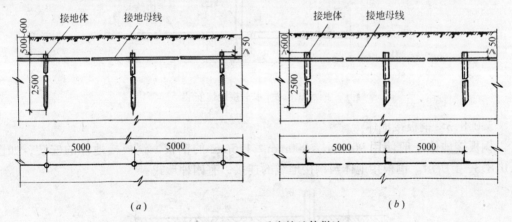

图 5.0.8.1-2 垂直接地体做法
(a) 钢管接地体；(b) 角钢接地体

采用大锤打入接地体时，应一人扶着接地体，一人用大锤敲打接地体顶部。为了防止将接地钢管或角钢顶端打劈，应按图 5.0.8.1-3，制成保护帽套在接地体的顶部。

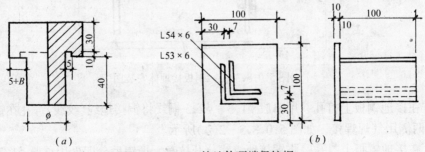

图 5.0.8.1-3 接地体顶端保护帽
(a) 钢管保护帽；(b) 角钢保护帽
ϕ—钢管内径；B—钢管管壁厚度

使用大锤敲打接地体时,要把握平稳,不可摇摆,锤击接地体保护帽正中,不得打偏,接地体与地面保持垂直,防止接地体与土壤间产生缝隙,增加接触电阻影响散流效果。

敷设在腐蚀性较强的场所或土壤电阻率大于$100\Omega \cdot m$的潮湿土壤中接地装置,应适当加大截面或热镀锌。

5.0.8.2 水平接地体

水平接地体多用于环绕建筑物四周的联合接地,常用-40×4镀锌扁钢,最小截面不应小于$100mm^2$,厚度不应小于4mm。当接地体沟挖好后,应垂直敷设在地沟内(不应平放),顶部埋设深度距地面不小于0.6m,如图5.0.8.2所示。水平接地体多根平行敷设时水平间距不小于5m。

沿建筑物外面四周敷设成闭合环状的水平接地体,可埋设在建筑物散水及灰土基础以外的基础槽边。

将水平接地体直接敷设在基础底坑与土壤接触是不合适的。由于接地体受土壤的腐蚀早晚是会损坏的,被建筑物基础压在下边,日后也无法维修。

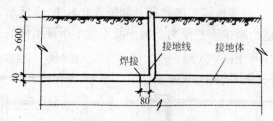

图5.0.8.2 水平接地体安装

5.0.8.3 铜板接地体

铜板接地体一般使用$900mm\times 900mm\times 1.5mm$的铜板,铜板接地体的安装,如图5.0.8.3-1所示。铜板接地体与铜接地线的连接,有四种形式:

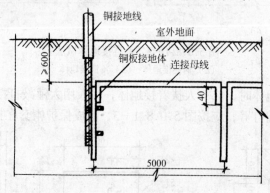

图5.0.8.3-1 铜板接地体安装图

1. 在接地铜板上打孔,用单股$\phi 1.3\sim \phi 2.5$铜线将铜接地线(绞线)绑扎在铜板上,在铜绞线两侧用气焊焊接,如图5.0.8.3-2(a)所示。

2. 在接地铜板上打孔,将铜接地绞线分开拉直,搪锡后分四处用单股$\phi 1.3\sim \phi 2.5$铜线绑扎在铜板上,用锡逐根与铜板焊好,如图5.0.8.3-2(b)所示。

3. 用铜接地线端子与铜板连接,在接地线端部和铜接线端子及铜接地板的接触面处搪锡，用 φ5×6mm 的铜铆钉将端子与铜板铆紧，在接线端子周围进行锡焊，如图 5.0.8.3-2(c)所示。铜端子规格为 -30×1.5L=750mm。

4. 使用 -25×1.5 的扁铜板与铜板接地体进行铜焊固定连接，如图 5.0.8.3-2(d)所示，应不少于三面施焊。

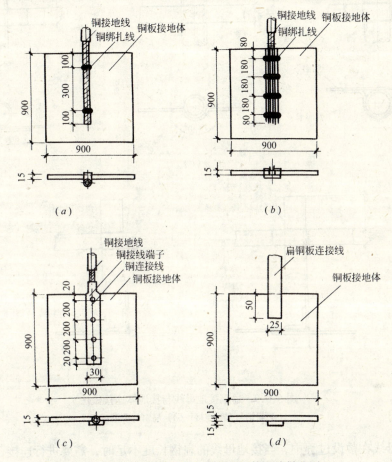

图 5.0.8.3-2　铜接地线与铜板接地体连接做法图
(a)用气焊连接；(b)用锡焊连接；(c)用铜铆钉连接；(d)用扁铜板连接

5.0.9　接地母线敷设

接地母线也称接地线或接地连接线。即从引下线断线卡或换线处至接地体和连接垂直接地体之间的连接线。

接地母线，一般应使用 -40×4 的镀锌扁钢。

扁钢敷设前应调直，再将扁钢垂直旋转于地沟内，依次将扁钢在距接地体顶端大于50mm处与接地体用电(气)焊焊接，焊接时应将扁钢接直。扁钢与钢管(或角钢)接地极焊接时不应直接焊接，应采用以下两种方法搭接焊接：

1. 直接将接地扁钢弯成弧形(或三角形)与接地钢管(或角钢)进行焊接，也可将扁钢在焊接过程中弯成弧形(或三角形)。

2. 先用扁钢另外煨制好弧形(或三角形)卡子，在扁钢与接地体相互接触部位表面两侧焊接后，再用卡子与接地体及扁钢进行焊接，增加接触面。

接地母线与接地体的连接如图5.0.9所示。

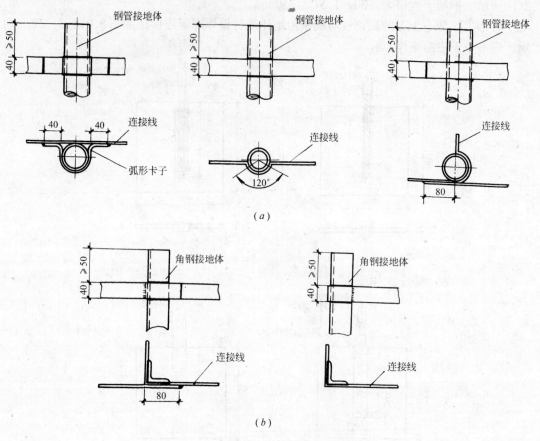

图5.0.9 扁钢接地母线与接地体连接做法
(a)扁钢与钢管连接;(b)扁钢与角钢连接

接地母线在敷设过程中,当接地母线的扁钢长度不足时,需要进行连接,扁钢与扁钢的连接,应采用搭接焊,搭接长度不应小于扁钢宽度的2倍,应最少在三个棱边处进行焊接,并将接地母线引至墙体(或基础)处需要留有足够的连接长度,以待使用。

在接地母线的焊接处应使焊缝平整饱满并有足够的机械强度,不得有夹渣、咬肉、裂纹、虚焊、气孔等缺陷,焊好后应清除药皮,刷沥青进行防腐处理。

接地母线的引出线(需要通过地表下0.6m引至地面外的垂直一段)也应刷沥青进行防腐处理,以延长其使用年限。

5.0.10 人工接地装置的检查验收

人工接地装置施工完成但未隐蔽前,应及时报请建设单位或监理单位及质量检查、质量监督等有关部门和人员进行验核。

接地体敷设完后的土沟其回填土内不应夹有石块和建筑垃圾等;外取的土壤不得有较强的腐蚀性;在回填土时应分层夯实。

接地体的位置、材质、焊接位置及质量等均应符合施工规范规定,并及时填写好隐蔽工程记录,注明接地体及接地母线的实际走向和部位。进行接地电阻摇测,如接地电阻值不符规定，应补加接地体或采取降低接地电阻值的措施。

5.0.11 降低接地电阻的措施

5.0.11.1 换土

用电阻率较低的土壤（如黏土、黑土等）换电阻率较高的土壤。在接地体上部1/3处和周围1m处的范围内换土，如图5.0.11.1所示。

5.0.11.2 用埋深的方法

在含砂土壤中，含砂层一般都在表面层，地层深处土壤电阻率较低。应采用接地体深埋，一般应埋进地层深处2~3m以下，如图5.0.11.2所示。

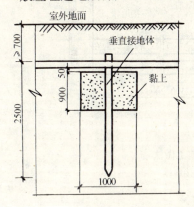 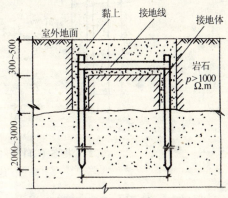

图5.0.11.1 采用换土降低接地电阻　　　　图5.0.11.2 用深埋的方法降低接地电阻

5.0.11.3 采用多支外引接地装置

采用多支外引接地装置，外引长度不应大于有效长度，有效长度应按下式确定：

$$le = 2\sqrt{\rho}$$

式中　le——接地体的有效长度(m)；
　　　ρ——敷设接地体处的土壤电阻率($\Omega \cdot m$)。

5.0.11.4 使用化学降阻剂

使用化学降阻剂，在垂直接地体的周围充填一层适当厚度的低电阻系数的降阻剂来增加土壤的导电性能，从而降低接地电阻。

降阻剂是含有水和强电介质的硬化树脂，构成一种网状胶体，使它不易流失，可在一定时期内保持良好的导电性能。

利用化学方法降低土壤电阻率时，采用的降阻剂应符合下列要求：

(1) 材料的选择应符合设计要求；
(2) 使用的材料必须符合国家现行技术标准，并有合格证；
(3) 严格按照生产厂家使用说明书规定的操作工艺施工。

降阻剂的种类很多，各种牌号的降阻剂有不同的使用方法。

BXXA型长效化学接地电阻降阻剂，是由甲剂、丙剂、醇剂、氯剂、固剂和水组成。

垂直接地体施工时，用机械打孔，孔径在$\phi150$~$\phi200$mm左右，孔深按设计要求施工。孔打好后把接地体放入孔中心，然后注入按使用说明配制好的降阻剂，待凝固之后，填土夯实。

在无机械打孔时，可利用人工挖孔，再用直径200mm的钢管作模，垂直放入坑内，周围用湿土夯实后,拔出的钢管处形成地孔,然后把接地体放入孔中心,再注入配制的降阻剂,待凝固以后,填土夯实,如图5.0.11.4(a)所示。

水平接地体施工时,先在地上挖成宽0.6m,深0.8~1.2m,长为2.5~20m的沟,再在沟底挖一个0.2m×0.2m的小沟,把接地极架于小沟中央,然后灌入降阻剂,待凝固后,填土夯实,如图5.0.11.4(b)所示。

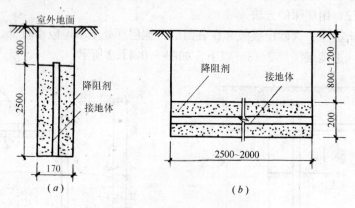

图5.0.11.4 使用降阻剂施工做法
(a)垂直接地体;(b)水平接地体

5.0.11.5 使用BXXA型降阻剂应注意下列事项:
(1)粉状原料在保存时注意防潮和高温;
(2)降阻剂在使用中,聚合之前,尽量不要用手直接接触水溶液。一旦接触了,用清水洗掉即可;
(3)BXXA型降阻剂在冬季施工时,应将水溶液加温到20~30℃时,再加引发剂搅拌。

5.0.12 室内接地干线安装

室内接地干线是供室内的电气设备接地使用的。室内的接地干线多为明设,也可以埋设在混凝土内。明敷设的接地干线大多数纵横敷设在墙壁上,或敷设在母线架和电缆的构架上。

5.0.12.1 保护套管埋设

接地干线在室内沿墙壁敷设时,有时要穿过墙体或楼板为了保护接地干线和便于检查,应在配合土建墙体及楼地面施工时,在设计要求的尺寸位置上,预埋保护套管或预留出接地干线保护套管的孔。

保护套管应用1mm厚钢板制作,套管的长度应比墙体宽度长20mm,比楼板的厚度长40mm,套管的宽度应比接地干线扁钢大10mm,厚度为15mm。在墙体拐角处设置保护套管时,套管距墙体表面应为15~20mm,如图5.0.12.1-1所示,以便敷设接地干线时整齐美观。

设置预留孔,可按比套管尺寸略大的木方预埋在墙体或楼板内,当混凝土初凝时活动木方,以便待混凝土凝固后易于抽出木方,设置保护套管。接地干线保护套管的安装方式,如图5.0.12.1-2所示。保护套管穿过外墙时,

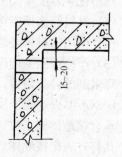

图5.0.12.1-1
接地干线保护管预留孔

应向外倾斜，内外高低差为10mm。穿过楼(地)面板的套管的纵向缝隙应焊接。

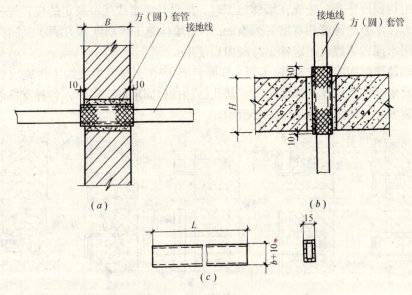

图 5.0.12.1-2 接地干线保护套管的安装
(a) 穿墙；(b) 穿楼板；(c) 方套管规格

5.0.12.2 接地干线支持件固定

明敷设在室内墙体上的接地干线应分段敷设，固定的方法是在墙体上先安装支持件，将接地扁钢固定在支持件上。图 5.0.12.2-1 为常用的支持件，图中的固定钩应随土建施工预埋，而使用卡板固定接地线时，应使用 9mm×60mm 的塑料胀管和 8mm×70mm 沉头木螺丝固定卡板。当用 S 形卡子固定接地线时，应用 M8×35mm 射钉螺栓固定 S 形卡子。

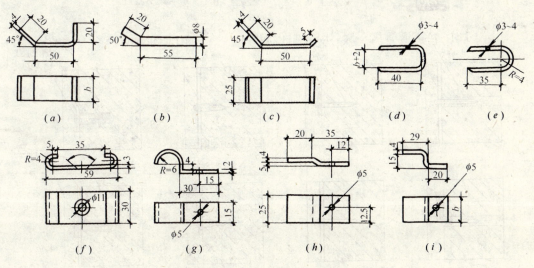

图 5.0.12.2-1 接地干线支持件
(a) 扁钢固定钩；(b) 圆钢固定钩；(c) 托板；(d) 方卡钉；
(e) 圆卡钉；(f) 卡板；(g) 扁钢卡子；(h) S_1 形卡子；(i) S_2 形卡子
b—支持件宽度

预埋固定钩时,应在土建施工前先用-25×4扁钢按图中所示尺寸将固定钩加工好。为了将固定钩预埋整齐,应先在墙体施工时,按设计要求或规范规定的位置先拉线或划线埋设好木方,木方的深度和宽度各为50mm。待墙体施工后剔除木方洒水湿润孔洞,然后在孔洞处用水泥砂浆埋设固定钩,待凝固后使用。

用螺丝及螺钉固定的支持件(卡板、S形卡子)应在土建室内装饰工程完成后,在墙体上先确定好坐标轴线位置,弹线定位,钻孔(或射钉)固定好支持件,各种支持件在不同结构上的安装方式,如图5.0.12.2-2所示。

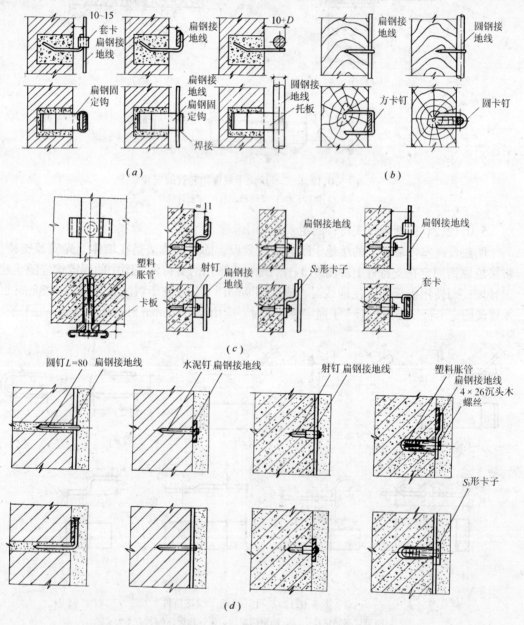

图5.0.12.2-2 接地线及支持件在不同建筑结构上的安装
(a)在砖结构上;(b)在木结构上;(c)在混凝土上;(d)接地线敷设在粉刷层内

室内接地线应水平或垂直敷设,当建筑物表面为倾斜形状时,也应沿其表面平行敷设。接地干线距地面高度应为250～300mm,支持件间的距离,在水平直线部分宜为0.5～1.5m,垂直部分宜为1.5～3m,转弯部分宜为0.3～0.5m。

5.0.12.3 接地线的敷设

对接地扁钢应事先调直、打眼、煨弯加工后,将扁钢沿墙吊起,在支持件一端将扁钢固定住,接地线距墙面间隙应为10～15mm,过墙时穿过保护套管,接地干线在连接处进行焊接,末端预留或连接应符合设计规定。接地干线敷设,如图5.0.12.3-1所示。

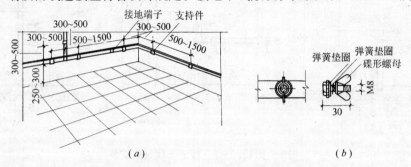

图 5.0.12.3-2 室内接地干线做法图
(a) 接地干线做法示意图;(b) 接地端子

接地干线不应有高低起伏及弯曲现象,水平度及垂直度允许偏差为2/1000,全长不应超过10mm。

接地干线在经过建筑物的伸缩(或沉降)缝时,如采用焊接固定,应将接地干线在通过伸缩(或沉降)缝的一段做成弧形,或用 $\phi 12$ 圆钢弯出弧形与扁钢焊接,也可在接地线断开处用裸铜软绞线连接,如图5.0.12.3-2所示。

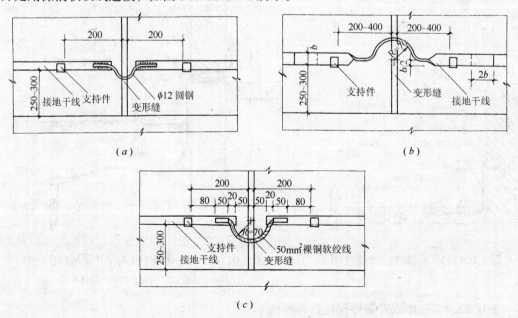

图 5.0.12.3-2 接地干线在伸缩、沉降缝处做法
(a) 圆钢跨接线;(b) 扁钢跨接线;(c) 软铜绞线跨接线

接地干线在室内水平或垂直敷设时,在转角处需弯曲时应弯曲90°,弯曲半径不应小于扁钢宽度的2倍。

接地干线在过门时,可在门上明敷通过,也可在门下室内地面内暗敷设,如图5.0.12.3-3所示。

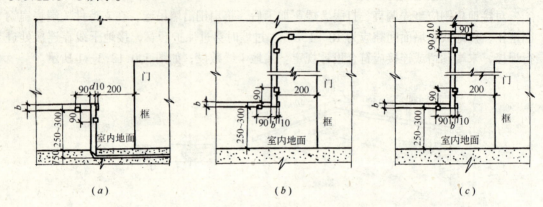

图 5.0.12.3-3 接地干线过门安装
(a)在地面内敷设;(b)在门上方敷设做法(一);(c)在门上方敷设做法(二)

接地干线由室内引向室外接地网时,接地干线应在不同的两点及以上与接地网相连接。室内接地干线与室外接地线的连接应使用螺栓连接便于检测。接地线穿过楼板或外墙时,套管管口处应用沥青丝麻或建筑密封膏堵死。由接地干线向需要接地的设备引接地支线的做法,如图5.0.12.3-4所示。接地干线与室外接地干线连接做法,如图5.0.12.3-5所示。

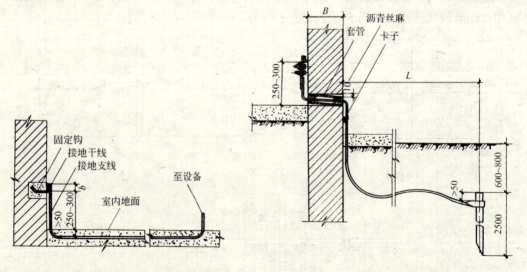

图 5.0.12.3-4 接地支线做法图　　图 5.0.12.3-5 接地干线与室外接地网连接图
L——工程设计确定;B——墙体厚度

5.0.12.4 接地线安装外观检查和涂色

明敷设接地线安装后,应对各接地干线和接地支线的外露部分以及电气设备的接地部分进行外观检查,检查电气设备是否按接地的要求接有接地线,各接地线的螺栓连接是否接妥，螺栓连接处是否使用了弹簧垫圈。

在安装过程中应仔细按焊接规程检查各焊口，因为一条接地干线上，如有一处焊接不好，将造成很多设备不安全。经过检查合格的所有焊缝，应在各面涂以沥青漆。检查接地线经过建筑物的伸缩缝处是否作了弧形补偿措施。

明敷接地线的表面应涂以用15～100mm宽度相等的绿色和黄色相间的条纹。在每个导体的全部长度上或只在每个区间或每个可接触到的部位上宜作出标志。当使用胶带时应使用双色胶带。

中性线宜涂淡蓝色标志。

在接地线引向建筑物的入口处和在检修用临时接地点处，均应刷白色底漆并标以黑色记号，其代号为"⏊"。

5.0.13 建筑物基础接地装置安装

高层建筑的接地装置大多以建筑物的深基础作为接地装置。在土壤较好的地区，当建筑物基础采用以硅酸盐为基料的水泥(如矿渣水泥、波特兰水泥)和周围土壤当地历史上一年中最早发生雷闪时间以前的含水量不低于4%以及基础的外表面无防腐层或有沥青质的防腐层时，钢筋混凝土基础内的钢筋都可以做为接地装置。

对于一些用防水水泥(铝酸盐水泥等)做成的钢筋混凝土基础，由于导电性能差，不宜独立做为接地装置。

利用钢筋混凝土基础内的钢筋作为接地装置时，敷设在钢筋混凝土中的单根钢筋或圆钢，其直径不应小于10mm。被利用作为防雷装置的混凝土构件内用于箍筋连接的钢筋，其截面积总和不应小于一根直径10mm钢筋的截面积。

利用建筑物基础内的钢筋作为接地装置时，应在与防雷引下线相对应的室外埋深0.8～1m处，由被利用作为引下线的钢筋上焊出一根φ12mm或-40×4镀锌圆钢或扁钢，此导体伸向室外，距外墙皮的距离不宜小于1m。此圆钢或扁钢能起到摇测接地电阻和当整个建筑物的接地电阻值达不到规定要求时，给补打人工接地体创造条件。

为了防止反击，防雷接地装置宜和电气设备等接地装置共用。防雷接地装置宜与进出建筑物的埋地金属管道及不共用的电气设备的接地装置相连。

5.0.13.1 条形基础内人工接地体安装

外形基础内人工接地体敷设，如图5.0.13.1-1所示。接地体的规格可由工程设计决定，但不应小于φ12圆钢或-40×4扁钢。

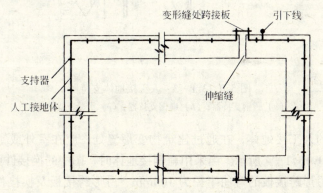

图5.0.13.1-1 条形基础人工接地体安装平面示意图

人工接地体安装在建筑物条形基础内,根据基础材料分为接地体在无钢筋混凝土基础内敷设、在砖基础下方的专设混凝土层内安装、在毛石混凝土基础和在钢筋混凝土条形基础内敷设等,如图5.0.13.1-2所示。人工接地体与引下线之间的连接采用焊接,搭接长度为扁钢宽度的2倍或圆钢直径的6倍,圆钢应在两面焊接,扁钢至少在三面焊接。

人工接地体在基础内敷设,使用支持器固定,支持器有圆钢支持器、扁钢支持器和混凝土支持器,如图5.0.13.1-3所示。支持器的间距,可由工程设计在现场确定,以能使人工接地体定好位置为准。

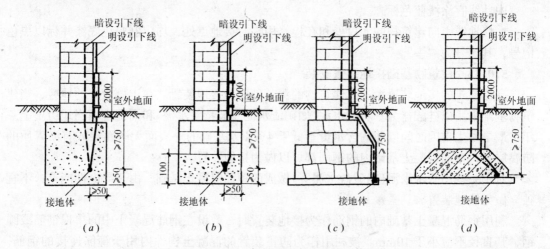

图5.0.13.1-2 条形基础内人工接地体安装

(a)素混凝土基础;(b)砖基础下方的专设混凝土层内;(c)毛石混凝土基础;(d)钢筋混凝土基础

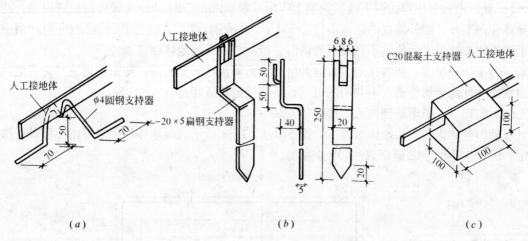

图5.0.13.1-3 人工接地体支持器

(a)圆钢支持器;(b)扁钢支持器;(c)混凝土支持器

条形基础内的人工接地体,在通过建筑物变形缝处,应在室外或室内装设弓形跨接板,做法如图5.0.13.1-4所示。当采用扁钢接地体时,图中的换接件可取消,直接将扁钢接地体弯曲。弓形跨接板的弯曲半径为100mm。弓形跨接板及换接件,外露部分应刷樟丹油一道,面漆两道。

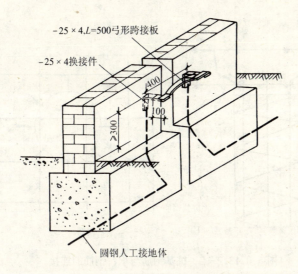

图 5.0.13.1-4 基础内人工接地体变形缝处做法

5.0.13.2 钢筋混凝土桩基础接地体安装

高层建筑的基础桩基,不论是挖孔桩、钻孔桩、还是冲击桩,都是将钢筋混凝土柱子伸入地中,桩基顶端设承台,承台用承台梁连接起来,形成一座大型框架地梁,承台顶端设置混凝土柱、梁、剪力墙及现浇楼板等,空间和地下构成一个整体,墙、柱内的钢筋均与承台梁内的钢筋互相绑扎固定,它们互相之间的电气导通是完全可靠的。

桩基础接地体的构成,如图 5.0.13.2-1 所示。一般是在作为防雷引下线的柱子(或者剪力墙内钢筋做引下线)位置处,将桩基础的抛头钢筋与承台梁主筋焊接,如图 5.0.13.2-2 所示,并与上面作为引下线的柱(或剪力墙)中钢筋焊接。如果每一组桩基多于 4 根时,只须连接其四角桩基的钢筋作为防雷接地极。

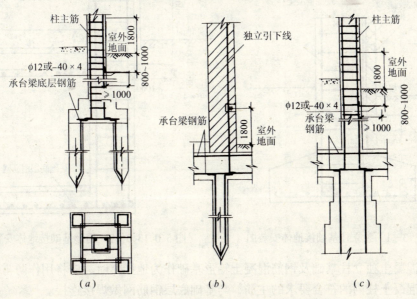

图 5.0.13.2-1 钢筋混凝土桩基础接地体安装
(a) 独立式桩基础;(b) 方桩基础;(c) 控孔桩基础

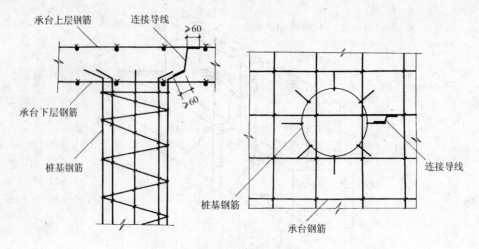

图 5.0.13.2-2 桩基钢筋与承台钢筋的连接

5.0.13.3 独立柱基础、箱形基础接地体安装

钢筋混凝土独立柱基础接地体，如图 5.0.13.3-1 所示。钢筋混凝土箱形基础接地体，如图 5.0.13.3-2 所示。

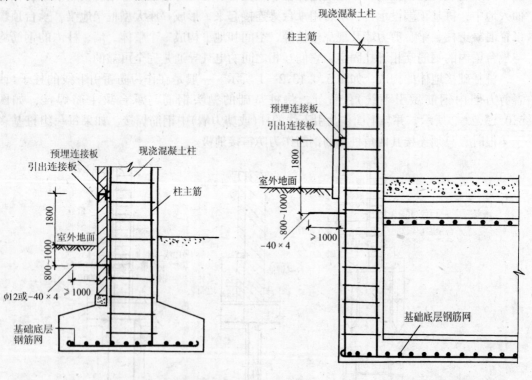

图 5.0.13.3-1 独立柱基础接地体安装图　　图 5.0.13.3-2 箱形基础接地体安装图

钢筋混凝土独立柱基础及钢筋混凝土箱形基础作为地接体时，应将用作防雷引下线的现浇钢筋混凝土柱内的符合要求的主筋，与基础底层钢筋网做焊接连接。

钢筋混凝土独立柱基础如有防水油毡及沥青包裹时，应通过预埋件和引下线，跨越防水油毡及沥青层，将柱内的引下线钢筋，垫层内的钢筋与接地柱相焊接，如图 5.0.13.3

-3所示，利用垫层钢筋和接地桩柱做接地装置。

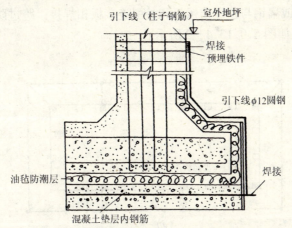

图5.0.13.3-3 设有防潮层的独立柱基础接地体安装图

5.0.13.4 钢筋混凝土板式基础接地体安装

1. 无防水层底板的钢筋混凝土板式基础接地体

利用无防水层底板的钢筋混凝土板式基础做接地体，应将利用做为防雷引下线的符合规定的柱主筋与底板的钢筋进行焊接连接，如图5.0.13.4-1所示。

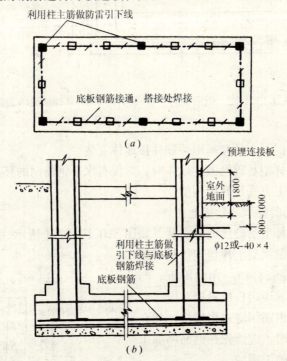

图5.0.13.4-1 钢筋混凝土板式(无防水底板)基础接地体安装图
(a) 平面图；(b) 基础接地体安装

2. 有防水底板的钢筋混凝土板式基础接地体

在进行钢筋混凝土板式基础接地体安装时，当遇有板式基础有防水层时，应将符合规格和数量的可以用来做防雷的引下线柱内主筋,在室外自然地面以下适当位置处用 $\phi 12$ 或 -40×4 镀锌圆钢或扁钢与预埋连接板和外引连接板相焊接,跨过防水层与其外引的人工接地体进行连接,如图 5.0.13.4-2 所示。

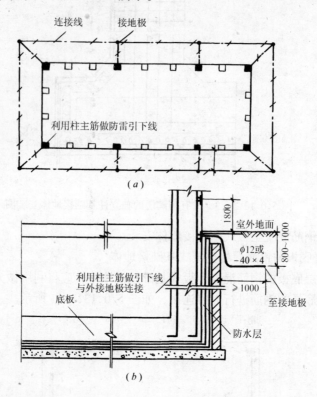

图 5.0.13.4-2 钢筋混凝土板式(有防水层)基础接地体安装图
(a)平面图;(b)基础接地体安装图

5.0.13.5 钢筋混凝土杯型基础预制柱接地体安装

利用钢筋混凝土杯型基础网做接地体时,对仅有水平钢筋网的杯型基础和有垂直和水平钢筋网的基础的施工方法是有区别的。

1. 仅有水平钢筋的杯型基础接地体

仅有水平钢筋的杯型基础接地体安装,如图 5.0.13.5-1 所示。连接导体(即连接基础内水平钢筋网与预制混凝土预埋连接板的钢筋或圆钢)引出位置是在杯口一角的附近,与预制混凝土柱上的预埋连接板位置相对应。

连接导体与水平钢筋网应采用焊接,如在施工现场无条件焊接时,应预先在钢筋网加工场地焊好后,再运往施工现场。

连接导体与柱上预埋件连接也应焊接,立柱后,将连接导体与柱内预埋连接板焊接后,将其与土壤接触的外露部分用 1:3 水泥砂浆保护,且保护层厚度不应小于 50mm,如图

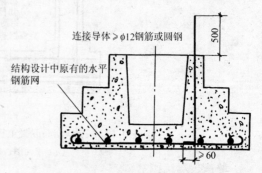

图 5.0.13.5-1 仅有水平钢筋网的杯型基础接地体安装

5.0.13.5-2所示。

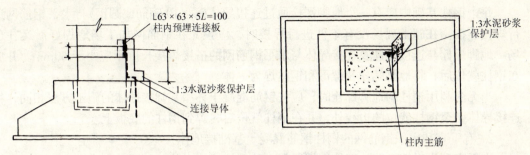

图 5.0.13.5-2 连接导体的保护层做法

2. 有垂直和水平钢筋网的杯型基础接地体

有垂直和水平钢筋网的杯型基础接地体安装，如图 5.0.13.5-3 所示。与连接导体相连接的垂直钢筋，应与水平钢筋相焊接，如不能直接焊接时，应采用一段≥φ10 的钢筋或圆钢跨接焊。如果四根垂直主筋都能接触到水平钢筋网时，应将四根垂直主筋均与水平钢筋网绑扎连接。

连接导体外露部分应同上图作水泥砂浆保护。

当杯形钢筋混凝土基础底下有桩基时，宜将每一桩基的一根主筋同承台梁钢筋焊接，当不能直接焊接时，可参见图 5.0.13.2-2 中的桩基钢筋与承台钢筋的连接做法，用连接导体进行连接。

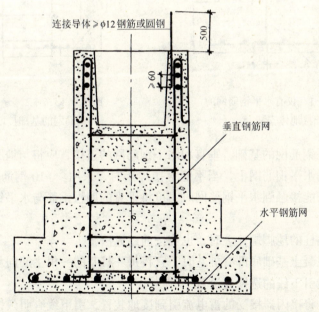

图 5.0.13.5-3 有垂直和水平钢筋网的基础接地体安装

5.0.13.6 钢柱钢筋混凝土基础接地体安装

利用钢柱的钢筋混凝土基础做为接地体时，对于仅有水平钢筋网的基础和有垂直和水平钢筋网的基础的施工也有不同的区别。

1. 仅有水平钢筋网的钢柱钢筋混凝土基础接地体

仅有水平钢筋网的钢柱钢筋混凝土基础接地体安装,如图5.0.13.6-1所示。

每个钢柱基础中应有一个地脚螺栓通过连接导体(≥φ10钢筋或圆钢)与水平钢筋网进行焊接连接。在施工现场没有条件进行焊接时,应预先在钢筋网加工场地焊好后运往现场。地脚螺栓与连接导体及连接导体与水平钢筋网的搭接焊接长度不应小于60mm。并应在钢柱就位后,将地脚螺栓及螺母和钢柱焊为一体。

当无法利用钢柱的地脚螺栓时,应按钢筋混凝土杯型基础接地体的施工方法相同,将连接导体引至钢柱就位的边线外,并在钢柱就位后,焊到钢柱的底板上。

2. 有垂直和水平钢筋网的钢柱钢筋混凝土基础接地体

有垂直和水平钢筋网的钢柱钢筋混凝土基础接地体安装,如图5.0.13.6-2所示。

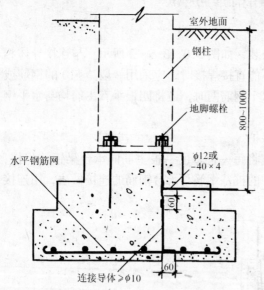

图5.0.13.6-1 仅有水平钢筋网的基础接地体安装

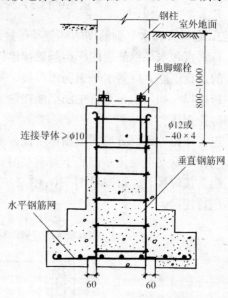

图5.0.13.6-2 有垂直和水平钢筋网的基础接地体安装

有垂直和水平钢筋网的基础,垂直和水平钢筋网的连接,应将与地脚螺栓相连接的一根垂直钢筋焊接到水平钢筋网上,当不能直接焊接时,采用≥φ10钢筋或圆钢跨接焊接。如果四根垂直主筋能接触到水平钢筋网时,可将垂直的四根钢筋与水平钢筋网进行绑扎连接。

当无法利用钢柱的地脚螺栓上时,也应按前述方法施工。

当钢柱钢筋混凝土基础底部有桩基时,宜将每一桩基的一根主筋同承台钢筋焊接。

5.0.14 防雷引下线的选择与设置

防雷引下线是将接闪器接受的雷电流引到接地装置,引下线有明敷设和暗敷设两种。

引下线采用圆钢或扁钢(一般采用圆钢),其尺寸不应小于下列数值:

圆钢直径为8mm;

扁钢截面为100mm²;

扁钢厚度为4mm。

引下线应镀锌,焊接处应涂防腐漆,但利用混凝土中钢筋作引下线除外。在腐蚀性较强的场所，还应适当加大截面或采取其他的防腐措施。

引下线应沿建筑物外墙敷设，并经最短路径接地，建筑艺术要求较高者也可暗敷，但截面应加大一级。

引下线不宜敷设在阳台附近及建筑物的出入口和人员较易接触到的地点。一级防雷建筑物专设引下线时，其根数不应少于两根，间距不应大于18m；二级防雷建筑物引下线的数量不应少于两根，间距不应大于20m；三级防雷建筑物，为防雷装置专设引下线时，其引下线数量不宜少于两根，间距不应大于25m。

5.0.15 引下线断接卡子制作安装

加装断接卡子的目的是为了便于运行、维护和检测接地电阻。

接地装置由多个分接地装置部分组成时，应按设计要求设置便于分开的断接卡子，自然接地体与人工接地体连接处应有便于分开的断接卡。建筑物上的防雷设施采用多根引下线时，宜在各引下线距地面的1.5～1.8m处设置断接卡。断接卡应有保护措施。

断接卡子有明设和暗设两种。

避雷引下线断接卡子可利用不小于-40×4的镀锌扁钢制作，断接卡子应用两根镀锌螺栓拧紧，如图5.0.15-1和图5.0.15-2所示。引下线的圆钢与断接卡子的扁钢应采用搭接焊，搭接长度不应小于圆钢直径的6倍，且应在两面焊接。用于扁钢连接线时，扁钢与扁钢的搭接长度应不小于扁钢宽度的2倍，且应最少在三个棱边上焊接。

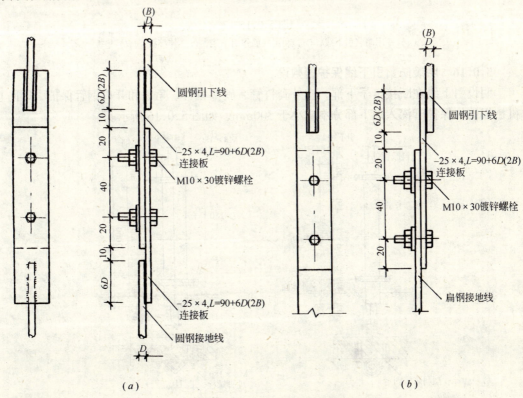

图5.0.15-1 明设引下线断接卡子制作
(a) 用于圆钢连接线；(b) 用于扁钢连接线

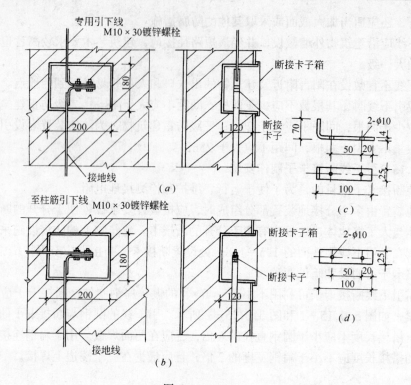

图 5.0.15-2
(a) 专用暗装引下线；(b) 利用柱筋作引下线；(c) 连接板；(d) 垫板

5.0.16 明装防雷引下线保护管敷设

明设引下线在断接卡子下部，应外套竹管、硬塑料管、角铁和开口钢管保护，以防止机械损伤。保护管深入地下部分不应小于300mm，如图5.0.16所示。

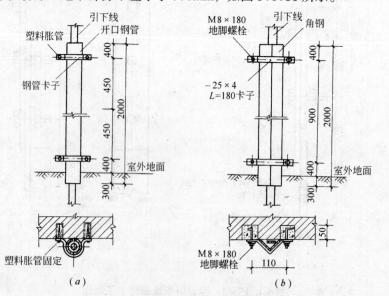

图 5.0.16 防雷引下线保护管做法
(a) 开口钢管保护；(b) 角钢保护

防雷引下线不应套钢管,以免接闪时感应涡流和增加引下线的电感,影响雷电流的顺利导通。如必须外套钢管保护时,应在钢管上、下侧焊以圆钢跨接线与引下线连接成一导电体。

为避免接触电压,游人众多的建筑物,明装引下线的外围要加装饰护栏。

5.0.17 明敷引下线安装

5.0.17.1 明敷引下线支持卡子预埋

当引下线位置确定后,明装引下线应随着建筑物主体施工预埋支持卡子,待外墙装饰面施工完成后再将圆钢或扁钢固定在支持卡子上,做为引下线。一般在距室外护坡2m高处,预埋第一个支持卡子,随着主体施工,在距第一个卡子正上方1.5~3m处,用线坠吊直第一个卡子的中心点,埋设第二个卡子,依此向上逐个埋设,其间距应均匀相等,支持卡子应突出建筑外墙装饰面15mm以上,露出长度应一致。

5.0.17.2 引下线明敷设

明敷设引下线必须调直后方可进行敷设。引下线材料如为扁钢时,可放在平板上用手锤调直。引下线如为圆钢时,可将圆钢一端固定在牢固地锤锚的机具上,另一端固定在绞磨或倒链的夹具上冷拉调直。也可以用钢筋调直机进行调直。

建筑物外墙装饰工程完成后,将调直的引下线材料运到安装地点,用绳子提拉到建筑物的最高点,由上而下逐点使其与埋设在墙体内的支持卡子进行套环卡固、用螺栓或焊接固定,如图5.0.17.2-1所示,直至断接卡子为止。

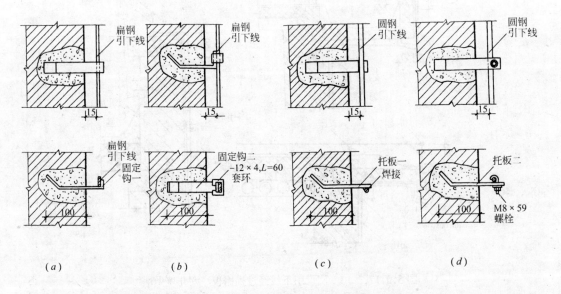

图 5.0.17.2-1 引下线固定安装
(a) 用一式固定钩安装;(b) 用二式固定钩安装;(c) 用一式托板安装;(d) 用二式托板安装

防雷引下线明敷设用扁钢卡子卡固,还有一种如图5.0.17.2-2的做法。

引下线路径尽可能短而直。当通过屋面挑檐板等处,在不能直线引下而要拐弯时,不应构成锐角转折,应做成曲径较大的慢弯,弯曲部分线段的总长度,应小于拐弯开口处距离的10倍,引下线通过挑檐板和女儿墙做法,如图5.0.17.2-3所示。

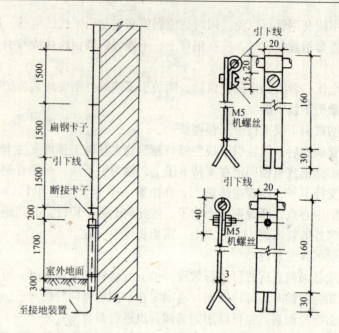

图 5.0.17.2-2 引下线明敷设用扁钢卡子卡固

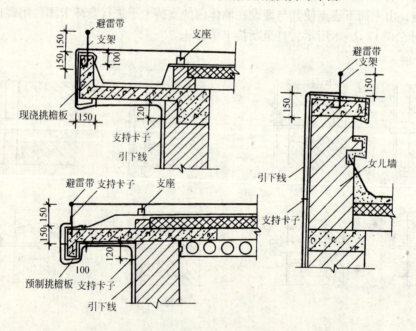

图 5.0.17.2-3 明设引下线经过挑檐板、女儿墙做法

5.0.18 引下线沿墙或混凝土构造暗敷设

暗设引下线应使用截面不小于 $\phi12mm$ 镀锌圆钢或 -40×4 镀锌扁钢。

暗设引下线的数量应与明设引下线相同。

引下线沿砖墙或混凝土构造柱内暗设，配合土建主体外墙（或构造柱）施工。将钢筋调直后先与接地体（或断接卡子）连接好，由下至上展放（或一段段连接）钢筋，敷设路径应尽量短而直，可直接通过挑檐板或女儿墙与避雷带焊接，如图 5.0.18-1 所示。

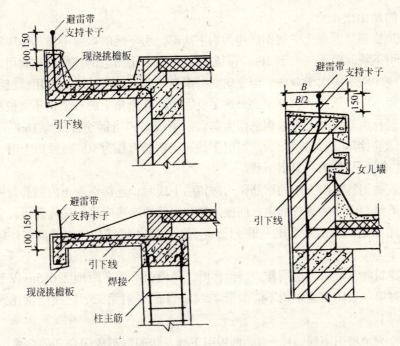

图 5.0.18-1 暗装引下线通过挑檐板、女儿墙做法

暗设引下线在建筑物外墙抹灰层内安装，应在外墙装饰抹灰前把扁钢或圆钢引下线由上至下展放好，用卡钉或方卡钉固定好，如图 5.0.18-2 所示，垂直固定距离为 1.5～2m。

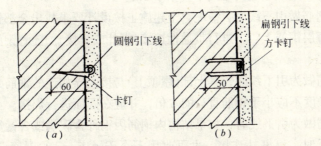

图 5.0.18-2 暗设引下线在抹灰层内安装
(a) 圆钢引下线用卡钉固定；(b) 扁钢引下线用方卡钉固定

5.0.19 引下线的连接

当引下线长度不足，需要在中间接头时，引下线应进行搭接焊接，扁钢引下线搭接长度不应小于宽度的 2 倍，最少在三个棱边处焊接；引下线为圆钢时，搭接长度不应小于圆钢直径的 6 倍，且应在两面焊接。

引下线的接头处应错开支持卡子，引下线的焊接处焊缝应饱满并有足够的机械强度，不得有夹渣、咬肉、裂纹、虚焊、气孔等缺陷，焊接处的药皮敲净后，应刷红丹防锈漆和银粉做防腐处理。

5.0.20 利用建筑物钢筋做防雷引下线

防直击雷装置的引下线应优先利用建筑物钢筋混凝土中的钢筋，不仅是节约钢材问题，更重要的是比较安全。

利用建筑物钢筋混凝土中的钢筋作为引下线时，引下线的数量不做具体规定。但一级防雷建筑物引下线间距不应大于 18m，但建筑物外廓各个角上的柱筋应被利用；二级防雷建筑物引下线间距不应大于 20m，但建筑物外廓各个角上的柱筋应被利用；三级防雷建筑物引下线间距不应大于 25m，建筑物外廓易受雷击的几个角上的柱子钢筋宜被利用。

利用建筑物钢筋混凝土中的钢筋作为防雷引下线时，当钢筋直径为 16mm 及以上时，应利用两根钢筋(绑扎或焊接)作为一组引下线；当钢筋直径为 10mm 及以上时，应利用四根钢筋(绑扎或焊接)作为一组引下线。

利用建筑物钢筋混凝土中的钢筋作为防雷引下线时，连接混凝土内钢筋与屋顶上接闪器的一段引下线，应使用镀锌圆钢，同接闪器和钢筋的连接应进行搭接焊接，引下线的下部在室外地坪下 0.8~1m 处焊出一根 ϕ12mm 或 -40×4 镀锌导体，伸向室外距外墙皮的距离不宜小于 1m。

当利用建筑物基础内钢筋网作为接地体时，每根引下线在距地面 0.5m 以下的钢筋表面积总和，对第一级防雷建筑物不应少于 $4.24Kc(m^2)$，对第二、三级防雷建筑物不应少于 $1.89Kc(m^2)$。

当建筑物为单根引下线，$Kc=1$；两根引下线及接闪器不成闭合环的多根引下线，$Kc=0.66$；接闪器成闭合环路或网状的多根引下线 $Kc=0.44$。

利用建筑物钢筋混凝土基础内的钢筋作为接地装置，应在与防雷引下线相对应的室外埋深 0.8~1m 处，由被利用作为引下线的钢筋上焊出一根 ϕ12mm 或 -40×4 镀锌圆钢或扁钢，并伸向室外，距外墙皮的距离不宜小于 1m。

利用建筑物钢筋做引下线时，应配合土建施工按设计要求找出全部钢筋位置，用油漆做好标记，保证每层钢筋上、下进行贯通性连接(绑扎或焊接)。随着钢筋专业逐层串联焊接(或绑扎)至顶层。

建筑物内钢筋做为引下线时，其上部(屋顶上)与接闪器相连的钢筋必须焊接，不应做绑扎连接，焊接长度不应小于钢筋直径的 6 倍，并应在两面进行焊接。

建筑物内钢筋做为引下线时，如果结构内钢筋因钢种含碳量或含锰量高，焊接易使钢筋变脆或强度降低时，可绑扎连接，也可改用不小于 ϕ16mm 的副筋，或不受力的构造筋，或者单独另设钢筋。

由于利用建筑物钢筋做引下线，是从下而上连接一体，因此不能设置断接卡子测试接地电阻值，需在柱(或剪力墙)内做为引下线的钢筋上，另焊一根圆钢引至柱(或墙)外侧的墙体上，在距护坡 1.8m 处，设置接地电阻测试箱。也可在距护坡 1.8m 处的柱(或墙)的外侧，将用角钢或扁钢制作的预埋连接板与柱(或墙)的主筋进行焊接，再用引出连接板与预埋连接板相焊接，引至墙体的外表面，作为接地电阻测试点，如图 5.0.20 所示。

利用建筑物钢筋混凝土基础内的钢筋作为接地装置，每根引下线处的冲击接地电阻不宜大于 5Ω。

在建筑结构完成后，必须通过测试点测试接地电阻，若达不到设计要求，可在柱(或墙)所在室外地面下 0.8~1m 的预留导体处，加接外附人工接地体。

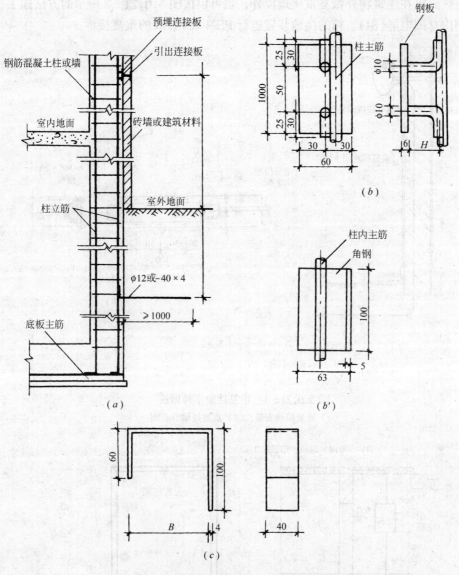

图 5.0.20　利用柱内主筋做引下线及测试点安装图
(a)引下线安装；(b)扁钢预埋连接板；(b′)角钢预埋连接板；(c)引出连接板
H—混凝土保护层厚度；B—砖墙或建筑材料厚度

5.0.21　重复接地及其引下线安装

在低压 TN 系统中，架空线路干线和分支线的终端，其 PEN 线或 PE 线应重复接地。架空线路和电缆线路在每个建筑物的进线处，PEN 线均须重复接地(如无特殊要求，对小型单层建筑，距接地点不超过 50m 可除外)。

低压架空接户线重复接地可在建筑物的进线处按图 5.0.21-1 所示的方法施工，引下线中间可不设断接卡子，室内 N 线与 PE 线和接户线的 PEN 线的连接可在图中重复接地节点处连接，需测试接地装置的接地电阻时，要打开节点处的连接夹板。当引下线处需要设置断接卡子时，参照图 5.0.21-2 的方法设置暗设断接卡子箱。

架空线路除在建筑物外做复重接地以外，也可以按图5.0.21-2所示的方法施工，利用建筑物内总配电屏(柜)、箱的接地装置进行PEN或PE线的重复接地。

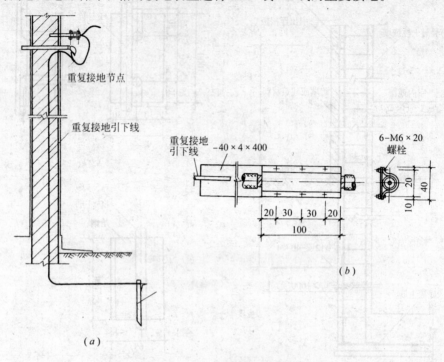

图5.0.21-1 重复接地室外做法
(a)重复接地安装；(b)重复接地节点图

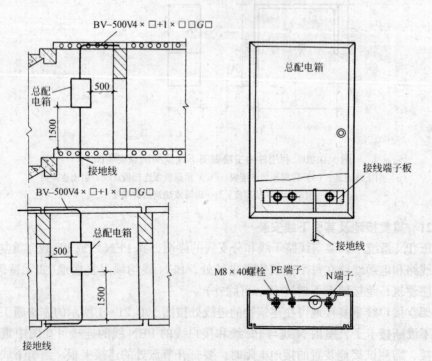

图5.0.21-2 重复接地室内做法

电缆线路进户时的 PEN 线的重复接地应按图 5.0.21-2 的方法施工，利用总配电箱的接线端子进行电缆 PEN 线和室内总干线的 N 线及 PE 线的连接。重复接地连接线与箱体相连接，中间不必设断接卡子箱。需要测试接地电阻时，可先卸下端子上的导线，把测量仪表专用导线连接到仪表 E 的端钮上，另一端卡在与箱体焊为一体的接地端子板上测试即可。

5.0.22 引下线各部位的连接

当引下线长度不足，需要在中间接头时，引下线应进行搭接焊接，扁钢引下线搭接长度不应小于宽度的 2 倍，最少在 3 个棱边处焊接；引下线为圆钢时，搭接长度不应小于圆钢直径的 6 倍，且应在两面焊接。

明装引下线的接头处应错开支持卡子，引下线的焊缝处应饱满并有足够的机械强度，不得有夹渣、咬肉、裂纹、虚焊、气孔等缺陷。焊接处的药皮敲净后，应刷红丹防锈漆和银粉做防腐处理。

利用建筑物柱内钢筋做引下线时的焊接，应配合土建专业进行，连接两根或四根柱筋时，应用相同直径的圆钢弯成 U 型与柱筋搭接焊接。

5.0.23 接地电阻测试

在接地装置安装完毕后，应测定接地电阻的数值，以确定是否满足设计或有关规程的要求。

防雷装置的接地电阻值，是指每年雨期以前开春以后测量的电阻值。防雷装置每年均应检查和测量一次，有损坏的地方应早日发现修复，否则比不装防雷装置更危险。

建筑物接地装置的接地电阻值应符合下列规定：

一级防雷建筑物其冲击接地电阻不应大于 10Ω；二级防雷建筑物其冲击接地电阻不应大于 20Ω；三级防雷建筑物其冲击接地电阻大应大于 30Ω。

有些省市另有本地区的规定，可以执行地区的规定数值。

测量接地电阻的方法很多，有电流表——电压表法、电桥法、接地电阻测量仪等，目前都采用接地电阻测量仪进行测量，即简单又方便。

常用的接地电阻测量仪有 ZC-8 型、ZC-9 型等几种。在接地电阻测试前要先拧开接地线或防雷接地引下线断接卡子的紧固螺栓。

ZC-8 型接地电阻测量仪由手摇发电机、电流互感器、滑线变阻器及检流器等组成。三个端钮仪表仅用于流散电阻的测量，四个端钮者既可用于流散电阻测量，也可用于土壤电阻率的测量。

使用接地电阻测量仪时，沿被测接地体 E'，将电位探测针 P' 和电流探测针 C'，依直线彼此相距 20m 插入地下，且电位探测针 P' 系插于接地体 E' 和电流探测针 C' 之间。用专用导线将 E'、P' 和 C' 联于仪表相应的端钮。如图 5.0.23 所示。

将仪表水平放置，检查检流计的指针是否指于中心线上，否则可用零位调整器将其调到指针指于中心线。

将"倍率标度"置于最大倍数，慢慢地转动发电机的摇把，同时旋动"测量标度盘"使检流计的指针指于中心线。当检

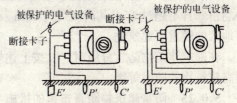

图 5.0.23 接地摇表连接

流计的指针接近平衡时,加快发电机摇把的转速,使其达到每分钟120转以上,调正"测量标度盘"使指针指于中心线上。

如"测量标度盘"的读数小于1时,应将倍率标度置于较小的倍数,再重新调正"测量标度盘"以得到正确读数。用"测量标度盘"的读数乘以倍率标度的倍数,即为所测的接地电阻值。

用所测的接地电阻值,乘以季节系数,所得结果即为实测接地电阻值。

防雷装置的接地电阻应考虑在雷雨季节中的土壤干燥状态的影响(下雨后不应立即测试接地电阻)。目前各地区都规定有不同的季节系数,东北三省的季节系数,可见表5.0.23。

接地电阻季节系数表　　　　表5.0.23

月份	1	2	3	4	5	6	7	8	9	10	11	12
季节系数	1.05		1	1.6	1.9	2	2.2	2.55	1.6		1.55	1.35

接地电阻测试后应及时的填写好接地电阻测试记录。

5.0.24 建筑物的防雷分级

《民用建筑电气设计规范》(JCJ/T 16—92),按建筑物的重要性、使用性质、发生雷电事故的可能性及后果,把建筑物的防雷分为三级。

5.0.24.1 一级防雷的建筑物

具有特别重要用途的建筑物。如国家级的会堂、办公建筑、档案馆、大型博展建筑;特大型、大型铁路旅客站;国际性的航空港、通讯枢纽、国宾馆、大型旅游建筑、国际港口客运站等。

国家级重点文物保护的建筑物和构筑物。

高度超过100m的建筑物。

5.0.24.2 二级防雷的建筑物

重要的或人员密集的大型建筑物。如部、省级办公楼;省级会堂、博展、体育、交通、通讯、广播等建筑;以及大型商店、影剧院等。

省级重点文物保护的建筑物和构筑物。

19层及以上的住宅建筑和高度超过50m的其他民用建筑物。

省级及以上大型计算中心和装有重要电子设备的建筑物。

5.0.24.3 三级防雷的建筑物

当年计算雷击次数大于或等于0.05时或通过调查确认需要防雷的建筑物。

建筑群中最高或位于建筑群边缘高度超过20m的建筑物。

高度为15m及以上的烟囱、水塔等孤立的建筑物或构筑物。在雷电活动较弱地区(年平均雷暴日不超过15d)其高度可为20m及以上。历史上雷害事故严重地区或雷害事故较多地区的较重要建筑物。

在确定建筑物防雷分级时,除按上述规定外,在雷电活动频繁地区或强雷区,可适当提高建筑物的防雷等级。

5.0.25 防雷建筑物防直击雷的措施

5.0.25.1 一级防雷建筑物的防雷

一级防雷建筑物防直击雷的接闪器应采用装设在屋角、屋脊、女儿墙或屋檐上的避雷带(表5.0.25.1),并在屋面上装设不大于10m×10m的网格,如图5.0.25.1所示。凸出屋面的物体应沿其顶部四周装设避雷带,在屋面接闪器保护范围外的物体应装接闪器,并和屋面防雷装置相连。

建筑物易受雷击部位 表5.0.25.1

建筑物屋面的坡度	易受雷击部位	示意图
平屋面或坡度不大于1/10的屋面	檐角、女儿墙、屋檐	平屋顶 $\frac{a}{b} < \frac{1}{10}$
坡度大于1/10,小于1/2的屋面	屋角、屋脊、檐角、屋檐	$\frac{1}{10} < \frac{a}{b} < \frac{1}{2}$
坡度大于或等于1/2的屋面	屋角、屋脊、檐角	$\frac{a}{b} \geq \frac{1}{2}$

注:1. 屋面坡度用 a/b 表示:a—屋脊高出屋檐的距离(m);b—房屋的宽度(m)。
　　2. 示意图中:——为易受雷击部位;○—为雷击最高部位。

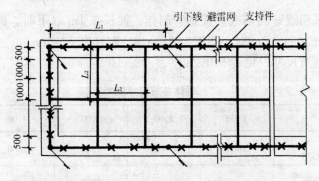

图5.0.25.1 屋面避雷网平面布置图
L_1——引下线间距;L_2——避雷网网格间距

5.0.25.2 二级防雷建筑物的防雷

二级防雷建筑物防直击雷宜采用装设在屋角、屋脊、女儿墙或屋檐上的环状避雷带，并在屋面上装设不大于15m×15m的网格；见表5.0.25.1和图5.0.25.1。

对防直击雷也可采用装设在建筑物上的避雷网（带）和避雷针或由这两种混合组成的接闪器。并将所有的避雷针用避雷带连接起来。

在屋面接闪器保护范围外的物体应装接闪器，并和屋面防雷装置相连。

5.0.25.3 三级防雷建筑物的防雷

三级防雷建筑物防直击雷宜在建筑物屋角、屋檐、女儿墙或屋脊上装设避雷带或避雷针。当采用避雷带保护时，应在屋面上装设不大于20m×20m的网格，见表5.0.25.1和图5.0.25.1。采用避雷针保护时，被保护的建筑物及凸出屋面的物体均应处于接闪器的保护范围内。

5.0.26 避雷针在屋面上安装

单支避雷针的保护角 α 可按45°或60°考虑。两支避雷针的保护范围，如图5.0.26-1所示，两支避雷针外侧的保护范围按单支避雷针确定，两针之间的保护范围，对民用建筑可简化两针间的距离不小于避雷针的有效高度（避雷针突出建筑物的高度）的15倍，且不宜大于30m来布置。

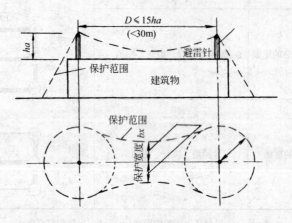

图5.0.26-1 双支避雷针简化保护范围示意

避雷针一般采用镀锌圆钢或焊接钢管制作，针长在1m以下时，圆钢为$\phi 12mm$，钢管为$\phi 20mm$；针长在1～2m时，圆钢为$\phi 16mm$，钢管为$\phi 25mm$。

避雷针针体各节尺寸，见表5.0.26。

针体各节尺寸表　　　　　　　　　　表5.0.26

针全高（m）		1.00	2.00	3.00	4.00	5.00
各节尺寸 (mm)	A G25	1000	2000	1500	1000	1500
	B G40	—	—	1500	1500	1500
	C G50				1500	2000

避雷针在屋面上安装,电气专业应向土建专业提供地脚螺栓和混凝土支座的资料,在屋面施工中由土建人员浇筑好混凝土支座,与屋面成一体,并预埋好地脚螺栓,地脚螺栓预埋在支座内,最少有2根与屋面、墙体或梁内钢筋焊接。待混凝土强度符合要求后,再安装避雷针,连接引下线。

避雷针在屋面安装时,可先组装好避雷针,先在避雷针支座底板上相应的位置,焊上一块肋板,再将避雷针立起,找直、找正后进行点焊,然后加以校正,焊上其他三块肋板。

避雷针位置要正确,安装要牢固,螺栓固定应备帽等防松零件齐全。避雷针并应与引下线焊接牢固,屋面上若有避雷带(网)还要与其焊成一个整体,如图5.0.26所示。

避雷针安装后针体应垂直,其允许偏差不应大于顶端针杆的直径。设有标志灯的避雷针,灯具应完整,显示清晰。

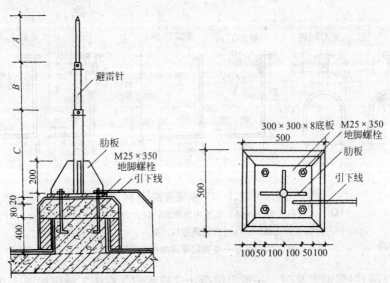

图 5.0.26 避雷针在屋面上安装

5.0.27 明装避雷带(网)的安装

避雷带适用于建筑物的屋脊、屋檐(坡屋顶)或屋顶边缘及女儿墙上(平屋顶),对建筑物的易受雷击部位进行重点保护。

避雷网则是适用于较重要的防雷保护。明装避雷网是在屋顶上部以较疏的明装金属网格作为接闪器,沿外墙引下线,接到接地装置上。

建筑物避雷带和避雷网,如图5.0.27所示。

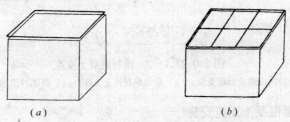

图 5.0.27 屋顶避雷带及避雷网示意图
(a)避雷带;(b)避雷网

5.0.27.1 明装避雷带(网)支架、支座制作

明装避雷带(网)，根据敷设部位不同，支持件的形式也不相同。支架可使用圆钢或扁钢制作。各种不同形式的支架如图 5.0.27.1-1 所示。

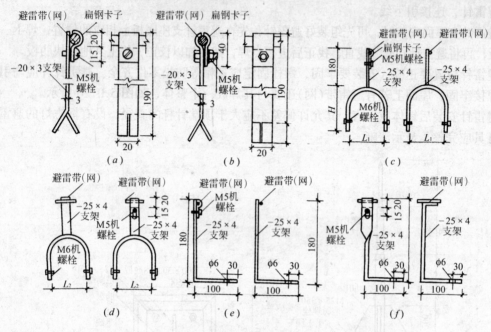

图 5.0.27.1-1 明装避雷带(网)支架
(a) 支座内支架一；(b) 支座内支架二；(c) 古建筑脊上支架一；
(d) 古建筑脊上支架二；(e) 古建筑檐口支架一；(f) 古建筑檐口支架二
H、L_1、L_2——支架尺寸可根据瓦件尺寸而定

避雷带(网)沿屋面安装时，一般沿混凝土支座固定。在施工前应按图 5.0.27.1-2 进行预制混凝土支座。

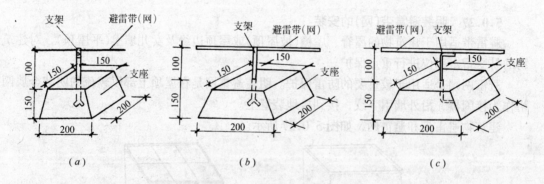

图 5.0.27.1-2 预制混凝土支座
(a) 扁钢机螺栓固定支座；(b) 扁钢焊接固定支座；(c) 圆钢焊接固定支座

5.0.27.2 屋面混凝土支座安装

屋面上支座的安装位置是由避雷带(网)的安装位置决定的。

避雷带(网)距屋面的边缘距离不应大于 500mm。在避雷带(网)转角中心严禁设置避

雷带(网)的支持件。

避雷带(网)的支座可以在建筑物屋面面层施工过程中现场浇制,也可以预制再砌牢或与屋面防水层进行固定。

在屋面上制作或安装支座时,应在直线段两端点(即弯曲处的起点)拉通线,确定好中间支座位置,中间支座的间距为0.5～1.5m,相互间距离应均匀分布,在转弯处支座的间距为0.3～0.5m。

支座在屋面防水层上安装时,需待屋面防水工程结束后,将混凝土支座分档摆好,在支座位置上烫好沥青,把支座与屋面固定牢固,待安装避雷带(网)。

混凝土支座设置,如图5.0.27.2所示。

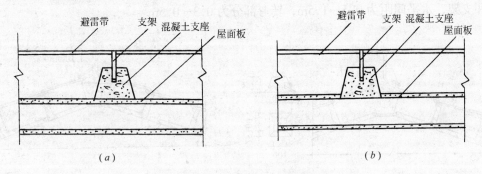

图5.0.27.2 混凝土支座的设置
(a) 预制混凝土支座;(b) 现浇混凝土支座

5.0.27.3 女儿墙和天沟上支架安装

避雷带(网)沿女儿墙安装时,应使用支架固定。并应尽量随结构施工预埋支架,当条件受限制时,应在墙体施工时预留不小于100mm×100mm×100mm的孔洞,洞口的大小应里外一致,首先埋设直线段两端的支架,然后拉通线埋设中间支架,其转弯处支架应距转弯中点0.25～0.5m,直线段支架水平间距为1～1.5m,垂直间距为1.5～2m,且支架间距应平均分布。

女儿墙上设置的支架应与墙顶面垂直。

在顶留孔洞内埋设支架前,应先用素水泥浆湿润,放置好支架时,用水泥砂浆注牢,支架的支起高度不应小于150mm,待达到强度后再敷设避雷带网,如图5.0.27.3-1所示。

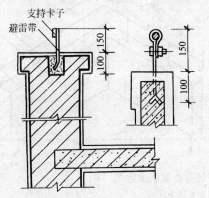

图5.0.27.3-1 支持卡子在女儿墙上安装

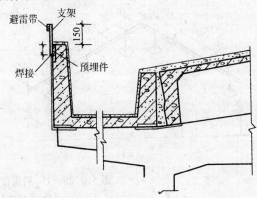

图5.0.27.3-2 避雷带在天沟上安装

避雷带(网)在建筑物天沟上安装使用支架固定时,应随土建施工先放置好预埋件,支架与预埋件进行焊接固定,如图 5.0.27.3-2 所示。

5.0.27.4 屋脊和檐口上支座、支架安装

避雷带在建筑物屋脊和檐口上安装,可使用混凝土支座或支架固定。使用支座固定避雷带时,应配合土建施工,现场浇制支座,浇制时,先将脊瓦敲去一角,使支座与脊瓦内的砂浆连成一体;如使用支架固定避雷带时,需用电钻将脊瓦钻孔,再将支架插入孔内,用水泥砂浆填塞牢固,如图 5.0.27.4 所示。

避雷带沿坡形屋面敷设时,也应使用混凝土支座固定,且支座应与屋面垂直。

在坡形屋面上安装支座时,在操作中应采取措施,以免踩坏屋面瓦。在屋脊上固定支座和支架,水平间距为 0.5～1.5m,转弯部分为 0.3～0.5m。

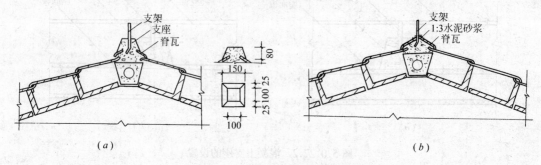

图 5.0.27.4 屋脊上支持卡子安装
(a)用支座安装;(b)用支架安装

5.0.28 明装避雷带(网)的安装

明装避雷带(网)应采用镀锌圆钢或扁钢制成。镀锌圆钢直径应为 $\phi 12mm$,镀锌扁钢 -25×4 或 -40×4。对于圆钢或扁钢在使用前,均应同引下线一样进行调直加工。

将调直后的圆钢或扁钢,运到安装地点,提升到建筑物的顶部,顺直沿支座或支架的路径进行敷设,避雷带在转弯处应随着建筑造型弯曲,一般不宜小于 90°,弯曲半径一般不宜小于圆钢直径的 10 倍或扁钢宽度的 6 倍,绝对不能弯成直角,如图 5.0.28-1 所示。

避雷带(网)沿坡形屋面敷设时,应与屋面平行布置,如图 5.0.28-2 所示。

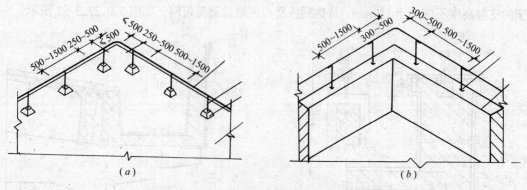

图 5.0.28-1 避雷带(网)在转弯处做法示意图
(a)平屋顶上;(b)女儿墙上

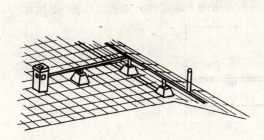 

图 5.0.28-2 坡形屋面敷设避雷带

在避雷带（网）敷设的同时，应与支座或支架进行卡固或焊接连成一体，并同防雷引下线焊接好。其引下线的上端与避雷带（网）的交接处，应弯曲成弧形再与避雷带（网）并齐进行搭接焊接。

如避雷带沿女儿墙及电梯机房或水池顶部四周敷设时，不同平面的避雷带（网）应至少有两处互相连接，连接应采用焊接。

建筑物屋顶上的突出金属物体，如旗杆、透气管、铁栏杆、爬梯、冷却水塔、电视天线杆等，这些部位的金属导体都必须与避雷带（网）焊接成一体。

避雷带（网）的各部焊接要求与接地装置和引下线中的所述内容相同，焊接好后的药皮应敲掉，并再次进行局部调直。

避雷带（网）应位置正确，焊接固定的焊缝饱满无遗漏，螺栓固定的应备帽等防松零件齐全，焊接部分补刷的防腐油漆完整。

安装好的避雷带（网）应平正顺直、牢固。不应有高低起伏和弯曲现象，平直度每 2m 检查段允许偏差不宜大于 3‰。全长不宜超过 10mm。支持件应间距均匀、固定可靠，每个支持件应能承受大于 49N(5kg) 的垂直拉力。当设计无要求时，支持件间距水平直线部分为 0.5～1.5m；垂直直线部分为 1.5～3m；弯曲部分为 0.3～0.5m。

5.0.29 用钢管做明装避雷带

利用建筑物金属栏杆和另外敷设镀锌钢管作明装避雷带时，用作支持支架的钢管管径不应大于避雷带钢管的直径，其埋入混凝土或砌体内的下端应横向焊短圆钢做加强筋，埋设深度不应小于 150mm，支架应固定牢固。

支架间距在转角处距转弯中点为 0.25～0.5m，且相同弯曲处应距离一致。中间支架距离不应小于 1m，间距应均匀相等。

明装钢管做避雷带在转角处，应与建筑造形协调，弯曲半径不宜小于管径的 4 倍，严禁使用暖卫专业的冲压弯头进行管与管的连接。

钢管避雷带相互连接处，管内应设置管外径与连接管内径相吻合的钢管做衬管，衬管长度不应小于管外径的 4 倍。

避雷带与支架的固定方式应采用焊接连接。钢管避雷带的焊接处，应打磨光滑，无凸起高度，焊接连接处经处理后应涂刷红丹防锈漆和银粉防腐。

5.0.30 避雷带通过伸缩沉降缝做法

避雷带通过建筑物伸缩沉降缝处，将避雷带向侧面弯成半径为 100mm 的弧型，且支持卡子中心距建筑物边缘距离减至 400mm，如图 5.0.30-1 所示。

避雷带在通过建筑物伸缩沉降缝处，也可以将避雷带向下部弯曲，如图 5.0.30-2 所示。

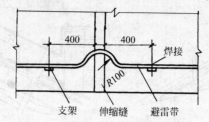

图 5.0.30-1 避雷带通过伸缩沉降缝做法一

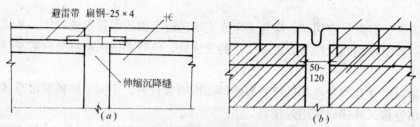

图 5.0.30-2 避雷带通过伸缩沉降缝做法二
(a) 平面图；(b) 正视图

5.0.31 用建筑物 V 形折板内钢筋作暗装避雷网

建筑物有防雷要求时，可利用 V 形折板内钢筋作避雷网。折板插筋与吊环和网筋绑扎，通长筋应和插筋、吊环绑扎。折板接头部位的通长筋在端部预留钢筋头 100mm 长，便于与引下线连接。引下线的位置由工程设计决定。

等高多跨搭接处通长筋与通长筋应绑扎。不等高多跨交接处，通长筋之间应用 $\phi 8$ 圆钢连接焊牢，绑扎或连接的间距为 6m。

V 形折板钢筋作防雷装置，如图 5.0.31 所示。

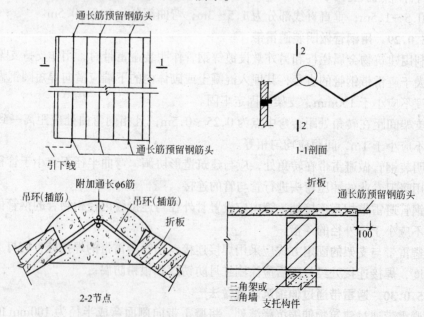

图 5.0.31 V 形折板钢筋作防雷保护示意图

5.0.32 用女儿墙压顶钢筋作暗装避雷带

女儿墙上压顶为现浇混凝土时，压顶板内通长钢筋可被利用做为暗装避雷带，其引下线可以采用 $\phi 12$ 圆钢或利用女儿墙中两根相距 500mm 直径不小于 $\phi 10$ 的主筋，如图 5.0.32-1 所示。

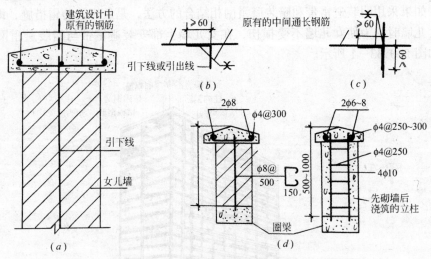

图 5.0.32-1 女儿墙暗装避雷带做法
(a) 暗装避雷带做法；(b) 压顶内引下(引出)线做法；
(c) 压顶上有明装接闪器时引下线与压顶内钢筋连接；(d) 女儿墙结构图

引下线与女儿墙压顶内通长钢筋的连接进行焊接连接，当女儿墙设有明装避雷带或铁栏杆时，要将引下线沿长至女儿墙顶，与明装避雷带或铁栏杆进行焊接连接。

土建设有抗震圈梁，且圈梁与压顶之间设有立筋时，可用立筋做引下线，被利用的立筋上端应与压顶内钢筋焊接连接，下端应与圈梁内主筋焊接。

当建筑物圈梁主筋能和柱主筋连接，可以利用柱主筋做引下线，则不必再专设引下线。当女儿墙内所有立筋上端均能与压顶钢筋网绑扎连接，下端能与圈梁钢筋网绑扎连接，女儿墙内可不必再设专用引下线。

当建筑物设有消防爬梯时，消防爬梯也应与女儿墙压顶内暗装避雷带连接，如图 5.0.32-2 所示。

5.0.33 高层建筑暗装避雷网的安装

暗装避雷网是利用建筑物屋面板内钢筋作为接闪装置。而将避雷网、引下线和接地装置三部分组成一个整体较密的钢铁大网笼，也称作为笼式

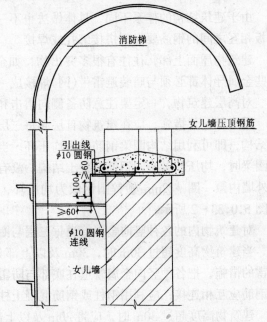

图 5.0.32-2 铁爬梯防雷连接做法图

避雷网。

由于土建施工做法和构件不同，屋面板上的网格大小也不一样，现浇混凝土屋面板其网格均不大于30cm×30cm，而且整个现浇屋面板的钢筋都是连成一体的。预制屋面板系由定型板块拼成的，如作为暗装接闪装置，就要将板与板间的甩头钢筋做成可靠的连接或焊接。如果采用明装避雷带和暗装避雷网相结合的方法，是最好的防雷措施，即屋顶上部如有女儿墙时，为使女儿墙不受损伤，在女儿墙上部安装避雷带与暗装避雷网再连接一起，如图5.0.33-1所示。

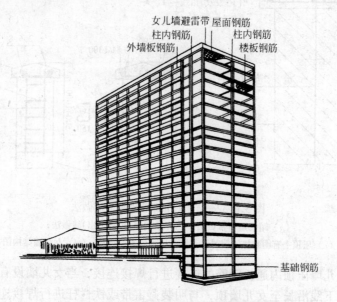

图5.0.33-1 框架结构笼式避雷网示意图

由于建筑结构的体系不同，具体做法也不一。应特别注意各层梁、柱、墙及楼（屋）面板相互之间的钢筋要做到搭接绑扎或焊接。

建筑物屋面上部，往往有很多突出物，如金属旗杆、透气管、金属天沟、铁栏杆等，这些金属导体都必须与暗装避雷带(网)焊接成一体做为接闪装置。

对高层建筑物，一定要注意防备侧向雷击和采取等电位措施。

采取等电位措施，应在建筑物首层起每三层设均压环一圈。当建筑物全部为钢筋混凝土结构，即可利用结构圈梁钢筋做为均压环。当建筑物为砖混结构但有钢筋混凝土组合柱和圈梁时，均压环做法同钢筋混凝土结构。没有组合柱和圈梁的建筑物，应每三层在建筑物外墙内敷一圈ϕ12mm镀锌圆钢做为均压环，均压环应与防雷装置的所有引下线连接，如图5.0.33-2所示。

对建筑物内的各种竖向金属管道每三层与圈梁或ϕ12mm镀锌圆钢均压环相连接。

当建筑物高度超过30m时，30m及以上部分除采取上述等电位措施外还应采取防侧击雷的措施，把各种竖向金属管道在底部与防雷装置连接；建筑物内钢构架和钢筋混凝土的钢筋应互相连接；应利用钢柱或钢筋混凝土柱内钢筋作为防雷装置引下线。

建筑物高度超过30m时，应将30m及以上部分外墙上的栏杆、金属门窗等较大金属物直接或通过金属门窗埋铁与防雷装置连接，每樘金属门、窗至少应有两点与防雷装置连接，如图 5.0.33-3 所示。

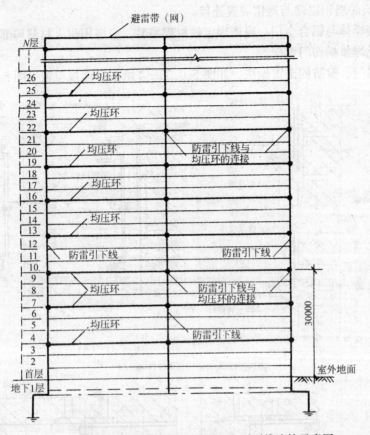

图 5.0.33-2 高层建筑物避雷带(网)、均压环、引下线连接示意图

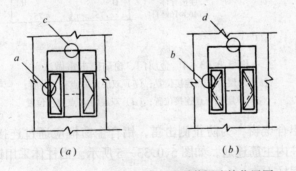

图 5.0.33-3 金属门、窗与防雷装置连接位置图
(a) 单层窗；(b) 双层窗
a、b、c、d—金属门窗与防雷装置连接位置

钢门、窗与接地装置之间的连接导体应在钢门、窗框定位后，于墙面装饰层或抹灰层施工之前进行。连接导体应紧贴墙面敷设，当墙为砖墙时，可沿砖缝敷设，并焊接于钢门、窗框的边沿上。连接导体的另一端同建筑结构的圈梁或钢筋混凝土柱的预埋铁件焊接。当柱体采用钢柱时，将连接导体的一端可直接焊于钢柱上。

铝合金门、窗防侧击雷的施工方法与钢门、窗大体相同，连接导体引至门、窗框的一端应焊接到铝门、窗框的固定铁板上。铝合金门、窗在加工订货时，就应按要求甩出300mm长的扁钢以便与避雷装置连接。

连接导体与铝合金门、窗框固定铁板焊接时，应该用耐火材料局部盖住铝合金门、窗框，以免焊弧损伤门窗框。

金属门、窗防侧击雷做法，如图5.0.33-4所示。连接位置见图5.0.33-3。

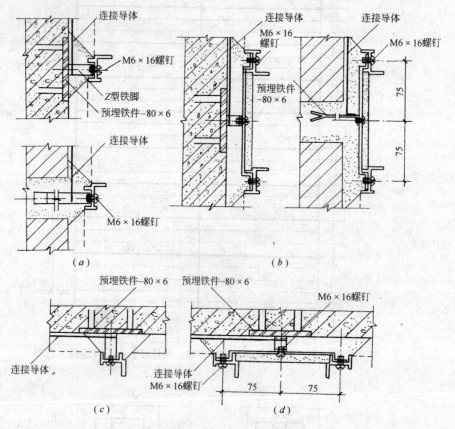

图5.0.33-4 金属门、窗防侧击雷做法
(a) 单层窗a点连接位置；(b) 双层窗b点连接位置；
(c) 单层窗c点连接位置；(d) 双层窗d点连接位置

建筑物为通长铝合金窗，为防止侧击雷，铝合金窗框应通过连接板、角钢过渡连接件、角钢预埋件与柱内主筋连通，如图5.0.33-5所示。当柱体采用钢柱时，应将角钢过渡连接件直接焊在钢柱上。

通常铝合金窗防侧击雷使用的角钢预埋件，尺寸、位置和件数均由土建设计和制造厂决定，角钢过渡连接件和连接板由厂方供应。

高层建筑物防雷装置施工时，必须使建筑物内部的所有金属物体，构成统一的电气导通系统。因此，除建筑本身的梁、柱、墙及楼板内的钢筋要互相连接外，建筑物内部的金属机械设备、电气设备及其互相连通的金属管路等，都必须构成电气的连接。

各种金属管路或有与管路连通的设备，应由最下层管路入口处，连接到接地装置上或地面内的钢筋上。

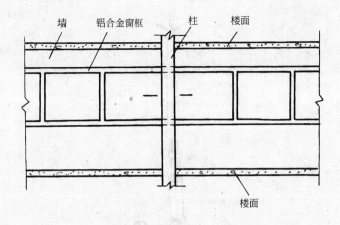

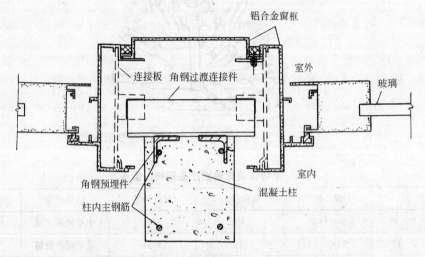

图 5.0.33-5 通长铝合金窗防侧击雷做法

建筑物内的各种竖向金属管路应每三层与防雷装置的均压环连接。

高层建筑暗装笼式防雷接地装置的接地电阻值可不予考虑。

5.0.34 半导体少长针消雷装置安装

消雷装置由半导体针组、接地引下线和接地装置组成。半导体针组由 13～19 根 5m 长的半导体针构成,针的顶端有 4～5 根 330mm 的铜质金属分叉尖端,如图 5.0.34-1 所示。半导体针组一般应装在不低于 35m 的建筑物或铁塔上使用,针组通过针座底板及引下线与接地装置相连接。

半导体少长针消雷装置是在避雷针的基础上发展起来的,它利用了少长针的独特结构,在雷云电场下发生强烈的电晕放电,使布满在空中的空间电荷产生屏蔽效应,并中和雷云电荷;利用半导体材料的非线性改变雷电发展过程,延长雷电放电时间以减小雷电流的峰值和陡度,从而有效地保护了被保护物体及内部的各种强弱电设备。

半导体少长针消雷装置规格、型号,如表 5.0.34 所示。

半导体少长针消雷装置基座底板,如图 5.0.34-2 所示,可供设计及施工人员参考。基座与塔架的连接不得有松动。

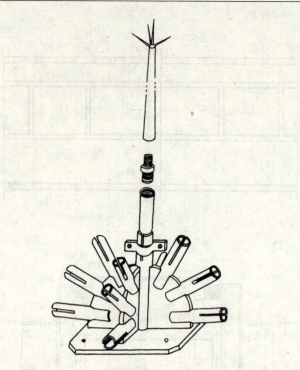

图 5.0.34-1 半导体少长针消雷装置示意图

半导体消雷装置产品规格、型号表　　　　　　　　　表 5.0.34

型号	规格	重量(kg)	长针针数	适用范围	保护范围($h:R$)
BS-V-9	5000×9	95	9	中层民用建筑	1:5
BS-V-13	5000×13	110	13	重要保护设施	$1:5\lambda$
BS-V-19	5000×19	140	19	重要保护设施	$1:5\lambda$
说 明		$1/\lambda$:安全度($\lambda \leq 1$);h:消雷器安装高度;R:保护半径			

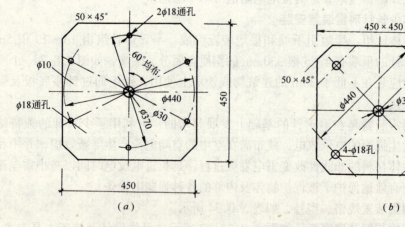

图 5.0.34-2 消雷装置基座底板图
(a) BS-V-19(19针)基座底板图　材料 $A_3:\delta=10$;(b) BS-V-13(13针)基座底板图　材料 $A_3:\delta=10$

半导体针下部的金属箍及电气联接，不得有松动和断开现象，应保证其接触电阻小于 2Ω。

消雷装置要求接地装置的接地电阻值 $R\leqslant30\Omega$。接地引下线应保持完好，接地电阻每年雨期前应测量一次。

5.0.35 屋顶节日彩灯防雷安装

彩灯安装在建筑物上部的轮廓线上，彩灯的配电线路应穿钢管敷设，如穿塑料管是不安全的。

采用钢管敷设时，钢管必须接地，且埋入土壤中的长度应在 10mm 以上，将雷击时的交电位衰减到不危险的程度。

建筑物为明装避雷带（网）时，应在彩灯罩上方 10~15cm 处设置避雷带（网）并应与彩灯配管相连。

对于采用暗装避雷网作为防雷装置的高层建筑物，可将彩灯配电线路的钢管在上端就近与避雷网连接，下端与共用的接地系统连接。

节日彩灯的电源芯线（相线与工作零线），应与钢保护管外壁之间接以 FS—0.5 型低压避雷器，如图 5.0.35－1 所示，借以控制放电部位，减少线路损坏，其安装方法，如图 5.0.35－2 所示。除此也可采用避雷器加在电源侧做法。

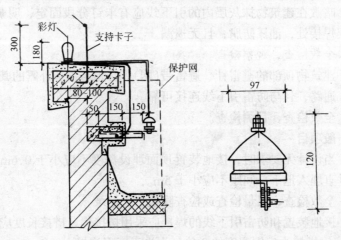

图 5.0.35－1 避雷器

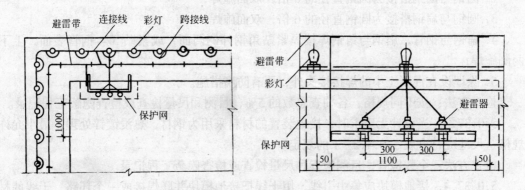

图 5.0.35－2 节日彩灯防雷做法

Ⅲ 质量标准

5.0.36 主控项目

5.0.36.1 人工接地装置或利用建筑物基础钢筋的接地装置必须在地面以上按设计要求位置设测试点。

检查方法：全数检查，目测和尺量检查。

5.0.36.2 测试接地装置的接地电阻值必须符合设计要求。

5.0.36.3 防雷接地的人工接地装置的接地干线埋设，经人行通道处埋地深度不应小于1m，且应采取均压措施或在其上方铺设卵石或沥青地面。

检查方法：全数检查，目测和尺量检查或检查隐蔽工程记录。

5.0.36.4 接地模块顶面埋深不应小于0.6m，接地模块间距不应小于模块长度的3~5倍。接地模块埋设基坑，一般为模块外形尺寸的1.2~1.4倍，且在开挖深度内详细记录地层情况。

检查方法：全数检查，尺量检查并查阅记录地层情况。

5.0.36.5 接地模块应垂直或水平就位，不应倾斜设置，保持与原土层接触良好。

检查方法：全数检查，旁站目测检查。

5.0.36.6 暗敷在建筑物抹灰层内的引下线应有卡钉分段固定；明敷的引下线平直、无急弯，与支架焊接处，油漆防腐，且无遗漏。

检查方法：全数检查，观察检查。

5.0.36.7 建筑物顶部的避雷针、避雷带(网)等必须与顶部外露的其他金属物体连成一个整体的电气通路，且与防雷引下线连接可靠。

检查方法：全数检查，目测检查。

5.0.37 一般项目

5.0.37.1 当设计无要求时，接地装置顶面埋设深度不应小于0.6m。圆钢、角钢及钢管接地极应垂直埋入地下，间距不应小于5m。

检查方法：全数检查，尺量检查或检查隐蔽工程记录。

5.0.37.2 接地装置和防雷引下线的焊接应采用搭接焊，搭接长度应符合下列规定：

1．扁钢与扁钢搭接为扁钢宽度的2倍，不少于三面施焊；
2．圆钢与圆钢搭接为圆钢直径的6倍，双面施焊；
3．圆钢与扁钢搭接为圆钢直径的6倍，双面施焊；
4．扁钢与钢管，扁钢与角钢焊接，紧贴角钢外侧两面，或紧贴3/4钢管表面，上下两侧施焊；
5．除埋设在混凝土中的焊接接头外，要有防腐措施。

检查方法：按不同规格，各抽查总数的5%，目测和尺量检查或检查隐蔽工程记录。

5.0.37.3 当设计无要求时，接地装置的材料采用为钢材，热浸镀锌处理，最小允许规格、尺寸应符合表5.0.4.2-1的规定。

检查方法：全数检查，目测检查和尺量检查或检查隐蔽工程记录。

5.0.37.4 接地模块应集中引线，用干线把接地模块并联焊接成一个环路，干线的材质与接地模块焊接点的材质应相同，钢制的采用热浸镀锌扁钢，引出线不少于2处。

检查方法：全数检查，旁站检查或检查隐蔽工程记录。

5.0.37.5 防雷引下线材料采用钢材，热浸镀锌处理，最小允许规格、尺寸应符合表 5.0.4.2-1 的规定。

检查方法：全数检查，目测或尺量检查或检查隐蔽工程记录。

5.0.37.6 明敷接地引下线的支持件间距应均匀，水平直线部分 0.5~1.5m；垂直直线部分 1.5~3m；弯曲部分 0.3~0.5m。

检查方法：抽查 5%，但不少于 10 处，尺量检查。

5.0.37.7 设计要求接地的幕墙金属框架和建筑物的金属门窗，应就近与接地干线连接可靠，连接处不同金属间应有防电化腐蚀措施。

检查方法：抽查总数的 5%，但不少于 10 处，安装时旁站检查。

5.0.37.8 避雷带（网）应位置正确，焊接固定的焊缝饱满无遗漏，螺栓固定的应备帽等防松零件齐全，焊接部分补刷的防腐油漆完整。

检查方法：全数检查，目测检查。

5.0.37.9 避雷带（网）应平正顺直，支持件固定可靠，每个支持件应能承受大于 49N（5kg）的垂直拉力。当设计无要求时，支持件间距应均匀，水平直线分部 0.5~1.5m；垂直直线部分 1.5~3m；弯曲部分距转弯中点宜为 0.3~0.5m。

检查方法：带（网）平正顺直全数检查，支持件固定和支持件位置直线部分抽查总数的 5%，但不少于 10 处；弯曲部分全数检查，支持件固定用不小于 5kg 弹簧秤拉动检查，其他目测和尺量检查。

Ⅳ 成品保护

5.0.38 明装避雷带安装完成后，应注意不要被其他工程碰撞弯曲变形。

5.0.39 防雷及接地装置工程，应配合土建施工同时进行，互相配合，做好成品保护工作。其隐蔽部分应在覆盖前及时会同有关单位做好中间检查验收。

Ⅴ 安全注意事项

5.0.40 高空作业

避雷针（带）、引下线敷设安装系属于高空作业，必须穿软底鞋，不得穿硬底塑料和带钉子鞋。

引下线敷设前，要检查架子、跳板及防护设施，如有损坏和变形要及时修理加固，不得迁就使用。

在六级以上的大风和暴雨、雷电影响施工安全时，应立即停止高空作业。

5.0.41 工具使用

随身携带和使用的作业工具，应搁置在顺手稳妥的地方，防止坠落伤人。

5.0.42 焊接作业

避雷带及引下线焊接时，焊条应妥善装好，焊条头要妥善处理，不要随意抛扔，以防伤人。

Ⅵ 质量通病及其防治

5.0.43 避雷带明装引下线弯曲。避雷带、引下线敷设前应进行冷拉调直。

5.0.44 避雷带在屋面敷设时,转角部位为直角弯,且有支持卡子。避雷带在转角部位应弯成弧形,弯曲半径不小于圆钢直径10倍,支持卡子距避雷带转弯中点0.5m。

5.0.45 女儿墙上避雷带支持卡子固定不牢。女儿墙上设支持卡子应预留洞,埋设支持卡子用混凝土筑牢,不能将圆钢用锤子打入。

5.0.46 平顶屋面避雷带支持卡子固定不牢。混凝土预制块底部应平整,使其与屋面接触面积加大,并应在混凝土块底部与屋面接触部位浇沥青粘牢。

5.0.47 支持卡子距离不均匀。支持卡子位置确定,应首先确定转角附近的位置,然后再确定中间位置,需平均分配。

5.0.48 明装引下线不垂直。确定引下线支持卡子位置,应用线锤吊直安放。

5.0.49 明装引下线与墙距离不一。引下线支持卡子出墙长度应处理一致。

5.0.50 部分明装引下线被抹在墙内。引下线敷设应在外墙抹灰完成后进行。

5.0.51 接地体间距小。打接地极时不能任意找位置,预先确定好距离。

5.0.52 接地极长度不足。用钢管或角钢做接地极要在顶部焊一段角钢,钢管顶部可设置保护帽。

5.0.53 接地连接线在接地极顶部焊接。应放置在距顶部大于50mm处焊接。

5.0.54 避雷带、引下线圆钢搭接时,单面焊接。搭接处应与建筑物垂直设置,两面焊接,较容易掌握。

6 电梯安装

6.1 电梯电气装置安装

本工艺适用于额定速度不大于2.5m/s、电力拖动的用绳轮曳引驱动的各类电梯电气装置的安装。

Ⅰ 施工准备

6.1.1 设备、材料

1. 曳引电机、配电柜(屏、箱)、控制柜(屏、箱)、选层器等；
2. 井道和轿顶传感器(感应器)、层(厅)门召唤盒、指示灯盒及开关盒等；
3. 各种安全保护开关等；
4. 各种规格的电线管和电线槽、普利卡金属管或金属软管等；
5. 随行电缆和各种规格及颜色的导线等；
6. 槽钢、角钢、膨胀螺栓、射钉、射钉子弹、电焊条等。

6.1.2 机具

1. 电焊机及电焊工具、线坠、钢板尺、扳手、钢锯、盒尺、射钉枪、电锤、手电钻、克丝钳、电工刀、螺丝刀等；
2. 摇表、万用表、直流电流表、卡钳表、转速表、温度计等。

6.1.3 作业条件

电梯电气装置安装前，建筑工程应具备下列条件：

1. 基本结束机房、井道的建筑施工，包括完成粉刷工作；
2. 井道内脚手架搭设完毕，开始安装电气器具在特殊情况下建筑与安装可同时进行。井道内施工要用36V以下的低电压照明，光照亮度要足够大，且用单独的开关在底层厅门口处控制；
3. 电梯开慢车进行井道内安装工作时，各层(厅)门关闭，门锁良好、可靠，厅门不能用手扒开。

Ⅱ 施工工艺

6.1.4 施工程序

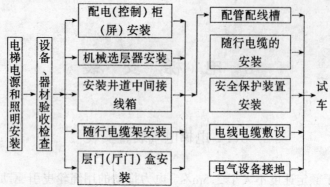

6.1.5 设备、器材验收检查

6.1.5.1 电梯设备及器材到达现场后，包装及密封应完好。

6.1.5.2 开箱检查清点，设备、器材规格应符合设计要求，附件备件齐全，外观完好。

6.1.5.3 下列文件应齐全：

1．文件目录；
2．装箱单；
3．产品出厂合格证；
4．电梯机房、井道和轿厢平面布置图；
5．电梯使用、维护说明书；
6．电梯电气原理图、符号说明及电气控制原理说明书；
7．电梯电气接线图；
8．电梯部件安装图；
9．安装调试说明书；
10．备品、备件目录。

6.1.6 电梯电源和照明安装

6.1.6.1 电梯电源

电梯是直接载人的垂直运输设备，又起动频繁，为避免与其他用电设备的干扰，电梯机房内的供电电源应专用，并应配合土建施工由建筑物配电间直接送至机房。消防电梯应采用双电源且能自动切换。

电梯电源的电压波动范围不应超过±7%。

电梯机房内每台电梯应设置能切断该电梯最大负荷电流的主开关。但主开关不能切断下列供电回路：

1．轿厢照明、通风和报警；
2．机房、隔层和井道照明；
3．机房、轿顶和底坑电源插座。

电梯电源用的主开关主要有两种，一种为铁壳开关(带极限保护装置的用于客梯、病床梯，不带极限保护装置的多用于货梯)；另一种为低压断路器(多用于货梯)。

主开关的位置应能从机房入口处方便、迅速地接近。主开关应具有稳定的断开和闭合位置。

如果同一机房安装几台电梯时,各台电梯主开关的操作机构应装设识别标志。

6.1.6.2 电梯照明安装

电梯机房内应有足够的照明,其地面照明度不低于200lx(勒克斯)。机房的照明电源属于建筑物照明,应与电梯电源分开,并应在机房内靠近入口处设置照明开关。

井道照明电源,应视为正常的照明工程进行施工,电源宜由机房照明回路获得,且应在机房内设置具有短路保护功能的开关进行控制。

井道照明灯具应在距井道的最高点和最低点0.5m以内各装一盏,中间每隔不大于7m处装设,间距应均匀,并不影响电梯运行。

轿厢照明和通风电路的电源可由相应的主开关进线侧获得,并在相应的主开关近旁设置电源开关进行控制。

6.1.6.3 插座安装

电梯轿厢轿顶应装设照明装置或设置以安全电压供电的电源插座。

轿顶检修用220V电源插座(2P+PE型)应装设明显标志。

6.1.7 配电(控制)柜(屏)安装

控制柜(屏)是电梯电气控制系统完成各种主要任务,实现各种性能的控制中心。

电梯的控制柜多装在电梯机房中,控制柜由柜体和各种电气控制电器元件组成,如图6.1.7-1所示。不同参数的电梯,采用的控制柜不同。

安装配电控制柜(屏、箱),应根据机房布置图及现场情况确定位置,布局应合理,并应考虑操作和维修方便,便于进出线、槽的敷设。

柜(屏)应尽量远离门、窗,与门、窗正面的距离不应小于600mm。

柜(屏)的维修侧与墙壁的距离不应小于600mm;其封闭侧不宜小于50mm。

双面维修的柜、屏成排安装时,当宽度超过5m时,两端均应留有宽度不小于600mm的出入通道。

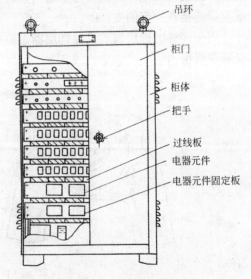

图6.1.7-1 电梯控制柜

柜(屏)与机械设备的距离不应小于500mm。

机房内配电柜(屏)、控制柜(屏)应用螺栓固定于型钢或混凝土基础上,为了便于机房内地面线槽的施工,使敷设的导线有更好的防护衔接,基础应高出机房地面50~100mm。

在混凝土基础上稳固柜(屏)时,一般可先用砖把柜(屏)体垫起50~100mm,拧好地脚螺栓,然后再敷设电线管或电线槽,待电线管或电线槽敷设完后再浇筑混凝土基础墩,如图6.1.7-2所示,控制柜即被固定在混凝土基础上。也可以在施工混凝土基础时留置敷设电线管或电线槽的管孔或槽孔,如图6.1.7-3所示。

配电柜(屏)、控制柜(屏)应固定牢固,其垂直偏差不应大于1.5‰。

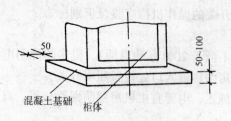
图 6.1.7-2 控制柜基础做法之一

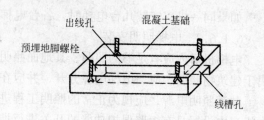
图 6.1.7-3 控制柜混凝土基础做法之二

6.1.8 选层器安装

选层器是供乘客预选层站,是摸拟电梯的运行状态,向电气控制系统发出相应电讯号的装置。

用于货梯、病床电梯电气控制系统的楼层指示器,跟随曳引机位于机房内,楼层指示器是选层器的一种,但功能比较少,结构比较简单,如图 6.1.8-1 所示。通过装在曳引机主轴上的链轮及链条,带动楼层指示器的电刷跟随轿厢上、下运行而左右转动,使电刷上的动触头依次碰触指示器触头板上的定触间。实现自动消除外召唤记忆信号,自动接通或断开指层灯的电路。层楼指示器可以通过地脚螺栓稳装在机房楼板上,也可以固定在与承重梁连接在一起的支架上。

用于客梯的选层器有机械选层器、数控选层器、微处理机选层器等多种。选层器一般安装在机房内。

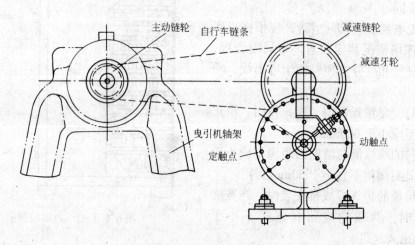

图 6.1.8-1 层楼指示器

机械选层器仍是较常用的一种,由一组类似配电盘的盘面骨架和一些传动机构组成。盘面由 n 组定滑块和一组动滑块触头组成。动滑块板由装在曳引机主轴上的链条和变速链轮带动,链轮又和钢带轮连接,钢带轮的钢带伸入井道与轿厢连接。轿厢上下移动时带动钢带运动,以此把轿厢的运动模拟到选层器动滑块板上,完成电气接点离合,起到了电气开关的作用,选层器如图 6.1.8-2 所示。

选层器上各滑块接点,用电线连接引下,一部分送入井道与各层层门指示灯、按钮等连接。

选层时，按动轿厢层站按钮，机房选层继电器动作，选层器滑动接点也运行到预选层站接点处，这时通过继电器的动作致使电梯到站停车，而达到选层目的。

数控选层器和微处理机选层器在机房内的安装位置不受严格限制。

安装机械选层器时，应按电梯安装平面布置图的要求正确确定位置，用砖把选层器向上按要求垫起，减速器链轮要对正预留孔。以链轮水平直径的两端放下垂线至轿厢上的断链开关和对重架上的链座，要注意纵向中心偏差和垂直

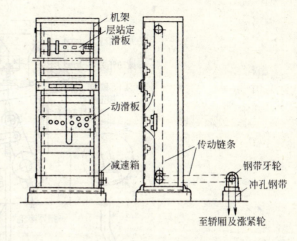

图 6.1.8-2 选层器

偏差。然后调正选层器整体的垂直度。穿好稳固选层器的地脚螺栓，浇筑好混凝土基座。在有条件的机房，选层器的顶部要焊接拉线固定，以防其抖动。

机械选层器安装应位置合理，便于维修检查。固定应牢固，垂直偏差不应大于1‰。

应按机械速比和楼层高度比检查调整动、静触头位置，使之与电梯运行、停层的位置一致。

换速触头的提前量应按电梯减速时间和平层距离调节。机械选层器的触头动作和接触应可靠，接触后应留有压缩余量。

6.1.9 井道和轿顶传感器（感应器）安装

井道和轿顶传感器有"干簧管—磁钢感应器"、"磁双稳开关"、"光电传感器"、"霍尔开关"等多种类型，其安装形式、配合尺寸以及调整方法都不尽相同，但安装位置应符合图纸要求，支架应用螺栓固定，不得焊接。传感器安装后应紧固、垂直、平整、其偏差不宜大于1mm。

传感器的配合间隙按产品说明书进行调整，上下、左右调整后必须可靠锁紧，不得松动。

6.1.10 层门闭锁装置安装

层门闭锁装置（即门锁）一般装置在层门内侧。在门关闭后，将门锁紧，同时连通门的电联锁电路。门电联锁电路接通后电梯方能起动运行。除特殊需要外，是严防从层门外侧打开层门的机电联锁装置。因此，门的闭锁装置是电梯的一种安全设施。

层门闭锁装置分为用手动开关门的拉杆门锁和用自动开关门的自动门锁。自动门锁装置有多种结构形式，但都大同小异，其中一种见图 6.1.10-1。

电梯自动门的层门内侧装有门锁，层门的开启是依靠轿厢门的开门刀拨动层门门锁，带动层门一起打开。层门门锁和电气开关连接，使其在开门状态时电梯轿厢不能运行。

电梯的层门门锁装置均应采用机械—电气联锁装置，其电气触点必须有足够的断开能力，并能使其在触点熔接的情况下可靠的断开。

在电梯运行使用中，层门闭锁装置是发生故障较多的部位，除产品制造质量外，现场的安装调整也是至关重要的。

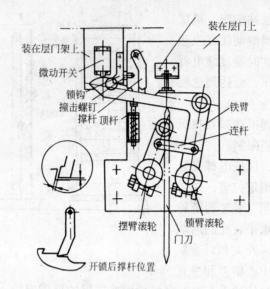

图 6.1.10-1 层门门锁

层门闭锁装置安装应固定可靠,驱动机械动作灵活,且与轿门的开锁元件有良好的配合;不得有影响安全运行的磨损、变形和断裂。

层门锁的电气触点接通时,层门必须可靠地锁紧在关闭位置上;层门闭锁后,锁紧元件应可靠锁紧,其最小啮合长度不应小于7mm,如图6.1.10-2所示。

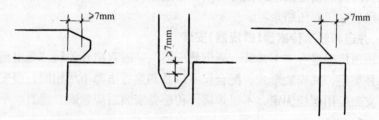

图 6.1.10-2 锁紧元件的最小啮合长度

6.1.11 层门(厅门)召唤盒、指层灯盒及开关盒安装

召唤盒是设置在电梯仃靠站厅门外侧,给厅外乘用人员提供召唤电梯的装置。召唤盒由面板、盒、召唤按钮组成。采用辉光按钮的单钮召唤盒,如6.1.11-1所示。

指层灯盒是指给司机,轿内、外司乘人员提供电梯运行信息的装置,一般电梯都在各停靠站的厅门上方设置指层灯箱,如图6.1.11-2所示。

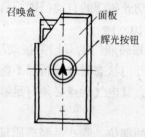

图 6.1.11-1 单钮召唤盒

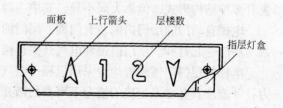

图 6.1.11-2 指层灯盒

层(厅)门召唤盒、指示灯盒及开关盒是乘客认识电梯的第一印象,其安装质量的优劣对电梯的外观质量影响很大,不能将其作为一般的连线箱、盒处理。盒体安装应平正、牢固、不变形;埋入墙内的盒口不应突出装饰面。面板安装后应与墙面贴实,不得有明显的凹凸变形和歪斜。

6.1.11.1　层(厅)门召唤盒、指示灯盒、开关盒安装位置无设计规定时,应符合下列规定:

1. 层门指示灯盒应装在层门口以上0.15～0.25m的层门中心处(指示灯在召唤盒内的除外)。中心线与层门中心线的偏差不应大于5mm,如图6.1.11.1-1所示。

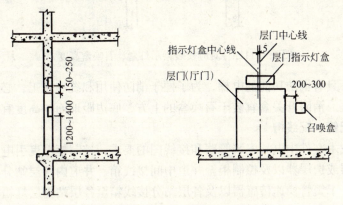

图6.1.11.1-1　单梯层门盒位置

2. 召唤盒应装在层门右侧,盒底边距地1.2～1.4m,盒边距层门边0.2～0.3m,如图6.1.11.1-1所示。

3. 并联、群控电梯的召唤盒应装在两台电梯的中间位置上,如图6.1.11.1-2所示。

6.1.11.2　在同一候梯厅有2台及以上电梯并列安装时,各层门对应装置的指示灯盒、召唤盒位置应一致,并应符合下列规定,如图6.1.11.2所示。

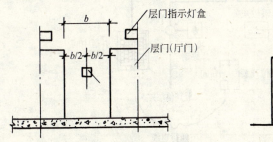

图6.1.11.1-2　并联、群控电梯召唤盒位置

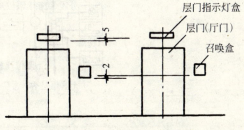

图6.1.11.2　并列电梯层门指示灯盒、召唤盒安装偏差

1. 并列电梯各层门指示灯盒的高度偏差不应大于5mm;
2. 并列电梯各召唤盒的高度偏差不应大于2mm;
3. 各召唤盒距层门边的距离偏差不应大于10mm。

6.1.11.3　在同一候厅有2台及以上的电梯相对安装时,各层门对应装置的位置应一致,各层门指示灯盒和召唤盒的高度偏差均不应大于5mm,如图6.1.11.3所示。

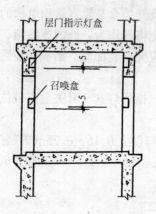

图 6.1.11.3 对应安装指示灯盒、召唤盒高度差

6.1.11.4 具有消防功能的电梯,为了便于消防使用和统一施工,必须在基站或撤离层设置消防开关。消防开关盒宜装于召唤盒的上方,底边距地面的高度宜为 1.6～1.7m。

6.1.12 配管、配线槽

根据随机技术文件中电气安装管路和接线图的要求,控制柜至曳引电动机、制动器线圈、层楼指示器或选层器以及控制柜至井道中间接线箱、井道内各层站分接线箱、极限开关、限位开关、干簧管换速传感器以及各层站分接线箱至各层站指层灯箱、召唤箱、厅门电锁等均需敷设电线管或电线槽,如图 6.1.12 所示。

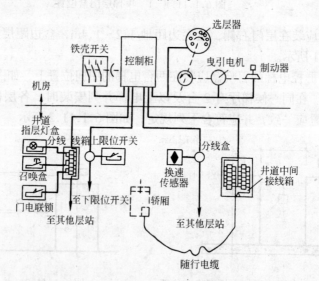

图 6.1.12 交流双速电梯电气管路安装示意图

6.1.12.1 在电梯安装过程中,常采用下述三种不同的混合方式敷设电气控制线路:

1. 电线管和普利卡金属套管或金属软管。
2. 电线槽和普利卡金属套管或金属软管。
3. 电线管和电缆槽以及普利卡金属套管或金属软管。

在机房和井道内的电线管或电线槽,严禁使用可燃性材料制作。在敷设主干线时,应采用电线槽或电线管,由主干线电线槽或电线管至各电器部件则采用普利卡金属套管或金属软管。

6.1.12.2 机房内电线槽、电线管敷设

机房中控制柜的电源由机房的总电源开关引入，经铁壳开关后，用线管引至控制柜，由控制柜接触器返出的电力线，用线管送至曳引机的电机上。控制线路由控制柜用线槽或线管进入井道。

机房内电线管明敷设时，可以采用管卡子固定线管，固定点间距不大于 3m，配管的水平和垂直偏差不应大于 2‰。

在机房内使用铁制电线槽沿地面敷设时，铁制线槽壁厚不应小于 1.5mm。不应将电梯厂配套供应的井道电线槽敷设于机房地面内，这样做虽然便于施工和维修，但是，由于多数厂家提供的线槽强度不足（只适用于井道配线），用于机房地面对导线的防护不利。

机房内电线槽应安装牢固，每根电线槽固定点不应少于 2 点。

并列安装时，应使槽盖便于开启；安装后应横平竖直，接口严密槽盖齐全、平整、无翘角；水平和垂直偏差不应大于 2‰。

机房内电线槽、电线管进入配电箱做法与井道内做法相同。钢管与设备连接，应把钢管敷设到设备外壳的进线口内，如有困难，可采用下述方法施工：

1. 设备出线口与钢管之间用普利卡金属套管连接，普利卡套管两端应使用接线箱连接器和混合管接头或无螺纹管接头进行连接；

2. 设备出线口与钢管连接器之间用配套的金属软管和软管接头连接，软管应用管卡子固定；

3. 在钢管出线口处用塑料管引入设备，但钢管出线口与设备进线口之间的距离应在 200mm 以内。

机房内设备表面上的明钢管或普利卡金属套管以及金属软管应随设备外形敷设，以求美观，如抱闸处配管，见图 6.1.12.2。

机房内敷设的电线槽、管与可移动的钢绳等的距离，不应小于 50mm。暗配管时保护层的厚度不应小于 15mm。

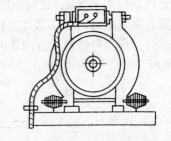

图 6.1.12.2 设备上配管做法

6.1.12.3 井道内电线槽、电线管敷设

在井道内敷设电线槽或电线管时，先计划好敷设位置，在机房楼板下离井道壁 25mm 处放下一根垂线，并在井道底坑内稳固，以便校正电线槽或电线管位置及确定接线、分线盒（箱）的安装位置。

1. 井道中间接线箱和分接线箱（盒）安装

井道中间接线箱的位置，应便于电线管或电线槽的敷设，并使跟随轿厢上、下运行的随行电缆在上下移动过程中不致于发生碰撞现象。

中间接线箱设在井道内，位置应符合设计要求。当设计无规定时，中间接线箱应安装在电梯正常提升高度 1/2 加高 1.7m 处的井道壁上。其水平位置要根据随行电缆既不能碰轨道支架又不能碰厅门地坎的要求来确定。若梯井较小，轿门地坎和中间接线箱在水平位置上的距离较近时，要统筹计划，其间距不应小于 40mm，如图 6.1.12.3-1 所示。

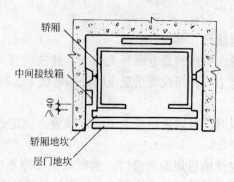

图 6.1.12.3-1 中间接线箱水平位置图

中间接线箱一般为明装,用膨胀螺栓固定在井道壁上,箱体应平正、牢固、不变形。有的厂家由控制柜引至轿厢的导线全部采用电梯软电缆,即可省去井道中间接线箱。安装接线箱(盒)时,在已经确定好的分线箱(盒)的位置上钻孔,使用膨胀螺栓固定好箱(盒)。

2. 井道内电线槽敷设

电线槽在井道内有的是沿墙壁明装,有的是用支架安装。电线槽、电线管与可移动的电梯轿厢、钢丝绳等的距离,不应小于20mm。槽、管在井道壁上明装,应在线槽的敷设路径上钻孔,使用膨胀螺栓固定电线槽。在电线槽安装时应注意加强运输中、保管中的防护,避免变形过大。如产生变形,应在安装前进行调整,以保证安装质量。电线槽应安装牢固,每根电线槽固定点不应少于2点。并列安装时,应使槽盖便于开启。

电线槽安装后应横平竖直,接口严密,槽盖齐全、平整、无翘角;其水平和垂直偏差在井道内不应大于5‰,全长不应大于50mm。

敷设电线槽时,要注意处理好线槽的转角处,为保护导线的绝缘层,在线槽转角处不应锯直口,应沿导线敷设方向将内侧线槽侧壁弯成90°保护角,以防伤线,如图6.1.12.3-2所示。

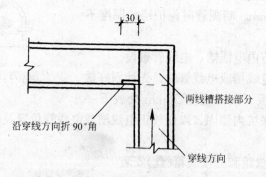

图 6.1.12.3-2 电线槽转角处做法

在井道内沿支架敷设线槽,线槽支架用导轨压板固定在导轨上,如图6.1.12.3-3所示。支架的间距与前述相同,每根电线槽的固定点不应小于2点,如果电梯安装有特殊要求时,可按要求距离固定。用支架敷设电线槽时,接线和分线箱(盒)也用支架沿电梯导轨固定,做法如图6.1.12.3-4所示。

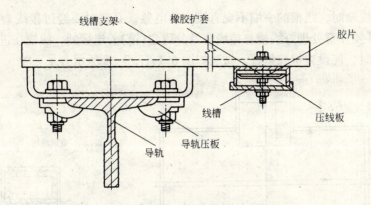

图6.1.12.3-3 导轨上用支架固定线槽

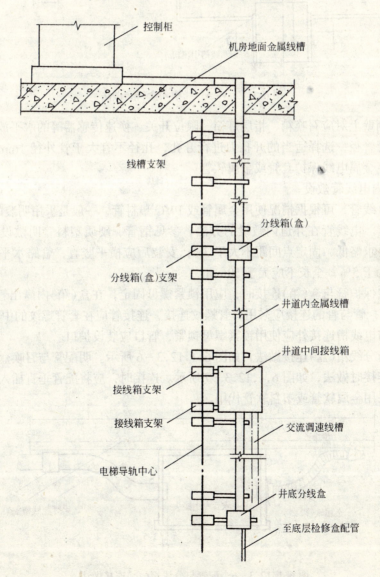

图6.1.12.3-4 金属线槽在井道内安装示意图

敷设电线槽时,线槽的一端不要直接安装电器,必要时要经过接线盒(或类似接线盒的器件),并要注意处理好线槽与接线盒及分线盒(箱)的连接处,线槽在进入或引出接线、分线盒(箱)时,应设置橡胶垫板,做法如图6.1.12.3-5所示。

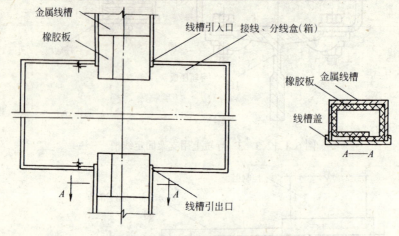

图6.1.12.3-5 线槽入盒(箱)做法

在线槽侧壁上对应召唤箱、指层灯箱、限位开关、换速传感器等的水平放置处,根据引出导线穿管管径,选择适当的开孔刀进行开孔,孔径不宜大于管外径1mm,以便安装电线管、可挠金属电线保护套管或金属软管。

3. 井道内电线管敷设

井道内电线管,可根据情况使用金属管或PVC塑料管,一般是采用明装的方式敷设,用管卡子固定。电线管在井道内敷设的方法,参见钢管、硬质塑料管明敷设中的有关内容。但敷设要求略低,固定点间距不大于3m;安装后应横平竖直,管路水平、垂直敷设的偏差不应大于5‰,全长不应大于50mm。

金属电线保护管与盒(箱)连接时,应用锁紧螺母固定,在盒(箱)内露出管口螺纹2~3扣拧好护口;管与管的连接应采用套管螺纹连接,连接管应在套管螺纹的中心。

电线管与电线槽连接外应使用锁紧螺母锁紧,管口应装设护口。

明配管与分线箱(盒)连接做法,如图6.1.12.3-6所示。明配管与召唤盒或指层灯盒等暗装盒,连接时做法,如图6.1.12.3-7所示。连接时,应将配管垂直插入盒内,在过墙段不允许采用金属软管或塑料软管代用。

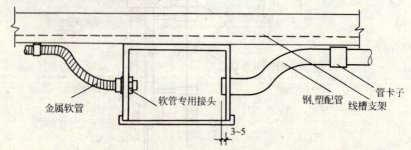

图6.1.12.3-6 配管与分线箱(盒)连接做法

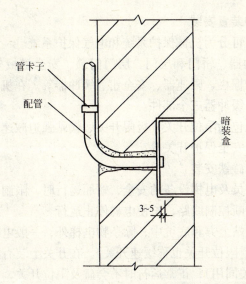

图 6.1.12.3-7 明配管与嵌入式盒连接做法

4. 普利卡金属套管及金属软管敷设

由分接线箱至指层灯箱、召唤箱、门电联锁及分线盒至换速传感器等不易受机械损伤的分支线路可使用普利卡金属套管或金属软管保护，但长度不应超过2m。

普利卡金属套管和金属软管安装应平直，固定点间距不应大于1m。与电线槽及箱（盒）等处两端不宜大于300mm。与电线槽及箱（盒）和设备连接处应使用专用接头。管路安装应无机械损伤和松散现象。管路中间不应有接头。

5. 随行电缆架安装

随行电缆架是固定和支撑电梯随行电缆（软电缆）的机件。电缆架包括井道电缆架和轿底电缆架各一只。

当设置井道中间接线箱时，井道电缆架应安装在电梯正常提升高度的1/2加高1.5m处的井道壁上，此位置正好在井道中间接线箱的下方。

随行电缆架的安装，可根据电缆架的形式确定安装方式。有的可以直接预埋，有的则需采取圬埋的方法，有的则需要同地脚螺栓或膨胀螺栓固定。采用膨胀螺栓固定支架时，应视电缆重量而定，但一般用不小于 $\phi 16$ 两根以上膨胀螺栓固定，以保证其牢固程度。

轿底电缆架通过螺栓固定在轿厢底部合适的位置上。

随行电缆架安装时。轿底电缆架应与井道电缆架平行，并使电梯轿厢处于井道底部时，能避开缓冲器，并与之保持一定距离。

随行电缆架安装，应保证随行电缆在运行中不得与电线管、槽发生卡阻。应避免随行电缆与限速器钢丝绳、选层器钢带、限位开关、极限开关等、井道传感器及对重装置等交叉。

6. 线槽和线管的接地

电线管、电线槽均应可靠接地或接零，在电线管及电线槽的连接处及管、槽与设备、箱（盒）的连接处应做好跨接线，使配线管或槽连成一个导电的整体，但电线槽不应作为保护线使用。

6.1.13 电梯安全保护装置安装

电梯的安全保护装置，可分为机械保护系统和电气保护系统。

机械保护系统除了制动器、轿门和层门、层门门锁、安全触板外，还有轿顶安全栅栏、轿顶安全窗、底坑保护栅栏、限速器、安全钳、缓冲器等。在机械保护系统中，较重要的是限速装置、安全钳、缓冲器三个部件。

电梯的电气保护系统，包括限位开关、极限开关、端站强迫减速装置以及各种安全保护开关及与机械相配合的各安全保护开关等。

6.1.13.1 限位开关和碰铁安装

为了确保司机、乘用人员及电梯设备的安全，轿厢运行时，限制一定的位置，当一旦越位碰到限位开关时就会切断控制线路，迫使电梯停止运行。

限位开关多装在井道顶站上方和底坑中，除杂物电梯外，一般电梯的上端站和下端站均设有两道限位开关(第一道限位开关也称缓速开关)。在开关上装有橡胶滚轮，轿厢外壁碰铁(同极限开关、缓速开关同用)，正常运行时不会碰及限位开关，只在发生事故轿厢越位情况下，才会碰限位开关。

缓速开关装在限位开关前面，当轿厢运行到上或下端站进入缓速位置时，轿厢上的碰铁先碰到缓速开关，开关动作将快车继电器切断，强迫轿厢减速，防止越位，如图 6.1.13.1 所示。

限位、缓速开关碰轮和碰铁安装应符合下列规定：

1. 碰铁应无扭曲变形，安装应牢固垂直，允许偏差为 1‰，全长不应大于 3mm(碰铁斜面除外)；
2. 开关应安装牢固，碰轮动作灵活。开关动作区间，碰轮与碰铁应可靠接触，碰轮边距碰铁边不应小于 5mm；
3. 碰轮与碰铁接触后，开关接点应可靠断开，碰轮沿碰铁全长移动不应有卡阻，且碰轮应略有压缩余量。

强迫缓速开关的安装位置应按产品设计要求安装。

6.1.13.2 极限开关安装

极限开关是一种用于交流电梯，作为当限位开关装置失灵，或其他原因造成轿厢地槛超越上、下端站地槛 50~200mm 范围时，就会碰到极限开关的拉绳滚轮，切断电梯主电源，造成曳引机抱闸停车。

极限开关包括位于机房，经过改制的铁壳开关，固定于轿厢导轨的上下滚轮组，固定于轿厢架的打板(也称碰铁和限位开关装置合同)，以及联结铁壳开关和上下滚轮组的钢丝绳构成，如图 6.1.13.2-1 所示。

极限开关的安装位置应符合设计要求。若板限开关选用墙上安装方式时，要安装在机房入口处，要求开关底部距地面高度 1.2~1.4m。

当梯井极限开关钢丝绳位置和极限开关不能上下对应时，可在机房顶板上装导向滑轮，导向轮不应超过 2 个。极限开关、导向轮支架分别用膨胀螺栓固定在墙上和楼板上。导向轮应对成一条直线，灵活可靠。当导向轮架加装延长杆时。延长杆应有足够的强度。极限开关的钢丝绳应横平竖直。上下极限碰轮应与牵动钢丝绳可靠固定。牵动钢丝绳应沿开关断开方向在闸轮上复绕不少于 2 圈，且不得重叠。

若在机房地面上安装极限开关时,根据开关和梯井极限绳能上、下对应来确定安装位置。极限开关支架用膨胀螺栓固定在机房地面上,开关盒底边距地面300mm,如图6.1.13.2-2所示。

极限开关安装后应连续试验5次,均应动作灵活可靠。

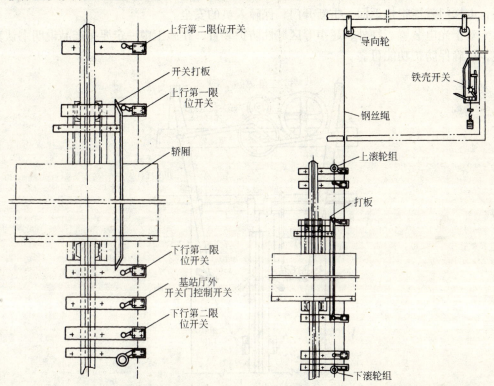

图6.1.13.1 限位开关装置　　　　图6.1.13.2-1 极限开关结构示意图

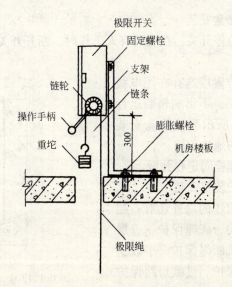

图6.1.13.2-2 极限开关在地面支架上安装

6.1.13.3 轿门安全触板安装

一般轿厢自动门,都要在门缝处设置两块安全触板,如图6.1.13.3所示。安全触板安装后应灵活可靠,其动作的碰撞力不应大于5N,以保证在关门过程中,如果有人或物体碰撞门的安全触板,串联在启动关门继电器线路的关门回路被切断,同时接通开门回路,电梯门就能很快返回,重新开门,保障人员的安全。

对于光电装置、红外、超声等区域性防护装置,在施工中一定要按产品说明书认真调整,以确保防护功能可靠。

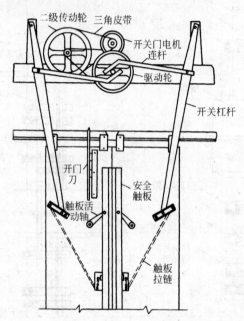

图6.1.13.3 轿门开关机构及安全触板

6.1.13.4 底坑检修盒安装

底坑检修盒内设有急停开关,在底坑有人工作时,断开开关,切断急停继电器,保证人员安全。

底坑检修盒的安装位置应选择在距电线槽或接线盒较近操作方便、不影响轿厢运行的地点,如图6.1.13.4所示为检修盒安装在靠近电线槽较近一侧的地坎下面。

底坑检修盒用膨胀螺栓固定在井壁上。

6.1.13.5 安全保护装置安装

电梯的安全保护除前述的以外还有:超速保护、轿顶安全窗保护、涨绳保护、选层器钢带断裂保护、测速机断绳保护、事故逆转保护、直流电机弱磁保护、过载短路保护等。

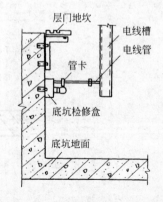

图6.1.13.4 底坑检修盒位置示意图

电梯与机械相配合的各安全保护开关,均串接在安全电路中,在下列情况时应可靠断开，使电梯不能起动或立即停止运行：

1．选层器钢带（钢绳、链条）张紧轮下落大于50mm时，张紧装置应带动钢带张紧轮开关切断控制电路；

2．限速器钢绳随轿厢运行，在底坑装有配重轮，当配重轮下落大于50mm时，限速器配重轮开关，即切断控制回路；

3．限速器速度接近其动作速度的95%时，对额定速度1m/s及以下的电梯最迟可在限速器达到其动作速度时，应以限速器带动联锁开关——限速器开关切断控制回路；

4．电梯曳引绳断开或其他原因使安全钳拉杆动作，限速装置均应带动联锁安全钳拉杆开关，切断控制回路；

5．电梯载重量超过额定载重量的10%时，使超载保护开关动作；

6．厅、轿门未关闭或未锁紧时及安全窗开启时，门锁开关及安全窗开关，均应切断控制回路；

7．液压缓冲器被压缩时，控制回路应断开。

电梯的各种安全保护开关必须可靠固定，为了方便试运行时的调整和方便检修时更换，不得采用焊接的方法固定；安装后不得因电梯正常运行时的碰撞和钢绳、钢带、皮带的正常摆动使开关产生位移、损坏和误动作。

6.1.14 电线（电缆）敷设

电梯电气装置的配线，应使用额定电压不低于50V的铜芯绝缘导线。有抗干扰要求的线路应符合产品要求；接地保护线宜采用黄绿相间的绝缘导线；电力线和控制线应隔离敷设。

圆形随行电缆的芯数不宜超过40根。

6.1.14.1 随行电缆的安装

控制柜返出的控制线路由线管或线槽引出，进入井道中间接线箱，再与随行电缆（软电缆）连接。圆形随行电缆在中间接线箱下的电缆支架上绑扎好，如图6.1.14.1-1所示，垂至坑底，再返回到轿厢底的电缆支架上进行绑扎，如图6.1.14.1-2所示。绑扎长度应为30～70mm，绑扎处应离开电缆架钢管100～150mm，再引入轿厢操纵盘上，分别与各种操作按钮连接。

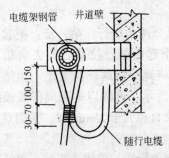

图6.1.14.1-1 井道随行电缆绑扎

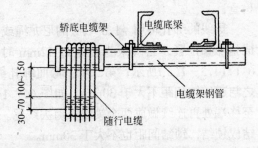

图6.1.14.1-2 轿底随行电缆绑扎

随行电缆安装前，必须预先自由悬吊，消除扭曲。

随行电缆的敷设长度应使轿厢缓冲器完全压缩后略有余量，但不得拖地。多根并列时，长度应一致。

扁平型随行电缆可重叠安装,重叠根数不宜超过3根,每两根间应保护30～50mm的活动间距。扁平型电缆的固定应使用楔形插座或卡子,如图6.1.14.1-3所示。

6.1.14.2 管、槽内配线

敷设于电线管内的导线总截面积,不应超过电线管内截面积的40%,敷设于电线槽内的导线总截面积,不应超过电线槽内载面积的60%。

穿线前应将电线管或电线槽内清扫干净,不得有积水、杂物。

穿线时可根据管、槽箱盒的敷设长度留出适当的余量进行断线,穿线时不能损伤导线绝缘层和扭结现象。应留有备用导线,其长度应与箱长的导线长度相同。一般应10～20根线时备用1根,20～50根时备用2根,50～100根时备用3根。

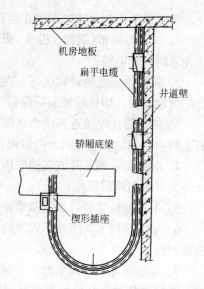

图6.1.14.1-3 扁平型随行电缆安装

管内导线不应有接头,线槽配线时,应减少中间接头。中间接头宜采用冷压端子,端子的规格应与导线匹配,压接可靠,绝缘处理良好。如采用热缩塑料管处理接头绝缘时,要特别注意加热的时间和距离,不能有烤焦现象,以保证接头的绝缘强度。

电线槽内配线,在线槽弯曲部位的导线、电缆受力处,应加绝缘衬垫以保护电线、电缆,如图6.1.14.2所示。线槽内垂直部分的导线、电缆应可靠固定,防止受力。

6.1.14.3 导线的绑扎、连接

设备及屏(柜)或箱(盒)内配线,应将导线沿接线端子方向整理成束,然后用小线或尼龙卡子绑扎整齐,并有清晰的接线编号。保护线端子和电压为220V及以上的端子应有明显的标记,以便于故障检查。

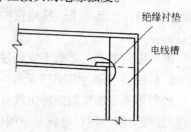

图6.1.14.2 在线槽弯曲处加绝缘衬垫做法

导线的绑扎可用$\phi 1.5 \sim \phi 2$的尼龙绳或锦纶线,可分两步进行,第一步:把起始端结成猪啼扣拉紧,当线束直径超过12mm时要连做两个起始结,拉紧后剪去余端,如图6.1.14.3-1(a)所示;第二步:弯曲绑扎绳缠绕一圈将绳穿过绳环拉紧作一锁结,并使之与起始结相距不大于30mm,如图6.1.14.3-1(b)所示。连续以等距离作成锁结,直至终端处再连续做成两个锁结,剪去线尾。若成型线束直径大于25mm时,采用双尼龙绳结成锁结,锁结间距也不大于30mm。

导线束在绑扎后,绝缘层应勿过力压缩而破损,避免折线、松线、扭线;缀结不可太松或太紧,外形应良好。

绑扎线束有弯曲部位时,应将线束弯曲后再进行绑扎,不能先行绑扎后再弯曲线束。绑扎线束弯曲时,弯曲内侧锁结间距要小,外侧锁结间距要大。

在线束上需要分线时,可按分线形式采用不同的制作方法。"Y"型分线时,每次在

单分线之前作一锁结,起始结和终端结要连作两个猪蹄扣锁结,如图6.1.14.3-2(a)所示。

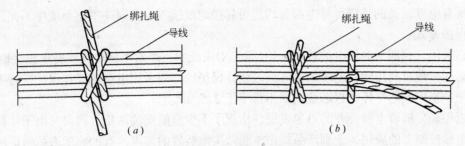

图6.1.14.3-1 导线束的绑扎步骤
(a)第一步;(b)第二步

"T"型分线时,在分线前后各结一个双锁结,在没有分线的线束上,锁结间距一般在20~30mm,但须均匀分布。在绑扎成线束后视觉检查应无褶线,无松线及扭线,如图6.1.14.3-2(b)所示。

铜导线截面在6mm^{2}及以下连接时,应自缠不少于5圈,缠绕后挂锡。2.5mm^{2}以上的多股铜导线与电气设备连接,使用连接卡或接线鼻子。使用连接卡时,多股铜线应先挂锡。

导线压接要压实、严密,不能有松脱、虚接现象。

导线接头处需要包扎时,先用高压绝缘胶布包扎再用黑胶布包好。

电梯配线导线的连接方法,参见管内穿线和导线连接一节中的有关内容。

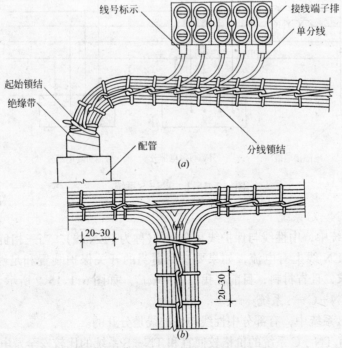

图6.1.14.3-2 分线绑扎法
(a)Y型分线绑扎;(b)T型分线绑扎

6.1.15 电气设备接地

电梯电气设备保护线的连接应符合供电系统接地型式的设计要求。

所有电气设备的外露可导电部分均应可靠接地或接零。在同一供电系统中不允许采用两种保护方式。

在采用三相四线制供电的接零保护(即 TN)系统中,严禁电梯电气设备单独接地。

轿厢接地可利用随行电缆的钢芯或芯线作保护线。当采用电缆芯线作保护线时不得少于 2 根,采用铜芯导体每根芯线截面不得小于 2.5mm²。

近年来,随着电梯行业的迅速发展,出现了不少新的安装队伍。同时又由于计算机技术在电梯控制上的应用,个别产品提出单独做接地装置的要求,有的施工人员错误地把计算机"逻辑地"需要的接地装置当作电气设备的接地保护,这是很危险的。

在具体的施工中,采用哪种型式,应由设计单位根据国家的经济技术政策和工程的具体特点确定的,而不能由施工人员任意更改。

在我国低压供电系统中,电气设备保护线的连接方式有:TN-S 系统、TN-C 系统、TN-C-S 系统、TT 系统和 IT 系统。

6.1.15.1 TN-S 系统

在 TN-S 系统中,中性线(N)与保护线(PE)是分开的。该系统在正常工作时,保护线上不呈现电流,因此设备的外露可导电部分也不呈现对地电压,比较安全。并有较强的电磁适应性,适用于数据处理、精密检测装置等供电系统。目前,在一些高级民用建筑和新建医院已普遍采用,如图 6.1.15.1 所示。

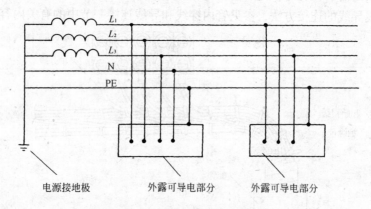

图 6.1.15.1 TN-S 系统

6.1.15.2 TN-C 系统

在 TN-C 系统中,中性线与保护线是合用的(称为 PEN 线)。当三相负荷不平衡或只有单相负荷时,PEN 线上有电流,如果要选用适当的开关保护装置和足够的导电截面,也能达到安全要求,且省材料,目前在我国应用较广。如图 6.1.15.2 所示。

6.1.15.3 TN-C-S 系统

在 TN-C-S 系统中,有部分中性线与保护线是分开的。

这种系统兼有 TN-C 系统的价格较便宜和 TN-S 系统的比较安全及电磁适应性比较强的特点,常用于线路末端环境较差的场所,或有数据处理等设备的供电系统。如图 6.1.15.3 所示。

2．其他电路(控制、照明、信号等)：0.25MΩ。

检查方法：全数检查，用兆欧表测试检查或检查测试记录或在测试时旁站。

6.1.17 一般项目

6.1.17.1 主电源开关不应切断下列供电电路：

1．轿厢照明和通风；

2．机房和滑轮间照明；

3．机房、轿顶和底坑的电源插座；

4．井道照明；

5．报警装置。

检查方法：全数检查，通电试验，观察检查。

6.1.17.2 机房和井道内应按产品要求配线。软线和无护套电缆应在导管、线槽或能确保起到等效防护作用的装置中使用。护套电缆和橡套软电缆可明敷于井道或机房内使用，但不得明敷于地面。

检查方法：全数检查，观察检查。

6.1.17.3 导管、线槽的敷设应整齐牢固。线槽内导线总截面积不应大于线槽净面积60%；导管内导线总截面积不应大于导管内净面积40%；软管固定间距不应大于1m，端头固定间距不应大于0.1m。

检查方法：抽查检查，不少于10处，尺量和观察检查。

6.1.17.4 专用保护线(PE)支线应采用黄绿相间的绝缘导线。

检查方法：全数检查，观察检查。

6.1.17.5 控制柜(屏)的安装位置应符合电梯土建布置图中的要求。

检查方法：全数检查，观察检查和尺量检查。

Ⅳ 成品保护

6.1.18 开箱检查后的部件应有计划地，合理地堆放和保管，防止丢失、雨淋、严重挤压等造成零部件的损坏。

6.1.19 施工现场应有防范措施，以免设备被破坏。

6.1.20 机房、脚手架上的杂物、尘土要随时清除，以免附落井道砸伤设备或影响电气设备功能。

Ⅴ 安全注意事项

6.1.21 在井道内安装前应认真检查脚手架是否牢固可靠，井道是否有充分照明。

6.1.22 进入井道时应戴好安全帽，并携带工具袋。在安装过程中，所使用的扳手、锤子等工具时，放进工具袋，防止失落伤人。

6.1.23 使用手持电动工具和设备时，要有可靠的保护接地(接零)措施，并应带绝缘手套，穿绝缘鞋。

6.1.24 在多台电梯共用的井道里作业时应加倍小心，还应注意相邻电梯的动态。

Ⅵ 质量通病及其防治

6.1.25 线管管口、线槽开孔不平整。线管管口及线槽开孔不应使用电、气焊切割，钢管管口应锯切，线槽侧壁应用开孔器开孔。

6.1.26 跨接线遗漏。电线管、槽及与箱盒连接处的接地跨接线不可遗漏，若使用铜导线跨接时，连接螺栓须加弹簧垫。

6.1.27 随行电缆扭曲。随行电缆在安装前应预先自由悬吊，消除扭曲。

6.2 电梯调整试车和工程交接试验

Ⅰ 施工准备

6.2.1 设备

电梯设备及其附属装置全部安装完成后，经全面检查确认符合要求后，方可进行调整试车。

6.2.2 机具

摇表、万用表、直流电流表、卡钳表、转速表、温度计、湿度计、对讲机、砼块等。

6.2.3 作业条件

1. 电梯安装完毕，各部件安装合格；
2. 机房、井道、轿厢各部位清理完毕；
3. 各安全开关、厅门锁功能正常；
4. 油压缓冲压器按要求加油。

Ⅱ 施工工艺

6.2.4 施工程序

试运转前检查 → 电气安全保护装置的安装调整 → 开慢车调试运行 → 平衡系数调整 → 额定速度调试 → 运转试验 → 超载试验 → 平层准确度 → 技术性能测试 → 电梯的交接验收

6.2.5 试运转前检查

试运转前应按下列要求进行检查：

1. 机房温度应保持在 5~40℃ 之间，在 25℃ 时环境相对湿度不应大于 85%；
2. 机械和电气设备的安装已进行过必要的单体检查、试验和调整，并具备调整试车条件；
3. 电气设备外露导电部分的保护线连接符合《电气装置安装工程电梯电气装置施工及验收规范》GB 50182—93(以下简称 GB 50182—93)第 20.10 条规定；
4. 电气接线应正确，连接可靠，标志清晰；
5. 曳引电动机过电流、短路等保护装置的整定值应符合设计要求；
6. 继电器、接触器动作应正确可靠，接点接触应良好；

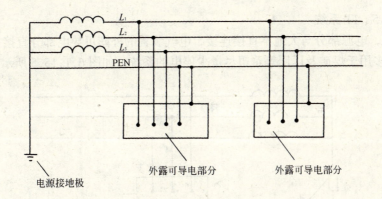

图 6.1.15.2 TN-C 系统

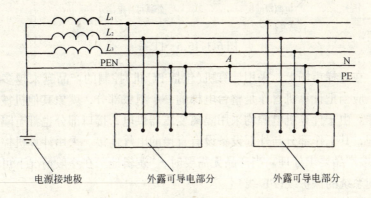

图 6.1.15.3 TN-C-S 系统

6.1.15.4 TT 系统

在 TT 系统中，电气装置的外露可导电部分单独接至与电力系统的接地点无关的接地极。

该系统中，由于各自的 PE 线互不相关，因此电磁适应性比较好。但故障电流值往往很小，不足以使小容量的用电设备的保护装置断开电源，为保护人身安全必须采用残余电流开关作为线路及用电设备的保护装置，否则只适用于供给小负荷系统。如图 6.1.15.4 所示。

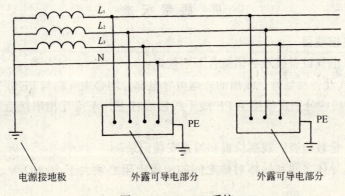

图 6.1.15.4 TT 系统

6.1.15.5 IT 系统

IT 系统，电源部分与大地不直接连接，电气装置的外露可导电部分直接接地。该系统多用于煤矿及厂用等希望尽量少停电的系统。如图 6.1.15.5 所示。

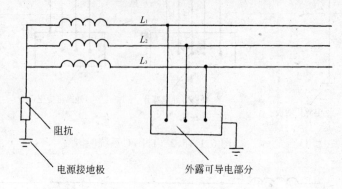

图 6.1.15.5 IT 系统

近年来，在电梯市场上，采用计算机(包括 PC 机)控制的产品越来越多。对于计算机控制的电梯，应当把计算机看作是整台电梯的一个组成部分，就象其他机械设备具有电气控制部分一样。由于计算机电源均采用隔离变压器供电，接口部分也都有隔离措施和相应的抗噪声处理，其工作部分与外部设备设有直接的电气连接。采用计算机控制的电梯，其"逻辑地"应按产品要求处理。当产品无需要时，"逻辑地"在一般情况下可通过专用的接地母线排接到系统的保护线(PE 线)上。

当供电系统的保护线中性线为合用时(TN-C 系统)，应在电梯电源进入机房后将保护线与中性线分开(TN-C-S 系统)，见图 6.1.15.3 所示，该分离点(A)的接地电阻值不应大于 4Ω。

计算机的"逻辑地"也可以悬空。

当电梯计算机的抗噪声性能较差，而环境的噪声干扰又较强，"悬空"和接保护线均不能保证正常工作时，可考虑把计算机的"逻辑地"与单独的接地装置连接，此接地装置的对地电阻值不得大于 4Ω。

需要注意的是，为计算机单独提供的接地装置不能作为设备的接地保护使用。

Ⅲ 质量标准

6.1.16 主控项目

6.1.16.1 电气设备接地必须符合下列规定：

1. 所有电气设备及导管、线槽的外露可导电部分均必须可靠与 PE 线连接。
2. PE 线支线应分别直接接至 PE 线干线接线柱上，不得互相串接后再接至 PE 线干线上。

检查方法：全数检查，观察检查和检查安装记录。

6.1.16.2 导体之间和导体对地之间的绝缘电阻必须大于 1000Ω/V，且其值不得小于：

1. 电力电路和电气安全装置电路：0.5MΩ；

7. 电气设备导体间及导体与地间的绝缘电阻值应符合下列规定：
(1) 动力设备和安全装置电路不应小于 0.5MΩ；
(2) 电压在 127V 及以下低电压控制回路，不应小于 0.25MΩ 为防止损坏电子元器件，应用万用表检查。

6.2.6 电气安全保护装置应进行复查和调整，以确保电梯安全运行

1. 错相、断相、欠电压、过电流、弱磁、超速、分速度等保护装置应按产品要求检验调整；
2. 开、关门和运行方向接触器的机械或电气联锁应动作灵活可靠；
3. 急停、检修、程序转换等按钮和开关，动作应灵活可靠。

6.2.7 电梯检修速度调试运行

检修速度运行也叫开慢车，在此时要完成对各安全装置的检查、调整和确认，为快车调试运行做好准备。检修速度运行速度不应大于 0.63m/s。

制动器闸瓦在制动时应与制动轮接触紧密。松闸时与制动轮应无磨擦，且间隙的平均值不应大于 0.7mm。

制动器调整后，再以点动的方法全程运行，排除井道障碍，运行应无卡阻，各安全间隙应符合要求。

电梯以检修速度运行时，自动门运行应平稳、无撞击。

6.2.8 平衡系数调整

为保证电梯在空载及满载时安全可靠地运行，平衡系数应调整为 40%～50%。

对于电梯的平衡系数，在执行时可按客流量的实际情况进行调整：当客流量较大时，平衡系数可调高些；客流量较小时，可调低些；一般情况时，客梯可调整为 45%，货梯可调整为 50%。

平衡系数测量应在轿厢以空载和额定载荷的 25%、50%、75%、100%、110%作上、下运行。当轿厢与对重运行到同一水平位置时，记录电压、电流、转速各参数。

平衡系统的测量调整方法，可利用电流—负荷曲线图，以上下运行曲线的交点来确定。

6.2.9 额定速度调试运行

额定速度调试运行应符合下列要求：
1. 轿厢内置入平衡负载，单层、多层上下运行，反复调整，升至额定速度，起动、运行、减速应舒适可靠，平层准确；
2. 在工频下曳引电动机接入定额电压时，轿厢半载向下运行至行程中部时的速度应接近额定速度，且不应超过额定速度的 5%。加速度段和减速段除外。

6.2.10 运转试验

为考核电梯制造和安装质量，以及检查电梯的各项功能是否达到设计要求，必须进行可靠性运转试验。

运转试验应符合下列要求：
1. 运转功能应符合设计要求，指令、召唤、选层定向、程序转换、起动运行、截车、减速、平层等装置功能正确可靠，声光信号显示清晰正确；
2. 调整上、下端站的换速、限位和极限开关，使其位置正确，功能可靠；

3. 在通电持续率为40%的情况下,轿厢空载、半载和满载各往返升降2h,进行试验,电梯运行应无故障,起动应无明显冲击,停层应准确平稳;制动器动作应可靠;制动器线圈温升不应超过60℃;减速机油的温升不应超过60℃,且温度不得超过85℃。

6.2.11 超载试验

电梯在投入正常运行前,必须进行超载试验。

在超载试验时,首先检查超载保护功能是否可靠,电梯超载时轿厢内超载灯燃亮,并发出音响信号这时选层起动不能关门。

电梯在超载试验时(载以110%的额定负载)在通电持续率为40%的情况下,往返运行0.5h,应能安全可靠地起动、运行;减速机、曳引电动机应工作正常,制动器动作应可靠。

6.2.12 电梯轿厢的平层准确度试验

电梯轿厢平层准确度的测量,是使轿厢分别处于空载和额定载荷两种情况下进行的。

当电梯额定速度≤1m/s,轿厢自底层端站向上逐层运行和自端站向下逐层运行;当额定速度>1m/s时,以达到额定速度的最少间隔层站为间距作上、下运行;轿厢在两个端站之间直驶。用深度卡尺或直尺测量平层后轿厢地坎上平面对层门地坎上平面垂直方向的差值,每个情况测一次。测量出的电梯轿厢的平层准确度,应符合表6.2.12的规定。

平层准确度　　　　　　　　　　表6.2.12

电梯类别	额定速度(m/s)	平层准确度(mm)
交流双速	≤0.63	±15
交流双速	≤1.00	±30
交直流调速	≤2.00	±15
交直流调速	≤2.50	±10

6.2.13 技术性能测试

技术性能测试,是电梯安装后对整机性能检验测试的主要内容,也是衡量电梯整机质量的重要指标,它既取决于产品的设计、生产,也与现场的安装、调试有直接的关系。

6.2.13.1 电梯的加、减速度和轿厢运行的垂直振动加速度试验

在电梯的加、减速度和轿厢运行的垂直振动加速度试验时,传感器应安放在轿厢地面的正中,并紧贴地板。传感器的试验方向应与轿厢地面垂直。

轿厢运行水平振动加速度试验时,传感器应安放在轿厢地面的正中,并紧贴地板。传感器的试验方向应分别与轿厢门平行和垂直。

以电梯轿厢空载(含仪器和人员2名)和额定载荷两种工况进行测试:

1. 单层:上行、下行,至少3次;
2. 多层:每隔2个层站以上,上行、下行,至少各3次;
3. 底层至顶层之间上行、下行直驶至少各1次。

6.2.13.2 试验仪器

电梯加、减速度试验推荐用频率响应范围下限低于0.2Hz的应变仪或其他加速度传感器;轿厢运行的振动加速度试验推荐用频率响应范围上限不低于100Hz的应变式或其

他传感器。

相应仪表和记录仪器的精度和频率范围应与传感器相匹配。

要求记录电梯加、减速度信号的频率范围上限为30~50Hz；记录轿厢运行的振动加速度信号的频率范围上限为100Hz。在试验系统中应采取相应措施，如试验系统中加低通滤波器或相应仪表带滤波系统。

6.2.13.1 试验结果的计算与评定

对记录参数的时域信号曲线进行计算。

电梯加、减速度取过程中的最大值。

加、减速度的平均值是对其加、减速度过程求积。在数据处理时可用计算面积的方法，即在零线和曲线之间求面积或在过程中等距离取点（全过程不少于20点）求平均值。

轿厢运行的振动加速度取轿厢在额定速度时的最大值，以其单峰值作计算与评定的依据。

6.2.13.4 噪声测试

轿厢运行噪声测试时，传声器置于轿厢内距轿厢地面高1.5m。

开关门过程的噪声测试，传声器分别置于层门和轿厢门宽度的中央，距门0.24m，距地面高1.5m。

机房及发电机房噪声测试，传声器在机房中，距地面高1.5m，距声源1m处；测4点；在声源上部1m处测1点，共测5点，峰值除外。

电梯噪声检验应符合下列规定：

1．机房噪声：对额定速度小于等于4m/s的电梯，不应大于80dB(A)；对额定速度大于4m/s的电梯，不应大于85dB(A)。

2．乘客电梯和病床电梯进行中轿内噪声：对额定速度小于等于4m/s的电梯，不应大于55dB(A)；对额定速度大于4m/s的电梯，不应大于60dB(A)。

3．乘客电梯和病床电梯的开关门过程噪声不应大于65dB(A)。

6.2.14 电梯的交接验收

为帮助用户全面了解电梯安装、调整等情况，有利于工程的交接验收，有利于用户对电梯的使用、维修和管理，安装单位在交接验收时，应提交下列资料和文件：

1．电梯类别、型号、驱动控制方式、技术参数和安装地点；

2．制造厂提供的随机文件和图纸；

3．变更设计的实际施工图及变更证明文件；

4．安全保护装置的检查记录；

5．电梯检查及电梯运行参数记录。

Ⅲ 质量标准

6.2.15 主控项目

6.2.15.1 安全保护验收必须符合下列规定：

1．必须检查以下安全装置或功能：

（1）断相、错相保护装置或功能：当控制柜三相电源中任何一相断开或任何二相错接时，断相、错相保护装置或功能应使电梯不发生危险故障。

注：当错相不影响电梯正常运行时可没有错相保护装置或功能。

（2）短路、过载保护装置：电力电路、控制电路、安全电路必须有与负载匹配的短路保护装置；电力电路必须有过载保护装置。

（3）限速器：限速器上的轿厢（对重、平衡重）下行标志必须与轿厢（对重、平衡重）的实际下行方向相符。限速器铭牌上的额定速度、动作速度必须与被检电梯相符。限速器必须与其型式试验证书相符。

（4）安全钳：安全钳必须与其型式试验证书相符。

（5）缓冲器：缓冲器必须与其型式试验证书相符。

（6）门锁装置：门锁装置必须与其型式试验证书相符。

（7）上、下极限开关：上、下极限开关必须是安全触点，在端站位置进行动作试验时必须动作正常。在轿厢或对重（如果有）接触缓冲器之前必须动作，且缓冲器完全压缩时，保持动作状态。

（8）轿顶、机房（如果有）、滑轮间（如果有）、底坑停止装置位于轿顶、机房（如果有）、滑轮间（如果有）、底坑的停止装置的动作必须正常。

检查方法：全数检查，观察检查和查看资料及实际操作和模拟检查。

2．安全保护验收时下列安全开关，必须动作可靠：
(1) 限速器绳张紧开关；
(2) 液压缓冲器复位开关；
(3) 有补偿张紧轮时，补偿绳张紧开关；
(4) 当额定速度大于 3.5m/s 时，补偿绳轮防跳开关；
(5) 轿厢安全窗（如果有）开关；
(6) 安全门、底坑门、检修活板门（如果有）、的开关；
(7) 对可拆卸式紧急操作装置所需要的安全开关；
(8) 悬挂钢丝绳（链条）为两根时，防松动安全开关。

检查方法：实际操作和模拟检查。

6.2.15.2　限速器安全钳联动试验必须符合下列规定：

1．限速器与安全钳电气开关在联动试验中必须动作可靠，且应使驱动主机立即制动；

2．对瞬时式安全钳，轿厢应载有均匀分布的额定载重量；对渐进式安全钳，轿厢应载有均匀分布的 125%额定载重量。当短接限速器及安全钳电气开关，轿厢以检修速度下行，人为使限速器机械动作时，安全钳应可靠动作，轿厢必须可靠制动，且轿底倾斜度不应大于 5%。

检查方法：全数检查，实际操作或检查安装记录。

6.2.15.3　层门与轿门的试验必须符合下列规定：

1．每层层门必须能够用三角钥匙正常开启；

2．当一个层门或轿门（在多扇门中任何一扇门）非正常打开时，电梯严禁启动或继续运行。

检查方法：实际操作和模拟检查。

6.2.15.4　曳引式电梯的曳引能力试验必须符合下列规定：

1．轿厢在行程上部范围空载上行及行程下部范围载有 125%额定载重量下行，分别停层3次以上，轿厢必须可靠地制停（空载上行工况应平层）。轿厢载有125%额定载重量以正常运行速度下行时，切断电动机与制动器供电，电梯必须可靠制动。

2. 当对重完全压在缓冲器上，且驱动主机按轿厢上行方向连续运转时，空载轿厢严禁向上提升。

检查方法：全数检查，实际操作检查。

6.2.16 一般项目

6.2.16.1 曳引式电梯的平衡系数应为0.4～0.5。

检查方法：全数检查，实际操作检查。在轿厢以空载和额定载重的25%、50%、75%、100%、110%作上、下运行。当轿厢对重运行到同一水平位置时，分别记录电机定子的端电压、电流和转速各参数。利用上述测量值分别绘制上、下行电流—负荷曲线或速度(电压)负荷曲线，以上、下行运行曲线的交点所对应的负荷百分数即为电梯的平衡系数。

注：平衡系数允许用其他方法测试。

6.2.16.2 电梯安装后应进行运行试验；轿厢分别在空载、额定载荷工况下，按产品设计规定的每小时启动次数和负载持续率各运行1000次（每天不少于8h），电梯应运行平衡、制动可靠、连续运行无故障。

检查方法：全数检查，实际操作检查。

6.2.16.3 噪声检验应符合下列规定：

1. 机房噪声：对额定速度小于等于4m/s的电梯，不应大于80dB(A)；对额定速度大于4m/s的电梯，不应大于85dB(A)。

2. 乘客电梯和病床电梯运行中轿内噪声：对额定速度小于等于4m/s的电梯，不应大于55dB(A)；对额定速度大于4m/s的电梯，不应大于60dB(A)。

3. 乘客电梯和病床电梯的开关门过程噪声不应大于65dB(A)。

检查方法：全数检查，实际操作用传声器进行噪声测试。

6.2.16.4 平层准确度检验应符合下列规定：

1. 额定速度小于等于0.63m/s的交流双速电梯，应在±15mm的范围内；

2. 额定速度大于0.63m/s且小于等于1.0m/s的交流双速电梯，应在±30mm范围内；

3. 其他调速方式的电梯，应在±15mm的范围内。

检查方法：全数检查，实际操作，用深度卡尺或直尺其精度不低于5%，尺量检查。

6.2.16.5 运行速度检验应符合下列规定：

当电源为额定频率和额定电压、轿厢载有50%额定载荷时，向下运行至行程中段（除去加速加减速段）时的速度，不应大于额定速度的105%，且不应小于额定速度的92%。

检查方法：全数检查，用转速表测量电机转数或用测速装置测量曳引绳线速度。

6.2.16.6 观感检查应符合下列规定：

1. 轿门带动层门开、关运行，门扇与门扇、门扇与门套、门扇与门楣、门扇与门口处轿壁、门扇下端与地坎应无刮碰现象；

2. 门扇与门扇、门扇与门套、门扇与门楣、门扇与门口处轿壁、门扇下端与地坎之间各自的间隙在整个长度上应基本一致；

3. 对机房(如果有)、导轨支架、底坑、轿顶、轿内、轿门、层门及门地坎等部位应进行清理。

检查方法：抽查不少于10处，观察和尺量检查。

Ⅳ 成品保护

6.2.17 工作完成后，机房要关好门窗，房门应上锁。

6.2.18 每日工作完毕要拉闸、配电箱应上锁。保持机房和设备清洁。

Ⅴ 安全注意事项

6.2.19 试运行时需在充分做好准备工作，确认正确无误时，方能通电试运行。试运行时应有2～3名熟识电梯产品的安装技工参加，并由一人统一指挥，无命令时任何人不得乱动。

6.2.20 在轿厢顶上进行调试时，应在电梯完全停稳并按下轿顶检修箱上的急停按钮后进行。

6.2.21 电梯运行时，在轿厢顶上应手扶住上梁或其他安全牢固的机件，不能抓曳引钢丝绳，而且必须把整个身体置于轿厢尺寸之内，以防碰撞其他机件。

Ⅵ 质量通病及其防治

6.2.22 电梯调整试车判断故障不准确不认真。在调试中应严格依据图纸及有关资料要求调整，应提高调试人员的文化和技术素质，调试中应认真查线进行分步试验。

7 弱电工程安装

7.1 火灾报警与自动灭火系统安装

Ⅰ 施工准备

7.1.1 设备、材料
1. 各种探测器、手动报警按钮、警铃等；
2. 火灾报警控制器、火灾专用配线或接线箱、消防控制柜(盘)等；
3. 金属钢管、普利卡金属管、硬质塑料管、半硬质塑料管、封闭式线槽等；
4. 各种铜芯绝缘导线或铜芯电缆、配套使用的灯位盒、镀锌螺钉、螺母、垫圈、接线端子、绝缘带、终端电阻。

7.1.2 机具
1. 克丝钳、电工刀、一字螺钉旋具、十字螺钉旋具、剥线钳、尖嘴钳等；
2. 万用表、兆欧表、梯子、升降车(或临时搭架子)、工具袋、对线电话或步话机等。

7.1.3 作业条件
1. 土建装饰工作应全部结束，管线、预埋盒全部修整完毕才能进行探测器安装；
2. 系统设备接线时，导线间绝缘电阻经摇测符合国家规范要求，并编号完毕。

Ⅱ 施工工艺

7.1.4 系统概述
火灾报警与自动灭火系统的功能是，自动捕捉火灾监测区域内火灾发生时的烟雾或热气，从而能够发出声光报警，并有联动其他设备的输出接点，能够控制自动灭火系统、事故广播、事故照明、消防给水和排烟系统，实现监测、报警和灭火的自动化。

火灾报警与自动灭火系统包括了火警自动检测(即火灾报警)和自动灭火控制两个联动的子系统。火灾报警系统原理框图见图7.1.4-1和图7.1.4-2，火灾报警与自动灭火系统原理框图见图7.1.4-3。

当发生火灾时，在本楼层或在区域内通过探测器监视现场的烟雾浓度、温度等，反馈给报警控制器，当确认发生火灾在控制器上首先发出声光报警。消防人员根据报警情况，采取消防措施。而自动灭火系统则能在火灾报警控制器的作用下，自动联动有关灭

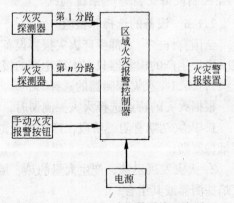

图 7.1.4-1 区域报警系统示意图

火设备，在发生火灾处自动喷洒、进行消防灭火。

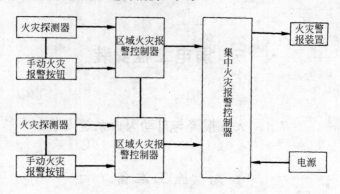

图 7.1.4-2 集中报警系统示意图

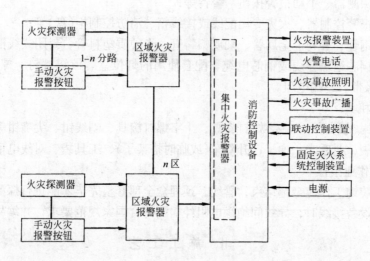

图 7.1.4-3 控制中心报警系统示意图

7.1.5 施工程序

探测器安装 → 火灾报警控制器安装 → 配线箱(接线箱)安装接线 → 消防控制设备安装 → 系统调试

7.1.6 设备的选择和检验

全国有许多厂家都生产火灾报警设备，其型号、规格、接线和安装要求均不统一，一般一个厂生产的探测器只与本厂生产的报警控制器、自动灭火装置及其附件配套。

7.1.6.1 火灾探测器的选择

根据火灾的特点选择火灾探测器时，应符合下列原则：

1. 火灾初期有阻燃阶段，产生大量的烟和少量的热，很少或没有火焰辐射，应选用感烟探测器；

2. 火灾发展迅速，产生大量的热、烟和火焰辐射，可选用感温探测器、感烟探测器、火焰探测器或其组合；

3. 火灾发展迅速，有强烈的火焰辐射和少量的烟、热，应选用火焰探测器；

4. 火灾形成特点不可预料，可进行模拟试验，根据试验结果选择探测器。

在散发可燃气体和可燃蒸气的场所，宜选用可燃气体探测器。

对不同高度房间，可按表 7.1.6.1 选择火灾探测器。

根据房间高度选择探测器 表 7.1.6.1

房间高度 h (m)	感烟探测器	感温探测器			火焰探测器
		一级	二级	三级	
12 < h ≤ 20	不适合	不适合	不适合	不适合	适合
8 < h ≤ 12	适合	不适合	不适合	不适合	适合
6 < h ≤ 8	适合	适合	不适合	不适合	适合
4 < h ≤ 6	适合	适合	适合	不适合	适合
h ≤ 4	适合	适合	适合	适合	适合

下列场所宜选用离子感烟探测器或光电感烟探测器：

1. 饭店、旅馆、教学楼、办公楼的厅堂、卧室和办公室等；
2. 电子计算机房、通讯机房、电影或电视放映室等；
3. 楼梯、走廊、电梯机房等；
4. 书库、档案库等；
5. 有电器火灾危险的场所。

有下列情形的场所，不宜选用离子感烟探测器：

1. 相对温度长期大于95%；
2. 气流速度大于 5m/s；
3. 有大量粉尘、水雾滞留；
4. 可能产生腐蚀性气体；
5. 在正常情况下有烟滞留；
6. 产生醇类、醚类、酮类等有机物质。

有下列情形的场所，不宜选用光电感烟探测器：

1. 可能产生黑烟；
2. 大量积聚粉尘；
3. 可能产生蒸气和油雾；
4. 在正常情况下有烟滞留；
5. 存在高频电磁干扰。

下列情形或场所，宜选用感温探测器：

1. 相对湿度经常高于95%；
2. 可能发生无烟火灾；
3. 有大量粉尘；
4. 在正常情况下有烟和蒸气滞留；
5. 厨房、锅炉房、发电机房、茶炉房、烘干车间等；

6. 汽车库等；

7. 吸烟室、小会议室等；

8. 其他不宜安装感烟探测器的厅堂和公共场所。

可能产生阴燃火或者如果发生火灾不及早报警将造成重大损失的场所，不宜选用感温探测器；温度在0℃以下的场所，不宜选用定温探测器；正常情况下温度变化较大的场所，不宜选用差温探测器。

有下列情形的场所，宜选用火焰探测器：

1. 火灾时有强烈的火焰辐射；

2. 无阴燃阶段的火灾；

3. 需要对火焰作出快速反应。

有下列情形的场所，不宜选用火焰探测器：

1. 可能发生无焰火灾；

2. 在火焰出现前有浓烟扩散；

3. 探测器的镜头易被污染；

4. 探测器的"视线"易被遮挡；

5. 探测器易受阳光或其他光源直接或间接照射；

6. 在正常情况下有明火作业以及 x 射线，弧光等影响。

当有自动联动器装置或自动灭火系统时，宜采用感烟、感温、火焰探测器(同类型或不同类型)的组合。

7.1.6.2 火灾报警控制器和火灾报警装置的选择

区域报警控制器的容量不应小于报警区域内的探测区域总数，集中报警控制器的容量不宜小于保护范围内探测区域总数。

区域报警控制器和集中报警控制器的主要技术指标及其功能，应符合设计和使用要求，并有产品合格证。

7.1.6.3 设备的检验

1. 开箱检查

安装的设备及器材运至施工现场后，应严格进行开箱检查，并按清单造册登记，设备及器材的规格型号应符合设计要求。

产品的技术文件应齐全，具有合格证和铭牌。

设备外壳、漆层及内部仪表、线路、绝缘应完好，附件、备件齐全。

2. 模拟试验

感烟、感温、瓦斯火灾探测量，安装前应逐个模拟试验，不合格者不得使用。

7.1.7 探测器的安装

7.1.7.1 探测器的安装定位

探测器安装时，要按照施工图选定的位置，现场定位划线，在吊顶上安装时，要注意纵横成排对称。火灾报警施工图一般只提供探测器的数量、大致位置，在现场施工时，会遇到风管、风口、排风机、工业管道、行车和照明灯具等各种障碍，这样就要对探测器设计的位置作必要的移位，如果取消探测器或经过移位已超出了探测器的保护范围，则应和设计单位联系，进行设计修改变更。

探测器的安装位置应符合下列规定：

1. 探测区域内的每个房间至少应设置一只火灾探测器。感温、感光探测器距光源距离应大于1m。

2. 感烟、感温探测器的保护面积和保护半径应按表7.1.7.1-1确定。

感烟、感温探测器的保护面积和保护半径　　　　　表7.1.7.1-1

火灾探测器的种类	地面面积 S (m²)	房间高度 h (m)	探测器的保护面积 A 和保护半径 R					
			屋顶坡度 θ					
			$\theta \leqslant 15°$		$15° < \theta \leqslant 30°$		$\theta > 30°$	
			A (m²)	R (m)	A (m²)	R (m)	A (m²)	R (m)
感烟探测器	$S \leqslant 80$	$h \leqslant 12$	80	6.7	80	7.2	80	8.0
	$S > 80$	$6 < h \leqslant 12$	80	6.7	100	8.0	120	9.9
		$h \leqslant 6$	60	5.8	80	7.2	100	9.0
感温探测器	$S \leqslant 30$	$h \leqslant 8$	30	4.4	30	4.9	30	5.5
	$S > 30$	$h \leqslant 8$	20	3.6	30	4.9	40	6.3

3. 探测器一般安装在室内顶棚上，当顶棚上有梁时，梁的间距（净距）小于1m时，视为平顶棚。在梁突出顶棚的高度小于200mm的顶棚上设置感烟、感温探测器时，可不考虑梁对探测器保护面积的影响。

当梁突出顶棚的高度在200～600mm时，应按规定图、表确定探测器的安装位置。

当梁突出顶棚的高度超过600mm时，被梁隔断的每个梁间区域应至少设置一只探测器。

当被梁隔断的区域面积超过一只探测器的保护面积时，则应将被隔断的区域视为一个探测区域，并应按有关规定计算探测器的设置数量。

安装在顶棚上的探测器边缘与下列设施的边缘水平间距宜保持在：

(1) 与照明灯具的水平净距不应小于0.2m；

(2) 感温探测器距高温光源灯具（如碘钨灯、容量大于100W的白炽灯等）的净距不应小于0.5m；

(3) 距电风扇的净距不应小于1.5m；

(4) 距不突出的扬声器净距不应小于0.1m；

(5) 与各种自动喷水灭火喷头净距不应小于0.3m；

(6) 距多孔送风顶棚孔口的净距不应小于0.5m；

(7) 与防火门、防火卷帘的间距，一般在1～2m的适当位置。

4. 在宽度小于3m的内走道顶棚上设置探测器时，宜居中布置。感温探测器的安装间距不应超过10m，感烟探测器的安装间距不应超过15m。探测器至端墙的距离，不应大于探测器安装间距的一半，如图7.1.7.1-1所示。

5. 探测器至墙壁、梁边的水平距离，不应小于0.5m，如图7.1.7.1-2所示。

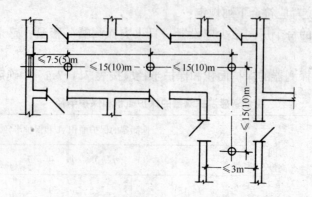

图 7.1.7.1-1 探测器在宽度小于 3m 的内走道设置图

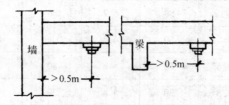

图 7.1.7.1-2 探测器至墙、梁水平距离示意图

6. 探测器周围 0.5m 内，不应有遮挡物。

7. 房间被书架、设备或隔断等分隔，其顶部至顶棚或梁的距离小于房间净高的 5% 时，则每个被隔开的部分应至少安装一只探测器，如图 7.1.7.1-3 所示。

8. 探测器至空调送风口边的水平距离不应小于 1.5m，如图 7.1.7.1-4 所示。至多孔送风顶棚孔口的水平距离不应小于 0.5m。

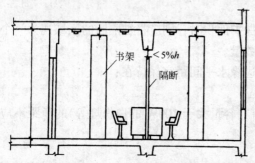 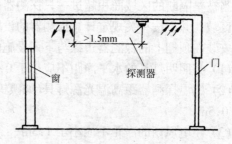

图 7.1.7.1-3 房间被分隔，　　　　图 7.1.7.1-4 探测器在有空调的
探测器设置示意图　　　　　　　　　　室内设置示意图

9. 当房屋顶部有热屏障时，感烟探测器下表面至顶棚的距离，应符合表 7.1.7.1-2 的规定。

10. 锯齿型屋顶和坡度大于 15° 的人字型屋顶，应在每个屋脊处设置一排探测器，如图 7.1.7.1-5 所示。探测器下表面距屋顶最高处的距离，也应符合表 7.1.7.1-2 的规定。

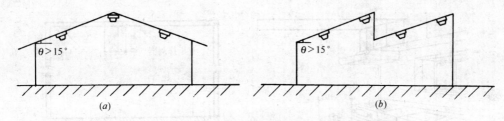

图 7.1.7.1-5 锯齿形和人字形屋顶探测器安装示意图
(a) 人字形屋顶探测器安装；(b) 锯齿形屋顶探测器安装

感烟探测器下表面距顶棚(或屋顶)的距离　　　　　表 7.1.7.1-2

探测器的安装高度 h (m)	感烟探测器下表面距顶棚(或屋顶)的距离 d(mm)					
	顶棚(或屋顶)坡度 θ					
	$\theta \leqslant 15°$		$15° < \theta \leqslant 30°$		$\theta > 30°$	
	最小	最大	最小	最大	最小	最大
$h \leqslant 6$	30	200	200	300	300	500
$6 < h \leqslant 8$	70	250	250	400	400	600
$8 < h \leqslant 10$	100	300	300	500	500	700
$10 < h \leqslant 12$	150	350	350	600	600	800

11. 探测器宜水平安装，如必须倾斜安装时，倾斜角度不应大于 45°，如图 7.1.7.1-6 所示。

12. 在厨房、开水房、浴室等房间连接的走廊安装探测器时，应避开其入口边缘 1.5m 安装。

13. 在电梯井、升降机井内设置探测器时，其位置宜在井道上方的机房顶棚上。未按每层封闭的管道井(竖井)安装火灾报警器时应在最上层顶部安装。隔层楼板高度在三层以下且完全处于水平警戒范围内的管道井(竖井)可以不安装。

图 7.1.7.1-6 坡度大于 45°的屋顶上探测器安装

14. 瓦斯探测器分墙壁式和吸顶式安装。墙壁式瓦斯探测器应装在距煤气灶 4m 以内，距地面高度为 0.3m，如图 7.1.7.1-7(a) 所示；探测器吸顶安装时，应装在距煤气灶 8m 以内的屋顶板上，当屋内有排气口，瓦斯探测器允许装在排气口附近，但位置应距煤气灶 8m 以上，如图 7.1.7.1-7(b) 所示；如果房间内有梁时，且高度大于 0.6m，探测器应装在有煤气灶的梁的一侧，如图 7.1.7.1-7(c) 所示；探测器在梁上安装时距屋顶不应大于 0.3m，如图 7.1.7.1-7(d) 所示。

7.1.7.2 探测器的固定

探测器是由底座和探头两部分组成，探测器的固定，主要是底座的固定，探测器旋转卡固在底座上。探测器属于精密电子仪器，在建筑施工的交叉作业中，一定要保护好探测器等火灾报警设备。在安装探测器时先安装探测器的底座，待整个火灾报警系统全部安装

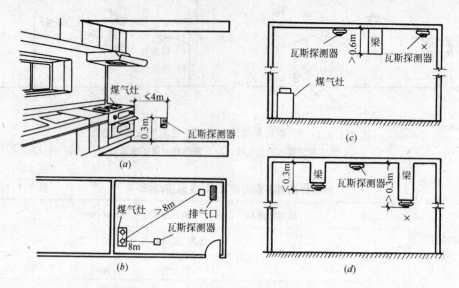

图 7.1.7.1-7 有煤气灶房间内探测器安装位置
(a) 安装位置一；(b) 安装位置二；(c) 安装位置三；(d) 安装位置四

完毕时，才最后安装探头，并进行必要的调整工作。

常用的探测器底座就其结构形式有普通底座和编码型底座、防爆底座、防水底座等专用底座。探测器底座按其安装方法有明装和暗装两种，底座又可以区分成直接安装和用预埋盒安装。

探测器的明装底座，有的可以直接安装在建筑物室内装饰吊顶的顶板上。

需要与专用盒配套安装或用 86 系统灯位盒安装的探测器，盒体要与土建工程配合预埋施工，底座外露建筑物表面的如图 7.1.7.2-1 所示。

使用防水盒安装的探测器，如图 7.1.7.2-2 所示。探测器安装在有爆炸危险的场所，使用防爆底座，做法如图 7.1.7.2-3 所示。

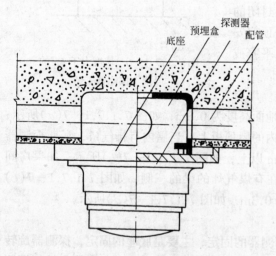

图 7.1.7.2-1 探测器用预埋盒安装

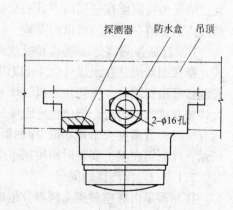

图 7.1.7.2-2 探测器用 FS 型防水盒安装

7.1 火灾报警与自动灭火系统安装

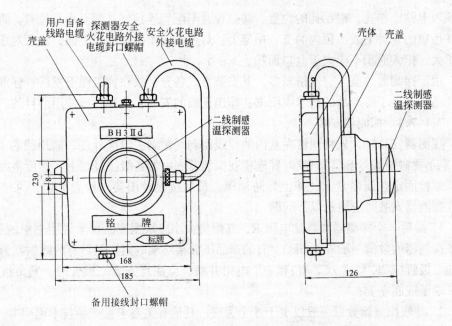

图 7.1.7.2-3 用 BHJW-1 型防爆底座安装感温式探测器

编码型探测器底座,如图 7.1.7.2-4 所示。编码型底座带有探测器锁紧装置,可防止探测器脱落。

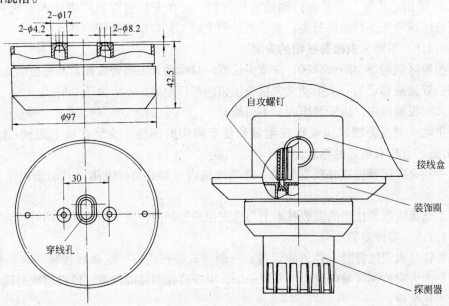

图 7.1.7.2-4 编码型底座外形及安装

探测器底座与各种预埋盒,一般是用两个螺钉进行固定的。尤其是使用灯位盒安装时,应根据探测器底座固定螺钉的间距和螺钉的直径,选择相配套的灯位盒。

探测器或底座的报警确认灯,应面向便于人员观察的主要入口方向。

在吊顶内安装探测器,配套的灯位盒应安装在顶板上面,根据探测器的安装位置,先在顶板上钻个小孔，根据孔的位置，将灯位盒与配管连接好，配至小孔位置，将保护管固定在吊顶的龙骨上或吊顶内的支、吊架上。灯位盒应紧贴在顶板上面，然后对顶板上的小孔扩大，扩大面积不应大于盒口面积。

由于探测器的型号、规格繁多，其安装方式各异，故在施工图下发后，仔细阅读图纸和产品样本，了解产品的技术说明书，作出正确的安装，达到合理使用的目的。

7.1.7.3 探测器安装

探测器安装时，先将预留在盒内的导线用剥线钳剥去绝缘外皮，露出线芯 10～15mm（注意不要碰掉编号套管），顺时针连接在探测器底座的各级接线端上，然后将底座用配套的机螺栓固定在预埋盒上，并上好防潮罩。最后按设计图要求检查无误，再拧上探测器头。探测器安装时应注意以下问题：

1. 最后一个探测器加终端电阻 R，其阻值大小应根据产品技术说明书中的规定取值，并联探测器的数值一般取 $5.6k\Omega$。有的产品不需接终端电阻。但是有的终端器为一个半导体硅二极管(ZCK 型或 ZCZ 型)和一个电阻并联，应注意安装二极管时，其负极应接在＋24V 端子或底座上；

2. 并联探测器数目一般以少于 5 个为宜，其他有关要求见产品技术说明书；

3. 如要装外接门灯必须采用专用底座；

4. 当采用防水型探测器有预留线时，要采用接线端子过渡分别连接，接好后的端子必须用胶布包缠好，放入盒内后再固定火灾探测器；

5. 采用总线制，并要进行编码的探测器，应在安装前对照厂家技术说明书的规定，按层或区域事先进行编码分类，然后再按照上述工艺要求安装探测器。

7.1.8 手动火灾报警按钮的安装

报警区域内每个防火分区，应至少设置一只手动火灾报警按钮。从一个防火分区内的任何位置到最邻近的一个手动火灾报警按钮的步行距离，不应大于 30m。

火灾报警按钮，应安装牢固，不得倾斜。

手动火灾报警按钮应设置在明显和便于操作的部位，安装在墙上距楼(地)面高度 1.5m 处，且应有明显的标志。

手动火灾报警按钮并联安装时，终端按钮内应加装监控电阻，其阻值由生产厂家提供。

手动火灾报警按钮的安装基本上与火灾探测器相同，需采用相配套的灯位盒安装。

7.1.9 警铃安装

警铃是火灾报警的一种讯响设备，一般应安装在门口、走廊和楼梯等人员众多的场所，每个火灾监测区域内应至少安装一个，应安装在明显的位置，能在防火分区任何一处都能听见响声。

警铃应安装在室内墙上距楼(地)面 2.5m 以上。安装方法可参见电气照明器具安装中电铃安装的内容。警铃是振动性很强的讯响设备，固定螺丝上要加弹簧垫片。

7.1.10 门灯安装

多个探测器并联时，可以在房门上方或建筑物其他明显部位安装门灯显示器，用于探测器或者探测器报警时的重复显示，在接有门灯的并联回路中，任何一个探测器报警，门灯都可以发出报警指示。

门灯安装仍需选用相配套的灯位盒或相应的接线盒，预埋在门上方墙内，且不应凸出墙体装饰面。门灯的接线可根据厂家的接线示意图进行。

7.1.11 火灾报警控制器安装

火灾报警控制器是建筑物的一种防火设备。要保证它的正常工作，不仅与报警控制器质量有关，还与合理的安装施工有关。

火灾报警控制器一般安装在火警值班室或消防中心。

7.1.11.1 区域火灾报警控制器

区域火灾报警控制器一般为壁挂式，可以直接安装在墙上，也可以安装在支架上。控制器底边距地面的高度不应小于1.5m。靠近门轴的侧面距墙不应小于0.5m，正面操作距离不应小于1.2m。

控制器安装在墙面上可采用膨胀螺栓固定。如果控制器重量小于30kg，则使用$\phi 8 \times 120$膨胀螺栓，如果重量大于30kg则采用$\phi 10 \times 120$的膨胀螺栓固定。

安装时首先根据施工图位置，确定好控制器的具体位置，量好箱体的孔眼尺寸，在墙上划好孔眼位置，然后进行钻孔，孔应垂直墙面，使螺栓间的距离与控制器上孔眼位置相同。安装控制器时应平直端正，否则应调整箱体上的孔眼位置。

如果报警控制器安装在支架上，应先将支架加工好，并进行防腐处理，支架上钻好固定螺栓的孔眼，然后将支架装在墙上。控制箱装在支架上，安装方法基本与上述相同。

7.1.11.2 集中火灾报警控制器安装

集中火灾报警控制器一般为落地式安装，柜下面有进出线地沟。如果需要从后面检修时，柜后面板距墙不应小于1m，当有一侧靠墙安装时，另一侧距墙不应小于1m。

集中报警控制器的正面操作距离，当设备单列布置时不应小于1.5m。双列布置时不应小于2m，在值班人员经常工作的一面，控制盘前距离不应小于3m。

集中火灾报警控制箱（柜）、操作台的安装，应将设备安装在型钢基础底座上，一般采用8～10号槽钢，也可以采用相应的角钢。型钢的底座制作尺寸，应与报警控制器相等。基础型钢的制作及报警控制器在型钢上的安装，可参见成套配电柜（盘）及动力开关柜安装一节的有关内容。

当火灾报警控制设备经检查，内部器件完好、清洁整齐，各种技术文件齐全，盘面无损坏时，可将设备安装就位。

报警控制设备固定好后，应进行内部清扫，用抹布将各种设备擦干净，柜内不应有杂物，同时应检查机械活动部分是否灵活，导线连接是否紧固。

一般设有集中火灾报警器的火灾自动报警系统的规模都较大。竖向的传输线路应采用竖井敷设，每层竖井分线处应设端子箱，端子箱内最少有七个分线端子，分别做为电源负线、故障信号线、火警信号线、自检线、区域号线、备用1和备用2分线。两根备用公共线是供给调试时作为通讯联络用。由于楼层多、距离远，在调试过程中用步话机联络不上，所以必须使用临时电话进行联络。

7.1.12 自动灭火系统的安装

消防控制柜（盘）分为壁挂式、自立式、台式等几种，壁挂式消防控制柜（盘）的安装与壁挂式火灾报警控制器相同。台式可以浮置于地面上。

在安装前应对消防控制设备进行功能检查，不合格者应进行检修或更换。

消防控制设备盘(柜)内不同电压、不同相序的端子应分开，并有明显标志。

7.1.13 火警专用配线(或接线)箱安装

在建筑物各楼层内布线时，由于线路种类和数量较多，并且布线长度在施工时也受限制，若太长施工及维修都不便，特别是给寻找线路故障带来困难。故建筑物内宜按楼层分别设置火灾专用配线(或接线)箱做线路汇接。箱体用红色标志为宜。

设置在专用竖井内的箱体，应根据设计要求的高度及位置，采用金属膨胀螺栓将箱体固定在墙壁上。

配电线(或接线)箱内采用端子板汇接各种导线并应按不同用途、不同电压、电流类别等需要分别设置不同端子板。并将交直流不同电压的端子板加以保护罩进行隔离，以保护人身和设备安全。

箱内端子板接线时，应使用对线耳机，两人分别在线路两端逐根核对导线编号。将箱内留有余量的导线绑扎成束，分别设置在端子板两侧，左侧为控制中心引来的干线，右侧为火灾探测器及其他设备的控制线路，在连接前应再次摇测绝缘电阻值。每一回路线间的绝缘电阻值应不小于 $10M\Omega$。

单芯铜导线剥去绝缘层后，可以直接接入接线端子板，剥削绝缘层的长度，一般比端子插入孔深度长 1mm 为宜。对于多芯铜线，剥去绝缘层后应挂锡再接入接线端子。

7.1.14 系统的布线

火灾自动报警系统的传输线路，应采用铜芯绝缘导线或铜芯电缆，其电压等级不应低于交流 250V。

火灾自动报警系统传输线路的线芯截面选择，除应满足自动报警装置的技术条件要求外，还应满足机械强度的要求。绝缘导线、电缆线芯按机械强度要求的最小截面，不应小于表 7.1.14 的规定。

铜芯绝缘导线、电缆线芯的最小截面 表 7.1.14

类　　别	线芯的最小截面(mm^2)
穿管敷设的绝缘导线	1.00
线槽内敷设的绝缘导线	0.75
多芯电缆	0.50

火灾自动报警系统传输线路采用绝缘导线时，应采取穿金属管、硬质塑料管、半硬质塑料管或封闭式线槽保护方式布线。

消防控制、通讯和报警线路。应采取穿金属管保护，并宜暗敷设在非燃烧体结构内，其保护层厚度不应小于 3cm。当必须明敷设，应在金属管上采取防火保护措施。当采用绝缘和护套为非延燃性材料的电缆时，可不穿金属管保护，但应敷设在电缆井内。

不同系统、不同电压等级、不同电流类别的线路，不应穿于同一根管内或线槽的同一槽孔内。但电压为 50V 及以下回路、同一台设备的电力线路和无防干扰要求的控制回路可除外。此时电压不同的回路的导线，可以包含在一根多芯电缆内或其他的组合导线内，但安全超低压回路的导线必须单独地或集中地按其中存在的最高电压绝缘起来。

横向敷设的报警系统传输线路如采用穿管布线时，不同防火分区的线路不宜穿入同一根管内，但探测器报警线路若采用总线制布设时可不受此限。

弱电线路的电缆竖井，宜与强电线路的电缆竖井分别设置。如受条件限制必须合用时，弱电与强电线路应分别布置在竖井两侧。

火灾探测器的传输线路，宜选择不同颜色的绝缘导线。一般红色线为"正极"，黑色为"负极"，其他种类导线的颜色，亦应根据需要而定。信号线可采用粉红色，检查线采用黄色。同一工程中相同线别的绝缘导线颜色应一致，接线端子应有标号。

穿管绝缘导线或电缆的总截面积，不应超过管内截面积的40%。敷设于封闭式线槽内的绝缘导线或电缆的总截面积，不应大于线槽的净截面积的50%。

布线使用的非金属管材、线槽及其附件，应采用不燃或非延燃性材料制成。

7.1.15 系统的接地

消防控制室专设工作接地装置时，接地电阻值不应大于4Ω。采用共同接地时，接地电阻值不应大于1Ω。

当采用共同接地时，应用专用接地干线由消防控制室接地板引至接地体。专用接地干线应选用截面积不小于25mm^{2}的塑料绝缘铜芯电线或电缆两种。

由消防控制室接地板引至各消防设备的接地线，应选用铜芯绝缘软线，其线芯截面积不应小于4mm^2。

各种火灾报警控制器、防盗报警控制器和消防控制设备等电子设备的接地及外露可导电部分的接地，均应符合接地及安全的有关规定。

接地装置施工完毕后应及时作隐蔽工程验收。

7.1.16 系统调试

为了保证新安装的火灾报警与自动灭火系统能安全可靠地投入运行，性能达到设计的技术要求，在系统安装施工过程中和投入运行前，要进行一系列的调整试验工作。调整试验的主要内容包括线路测试、火灾报警与自动灭火设备的单体功能试验、系统的接地测试和整个系统的开通调试。

调试人员应在系统调试前，认真阅读施工布线图、系统原理图，了解火警设备的性能及技术指标。对有关数据的整定值、调整技术标准必须做到心中有数，方可进行调整试验工作。

在各种设备系统联接与试运转过程中，应由有关厂家参加协调，进行统一系统调试，发现问题及时解决，并做好详细的调试记录。

经过调试无误后，再请有关监督部门进行验收，确认合格办理交接手续，交付使用。

交工验收时应交接下列资料：

1. 竣工图及隐蔽验收资料；
2. 工程变更设计的证明文件；
3. 设备器材使用说明书及合格证件；
4. 调整试验记录；
5. 安装质量检验评定资料。

Ⅲ 质量标准

7.1.17 主控项目

7.1.17.1 感烟、感温等探测器根据保护部位的不同分为一、二、三级；探测器分为防水型和不防水型，安装时必须严格按设计要求加以区别。必须达到盒四周边无破损，探测器接线正确，外观无损伤和无污染，牢固可靠。并采取防尘和防潮措施。

检验方法：观察检查。

7.1.17.2 配线(或接线)箱安装可参照照明配电箱安装工艺标准，导线的连接必须达到牢固可靠，线号正确齐全。

检验方法：观察检查。

7.1.17.3 火灾报警柜(盘)安装可参照配电柜(盘)安装工艺标准执行。

设备的布置应符合下列要求：

1. 单列布时，盘前操作距离不应小于1.5m；双列布时，盘前操作距离不应小于2m；
2. 在值班人员经常工作的一面，控制盘至墙的距离不应小于3m；
3. 盘后维修距离不应小于1m；控制盘排列长度大于4m时，控制盘两端应设置宽度不小于1m的通道。

检验方法：进行试调检查。

7.1.18 一般项目

7.1.18.1 探测器：探测器的安装倾斜角不能大于45°，大于45°时应采取措施使探测器成水平安装；活动地板下的探测器应做独立支架固定，不允许直接安装在活动地板下面或倒置安装在基础地面上；安装在轻钢龙骨吊顶或活动式(插板式)吊顶下面的探测器的盒必须与顶板固定牢，再安装探测器。

7.1.18.2 端子箱内回路电缆排列整齐，线号清楚，导线绑扎成束，端子号相互对应，字迹清晰。

7.1.18.3 消防控制室内柜(盘)接地电阻值应符合下列要求：

1. 工作接地电阻值应小于4Ω；
2. 采用联合接地时，接地电阻值应小于1Ω；
3. 当采用联合接地时，应用专用接地干线由消防控制室引至接地体。专用接地干线应用铜芯绝缘导线或电缆，其线芯截面积不应小于$25mm^2$；
4. 由消防控制室接地极引至各消防设备的接地线应选用铜芯绝缘软线，其线芯截面积不应小于$4mm^2$；
5. 柜(盘)除设计有特殊要求外，一般都应按以上要求执行，各地线连接应牢固可靠，并有防松垫圈；
6. 各路导线接头正确牢固，编号清晰，绑扎成束。

检验方法：观察检查。

Ⅳ 成品保护

7.1.19 安装探测器及手动报警器时应注意保持吊顶、墙面的整洁。安装后应采取防尘和防潮措施，配有专用防尘罩的应及时装好。

7.1.20　设备柜(盘)箱和安装完毕后应注意箱门上锁，保护箱体不被污染。

7.1.21　柜(盘)除采用防尘和防潮等措施外，最好将房门及时锁上，以防止设备损坏和丢失。

Ⅴ　安全注意事项

7.1.22　火灾自动报警系统的安装、调试必须由专业安装公司(处)或经过培训考核合格的安装队伍完成。

应按有关部门批准的设计，配合土建施工及消防设施的安装同步进行。

7.1.23　火灾自动报警系统中的传输信号线应穿入管内或封闭式线槽内敷设；灭火控制及消防通讯线应采取穿钢管保护。

Ⅵ　质量通病及其防治

7.1.24　导线编号混乱，颜色不统一。应根据产品技术说明书的要求，或根据本工艺的规定分色，相同回路的导线应颜色一致。

7.1.25　导线连接松动、反圈、绝缘电阻值低。应重新将连接不牢的导线连接牢固，反圈的应按顺时针方向调整过来，绝缘电阻值过低的应找出原因，否则不准投入使用。

7.1.26　探测器与灯位、通风口等部位互相干扰。应与设计人员及有关方面进行协商调整。

7.1.27　柜(盘)、箱的接地导线截面不符合要求，连接不牢。应按要求选用接地导线，连接时应配好防松垫圈且压接牢固，并应有明显接地标记，以便于检查。

7.1.28　控制器、柜、盘、箱等被污染。应将其清理干净。

7.1.29　运行中出现误报。应检查接地电阻值是否符合要求，是否有虚接现象，直到调至正常为止。

7.2　电视电缆系统工程安装

Ⅰ　施 工 准 备

7.2.1　设备、材料
1. 共用天线、前端设备、分配器、分支器、用户盒等；
2. 各种规格型号的馈线；
3. 各种规格的焊接钢管和硬质塑料管等。

7.2.2　机　具
1. 手电钻、冲击钻、克丝钳、一字和十字螺丝刀、电工刀等；
2. 水平尺、线坠、大绳、高凳、工具袋等。

7.2.3　作业条件
1. 预埋箱、盒及暗配管应随土建配合施工；
2. 电视系统工程安装应待土建室内装饰工程结束后进行；
3. 天线安装应在建筑物屋面工程结束后进行。

Ⅱ 施工工序

7.2.4 施工程序

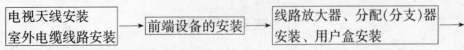

系统调试验收

7.2.5 设备及材料的选择

7.2.5.1 天线选择

电视接收天线选择，应根据不同的接收频道、场强、接收环境以及共用天线电视系统的设施规模来选择天线，以满足接收电视机图象清晰、色彩鲜明的要求，并有产品合格证。

7.2.5.2 前端设备和机房设备的选择

应根据设计要求，选择相应型号及性能的天线放大器、混合器、频道转换器、分支器、干线放大器、分支（分配）放大器、线路放大器、机箱、机柜等。应检查仪器外观是否完整无缺，机件内部是否齐全，然后进行通电试验，检查工作是否正常。产品说明书和技术资料齐全，并有产品合格证。

7.2.5.3 分配器选择

分配器有二分、三分、四分、六分等分配器，应按设计要求选择，并有产品合格证。

7.2.5.4 用户盒选择

用户盒（又称接线盒或终端盒）是系统与用户电视机联接的端口。用户盒分为明装和暗装。暗装盒又有塑料盒和铁盒两种，明装一般采用塑料盒，盒体与盖颜色一致，盒子不应有破损变形。用户盒插孔阻抗必须与电视阻抗匹配，并有产品合格证。暗装用户盒，如图7.2.5.4 所示。

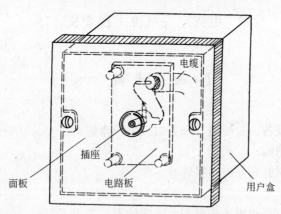

图 7.2.5.4 暗装用户盒

7.2.5.5 配管的选择

在多雷雨区和强干扰区，则采用金属管预埋，并敷设铁制用户盒，以增强屏蔽作用。在少雷区和弱干扰区，采用塑料管和塑料用户盒预埋。

钢管不应有折扁和裂缝，管内无铁屑及毛刺，切断口应锉平，管口应刮光。

塑料管应内外光滑、壁厚均匀、无脆裂、易弯制加工。

7.2.5.6 馈线选择

平行馈线（300Ω馈线），构造简单，造价低廉，又容易与折合振子天线连接，因而在甚高频段应用广泛，如图7.2.5.6-1所示，平行馈线适用于电视机与共用天线电视插座之间，并应有产品合格证。

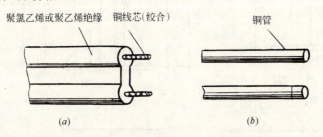

图7.2.5.6-1 平行馈线
(a) 平行扁馈线；(b) 空气绝缘平行馈线

同轴电缆馈线，它是由同轴的内外导体组成，内导体为实芯导体，外导体为金属网，内外导体间垫以聚乙烯高频绝缘介质材料，最外面层为聚氯乙烯保护层，如图7.2.5.6-2特性阻抗有50Ω、75Ω、100Ω三种，选用时应注意阻抗要求，并有产品合格证。

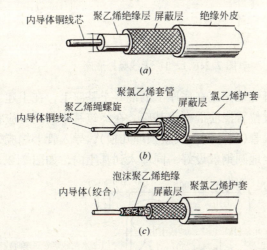

图7.2.5.6-2 同轴电缆
(a) SYV型同轴电缆；(b) SDV型同轴电缆；(c) SYHV型同轴电缆

7.2.6 天线的安装

共用天线的安装位置应按照施工图标定的位置和高度进行，具体确定位置时，还应根据建筑物的结构，选择天线的固定方式。天线应安装在接收电平较高的位置，在做天线安装基础之前，应该用场强仪实测场强值，选择天线的最佳架设位置。天线的安装可分为基座制作，天线组装和天线架设三个步骤进行。

7.2.6.1 天线基座制作

天线的固定底座有两种形式，一种由厚12mm钢板和6mm厚钢板做肋板，同天线竖杆装配焊接而成，另一种是钢板和槽钢焊接成底座，天线竖杆与底座用螺栓紧固，如图7.2.6.1-1所示。

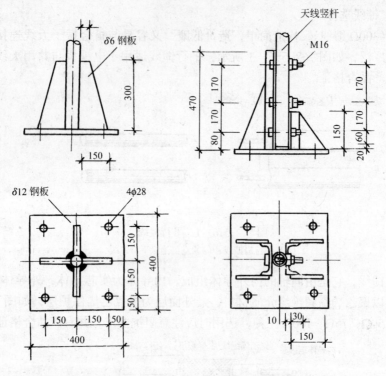

图 7.2.6.1-1 天线竖杆底座

天线竖杆底座是用地脚螺栓固定在底座下的混凝土基座上，在土建工程浇注混凝土屋面时，应在事先选好的天线位置浇注混凝土基座，在浇筑基座的同时应在天线基座边沿适当位置上预埋几根电缆导入管(装几副无线就预埋几根)，导入管上端应处理成防水弯或者使用防水弯头，并将暗设接地圆钢敷设好一同埋入到基座内，如图7.2.6.1-2所示。

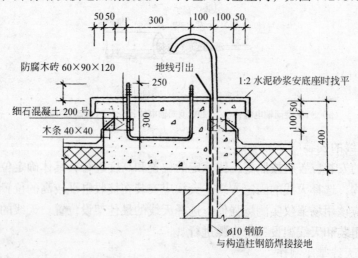

图 7.2.6.1-2 底座式天线基座安装图

在浇筑混凝土基座时，应在距底座中心适当半径处每隔120°方位处浇筑三个拉索基座，如图7.2.6.1-3所示。拉索基座应置于顶层承重墙上，也可置于非承重墙上，具体位置可视具体设计屋面而定，但应保证钢丝绳拉索与水平夹角在30°~60°之间拉紧。

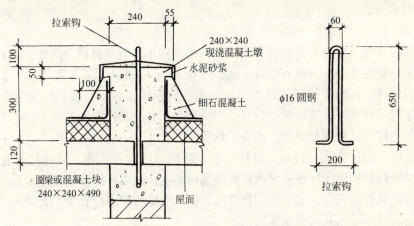

图7.2.6.1-3 拉索基座安装图

7.2.6.2 天线的架设

1. 天线的竖杆和横杆的连接

天线竖杆是用来支撑接收天线用的。天线竖杆可以分段连接组成，如图7.2.6.2-1所示分成三段。每段钢管外径尺寸分别为70、60和50mm。各段钢管连接处需插入300mm左右再焊接。各段长度一般从D段到B段逐渐减短，但D、C两段之和不得小于1个波长(一般为2.5~6m)，否则将影响天线正常的接收。B段为固定天线的部分，其长度与固定天线的数量有关，一般为3m左右。A段为避雷针，其长度根据使用的天线而定，一般选取2m以上。避雷针尖和竖杆间需焊接，顶端常常做成铜头或镀锌。天线竖杆上装有互成120°角的三耳夹片，用来拉钢丝绳拉索坚固竖杆。

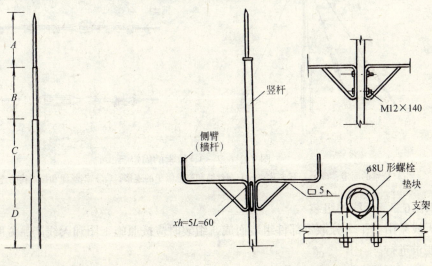

图7.2.6.2-1 天线竖杆　　　图7.2.6.2-2 竖杆和横杆安装图

天线的横杆有的称为支架有的称为侧壁,它们与天线竖杆的连接方法也不同,支架可以用U形螺栓连接,侧臂与竖杆焊接连接时,应焊接两处,每段焊接缝长应大于60mm。竖杆和侧臂采用螺栓连接时,应用M12×140螺栓紧固,支架及侧臂的安装,如图7.2.6.2-2所示。

2. 竖杆

竖杆的现场要干净整齐,与竖杆无关的构件放到不妨碍竖杆以外的地方。人员和工具应备齐全,一般起立竖杆时应有指挥1人,工作人员4~5人。首先把上、中、下节杆连接好,紧固螺栓,再把天线杆的拉索钢丝绳绑扎好,挂在杆上,各钢丝绳拉索卡应卡牢固,中间绝缘子套接好,花篮螺丝松至适当位置上,并放在拉绳的拉索上,把天线杆放在起杆位置,把杆底座放在基座旁,准备工作就绪。

现场指挥下达口令统一行动,将杆立起,起杆时用力要均衡,防止杆身忽左忽右摆动。将天线竖杆底座用预埋在基座内的地脚螺栓固定,天线杆底座要固定水平、牢固。如采用槽钢固定竖杆的底座,起立前应将竖杆先插入底座的固定位置上,先穿入一根固定螺栓,将杆竖直后再穿入其他螺栓紧固。

当杆身或底座固定牢固后,再用花篮螺丝校正钢丝绳拉索的松紧程度。并用8~10号线把花篮螺丝封住。拉索竖杆的角度一般为30~60°。在距离天线较近的一段间隔内,每隔小于1/4中心波长的距离内串一个瓷绝缘子,每根拉绳串入2~3个瓷绝缘子。如图7.2.6.2-3所示。

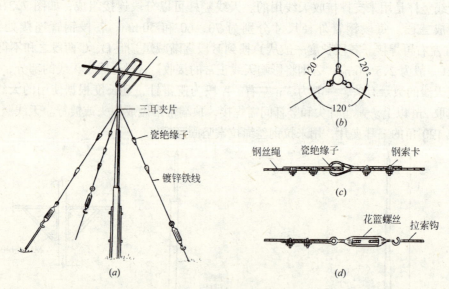

图 7.2.6.2-3 拉索的固定

(a) 拉索的固定;(b) 三耳夹片;(c) 钢丝绳和瓷绝缘子的连接;(d) 钢丝绳和拉索钩的连接

7.2.6.3 天线的组装

天线是由若干个分散零部件组装而成,组装时应按照施工图和天线产品说明书及天线技术要求进行。

CATV系统在第1~5频道一般采用五单元八木天线,在第6~12频道采用八单元高增益天线。八木天线由回形振子、反射器和引向器组成,图7.2.6.3-1。

7.2 电视电缆系统工程安装

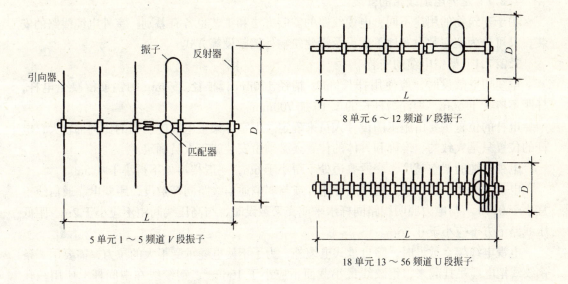

图 7.2.6.3-1　1~56 频道振子外形图

安装天线时，首先在横杆（支架或侧臂）上水平装回形振子，然后将所在振子的上下夹片用螺栓和蝶型螺母上好。在回形振子后面装上比回形振子长 15%~25% 的反射器，在回形振子前面安装比回形振子短 15%~25% 的引向器。引向器要指向电视台的发射天线方向，距回形振子近的引向器长些，距回形振子越远的引向器越短（在高频道有时全部引向器一样长）。所有振子安装完后要调到同一平面，然后拧紧全部蝶型螺母。

各频道天线按上述做法组装在天线杆上适当部位，原则上二副天线的高频道天线在上边，低频道天线在下边。三副以上时高频道天线在横杆上，低频道天线在竖杆上，层与层间的距离要大于 1/2 λ。

天线安装好后，再将带通滤波器、天线放大器安在竖杆上，同时将 CATV 系统宽频带、UHF 频段天线阻抗匹配器也安装在天线杆上。然后进行馈线引下。

天线的馈线采用 SYV-75-5-1 型同轴电缆，从天线匹配盒引出，穿入带弯头或防水弯头的基座电缆导入管，进入前端放大分配设备。

为了防止风吹动馈线电缆，在馈线安装后，将馈线用电缆夹或电缆夹座，图 7.2.6.3-2。每隔 1.5m 沿横杆或竖杆固定，在靠近天线附近 0.5m 处，应有一定的松弛弧度，不要使馈线承受拉力。

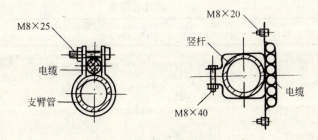

图 7.2.6.3-2　电缆夹件做法

7.2.7 室外电缆线路的安装

由于建筑物的用途不同,电缆线路的安装方法和工艺也各有差别。室外电缆线路的安装,又可分为架空敷设和地下敷设及沿建筑物外墙敷设等方式。

7.2.7.1 架空电缆的安装

电缆架空敷设时,应使用杆长8m,梢径150mm,根径257mm的钢筋混凝土电杆,杆距不应大于50m,埋深为杆长的1/10加700mm。

电杆的位置主要由施工图设计人员来确定。但室外架空电缆施工图的比例都较大,电杆的位置只是大致的。准确和具体的位置还必须由安装施工人员确定。

电视电缆的架空高度,交通要道处不得小于6m,一般楼房处不得小于4.5m。

电视电缆架空敷设时,宜采用专用杆或与弱电通信线路同杆敷设,距弱电、通信线不宜小于0.4m。与电力照明线路同杆水平或交叉敷设时,与高压线间距不应小于2m,距低压线路下方不应小于0.75m。

电视电缆架空敷设时,除自承式电缆外,为了不使电缆承受很大的拉力,需要用一条钢绞线把电缆吊挂起来,钢绞线最小截面不应小于16mm^2,钢绞线在中间杆上应用三孔单槽夹板固定,终端杆应用抱箍拉紧,如图7.2.7.1所示。

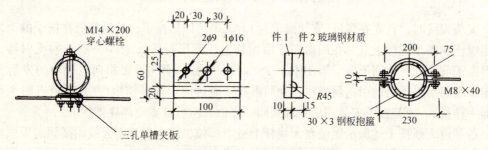

图7.2.7.1 架空电缆钢线固定法

电缆架空敷设时,应采用电信电缆挂钩吊挂,两挂钩间距不宜大于0.6m。一条钢绞线宜吊挂1~2条电视电缆。

电视电缆架空敷设时,两支持点间的电缆间不应有接头。

7.2.7.2 电缆埋地敷设

电缆直埋敷设时,电缆的埋深不应小于表7.2.7.2的规定。电缆周围应有砂土垫层,在电缆上部100mm处应盖有红砖保护,如图7.2.7.2-1所示。电视电缆与电力电缆共沟敷设时,如图7.2.7.2-2所示。

电缆埋设深度 表7.2.7.2

埋设场所	埋设深度(m)	要求
交通频繁的地段	1.2	穿钢管安装在电缆沟内
交通量少的地段	0.60	穿硬乙烯管内
人行道	0.60	穿硬乙烯管内
无垂直负荷地段	0.60	直埋

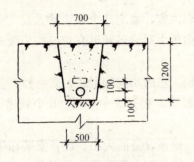
图7.2.7.2-1 电缆直埋

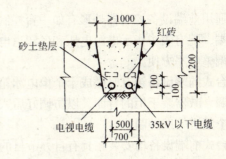
图7.2.7.2-2 电缆与电力电缆共沟敷设

电视电缆地下埋设时,应有防腐蚀措施,在电缆的出入端应有穿管保护且有防水措施,穿越公路、道路时应加保护管。

设置电缆井暗敷设时,应每100m设置电缆井一个,井盖上应标明电缆走向,电缆接头处必须装有防水箱。

7.2.7.3 电缆沿建筑物外墙敷设

旧楼安装电缆电视系统,布置一般沿外墙明敷,再由窗户处进入室内。电缆应采用黑色防晒防潮电缆,布线要横平竖直,电缆可采用塑料钢钉电线卡固定,间距宜在30~50cm间。

采用自承式电缆在楼与楼之间跨接时做法如图7.2.7.3所示。

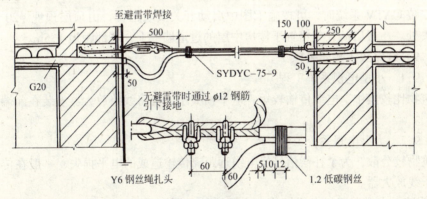
图7.2.7.3 自承电缆楼间跨接大样图

7.2.8 前端设备的安装

前端的全部设备,包括频道放大器、衰减器、混合器、宽带放大器、电源和分配系统的分配器等,集中布置在一个铁箱内,称前端箱。前端箱可分为壁挂式、嵌入式和台式三种。

7.2.8.1 嵌入式前端箱安装

嵌入式前端箱是一种暗装方式,与电缆线路的暗配方式配套,安装时应首先确定箱体安装位置,在土建主体施工时将箱体预埋,并敷设连接暗配电缆保护管,待土建室内装饰工程结束后,穿入电视电缆,然后安装箱内设备底板,进行设备间的配线。嵌入式前端箱应安装在横平竖直的位置,底边距地1.5m。嵌入箱的预埋方法可参见暗配管和照明配电箱安装中的有关内容。

7.2.8.2 台式前端设备安装

通用前端设备控制器外形有如一台控制柜，美观大方，固定几个频道输入及几个频道输出端，配有表头指示电源电压和各频道电平，在面板上对应各频道有对应的步级式衰减器，调整电平方便。

台式前端设备箱有时做成十个像电冰箱一样的柜，它的功能和上述台式一样，各频道的可调衰减器装于柜的背面，以防调好后人们任意搬动。它有5个频道、6个频道、7个及9个频道等四种制式。

台式前端设备均安装在具有自办节目的值班室，根据设备的大小，设备安装在带地沟槽的地板上面，全部进出电缆均来自配线地沟槽，箱体用四个膨胀螺栓紧固在地面上，设备前面应留有1.5m宽的操作位置，设备背后应留1m宽的维修位置。箱或柜应安装垂直端正，箱内配线应整齐美观。

7.2.8.3 半自动开关系统装置安装

半自动开关系统是前端设备的附加设备，可使CATV系统实现无人管理，特别适用于统建居民住宅区。

半自动关机设备可以多处设立启动开关，并附带有电源指示，任何一处开关接通都可以打开系统电源，前端设备电源一经打开，其他开关便失去作用。迫停开关为强使前端设备切断电源用，当电视台信号均结束后，自动关机设备动作，切断系统电源。

启动开关置于用有机玻璃制作的壁板上，开关指示灯通过CTY-4型四线插头，联接在前端设备箱内的CZY-4型插座上。

在安装CATV系统时，可按施工图中启动开关安装位置，由顶层预埋$\phi 20$管道直至启动开关处。一般启动开关箱置于楼房中层的过道墙壁上，底部距地1.5m。

7.2.9 线路放大器安装

7.2.9.1 小型电视系统工程

建筑物比较集中，电缆传输较短，电平损失小，可将线路放大器安装在前端设备共用机箱内。

7.2.9.2 大型电视系统工程

建筑物较分散，为了补偿信号经电缆远距离传输造成的电平损失，一般在传输的中途应加装干线放大器。

1. 明装：电缆需通过电线杆架空，干线放大器则吊装在电线杆上，不具备防水条件的放大器(包括分配器和分支器)要安装在防水箱内；

2. 暗装：根据设计的规定，在传输中途设中继放大站，电缆井里面可以放置一只干线放大器及配电板。应注意防潮，上面标明电缆的走向及信号输入、输出电平，以便维修检查；

3. 线路放大器及干线放大器有的是自带电源，有的本身不带电源，而是由前端设备共用箱内的稳压电源通过电缆馈送的。应根据具体情况将电源接好；

4. 延长放大器是为了补足每一幢楼内的分配器或分支器及电缆传输的电平损耗而增加的。一般在该楼房的进线口放置一只信号分配共用箱，箱内除放一只延长放大器外，还需装有开关(装电源保险用)，并装有电源插座及分配器或分支器。

7.2.10 分配(分支)器安装

7.2.10.1 明装

1. 安装方法是按照部件的安装孔位，用φ6mm合金钻头打孔后，塞进塑料膨胀管，再用木螺丝对准安装孔加以紧固。塑料型分支器、分配器或安装孔在盒盖内的金属型分配分支器，则要揭开盒盖对准安装盒钻眼；压铸型分配、分支器，则对准安装孔钻眼；

2. 对于非防水型分配器和分支器，明装的位置一般是在分配器箱内或走廊、阳台下面，必须注意防止雨淋受潮，连接电缆水平部分留出长250~300mm左右的余量。然后导线向下弯曲，以防雨水顺电缆流入部件内部。

7.2.10.2 暗装

暗装有木箱与铁箱两种，并装有单扇或双扇箱门，颜色尽量与墙面相同。在木箱上装分配器或分支器时，可按安装孔位置，直接用木螺丝固定。采用铁箱结构，可利用二层板将分配器或分支器固定在二层板上，再将二层板固定在铁箱上。

7.2.11 用户盒安装

用户盒也分明装与暗装，明装用户盒（插座）只有塑料盒一种，暗装盒又有塑料盒、铁盒两种，应根据施工图要求进行安装。一般盒底边距地0.3~1.8m，用户盒与电源插座盒应尽量靠近，间距一般为0.25m。如图7.2.11所示。

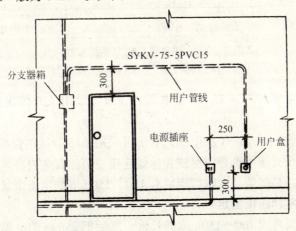

图7.2.11 用户盒安装位置

7.2.11.1 明装

明装用户盒直接用塑料胀管和木螺丝固定在墙上，因盒突出墙体，应特别注意在墙上明装，施工时要注意保护，以免碰坏。

7.2.11.2 暗装

暗装用户盒应在土建主体施工时将盒与电缆保护管预先埋入墙体内，盒口应和墙体抹灰面平齐，待装饰工程结束后，进行穿放电缆，接线安装盒体面板。面板应紧贴建筑物表面。

暗装用户盒、管的预埋方法可参见钢管、硬质塑料管暗敷设一节的有关内容。

7.2.12 室内管路敷设和管内穿线

宾馆、饭店一般有专用管道井，室内有吊顶，冷暖通风管道，电话、照明等线路均设置其中。电视电缆也设计敷设在这里，这样即便于安装，又便于维修。

混凝土和砖混结构建筑工程，可在土建施工中配合施工敷设在墙体及楼板层内。如图

7.2.12所示。

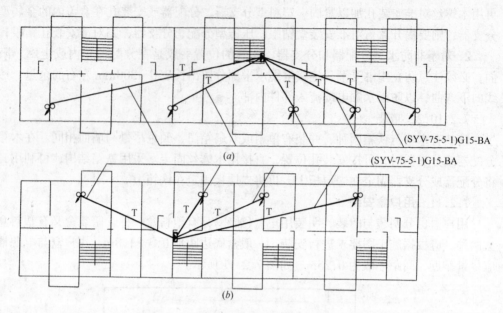

图 7.2.12 住宅楼 CATV 系统布线
（a）三单元一梯三户住宅楼；（b）四单位一梯二户住宅楼

电视主干线一般采用 SYV-75-9 型电缆，管道可采用 $\phi 20$ 焊接钢管（水煤气钢管）或硬质塑料管。

分支线一般采用 SYV-75-1 型电缆，管道可采用 $\phi 15$ 焊接钢管或硬质塑料管。

电视系统管内穿线方法可见管内穿线和导线连接一节的有关内容。

无论用户盒明装还是暗装，盒内均应留有 100～150mm 的电缆余量，以便维修使用。

7.2.13 结线压接和面板固定

先将盒内电缆接头剪成 100～150mm 的长度，然后把 25mm 的电缆外绝缘层剥去，再把外导线铜网套如卷袖口一样翻卷 10mm，留出 3mm 的绝缘台和 12mm 的芯线，将线芯压在用户盒面板端子上，用 Ω 卡压牢铜网套处，如图 7.2.13 所示。

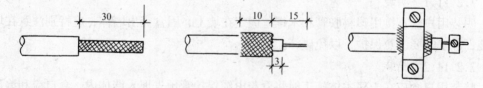

图 7.2.13 电缆结线压接法

把压接好导线的面板，固定在用户盒的安装孔上，同时要调整好面板的垂直度。

7.2.14 电视电缆系统的接地

建筑物有避雷带（网）时，可用扁钢或圆钢将天线杆、基座与建筑物避雷带（网）电焊连接为一体。有关避雷的具体做法可见避雷及接地装置安装。接地电阻值应小于 4Ω，天线必须在避雷针保护角之内。

为了减少对 CATV 系统内器件的干扰和防止雷击，器件金属部位要求屏蔽接地，即线路中设置的放大器、衰减器、混合器、分配器等的金属屏蔽层、电缆线屏蔽层及器件金属外壳应全部连通。

金属管干线与支线和建筑物防雷接地应有良好的整体接地。

在使用中,为了确保安全,雷雨天气应将电视机电源插头和共用天线插头从插座中拔出。

要求电视天线维护人员对防雷接地做定期检查。

7.2.15 系统调试验收

7.2.15.1 调整天线系统

1.天线架设完毕,检查各接收频道安装位置是否正常。

2.将天线输出的75Ω同轴电缆接场强计输入端,测量信号电平大小,微调天线方向使场强计指示最大。如果转动天线时,电平指示无变化,则天线安装,阻抗变换器有问题,应检查排除故障。

3.测量电平正常时,接电视接收机检查图象和伴音质量。有重影时,反复微调天线方向直至消除重影为止。

4.各频道天线调整完毕后,方可接入共用天线系统的前端设备中。

7.2.15.2 前端设备调试

1.各频道天线信号接入混合器

(1)接入有源放大型混合器输入端,调整输入端电位器,使输出电平差在2dB左右;

(2)接入无源混合输入端(在强信号频道的混合器输入端加接衰减器),调整混合器输出端,各频道电平差控制在±2dB内。

2.调整交、互调干扰

(1)混合器输出端与线路放大器输入端相接,以提高电视信号的输出电平;

(2)放大器输出端接一电视接收机观察:

放大器产生交、互调干扰,可适当减少放大器输入端电平,消除干扰。

放大器输出端各频道电平应大于105dB;如果过小,此放大器的抗交、互调干扰性能差,输出最大电平达不到线路电平的要求,则应更换放大器。

3.按设计系统要求,送入自办节目,逐个检查设备的正常工作情况及输出电平的大小,将前端设备调试到正常工作状态。

4.前端设备调试完毕后,送信号至干线系统。

7.2.15.3 调试干线系统

1.调整各频道信号电平差(用频率均衡方法)。干线放大器输入端串入一只频率均衡器,根据放大器输出信号电平差的情况,分别串入6dB、10dB、12dB等均衡量不等的频率均衡器,调整到正常工作;

2.同时调整干线放大器输入端电平大小,当产生交、互调干扰时,适当减少输入端电平,可直接串入衰减器,调到输出电平符合原设计要求。

7.2.15.4 调试分配系统

1.无源分配网络调试

按设计要求,在无源分配网络的输入端送一个电视信号(一般选用UHF频道,或用电视信号发生器产生),调整输出端电平,使之与原设计的输入电平相等。用场强计(或电

平表)测量电视接收机在分配、分支器各输出端的电平,观察分析信号电平和重影现象,判断安装质量好坏,发现问题及时解决;

2. 有源分配网络调试

首先不接入电源给放大器,用万用表检查分支线路有无短路和断路,经检查无误后,才能通电调试。

调整网络中,各延长放大器的输入电平和输出电平,各频道信号之间的电平差应符合设计要求。

输入电平过低或过高,应调整放大器增益。

交、互调干扰调整。在系统的输入端送高、中、低三个频道信号进行试验。有交、互调干扰时,调整延长放大器的输入衰减或前端放大器的输出电平解决。低频道电平过高时,调整斜率控制电路,达到"全倾斜"或"半倾斜"方式;

3. 无源(或有源)分配系统调整完毕后,可接入干线送来的射频电视信号进行统调;

4. 如果分配系统中含有调频广播信号,则应对较强的调频信号加以衰减,以免干扰电视信号。

7.2.15.5 验收

经过系统统调达到设计要求指标(主要指标如用户端电平、重影和交、互调干扰等),达到用户满意。办理验收交接手续。

Ⅲ 质量标准

7.2.16 主控项目

7.2.16.1 共用电视天线器件、盒、箱电缆、馈线等安装应牢固可靠。

7.2.16.2 防雷接地电阻应小于 4Ω,设备金属外壳及器件屏蔽接地线截面应符合有关要求。接地端连线导体应牢固可靠。

7.2.16.3 电视接收天线的增益 G 应尽可能高,频带特性好,方向性敏锐,能够抑制干扰、消除重影,并保持合适的色度,良好的图象和伴音。

检验方法:观察检查或使用仪器设备进行测检试验。

7.2.17 一般项目

7.2.17.1 共用电视天线的组装,竖杆,各种器件,设备的安装,盒、箱的安装应符合设计要求,布局合理,排列整齐,导线连接正确,牢固。

7.2.17.2 防雷接地线的截面和焊接倍数应符合规范规定。

7.2.17.3 各用户电视机应能显示合适的色度、良好的图象和伴音,并能对本地区的频道有选择性。

检验方法:观察检查或使用仪器设备进行测试检验。

Ⅳ 成品保护

7.2.18 安装共用天线及系统组件时,不得损坏建筑物,并注意保持墙面的整洁。

7.2.19 土建专业修补工作时应注意,不得把器件表面弄脏,并防止水进入部件内。

7.2.20 使用梯子或搬运物件时,不得碰撞墙面和门窗等。

Ⅴ 安全注意事项

7.2.21 竖立天线杆时,应统一指挥,起立杆时用力要均衡,防止杆身忽左忽右摆动。

7.2.22 在天线杆立起后安装横杆或振子时,应系好安全绳。

Ⅵ 质量通病及其防治

7.2.23 无信号

7.2.23.1 前端的电源失效或设备失效,应检查电源电压 220V 或测量输入信号有无。

7.2.23.2 天线系统故障。应检查短路和开路传输线,插头变换器,天线放大器电源(18V 或 220V)。

7.2.23.3 线路放大器的电源失效。检查输入插头是否开路,再检查电源(DC21~18V)IA 型 220V,从头测量每只放大器的输出信号和稳压电源是否工作正常。

7.2.23.4 干线电缆故障,检查首端至各级放大器之间电缆是否开路或短路、并检查各种连接插头。

7.2.24 信号微弱所有信号均有雪花

7.2.24.1 分支器短路或前端设备故障,断开分支器分支信号,若信号电平正常,可能馈线和引下线短路。

7.2.24.2 天线系统故障,检查天线放大器线路。

7.2.24.3 线路放大器故障,检查每只放大器的输出信号和稳压电源是否正常。

7.2.24.4 干线故障,检查电缆和线路放大器电平是否过低,是否有短路或开路。

7.2.24.5 分支器短路,电缆损坏,放大器中间可能短路。

7.2.25 一个或多个频道信号微弱,其余正常。线路、放大器故障或需调节,并检查频率响应曲线。

7.2.26 重影(在所有引入线处)

天线引出线路放大器或干线故障,用便携式电视机检查天线系统质量和图像,或隔断故障电缆部分,并判断是否是放大器发生的故障。

7.2.27 重影(同一分配器电缆传送到所有引下线处)

7.2.27.1 桥接放大器、分配或馈线电缆故障,在桥接输出用电视机检查图像质量,并分析故障所在部位。

7.2.27.2 电缆终端故障,断开终端电阻,用电视机检查图像质量,若良好时更换终端电阻。

7.2.27.3 分支外故障,从线路每一端入手,一次一个用电话联系,同时用电视机检查图像质量。

7.2.28 图像失真

信号电平输出偏高,测量线路放大器和用户分支器信号电平。

7.3 民用建筑电话通信安装

Ⅰ 施工准备

7.3.1 设备、材料

1. 各种规格的电话交接箱，分线箱(盒)、过路箱(盒)、用户电话出线盒和电话出线盒面板等；

2. 各种型号、规格的电缆管线、用户电话管线，各种型号、规格的接线子及接线模块等，各种热缩管等；

3. 各种规格的镀锌螺栓和螺丝，接地扁钢等。

7.3.2 机具

钮扣式接线子压接钳、套管式接线子压接钳、克丝钳、剥线钳、一字和十字螺丝刀、线坠、对讲机等。

7.3.3 作业条件

1. 电话通信系统的管、箱(盒)体安装应随土建施工预埋，土建专业应及时给出建筑标高线；

2. 土建装饰工程结束后，管内敷设电缆及电话线和盒、箱内器件安装。

Ⅱ 施工工艺

7.3.4 民用建筑楼内电信设施设计安装原则

7.3.4.1 建设城市住宅楼、办公楼时，应按规定在楼外预埋地下通信配线管道，敷设配线电缆，并在楼内预留电话交接间和暗管及暗配线系统。居住区通信管网分布，如图7.3.4.1所示。

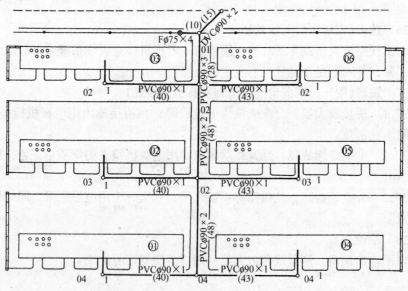

图 7.3.4.1 居住区通信管网分布示意图

7.3.4.2 建筑物内的电话线应一次分线到位,根据建筑物的功能要求确定其数量,有特殊要求的建筑物,应根据具体用途确定电话线对的数量。

住宅楼每户可设 1 对电话线,或按用户要求设置。每 250 户住宅宜预留一部公用电话线。

办公楼和业务楼每 15~20m² 的房间可设 1~2 对电话线,或按用户要求设置。

7.3.4.3 城市住宅区电话通信的设置应符合下列规定:

1. 城市住宅区规模不大时,电话通信宜按市话网的交接区进行设计。每 600~1000 户可设一个固定交接区;城市住宅规模较大时,应结合城市电信发展规划,按邮电部门的相关规定设置电话局所;

2. 城市住宅区内的配线电缆,应采用地下通信管道敷设方式。在地理环境难以敷设地下通信管道时,也可采用直埋、地槽、墙壁、架空等敷设方式。

7.3.4.4 住宅建筑室内通信线路安装应采用暗配线敷设及由暗配线管网组成。

多层建筑物宜采用暗管敷设方式,高层建筑物宜采用电缆竖井与暗管敷设相结合的方式。

每一建筑单元(或门)宜设置独立的暗配线管网。

7.3.4.5 住宅建筑物内暗配线电话管网由交接间、电缆管路、壁龛分线箱(盒)、用户线管路、过路箱(盒)和电话出线盒等组成。住宅楼内电话管网系统框图,如图 7.3.4.5 所示。

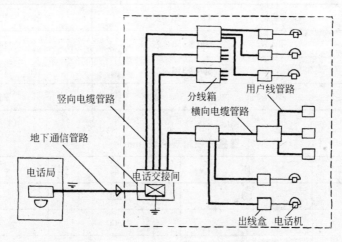

图 7.3.4.5 住宅楼电话系统框图

7.3.5 施工程序

设备材料选择 → 落地式交接箱安装 → 壁龛的安装 → 分线盒、电话出线盒安装 → 暗管敷设 → 电缆竖井设置 → 电缆穿管 → 用户线敷设 → 全塑电缆的连接 → 全塑电缆接头封闭 → 交接和分线设备及把线的安装 → 电话出线盒面板安装 → 电话机安装

7.3.6 设备材料选择

7.3.6.1 施工前对运到施工现场的器材,应进行清点及外观检查,检查各种器材的

规格、型号及质量是否符合设计要求。

在存储运输过程中，有无损坏变质等情况，如发现包装有损坏或外观有问题，应作详细检验。

凡具有出厂证明的设计器材，应核对证明书上所列内容是否符合现行质量标准及设计文件的要求。凡质量不合格的各种设备和器材一律不得在工程中使用。

7.3.6.2　交接箱和分线设备不得采用无端子和夹接结构形式，应采用有端子或针式镙钉压接结构形式。

交接箱的箱体应选用能防尘、防水、防蚀并有闭锁装置。有端子交接箱在温度为 $20\pm5℃$、相对湿度≤80％条件下测试其电气性能应符合下列要求：

1. 绝缘电阻：端子间、端子与箱体间用 500V 兆欧表测量应不低于 $1000M\Omega$。
2. 耐压试验：端子间、端子与箱体间加 50Hz、500V 交流电压 1min 不得击穿，并不得损坏绝缘。

7.3.6.3　壁龛箱本体可为钢质、铝质或木质，并具有防潮、防尘、防腐能力。壁龛、分线小间外门形式，色彩应与安装地点建筑物环境基本协调。铝合金框室内电缆交接箱规格见表7.3.6.3-1。壁龛分线箱规格见表7.3.6.3-2。用户电话出线盒见表7.3.6.3-3。

铝合金框室内电缆交接箱规格表　　　　　表7.3.6.3-1

规　格（对）	高×宽×厚(mm)	重　量（kg）
100	470×350×220	12
200	600×350×220	14
300	800×350×220	18
400	1000×350×220	21

壁龛分线箱规格表(mm)　　　　　表7.3.6.3-2

规　格（对）	厚	高	宽
10	120	250	250
20	120	300	300
30	120	300	300
50	120	350	300
100	120	400	300
200	120	500	350

用户电话出线盒规格表(mm)　　　　　表7.3.6.3-3

规　　格	高×宽×厚
86H50	75×75×50

7.3.6.4 电缆网中电话电缆应采用综合护层塑料绝缘市话电缆。

电缆网中应优先采用HYA型铜芯实芯聚烯烃绝缘涂塑铝带粘接屏蔽聚乙烯护套市话通信电缆，规格见表7.3.6.4。

市内电话电缆规格表　　　　　　　　　表7.3.6.4

序 号	型号及规格	电缆外径（mm）	重 量（kg/km）
1	HYA10×2×0.5	10	119
2	HYA20×2×0.5	13	179
3	HYA30×2×0.5	14	238
4	HYA50×2×0.5	17	357
5	HYA100×2×0.5	22	640
6	HYA200×2×0.5	30	1176
7	HYA300×2×0.5	36	1667
8	HYA400×2×0.5	41	2217
9	HYA600×2×0.5	48	3229
10	HYA1200×2×0.5	66	6190
11	HYA10×2×0.4	11	91
12	HYA20×2×0.4	12	134
13	HYA30×2×0.4	12	179
14	HYA50×2×0.4	14	253
15	HYA100×2×0.4	18	417
16	HYA200×2×0.4	24	774
17	HYA300×2×0.4	28	1131
18	HYA400×2×0.4	33	1458
19	HYA600×2×0.4	41	2143
20	HYA1200×2×0.4	56	4077
21	HYA1800×2×0.4	66	5967
22	HYA2400×2×0.4	76	8000

7.3.6.5 楼内配线也可采用HYV型铜芯实心聚乙烯绝缘，聚氯乙烯护套，绕包铝箔带市话通信电缆。

配线电缆的线径应采用0.4mm。

7.3.7　电话交接间和落地式交接箱安装

7.3.7.1　电话交接间

电话交接间即设置电缆交接设备的技术性房间。

每幢住宅建筑物内必须设置一专用电话交接间。电话交接间宜设在建筑物底层，宜靠近竖向电缆管路的上升点。并应设在线路网中心靠近电话局或室外交接箱一侧。

交接间使用面积高层不应小于 $6m^2$，多层不应小于 $3m^2$，室内净高不小于 $2.4m$，通风应良好，有保安措施，设置宽度为 $1m$ 的外开门。

电话交接间内可设置落地式交接箱，落地电话交接箱可以横向也可以竖向放置，如图 7.3.7.1-1 所示。

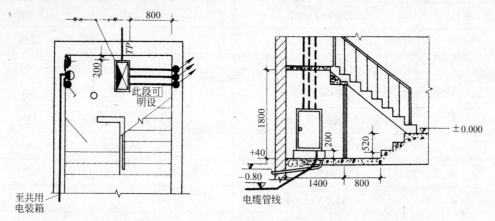

图 7.3.7.1-1 电话交接间平、立面布置图

楼梯间电话交接间也可安装壁龛交接箱，如图 7.3.7.1-2 所示。

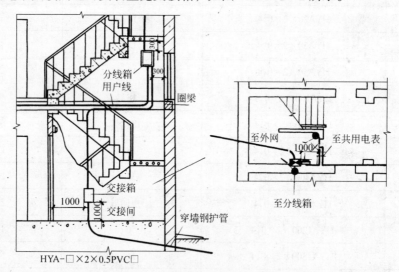

图 7.3.7.1-2 楼梯间电话交接间壁龛交接箱

交接间内应设置照明灯及 220V 电源插座。

交接间内通信设备可用建筑物综合接地线作保护接地(包括电缆屏蔽接地)，其综合接地时电阻不宜大于 1Ω，独自接地时其接地电阻应不大于 5Ω。

7.3.7.2 落地式交接箱安装

交接箱是用于连接主干电缆和配线电缆的设备。

交接箱基础底座应采用不小于C10混凝土制作，底座的高度不应小于200mm，在底座的四个角上应预埋4根M10×100长的镀锌地脚螺栓，用来固定交接箱。并在底座中央留置适当的长方洞作电缆及电缆保护管的出入口，如图7.3.7.2-1所示。

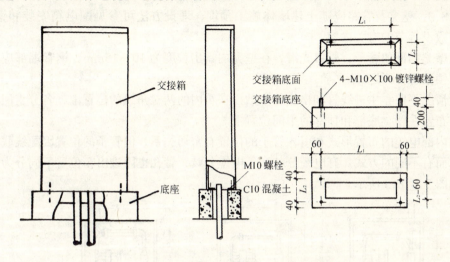

图7.3.7.2-1 落地式电话交接箱安装

安装交接箱前，应先检查交接箱是否完好，然后放在底座上，箱体下边的地脚孔应对正地脚螺栓，并要拧紧螺母加以固定。

为了防止水流进底座，将箱体底边与基础底座及底座四周用水泥砂浆抹平。

落地式交接箱接地做法，如图7.3.7.2-2所示。

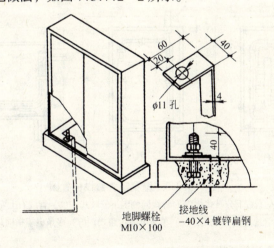

图7.3.7.2-2 电缆交接箱接地安装

7.3.8 壁龛的安装

暗装电缆交接箱，分线箱及过路箱统称为壁龛，以供电缆在上升管路及楼层管路内分歧、接续、安装分线端子板用。

7.3.8.1 交接箱应设在清洁、干燥、靠近通信电缆引入电缆一侧的建筑物底层。

根据民用建筑特点和室外配线电缆敷设方式，壁龛可设置在建筑物的底层或二层，其安装高度应为其底边距地面1.3m。

7.3.8.2 壁龛安装与电力、照明线路及设施最小距离应为300mm以上。与煤气、热力管道等最小净距不应小于300mm。

7.3.8.3 壁龛及管路应随土建墙体施工预埋，埋设方法可参见配电箱安装和钢管、硬塑管暗敷设等节的有关内容。

接入壁龛内部的管子，管口光滑，在壁龛内露出长度为10～15mm。钢管端部应有丝扣，并用锁紧螺母固定。

一般情况下壁龛主进线管和出线管应敷设在箱内的两对角线的位置上，各分支回路的出线管应布置在壁龛底部和顶部的中间位置上。

壁龛内部电缆的布置形式和引入管子的位置有密切关系，但管子的位置因配线联接的不同要求而有不同的方式。有电缆分歧和无电缆分歧，管孔也因进出箱位置不同分为几种形式，如图7.3.8.3所示。

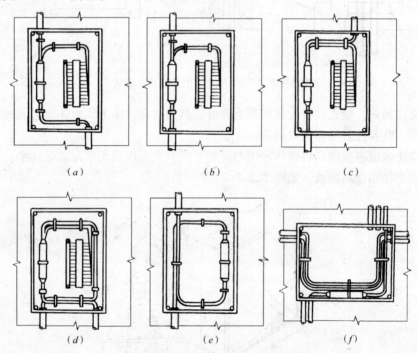

图7.3.8.3 壁龛暗管敷设位置图
(a) 管线左上右下分歧式；(b) 管线同侧上下分歧式；(c) 管线右上左下分歧式；
(d) 管线过路分歧式；(e) 单条电缆过路式；(f) 多条电缆横向过路式

7.3.9 过路箱(盒)的安装

直线(水平或垂直)敷设电缆管和用户线管，长度超过30m应加装过路箱(盒)，管路弯曲敷设两次也应加装过路箱(盒)以方便穿线施工。过路盒外型尺寸，如图7.3.10-1所示。

过路箱(盒)应设置在建筑物内的公共部分，宜为底边距地0.3～0.4m或距顶0.3m。住户内过路盒安装在门后时，如图7.3.9所示。

电缆管(线)进入过路箱(盒)做法与壁龛相同。

7.3 民用建筑电话通信安装

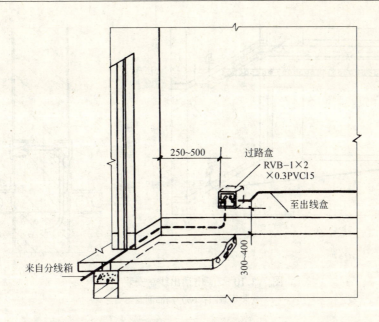

图 7.3.9 过路盒安装图

7.3.10 分线盒、电话出线盒安装

住宅楼房电话分线盒安装高度应为上边距顶棚 0.3m，如图 7.3.10-1 所示。

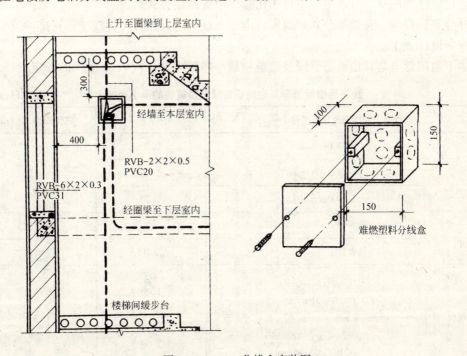

图 7.3.10-1 分线盒安装图

用户出线盒安装高度应为其底边距地面 0.3~0.4m。如采用地板式电话出线盒时，宜设在人行通路以外的隐蔽处，其盒口应与地面平齐。电话出线盒安装，如图 7.3.10-2 所示。

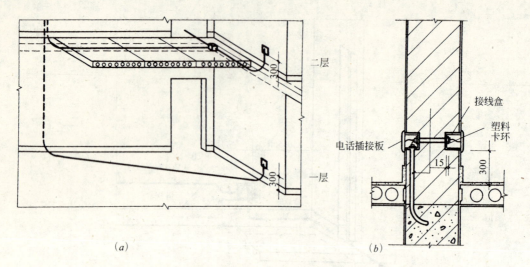

图 7.3.10-2 电话出线盒安装
(a) 安装示意图；(b) 局部剖面图

7.3.11 暗管敷设

7.3.11.1 室外暗管敷设

民用建筑区内室外电话电缆应采用地下通信管道线路方式敷设，不具备条件的多层民用住宅建筑区内的室外电话电缆也可采用挂墙电缆线路方式敷设。

办公室、商场、宾馆等公共建筑室外电话布线应与其他各类管线统筹安排，按本标准进行统一设计施工。

地下通信管道与其他地下管线及建筑物最小净距应符合表 7.3.11.1 的规定。

地下通信管道与其他地下管线及建筑物的最小净距　　表 7.3.11.1

其他地下管线及建筑物名称		平行净距(m)	交叉净距(m)
给水管	300mm 以下	0.50	15
	300～500mm	1.00	
	500mm 以上	1.50	
排水管		1.00①	0.15②
热力管		2.0	0.25
煤气管	压力管≤300kPa（压力≤3kgf/cm²）	1.00	0.30③
	300kPa<压力≤800kPa 3<压力≤8kgf/cm²	2.00	
电力电缆	35kV 以下	0.50	0.50④
	35kV 及以上	2.00	

续表

其他地下管线及建筑物名称		平行净距（m）	交叉净距（m）
其他通信电缆		0.75	0.25
绿化	乔木	2.0	
	灌木	0.50	
地上杆柱		0.50~1.00	
马路边石		1.00	
电车路轨外侧		2.00	
房屋建筑红线（或基础）		1.50	

注：1. 主干排水管后敷设时，其施工沟边与地下通信管道的水平净距不宜小于1.5m；
2. 当地下通信管道在排水管下部穿越时净距应不小于0.4m；通信管道作包封时，应将包封长度自排水管两端各加长2.0m；
3. 在交越处2m范围内，煤气管不应作接合装置和附属设备，如上述情况不能避免时，地下通信管道应作包封，包封长度自交越处两端各加长2.0m；
4. 如电力电缆加保管时，净距应不小于0.5m。

7.3.11.2 进户管敷设

应按建筑物的型体和规模确定一处或多处进线。一般用户预测在90户以下时（采用100对电缆），宜按一处进线方式；用户预测在90户以上时，可采用多处进线方式。

建筑物地下通信进户管和引上管可采用 $DN75\sim100mm$ 铸铁管、$DN63\sim76mm$ 无缝钢管或硬质PVC管。

民用建筑物的电话通信地下进户管焊接点应预埋出距离建筑物外墙2m，埋深0.8m，以便与邮电局（或电话局）地下通信管道连接，并应向外倾斜不小于4‰的坡度。

进户管孔应考虑设置备用管孔，也可考虑适当将管径增大一级，以便今后抽换电缆或电话线。

7.3.11.3 室内管路敷设

建筑物内暗配管路应随土建施工预埋，应避免在高温、高压、潮湿及有强烈震动的位置敷设。暗配管与其他管线的最小净距应符合表7.3.11.3的规定。

暗配线管与其他管线最小净距（mm）　　　表7.3.11.3

其他管线相互关系	电力线路	压缩空气管	给水管	热力管不包封	热力管（包封）	煤气管	备 注
平行净距	150	150	150	500	300	300	间距不足时应加绝缘层，应尽量避免交叉
交叉净距	50	20	20	500	300	20	

注：采用钢管时，与电力线路允许交叉接近，钢管应接地。

电缆管、用户线管应采用镀锌钢管或难燃硬质PVC管。在易受电磁干扰影响的场合，暗配管应采用镀锌钢管并做接地处理。

由进户管至电话交接箱至分线箱的电缆暗管的直线电缆管管径利用率应为管内径的50%～60%，弯曲处电缆管管径利用率应为30%～40%。

由分线箱至用户电话出线盒，应敷设电话线暗管。电话线暗管管内径，应在15～20mm间选用。穿放平行用户线（RVB2×0.3mm²）的管子截面利用率为25%～30%。穿放绞合用户线（RVS2×16/0.15mm²）的管子截面利用率为20%～25%。

$$电缆管径利用率 = \frac{电缆的外径(mm)}{电缆管内径(mm)} \times 100\%$$

$$用户线管截面利用率 = \frac{管内导线总截面积(mm^2)}{用户线管内截面积(mm^2)} \times 100\%$$

暗配管长度超过30m时，电缆暗管中间应加装过路箱（过路箱的箱体尺寸按邻近的分线箱规格选取）。用户电话线暗管中间应加装过路盒（过路盒尺寸同电话出线盒）。

暗配管必须弯曲敷设时，其管路长度应小于15m，且该段内不得有S弯。连接弯曲超过两次时，应加装过路箱（盒）。

管子的弯曲处应安排在管子的端部，管子的弯曲角度不应小于90°。电缆暗管弯曲半径不应小于该管外径的10倍，用户电话线管弯曲半径不应小于该管外径的6倍。

在管子弯曲处不应有皱折纹和坑瘪以免损伤电缆。

暗配管线不宜穿越建筑物的伸缩缝或抗震缝，应改由其他位置（或由基础内通过）上升楼层电缆供配线。当必须穿越沉降缝时，电缆管、用户线管必须做补偿装置，如图7.3.11所示。

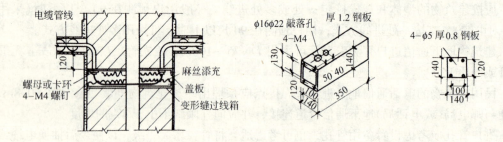

图7.3.11 暗配管补偿装置

分线箱至用户的暗配管不宜穿越非本户的其他房间，如必须穿越时，暗管不得在其房内开口。

住宅应每户设置一根电话线引入暗管，户内各室之间宜设置电话线联络暗管，便于调节电话机安装位置。

暗配管的出入口必须在墙内镶嵌暗线箱（盒），管的出入口必须光滑、整齐。

7.3.12 电缆竖井设置

高层建筑物电缆竖井宜单独设置，宜设置在建筑物的公共部位。

电缆竖井的宽度不宜小于600mm，深度宜为300～400mm。电缆竖井的外壁在每层楼都应装设阻燃防水操作门，门的高度不低于1.85m，宽度与电缆竖井相当。为了便于安装和维修，其操作门的形式、色彩宜于周围环境协调。每层楼的楼面洞口应按消防规范设防火隔板。电缆竖井的内壁应设固定电缆的铁支架，并应有固定电缆的支架预埋件，铁支架上下间隔宜为0.5～1m。

电缆竖井也可与其他弱电缆线综合考虑设置。检修距离不得小于1m,如小于1m时必须设安全保护措施。

安装在电缆竖井内的分线设备,宜采用室内电缆分线箱。电缆竖井分线箱可以明装在竖井内,也可以暗装于井外墙上,如图7.3.12-1所示。

竖井内电缆要与支持架间使用4号钢丝绑扎,也可用管卡固定,要牢固可靠,电缆间距应均匀整齐,如图7.3.12-2所示。

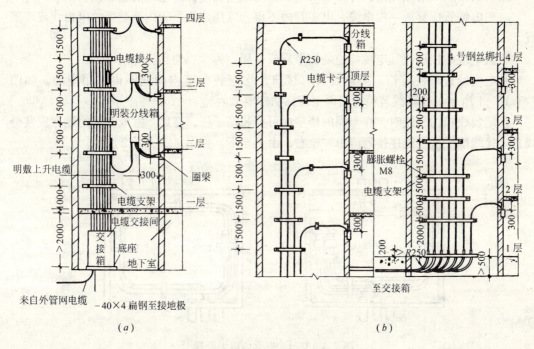

图7.3.12-1 住宅楼电缆竖井做法
(a) 做法一;(b) 做法二

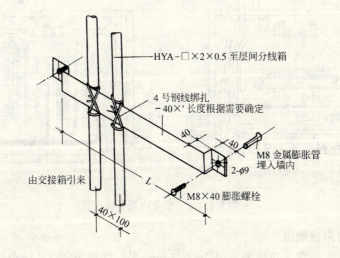

图7.3.12-2 竖井电缆支架安装固定做法

7.3.13 电缆穿管敷设

电缆网中电话电缆应采用综合护层塑料绝缘市话电缆。

电缆网中应优先采用 HYA 型铜芯实芯聚烯烃绝缘涂塑铝带粘接屏蔽聚乙烯护套市内通信电缆，楼内配线也可采用 HYV 型铜芯实芯聚乙烯绝缘，聚氯乙烯护套，绕包铝箔带市话电缆。在一个工程中必须采用同一型号市话电缆。

穿放电缆时，应事先清刷暗管内污水杂物。穿放电缆应涂沫中性凡士林。

暗管的出入口必须光滑，并在管口垫以铅皮或塑料皮保护电缆防止磨损。

一根电缆管应穿放一根电缆，电缆管内不得合穿用户线。管内严禁穿放电力线或广播线。

暗敷电缆的接口，其电缆均应绕箱半周或一周，为今后便利拆焊接口。

凡电缆经过暗装线箱，无论是否有接口，均应装在箱内四壁不得占用中心，如图 7.3.13-1 所示。在暗线装箱的门面上应标明邮电徽。

在暗装线箱内分线时，在干燥的楼室内可安装端子板，在地下室或潮湿的地方应装分线盒。接线端子板上线序排列应由左至右，由上至下。如图 7.3.13-2 所示。

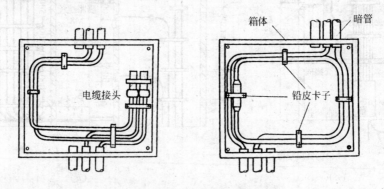

图 7.3.13-1 壁龛内电缆设置

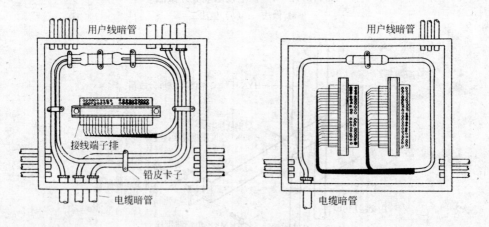

图 7.3.13-2 壁龛内端子排设置

7.3.14 用户线敷设

电话线暗管内所穿入户线为 RVB2×0.3mm² 平行线或 RVS2×16/0.15mm² 绞合用户线。

用户线在箱内留置余线长度应绕箱半周或一周,在盒内留出余线长度应为150~200mm。

7.3.15 全塑电缆的编号和对号

全塑电缆芯绒是全色谱的,全色谱电缆芯线顺序,是由中心层起向外层顺序编号的。在电缆盘上的电缆是有方向性的,一般规定电缆的A端线号是面向电缆按顺时针方向进行编号,而电缆B端线号则按反时针方向进行编号。

拖放电缆时,电缆的A端应靠近局方,对号时则从远离局方处,面对色谱,按色谱线序编号。

为了使电缆两端芯线线号一致,避免发生错乱,影响芯线接续,对新设的电缆段长对号。当电缆一端按编号要求编好后,以此端为准,在另一端进行编号,须用对号器。找出同线对编线,使两端芯线号完全一致。

全塑电缆对号器是一个抗干扰性能优良的直流电源音频放大器,其探头是电容高阻抗输入。对号时,利用电容耦合的输入,经放大后,根据耳机听到的声音强弱来判别线号。

在全部电缆接头处,都要在对号前把接头两端的屏蔽线连通,即用屏蔽连接线或铜软线作良好的连接。

全塑电缆对号时,可把对号器的地线端子接在该处的地线上,或屏蔽层上。防止电缆对号时,出现地线不通和屏蔽层不起作用,于是可能在导线上感应产生较大的交流声或杂音,影响对号效果。

7.3.16 全塑电缆芯线的接续方式

常用的电缆芯线接续方式有直接头和"Y"形接续等。

电缆芯数直接头为"一字形"是将两条电缆方向相反的芯线互相对接的方式,如图7.3.16-1所示。其主要操作方法,应将相同线芯线相连,a线接a线、b线接b线不得误接。

电缆"Y"形接续,为3条或3条(根)以上电缆芯线相互连接方式,可用芯线复接分歧接头或分线设备尾巴电缆与配线电缆的复接头内,如图7.3.16-2所示。

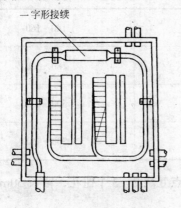

图7.3.16-1 电缆一字形连接

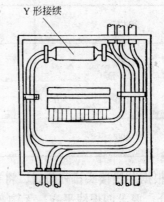

图7.3.16-2 电缆Y形接续

7.3.17 全塑电缆芯线的接续

全塑电缆芯线的接续方法很多,在民用建筑电话通信中,全塑电缆芯线接续,应采用接线模块或接线子,不得使用扭绞接续。

7.3.17.1 钮扣式接线子的结构

钮扣式接线子是采用"U"形卡接片来连接的,如图 7.3.17.1-1 所示。

钮扣式接线子分别钮扣身及钮扣帽两部分,如图 7.3.17.1-2 所示。钮扣身和钮扣帽都由透明的高强度塑料制成,能看清内部导线色谱。在钮扣身上有两个进线孔,芯线由此穿入,以备压接。钮扣帽内镶嵌有镀锌 U 形槽的卡接片(铜片),接续时钮扣帽由钮扣身的定位沟接入。用压接钳加压时,就把芯线卡入在卡接片槽口内,槽口能切开芯线绝缘层并卡住导线,同时对接头继续保持较高的接续压力,形成了无空隙的连接。

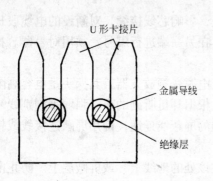
图 7.3.17.1-1 钮扣式接线子接线原理图

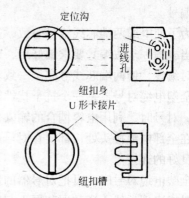
图 7.3.17.1-2 钮扣式接线子结构

7.3.17.2 钮扣式接线子接线操作要求

1. 使用钮扣式接线子接线时,先根据电缆对数、接线子排列数和接头长度,在电缆上划线,剥去电缆外护套(注意剥外护套时,不应损伤芯线绝缘层),按色谱编线。接口开长尺寸见表 7.3.17.2;

接口开长尺寸表　　　　　　　　　　　表 7.3.17.2

电缆对数(对)	接线子排数(排)	接续长度(mm)
30 以下	2~3	140~160
50	3	180~300
100	4	300~400
200	5	300~450

2. 根据芯线接头排列位置,将被接导线在接续点互绕 2~3 个钮花,留长 50mm 剪去多余部分,要求四根线平齐、无钩弯,并在一起;

3. 接线子扣盖向外,将线对插入接线子进线孔内,并应插到扣身的顶部;

4. 使用专用压接钳,把扣式接线子旋转在压接钳口内,左手把线向里推到顶,右手握钳柄,用力应均匀,压合后检查钮身是否压接实、压平;

5. 钮扣式接线子芯线直接排列规格尺寸,如图 7.3.17.2 所示。

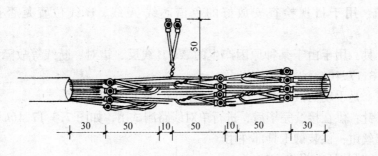

图 7.3.17.2 钮扣式接线子直接排列图

7.3.17.3 模块式接线排的结构

模块式接线排有标准形、超小形两大类，每类又分一字形、Y字形、T字形三种，分别用于芯线的直接、分歧分搭接。模块式接线排由底座、本体、上盖等组成，其中底座与上盖结构完全相同，仅颜色不同，以便于区别。底座和上盖上各有25个连接齿，50个压线齿。本体上装有50个U形卡接刀片和50个切断刀片（切断多余导线）。

7.3.17.4 模块接线排专用工具

模块接线排专用工具部件，如图7.3.17.4所示。

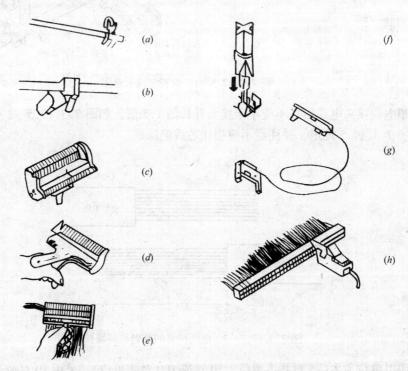

图 7.3.17.4 模块接线排专用工具组成部件

1. 电缆固定架：用于安装接线头及固定电缆开头的长度，如图7.3.17.4(a)；
2. 接线头固定座及模动杆：起固定接线头的作用，如图7.3.17.4(b)；
3. 接线头：是安放模块排及进行接续时按色谱安放线对的部件，如图7.3.17.4(c)；
4. 模块开启钳：用开启已接好的模块，修复障碍时用，如图7.3.17.4(d)；

5. 检查梳：用于目视检查安放好的色谱芯线 A 线、B 线位置是否正确，如图 7.3.17.4(e)；

6. 修补工具：用于由于某种原因产生的 A、B 线反、错对、断线等故障线对的修补工具，如图 7.3.17.4(f)；

7. 压接泵：是手动的液压泵，压接模块用，如图 7.3.17.4(g)；

8. 测试插针：供在接续完毕后，进行单对线路测试用，如图 7.3.17.4(h)；

9. 云角螺丝钳：供装御工具部件用。

7.3.17.5　模块压接操作方法

电缆芯线接线前应检查工具组装是否正确、牢固、位置符合要求，如图 7.3.17.5-1 所示。

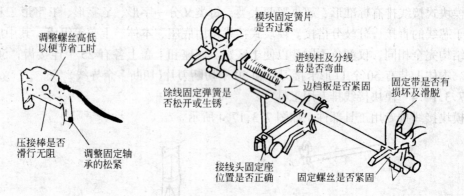

图 7.3.17.5-1　检查工具示意图

全塑电缆接头电缆留长不应小于接头开长的 1.5 倍，如图 7.3.17.5-2 所示。接头开长应按表 7.3.17.5 规定，并注意不应损伤芯线绝缘层。

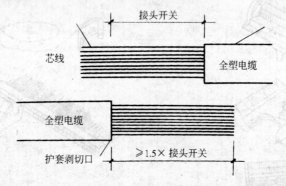

图 7.3.17.5-2　电缆护套的开剥和接续长度

编线以单位为主(25 对基本单位，50 对或 100 对超单位)。采用 PVC 胶带在芯线端头约 50mm 处缠扎紧以防散乱，根据单位顺序按层编线，防止接续时拿错。

电缆芯线模块压接应按下述方法进行：

1. 固定接续位置时，应根据电缆对数的不同，模块排列数量接头开长尺寸，安装电缆固定架，将电缆定位；

接口开长尺寸　　　　　　　　　　　　　表 7.3.17.5

对数	线径		开头长度		对接接头直径		折回接头直径	
	AWG	Metrlc (mm)	in	mm	in	mm	in	mm
400	26	0.4	17	432	2.6	66	2.7	69
	24	0.5			2.9	74	3.2	81
	22	0.6			3.1	79	4.2	107
600	26	0.4	17	432	3.1	79	3.5	89
	24	0.5			3.5	89	4.1	104
	22	0.6			3.8	97	5.2	133
900	26	0.4	17	432	3.8	97	4.6	117
	24	0.5			4.2	107	5.6	142
	22	0.6			4.9	124	6.0	152
1100	22	0.6	19	483	5.0	127	6.8	173
1200	26	0.4	17	432	4.2	107	5.3	135
	24	0.5			4.5	114	6.3	160
1500	25	0.4	19	482	4.9	124	5.9	150
	24	0.5			5.2	132	6.4	163
1800	26	0.4	19	482	5.4	137	7.0	178
	24	0.5			5.7	145	7.4	188
2100	26	0.4	19	483	5.8	147	7.5	191
	24	0.5			6.1	155	7.9	201
2400	26	0.4	19	483	6.2	157	7.8	198
2700	26	0.4	19	483	6.6	168	8.4	213
3000	26	0.4	19	483	7.0	178	8.8	224
3600	26	0.4	19	483	7.7	196	9.5	244

注：如使用防潮盒，应按比例增加接头直径20%。

2．在电缆下方的接口中央，安装接线头固定座及横动杆，把接线头安装固定牢固；

3．芯线接线顺序，应由后底部单位开始压接，即由后下方单位开始朝向上方单位进行接续；

4．将模块接线排底座置于固定座内，斜角的位置在左上方，底座之两端将接续器头上之弹片卡紧；

5．先将局方电缆按芯线接续顺序，将每对芯线置于芯线导板内，使芯线进入线柱，

并用蓝色分线齿隔离 a、b 线，a 线应在左，b 线在右;

6. 当芯线进入导板内后，将线对拉直，拉紧，同时置入接线排，基座的线槽和心线固定在弹簧内;

7. 用检查梳检查芯线次序，将检查梳滑至左边时，a 线应显出，滑向右边应显出 b 线，同时检查二芯线是否在同一线槽内和有无空线槽;

8. 将模块接线排的本体置于底座上，斜角之位置在左上方，并以接续器上之弹片卡紧;

9. 将用户方向要接续的一组一个基本单位 25 对芯线，同局方电缆按(5)、(6)、(7)步骤;将芯线排列于模块接线排之本体上。用检查梳检查;

10. 将模块接线排的上盖置于本体上，并将接续器头上之弹片卡紧;

11. 用手动液压泵，压接模块接线排;

12. 当接续完成后，先将两集合接续模块中央，采用非吸湿性带绑扎，但勿绑过紧。然后用双手紧握模块排以反时针方向(面向局方时)旋转，使集合接线排紧密排列。模块型接线之间的距离，应符合图 7.3.17.5-3 的规定。采用非吸湿性扎带或 PVC 胶带捆绑扎紧。然后接通屏蔽层，包好接头放入硅胶袋及其他防潮措施。再进行接头封闭工序。

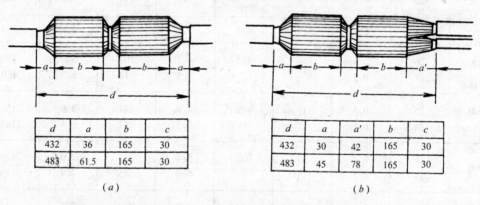

d	a	b	c
432	36	165	30
483	61.5	165	30

(a)

d	a	a'	b	c
432	30	42	165	30
483	45	78	165	30

(b)

图 7.3.17.5-3　模块型接线子的排列及间距
(a) 直线接续;(b) 分歧接续

7.3.18　全塑电缆接头封闭

全塑电缆的外护套接续宜采用热可缩套管。

7.3.18.1　热可缩套管安装使用材料和工具

热可缩套管安装使用材料有：热可缩套管、金属内罩(铝质内衬)，不锈钢夹条及夹条连接口(金属)、铝箔带、屏蔽线、清洁纸、砂布条、胶粘铝带条、气门芯及螺母盖、分歧夹、尼龙绑带等。

安装使用工具有：钢卷尺、特制划笔、电工刀、钢丝刷、剪刀、螺丝刀、电工钳、喷灯或乙烷枪。

7.3.18.2　热可缩套管安装方法

全塑电缆芯线接续后(接线子或模块排)，检查测试有无坏线对。热可缩套管选型应注意套管的包容内径和电缆外径，并考虑热可缩套管受热后有 10% 的纵向收缩。

1. 用电工刀、电工钳安装好屏蔽带，检查接角是否良好，恢复缆芯包带将接头包扎好，拆去热可缩套管上气门嘴小帽;

2．安装金属铝罩（铝衬），把铝衬放在接头中心，用铝带条将金属铝衬接合处粘好，铝衬两端头采用 PVC 胶带缠绕；

3．将接头两端的电缆外护套清洁，打磨；

4．把热可缩管摆放在接口中央，在电缆上划线，在距接口处约 25mm 处另划一标记；

5．将胶粘接铝带条从靠近接口的标记（划线）开始向另一标记方向缠绕一圈，用工具把铝箔磨压平；

6．用喷灯或乙烷枪把已清洁的电缆部分加热处理，再将热可缩管和金属内衬连接用手把气门固定螺母扭紧以防止套管收缩后由于气门不紧而造成漏气；

7．将热可缩套管的金属拉链（索道），夹子安装好，电缆有分歧的一端应将直径小的电缆放在直径大电缆下边；

8．金属拉链夹条的两端应留一样长，整齐美观。分歧电缆将分歧夹安装好，可采用 PVC 胶带或尼龙绑扎带把分歧夹绑扎牢固，防止套管收缩时挤出；

9．套管加热前先将气门芯拆除防止损坏，加热时要先从套管中间起向两端加热，在套管周围均匀加热使温度指示漆由绿色转变为黑色，逐步加热使套管收缩；

10．在热可缩套管未冷却时，用锤柄轻敲金属拉链（索道）使之与交接面相吻合，同时将分歧夹固定的尼龙带再次收紧；

11．热可缩套管上的指示漆变黑时，在金属拉链下套管接口处应出现两条白线，未出白线时应继续加热至出白线止，同时热可缩套管的两端口应有热熔胶溢出。达到上述要求才能保证质量。

7.3.19　交接和分线设备成端及把线的安装

7.3.19.1　交接设备列号、线序号的排列

1．单面交接箱，面对列架，自左（为第一列）往右顺序编号，每列的线序号自上往下顺序编号；

2．双面交接箱，可分为 A 列端和 B 列端，A 列端的线序号编排完，B 列端再继续往下编号。

7.3.19.2　局线，配线安装位置

局线与配线之比例以 1:1.5 至 1:2 为宜，局线与配线的安装位置原则上局线在中间列（第二列、第三列），配线在两边（第一列、第四列），首先选用相邻局线，这样可以节省跳线，跳线交叉也少，如图 7.3.19.2 所示。

图 7.3.19.2　局线、配线安装位置

7.3.19.3 旋转卡夹式、模块式交接箱成端把线绑扎及连接方法

把线绑扎，按色谱单位，编好线序以100对线为一个单位（每组10~25对线序）依次连接。为便于维护，每百对单位留有线弯和标志板。绑扎时要使电缆顺直、圆滑均称，不得有重叠扭绞或弯折的现象。如图7.3.19.3-1所示。

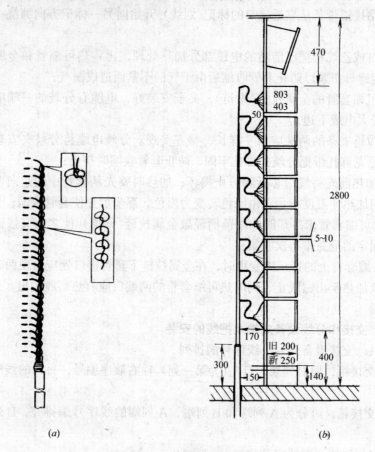

图7.3.19.3-1 把线绑扎方法(mm)
(a) 20对线绑扎；(b) 100对线绑扎

线对连接步骤，如图7.3.19.3-2所示。

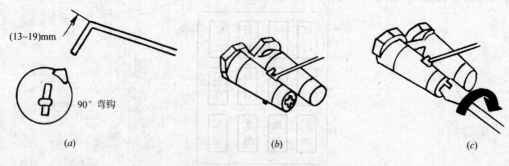

图7.3.19.3-2 连接步骤

跳线穿孔方向，如图7.3.19.3-3所示。

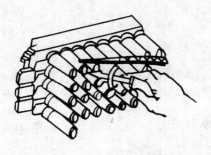 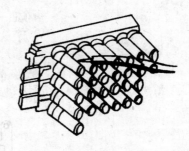

图 7.3.19.3-3　跳线穿孔方向

旋转卡夹端子扭转操作，图 7.3.19.3-4。

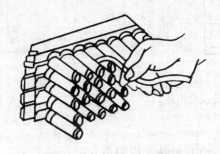 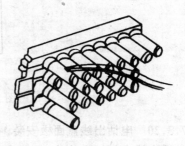

图 7.3.19.3-4　扭转操作

7.3.19.4　分线箱(盒)尾巴电缆制作

分线箱(盒)在装配之前，应预制分线设备的尾巴电缆。尾巴电缆的气闭应做在电缆绝缘层的根部，用自粘胶带与电缆缠扎。如图 7.3.19.4 所示。全塑电缆分线箱(盒)尾巴电缆使用材料，见表 7.3.19.4。

全塑尾巴电缆使用材料表　　　　　　表 7.3.19.4

规格 对数	单位	分线盒尾巴长	分线箱尾巴长
5~10 对	m	2.2	2.8
15~30 对	m	2.3	2.9
50 对	m	2.4	3.2
特殊	m	另加长	另加长

编扎尾巴电缆必须顺直不得有重迭扭绞现象，用蜡浸麻线扎结须紧密结实，分线及线扣要均匀整齐，线扣扎结串连成直线。

分线箱(盒)在接线柱与尾巴电缆的连接，尾巴电缆的芯线应加焊并应绕接线柱二圈，连接应牢固良好。

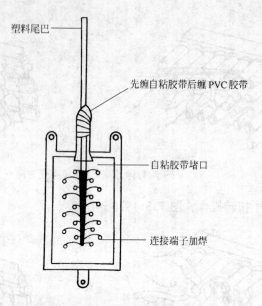

图 7.3.19.4 分线盒组装

7.3.20 电话出线盒面板安装

电话出线盒面板安装前,应清理盒内杂物,盒口处抹灰应阳角方正。

面板接线时,将预留在盒内的导线剥出适当的长度的芯线,引入面板孔,用配套螺丝固定在面板上,将接好线的面板找平找正,再与出线盒安装扎拧牢固。面板应无破裂损坏现象。

7.3.21 电话机安装

为了维护、检修和更换电话机,电话机不直接同线路接在一起,而是通过电话出线盒面板(即接线盒)与电话线路连接。室内暗管线路电话机引线用插头与出线盒面板相连接。

Ⅲ 质 量 标 准

7.3.22 通信交接箱与分线箱安装工程质量

7.3.22.1 主控项目

1. 通信接线箱规格、型号,应符合设计要求。

检查方法:全数检查,观察检查及检查出厂合格证;

2. 通信箱安装场所要适当。

检查方法:全数检查,观察检查。

7.3.22.2 一般项目

1. 通信箱安装位置正确,固定可靠,部件齐全,管进入箱体顺直,管口光滑,露出长度为10~15mm。钢管端部应有丝扣,并用锁紧螺母固定。暗式箱盖(门)紧贴墙面,箱体油漆光亮。

箱背后墙体表面无空鼓和裂缝现象,箱内外清洁,箱盖开闭灵活,箱体内接线整齐,线序编号齐全,正确。

检查方法:抽查5台,观察检查;

2. 导线与接线板、用户出线盒连接缆、线位置正确，线芯无接头，连接牢固紧密，螺丝压板连接时紧无松动。

导线在箱内余量适当，绝缘保护完好，接线端子板进线焊接，配线整齐美观。

检查方法：抽查5台，观察检查；

3. 通信箱的接地线与电缆屏蔽层连接，有专用接地螺栓，连接紧固。

接地线走向合理，检修方便。

检查方法：全数检查，观察检查。

7.3.23 通信用户出线盒安装分项工程质量

7.3.23.1 主控项目

出线盒、过线盒、分线盒规格型号及适用场所符合设计要求。

检查方法：抽查总数的10%，观察检查。

7.3.23.2 一般项目

1. 各种盒体与管连接正确，盒口与墙面配合适当，无破损及受压变形。盒内清洁无杂物。

检查方法：按不同材质各抽查10处，观察检查；

2. 出线盘面板应使用相配套产品，盒内导线余量适当，面板紧贴建筑物表面无缝隙。面板表面清洁无污染。

检查方法：抽查总数的10%，观察检查。

7.3.24 通信配管及管内穿线分项工程质量

7.3.24.1 主控项目

1. 配管的品种规格、质量，配管的连接方法和适用场所必须符合设计要求及施工规范规定。采用塑料管必须使用PVC管，规格标准型号要满足设计要求。

检查方法：全数检查，竖井配管观察检查，暗管敷设的检查隐蔽工程记录。

2. 电缆(线)的规格、质量、绝缘电阻必须符合设计标准。

检查方法：全数检查实测或检查绝缘电阻、线序等测试记录。

7.3.24.2 一般项目

1. 管子敷设连接紧密，管口光滑，护口齐全；管子弯曲处无明显皱折纹和坑瘪，暗配管保护层应大于15mm。进户电缆管与其他地下管网的平行交叉距离符合规程规定。

线路进入通信设备处，位置准确。

检查方法：抽查10处，观察和检查隐蔽工程记录；

2. 管路穿过沉降缝处有补偿装置，并能活动自如。穿过建筑物基础处加套保护管。

补偿装置平整，管口光滑，护口牢固，与管子连接可靠，加套保护管在隐蔽工程记录中标示正确。

检查方法：全数检查，观察检查和检查隐蔽工程记录；

3. 管内穿线在盒(箱)内导线有适当余量，导线在管子内无接头。电缆芯线与分线端子连接中间不准有接头，导线连接处应不伤芯线。

盒(箱)内清洁无杂物，配线整齐。

检查方法：抽查10处，观察检查或检查隐蔽工程记录；

4. 接地线敷设正确，总箱接地，分线箱使用电缆屏蔽层接地。线路走向合理，线序准确。

检查方法：全数检查，观察检查。

7.3.25 通信电缆分项工程质量

7.3.25.1 主控项目

1. 电缆规格、型号必须与设计相符。低于-5℃时不能布放电缆。

检查方法：全数检查，观察和检查隐蔽记录；

2. 电缆敷设严禁有绞、拧和压扁，保护层断裂和表面严重划伤缺陷，与各种管路距离符合设计规范要求。

检查方法：抽查5处，观察和检查隐蔽工程记录；

3. 电缆头制作全塑电缆剥开护套切口处应保留15mm的电缆包带，芯线线序正确，线束应松拢，不得紧缠，且不散乱，标志准确清楚。

检查方法：终端头抽10%，但不少于5个，观察和检查安装记录。

7.3.25.2 一般项目

1. 电缆竖井内电缆支架安装位置正确，连接可靠，固定牢固，油漆完整。在转弯处托住电缆，平滑过渡。

间距均匀，排列整齐，横平竖直，油漆光泽均匀。

检查方法：支架抽查5段观察检查；

2. 电缆保护管管口光滑，无毛刺，防腐良好，弯曲处无弯扁现象，弯曲半径不小于电缆的最小允许半径，出入地沟保护管封闭严密。

弯曲处无明显的折皱和不平，出入地沟遂道和建筑物，保护管坡面和坡度正确，电缆在竖井内要横平竖直，成捆敷设的要排列整齐。

检查方法：按不同地点抽查5处，观察检查。

Ⅳ 成品保护

7.3.26 安装面板时，应注意保持墙面、地面的整洁，不得损伤和破坏墙面及地面。

7.3.27 土建专业修补抹灰和粉刷时。应注意保护已安装的箱(盒)以及面板，不得将其污染。

7.3.28 地面插座应采用有防水措施的出线口。

Ⅴ 安全注意事项

7.3.29 在器材搬运过程中，不仅要保证器材本身不受损坏，而且要特别注意不要把人碰伤。

7.3.30 用喷灯或焊枪封合热缩管时，加热火焰在热缩管表面要来回移动反复加热，千万不要停留在某一点上固定不动，以免烤伤或使热缩管变质。

7.3.31 在竖井内工作时，必须使用梯子，严禁随意蹬踩电缆或电缆支架。

7.3.32 使用对讲机前应检查是否好用，现场中应由专人携带使用及保管，听从统一指挥。不得随意发出信号。对讲机在不用时，应注意关掉电源。

Ⅵ 质量通病及其防治

7.3.33 电话通信盒、箱内不清洁。应清除盒、箱内杂物，保持内外清洁，不被污染。

7.3.34 用户盒面板安装不牢固。应将固定螺丝拧固到位，使面板紧贴建筑物表面并固定牢固。

7.3.35 电话线预留量不够或过多且箱内导线放置杂乱。应按有关要求将导线留有适当余量，并绑扎成束。

7.3.36 导线压接不牢。应按要求将导线压接牢固。

7.3.37 导线压接后编号混乱。应全部进行仔细核对后重新编号。